U0953658

武汉理工大学"十四五"规划教材

工 程 力 学

（第 4 版）

主　编　朱四荣　黄　莉　郑立霞　李　瑶
副主编　王思莹　张　梅　张小玉　秦　莹

武汉理工大学出版社
·武汉·

内容简介

本书主要介绍工程力学的基本概念、基本理论、基本方法与工程应用举例。全书共 11 章，第 1 章为绪论，第 2、3 章为静力学，第 4～11 章为材料力学。重点内容包括物体及物体系统的静力学分析；构件的强度、刚度、稳定性分析。为培养学生的创新与应用能力，书中编写了部分工程实例分析；并适时引入了思政元素，培养学生的家国情怀、科学精神和专业素养。每一章附有思考题与习题，书后附有截面的几何性质、型钢规格表、习题参考答案、索引（专业词汇中英对照）等。每一章的重点内容附有讲授视频链接（二维码），供读者学习参考。

本书是编者在多年讲授力学课程的基础上精心编写而成，精选了工程力学的经典内容，同时还考虑了其工程应用以及立体化学习设计。本书可供高等院校相关专业的教师、学生及自学者使用和参考。

图书在版编目(CIP)数据

工程力学 / 朱四荣等主编. — 4 版. — 武汉 ：武汉理工大学出版社，2025. 1.
ISBN 978-7-5629-7151-1

Ⅰ. TB12

中国国家版本馆 CIP 数据核字第 2025M99K06 号

武汉理工大学本科教材建设专项基金项目

项目负责人：吴正刚　李兰英　　**责任编辑**：吴正刚
责 任 校 对：李兰英　　**封面设计**：许伶俐
出 版 发 行：武汉理工大学出版社
社　　　址：武汉市洪山区珞狮路 122 号
邮　　　编：430070
网　　　址：http://www.wutp.com.cn
经　　　销：各地新华书店
印　　　刷：武汉市籍缘印刷厂
开　　　本：787×1092　1/16
印　　　张：20.25
字　　　数：531 千字（含拓展阅读）
版　　　次：2025 年 1 月第 4 版
印　　　次：2025 年 1 月第 1 次印刷
印　　　数：3000 册
定　　　价：48.00 元

凡购本书，如有缺页、倒页、脱页等印装质量问题，请向出版社发行部调换。
本社购书热线电话：(027)87523148　87515848　87785758　87165708(传真)

版权所有，盗版必究。

第 4 版前言

《工程力学》自 2008 年出版以来，作为理工科高等院校教材已使用多年，期间收到了师生反馈的意见和建议，并形成了修订版、第 2 版和第 3 版教材，使用效果良好。

党的十八大报告强调“把立德树人作为教育的根本任务，培养德智体美全面发展的社会主义建设者和接班人。”习近平总书记指出：“青年的价值取向决定了未来整个社会的价值取向，而青年又处在价值观形成和确立的时期，抓好这一时期的价值观养成十分重要。”“核心价值观，其实就是一种德，既是个人的德，也是一种大德，就是国家的德、社会的德。国无德不兴，人无德不立。”要把立德树人作为教育教学的中心环节，把思想教育贯穿于教育教学全过程，把握好课堂教学这个环节，树立和培育学生的社会主义核心价值观，把实现民族复兴的责任融入学生的思想当中。因此，本版教材在第 3 版的基础上重点加强了对课程思政、创新能力培养、立体化教材建设等方面内容的补充和修改。使教材更加紧密地与工程实际相联系，更加注重培养学生的科研素养，激发学生的创新能力，同时也进一步拓展了教材立体化建设内容，以便为学生提供多渠道的学习方式。具体如下：

(1)课程思政引领：①拓展知识点的运用，从研究型教与学出发，着力训练学生的力学思维，培养学生的科学视野，帮助建立科学的方法论与正确的世界观；②尝试运用人文思想诠释某些工科理论和现象，展现事物之间的相通性，体现人类探索知识的轨迹、凝练知识的智慧、应用知识的历程，丰富学生的人文情怀；③细处着眼，润物无声，思政元素的充分运用能有助于培养具有家国情怀、人文素养、科学精神、专业素质和国际视野的新时代人才。

(2)创新能力培养：“工程力学”课程为非力学、非结构、非机械专业的工科专业技术基础课，是连接基础课与专业课的桥梁。而且工程力学与工程息息相关，力学成果服务于工程，促进工程技术的进步。初学该课程的大学生往往体会不到，因此会认为工程力学可学可不学。为了提高学生的学习积极性，同时为了激发同学们的创新性，本次改版教材在上一版的基础上更加注重工程实例与该门课程的联系与解决问题的方法，让同学们懂得工程力学能解决的实际问题。

(3)立体化教材建设：配合课程信息化建设，编写纸质与数字化相结合的教材，实现教材建设的立体化和多媒体化。本教材还配套了网上学习平台，为同学们提供多渠道学习途径。例如，在教材中链接了讲课视频，可以方便同学们自学或课后加强学习；本版教材还增加了拓展阅读链接(数字资源)，可以提高学生的力学素养。

除此以外，增加或更换了部分章节的习题、校正了第 3 版中的错误。

参加本次改版编写工作的老师为武汉理工大学朱四荣教授、黄莉副教授、李瑶副教授、郑立霞副教授、王思莹教授、张梅副教授、张小玉副教授、秦莹副教授、黄维副教授、陈登平副教授、周令副教授、曾翠林老师。视频由参加改版工作的老师及吕林女教授、孙明清教授、陈建中副教授、董北川副教授讲授。

由于编者水平有限，书中疏漏与不足之处在所难免，敬请读者批评指正。

衷心感谢为本教材的改版提供支持和帮助的老师、读者及出版工作者。

编　者

2025 年 1 月于武汉理工大学

第3版前言

《工程力学》自2008年第1版出版以来，已作为部分理工科高等院校工程力学教材使用多年，期间也收到了师生反馈的意见和建议，并经过了修订版、第2版等版次的修改。编者根据自身的教学经验和师生的反馈信息，并考虑到我国高校相关专业的力学学时数变化，基于学生创新能力与解决工程实际问题能力的培养理念，在第2版的基础上进行了全面改版，本次改版工作的主要内容如下：

(1) 静力学平衡方程及材料力学的各章都增加了工程实例分析，帮助读者学以致用，培养创新能力与解决工程实际问题的能力。

(2)立体化教材建设：相关知识点增加了网上链接的讲课视频，便于读者自学。

(3)将部分章节进行了合并，如轴向拉压的相关内容合并为一章；连接件的实用计算移至组合变形之后。

(4)增加了部分章节的习题，更换了部分例题。

(5)校正了第2版书中的错误。

(6)鉴于工程力学学时数有限，依据教学大纲，删除了原第13章疲劳强度简介内容。

参加本次改版工作的有武汉理工大学朱四荣教授、黄莉副教授(精品课程教学名师)、李瑶副教授(精品课程教学名师)、郑立霞副教授、张梅副教授(精品课程教学名师)、张小玉副教授、曾翠林老师。

为进一步方便读者学习，针对重难点内容在书中以**二维码**链接的形式穿插了相应章节的讲授视频，读者可通过**手机扫码**观看。视频由参加改版工作的老师及吕林女教授、孙明清教授、陈建中副教授、董北川副教授讲授。

本书由李卓球教授担任主审工作。

由于编者水平有限，书中疏漏与不足之处在所难免，敬请读者批评指正。

衷心感谢为本教材的改版提供支持和帮助的老师、读者及出版工作者。

编　者

2018年8月于武汉理工大学

第2版前言

《工程力学》(第1版)自2008年出版以来,在部分高等院校得到了相关专业师生的使用。编者根据几年来的使用情况及自身的教学经验,在第1版的基础上进行了全面修改,形成了《工程力学》(第2版)。本次改版工作主要如下:

(1)对静力学教学内容进行了重新编写。鉴于大部分学生希望从平面到空间的顺序学习,本次再版中将平面力系的讲述提到了空间力系之前,这样更易于学生学习和理解。同时,对静力学的习题进行了适当的修改。

(2)适当增加了部分章节习题,以便学生巩固学习。

(3)对书中插图重新进行了规范绘制。

(4)根据国家标准的相关规定,对书中的名词、术语、变量、单位及其书写规则进行了规范和统一。

本次改版工作在李卓球教授的指导下进行。参加本次改版与修订工作的有武汉理工大学朱四荣、孙明清、李瑶、黄莉、董北川、郑立霞,长江大学侯作富教授对全书内容进行了规范和统一,并对改版工作提出了宝贵的意见和建议。

由于编者水平所限,书中疏漏与不足之处难免,敬请读者批评指正。

衷心感谢为本教材的再版提供支持和帮助的人。

编　者

2014年1月于武汉理工大学

第 1 版前言

工程力学是大学本科相关专业的专业基础课,是培养学生工程应用的分析能力和科学研究素养的重要课程。为适应 21 世纪的社会发展和科技进步,该本《工程力学》教材在夯实课程基础,突出基本概念、基本理论、基本方法的前提下,力求凸显以下三个方面的特点:

(1)全书贯穿一条主线。即:将静力平衡、变形相容条件、力与变形间物理关系的研究作为分析、研究工程力学问题的基本思路。

(2)注重理论结合工程实际。在教学内容中引入工程实例,引导学生对所学知识加以扩展、延伸和综合,尤其要使学生掌握从实际工程结构或构件中建立合理力学模型的方法,培养学生的科学素质。

(3)注重归纳思维方法。在讨论不同问题的个性和特点时,突出共性的归纳,注重培养学生的综合与推广、求同与辨异等归纳思维方法,从而提高学生的创新意识。

此外,本书还为教师留有选择余地,以适应不同的需求。若安排 6～12 学时的相关实验,建议将课程设置为 64～72 学时。如果不讲授第 12 章和第 13 章,减少实验学时,也可满足一些专业进行 48 学时力学通识教育的需求。

本教材是武汉理工大学工程结构与力学系的教师在多年讲授工程力学课程的基础上精心编写而成的。第 1 章和第 13 章由李卓球教授编写,第 2 章和第 3 章由李瑶副教授编写,第 4 章、第 5 章及附录Ⅱ由朱四荣教授编写,第 6 章和附录Ⅰ由黄莉副教授编写,第 7 章和第 8 章由董北川副教授编写,第 9 章和第 12 章由孙明清教授编写,第 10 章和第 11 章由郑立霞副教授编写。全书由李卓球、朱四荣主编,由朱四荣统稿。

本书由华中科技大学黄玉盈教授主审,黄先生对全书进行了仔细的审阅,提出了许多精辟而中肯的意见,编者在此表示由衷的感谢。

由于水平所限,书中疏漏与不足之处难免,敬请读者批评指正。

衷心感谢为该教材的编写、出版提供支持和方便的同志们。

编　者

2008 年 5 月于武汉理工大学

目录

1 绪　　论

1.1　什么是工程力学

力学是研究力与运动的科学。大到宇宙，小到基本粒子，力与运动无所不在。

力学横跨自然科学与工程技术。力的作用与物质的运动，是自然界和人类活动最基本的现象，这奠定了力学在科学体系中的基础科学地位。力学以工程和自然界的真实介质和系统为研究对象，成为众多需要精细化、机理化描述的应用科学和工程技术的基础，这又奠定了力学的工程技术地位。力学的这种双重属性是经典力学三百多年来发展历程的客观描绘，得到国际科技界的广泛认同。

随着科学技术和现代工业的发展，力学从早期的静力学和牛顿力学发展到众多的力学分支学科，工程力学就是其中之一。工程力学是研究实际工程中的力学问题，并将力学原理应用于工程技术领域的科学。

作为高等工科学校的一门课程，工程力学只是其中最基础的部分，涵盖了理论力学中的静力学和材料力学两部分的主要内容。

静力学又称刚体静力学，主要研究刚性物体在平衡状态时的受力问题。刚性物体是假定物体不变形的一种理想化状态，这种假定是为了分析简便而设定的。平衡状态是一种特殊的运动状态。例如，在地面上静止的建筑物，做匀速直线运动的火车等，都处于平衡状态。

材料力学是以变形固体为研究对象，主要研究变形固体的受力、变形、破坏的一门科学。由此可见，工程力学是研究自然界以及各种工程中机械运动最普遍、最基本的规律，以指导人们认识自然界，科学地从事工程技术工作。只有这样，工程师们才能够制定合理的设计规范与手册，才能正确地对工程技术问题进行分析计算与设计，使机械、结构等按设计要求实现运动、承受载荷，控制它们不发生影响使用功能的变形，更避免它们发生破坏。

1.2　力学发展的简要回顾

力学是具有悠久历史的学科之一，它的发展过程，是人类通过观察生活和生产实践中的各种现象，不断认识物体机械运动的过程。

力学起源于劳动。对力的认识帮助人们掌握劳动工具，改进劳动方式。远古时代，人们使用的尖劈类工具，石斧、石刀等(图 1-1)，能够以小力发大力，用力小而效果大；人们使用杠杆、斜面和滑轮进行简单的建筑施工，制造推车用作长途运输，制造船舶用于航运等。这些生产工具的制造和使用，使得人类对于机械运动有了初步的认识。但是，在很长的一段时期内，人类的认识仅仅限于经验的积累，而未形成理论知识。

关于力学最早的文字记载，当推我国的墨翟(公元前 468 ～ 公元前 382)。在他所著的《墨经》里，给出了力的一种定义："力，刑之所以奋也"(力是使人的运动发生转移和变化的原因)，这与奠定力学基础的牛顿第一定律是相似的，但事实上墨子早于牛顿 2000 多年就已经总结出相似的结论；《墨经》中"衡而必正，说在得"，"衡，加重于其一旁，必捶。权、重相若也相衡，则本短标长。两加焉，重相若，则标必下，标得权也"，将阻力称为"重"，阻力臂叫"本"，施力叫"权"，施力臂叫"标"，早于阿基米德 200 多年，墨子就对杠杆平衡问题进行了深刻的诠释；他提倡用滑轮(挈)和斜面(滑车)来帮助提升重物，《墨经》中"刑之大，其沉浅也，说在衡。"认识到浮力同重力的平衡关系，总结出浮力原理，并开始在生产中加以应用。

石斧

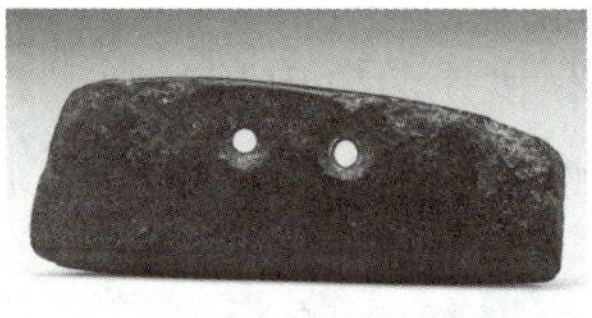

石刀

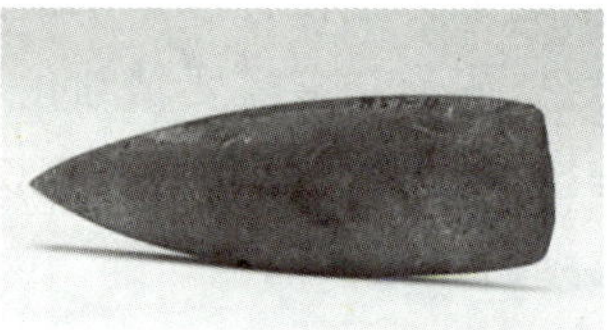

石凿

图 1 - 1 早期的劳动工具

希腊哲学家亚里士多德(公元前 384 ～ 公元前 322)最早从理论层面上提出了杠杆平衡(equilibrium of levers)问题，并提出了影响今后近两千年的力学观点，如地心说、物体下落说等唯象说。

阿基米德(公元前 287 ～ 公元前 212)在他的两本著作《平面图形的平衡或其重心》、《论杠杆》中用了明确而普遍的方式建立了杠杆平衡学说(relationships for the equilibrium of levers)，以及几何静力学(statics for geometry)、重心静力学(statics for barycenter)，从而奠定了静力学的基础；另一本著作《论浮体》则是流体静力学的第一部专著。

从 15 世纪中叶到 18 世纪下半期，是欧洲从封建社会向资本主义社会转化的时期，为了适应当时的社会与工业发展，力学与其他自然科学一样得到了发展。如达·芬奇(1451 ～ 1519)强调力学和数学同样是自然科学的基础，严格确定了力矩概念，应用力的平行四边形法则得到摩擦力的定义；史蒂芬(1548 ～ 1620)在进行斜面问题研究时提出了力的合成与分解定律；潘索(1777 ～ 1859)首次提出了力偶的概念，提出了任意力系的简化和平衡理论，约束的定义以及基础约束原理等，使得静力学理论得到了进一步的发展。

哥白尼(1473 ～ 1548)提出了太阳中心学说后，在科学界引起了宇宙观的大革命；开普勒(1571 ～ 1630)根据哥白尼的学说以及其他天文学家的观测资料，得出了行星运动三大定律，这些定律成为牛顿万有引力的基础。伽利略(1564 ～ 1642)观察了落体运动并试验物体沿斜面的运动，从而提出了落体在真空中的运动定律，并引出了加速度的概念，奠定了动力学的基础。他是用实验及演绎的方法研究动力学的创始人，晚年写出的力学著作《关于力学和位置运动的两门新科学的对话》中详细描述了动力学以及材料力学的内容，第一次提出惯性参考系的概念，为牛顿正式提出牛顿第一定律、牛顿第二定律奠定了基础。胡克(1635 ～ 1703)通过发表拉丁语字谜的方式发表了著名的胡克定律，但实际上早于他 1500 年前，东汉的经学家和教育家郑玄（公元 127—200）为《周礼·冬官考工记·弓人》一文中的“量其力，有三钧”一句作注解时，在《周礼注疏·卷四十二》中写到：“假令弓力胜三石，引之中三尺，驰其弦，以绳缓擐之，每加物一石，则张一尺。”已经正确地揭示了力与形变成正比的关系。

牛顿（1642 ～ 1727）在伽利略等人研究的基础上进行深入研究，出版了《自然哲学的数学原理》一书，阐述了物体运动的三个基本定律，即牛顿三定律。因此，牛顿集前人之大成，创立了经典力学，并对其他学科的发展产生了巨大影响。

由此可见，经典力学是从哥白尼提出的太阳中心学说开始，由伽利略奠基、由牛顿总结而形成的。尤其值得注意的是，在这一时期（即 17 世纪初至 18 世纪末），力学在自然科学领域占据中心地位。最伟大的科学家几乎都集中在这一学科，如伽利略、惠更斯、牛顿、胡克、莱布尼兹、伯努利、拉格朗日、欧拉、达朗伯等。由于这些杰出科学家的努力，借助于当时取得的数学进展，力学取得了十分辉煌的成就，在整个知识领域中起着支配作用。

进入 19 世纪后，欧洲各主要国家相继完成了工业革命，大机器工业生产对力学提出了更高的要求。为适应当时土木建筑、机械制造和交通运输的发展，材料力学、结构力学和流体力学进一步发展和完善。在建筑、机械中出现的大量强度和刚度问题，都是由材料力学或结构力学计算的。此外，作为探索普遍规律而进行的基础研究，弹性力学也取得了很大的进展。

从 1900 年直至 1960 年，力学随着航空航天的发展形成了近代力学。1903 年，莱特兄弟飞行成功，飞机很快成为重要的战争和交通工具。1957 年，人造地球卫星发射成功，标志着航天事业的开端。而在这期间，力学解决了各种飞行器的空气动力学性能、推进器动力学、飞行稳定性和操纵性及结构和材料的强度等一系列问题。包括超声速飞行、航天器返回地面等关键问题，都是基于力学研究才得以解决的。由此，人们清楚地看到了力学研究对于工程技术的先导和促进作用。力学还解决了核爆炸中对猛烈炸药爆炸的精密控制、强爆炸波的传播、反应堆的热应力等重要问题。

20 世纪 60 年代以来，由于电子计算机技术的飞速发展和广泛应用，力学同计算机技术和其他自然科学广泛结合，进入了近代力学的新时代。过去力学中大量复杂、困难而使人不敢问津的问题，因此有了解决的希望。高层建筑（图 1－2）、大型桥梁（图 1－3）、海洋油气装备（图 1－4）、新型航天器（图 1－5）、空轨列车（图 1－6）以及大型水利工程（图 1－7）等无不是在力学理论指导下得以实现并不断发展完善的。

图 1－2 广州塔

图 1－3 港珠澳大桥

图 1－4 圆筒型浮式生产储卸油装置(FPSO)

图 1－5 国产大飞机 C919

图 1－6 悬挂式空轨列车

图 1－7 三峡水利枢纽工程

近几十年来,我国力学领域涌现了许多著名的科学家,如中国力学之父 — 钱伟长,中国近代力学的奠基人 — 周培源、钱学森,郭永怀等,在近空间高超声速飞行器、固体微细观力学、大型空气动力试验设施、多场耦合力学理论及方法、湍流多尺度结构、大型结构分析与拓扑优化和高速列车与基础结构的动力相互作用等方面取得了举世瞩目的科学进展,为国民经济建设、国防安全保驾护航。

1.3 力学的发展趋势

1997 年 9 月 30 日,钱学森先生在给清华大学工程力学系成立 40 周年的贺信中写道:“回顾一个世纪,工程力学走过了从工程设计的辅助手段到中心主要手段的历程,不是唱配角而是唱主角了。”

21 世纪以来,力学面临着更大的发展机遇,同时也面临着更大的挑战。例如在空间应用、深海开发、灾害防治、国家安全等方面,将有更新、更大、更复杂的工程技术问题需要力学去解决,力学将适应国家发展的重大战略需求,继续为新一代工程技术的突破作出前瞻性、带动性的贡献。

目前,力学的学科体系正孕育着重大变革。这些变革涉及:

(1) 国际科学界特别是力学界正在关注跨物质层次、多尺度的力学现象和非线性非平衡力学行为,这是力学基础研究的重要发展趋势。

(2) 人们将面对更为复杂的力学系统,将越来越多地涉及智能系统(intelligence systems)、微机电系统(micro electro mechanics systems——MEMS) 和生物系统(biology systems)。

这是因为现代结构和机械的发展趋势之一是智能化，这可使结构与机械成为集力学性能和信息功能为一身的可控制体，趋势之二是轻柔化和微型化，前者导致复杂的非线性行为，后者导致尺度效应。

(3) 人类对健康的需求日益提高，要求力学家更为关心生物力学问题。涉及在细胞力学、应力与生长、细胞与材料表面相互作用，生物大分子及其结构的力学特性等方面进行新的开拓。这将使力学可结合智能制造、数值模拟等多种技术手段，在揭示诸如病原体飞沫传播规律、心脑血管疾病等重大疾病机理，探索其诊治手段方面发挥作用。

(4) 面对日益复杂的重大工程中力学问题，力学的研究手段不断更新。例如，现代测控技术和数据处理技术将开拓新的实验力学手段，快速发展的信息科学和计算机技术将不断推动力学的进展。以计算力学方法为纲，集建模推理、数据测量、智能控制和力学计算于一体的力学研究手段正在形成。

(5) 虚拟信号研制需求正在使力学在重大工程中扮演着越来越重要的角色，并将导致一系列新的计算体系、大规模高性能的数值和智能算法、软件可视化的发展。这种新的计算力学体系，在虚拟工程、虚拟设计、虚拟制造等虚拟仿真技术中将起到关键性作用。

(6) 由人工微结构单元构筑的复合结构或复合材料(力学超材料)，具有天然材料所不具备的静力学 / 动力学性能。由于这些超常特性通常取决于微结构单元而非材料组分，这就为力学性能调控和结构功能材料设计提供了新思路。

1.4 工程力学的研究方法

1.4.1 建立力学模型

工程力学所研究的对象是受力物体，是实际中的客观存在。为了探索这类物体的基本规律，必须首先对物体作必要的简化，以建立力学模型。

例如，在研究汽缸内活塞的运动时，活塞在外力作用下而自身产生微小变形，但为了研究活塞的运动规律，应忽略它的微小变形，将活塞建立为受力而不变形的刚体模型。

又如，活塞与连杆之间的机械运动是相互制约的，为了研究它们之间的相互作用力，需要将它们的连接简化为理想约束模型。

这些力学模型有一个共同的特点：运用辩证思维，抓住研究对象的主要因素，舍弃其次要因素，建立抽象化的模型。

但是，任何抽象化的模型都是相对的。当条件改变时，必须考虑影响事物的新的因素，建立新的模型。例如，分析受力物体本身如何变形、是否破坏的状态时，刚体模型是不适用的，必须考虑到物体的变形，建立变形固体的模型。

一个受力构件的设计，首先要按照结构使用要求和功能要求提出设计要求，如：结构形式、受力情况、运行功能要求等；然后通过设计要求建立力学模型，采用力学和数学方法进行计算分析。如果分析的结果不能满足预期的要求，则必须修改设计，再次分析，直到获得满意的结果。其结果不仅包括构件的安全性和可靠性，还包括构件的经济性、易于制造、环保等因素。

上述方法中，力学模型的建立是非常关键的。一个好的力学模型，既能使问题求解简化，又能使结果符合实际情况，满足所要求的精度。力学模型的建立，不仅需要对实际情况的充分了解，还需要广阔的知识面、丰富的实践经验和分析问题的综合能力。

例如，在处理普通工程构件（如杆、梁、轴等）时，可以先将其假定为理想化的刚体，研究作用于其上的力，达到一定的认识水平；然后，将其视为变形体，并假定其变形是弹性（卸载后变形能完全恢复）的，研究构件在载荷作用下的弹性变形情况，这样，又达到了另一认识水平。

由此可见，通过合理简化以建立力学模型，是进行理论分析计算的基础。不仅要掌握一些基本的、典型的力学模型的建立方法，而且要善于将较复杂的研究对象合理简化为分析模型，这将有助于提高学生抽象思维和创新思维能力。

1.4.2 归纳和演绎

在建立力学模型的基础上，运用归纳和演绎的方法，从少量的基本规律出发，得到从多方面揭示受力物体的自然规律，获取相应的定理、定律和公式，建立严密而完整的基本理论和基本方法。

归纳与演绎是两种不同的推理和认识现实的科学方法。一般来说，归纳是由特殊到一般的推理方法，演绎是由一般到特殊的推理方法。

当对一个具体受力构件进行研究时，通常采用演绎的方法，利用一般的定理、定律和公式进行演绎分析计算，获得该构件的运动规律；同时，我们还应该对这一具体物体的研究成果进行归纳，寻找出具有普遍性的规律和结论，并获得触类旁通的分析方法。

相对而言，我们较熟悉演绎的方法，因此，有必要更加重视归纳的方法。在讨论不同问题的个性和特点时，突出它们的共性归纳。如不同受力构件的基本变形的共性分析；静定问题与超静定问题的共性分析；不同材料物理模型下变形体力学分析的共性等。重视归纳思维方法的训练，从而培养学生对科学真理的不断探索和勇于创新的精神。挖掘演绎与归纳的科学价值，从而培养学生探索未知、追求真理、勇攀科学高峰的科学精神。

1.4.3 力学性能实验

材料的力学性能是研究力与变形物理关系的基础。例如，在材料力学中，为了解决截面内的应力分布问题，必须观察杆件在某种受力形式下的变形特征；此外，通过一些假设所得到的材料力学结果是否可靠，还有待实验加以验证。因此，实验在材料力学研究方法中占有重要地位。

通过力学性能实验，可了解几种材料的基本力学性能，可掌握材料力学实验的现代测试方法。同时，通过力学实验，学生可对课程所学力学理论知识进一步吸收与消化，培养和提高学生的实际操作技能和解决实际问题的能力，为今后的工程结构实验打下坚实的基础。

1.5 工程力学的基本研究主线

本课程主要研究物体在受力状态下处于平衡状态的问题，其基本研究主线是：力的平衡，变形相容条件，材料的物理关系这三个方面。

1.5.1 受力分析及静力平衡条件

对于受力物体，首先要研究物体受到什么力的作用；而对于处于平衡状态的物体，则物体或其中任何一部分的受力应当满足一定的条件，使其满足静力平衡。因此，研究静力平衡条件及其应用是静力学最重要的内容之一。

受力分析及静力平衡条件的研究并不涉及材料的力与变形间的物理关系。在小变形情况下，一般也不涉及变形的几何关系。

1.5.2 变形相容条件

基于固体的连续性假设，固体不仅在受力前是均匀连续的，受力后只要未发生破坏，仍然应当是均匀连续的。如一根完好的直杆，在受力后发生了弯曲变形并仍然保持完好，那么，这根直杆的任意两点间的物质在变形前后都是连续的，而且在这两点间既不引起“空隙”，也不产生“重叠”，这就是变形相容条件。但是，若直杆发生了折断，则折断处的物质显然不再连续。

因此，所谓变形相容条件，就是指固体在变形后仍然是连续的。对于变形相容条件的分析，是纯粹的几何分析，并不涉及材料的物理关系。

1.5.3 力与变形间的物理关系

众所周知，物体一旦受力就要发生变形。那么力与变形间存在着什么关系呢？研究表明，它与材料本身的物理性能及变形形式有密切关系，因此，力与变形间的关系表达了材料的物理关系。如果材料不同、受力状态不同、环境不同，所用的材料物理关系也不同。这正是不同性质固体之间的主要区别所在。

总之，在学习工程力学课程时，要善于抓住课程内容的研究主线。在考虑力的时候，应当考虑平衡状态应有的条件。在考虑变形时，必须考虑结构各部分变形与整体变形的协调。在研究力与变形的联系时，则必须考虑材料的物理性能。

思 考 题

1－1 为什么说力学具有双重性？

1－2 工程力学课程主要包含哪些基本内容？

1－3 工程力学的基本研究主线是什么？

1－4 试述工程力学研究问题的一般方法。

2 刚体静力学基本概念与原理

静力学(statics) 研究物体在力系作用下的平衡问题,其研究内容包括三个方面:物体的受力分析方法;力系的等效与简化;力系的平衡条件。力系(force system) 是指作用于物体上的一群力;力系的简化(reduction of force system) 是指在不改变物体运动状态的条件下用简单力系来代替给定力系;力系的平衡条件(equilibrium conditions of a force system) 是指物体处于平衡状态时作用于物体上的力系所应满足的条件,可用于计算结构物所受的外力及内力,为结构的设计提供理论依据。

2.1 刚体静力学基本概念

2.1.1 刚体

工程力学的研究对象往往是工程实际中比较复杂的构件或结构,不能够直接拿来进行力学分析,需要根据分析问题的性质,抓主要特征,忽略次要因素,简化成力学模型。静力学采用的力学模型是刚体,所以又称为刚体静力学(rigid-body statics)。

所谓刚体(rigid body) 是指物体在力的作用下,其内部任意两点间的距离始终保持不变。简单地说,刚体就是在力的作用下不变形的物体。刚体是一个理想化的模型,它可以是单个的工程构件,也可以是结构的整体。

实际上,物体在受到力的作用时,会产生不同程度的变形。对于受力作用后产生微小变形的物体,研究它的运动变化规律,或研究它的平衡规律时,可以忽略其变形,把它看作刚体。这种抽象是合理且必要的,它使问题的研究大为简化。刚体静力学理论也是研究变形体平衡问题的基础。实际物体能否简化为刚体,取决于问题的性质。例如图 2-1 所示的塔式吊车,当需要确定结构正常工作时是否会倾覆,塔吊可视为刚体;当需要设计其中每一部件时,必须视为变形体。通过理想化的模型来研究物体的受力特点以及机械运动规律,进而认清机械运动的特性,这遵循实践—理论—再实践这一认识规律。

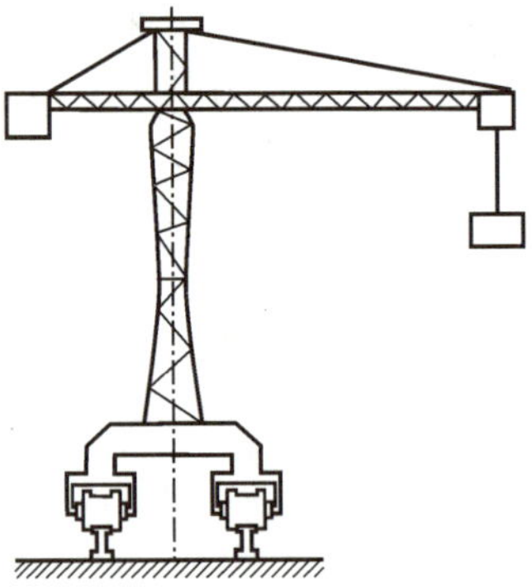

图 2-1 塔式吊车简图

2.1.2 力

力(force) 是物体间相互的机械作用,这种作用的结果是使物体的运动状态发生改变,或使物体变形。

物体间的作用形式是多种多样的，大致可分为两类：一类通过场起作用，如重力、万有引力、电磁力等，这些力分布在物体的整个体积内，称为分布力(distributed force)；另一类由物体间的接触而产生，如物体间的压力、摩擦力等，这些力是作用于接触面上的分布力，一般比较复杂，为方便计算可简化为作用于一点的集中力(concentrated force)。

力对物体的作用效果表现为两个方面：一是使物体的运动状态发生改变，叫作力的运动效应或外效应(external effect of forces)；二是使物体的形状发生改变，叫作力的变形效应或内效应(internal effect of forces)。

力对物体的效应取决于力的大小、方向和作用点。实验表明，力有确定的大小、方向，满足矢量运算法则，因而力是矢量，用 $\boldsymbol{F}$ 表示。在图 2-2 中，用一个带箭头的直线段表示力，线段的长度按一定比例表示力的大小；线段的方位及箭头的指向表示力的方向；矢量的始端(或末端)表示力的作用点。若以 $\boldsymbol{F}_0$ 表示沿力矢量方向的单位向量，则力矢 $\boldsymbol{F}$ 可以表示为 $\boldsymbol{F}=F\boldsymbol{F}_0$。

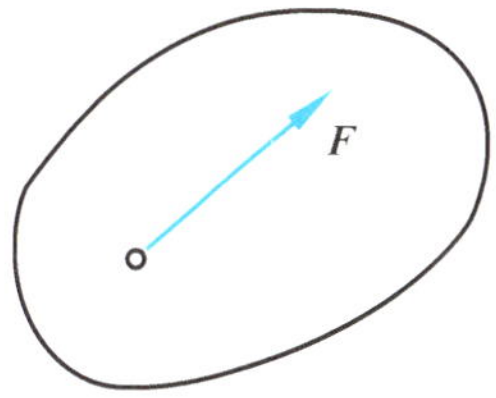

图 2-2　力的矢量表示

在国际单位制中，力的单位是牛顿(N)或千牛顿(kN)。

2.1.3　平衡

平衡(equilibrium)是指物体相对于惯性参考系处于相对静止或匀速直线运动状态。如果物体在力系的作用下保持平衡状态，则该力系称为平衡力系(equilibrium force system)。对一般的工程问题而言，取与地面相固连的坐标系为惯性参考系足够精确。例如，在地面上静止的建筑物，做匀速直线运动的车厢等，都处于平衡状态。

2.1.4　等效力系

如果作用于物体上的一个力系可用另一个力系代替，而不改变物体的运动状态，这两个力系互为等效力系(equivalent force system)。如果一个力与一个力系等效，则这个力称为该力系的合力(resultant force)，用 $\boldsymbol{F}_R$ 表示。

2.2　刚体静力学公理

2.2.1　力的平行四边形法则

作用于物体上同一点的两个力，可以合成为作用于该点的一个合力，合力的大小和方向由这两个力构成的平行四边形的对角线确定，如图 2-3(a) 所示。用矢量表示为

$$\boldsymbol{F}_R=\boldsymbol{F}_1+\boldsymbol{F}_2$$

由此可见力 $\boldsymbol{F}_R$ 亦可沿两个给定方向分解为与其等效的两个力，$\boldsymbol{F}_1$、$\boldsymbol{F}_2$ 称为 $\boldsymbol{F}$ 的分力。

为求合力，也可由任一点起，顺次画出矢量 $\boldsymbol{F}_1$、$\boldsymbol{F}_2$，连接起点与终点得到一个力的三角形，如图 2-3(b) 所示，第三边 $\boldsymbol{F}_R$ 即为合力矢，合力的作用点仍在汇交点。这一求合力的方法称为力的三角形法则。显然，这一合成方法与力矢的顺序无关，也可用图 2-3(c) 表示。

力的平行四边形法则表明了最简单力系的简化规律。

讨论分析：试根据力的平行四边形法则，分析已知的两个分力间的夹角与其合力大小有什

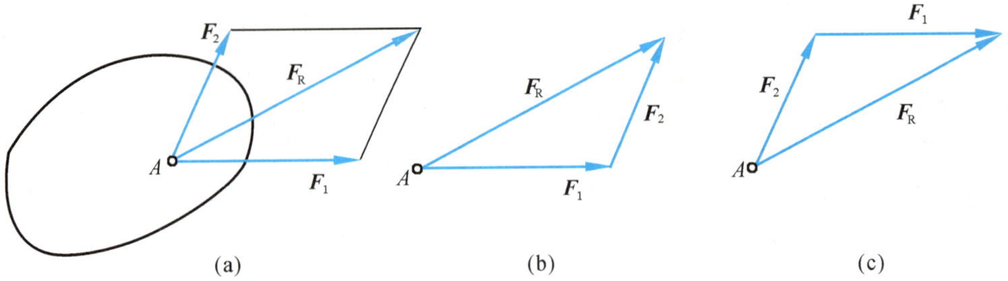

图 2-3　两个共点力的合成

么关系？

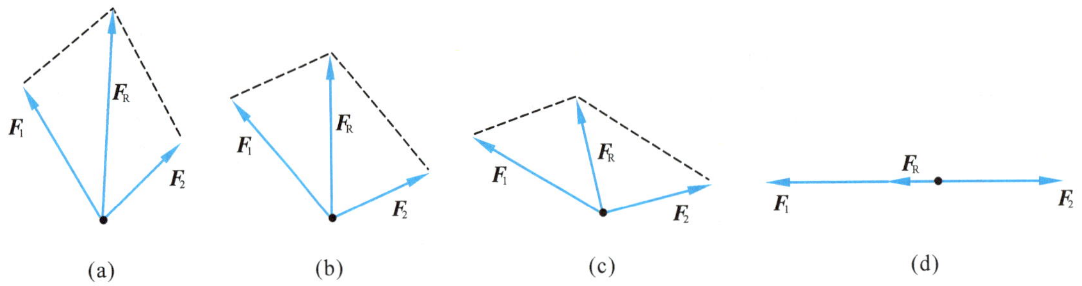

图 2-4　共点力合成分析

如图 2-4 所示，分析可见，两个分力 $\boldsymbol{F}_1$、$\boldsymbol{F}_2$ 间的夹角逐渐增大到 180 度，其相应的合力 $\boldsymbol{F}_R$ 逐渐减小。

由此联想"众人划桨开大船""人心齐，泰山移"等道理，一个成功的团队中，伙伴之间不仅是事业上的合作者，同时还是彼此精神上的依靠和支持，相互信任、相互激励、通力合作，从而产生最大的综合效益，创造出辉煌的业绩。

2.2.2　二力平衡条件

作用于同一刚体上的两个力使刚体保持平衡的必要和充分条件是：这两个力大小相等，方向相反，作用在同一条直线上，即

$$\boldsymbol{F}_1 = -\boldsymbol{F}_2$$

这个公理阐述了作用于刚体上最简单力系平衡时应满足的条件。

仅受两个力作用且处于平衡状态的杆件或构件称为二力杆（two-force bar）或二力构件（two-force member），它所受的两个力必定在两个力作用点的连线上，且大小相等、方向相反。

2.2.3　加减平衡力系公理

在作用于刚体上的任何一个已知力系上加上或减去任意一个平衡力系，并不改变力系对刚体的效应。由上述公理可导出以下两条力的性质：

（1）力的可传性

作用在刚体上的力可沿力的作用线移动到刚体内的任意一点，而不改变该力对刚体的效应。

根据力的可传性,对于刚体而言,力的三要素就是力的大小、方向和作用线。

(2) 三力平衡汇交原理

刚体受三个力作用而处于平衡状态,若其中两力的作用线相交于一点,则此三力必在同一平面内,且汇交于同一点。

2.2.4　作用力和反作用力定律

两物体间相互作用的力,即作用力与反作用力总是大小相等,方向相反,沿同一条直线,分别作用在两个物体上。

2.2.5　刚化原理

刚体静力学研究刚体在力系作用下的平衡问题,静力学的基本概念和理论对于可变形体有一定的适用性。如果变形体在某一力系作用下处于平衡状态,则将此变形体刚化为刚体时,其平衡状态不变,这一性质被称为刚化原理(principle of rigidization),它提供了将变形体看作刚体模型的条件。在刚体静力学的分析基础上,考虑变形体的几何和物理特性,可进一步研究变形体的力学行为。

2.3　物体的受力分析和受力图

2.3.1　约束和约束力

凡位移不受任何限制可以在空间做任意运动的物体称为自由体(free body),如在空中飞行的飞机、火箭等。如果物体的位移受到了预先给定的条件的限制,使它沿某些方向的运动成为不可能,则此物体称为非自由体(non-free body)。对非自由体的某些位移起限制性作用的周围物体称为约束(constraint)。如机车受铁轨的限制,只能沿轨道运动,铁轨就是机车的约束。其他如钢索对重物,轴承对电机转子等都是约束。

约束对物体沿某些方向运动的阻碍作用称为约束力(constraint force)或约束反力,简称反力。约束力的方向总是与约束所能阻碍的物体的运动方向相反,作用点为接触点。约束力的大小一般都是未知的,在静力学中,可通过与其他已知力组成的平衡力系,由力系的平衡条件求出。

约束力以外的其他力称为主动力(active force),如重力、水压力、风压力、电磁力等。物体所受的主动力一般都是已知的。

实际工程中的约束形式复杂多样,经过简化可抽象成理想的约束类型,下面介绍工程中常见的几种约束及相应的约束力的特征。

2.3.2　常见约束类型及约束力

(1) 柔索约束

理想化的柔索柔软且不可伸长,阻碍物体沿着柔索伸长的方向运动,因而只能承受拉力的作用。拉力作用于接触点，方向背离物体，如图 2－5 所示。链条或胶带传动轮，也只能承受拉力，对轮子的约束力沿轮缘的切线方向，如图 2－6 所示。

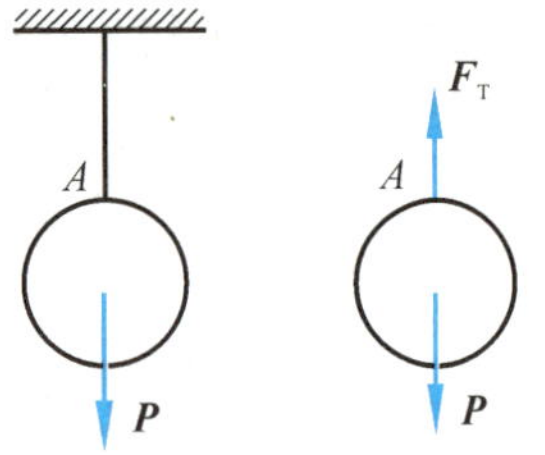

图 2－5　柔索约束

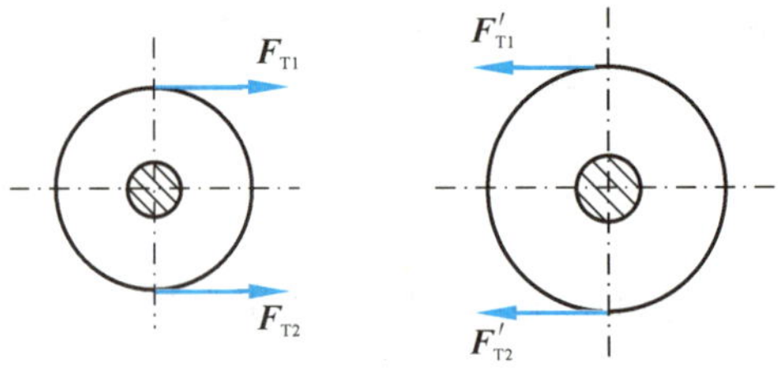

图 2－6　链条或胶带传动轮

(2) 理想光滑面约束

当物体与约束间的接触面是光滑的，称为理想光滑面约束，这种约束阻碍物体在接触点处沿公法线向接触面运动。约束力作用在接触点，方向沿接触面的公法线，并指向受力物体，称为法向反力，记为 $\boldsymbol{F}_N$，如图 2－7(a) 所示。光滑齿轮间的啮合力如图2－7(b) 所示。

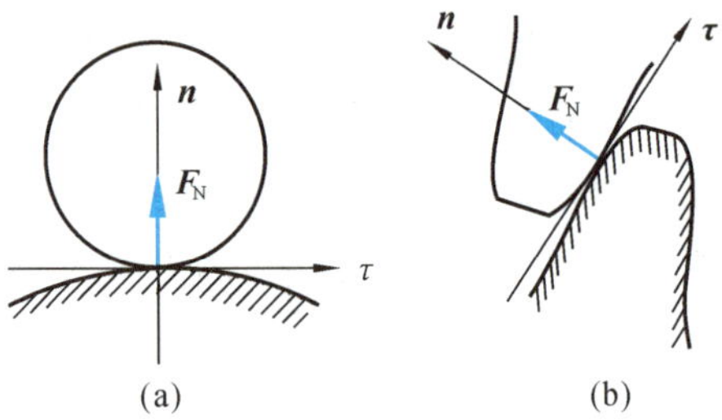

图 2－7　理想光滑面约束

(3) 光滑圆柱铰链约束

圆柱铰链是工程结构中用来连接构件的一种结构形式，其构造是将两个构件钻上同样大小的圆孔，并用圆柱销钉穿入圆孔将两个构件连接起来，这种约束简称为铰链(pin joint)。如果约束物体为固定支座，则又称这种约束为固定铰支座(fixed support of pin joint)，如图2－8(a) 所示。

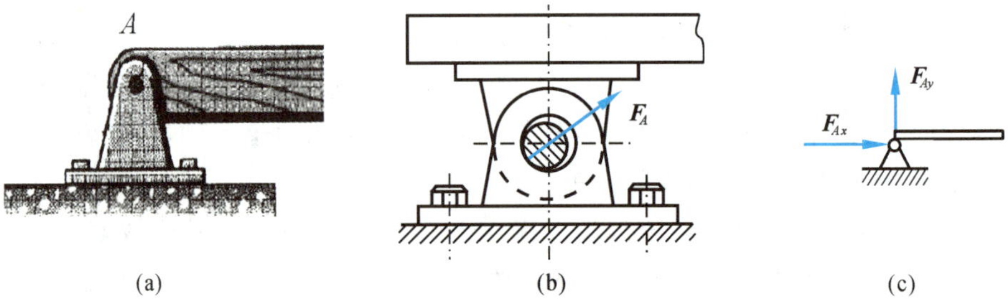

图 2－8　固定铰支座与约束力

分析支座的约束力，通常把销钉和结构看作一体，若销钉和圆孔是光滑的，支座的孔只能阻碍销钉沿径向向外的位移，而不能阻碍结构绕销钉轴线的相对转动。

销钉与孔的接触位置随外力而变化，在平面图形上为一点，因而约束力通过圆孔中心，作用在垂直于销钉轴线的平面内，方向未知，如图 2－8(b) 所示。一般以大小未知的一对正交分力 $\boldsymbol{F}_{Ax}$、$\boldsymbol{F}_{Ay}$ 表示，图 2－8(c) 为其约束简图及约束力的表示方法。

若支座以几个圆柱形滚轮支承，可以沿支承面移动，允许由于各种因素而引起的结构跨度的自由伸长或缩短，这种约束称辊轴支座(也叫可动铰支座)(roller support of pin joint)，在桥梁、屋架等结构中经常采用滚轴支座，如图 2－9(a) 所示。辊轴支座的简图有多种表示方法，如图 2－9(b) 所示。其约束力垂直于支承面，且通过铰链中心，或沿图 2－9(b) 中链杆方向，如图 2－9(c) 所示。

辊轴支座的作用是释放水平约束，主要用于结构水平推力的释放，包括温度应力和结构拱效应产生的推力。在桥梁结构等大跨度结构中辊轴支座的应用广泛，尤其是按照简支梁设计的时候，比如随处可见的铁路、公路高架桥，桥面与桥墩中间都有一个滚动支座。设置辊轴支座可以释放掉传到桥墩或者支架的水平力，降低结构造价。铁路桥梁要释放温度应力，允许桁架梁自由伸缩，主要就是考虑限制温度变形可能会引起铁轨变形。

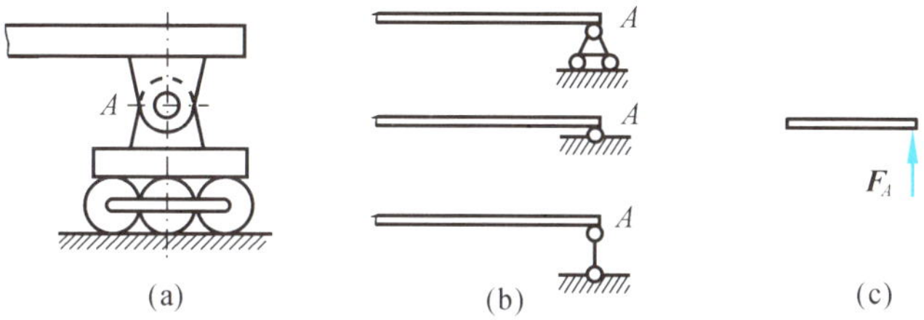

图 2－9 辊轴支座与约束力

若圆柱铰链连接两个构件称为活动铰链(也叫中间铰)(cylinder hinge)，如图 2－10(a) 所示，分析时将销钉固连在任意一个构件上，如图 2－10(b) 所示，则两构件互为约束。约束力与固定铰链支座性质相同，也是一对正交分力，如图 2－10(c) 所示。

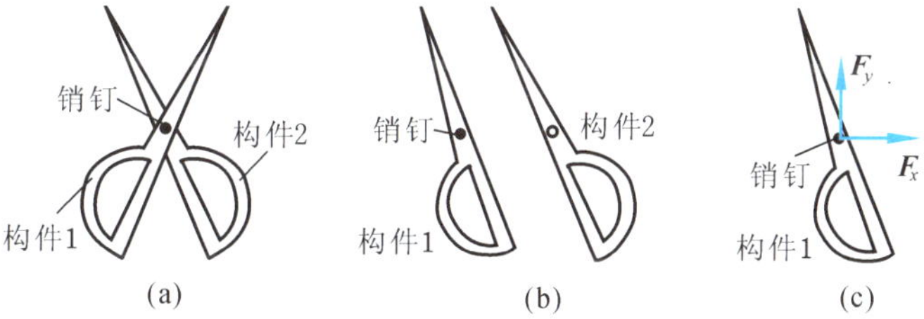

图 2－10 活动铰链

(4) 向心轴承和止推轴承

支撑传动轴的向心轴承也是一种固定铰链支座，传动轴为被约束体，如图 2－11(a) 所示，约束力可用两个通过轴心的正交分力表示，其约束简图及约束力如图 2－11(b) 所示。

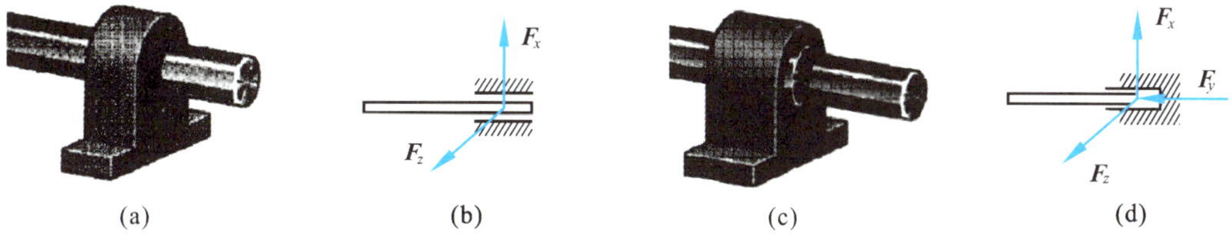

图 2－11 向心轴承、止推轴承与约束力

若向心轴承的一端固定，限制了轴沿轴向的位移，这种约束叫止推轴承，如图 2－11(c) 所示，它比向心轴承多了一个沿轴向的约束力，其约束简图和约束力如图 2－11(d) 所示。

(5) 光滑球铰链

两构件通过球壳和圆球连接在一起，这种约束简称为球铰链(ball-socket joint)，也包括固定球铰和活动球铰。图2-12(a)为固定球铰约束的示意图。它使被约束件的球心不能有任何位移，但构件可绕球心在空间转动。球与球壳为点接触，此点位置随载荷而变化。因此，光滑球铰提供一个过球心，大小方向均未知的三维空间约束力，通常用其三个正交分力表示，如图 2-12(b) 所示。

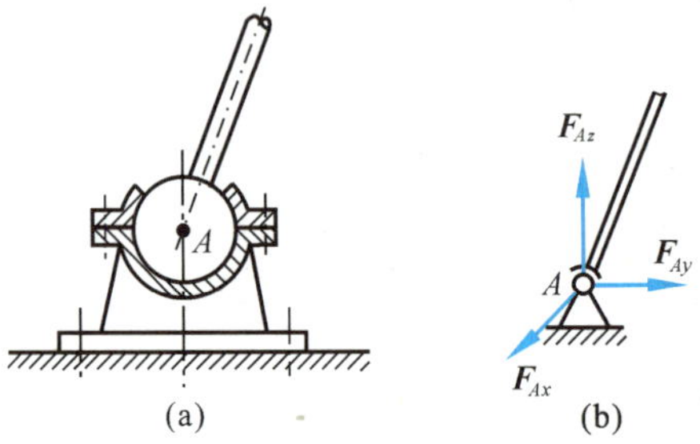

图 2-12　光滑球铰链与约束力

◀ 讲授视频：约束与约束力。

2.3.3　物体的受力分析和受力图

恩格斯在"辩证世界图景"中指出事物存在普遍联系，即事物内部各要素之间和事物之间相互影响、相互制约和相互作用。构件之间通过力的方式、相互制约和相互作用，如作用力与反作用力、物体之间的摩擦力等。构件之间力的作用是普遍存在的，不是脱离物体孤立存在的。力的作用与物体是统一的整体，通过力的作用联系使构件之间发生外在的运动状态改变和内在的形状改变。

研究物体的平衡必须确定物体的受力情况，为此需将分析对象从与其相联系的周围物体中分离出来，即取分离体(isolated body)，把约束对研究对象的作用以约束力代替(也叫解除约束)。分离体上所受的力包括全部的主动力和约束力，主动力一般已知，但约束力却需要根据约束的性质判断其作用点或作用线的方位、指向等，将它们逐一画出。这种表示研究对象(即分离体)所受的全部力的图形称为受力图(free body diagram)。画物体的受力图，是解决力学问题的一个重要步骤。

受力图的引入，不仅形象直观地表达了研究对象的受力情况，也为我们研究力学问题提供了一种分析方法。画好受力图是分析、解决力学问题的前提和关键。

【例 2-1】　屋架受均布风力 q(N/m)，重为 $\boldsymbol{P}$，A 处为固定铰支座，B 处为辊轴支座，如图 2-13(a) 所示，画出屋架的受力图。

解：(1) 取屋架为研究对象，除去约束，画出简图；

(2) 画主动力；

(3) 根据约束性质画出约束力，A 处为固定铰支座，可用一对大小未知的正交分力表示。B 处为辊轴支座，约束力垂直向上，受力图如图 2-13(b) 所示。

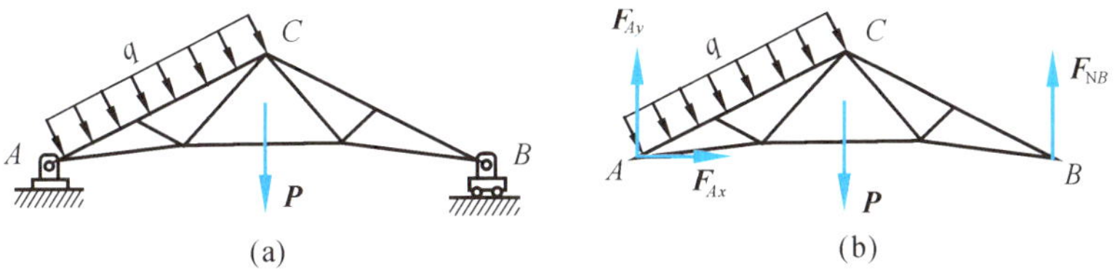

图 2-13　例 2-1 图

【例 2-2】　梁 AB 的一端用铰链，另一端用柔索固定在墙上，如图 2-14(a) 所示，在 D 处挂一重物，其重量为 $\boldsymbol{P}$，梁的自重不计，画出梁的受力图。

解：（1）以梁为研究对象（取分离体），单独画出其简图后，先画出主动力 $\boldsymbol{P}$。

（2）画约束力。A 处为固定铰支座，其约束力可用正交分力 $\boldsymbol{F}_{Ax}$、$\boldsymbol{F}_{Ay}$ 表示。解除柔索 BC 的约束，代之以沿 BC 方向的拉力 $\boldsymbol{F}_{\mathrm{T}}$，梁的受力图如图 2-14(b) 所示。

（3）进一步分析，因梁只受三个力的作用而平衡，且力 $\boldsymbol{P}$ 与 $\boldsymbol{F}_{\mathrm{T}}$ 相交，故可由三力平衡汇交原理确定 A 处力的作用线必通过交点，其受力图也可画作如图 2-14(c) 所示。

（4）如果考虑梁的自重，A 处约束力的方位无法判断，受力图如图 2-14(d) 所示。

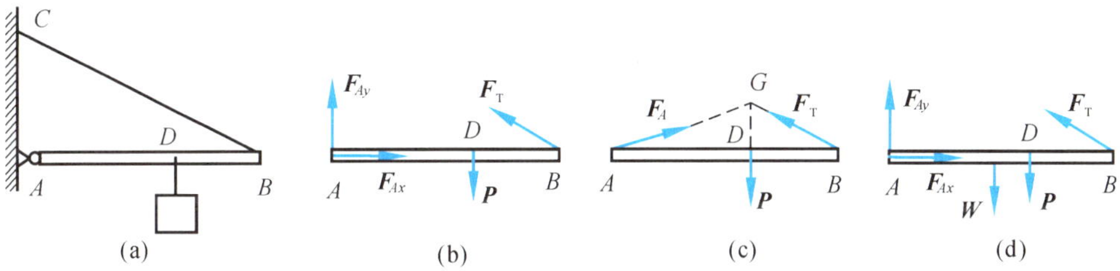

图 2-14　例 2-2 图

【例 2-3】　水泥管用两撑杆支撑置于斜面上，如图 2-15(a) 所示，管子重 $\boldsymbol{P}$。A、B、C 三处均为光滑铰链，不计撑架自重，D、E 处的摩擦不计。画出杆 AC、杆 AB、管子及整体的受力图。

解：（1）分析杆 AC 的受力。由于杆 AC 的自重不计，且只在 A、C 两处受到铰链约束，因此杆 AC 为二力杆，在 A、C 两处分别受 $\boldsymbol{F}_A$ 和 $\boldsymbol{F}_C$ 的作用，$\boldsymbol{F}_A = -\boldsymbol{F}_C$，受力图如图 2-15(b) 所示。

（2）以管子为研究对象，受有重力 $\boldsymbol{P}$，在点 E 受光滑斜面对它的法向反力 $\boldsymbol{F}_E$，点 D 受撑架 AB 对它的作用力 $\boldsymbol{F}_D$，受力图如图 2-15(c) 所示。

（3）取杆 AB 为研究对象，在 A 处有杆 AC 给它的反作用力 $\boldsymbol{F}_A'$ 的作用，$\boldsymbol{F}_A' = -\boldsymbol{F}_A$。在点 D 有管子的反作用力 $\boldsymbol{F}_D'$ 的作用。B 处固定铰支座的约束力方向未定，根据三力平衡汇交原理，可确定 $\boldsymbol{F}_B$ 的方位，受力图如图 2-15(d) 所示。

（4）以整个系统为研究对象时，可把平衡的整个结构看作一个刚体。由于铰链 A 处所受的力互为作用力与反作用力关系，即 $\boldsymbol{F}_A' = -\boldsymbol{F}_A$，管子与杆 AB 接触点所受的力也互为作用力与反作用力，即 $\boldsymbol{F}_D = -\boldsymbol{F}_D'$，这些力都成对地作用在整个系统内，称为系统的内约束力(internal constraint force)。内约束力对系统的作用相互抵消，在受力图上不必画出，整个系统的受力图如图 2-15(e) 所示。

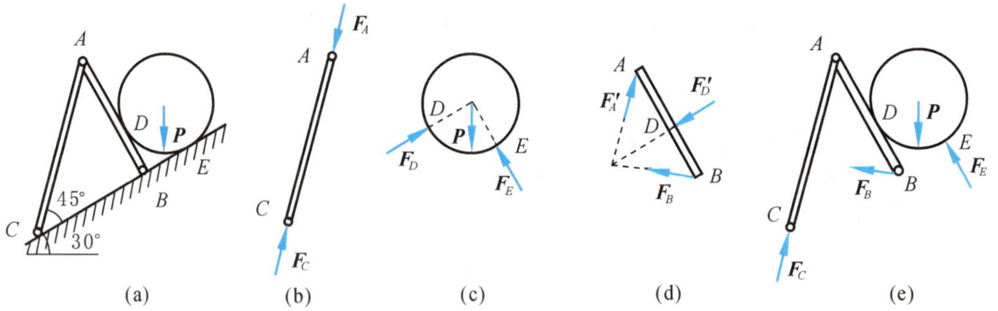

图 2-15　例 2-3 图

画受力图时应注意以下几点：

(1) 确定研究对象，明确施力体与受力体，注意各部件之间作用力与反作用力的关系。

(2) 画刚体系统整体的受力图时，内力不出现在受力图上。

(3) 判断二力构件，简化约束力的个数；运用三力平衡汇交原理判定未知力的方位，可以迅速画出构件的受力图。

◀ 讲授视频：物体的受力分析和受力图。

2.4　共点力的合成

2.4.1　共点力合成的几何法

多个力汇交于一点，可依次使用力的平行四边形法则合成，最后得到一通过汇交点的合力，此力与原力系等效。设汇交力系包含 n 个力，$\boldsymbol{F}_R$ 为它们的合力，则有

$$\boldsymbol{F}_R = \boldsymbol{F}_1 + \boldsymbol{F}_2 + \cdots + \boldsymbol{F}_n = \sum_{i=1}^{n} \boldsymbol{F}_i \qquad (2-1)$$

若共点力处于同一平面，称为平面汇交力系(concurrent forces in plane)。以平面汇交力系为例，可用力的三角形法则，将各力顺次首尾相连，连接起点与最后一力矢量的末端即为合力矢，如图 2-16 所示。这种方法也叫力的多边形法则(force polygon law)。显然合力矢与各力矢相加的次序无关。

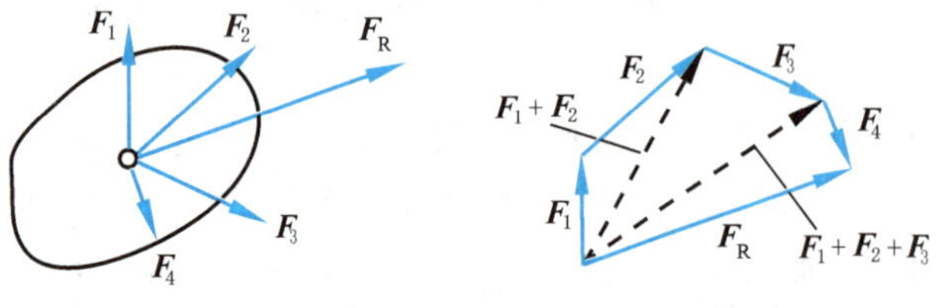

图 2-16　多个共点力合成的几何法

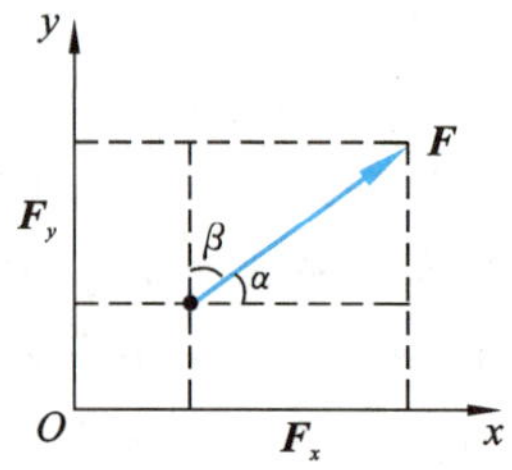

图 2-17　力在直角坐标轴上的投影

2.4.2　力的投影与解析表达式

若已知力 $\boldsymbol{F}$ 与直角坐标系 x、y 轴的夹角分别为 α、β，如图 2－17 所示，则力的投影为

$$\left.\begin{aligned}F_x &= F\cos\alpha \\ F_y &= F\cos\beta\end{aligned}\right\} \tag{2-2}$$

以 $\boldsymbol{i}$、$\boldsymbol{j}$ 表示平面直角坐标系 x、y 轴的单位向量，力的解析表达式为

$$\boldsymbol{F} = F_x\boldsymbol{i} + F_y\boldsymbol{j}$$

2.4.3　平面汇交力系合成的解析法

对式(2－1)，由合矢量投影定理有

$$\left.\begin{aligned}F_{Rx} &= F_{1x} + F_{2x} + \cdots + F_{nx} = \sum_{i=1}^{n} F_{ix} \\ F_{Ry} &= F_{1y} + F_{2y} + \cdots + F_{ny} = \sum_{i=1}^{n} F_{iy}\end{aligned}\right\} \tag{2-3}$$

其中 F_{Rx}、F_{Ry} 为合力 $\boldsymbol{F}_R$ 沿 x、y 轴的投影，则合力矢 $\boldsymbol{F}_R$ 可表示为

$$\boldsymbol{F}_R = F_{Rx}\boldsymbol{i} + F_{Ry}\boldsymbol{j} = \sum_{i=1}^{n} F_{ix}\boldsymbol{i} + \sum_{i=1}^{n} F_{iy}\boldsymbol{j} \tag{2-4}$$

合力的大小和方向余弦为

$$F_R = \sqrt{(\sum F_x)^2 + (\sum F_y)^2}$$

$$\cos(\boldsymbol{F}_R, \boldsymbol{i}) = \frac{\sum F_x}{F_R}$$

$$\cos(\boldsymbol{F}_R, \boldsymbol{j}) = \frac{\sum F_y}{F_R}$$

【例 2－4】　梁一端作用有三个力 $\boldsymbol{F}_1$、$\boldsymbol{F}_2$、$\boldsymbol{F}_3$，方向如图 2－18 所示，各力大小分别为 $F_1 = 150$ N，$F_2 = 275$ N，$F_3 = 75$ N，求合力的大小及方向。

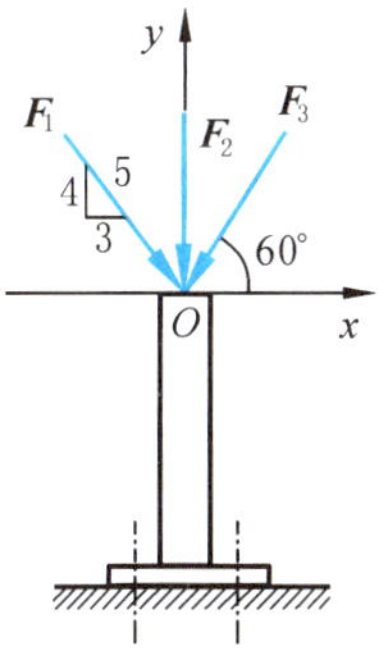

图 2－18　例 2－4 图

解：　建立直角坐标系 Oxy，将各力沿 x、y 轴投影可得

$$F_{Rx} = \sum F_x = \frac{3}{5}F_1 - F_3\cos 60^\circ = 52.5\ \text{N}$$

$$F_{Ry} = \sum F_y = -\frac{4}{5}F_1 - F_2 - F_3\sin 60^\circ = -459.9\ \text{N}$$

$$F_R = \sqrt{(\sum F_x)^2 + (\sum F_y)^2} = 462.9\ \text{N}$$

$$\angle(\boldsymbol{F}_R, \boldsymbol{i}) = \arccos\frac{F_{Rx}}{F_R} = 83.5^\circ (\text{第四象限})$$

2.4.4　力对点的矩

力对点的矩(moment of force about a point)是力使物体绕某点转动效应的度量，用 $M_O(\boldsymbol{F})$ 表示。

$$M_O(\boldsymbol{F}) = \pm F \cdot d \tag{2-5}$$

式中,O 为矩心,d 为矩心到力作用线的距离,称为力臂。如图 2-19 所示。力矩的正负号表示转动方向,逆时针为正。力矩的单位为N·m 或 kN·m。

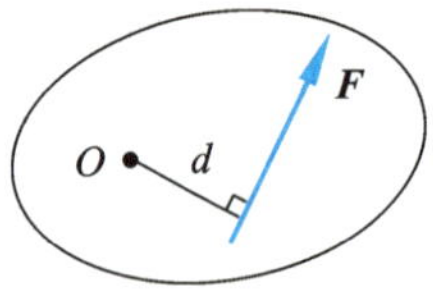

图 2-19 力对点的矩

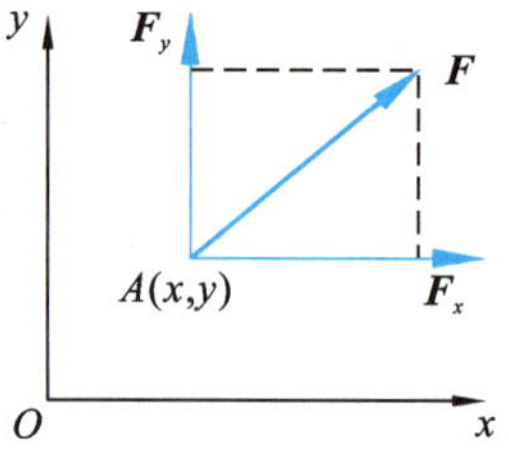

图 2-20 力矩的解析表达式

2.4.5 合力矩定理

若力系存在合力,则合力对某一点的力矩等于各分力对同一点力矩的矢量和。此即合力矩定理(varignon's theorem),可表示为

$$M_O(\boldsymbol{F}_R) = \sum M_O(\boldsymbol{F}_i)$$

在如图 2-20 坐标系中,若力作用于点 $A(x、y)$,由合力矩定理,可得力矩计算的解析表达式为

$$M_O(\boldsymbol{F}) = M_O(\boldsymbol{F}_x) + M_O(\boldsymbol{F}_y) = xF_y - yF_x \tag{2-6}$$

2.5 力　　偶

2.5.1 力偶与力偶矩

由大小相等、方向相反且不共线的两个平行力组成的力系,称为力偶(couple),记作($\boldsymbol{F}$,$\boldsymbol{F}'$),两力作用线之间的距离 d 称为力偶臂(arm of couple),力偶所在的平面称为力偶作用面(plane of the couple)。如图 2-21 所示,汽车司机用双手转动驾驶盘而施加于其上的作用力近似一个力偶。

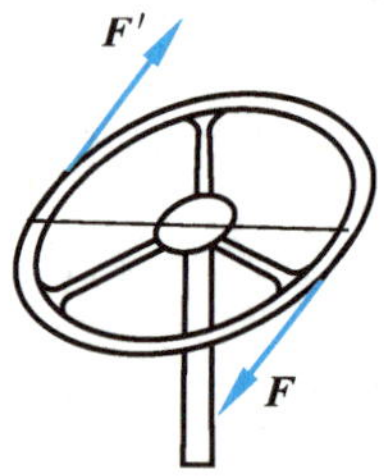

图 2-21 作用在驾驶盘上的力偶

力和力偶是力学中的两个最基本的机械作用量,力对刚体具有移动和转动两种效应;力偶对刚体只有转动效应。

力偶对刚体的转动效应用力偶矩来度量,力偶矩用 M 表示,大小等于力与力偶臂的乘积。即

$$M = \pm Fd \tag{2-7}$$

正负号表示力偶的转向,逆时针转向为正,反之为负。

2.5.2　力偶的性质

力偶对刚体的作用效果取决于力偶矩。

两个力偶等效的条件是两个力偶的力偶矩相等。由此可知，只要保持力偶矩大小和转向不变，力偶可在作用面内任意移动或转动；同时改变力和力偶臂的大小，只要力偶矩大小不变，力偶对刚体的作用效果不变。力偶可以用作用面内的旋转箭头表示，如图 2-22 所示。

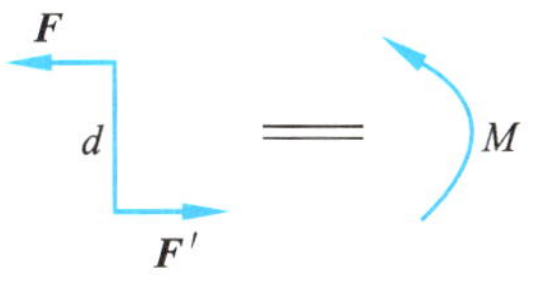

图 2-22　力偶的表示

需要注意的是，以上力偶性质只适用于刚体模型或对物体运动效应的研究，在讨论物体的变形效应时将受到限制。

2.5.3　同平面内力偶的合成

可以证明，在同一平面内的力偶可以合成为一个力偶，该力偶作用面也在同一平面内，力偶矩的大小等于各力偶矩的代数和，即

$$M = M_1 + M_2 + \cdots + M_n = \sum_{i=1}^{n} M_i \tag{2-8}$$

◀ 讲授视频：共点力的合成、力矩与力偶。

2.6　静力学模型的建立

实际工程中的研究对象一般比较复杂，需要将实际物体进行合理的抽象与简化，即建立适当的力学模型。对于静力学模型主要从物体模型、约束类型、载荷与受力方式等几个方面进行简化，以方便进一步分析和计算。

如图 2-23(a) 为工程中常见的压路机，在分析碾子的静力学问题时，将碾子视为刚体。碾子周围的地面和障碍根据约束性质可简化为理想光滑面约束，碾子自重和牵引力可用集中力表示，如图 2-23(b) 所示。而碾子与地面之间的接触力实际为分布力，一般情况下忽略碾子与地面的变形，将接触力简化为法向约束反力，如图 2-23(c) 所示。

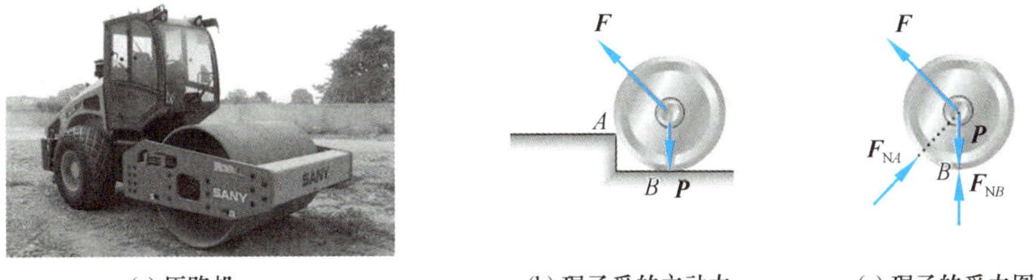

(a) 压路机　(b) 碾子受的主动力　(c) 碾子的受力图

图 2-23　压路机及其碾子的受力图

这种忽略物体微小变形的刚体模型是抽象化的模型，它既简化了问题的研究，也更深刻地反映出物体运动效应与其所受力的内在联系。而当分析物体内部受力时，则必须考虑其内部

效应，建立变形体模型。

◀ 拓展阅读：静力学奠基人——阿基米德（数字资源）

思　考　题

2-1　思考二力平衡条件和力的可传性的适用条件。

2-2　什么叫二力构件？凡两端用铰链连接的杆都是二力杆吗？分析二力构件受力时与构件形状有无关系。

2-3　试说明如题图所示共点力系画出的两个力三角形中三个力的关系。

思考题 2-3 图

2-4　题图所示两种坐标系，试将同一力在这两种坐标系中进行分解和求投影，并比较分力与投影的关系。

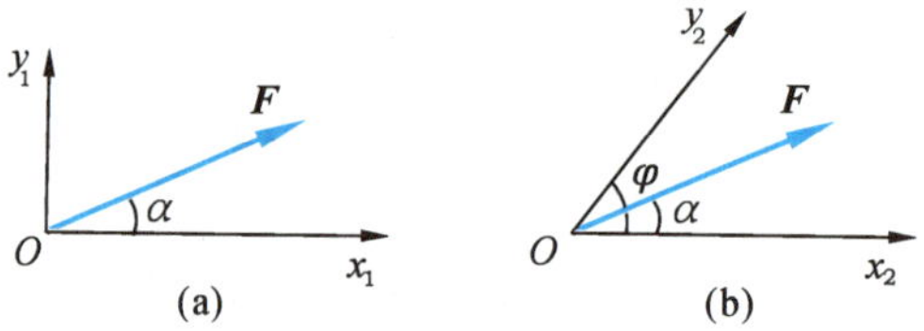

思考题 2-4 图

2-5　试说明力与力偶的区别与联系。

2-6　力矩与力偶矩有何异同？

2-7　在确定题图所示三角刚架中 A 处的约束力时，能否将作用于 AC 段上的力 $\boldsymbol{F}$ 沿作用线移至点 E？

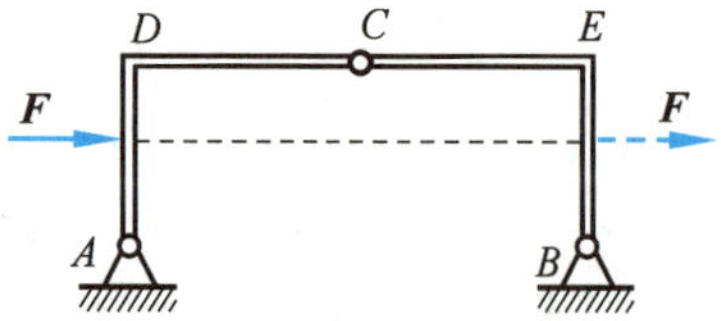

思考题 2-7 图

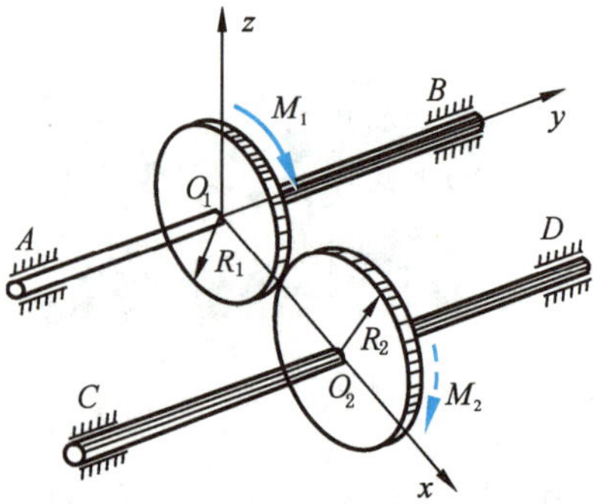

思考题 2-8 图

2-8　题图所示传动系统，在分析轴 CD 的受力时，能否将作用在轴 AB 上的力偶移到轴 CD 上？

习　　题

2-1　画出下列题图所示结构中各物体的受力图，所有接触均为光滑接触。

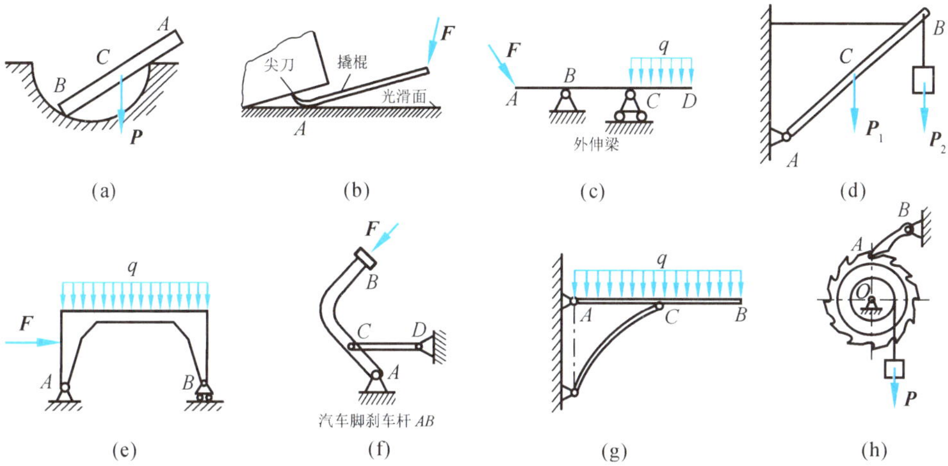

习题 2-1 图

2-2　如题图所示，画出下列每个标注字符的物体的受力图，画出各题的整体受力图。未画重力的物体的重量均不计，所有接触均为光滑接触。

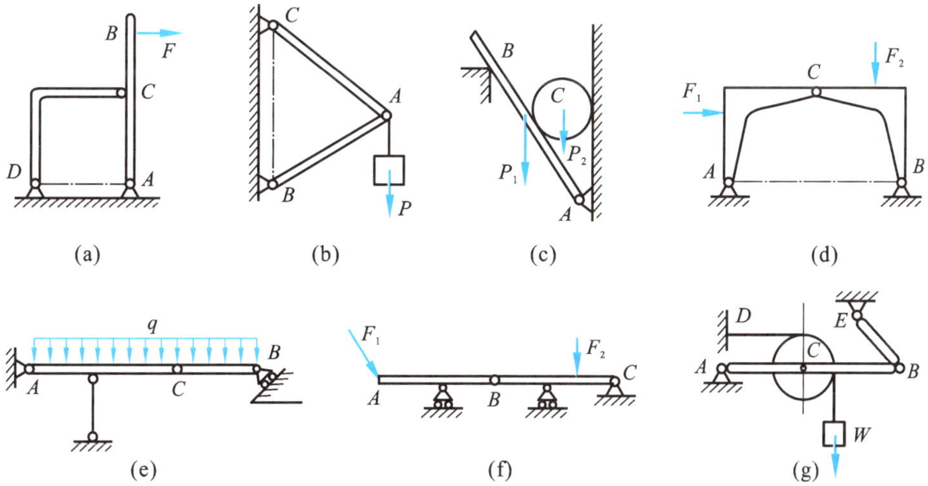

习题 2-2 图

2-3　试画出 a 和 b 两种情形下各构件的受力图，并加以比较，所有接触均为光滑接触。

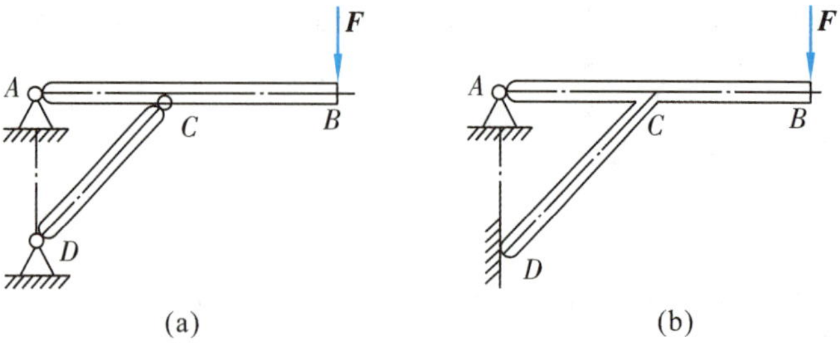

习题 2-3 图

2-4　试求题图所示共点力系的合力。

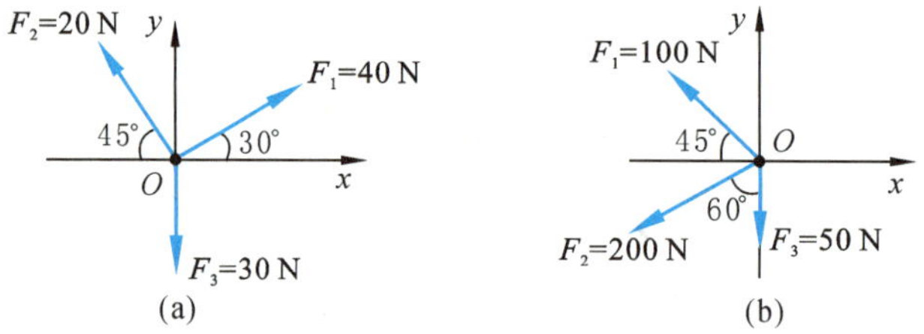

习题 2-4 图

2-5　用两根绳子将桩提起，作用于绳 A 上的拉力为 300 N，方向与水平线夹角为 60°，如题图所示。为使合力铅直向上，大小为 600 N，试求作用于绳 B 上的拉力 $\boldsymbol{F}_{\mathrm{T}}$ 的大小及与铅垂线夹角 θ。

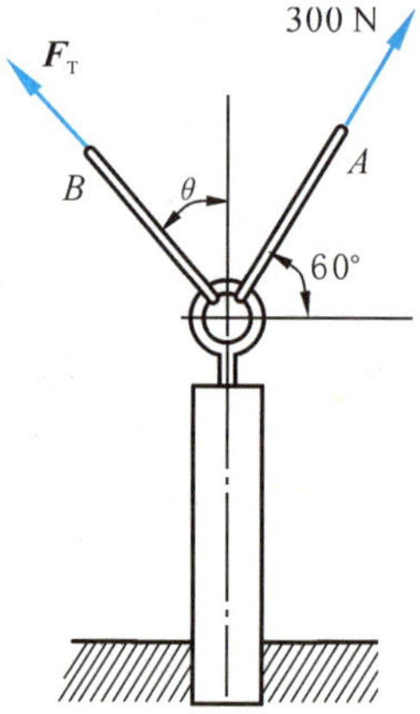

习题 2-5 图

2-6　计算下列题图中力 $\boldsymbol{F}$ 对点 O 的矩。

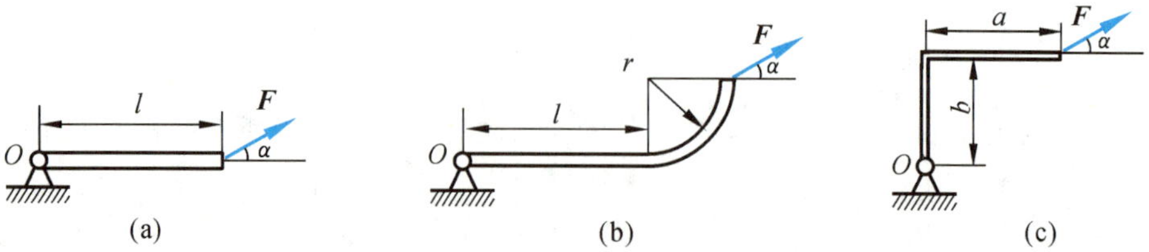

习题 2-6 图

2－7　试计算题图所示中 $\boldsymbol{F}$ 对点 O 的矩。

2－8　题图所示薄壁的钢筋混凝土挡土墙重 $P_1=75$ kN，覆土重 $P_2=120$ kN，水平土压力 $F=90$ kN。求水平力 F 产生的使墙绕前趾 A 倾覆的力矩 M_1 和 P_1、P_2 产生的使墙趋于稳定的抗倾覆力矩 M_2。

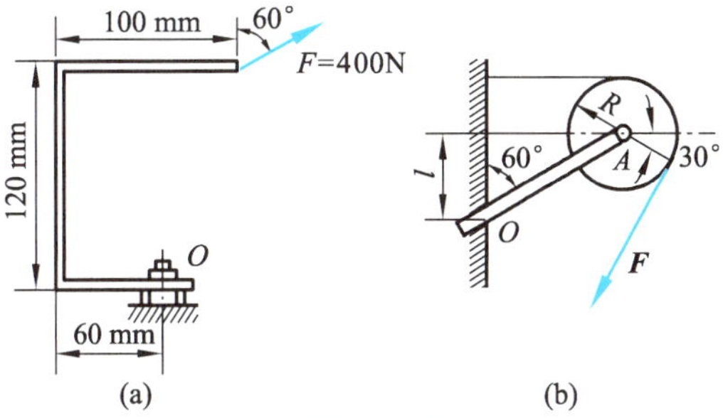

习题 2－7 图

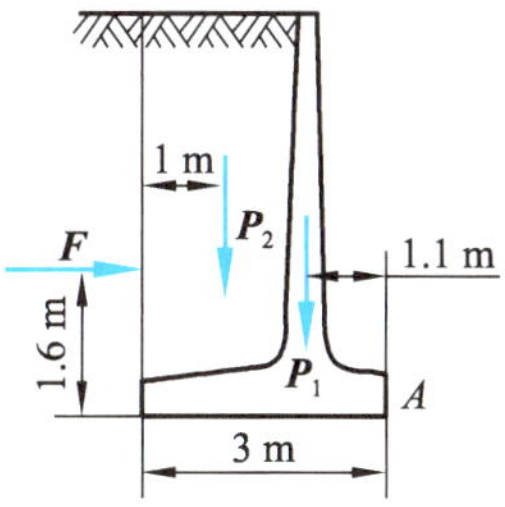

习题 2－8 图

3　力系的简化和平衡

3.1　力系向一点的简化

3.1.1　力的平移定理

作用在刚体上的力可以平行移动到刚体上任一点，但必须同时附加一个力偶，这个附加力偶的力偶矩等于原来的力对新作用点的矩。力的平移定理是力系向一点简化的依据。

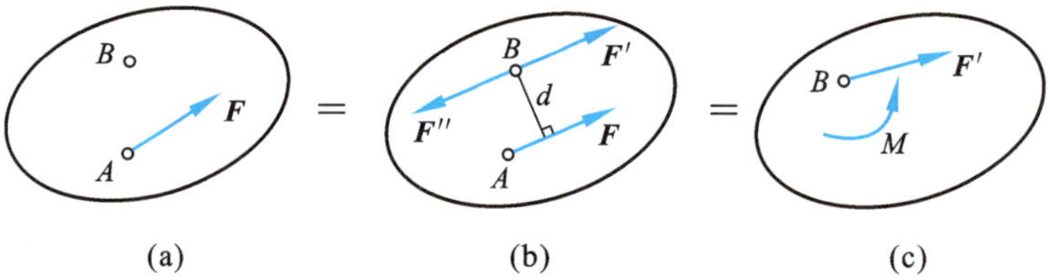

图 3-1　力的平移定理

证明：　图 3-1(a) 中的力 $\boldsymbol{F}$ 作用于刚体的点 A。在刚体上任取一点 B，根据加减平衡力系原理，在点 B 加一对平衡力，且令 $\boldsymbol{F}'=\boldsymbol{F}=-\boldsymbol{F}''$，如图 3-1(b) 所示。显然，三个力 $\boldsymbol{F}$、$\boldsymbol{F}'$ 和 $\boldsymbol{F}''$ 组成的新力系与原来的一个力 $\boldsymbol{F}$ 等效。$\boldsymbol{F}$ 和 $\boldsymbol{F}''$ 组成一个力偶，称为附加力偶，如图 3-1(c) 所示。附加力偶作用面与点 B 和力 $\boldsymbol{F}$ 组成的平面共面，且力偶矩为

$$M=M_B(\boldsymbol{F})$$

反过来，根据力的平移定理，也可以将同平面内的一个力和一个力偶用作用在平面内另一点的力来等效替换。

3.1.2　平面任意力系向一点简化

当刚体同时受到多个力及力偶的作用且力的作用线分布在同一平面内时，力系称为平面任意力系(general force system in plane)。为研究力系对刚体的运动效应，通常将力系用较简单的等效力系代替而使问题得到简化。

应用力的平移定理，依次将如图 3-2(a) 中作用于刚体上的每一个力向刚体上的任一点 O 平移，同时附加一个相应的力偶。平移之后，组成一共点力系和一力偶系，如图 3-2(b) 所示。点 O 称为简化中心(center of reduction)，作用于点 O 的共点力系合成的力 $\boldsymbol{F}'_{\mathrm{R}}$，称为主矢(principal vector)。力偶系可合成为一力偶，以 M_O 表示合力偶矩，称为原力系对点 O 的主矩(principal moment)，如图 3-2(c) 所示。

主矢与简化中心的位置无关，而主矩一般与简化中心的位置有关。主矢等于原力系各力的矢量和；主矩等于各附加力偶矩的代数和，即原力系各力对简化中心的力矩的代数和。主矢

和主矩由下列公式确定：

$$\boldsymbol{F}'_{\mathrm{R}}=\sum_{i=1}^{n}\boldsymbol{F}_i{}'=\sum_{i=1}^{n}\boldsymbol{F}_i=\sum_{i=1}^{n}F_{xi}\boldsymbol{i}+\sum_{i=1}^{n}F_{yi}\boldsymbol{j} \tag{3-1}$$

$$F'_{\mathrm{R}}=\sqrt{(\sum_{i=1}^{n}F_{xi})^2+(\sum_{i=1}^{n}F_{yi})^2} \tag{3-2}$$

$$\cos(\boldsymbol{F}'_{\mathrm{R}},\boldsymbol{i})=\frac{\sum_{i=1}^{n}F_{xi}}{F_{\mathrm{R}}},\qquad \cos(\boldsymbol{F}'_{\mathrm{R}},\boldsymbol{j})=\frac{\sum_{i=1}^{n}F_{yi}}{F_{\mathrm{R}}}$$

$$M_O=\sum_{i=1}^{n}M_i=\sum_{i=1}^{n}M_O(\boldsymbol{F}_i)=\sum_{i=1}^{n}(x_iF_{yi}-y_iF_{xi}) \tag{3-3}$$

在主矩的计算中，若原刚体上有力偶的作用，可将力偶矩直接计入主矩。

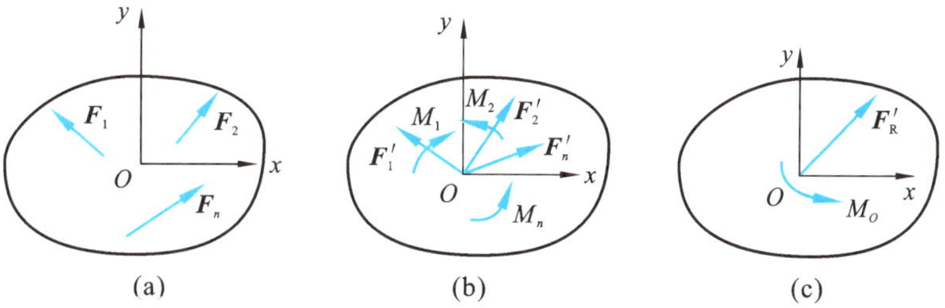

图 3-2 平面任意力系向一点简化

3.1.3 力系简化的结果分析

力系向一点简化可能出现下列四种情况，即

(1) 主矢 $F'_{\mathrm{R}}=0$，主矩 $M_O\neq 0$

此时力系简化为一合力偶，即原力系与一力偶等效，在这种情况下，主矩与简化中心的位置无关。

(2) 主矢 $F'_{\mathrm{R}}\neq 0$，主矩 $M_O=0$

力系简化为一合力，这力与原力系等效，即为原力系的合力，合力的作用线通过简化中心 O，其大小和方向与主矢相同。在这种情况下，简化结果与简化中心选取有关。

(3) 主矢 $F'_{\mathrm{R}}\neq 0$，主矩 $M_O\neq 0$

在这种情况下，由力的平移定理可进一步合成为一个力，如图 3-3 所示，$\boldsymbol{F}_{\mathrm{R}}$ 就是原力系的合力，大小和方向与主矢相同，其作用线距简化中心的距离为

$$d=\frac{|M_O|}{F_{\mathrm{R}}} \tag{3-4}$$

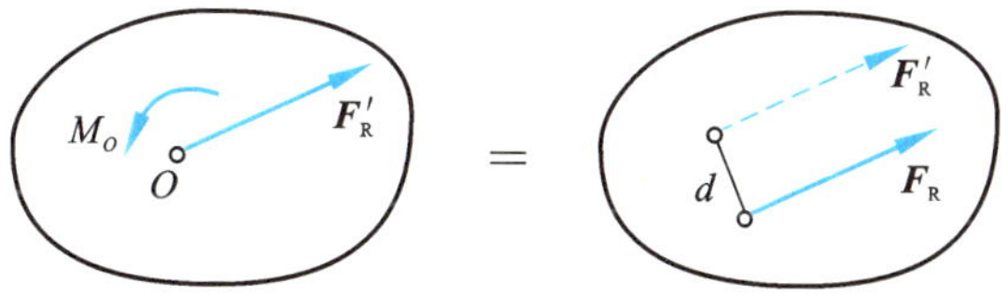

图 3-3 主矢与主矩的进一步简化

(4) 主矢 $F'_R=0$，主矩 $M_O=0$

由刚体动力学原理可知，此时刚体处于平衡状态。

3.1.4 力系简化理论的应用

下面利用力系向一点简化的方法分析固定端约束的约束力。所谓固定端约束(fixed end support)，是指连接处刚性很大，两物体间既不能产生相对平移，也不能有相对转动。如图3－4中机床上固定工件的三爪卡盘对工件的约束，以及图3－5中墙对嵌入墙内的梁的约束。

固定端约束与被约束物体间为面接触，约束力是沿接触线或接触面分布的空间力系。

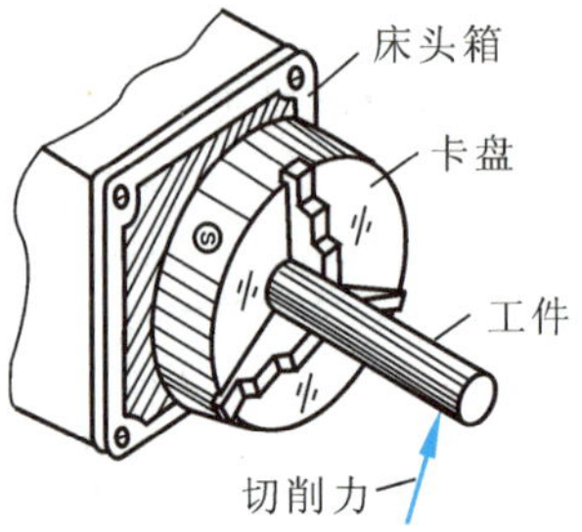

图3－4 机床卡盘

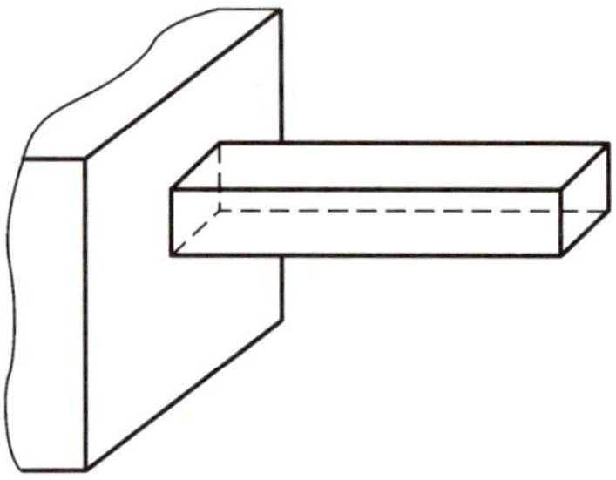

图3－5 固定端约束

根据载荷作用情况，若构件所受外力为平面任意力系，固定端处的约束力也为平面任意力系。根据力系简化理论，可简化为平面内的两个约束力分量 $\boldsymbol{F}_{Ax}$、$\boldsymbol{F}_{Ay}$ 和一个约束力偶，其力偶的作用面在同一平面内，如图3－6所示。

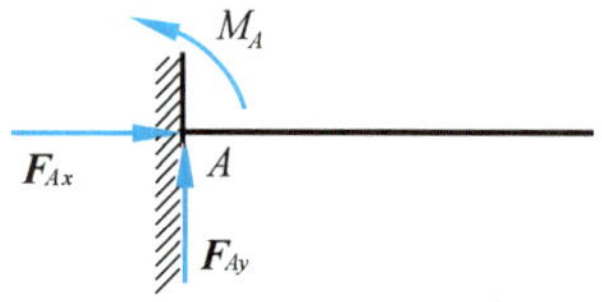

图3－6 平面固定端约束力

利用力系向一点简化的方法，还可以确定分布载荷合力的大小及合力作用线的位置，以下例说明。

【例3－1】 设水深为 h，水的容重(单位容积的重量)为 γ，求图3－7所示单位长度坝侧面所承受的静水压力的合力。

解： 作用于坝侧面的水压力可简化为沿坝面中心线 OA 分布的水平线载荷(图3－7)，且在水面下 y 处的线载荷集度为

$$q=\frac{\gamma y(1\times \mathrm{d}y)}{\mathrm{d}y}=\gamma y$$

可见载荷集度与水的深度成正比，按此绘出的载荷图为图中所示的三角形。

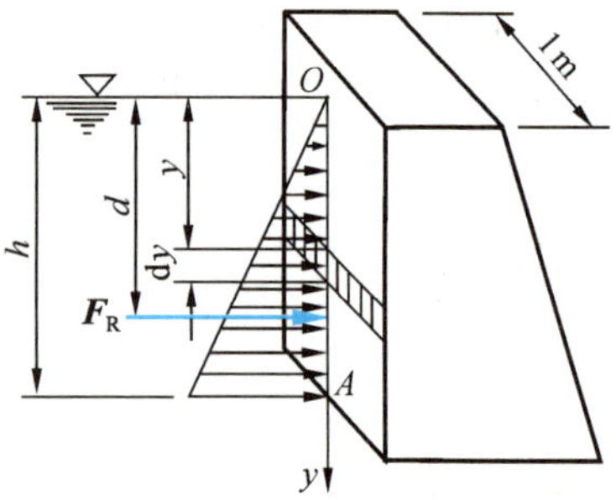

图3－7 坝侧面受静水压力

坝面所受静水压力的合力 $\boldsymbol{F}_R$ 的大小为

$$F_R=\int_0^h q\,\mathrm{d}y=\int_0^h \gamma y\,\mathrm{d}y=\frac{1}{2}\gamma h^2$$

且此合力 $\boldsymbol{F}_R$ 应与原分布载荷平行。如令 $\boldsymbol{F}_R$ 的作用线到水面的距离为 d，则由合力矩定理，有

$$F_R d=\int_0^h yq\,\mathrm{d}y=\int_0^h \gamma y^2\,\mathrm{d}y=\frac{1}{3}\gamma h^3$$

所以

$$d=\frac{\int_0^h y\,q\,\mathrm{d}y}{F_{\mathrm{R}}}=\frac{2}{3}h$$

对于任意分布形式的同向分布力系，可用上述方法合成为一合力，合力大小等于分布载荷图形的面积，合力作用线过图形的几何中心。

◀ 讲授视频：力系向一点的简化。

3.2 平面任意力系的平衡方程

3.2.1 平面任意力系的平衡方程

平面任意力系向一点简化的结果是与原力系等效的主矢 $\boldsymbol{F}'_{\mathrm{R}}$ 和主矩 M_O，因此，力系平衡的充要条件是主矢和主矩均为零，即有

$$\boldsymbol{F}'_{\mathrm{R}}=0 \tag{3-5}$$

$$M_O=0 \tag{3-6}$$

由式(3-2)及式(3-3)可得平面任意力系的平衡方程

$$\left.\begin{array}{l}\sum F_x=0\\ \sum F_y=0\\ \sum M_O=0\end{array}\right\} \tag{3-7}$$

其中，前两式称为投影方程，第三式称为力矩方程(为便于书写，下标 i 均略去)。

3.2.2 平面任意力系平衡方程的其他形式

式(3-7)为平面任意力系平衡方程的基本形式。可以证明，当满足一定条件时，该式中的投影式可以部分或全部用力矩方程替代。平面任意力系平衡方程还有以下两种形式。

(1) 二力矩式

$$\left.\begin{array}{l}\sum F_x=0\\ \sum M_A=0\\ \sum M_B=0\end{array}\right\} \tag{3-8}$$

其中矩心 A、B 两点的连线不能与 x 轴垂直。

(2) 三力矩式

$$\left.\begin{array}{l}\sum M_A=0\\ \sum M_B=0\\ \sum M_C=0\end{array}\right\} \tag{3-9}$$

其中矩心 A、B、C 三点不能共线。

必须指出：平面任意力系的平衡方程虽然有三种形式，但每种形式都只有三个独立的平衡方程，任何第四个平衡方程都不是新的平衡方程，而是力系平衡的必然结果。因此，当研究物体在平面任意力系作用下的平衡问题时，不论采用哪一种形式的平衡方程，都只能求解三个未知量。究竟采用哪一种形式更为简便，要根据问题的具体条件来决定。

3.3 平面任意力系平衡方程的应用

平面任意力系的平衡方程可以解决工程中常见的问题，在实际工程中，各力作用线均严格处于同一平面内的情形并不多见。物体所受的力近似在同一平面内，可视作平面任意力系；或物体所受的力关于某一平面对称分布时，可将其简化到对称面内成为平面力系。

3.3.1 单刚体平衡问题举例

【例 3-2】 图 3-8(a) 所示为一管道支架，其上搁有管道，设每一支架所承受的管重 $W_1=12$ kN，$W_2=7$ kN，且架重不计。求支座 A 和 C 处的约束力。

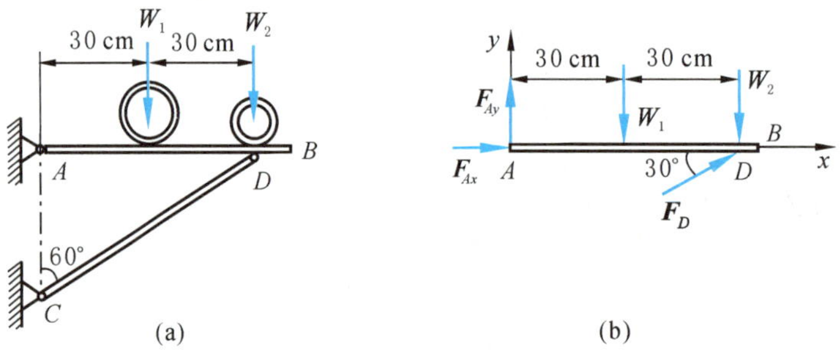

图 3-8 例 3-2 图

解： (1) 受力分析。A 处为固定铰支座，约束力为 $\boldsymbol{F}_{Ax}$、$\boldsymbol{F}_{Ay}$。杆 CD 两端均为铰链约束，再无其他力，所以杆 CD 为二力杆，仅受沿 CD 的一对平衡力的作用。横杆 AB 在点 D 受的力与杆 CD 受的力互为作用力与反作用力。

(2) 以梁 AB 为研究对象，受力图如图 3-8(b) 所示。选图示的坐标系，列平衡方程

$$\sum M_A=0,\quad 60\ \text{cm}\times F_D\sin30^\circ-30\ \text{cm}\times W_1-60\ \text{cm}\times W_2=0$$

$$\sum F_x=0,\quad F_{Ax}+F_D\cos30^\circ=0$$

$$\sum F_y=0,\quad F_{Ay}-W_1-W_2+F_D\sin30^\circ=0$$

可解得

$$F_D=26\ \text{kN}$$

$$F_{Ax}=-22.5\ \text{kN}$$

$$F_{Ay}=6\ \text{kN}$$

式中，负号说明图中所设 $\boldsymbol{F}_{Ax}$ 的指向与实际方向相反。

根据作用力与反作用力定律，杆 CD 在点 D 所受之力 $\boldsymbol{F}'_D$ 应与 $\boldsymbol{F}_D$ 等值、反向。再由杆 CD 的平衡可知，支座 C 处的约束力 $\boldsymbol{F}_C$ 应沿杆 CD 并与 $\boldsymbol{F}_D$ 同向，且

$$F_C=F'_D=F_D=26\ \text{kN}$$

如采用二力矩式形式的平衡方程解本题，则可将上列平衡方程 $\sum F_y=0$ 代之以力矩方程，例如

$$\sum M_D=0$$

也可得到同样结果。

应用平面任意力系的平衡方程求解时，尽量做到一个方程求解一个未知数。注意坐标轴的选取，应尽量与未知力平行或垂直；选取未知力相交的点为矩心列力矩方程，对不同的问题采用不同形式的平衡方程都会使求解过程变得简单。

【例 3-3】 图 3-9(a) 所示刚架中，已知 $q=3\ \text{kN/m}$，$F=6\sqrt{2}\ \text{kN}$，$M=10\ \text{N}\cdot\text{m}$，不计刚架自重，求固定端 A 处的约束力。

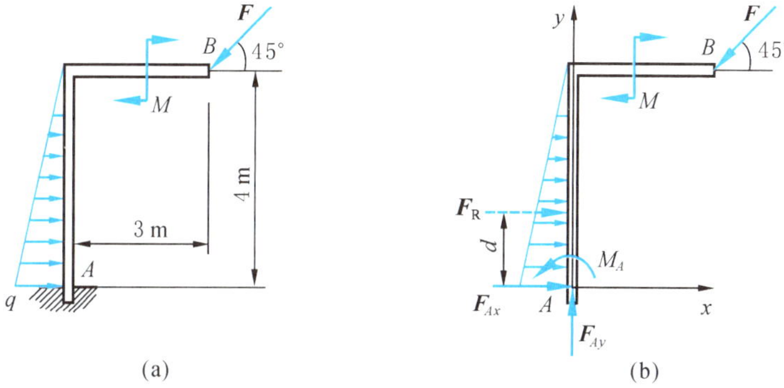

图 3-9 例 3-3 图

解：(1) 以刚架为研究对象，除主动力外，A 处有约束力 $\boldsymbol{F}_{Ax}$、$\boldsymbol{F}_{Ay}$ 和 M_A，受力图如图 3-9(b) 所示。线性分布载荷可简化为集中力 $\boldsymbol{F}_R$，大小为 $F_R=\dfrac{1}{2}q\times 4\ \text{m}=6\ \text{kN}$，其作用线位置距点 A 的距离 $d=\dfrac{1}{3}\times 4\ \text{m}=\dfrac{4}{3}\ \text{m}$。

(2) 在图示坐标系中列平衡方程，有

$$\sum F_x=0,\quad F_{Ax}-F\cos45^\circ+F_R=0$$

$$\sum F_y=0,\quad F_{Ay}-F\sin45^\circ=0$$

$$\sum M_A=0,\quad M_A-F_R\cdot d-M+F\cos45^\circ\times 4\ \text{m}-F\sin45^\circ\times 3\ \text{m}=0$$

解得

$$F_{Ax}=0,\quad F_{Ay}=6\ \text{kN},\quad M_A=12\ \text{kN}\cdot\text{m}。$$

3.3.2 多刚体系统平衡问题举例

工程中很多结构都是由几个物体通过一定的约束形式相连接组成的系统，称为多刚体系统。当物体系统平衡时，组成该系统的每一个物体都处于平衡状态。

多刚体系统的平衡问题不仅要求结构与外部约束之间未知的约束力，有时也要求各构件之间连接处的内约束力。

在求解多刚体系统的平衡问题时，可以选每个物体为研究对象，列出全部平衡方程，然后

求解；也可先取整个系统为研究对象，列出平衡方程，原则仍然是尽量使方程简单易求。

【例3-4】 图3-10(a)所示结构由两根梁在B处用光滑铰链连接。其上作用有集中力偶M及均布载荷，集度为q。若已知l、M、q，试求A、B、C处的约束力。

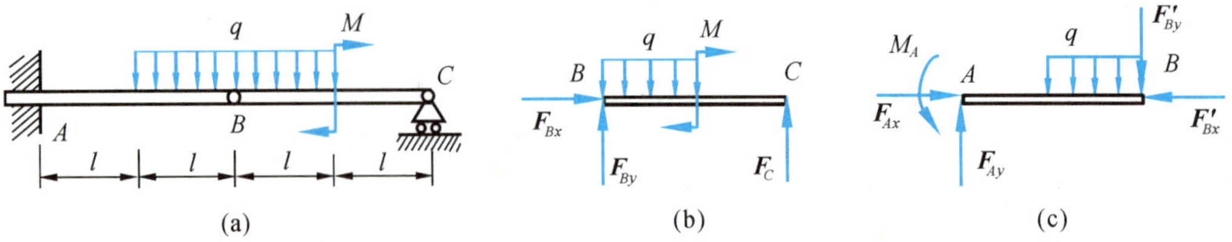

图3-10 例3-4图

解：(1) 如果先考察整体平衡，有四个未知约束力，而独立平衡方程数目为3。为此将系统从B处拆开，考察局部平衡。首先以梁BC为研究对象，受力图如图3-10(b)所示。列平衡方程

$$\sum M_B=0,\quad F_C\times 2l-M-\frac{1}{2}ql^2=0,\quad F_C=\frac{M}{2l}+\frac{ql}{4}$$

$$\sum F_x=0,\quad F_{Bx}=0$$

$$\sum F_y=0,\quad F_{By}+F_C-ql=0,\quad F_{By}=\frac{3}{4}ql-\frac{M}{2l}$$

(2) 再考察梁AB的平衡，注意B处作用力和反作用力的关系，受力图如图3-10(c)所示。列平衡方程

$$\sum F_x=0,\quad F_{Ax}=F'_{Bx}=0$$

$$\sum F_y=0,\quad F_{Ay}-F'_{By}-ql=0,\quad F_{Ay}=\frac{7}{4}ql-\frac{M}{2l}$$

$$\sum M_A=0,\quad M_A-ql\times\frac{3}{2}l-F'_{By}\times 2l=0,\quad M_A=3ql^2-M$$

求A处的约束力，也可以以整体为研究对象列平衡方程求解。

当连续分布载荷作用于系统中的两邻接刚体上时，受力图中应只画出构件所受的实际分布力，在列平衡方程时再对连续分布载荷加以简化。

【例3-5】 如图3-11(a)所示三铰刚架，其顶部受均匀分布的铅垂载荷的作用，载荷集度为$q=8\ \mathrm{kN/m}$。若$l=6\ \mathrm{m}$，$h=8\ \mathrm{m}$，求支座A、B处的反力。刚架自重不计。

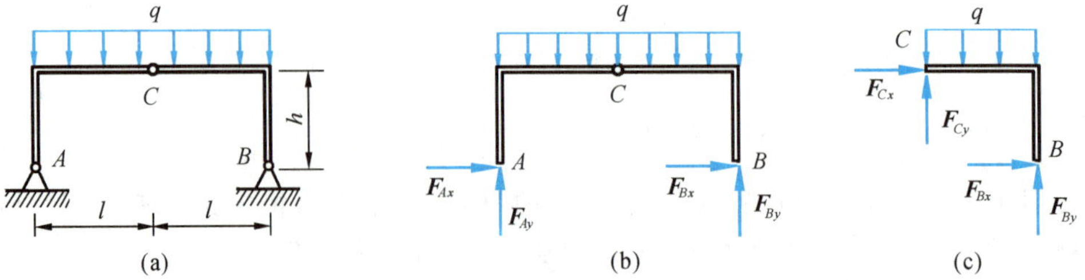

图3-11 例3-5图

解：此题无论先由整体还是先由局部出发，都有四个未知约束力。可先考察整体的平

衡,看是否能求出某些未知量。然后再根据系统中与其余还未解出的未知量有关部分物体的平衡,求出其余各未知量。

(1) 以整体为研究对象,受力图如图 3-11(b) 所示。列平衡方程

$$\sum M_A = 0,\quad F_{By} \cdot 2l - q \cdot 2l \cdot l = 0,\quad F_{By} = 48\ \text{kN}$$

$$\sum M_B = 0,\quad -F_{Ay} \cdot l + q \cdot 2l \cdot l = 0,\quad F_{Ay} = 48\ \text{kN}$$

显然,整体的第三个独立平衡方程无论是取力矩式或取投影式,必同时含有 F_{Ax} 和 F_{Bx} 两个未知量,因此不能继续求解。这样只能列平衡方程,再另选系统中某相关部分为研究对象解出 F_{Ax} 或 F_{Bx}。

(2) 选刚架 BC 部分为研究对象,画出 BC 部分的受力图,如图 3-11(c) 所示。

$$\sum M_C = 0,\quad F_{Bx} \cdot h + F_{By} \cdot l - q \cdot \frac{l^2}{2} = 0,\quad F_{Bx} = -18\ \text{kN}$$

式中,负号表示图中所设 $\boldsymbol{F}_{Bx}$ 的指向与实际方向相反。

(3) 在已求出 F_{Bx} 之后,再以整体为研究对象,列出第三个独立平衡方程即可求出 F_{Ax}。

考虑整体,由 $\sum F_x = 0$ 得 $F_{Ax} = 18$ kN。

若还须求出 F_{Cx} 或 F_{Cy},则根据图 3-11(c) 再列两个独立平衡方程即可。

求解多刚体系统的平衡问题时,一般要以整体或部分刚体系统或单个刚体作为研究对象。要灵活选择研究对象的次序,同时要使方程中未知量的个数尽量少。

【例 3-6】 齿轮传动机构如图 3-12(a) 所示。齿轮 Ⅰ 半径为 r,自重为 P_1。齿轮 Ⅱ 半径为 $R=2r$,其上固结半径为 r 的鼓轮 Ⅲ,轮 Ⅱ 与轮 Ⅲ 共重 $P_2=2P_1$。齿轮的压力角为 $\theta=20°$,物体的重量为 $P=20P_1$。求:(1) 保持物体匀速上升时,作用于轮 Ⅰ 上力偶的矩 M;(2) 光滑轴承 A、B 处的约束力。

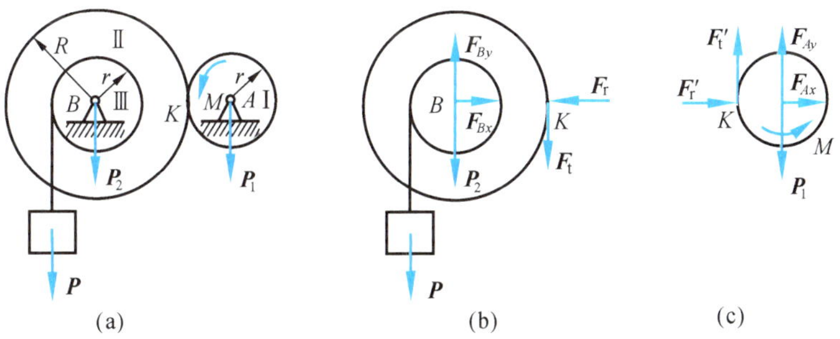

图 3-12 例 3-6 图

解: (1) 取轮 Ⅱ、轮 Ⅲ 及重物为研究对象,受力图如 3-12(b) 所示。齿轮间啮合力由切向力 $\boldsymbol{F}_t$ 和径向力 $\boldsymbol{F}_r$ 表示。列平衡方程

$$\sum F_x = 0,\quad F_{Bx} - F_r = 0$$

$$\sum F_y = 0,\quad F_{By} - P - F_t - P_2 = 0$$

$$\sum M_B = 0,\quad P \cdot r - F_t \cdot R = 0$$

且
$$\frac{F_r}{F_t}=\tan\theta$$

解得

$$F_{Bx}=3.64P_1,\quad F_{By}=32P_1,\quad F_r=F_t\tan\theta=3.64P_1$$

(2) 以轮 Ⅰ 为研究对象,受力图如图 3-12(c) 所示,列平衡方程

$$\sum F_x=0,\quad F_{Ax}+F_r'=0$$

$$\sum F_y=0,\quad F_{Ay}+F_t'-P_1=0$$

$$\sum M_A=0,\quad M-F_t'\cdot r=0$$

解得

$$F_{Ax}=-3.64P_1,\quad F_{Ay}=-9P_1,\quad M=10P_1r$$

3.3.3　静定和超静定问题的概念

以上讨论的平衡问题中,未知约束力的个数正好等于独立平衡方程数,应用静力平衡方程即可确定全部未知量,这类问题称为静定问题(statically determinate problem),相关结构称为静定结构。

工程上为提高结构的强度、刚度和稳定性,经常在静定结构上增加约束,使得未知约束力的个数大于独立平衡方程数。仅由静力平衡方程不能确定全部未知量,这类问题称为超静定问题或静不定问题(statically indeterminate problem),对应结构称为超静定结构。

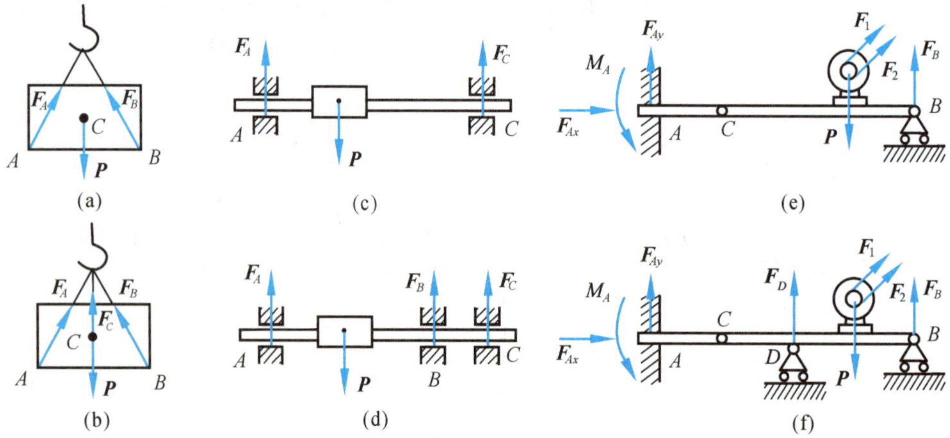

图 3-13　静定与超静定结构

如图 3-13(a)、(b) 所示的重物用绳子悬挂,均受平面汇交力系的作用,可列两个平衡方程。图 3-13(a) 有两个约束力未知,是静定的;图 3-13(b) 中有三个未知量,是超静定的。

轴分别用向心轴承 A、C 支撑,如图 3-13(c) 所示,轴受平面平行力系的作用,可列两个独立的平衡方程,而未知约束力的个数也是两个,故图 3-13(c) 为静定结构;而图 3-13(d) 中,增加了一个约束,因而图3-13(d) 是超静定结构。

图 3-13(e) 中梁由两部分铰接而成,每部分可列 3 个独立的平衡方程,共有 6 个平衡方程。未知量包括图中的三个约束力和一个约束力偶,还有铰链 C 处的两个未知内约束力,共计

6 个,因此是静定的。若在 CB 段再增加一辊轴支座,如图 3-13(f) 所示,则有 7 个未知量,系统将是静不定的。

求解超静定结构的约束力,刚体模型不再适用,必须综合考虑物体的受力与变形。关于超静定问题的求解,将在后续章节中介绍。

◀ 讲授视频:平面任意力系的平衡方程及应用。

3.4 工程实例分析:平面静定桁架的静力分析

3.4.1 平面简单桁架的内力分析

桁架(truss) 是由若干杆件在两端以一定方式连接的杆系结构,受力后形状不变。由于桁架自重轻,承载能力强,可以充分发挥材料的作用,在工程中大量应用于房屋、桥梁、输电线塔、井架等大跨度建筑物或大尺寸机械中。

桁架的实际结构比较复杂,如图 3-14(a) 所示,各杆连接处称为节点,通常采用铆接、焊接或螺栓连接等方式固定在一起,如图 3-14(b) 所示。各杆轴线位于同一平面内的桁架叫平面桁架,求解桁架各杆的内力时,为简化计算,工程中对平面桁架作如下假设:

(1) 各杆件为直杆;

(2) 杆件与杆件间均用光滑铰链连接;

(3) 载荷作用在节点上,且位于桁架几何平面内;

(4) 各杆件自重不计或均匀分布在节点上。

在上述假设下,桁架中每根杆件均为二力杆,受拉力或压力的作用。符合上述假设的静定桁架称为平面简单桁架(simple plane truss)。计算简图如图 3-14(c) 所示。

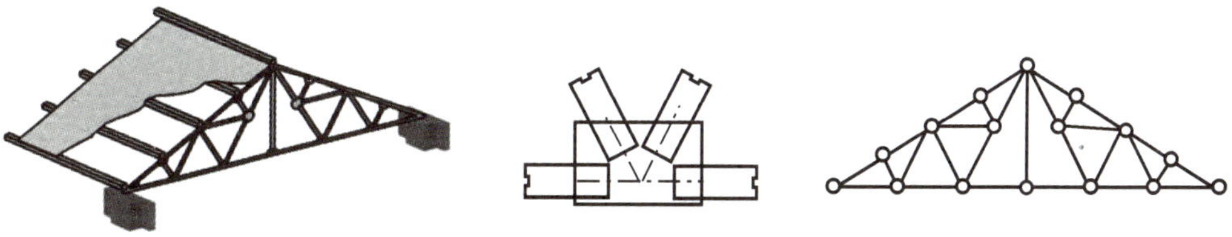

(a) (b) (c)

图 3-14 桁架结构

计算桁架内力的方法有两种,即节点法(method of joints) 和截面法(method of sections)。下面分别举例说明。

【例 3-7】 在如图 3-15(a) 所示的桁架中,所受各力大小如图所示。用节点法求杆 DE、DF、CF 的内力。

解: (1) 以整体为研究对象,如图 3-15(b) 所示,求得约束力为

$$F_{Ax}=0, \quad F_{Ay}=20\ \text{kN}, \quad F_{By}=20\ \text{kN}$$

(2) 求杆件内力,按每次只出现两个未知量的原则,依次取节点为研究对象。节点受的力

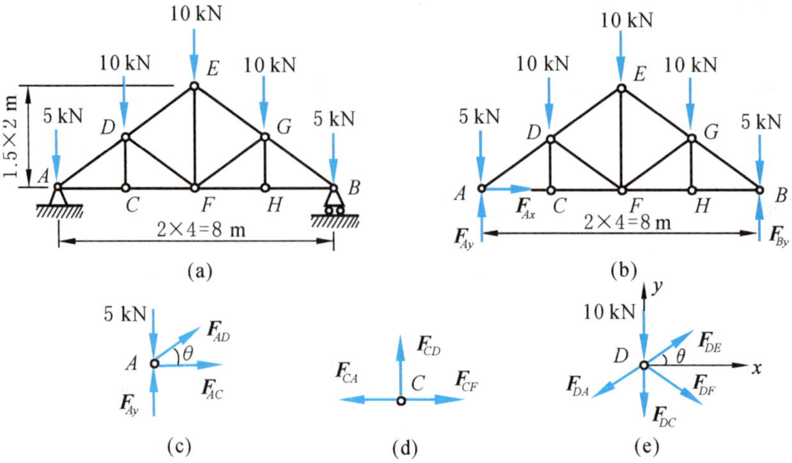

图 3-15　例 3-7 图

与杆件受的力互为作用力与反作用力，画出节点的受力图，并假设各杆受拉力。

节点 A 如图 3-15(c) 所示，$\sum F_y=0$，　$F_{AD}=-25$ kN(负号说明为压力)

$\sum F_x=0$，　$F_{AC}=20$ kN(拉力)

节点 C 如图 3-15(d) 所示，$\sum F_y=0$，　$F_{CD}=0$

$\sum F_x=0$，　$F_{CF}=F_{AC}=20$ kN

节点 D 如图 3-15(e) 所示，$\sum F_x=0$，　$F_{DE}\cos\theta+F_{DF}\cos\theta-F_{DA}\cos\theta=0$

$\sum F_y=0$，　$F_{DE}\sin\theta-F_{DF}\sin\theta-F_{DA}\sin\theta-10=0$

解得

$$F_{DE}=-16.7\ \text{kN},\quad F_{DF}=-8.3\ \text{kN}$$

【例 3-8】　用截面法求例 3-7 中杆 DE、DF、CF 的内力。

解：(1) 先考虑整体，求出支座处的约束力。

(2) 作假想截面 $m—m$ 截断杆 DE、DF、CF，使结构成为完全不相连的两部分，取左半部分为研究对象。

由于各杆为二力杆，只受拉力或压力的作用，截开后，杆件的内力可看作去掉部分对保留部分的约束力，沿各杆作用于左半部(保留右半部分也一样)，画受力图如图 3-16 所示。

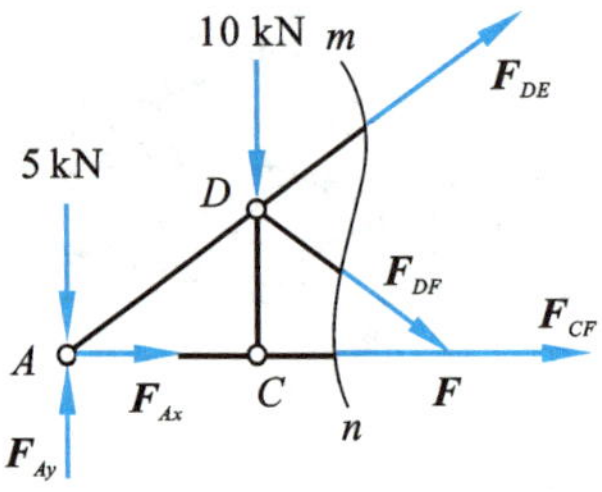

图 3-16　例 3-8 图

列平衡方程

$$\sum M_A=0,\quad -1.5\ \text{m}\times F_{DF}\cos\theta-2\ \text{m}\times F_{DF}\sin\theta-10\ \text{kN}\times 2\ \text{m}=0$$

$$\sum M_F=0,\quad -F_{DE}\times 4\ \text{m}\times\sin\theta+10\ \text{kN}\times 2\ \text{m}+5\ \text{kN}\times 4\ \text{m}-F_{Ay}\times 4\ \text{m}=0$$

$$\sum F_x=0,\quad F_{CF}+F_{DF}\cos\theta+F_{DE}\cos\theta=0$$

解得

$F_{DF}=-8.3$ kN，　$F_{DE}=-16.7$ kN，　$F_{CF}=20$ kN，结果与节点法相同。

用截面法可以较快求出指定杆件的内力，但须注意平面任意力系只有三个独立的平衡方程，因而作截面时被截内力未知的杆件一般不应超过3根。

桁架的实际结构比较复杂，为方便杆件的内力分析做了以下简化。首先将杆端的连接方式简化为光滑铰链，而没有考虑实际结构中有约束力偶的情形；其次将载荷作用于节点上（不直接作用于节点的情形，将载荷等效作用于节点上）。建立这种简单桁架的力学模型，使得杆件的静力分析和计算过程大大简化。需要更精确分析桁架内力时，可采用其他模型。桁架力学模型的建立方法体现了“主要矛盾与次要矛盾的辩证关系”这一辩证唯物主义思想。

3.4.2　一般杆件的内力分析

用刚体静力学理论可确定静定结构的约束力（包括内约束力）。而一般的可变形体在载荷的作用下会发生变形，各点之间发生相对运动，从而产生相互作用力，即为内力。如图3-17所示的构件，各截面处的内力不尽相同。当杆件处于平衡状态时，为求给定截面上的内力，可采用上节中求简单桁架内力的截面法。

图3-17　梁与轴

首先求出杆件所受外部约束的约束力，再假想一截面在求内力处将杆件分为两部分，考虑其中任一部分的平衡。去掉部分对保留部分的作用即为截面处的内力，此时作为保留部分所受的约束力“暴露”出来。一般情况下内力为分布力系，可根据力系简化理论和平衡方程确定截面上的内力主矢和主矩。通过以下例子说明用截面法求杆件内力的过程。

【例3-9】　已知梁受同平面内集中力 $\boldsymbol{F}$ 和力偶 M 的作用，$F=6\ \text{kN}$，$M=9\ \text{kN}\cdot\text{m}$，如图3-18(a) 所示。试确定靠近集中力左侧点 C 处的内力。

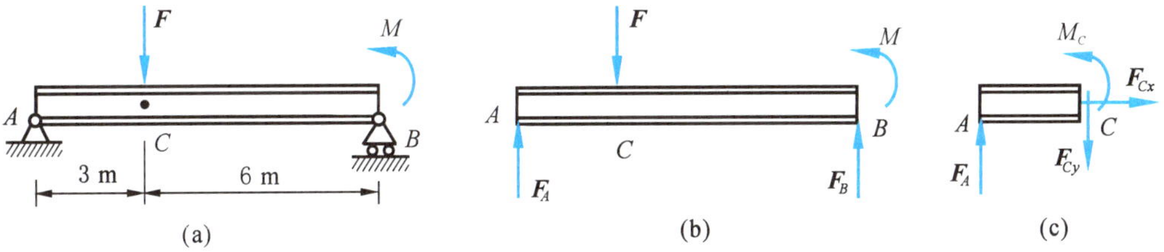

图3-18　例3-9图

解：（1）先求支座反力，如图3-18(b) 所示，由平衡方程

$$\sum M_B=0,\quad M+F\times 6\ \text{m}-F_A\times 9\ \text{m}=0,\quad F_A=5\ \text{kN}$$

（2）过点 C 作一截面将梁分为两部分，保留左半部分，截面 C 上作用的内力为一平面分布力系，可用一对正交分力及一力偶表示，受力图如图3-18(c) 所示。列平衡方程可得

$$\sum F_x=0,\quad F_{Cx}=0$$

$$\sum F_y=0,\quad F_{Cy}=5\ \text{kN}$$

$$\sum M_C=0,\quad M_C=15\ \text{kN}\cdot\text{m}$$

这里注意，对于可变形体而言，画受力图及列平衡方程时，B 端的力偶不能移动到 AC 段。

◀ 讲授视频：杆系结构的内力分析。

3.5　空间力系

如图 3-19 所示传动轴，曲柄上作用有主动力 $\boldsymbol{F}$，胶带轮上有皮带张力，轴承处有约束力。各力的作用线不在同一平面时，该力系称为空间力系(force in space)。空间力系合成及平衡问题的分析方法与平面力系相同，但约束的性质、平衡方程形式和力对点的矩及力对轴的矩等概念与平面力系的有所不同。

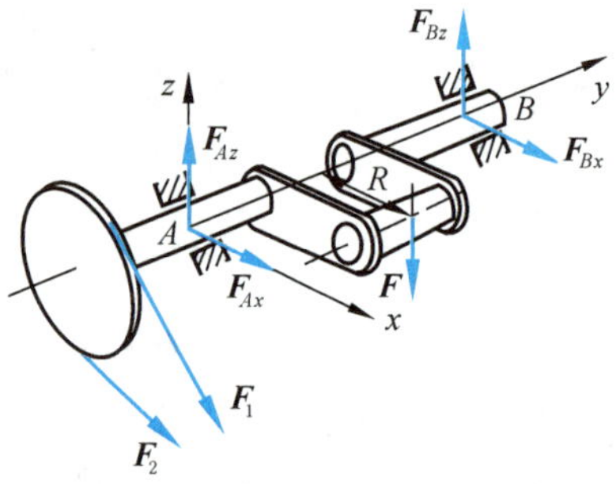

图 3-19　传动轴受空间力系作用

3.5.1　力在空间直角坐标系上的投影

若已知一力 $\boldsymbol{F}$ 与直角坐标系三个轴的夹角分别为 α、β、γ，如图 3-20(a) 所示，可用直接投影法(direct projection method)，则力在三个坐标轴上的投影为

$$\left.\begin{aligned}F_x&=F\cos\alpha\\F_y&=F\cos\beta\\F_z&=F\cos\gamma\end{aligned}\right\}\tag{3-10}$$

有时力与各轴的夹角不易求出，可先把力 $\boldsymbol{F}$ 投影到坐标平面 Oxy 上，得到力 $\boldsymbol{F}_{xy}$，然后再把这个力投影到 x、y 轴上，如图 3-20(b) 所示。若已知力 $\boldsymbol{F}$ 与 z 轴夹角 γ 和 $\boldsymbol{F}_{xy}$ 与 x 轴夹角 φ，则力 $\boldsymbol{F}$ 在三个坐标轴上的投影分别为

$$\left.\begin{aligned}F_x&=F\sin\gamma\cos\varphi\\F_y&=F\sin\gamma\sin\varphi\\F_z&=F\cos\gamma\end{aligned}\right\}\tag{3-11}$$

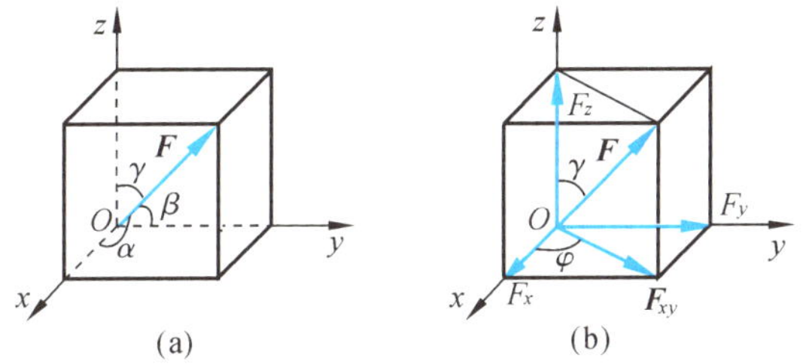

图 3-20 力在坐标轴上的投影

这种求力的投影的方法称为二次投影法(two-steps projection method)。

若以 $\boldsymbol{i}$、$\boldsymbol{j}$、$\boldsymbol{k}$ 表示沿 x、y、z 坐标轴方向的单位矢量,则力 $\boldsymbol{F}$ 的解析表达式为

$$\boldsymbol{F}=F_x\boldsymbol{i}+F_y\boldsymbol{j}+F_z\boldsymbol{k} \tag{3-12}$$

若已知力 $\boldsymbol{F}$ 在直角坐标系 $Oxyz$ 中的三个投影,则力 $\boldsymbol{F}$ 的大小和方向余弦可表示为

$$F=\sqrt{F_x^2+F_y^2+F_z^2} \tag{3-13}$$

$$\cos(\boldsymbol{F},\boldsymbol{i})=\frac{F_x}{F},\qquad \cos(\boldsymbol{F},\boldsymbol{j})=\frac{F_y}{F},\qquad \cos(\boldsymbol{F},\boldsymbol{k})=\frac{F_z}{F}$$

3.5.2 力对点的矩和力对轴的矩

空间力系的情况下,力对点的矩不仅需要考虑力矩的大小和转向,还要考虑力和矩心组成平面的方位。若以 $\boldsymbol{r}$ 表示力作用点 A 的矢径,$\boldsymbol{r}=x\boldsymbol{i}+y\boldsymbol{j}+z\boldsymbol{k}$,$\boldsymbol{F}=F_x\boldsymbol{i}+F_y\boldsymbol{j}+F_z\boldsymbol{k}$,则力对点的矩可用力矩矢量表示,如图 3-21 所示。

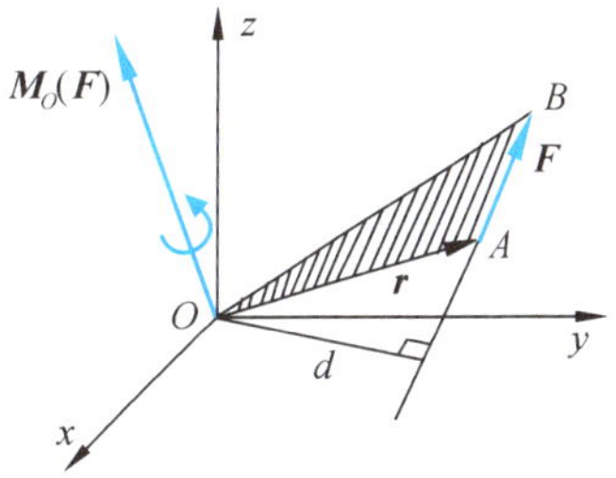

图 3-21 力对点的矩

$$\boldsymbol{M}_O(\boldsymbol{F})=\boldsymbol{r}\times\boldsymbol{F}=\begin{vmatrix}\boldsymbol{i} & \boldsymbol{j} & \boldsymbol{k}\\ x & y & z\\ F_x & F_y & F_z\end{vmatrix}$$

$$=(F_zy-F_yz)\boldsymbol{i}+(F_xz-F_zx)\boldsymbol{j}+(F_yx-F_xy)\boldsymbol{k} \tag{3-14}$$

力对轴的矩(moment of force about an axis)是力使物体绕某轴转动效应的度量。

图 3-22 所示为生活中常见的扳手的例子。在图 3-22(a)中,当水平力 $\boldsymbol{F}_x$ 垂直作用于扳手上时,这个力使管子(或扳手)绕 z 轴转动,转动的效应与力的大小及 d_y 有关。

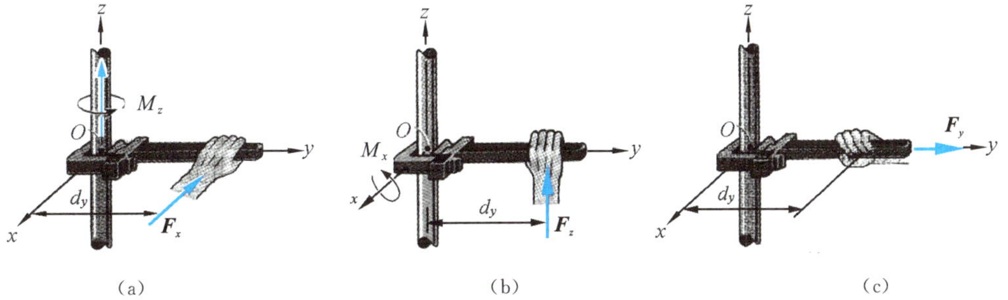

图 3-22 力对扳手的转动效应

在图 3-22(b)中,$\boldsymbol{F}_z$ 与 z 轴平行,不会使管子(或扳手)绕 z 轴转动(但有使扳手绕 x 轴转

动的趋势)。在图 3-22(c) 中,作用于扳手上的 $\boldsymbol{F}_y$ 作用线与 z 轴相交,也不会使扳手绕 z 轴转动。

定义力对轴的矩,大小为力在垂直于轴平面内的分力对轴与该平面交点的力矩,从轴的正向看过去,逆时针为正,反之为负。

对任意的力 $\boldsymbol{F}$,对 z 轴的矩为在与 z 轴垂直的平面内的分力 $\boldsymbol{F}_{xy}$ 对交点 O 的矩。由图 3-23,有

$$M_z(\boldsymbol{F})=M_O(\boldsymbol{F}_{xy})=\pm F_{xy}\cdot d \tag{3-15}$$

在空间问题中,可证明若一力系合力存在,则合力对某点(或某轴)的矩等于各分力对同一点(或同一轴)力矩的矢量和(或代数和)。

可先将力分解,利用合力矩定理求力对轴的矩,如图3-24 所示。将力沿轴 x、y、z 方向分解,从图中可看出

$$\left.\begin{aligned}&M_z(\boldsymbol{F})=M_z(\boldsymbol{F}_x)+M_z(\boldsymbol{F}_y)+M_z(\boldsymbol{F}_z)=M_z(\boldsymbol{F}_x)+M_z(\boldsymbol{F}_y)=xF_y-yF_x\\&M_x(\boldsymbol{F})=yF_z-zF_y\\&M_y(\boldsymbol{F})=zF_x-xF_z\end{aligned}\right\} \tag{3-16}$$

特别地,力与轴相交或平行时,力对轴的矩为零。

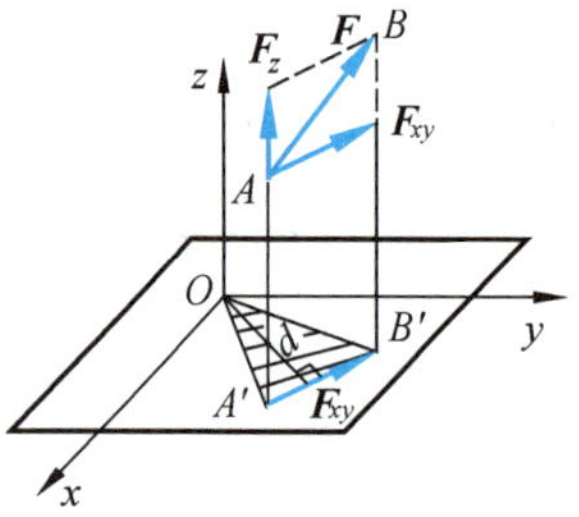

图 3-23　力对轴的矩

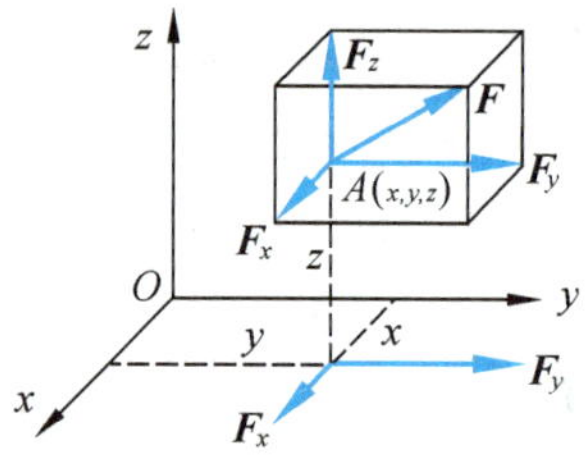

图 3-24　合力矩定理求力对轴的矩

比较式(3-14)与式(3-16)可知,力对点的矩在过该点的轴上的投影等于力对该轴的矩,即

$$\begin{aligned}[\boldsymbol{M}_O(\boldsymbol{F})]_x&=M_x(\boldsymbol{F})\\ [\boldsymbol{M}_O(\boldsymbol{F})]_y&=M_y(\boldsymbol{F})\\ [\boldsymbol{M}_O(\boldsymbol{F})]_z&=M_z(\boldsymbol{F})\end{aligned} \tag{3-17}$$

【例 3-10】　已知力 $\boldsymbol{F}$ 沿 AB 作用于点 A,$F=100$ N,$a=4$ m,$b=3$ m,$c=5$ m,求 $\boldsymbol{F}$ 在各坐标轴上的投影及对各轴的矩。

解:　先计算力 $\boldsymbol{F}$ 在 Oxy 平面内的分力,得

$$F_z=-F\cdot\frac{\sqrt{2}}{2}=-50\sqrt{2}\ \text{N}$$

$$F_{xy}=F\cdot\frac{\sqrt{2}}{2}=50\sqrt{2}\ \text{N}$$

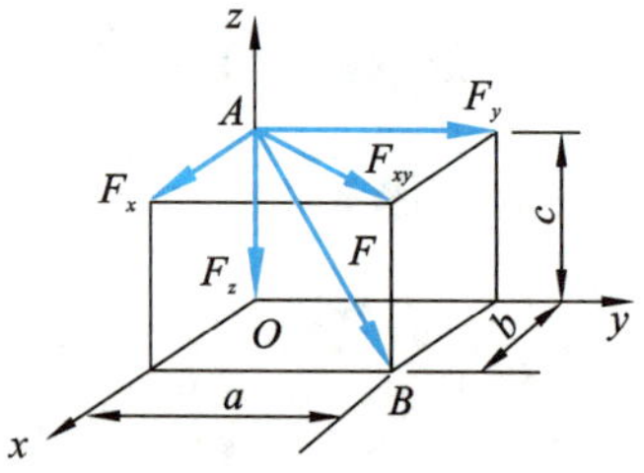

图 3-25　例 3-10 图

再计算力 F_{xy} 在 x、y 轴上的投影，得

$$F_x = F_{xy} \cdot \frac{3}{5} = 30\sqrt{2}\ \mathrm{N}$$

$$F_y = F_{xy} \cdot \frac{4}{5} = 40\sqrt{2}\ \mathrm{N}$$

根据合力矩定理，得

$$M_x(F) = M_x(F_y) = -200\sqrt{2}\ \mathrm{N \cdot m}$$

$$M_y(F) = M_y(F_x) = 150\sqrt{2}\ \mathrm{N \cdot m}$$

$$M_z(F) = 0$$

此题也可用式(3-14)计算力对 O 点的矩，再由式(3-17)力对点的矩和力对轴的矩的关系计算力对轴的矩。

3.5.3 力偶矩矢量

在空间问题中，力偶对刚体的转动效应与力偶的作用平面有关，用力偶矩矢量来度量。定义力偶矩矢量

$$\boldsymbol{M} = \boldsymbol{r}_{BA} \times \boldsymbol{F}$$

其中 $\boldsymbol{r}_{BA}$ 为力作用点 B 指向 A 的矢径，一般力偶只要画出垂直于其作用面的 $\boldsymbol{M}$ 矢量，并按右手法则再附加一旋转箭头，如图3-26所示。

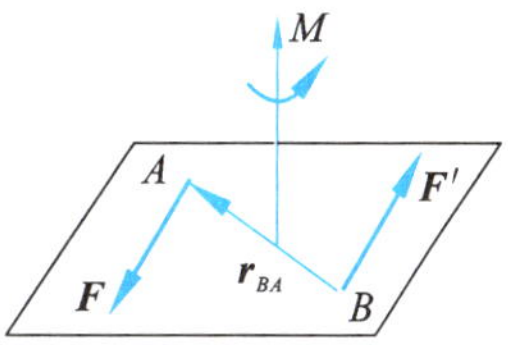

图 3-26 力偶矩矢量

可以证明，任意个空间分布的力偶组成的空间力偶系可以合成为一个力偶，合力偶矩矢等于各分力偶矩矢的矢量和，因而可用矢量求和法则求合力偶矩矢，即

$$\boldsymbol{M} = \boldsymbol{M}_1 + \boldsymbol{M}_2 + \cdots + \boldsymbol{M}_n = \sum_{i=1}^{n} \boldsymbol{M}_i \tag{3-18}$$

也可用解析法，根据合矢量投影定理求出合力偶矢量的投影再确定其大小和方向，在此不再赘述。

3.5.4 空间力系的简化和平衡方程

首先对空间任意力系进行简化。力的平移定理可用于空间问题，只是附加力偶的力偶矩矢量为力对平移点的力矩矢量，如图 3-27 所示，其中

$$\boldsymbol{M} = \boldsymbol{M}_B(\boldsymbol{F}) = \boldsymbol{r}_{BA} \times \boldsymbol{F}$$

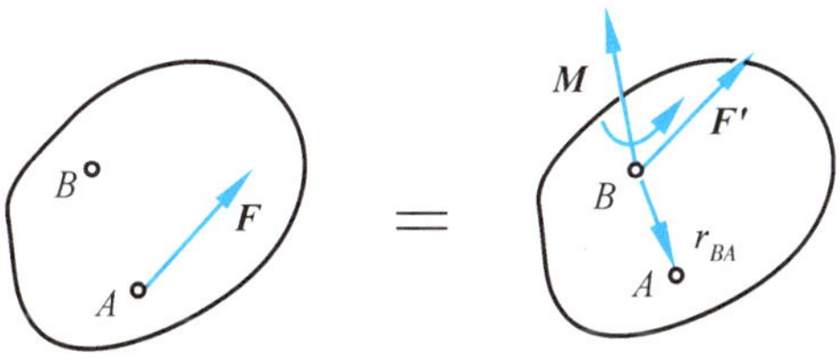

图 3-27 空间问题力的平移

将空间力系中各力向坐标原点平移，得到共点力系和空间力偶系，分别合成为一个力 $\boldsymbol{F}'_R$ 和一个力偶 $\boldsymbol{M}_O$，称为空间力系的主矢和主矩，如图 3-28 所示。

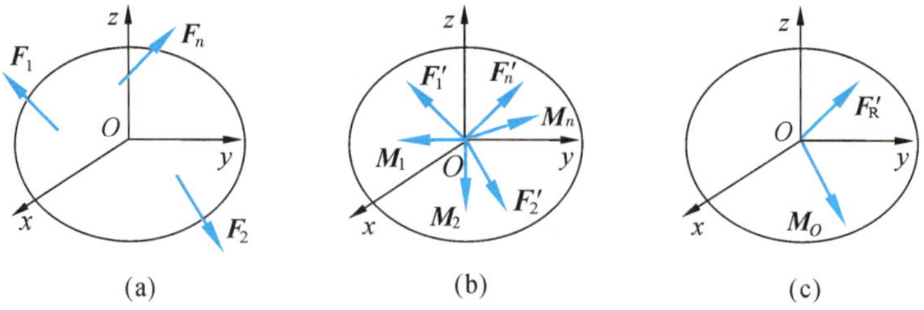

图 3-28 空间力系向一点简化

其中

$$\boldsymbol{F}'_R = \sum \boldsymbol{F}_i = \sum F_x \boldsymbol{i} + \sum F_y \boldsymbol{j} + \sum F_z \boldsymbol{k} \tag{3-19}$$

$$\boldsymbol{M}_O = \sum_{i=1}^{n} (y_i F_{zi} - z_i F_{yi}) \boldsymbol{i} + \sum_{i=1}^{n} (z_i F_{xi} - x_i F_{zi}) \boldsymbol{j} + \sum_{i=1}^{n} (x_i F_{yi} - y_i F_{xi}) \boldsymbol{k} \tag{3-20}$$

由力对点的矩与力对轴的矩的关系，有

$$M_O = \sqrt{(\sum M_x)^2 + (\sum M_y)^2 + (\sum M_z)^2} \tag{3-21}$$

$$\cos(\boldsymbol{M}_O, \boldsymbol{i}) = \frac{\sum M_x}{M_O} \cdots$$

空间任意力系平衡的充分必要条件是：力系中各力在任一轴上的投影的代数和为零，各力对同一个轴的力矩的代数和为零。

由式(3-19)、式(3-21) 可得空间任意力系的平衡方程

$$\left.\begin{aligned} \sum F_x &= 0 \\ \sum F_y &= 0 \\ \sum F_z &= 0 \\ \sum M_x &= 0 \\ \sum M_y &= 0 \\ \sum M_z &= 0 \end{aligned}\right\} \tag{3-22}$$

空间任意力系是最普遍的力系，其他如平面任意力系、汇交力系等均属于空间任意力系的特殊情形，可由式(3-22) 得到各种力系的平衡方程。

空间任意力系的平衡方程有 6 个，可以求解 6 个未知量。由于力矩方程形式比较灵活，可使一个方程中只有一个未知数，因而可采用适当的平衡方程形式，力矩方程的数目可取 3 个至 6 个。列方程时取矩的轴也不必与投影轴重合。

求解空间任意力系时还须注意空间约束的性质，正确分析物体的受力情况。决定每种约束的约束力的基本方法是：观察被约束物体在空间可能的6种独立的位移中(沿 x、y、z 三轴的移动和绕此三轴的转动)，有哪几种位移被约束所阻碍。阻碍移动的是约束力，阻碍转动的是约束力偶。

对空间固定端约束，约束力为在接触面内分布的空间力系。按力系简化理论，将力系向构件端部简化，得到一力和一约束反力偶，可用力的正交分力 $\boldsymbol{F}_{Ax}$、$\boldsymbol{F}_{Ay}$、$\boldsymbol{F}_{Az}$ 和力偶矩 $\boldsymbol{M}_A$ 的分量 $\boldsymbol{M}_{Ax}$、$\boldsymbol{M}_{Ay}$、$\boldsymbol{M}_{Az}$ 表示，如图 3-29 所示。

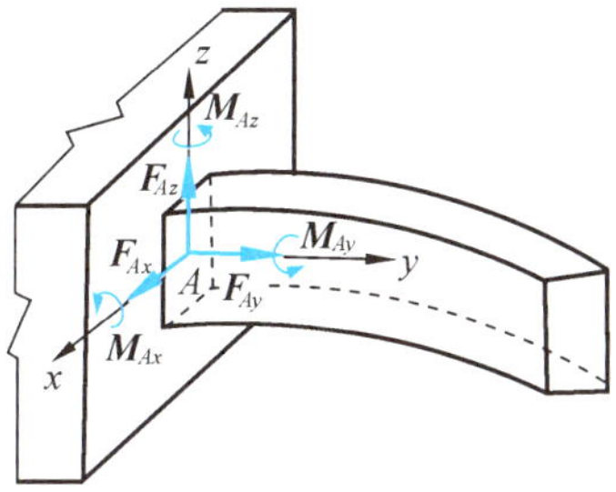

图 3-29 空间固定端的约束

【例 3-11】 制动踏板是汽车驾驶过程中用于减速停车的重要操纵件之一。图 3-30 所示为某汽车制动踏板结构示意图，作用于踏板上的垂直力 F 使位于垂直位置的连杆产生拉力 F_T，已知 $F_T=400$ N。求轴承 A、B 的约束力。

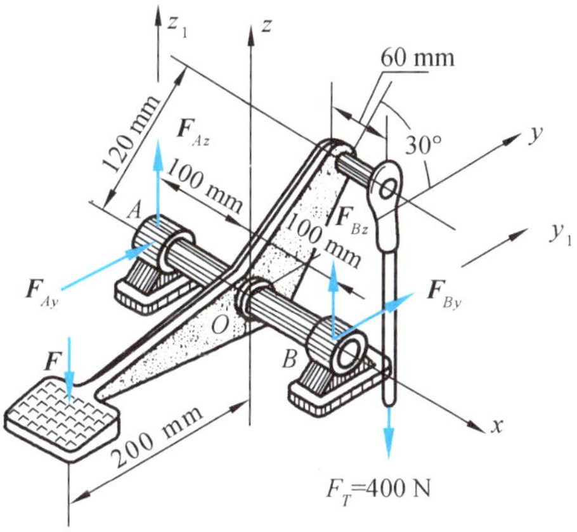

图 3-30 例 3-11 图

解： 取踏板及连杆整体为研究对象，其上受空间力系作用，A、B 处为向心轴承，约束力各有两个分量，如图 3-30 所示。取坐标系 $Oxyz$，可先列对转轴的力矩方程，求出施于踏板上的作用力 F，由

$\sum M_x=0$ $\qquad F\times 200-F_T\times 120\times \cos 30^\circ=0$

将 F_T 值代入，得 $\qquad F=208$ N

再列其余平衡方程，求轴承处的约束力。由

$\sum M_1=0$ $\qquad F_{By}\times 200=0$

得 $\qquad F_{By}=0$

由 $\sum F_y=0$ $\qquad F_{Ay}+F_{By}=0$

得 $\qquad F_{Ay}=0$

由 $\sum M_{y1}=0$ $\qquad F_{Az}\times 200-F\times 100-F_T\times 40=0$

得　　$F_{Az}=184\ \text{N}$

由 $\sum F_z=0$　　$F_{Az}+F_{Bz}-F_T-F=0$

得　　$F_{Bz}=424\ \text{N}$

此问题中，$\sum F_x=0$ 为恒等式，独立的平衡方程有 5 个。

【例 3-12】 图 3-31(a) 为手动提升装置摇柄示意图，手柄 $ABCE$ 在平面 Axy 内，C、B 处为焊接，A 处可固定不动。在 D 处沿平行于 z 轴方向作用一个力 $\boldsymbol{F}$，如图 3-31(a) 所示。$CD=a$，杆 BC 平行于 x 轴，杆 CE 平行于 y 轴，AB 和 BC 的长度均等于 l，试求 AB 段 B 端内力。

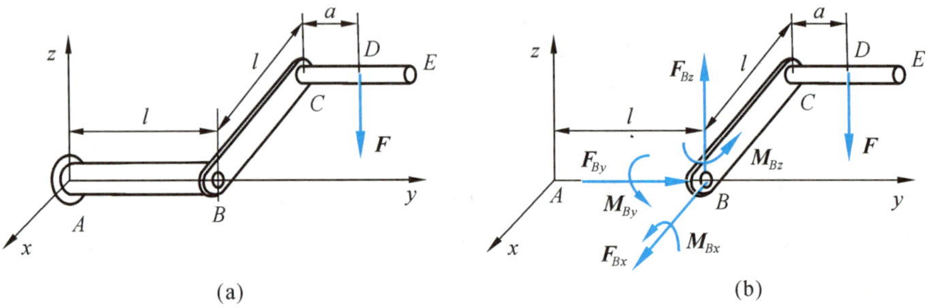

图 3-31　例 3-12 图

解： (1) 在 AB 段靠近 B 处作截面，保留 BCE 段。空间力系中，B 处的内力为三个正交分力和三个力偶分量，如图 3-31(b) 所示。

(2) 在坐标系 $Axyz$ 中列平衡方程可得

$$\sum F_x=0,\quad F_{Bx}=0$$

$$\sum F_y=0,\quad F_{By}=0$$

$$\sum F_z=0,\quad F_{Bz}=F$$

$$\sum M_{BC}=0,\quad M_{Bx}-aF=0,\quad M_{Bx}=aF$$

$$\sum M_y=0,\quad M_{By}-lF=0,\quad M_{By}=lF$$

$$\sum M_z=0,\quad M_{Bz}=0$$

思　考　题

3-1　用力系向一点简化的分析方法，证明题图所示两个同向平行力可合成为一合力，且合力大小为 $F_R=F_1+F_2$，$\dfrac{F_1}{F_2}=\dfrac{CB}{CA}$，如题图所示。若二力反向，则简化结果如何？

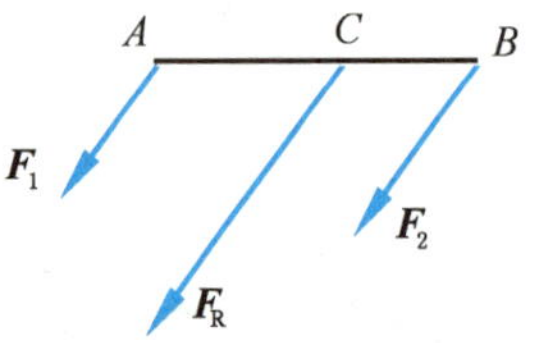

思考题 3-1 图

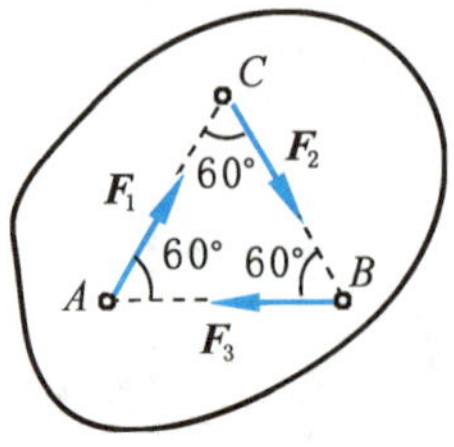

思考题 3-2 图

3-2　在刚体上 A、B、C 三点分别作用三个力 $\boldsymbol{F}_1$、$\boldsymbol{F}_2$、$\boldsymbol{F}_3$，各力方向如题图所示，大小恰好与 $\triangle ABC$ 的边长成比例。问该力系是否平衡？为什么？

3-3　设有一力 $\boldsymbol{F}$，另有一轴 x，试问在何种情况下：(1) 力在该轴上的投影为零，同时对该轴的矩为零？ (2) 力在该轴上的投影为零，而对该轴的矩不为零？ (3) 力在该轴上的投影不为零，而对该轴的矩为零？

3-4　如图所示的三种结构，构件自重不计，忽略摩擦，$\theta=60°$，B 处都作用相同的水平力 F，铰链 A 处的约束力是否相同？画图表示出其大小和方向。

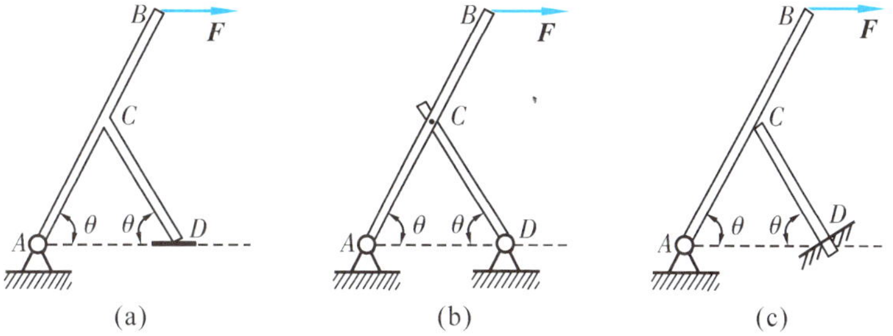

思考题 3-4 图

3-5　下列各图中，构件受力或力偶作用，它们引起的支座约束力是否相同？

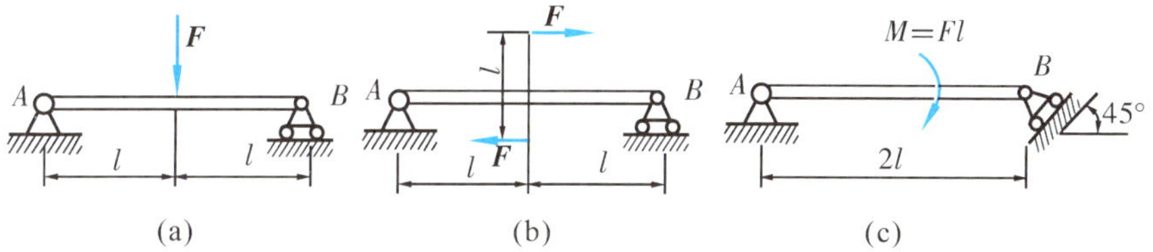

思考题 3-5 图

3-6　如题图所示的几种情形中，哪些是静定问题，哪些是超静定问题？

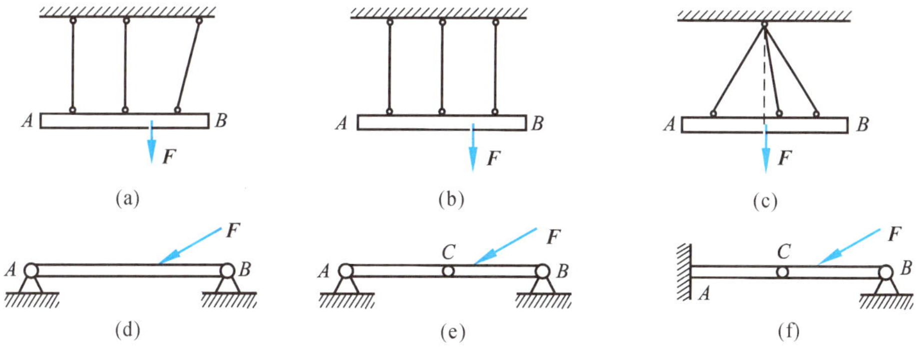

思考题 3-6 图

习　　题

3-1　平面力系如题图所示，且 $F_1=F_2=F_3=F_4$，求该力系向 A、B 两点的简化结果。

3-2　题图所示锻锤工作时，若锻件给它的反作用力有偏心，就会使锤头发生偏斜，在导轨上产生很大的压力，从而加速导轨磨损，影响锻件精度。已知锻打力 $F=1000$ kN，偏心距 $e=20$ mm，锤头高度 $h=200$ mm。求锤头给两侧导轨的压力。

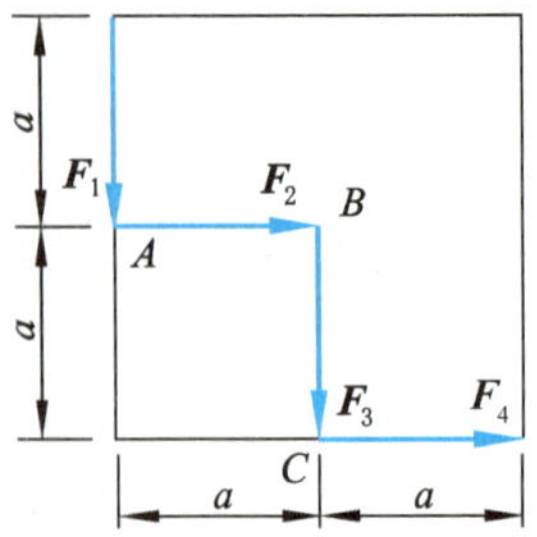

习题 3-1 图

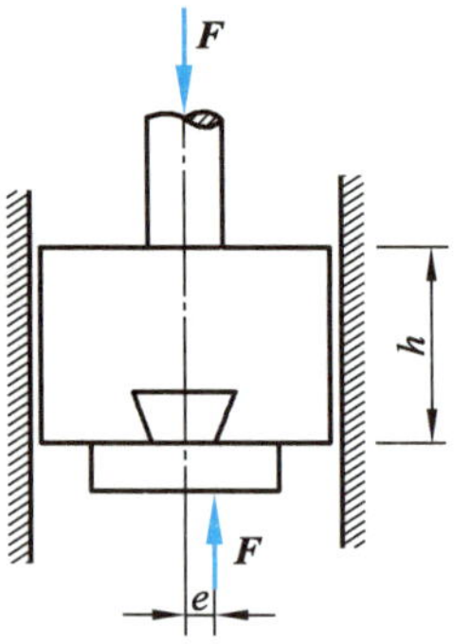

习题 3-2 图

3-3　平面支架 ABC 上作用平面力系如题图所示。其中 $F_1=F_2=3$ kN，$F_3=1$ kN，$M=2$ kN·m，$l=4$ m，$h=10$ m。试将力系向点 A 简化。

3-4　题图所示为一绳索拔桩装置。绳索的 E、C 两点拴在架子上，点 B 与拴在桩 A 上的绳索 AB 连接，在点 D 加一铅垂向下的力 $\boldsymbol{F}$，AB 可视为铅垂，DB 可视为水平。已知 $\alpha=0.1$ rad，力 $F=800$ N。试求绳 AB 中产生的拔桩力(当 α 很小时，$\tan\alpha\approx\alpha$)。

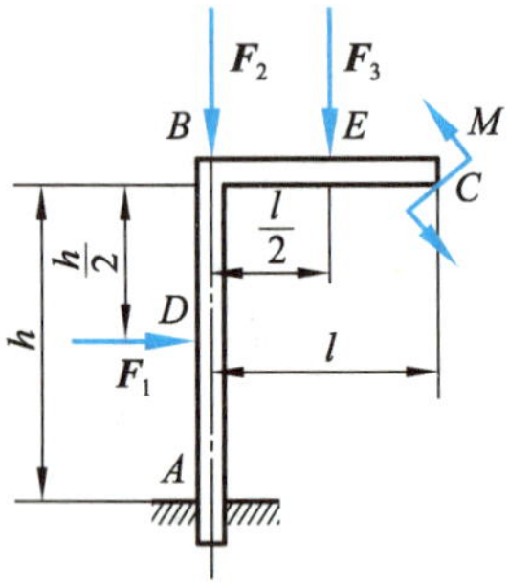

习题 3-3 图

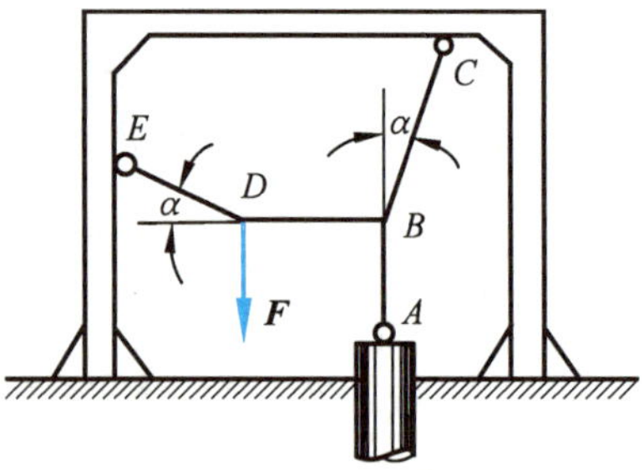

习题 3-4 图

3-5　如题图所示，输电线 ACB 架在两电线杆之间，形成一下垂曲线，下垂距离 $CD=f=1$ m，两电线杆间距离 $AB=40$ m。电线 ACB 段重 $P=400$ N，可近似认为沿 AB 线均匀分布。求电线的中点和两端的拉力。

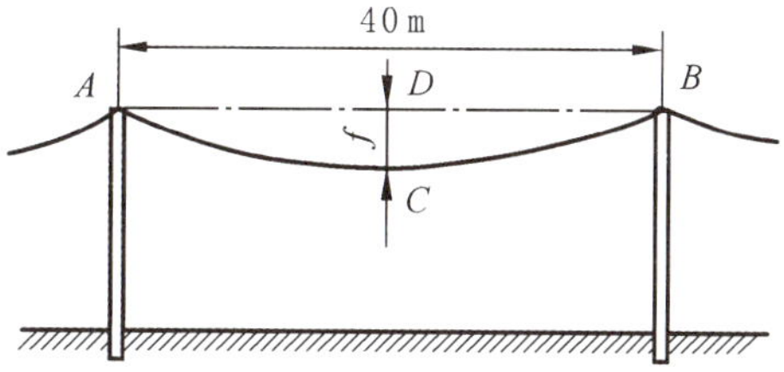

习题 3-5 图

3-6　火箭沿与水平面成 $\beta=25^\circ$ 角的方向作匀速直线运动，如图 2-4a 所示。火箭的推力 $F_1=100$ kN，与运动方向成 $\theta=5^\circ$ 角。如火箭重 $P=200$ kN，求空气动力 F_2 和它与飞行方向的交角 γ。

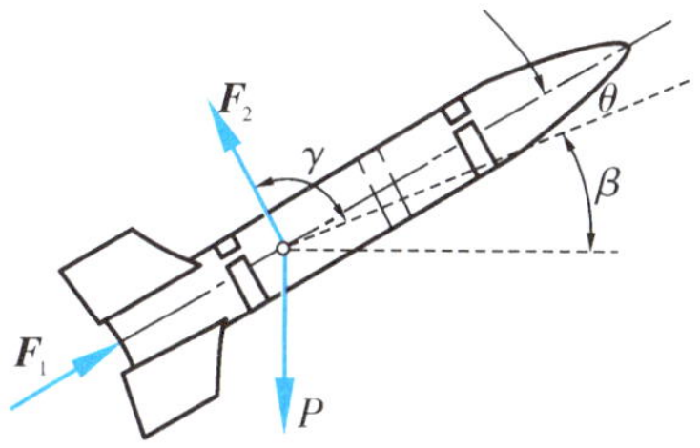

习题 3-6 图

3-7　如图所示结构中，各构件自重不计。在构件 AB 上作用矩为 M 的力偶，求支座 A 和 C 的约束力。

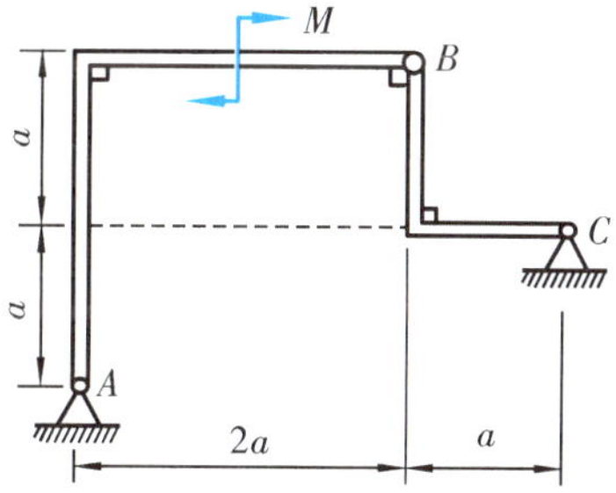

习题 3-7 图

3-8　试求在题图所示两种受力情况下，支座 A、C 处的约束力。

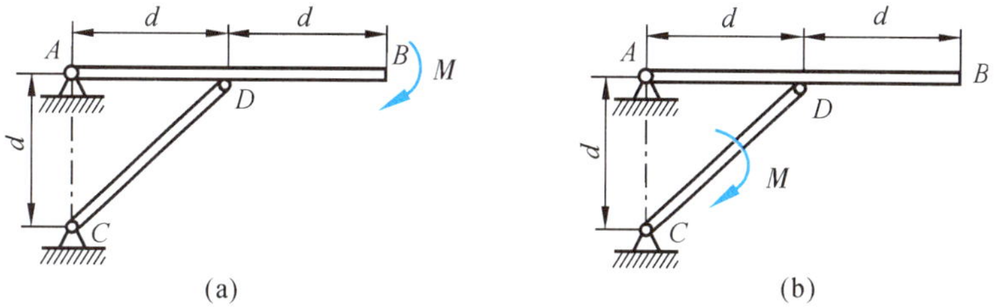

习题 3-8 图

3－9 求题图所示简支梁的支座反力。

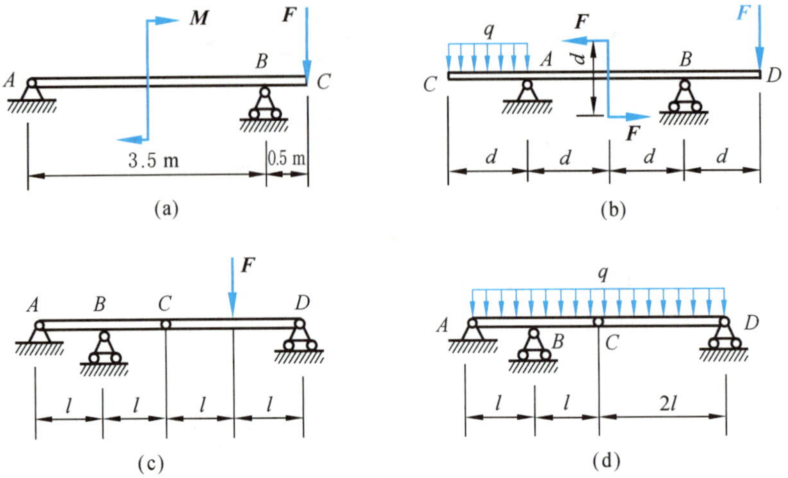

习题 3－9 图

3－10 求题图所示结构固定端 A 处的约束力。

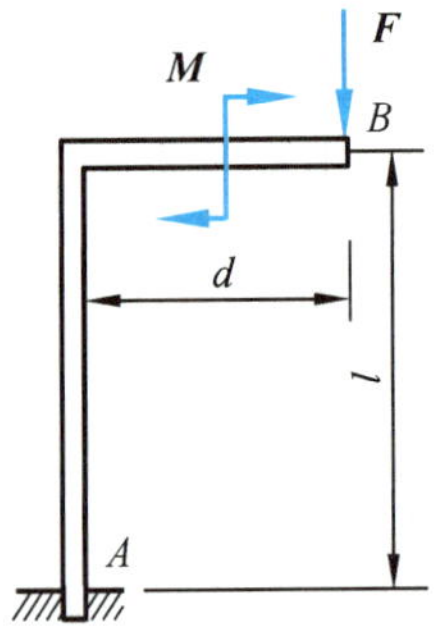

习题 3－10 图

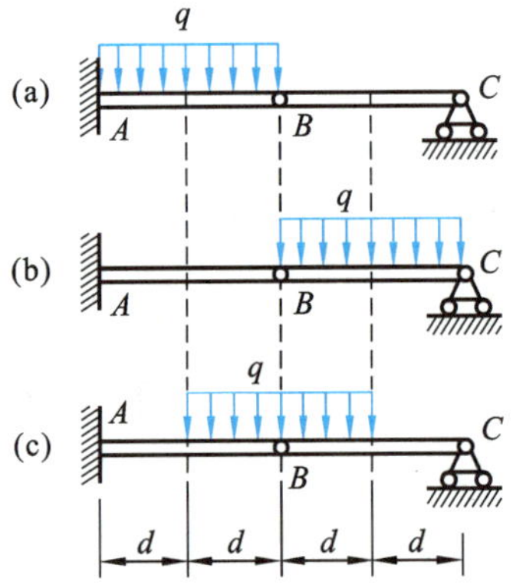

习题 3－11 图

3－11 试求题图所示静定梁在 A 处的约束力。已知 d、q。

3－12 如题图所示，三铰拱由两半拱和三个铰链 A、B、C 构成，已知每半拱重量 $P=300\ \mathrm{kN}$，$l=32\ \mathrm{m}$，$h=10\ \mathrm{m}$。求支座 A、B 处的约束力。

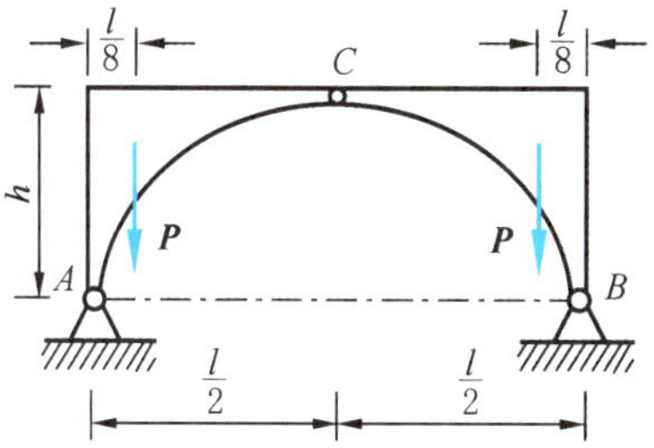

习题 3-12 图

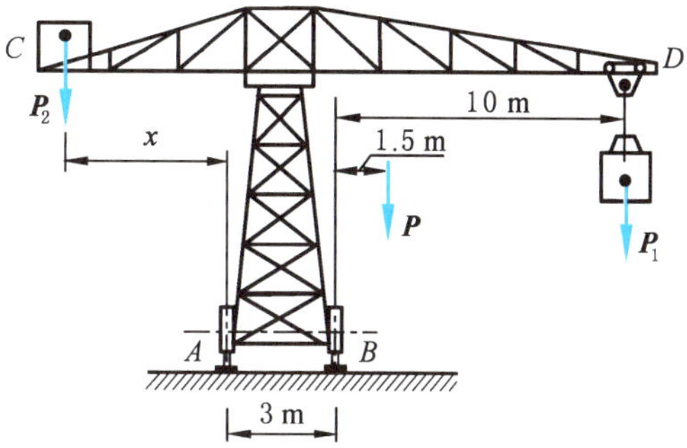

习题 3-13 图

3-13　如题图所示，运行式起重机不计平衡锤的重量为 $P=500$ kN，其重心在离右轨 1.5 m 处。起重机的起重量为 $P_1=250$ kN，突臂伸出离右轨 10 m。跑车本身重量忽略不计，欲使跑车满载或空载时起重机不致翻倒，求平衡锤的最小重量 P_2 以及平衡锤到左轨的最大距离 x。

3-14　如题图所示矩形闸门宽 1 m，高 $AB=2$ m，重 $P=15$ kN，上边缘用柱形铰链 A 支承。若水面与 A 点齐平且门后无水，求开启闸门时钢缆的最小拉力。

3-15　试求题图所示刚架支座 A、B、C 处的约束力。

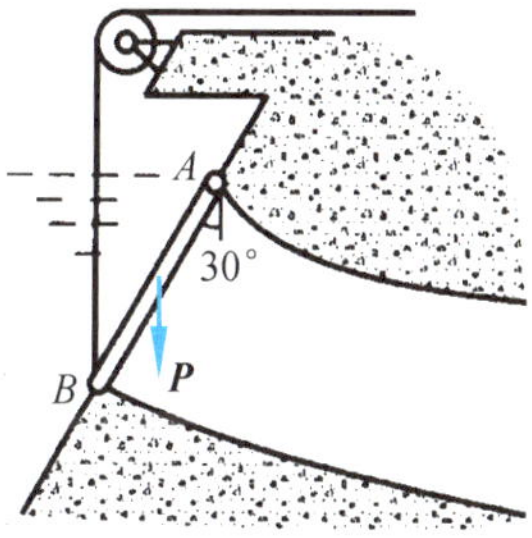

习题 3-14 图

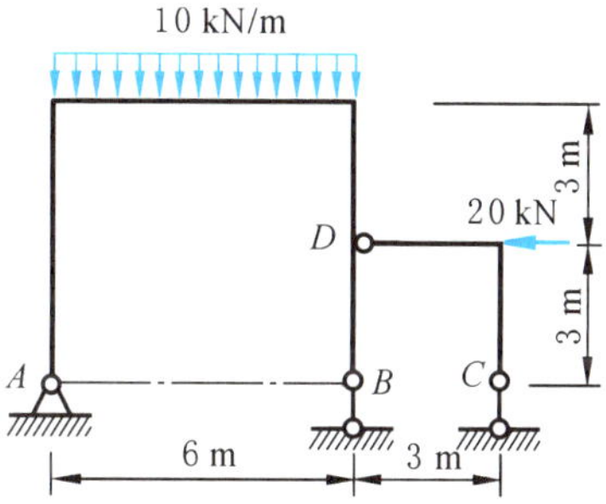

习题 3-15 图

3-16　如图所示滑道连杆机构，在滑道连杆上作用着水平力 F。已知 $OA=r$，滑道倾角为 β，机构重力和各处摩擦均不计。求当机构平衡时，作用在曲柄 OA 上的力偶矩 M 与角 θ 之间的关系。

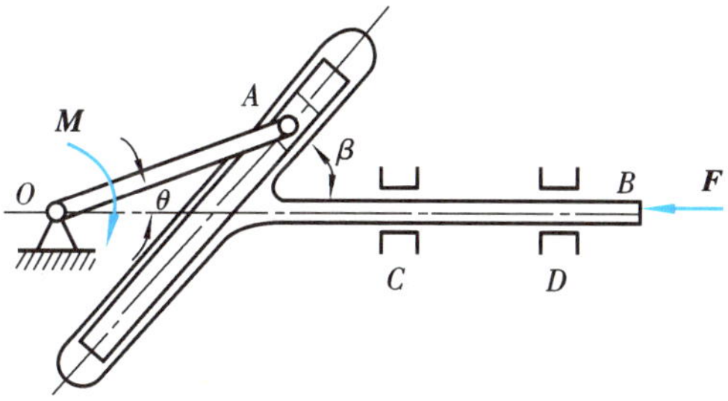

习题 3-16 图

3-17　塔式桁架如图所示，已知载荷 F 和尺寸 d，l。试求 1、2、3 杆的内力

3-18　桁架的两部分用铰链 K 连接，在铰链 K 上作用有集中载荷 F，试求各杆受力。

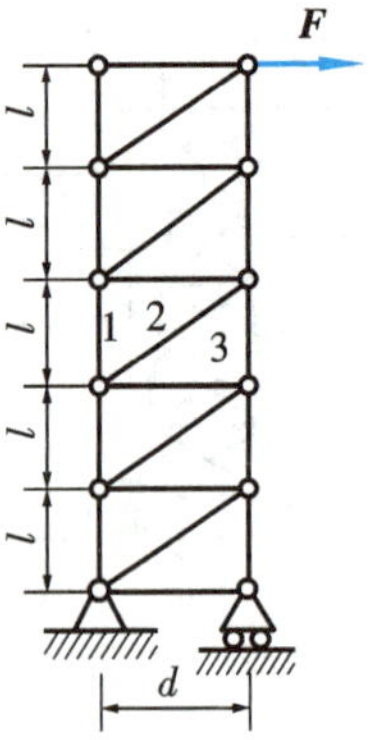

习题 3－17 图

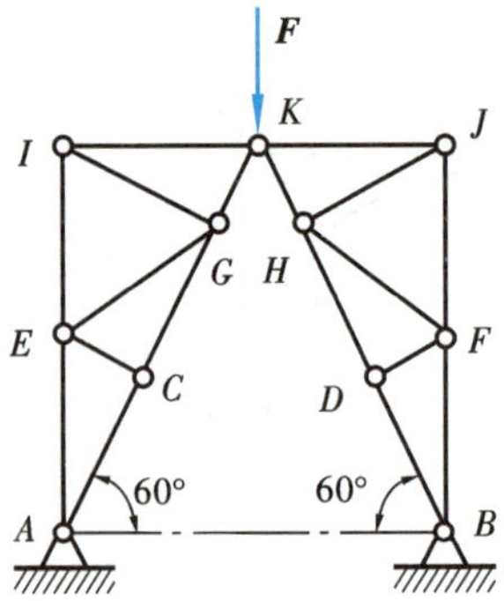

习题 3－18 图

3－19　平面悬臂桁架受力如题图所示，求杆 1、2、3 的内力。

3－20　平面桁架受力如题图所示，求杆 1、2、3 的内力。

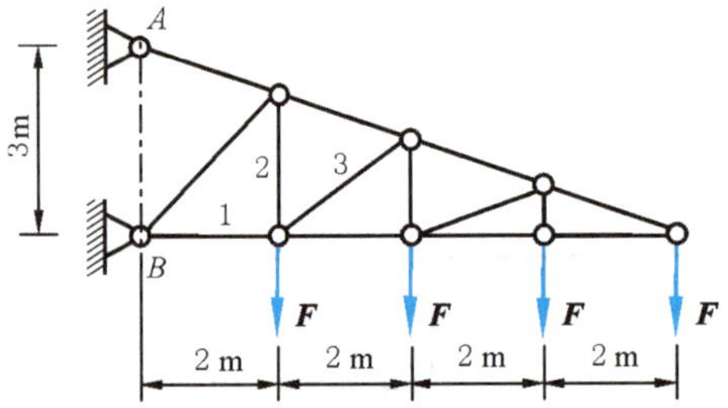

习题 3－19 图

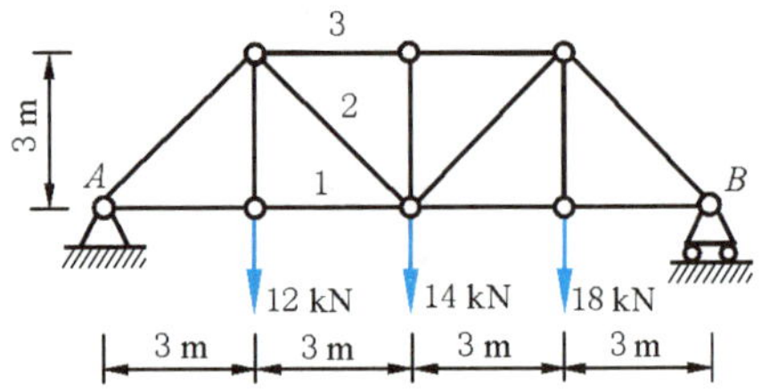

习题 3－20 图

3－21　在柱子顶端悬挂一信号灯，如题图所示，信号灯重量为 100 N。求信号灯的重力对柱子 x、y、z 轴的矩。

3－22　轮轴如题图所示。力 $\boldsymbol{F}$ 作用于轮的边缘且与该点处半径垂直。求 $\boldsymbol{F}$ 对各坐标轴的力矩。

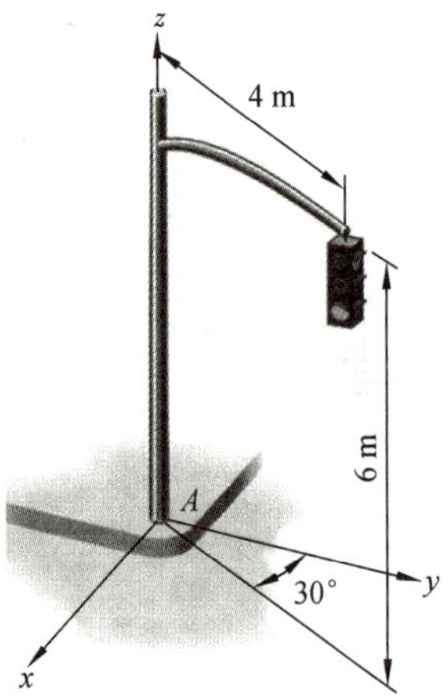

习题 3－21 图

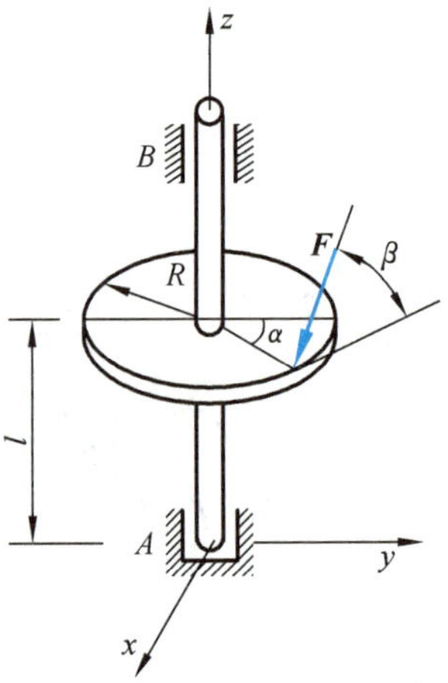

习题 3－22 图

3-23　如题图所示直角弯管受集中力作用，集中力分别与 z 轴、y 轴平行，试确定管子 A 处截面上的内力。

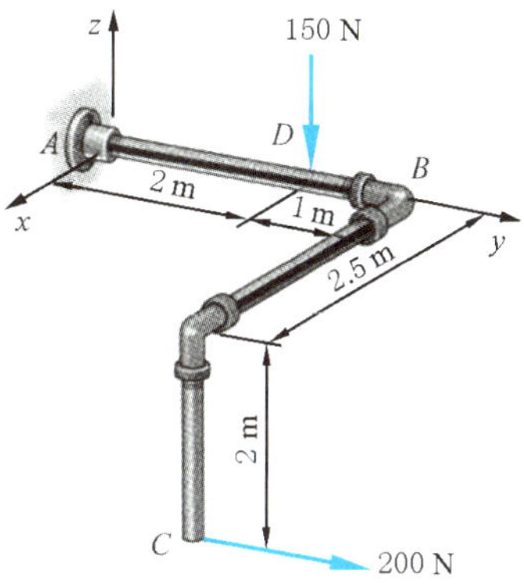

习题 3-23 图

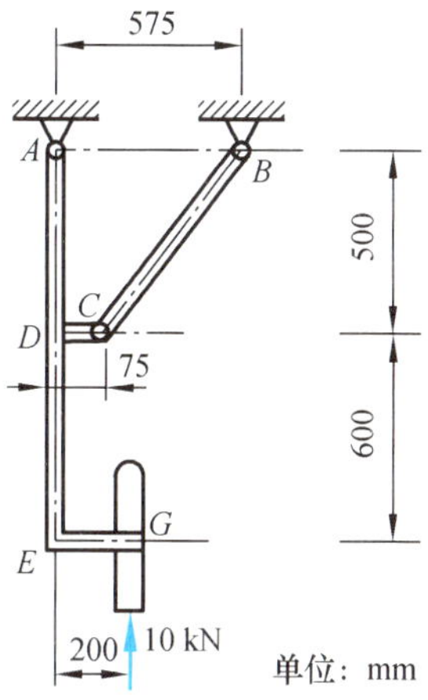

习题 3-24 图

3-24　题图所示为飞机起落架的一部分，可看作受平面力系作用。(1) 试求 A、B 处的反力；(2) 试求 DE 段 D 处截面上的内力大小。

3-25　传动轴以向心轴承 A、B 支承，如题图所示。圆柱直齿轮节圆直径 $d=180$ mm，压力角 $\alpha=20°$。在法兰盘上作用一力偶矩 $M=1$ kN·m，重力和摩擦不计。试求传动轴匀速转动时 A、B 两轴承的约束力。

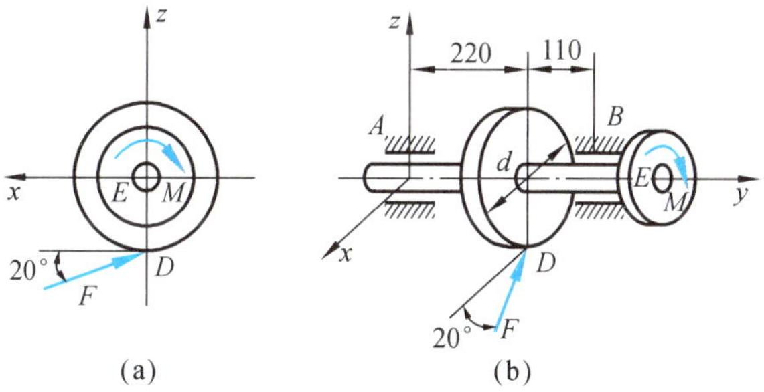

习题 3-25 图

4 轴向拉伸与压缩

4.1 材料力学的基本假设及基本概念

本节将介绍材料力学的研究对象、基本任务、基本假设、基本概念以及基本变形。

4.1.1 材料力学的研究对象

材料力学的研究对象是变形固体。

在前面的章节中，假定物体在受力状态下不会变形，即物体的刚体假设。由此讨论了刚体的静力平衡，并解决了物体的受力问题。

但是，物体在力的作用下总会产生不同程度的变形。例如，桥梁、建筑结构、机械装置等是我们熟知的结构，在受力后所产生的变形应控制在一定的范围内，否则，结构将不能正常工作或服役。因此，我们必须舍弃物体的刚体假设，研究变形固体本身的变形问题。

值得指出的是：同样是研究物体的受力问题，在刚体静力学中，作用在刚体上的力矢量可以滑移，力偶矩矢也可以是自由矢；但对于变形固体，由于力矢量和力偶矩矢的位置将影响物体的变形，因此力矢量不再能沿其作用线滑移，力偶矩矢也不再能自由平移。

前面所说的结构(structure)，是指建筑或机械等物体中承受主要载荷的骨架。组成结构的单元称为构件(member)。构件的几何形状是多种多样的，主要可分为杆件、板壳、块体等。材料力学研究的变形固体主要是杆件(bar)。一个方向(长度方向或纵向)的尺寸远大于其他两个方向(横向)的尺寸的构件可称为杆件。

工程中许多常见的构件都可简化为杆件。例如桥梁的斜拉索[图 4-1(a)]，建筑物中的柱、梁[图 4-1(b)]，以及机械中的连杆和齿轮轴，都可以看作杆件。

(a) 斜拉桥

(b) 建筑物的柱与梁

图 4-1 拉压杆实例

杆件的主要几何特征有两个，即横截面和轴线。横截面为垂直于长度方向的截面，各横截面形心的连线称为杆件的轴线。横截面与轴线是相互垂直的。根据轴线为直线或曲线可将杆件分成直杆和曲杆。若杆件各横截面大小、形状相等,则称为等截面杆,否则称为变截面杆。

4.1.2 材料力学的任务

为保证结构使用的安全性,每一杆件都必须有足够的承载能力。杆件的承载能力主要包括以下三个方面:

(1) 杆件应有足够的强度,即要求杆件在外力作用下不发生破坏。例如,起重机的吊索,必须保证在起吊重物的过程中不发生断裂,否则将造成严重的后果。所谓强度(strength)是指杆件在外力作用下抵抗破坏的能力。

(2) 杆件应有足够的刚度,即要求杆件在外力作用下所产生的变形(形状的变化)不超过正常工作允许的限度。例如,图 4-1(a) 所示的桥梁面板在自重和外力作用下不能变形过大,否则会令人感到严重不安,也就是要求它有足够的刚度。所谓刚度(stiffness)是指杆件在外力作用下抵抗变形的能力。

(3) 杆件应有足够的稳定性,即要求杆件在外力作用下,保持原有的平衡形式。例如,图 4-1(b) 所示建筑物的细长立柱,如果它受到的压力超过某一限度时,就有突然压弯的可能,从而丧失承载能力。因此,为了保证其正常工作,要求该细长立柱一直保持原有直线状态的稳定性。所谓稳定性(stability)是指杆件保持其原有平衡形式的能力。

综上所述,对于受到一定外力作用的杆件,应有足够的强度、刚度和稳定性,以确保结构的承载能力。但是,杆件的强度、刚度和稳定性不必有过分的余量,这样会增加制造成本。例如,过分的强度要求(或刚度,或稳定性),会使得杆件的截面尺寸设计得过大,增加杆件的制造成本。

安全与经济是一对矛盾,如何协调这一对立的两个方面是工程力学需要解决的问题之一。强度、刚度、稳定性计算是工程设计的基础,不能片面追求经济。因此,每一位工程技术人员要严守职业操守,具有良好的职业道德,秉承生命重于泰山的原则,打造质量合格,经得起时间考验的优质工程。

因此,材料力学的基本任务是:研究杆件的强度、刚度和稳定性的条件,为杆件选择合适的材料,确定合理的形状与尺寸,为杆件设计提供必要的理论基础和计算方法。

值得指出的是:杆件的强度、刚度和稳定性不仅与杆件的形状有关,而且与所用材料的力学性能有关。因此,在进行理论分析的基础上,实验研究是完成材料力学的任务所必需的手段。

4.1.3 基本假设

研究变形固体,必然要涉及组成结构或构件的材料,如钢材、混凝土、有色金属、塑料等。这些材料在力的作用下,有着互不相同的变形性能。例如,在同样的拉伸载荷作用下,塑料的变形程度大,钢丝的变形程度小,而混凝土则可能被拉破坏。为了研究的方便,材料力学对变形固体采用下列基本假设。

(1) 均匀连续性假设

假设在整个物体的体积内都毫无空隙地充满着物质,是密实、连续分布的,且具有相同的性质。

这一假设的特点是:① 从变形固体中可取出任一部分进行研究,其研究的表述特征具有代表性;② 由于材料被假定为密实的、连续分布的,材料内部的任意部位在变形前后都不存在任何“空隙”或“重叠”。

(2) 各向同性假设

假设材料的任意部位沿各不同方向均具有相同的力学性质,这种材料称为各向同性材料(isotropic materials)。

这里的力学性质主要是指力与变形之间的关系。例如钢板,无论是沿哪个方向受力,其力与变形的规律是一样的,因此称为各向同性材料。有一些材料的力与变形间的关系与材料的取向有关,例如木材,在受力相同的情况下,平行于木纹纤维方向的变形小,而垂直于木纹纤维方向的变形大。这种两个垂直方向有不同的力学性能的材料,称为正交各向异性材料(anisotropic materials)。

(3) 小变形假设

假设受力构件的变形相对于其原始尺寸非常微小。

在实际工程中,构件的受力一般在设计范围内,对于其原有尺寸而言,其受力后的变形很小。在这种构件变形很小的情况下,分析力的平衡时,采用物体未变形时的几何尺寸进行计算,不会引起较大误差,这样的问题称为小变形问题(small deformation problem)。

如图 4-2 所示的三角杆架在点 B 受力[①],整个杆架变形(虚线所示),其中点 B 因结构变形至 B',其 δ_1 和 δ_2 远小于杆架构件的最小长度尺寸。所以通过节点平衡求各杆内力时,把支架的变形略去不计,使得计算得到很大的简化。

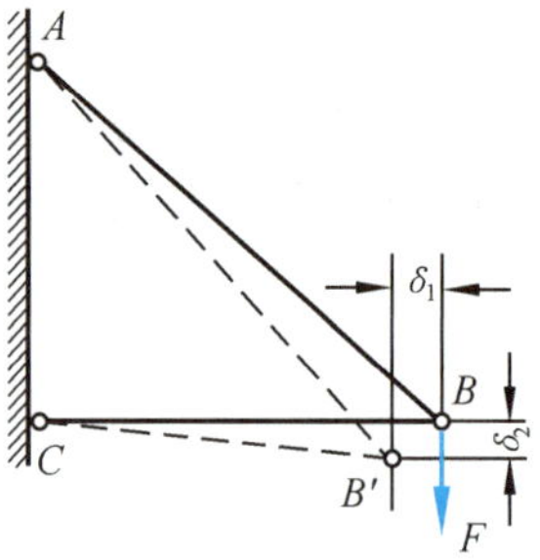

图 4-2 三角杆架

4.1.4 外力与内力

(1) 外力的概念

外力(external force),是指所研究构件受到的载荷和约束力。

外力按其作用方式可分为体积力和面力。体积力是分布在物体体积内的力,例如惯性力、重力、电磁力。面力是分布在物体表面上的力,例如风载荷、雪载荷、重物压力、两物体间的接触力等,它又可分为集中力和分布力。

载荷按其作用性质可分为静载荷(static load)和动载荷(dynamic load)。前者是指载荷缓慢地由零增加到一定值,以后保持不变或变动量可忽略。例如物体在静止状态所受的重力,建筑物中的支柱、梁在正常情况下所承受的载荷,均属静载荷。后者是指大小或方向随时间而变化的载荷,例如,使得桥梁产生上下振动的风载荷、汽车压力等载荷,使机械构件产生振动的电动机载荷等均属动载荷。构件在动载荷作用下与在静载荷作用下的力学行为大不相同,本书主要讨论静载荷作用下构件的应力、应变和位移的求解方法。

(2) 内力的概念

内力(internal force),是指外力作用引起构件内部的附加相互作用力。这种附加相互作用力存在于构件内部的任意部位与其连接部分之间。

① 注:在后续材料力学内容中,由于涉及的矢量运算较少,一般的力(力偶)不再表示成黑体。

当外力变化时，内力也产生变化。在一般情况下，内力随外力的增长而增大；而且这样的内力达到某一限度时将引起构件破坏。

4.1.5 杆件变形的基本形式

杆件变形的基本形式有四种，与所受外力有关。杆件的变形可以是下述四种基本变形中的一种，或某几种基本变形的组合。

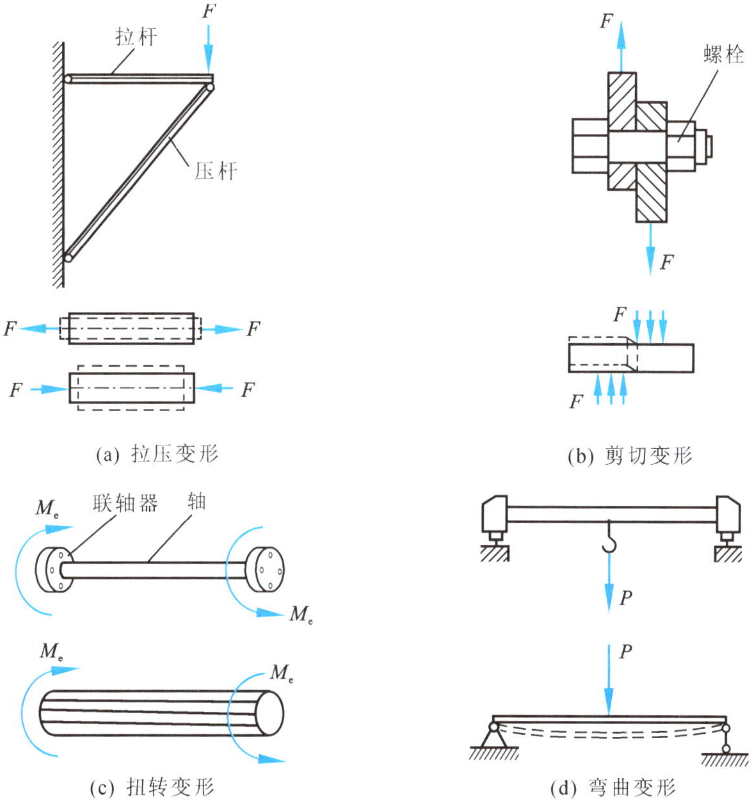

图 4-3 杆件的四种基本变形

(1) 轴向拉伸或压缩(tension or compression) 变形是由大小相等、方向相反、作用线与轴线重合的一对力所引起的。例如图 4-3(a) 所示三角架的拉杆和压杆，其变形表现为：杆件受拉时伸长，杆件受压时缩短；一般情况下，杆件受拉伸长时横截面变小，杆件受压缩短时横截面变大。轴向拉(压) 杆简称拉(压) 杆。

(2) 剪切(shear) 变形是由大小相等、方向相反、作用面都垂直于杆件轴线的两组力所引起的。例如图 4-3(b) 所示的连接螺栓，受到被连接件的上下剪力而产生剪切变形，其变形表现为被剪杆件横截面相邻两边产生相对错位。

(3) 扭转(torsion) 变形是由大小相等、方向相反、作用面都垂直于杆件轴线的两个力偶所引起的。例如图 4-3(c) 所示的汽车转向轴，其变形表现为杆件的任意两个横截面绕轴线做相对转动。

(4) 弯曲(bending) 变形是由垂直于杆件轴线的横向力，或作用于包含杆轴的纵向平面内的一对大小相等、方向相反的力偶所引起的。如图 4-3(d) 所示悬臂吊车的悬臂，其变形表现为杆件的轴线由直线变为曲线。

工程中常用构件在载荷作用下的变形，大多为上述几种基本变形形式的组合，单一的基本变形的构件较为少见。但有时构件虽然发生几种变形，却以一种基本变形为主，其他的变形为次要变形，也即主要变形产生的应力或应变远远大于其他次要变形产生的应力或应变，则可按基本变形形式计算。若几种变形都不能忽略，则按组合变形计算。本章先讨论轴向拉(压)杆的问题，并由此进一步探讨材料力学的一般分析方法。

4.2 轴向拉(压)杆横截面上的轴力及轴力图

载荷作用下，物体内部某一部分与相邻部分间的相互作用力即内力。对于轴向拉(压)杆，横截面上的内力有何规律？怎样求横截面上的内力呢？

由于内力是物体内相邻介质之间的相互作用力，为了显示内力，与静力学中求桁架内力一样，也可用截面法。

图4-4(a)所示轴向拉(压)杆，欲求横截面 $m—m$ 上的内力。为此，用一假想的平面沿横截面$m—m$ 将杆截开，分成 Ⅰ、Ⅱ 两部分，任取一部分(如部分 Ⅰ)，舍弃另一部分(即部分Ⅱ)，并用内力代替弃去部分对保留部分的作用力。

处于平衡状态的物体，其中任一部分也必然处于平衡状态。由于杆件处于平衡状态，所以保留下来的部分(部分 Ⅰ)也处于平衡状态，而且此时截面 $m—m$ 上的内力对保留部分来说是外力。于是，杆件横截面 $m—m$ 上的内力必定是与其左端外力 F 共线的轴向力 F_N[图4-4(b)]。

由平衡方程

$$\sum F_x = 0,\quad F_N - F = 0$$

得

$$F_N = F$$

式中，F_N 为杆件横截面 $m—m$ 上的内力，其作用线与杆的轴线重合，也就是垂直于横截面并通过其形心。这种作用线与杆的轴线重合的内力称为**轴力**(axial force)，并规定用记号 F_N 表示。

若取部分 Ⅱ 为留下部分，则由作用与反作用原理，部分 Ⅱ 在截开面上的轴力与部分 Ⅰ 上的轴力数值相等而指向相反[图 4-4(c)]。

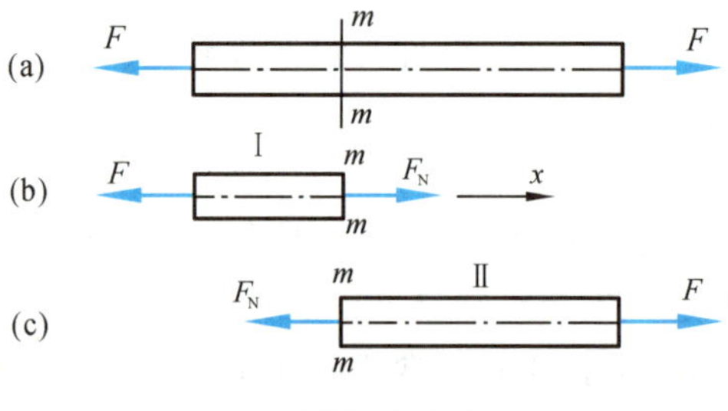

图 4-4 截面法求轴力(一)

对于压杆，也可通过上述过程求得其任一横截面上的轴力 F_N，其指向如图 4-5 所示，即指向截面。为了使左右两段同一截面上的轴力不仅大小相等而且正负号也相同，必须联系变形，对轴力的符号作如下规定：使杆产生拉伸变形的轴力为正，称为拉力(tensile force)，如图4-4(b)、(c)所示；使杆产生压缩变形的轴力为负，称为压力(compressive force)，如图 4-5(b)、(c) 所示。

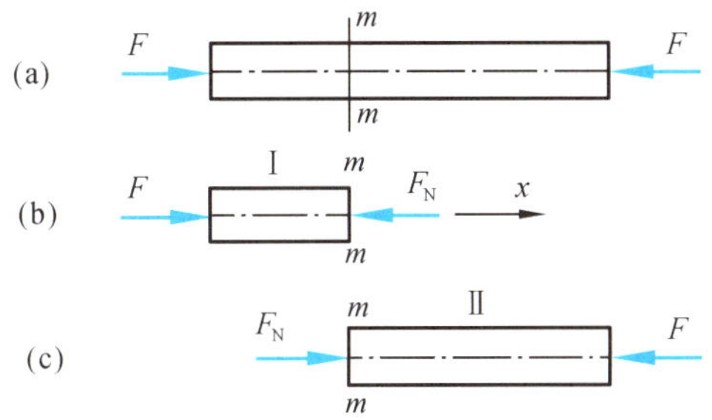

图 4-5 截面法求轴力(二)

上述分析轴力的方法称为截面法，它是求内力的基本方法。截面法包括以下三个步骤：

(1) 截开：在要求内力的截面处，沿该截面假想地把构件分成两部分；

(2) 代替：保留其中任一部分作为研究对象，弃去另一部分，将弃去部分对保留部分的作用以内力代替；

(3) 平衡：建立保留部分的平衡方程，计算未知内力。

必须注意，因为所讨论的是变形体，在用截面法求内力的过程中，力和力偶都不可以像讨论刚体时那样随意移动，也就是说，刚体静力学中力的可传性原理在这里是不适用的。

当杆受到多个轴向外力作用时，杆的不同横截面上的轴力将各不相同。为了表明横截面上的轴力随横截面位置变化的情况，可用轴力图来表示：用平行于杆轴线的坐标表示横截面的位置，用垂直于杆轴线的坐标表示横截面上轴力的大小，以此绘出轴力与截面位置关系的图线，正轴力画在上侧，负轴力画在下侧。

【例 4-1】 图 4-6(a) 所示杆的 A、B、C、D 点分别作用大小为 $5F$、$8F$、$4F$、F 的力，方向如图所示，试画出杆的轴力图。

解： A、B、C、D 点的四个力将杆分成了四段，下面用截面法分别求这四段内的四个截面上的轴力。注意，在未知轴力是拉力还是压力的情况下，可先假设为拉力。首先在杆 OA 段截开横截面 1—1，保留右边，加上截面上作用的待定轴力 F_{N1}[图 4-6(b)]，由平衡方程得

$$\sum F_x = 0, \quad F_{N1} - 5F + 8F - 4F - F = 0$$

$$F_{N1} = 5F + 4F + F - 8F = 2F$$

同理，可得 AB 段任一横截面 2—2 上的轴力[图 4-6(c)] 为

$$F_{N2} = 4F + F - 8F = -3F$$

结果为负值，说明 F_{N2} 的真实指向与假定的指向相反，即为压力。

由截面法同样得到 BC 段任一横截面 3—3[图 4-6(d)]、CD 段任一横截面 4—4[图4-6(e)] 上的轴力为

$$F_{N3} = 4F + F = 5F$$

$$F_{N4} = F$$

按前述作轴力图的规则，作出杆的轴力图如图 4-6(f) 所示。F_{Nmax} 发生在 BC 段内的任一横截面上，其值为 $5F$。

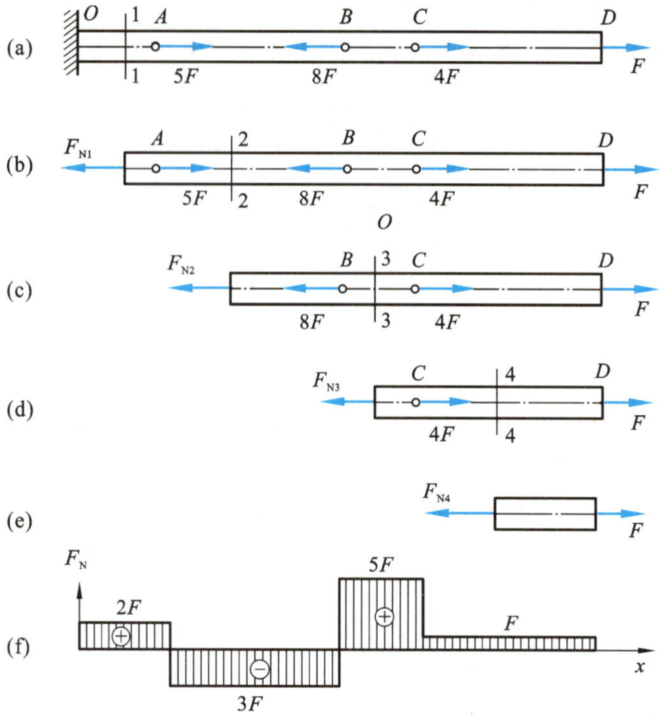

图 4-6 例 4-1 图

4.3 应力·轴向拉(压)杆内的应力

在确定了拉(压)杆的轴力以后,还不能判断杆是否会因强度不足而破坏。因为轴力只是杆横截面上分布内力系的合力,而要判断杆是否会因强度不足而破坏,还必须知道分布内力集度的大小,以及材料抵抗破坏的能力即强度。

4.3.1 应力的概念

杆件截面上的分布内力集度称为**应力**(stress)。

为了求得某一受力构件横截面上任一点 C 处的应力,围绕点 C 取一微面积 ΔA,如图 4-7(a) 所示。假设其微面积上的合力为 ΔF,则 ΔF 与 ΔA 的比值

$$p_m = \frac{\Delta F}{\Delta A} \tag{4-1}$$

称为 ΔA 上的平均应力。

一般情况下,内力并不是均匀分布的,平均应力 p_m 随所取 ΔA 的大小而异,所以它并不能真实地表明内力在点 C 的强弱程度。令 ΔA 趋近于零,其极限值

$$p = \lim_{\Delta A \to 0} \frac{\Delta F}{\Delta A} = \frac{dF}{dA} \tag{4-2}$$

p 即为点 C 处的内力集度,称为点 C 处的**总应力**(overall stress)。p 是一个矢量,一般情

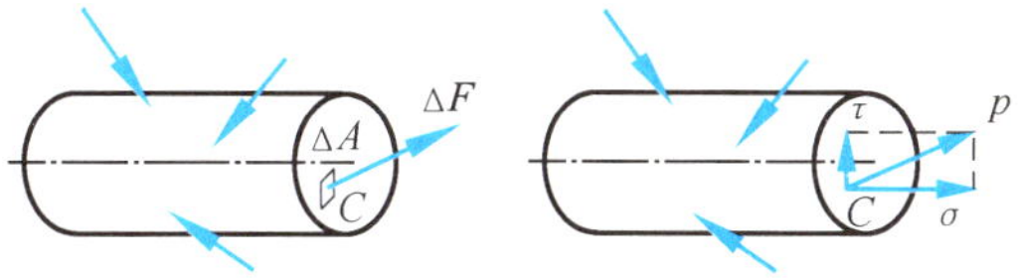

(a) (b)

图 4-7 应力的概念及应力分解

况下，既不与截面垂直，也不与截面相切。通常把总应力 p 分解成垂直于截面的分量 σ 和与截面相切的切向分量 τ，如图 4-7(b) 所示。σ 称为**正应力**(normal stress)，τ 称为**剪应力**或**切应力**(shearing stress)。

在国际单位制中，应力的单位是帕斯卡(Pascal)，简称为帕(Pa)。1 帕等于 1 牛顿 / 米^2 (1 Pa = 1 N/m^2)，这个单位太小，通常采用兆牛 / 米^2(10^6 牛 / 米^2)，记为 MN/m^2 或 MPa(兆帕)。还可用吉帕(1 GPa = 10^9 N/m^2 = 10^9 Pa) 为单位。

从应力的定义可见，应力具有以下特征：

(1) 应力定义在受力构件的某一截面上的某一点处。

(2) 在某一截面上一点处的应力是矢量。对于正应力分量，通常规定离开截面的正应力(即拉应力) 为正，指向截面的正应力(即压应力) 为负。

(3) 整个截面上各点处的应力与微面积 dA 之乘积的合成，为该截面上的内力。

◀ 讲授视频：应力的概念。

4.3.2 轴向拉(压) 杆横截面上的应力

拉(压) 杆横截面上的内力为与轴线重合的轴力，而截面上各点处的应力与微面积 dA 之乘积的合成，为该截面上的内力。所以，在拉(压) 杆横截面上，与轴力 F_N 相对应的应该只是正应力 σ。要确定该应力的大小，必须了解 σ 在横截面上的分布规律。由于内力与变形之间存在一定的关系，因此可通过实验的方法观察其变形规律，从而确定正应力 σ 的分布规律。

取一等直杆，在其侧面上画两条垂直于轴线的横向线 ab 和 cd，如图 4-8(a) 所示。然后在杆两端施加轴向拉力，使杆产生拉伸变形。观察可以发现，ab 和 cd 仍为直线，且仍然垂直于轴线，只是分别平移到了 $a'b'$ 和 $c'd'$。根据这一现象，设想横向线为杆的横截面，由此可作如下假设：变形前原为平面的横截面，变形后仍保持为平面，且垂直于轴线。这个假设称为**平面假设**(plane assumption)。由平面假设可以推断，拉杆所有纵向纤维的伸长相等。根据材料均匀性假设，每根纵向纤维受力相同，所以横截面上的内力是均匀分布的，即横截面上各点处正应力 σ 相等，如图 4-8(b) 所示。

若杆的横截面面积为 A，则微面积 dA 上的法向内力元素 σdA 组成一垂直于横截面的平行力系，其合力为 F_N。于是由静力学关系得

$$F_N = \int_A \sigma \mathrm{d}A$$

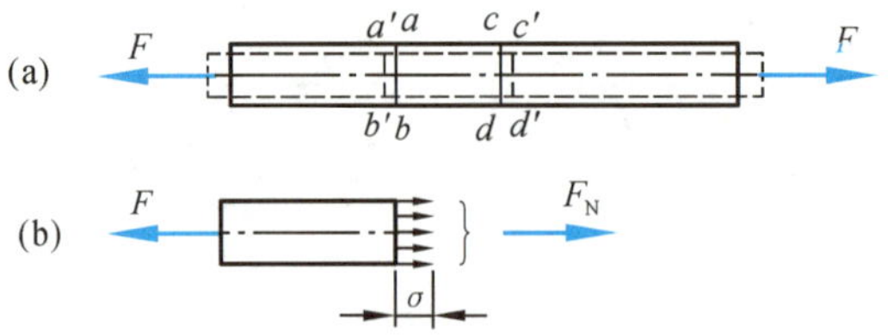

图 4-8 拉(压)杆横截面上的应力

由于横截面上各点处的正应力相等,则

$$F_N = \sigma \int_A dA$$

$$\sigma = \frac{F_N}{A} \tag{4-3}$$

式(4-3)为拉杆横截面上正应力的计算公式。式中,σ 为横截面上的正应力,F_N 为横截面上的轴力,A 为横截面面积。式(4-3)也同样适用于轴向压缩的情况。当 F_N 为拉力时,σ 为拉应力,规定为正;当 F_N 为压力时,σ 为压应力,规定为负。

式(4-3)是根据正应力在杆横截面上均匀分布这一结论而导出的。应该指出,在载荷作用点附近的截面上,正应力均匀分布的结论有时是不成立的。在实际构件中,载荷以不同的加载方式施加于构件。不同的加载方式,对截面上的应力分布是有影响的。但是,实验研究表明,杆端加载方式的不同,只对杆端附近截面上的应力分布有影响,其影响长度不超过杆的横向尺寸。这一论断,称为**圣维南原理**(Saint-Venant's principle)。根据这一原理,在拉压杆中,离外力作用点稍远的横截面上,应力分布是均匀的。

当等直杆受几个轴向外力作用时,杆内最大正应力应为

$$\sigma_{max} = \frac{F_{Nmax}}{A} \tag{4-4}$$

最大应力所在截面称为**危险截面**(critical section),危险截面上的应力称为**最大工作应力**(maximum active stress)。

【例 4-2】 一变截面圆钢杆 $ABCD$,如图 4-9(a)所示。已知 $F_1 = 20$ kN,$F_2 = 35$ kN,$F_3 = 35$ kN,$d_1 = 20$ mm,$d_2 = 30$ mm,$d_3 = 35$ mm,试求杆内的最大工作应力 σ_{max}。

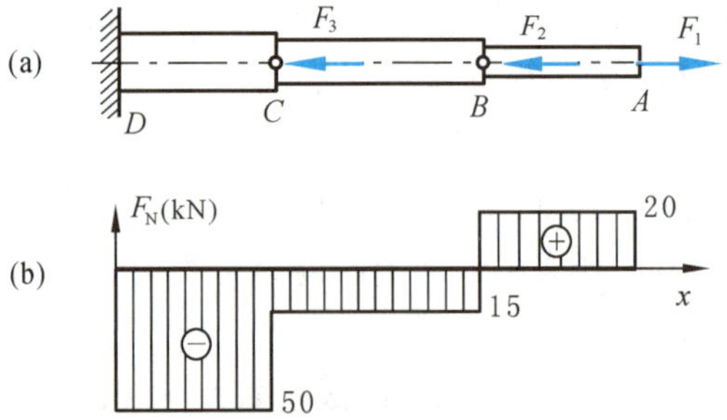

图 4-9 例 4-2 图

解：（1）先画杆的轴力图如图 4－9(b) 所示。

（2）求最大正应力。由于圆截面钢杆为一阶梯形，故 AB、BC 及 CD 三段内不仅内力不同，而且横截面面积亦不同，这就需要分段求出各横截面上的正应力。利用式(4－3)可分别求得 AB、BC 和 CD 段内的正应力为

$$\sigma_1=\frac{F_{N1}}{A_1}=\frac{4F_{N1}}{\pi d_1^2}=\frac{4\times 20\times 10^3\ \text{N}}{\pi\times 20^2\times 10^{-6}\ \text{m}^2}=63.7\times 10^6\ \text{Pa}=63.7\ \text{MPa}$$

$$\sigma_2=\frac{F_{N2}}{A_2}=\frac{4F_{N2}}{\pi d_2^2}=\frac{-4\times 15\times 10^3\ \text{N}}{\pi\times 30^2\times 10^{-6}\ \text{m}^2}=-21.2\times 10^6\ \text{Pa}=-21.2\ \text{MPa}$$

$$\sigma_3=\frac{F_{N3}}{A_3}=\frac{4F_{N3}}{\pi d_3^2}=\frac{-4\times 50\times 10^3\ \text{N}}{\pi\times 35^2\times 10^{-6}\ \text{m}^2}=-52.0\times 10^6\ \text{Pa}=-52.0\ \text{MPa}$$

可见，最大正应力发生在 AB 段内，其值为

$$\sigma_{\max}=63.7\ \text{MPa}$$

◀ 讲授视频：拉(压)杆横截面上的应力。

4.3.3　轴向拉(压)杆斜截面上的应力

设一等直杆受到轴向拉力 F 的作用，其横截面的面积为 A，要求任意斜截面 $m—m$ 上的应力。设该斜截面的外法线 n 与 x 轴的夹角为 α，如图 4－10(a) 所示。采用截面法可求得截面 $m—m$ 上的内力为

$$F_\alpha=F$$

如图 4－10(b) 所示，仿照证明横截面上应力均匀分布的方法，也可得出斜截面上应力均匀分布的结论。于是有

$$p_\alpha=\frac{F_\alpha}{A_\alpha}$$

因 $A_\alpha=A/\cos\alpha$，故

$$p_\alpha=\frac{F}{A}\cos\alpha=\sigma\cos\alpha$$

式中的 $\sigma=F/A$，即横截面上的正应力。将应力 p_α 分解成垂直于斜截面的正应力 σ_α 和相切于斜截面的切应力 τ_α，如图 4－10(c) 所示。应力的符号规定为：正应力符号规定如前所述；切应力对截面内侧任意点的矩为顺时针转向时规定为正，反之为负。α 的符号规定：由 x 轴转到外法线 n 为逆时针转向时为正，反之为负。按上述符号规定，图 4－10(c) 中 σ_α、τ_α 和 α 皆为正。由图 4－10(c) 可知

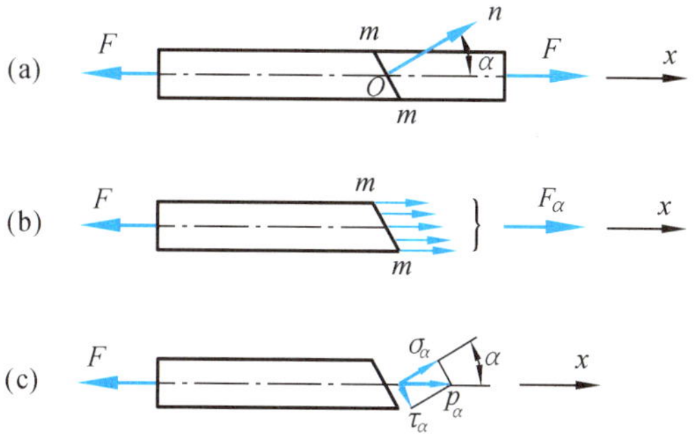

图 4－10　轴向拉(压)杆斜截面上的应力

$$\left.\begin{aligned}\sigma_\alpha &= p_\alpha \cos\alpha = \sigma \cos^2\alpha \\ \tau_\alpha &= p_\alpha \sin\alpha = \frac{\sigma}{2}\sin 2\alpha\end{aligned}\right\} \tag{4-5}$$

从上式看出，σ_α 和 τ_α 均随 α 角度改变而改变。当 $\alpha=0$ 时，斜截面 m—m 即为垂直于杆轴线的横截面，σ_α 达到最大值，其值为

$$\sigma_{\max}=\sigma$$

当 $\alpha=45^\circ$ 时，τ_α 达到最大值，其值为

$$\tau_{\max}=\frac{\sigma}{2}$$

这就是说：轴向拉(压)杆的最大正应力发生在横截面上，最大切应力发生在与轴线成 45°角的斜截面上。

4.4　轴向拉(压)杆的变形·胡克定律

4.4.1　轴向拉(压)杆变形的有关概念

杆件在轴向拉伸或压缩时，其轴线方向伸长或缩短，横向尺寸则减小或增大。前者称为纵向变形，后者称为横向变形。

设一等直杆的原长为 l，横截面面积为 A，如图 4-11 所示。在轴向拉力 F 的作用下，杆件的长度由 l 变为 l_1，其纵向伸长量为

$$\Delta l = l_1 - l \tag{a}$$

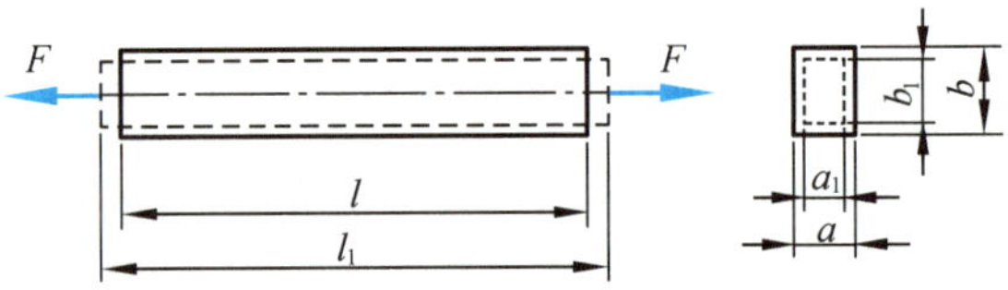

图 4-11　轴向拉(压)杆的变形

纵向伸长只反映杆的总变形量，无法说明杆的纵向变形程度。由于拉(压)杆各处的伸长是均匀的，因此，其变形程度可以用每单位长度的纵向伸长即纵向线应变(longitudinal strain)来表示。将 Δl 除以 l 得杆件纵向线应变为

$$\varepsilon=\frac{\Delta l}{l} \tag{4-6a}$$

由式(a)可知，拉杆的纵向伸长 Δl 为正，压杆的纵向缩短 Δl 为负，所以线应变在伸长时为正，缩短时为负。

必须指出，式(4-6a)所表达的是在长度 l 内的平均线应变，当沿杆长度均匀变形时，式(4-6a)即为沿长度各点处的纵向线应变。当沿杆长度为非均匀变形时，式(4-6a)则不能表示沿长度各点处的纵向线应变。为研究一点处的线应变，可围绕该点取一个很小的正六面体，如图 4-12 所示。设所取正六面体沿 x 轴方向 AB 边的原长为 Δx，变形后其长度的改变量为 Δu。对于非均匀变形，比值 $\Delta u/\Delta x$ 为 AB 边的平均线应变。当 Δx 趋于零时，其极限值称为

点 A 处沿 x 轴方向的线应变,式(4-6b)又称为几何关系,描述的是应变与位移的关系。

$$\varepsilon_x = \lim_{\Delta x \to 0} \frac{\Delta u}{\Delta x} = \frac{\mathrm{d}u}{\mathrm{d}x} \tag{4-6b}$$

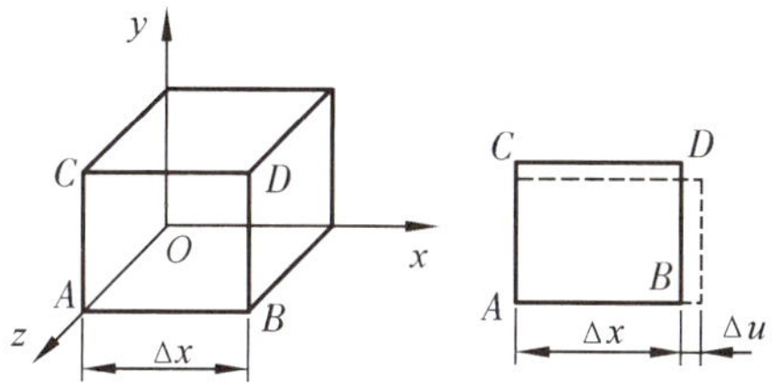

图 4-12 线应变

如前所述,轴向拉(压)杆在纵向变形的同时,横向也有变形。设拉杆变形前的横向尺寸为 a 和 b,变形后的尺寸为 a_1 和 b_1(图 4-11)。杆件横向绝对变形为

$$\Delta a = a_1 - a, \quad \Delta b = b_1 - b \tag{b}$$

由实验可知,两横向线应变相等,为

$$\varepsilon' = \frac{\Delta b}{b} = \frac{\Delta a}{a} \tag{c}$$

由式(b)可见,轴向拉(压)杆的横向线应变与纵向线应变的符号相反,拉杆的纵向线应变为正,横向线应变为负,压杆则相反。

4.4.2 胡克定律

轴向拉(压)杆的变形量与其所受力之间的关系与材料的性能有关,只能通过实验来获得。对工程中常用的材料,如低碳钢、合金钢所制成的拉杆,由一系列实验证明:当杆内的应力不超过材料的某一极限值,即比例极限(见 4.5 节)时,杆的伸长 Δl 与其所受外力 F、杆的原长 l 成正比,而与其横截面面积 A 成反比,即有

$$\Delta l \propto \frac{Fl}{A} \tag{d}$$

引进比例常数 E,则有

$$\Delta l = \frac{Fl}{EA} \tag{4-7a}$$

由于 $F = F_N$,故上式可改写成

$$\Delta l = \frac{F_N l}{EA} \tag{4-7b}$$

式(4-7b)为**胡克定律**(Hooke's Law)。由于这一关系式描述了材料在受力情况下的变形特性,与材料自身力学性能相关,又称为**物理关系**。式中比例常数 E 称为**弹性模量**(modulus of elasticity),其单位为 Pa,通常采用 GPa 表示。E 的数值随材料而异,通过实验测定,其值表征材料抵抗弹性变形的能力。

式(4-7b)也适用于轴向压缩的情况。只需将轴向拉力改为轴向压力,把伸长 Δl 改为缩短(负值)就行了。

由式(4-7b)可知，轴力 F_N 和变形 Δl 的正负号是相对应的，即当轴力 F_N 为拉力时，轴向变形 Δl 大于零，当轴力 F_N 为压力时，轴向变形 Δl 小于零。

EA 称为杆的拉伸(压缩)刚度(tension or compression rigidity)，反映杆抵抗拉伸(压缩)变形的能力。对于长度相等且受力相同的拉杆，其值越大，拉伸(压缩)变形越小。

将上述公式改写成

$$\frac{\Delta l}{l}=\frac{1}{E}\cdot\frac{F_N}{A} \tag{e}$$

式中，$\frac{\Delta l}{l}$ 为杆内任一点处的纵向线应变 ε，$\frac{F_N}{A}$ 为杆横截面上的正应力 σ。于是得胡克定律的另一形式

$$\varepsilon=\frac{\sigma}{E} \tag{4-8}$$

式(4-8)描述了应力-应变关系，是胡克定律或物理关系的一种更简洁的表示。

对于横向线应变 ε'，当应力不超过材料的比例极限时，横向线应变 ε' 与纵向线应变 ε 之比的绝对值是一常数。该常数用 ν 表示，称为材料的横向变形因数或泊松比(Poisson's ratio)，它是一个无量纲的量。可表示为

$$\nu=\left|\frac{\varepsilon'}{\varepsilon}\right| \tag{4-9}$$

考虑到横向线应变与纵向线应变的符号总是相反的，它们之间的关系也可表示为

$$\varepsilon'=-\nu\varepsilon \tag{4-10}$$

泊松比是材料的弹性常数，随材料的不同而不同。几种常用材料的弹性模量和泊松比的数值，列于表4-1中。

表4-1　弹性模量和泊松比的数值

材料名称	弹性模量 E(GPa)	泊松比 ν
碳钢	196～216	0.24～0.28
合金钢	186～206	0.25～0.30
灰铸铁	78.5～157	0.23～0.27
铜及其合金	72.6～128	0.31～0.42
铝合金	70	0.33

【例4-3】　如图4-13(a)所示的柱形杆，其长度为 l，横截面面积为 A，材料的容重为 γ，弹性模量为 E。试求杆的总伸长。

解：　(1) 由静力平衡方程计算杆的内力

在距下端面 x 处，截取 dx 段为研究对象[图4-13(b)、(c)]，得其微段横截面上的轴力平衡式为

$$F_N(x)+dF_N(x)=F_N(x)+\gamma A\,dx \tag{a}$$

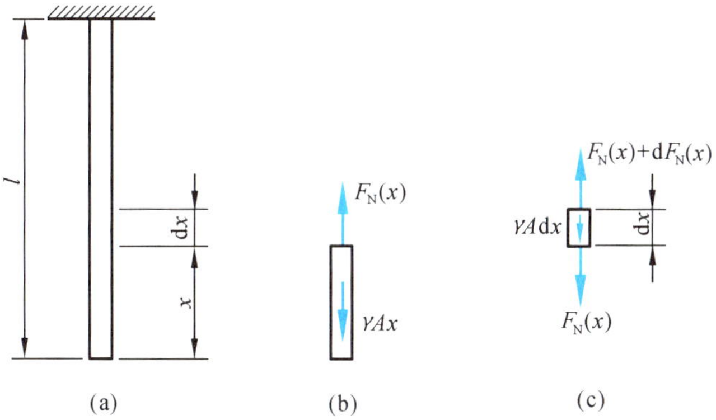

图 4-13 例 4-3 图

可得

$$dF_N(x)=\gamma A dx$$

对式(a)积分,则有

$$F_N(x)=\gamma A x$$

(2) 几何方程

$$\varepsilon=\frac{d(\Delta l)}{dx} \tag{b}$$

(3) 由物理方程

$$\varepsilon=\frac{\sigma}{E}=\frac{F_N(x)}{EA} \tag{c}$$

(4) 联立求解以上三式,得

$$d(\Delta l)=\frac{\gamma x dx}{E}$$

则杆的总伸长为

$$\Delta l=\int_0^l d(\Delta l)=\int_0^l \frac{\gamma x dx}{E}=\frac{\gamma l^2}{2E}$$

【例 4-4】 图 4-14(a) 所示为一简易托架。杆 BC 为圆截面钢杆,其直径 $d=18.5$ mm,杆 BD 为 8 号槽钢。若两杆的弹性模量 $E=200$ GPa,设 $F=60$ kN。试求点 B 的位移。

解: (1) 计算杆的内力

取节点 B 为研究对象,设杆 BC 的轴力为 F_{N1},杆 BD 的轴力为 F_{N2},如图4-14(b) 所示。根据平衡条件可得轴力为

$$F_{N1}=F\times\frac{3}{4}=60\ \text{kN}\times\frac{3}{4}=45\ \text{kN(拉力)}$$

$$F_{N2}=-F\times\frac{5}{4}=-60\ \text{kN}\times\frac{5}{4}=-75\ \text{kN(压力)}$$

(2) 计算点 B 的位移

对于杆 BD,由型钢表查得其横截面面积为

$$A_2=10.24\ \text{cm}^2=1024\times10^{-6}\ \text{m}^2$$

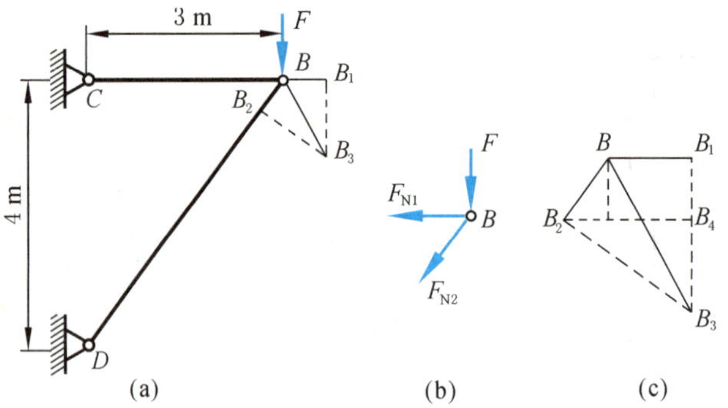

图 4-14　例 4-4 图

由胡克定律公式(4-7b),可求出杆 BC 的伸长为

$$\Delta l_1=\overline{BB_1}=\frac{F_{N1}l_1}{EA_1}=\frac{45\times10^3\ \text{N}\times3\ \text{m}\times4}{200\times10^9\ \text{Pa}\times\pi\times18.5^2\times10^{-6}\ \text{m}^2}=2.51\times10^{-3}\ \text{m}$$

杆 BD 的缩短为

$$\Delta l_2=\overline{BB_2}=\frac{F_{N2}l_2}{EA_2}=\frac{75\times10^3\ \text{N}\times5\ \text{m}}{200\times10^9\ \text{Pa}\times1024\times10^{-6}\ \text{m}^2}=1.83\times10^{-3}\ \text{m}$$

假想把托架从节点 B 拆开,那么杆 BC 伸长变形后成为 B_1C,杆 BD 压缩变形后成为B_2D。分别以点 C 和点 D 为圆心,以 CB_1 和 DB_2 为半径作弧相交于 B_3 处,该点即为托架变形后点 B 的位置。由于是小变形,B_1B_3 和 B_2B_3 是两段极微小的短弧,因而可分别用 BC 和 BD 的垂线来代替,两垂线的交点为 B_3,BB_3 即为点 B 的位移。这种作图法称为“切线代圆弧”法。

现用解析法计算位移$\overline{BB_3}$。为了清楚起见,可将多边形 $BB_1B_3B_2$ 放大,如图 4-14(c) 所示。由变形协调的几何关系可知

$$\overline{B_2B_4}=\Delta l_2\times\frac{3}{5}+\Delta l_1$$

点 B 的垂直位移为

$$\overline{B_1B_3}=\overline{B_1B_4}+\overline{B_4B_3}=\overline{BB_2}\times\frac{4}{5}+\overline{B_2B_4}\times\frac{3}{4}=\Delta l_2\times\frac{4}{5}+\left(\Delta l_2\times\frac{3}{5}+\Delta l_1\right)\times\frac{3}{4}$$

$$=1.83\times10^{-3}\ \text{m}\times\frac{4}{5}+\left(1.83\times\frac{3}{5}+2.51\right)\times10^{-3}\ \text{m}\times\frac{3}{4}=4.17\times10^{-3}\ \text{m}$$

点 B 的水平位移为

$$\overline{BB_1}=\Delta l_1=2.51\times10^{-3}\ \text{m}$$

点 B 的总位移为

$$\overline{BB_3}=\sqrt{(\overline{B_1B_3})^2+(\overline{BB_1})^2}=\sqrt{4.17^2+2.51^2}\times10^{-3}\ \text{m}=4.87\times10^{-3}\ \text{m}$$

由本例看出,变形和位移是两个不同的概念。

4.5　材料在拉伸和压缩时的力学性能

在拉(压)杆的应力、变形计算中,曾涉及材料在轴向拉伸(压缩)时的力学性能,即材料在拉伸(压缩)载荷作用下,材料的力学行为响应。例如发生弹性变形的应力极限值、弹性模量

等。在后续章节中，还会涉及其他力学性能。材料的力学性能都是材料固有的物理特性，可由实验测定。本节介绍工程常用材料在拉压静载（缓慢加载）、常温（室温）情况下的力学性能。

4.5.1 低碳钢拉伸实验

低碳钢是一种含碳量为 0.10% ～ 0.25% 的碳素钢，又称软钢。低碳钢易于接受各种加工，如锻造、焊接和切削，常用于制造链条、铆钉、螺栓、轴等。

低碳钢拉伸时的力学性能，是按照国家标准《金属材料 拉伸试验 第 1 部分：室温试验方法》（GB/T 228.1—2010）进行实验测定的。①

（1）试样

试样是拉伸实验的前提。低碳钢试样通常采用圆截面标准试样，分为长型和短型。长型试样的测量标距为 $l=10d$，短型试样的测量标距为 $l=5d$，如图4-15(a) 所示。

也有采用矩形截面标准试样的，如图 4-15(b) 所示，也分长型和短型。长型试样的测量标距为$l=11.3\sqrt{A}$，短型试样的测量标距为 $l=5.65\sqrt{A}$。

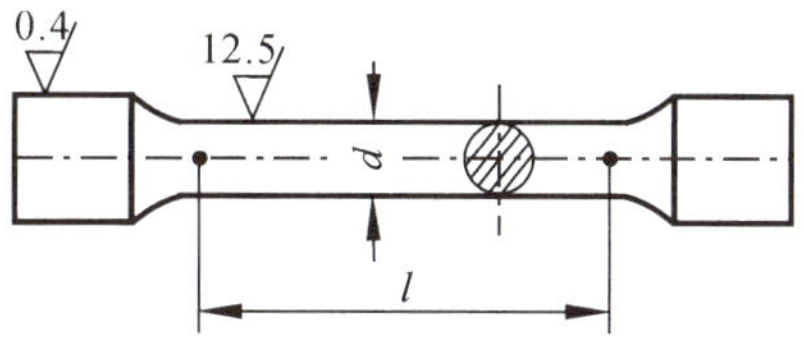

(a) 低碳钢圆截面标准试样

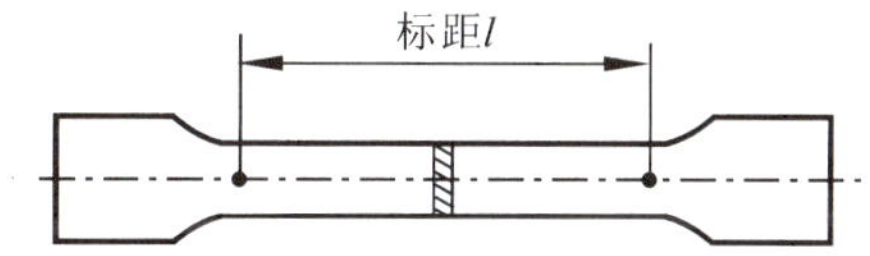

(b) 低碳钢矩形截面标准试样

图 4-15 低碳钢标准试样

（2）实验条件

实验必须在常温（室温）下进行，其加载速度要平稳缓慢，满足静载要求。

（3）实验设备

实验设备包括用于拉伸的材料试验机，测量试样尺寸的游标卡尺，测量试样变形的引伸仪。如图 4-16 所示。

（4）测试过程

首先用游标卡尺对低碳钢试样进行测量，确定标距长度并计算出试样截面积 A。

将试样的两端装入试验机的夹头内，并将引伸仪的两个弹性夹钳夹在试样的中部，然后启动材料试验机缓慢加载，使其产生拉伸变形直至试样破坏。加在试样上的拉力 F 可通过试验机的测力装置读出。试样标距段的伸长 Δl 可用引伸仪测得。

---

① 在国家标准 GB/T 228.1—2010 中，标距、截面面积、屈服强度、抗拉强度、断后伸长率及断后收缩率等符号均有变动，本书仍沿用原标准 GB 228—87。

(a) 材料试验机

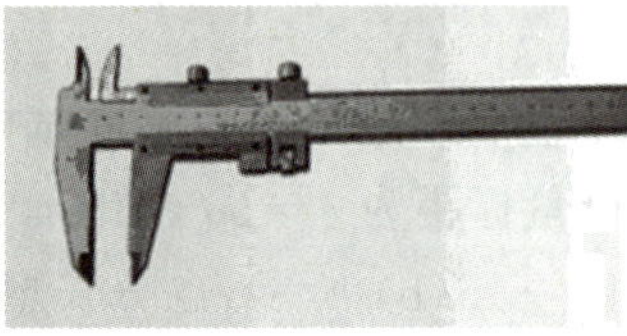

(b) 游标卡尺

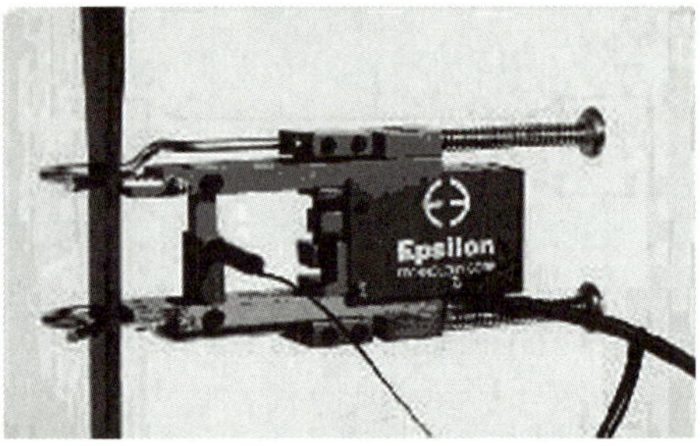

(c) 引伸仪

图 4-16　材料试验设备

4.5.2　低碳钢的拉伸力学性能

利用试验机的自动绘图装置，绘出试样在试验全过程中标距段伸长 Δl 与拉力 F 之间的关系曲线。该曲线与试样的原始尺寸密切相关，为了消除尺寸的影响，对实验数据进行适当处理，令

$$\sigma = \frac{F}{A},\quad \varepsilon = \frac{\Delta l}{l}$$

则可得到低碳钢拉伸应力-应变 $\sigma-\varepsilon$ (stress - strain diagram) 曲线图，如图 4-17 所示。

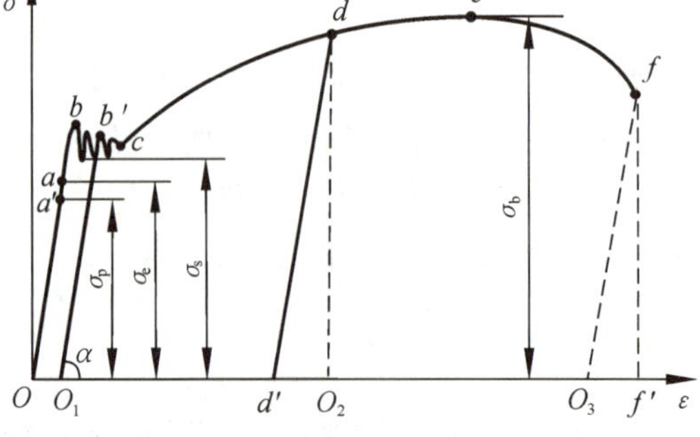

图 4-17　低碳钢拉伸时的应力-应变曲线图

由低碳钢的 $\sigma-\varepsilon$ 曲线可见，整个拉伸过程可分为下述四个阶段：

（1）弹性阶段（Oa 段）

在这个阶段内，材料的变形完全是弹性的。即是说，当应力 σ 小于点 a 所对应的应力时，如果卸去外力，变形全部消失，这种变形称为弹性变形(elastic deformation)。因此，这一阶段称为弹性阶段。相应于点 a 的应力用 σ_e 表示，它是材料只产生弹性变形的最大应力，故称为弹性极限(elastic limit)。

在弹性阶段内，开始为一直线 Oa'，然后是曲线 $a'a$。由于 Oa' 是直线，因此，这一阶段又称为线弹性阶段。表示当应力小于点 a' 相应的应力时，应力与应变成正比，即

$$\sigma \propto \varepsilon$$

或者写为

$$\sigma = E\varepsilon \tag{4-11}$$

这就是拉伸时的胡克定律(Hooke's law)。式中，E 为材料的弹性模量，由式(4-11)可知

$$E = \frac{\sigma}{\varepsilon} = \tan\alpha \tag{4-12}$$

可见，低碳钢的弹性模量 E 可由 $\sigma-\varepsilon$ 曲线的线弹性阶段的直线 Oa' 的斜率确定。

与点 a' 相应的应力用 σ_p 表示，它是线弹性阶段的最大应力，故称 σ_p 为比例极限(proportional limit)。在 $\sigma-\varepsilon$ 曲线上，a 与 a' 极为接近，因此，工程中往往对弹性极限和比例极限并不严格区分。

根据以上分析，在低碳钢拉伸的弹性阶段，可获得如下实验结果：

① 只有弹性变形，且分为直线段 Oa'（线弹性段）和曲线段 $a'a$；

② 弹性模量 E 可由线弹性阶段直线的斜率求得；

③ 弹性阶段的最大应力称为弹性极限 σ_e，线弹性阶段的最大应力称为比例极限 σ_p。

（2）屈服阶段（ac 段）

当应力达到点 b 的相应值以后，其 $\sigma-\varepsilon$ 实验曲线表现为近似水平的小锯齿状曲线。这表明应力几乎不再增加，仅有微小的波动，但变形却在增长。这种应力几乎保持不变而应变显著增长的现象，称为屈服或流动(yield)，并将 ac 阶段称为屈服阶段。

在屈服阶段内的最高应力和最低应力分别称为上屈服强度和下屈服强度。由于上屈服强度受试验的某些因素影响较大，一般不如下屈服强度稳定，故规定下屈服强度为材料的屈服强度(yield strength)，用 σ_s 表示。

若试样表面经过磨光，当应力达到屈服阶段时，可在试样表面看到与轴线约成 45° 的一系列条纹，如图 4-18 所示。这是由于材料内部晶格间相对滑移而形成的，故称为滑移线。由前面的分析知道，轴向拉压时，在与轴线成 45° 的斜截面上有最大的切应力。可见，滑移现象是由于最大切应力 τ_{max} 达到某一极限值而引起的。

如果从屈服阶段 bc 线段中的任意一点 b' 开始卸载，发现卸载时的实验曲线是一条直线且平行于线弹性直线 Oa'，为 O_1b' 直线；从 b' 所对应的应变恢复到 O_1，称为弹性应变(elastic strain)。O_1 回不到原点 O，表明 OO_1 存在不可恢复应变，称为塑性应变(plastic strain)。

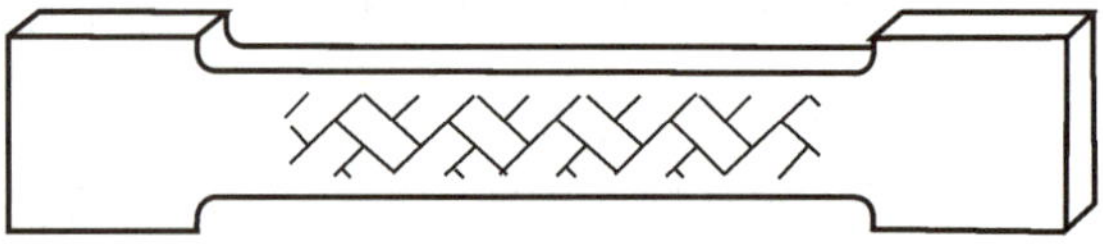

图 4-18 屈服阶段的滑移线

在低碳钢拉伸的屈服阶段，可获得如下实验结果：

① 应力小幅波动，应变快速增加，并采用下屈服强度为其屈服强度 σ_s；

② 同时存在塑性和弹性变形；

③ 试样表面出现与轴线成 45° 的滑移线。

(3) 强化阶段(ce 段)

经过屈服阶段后，如图 4-17 所示，一旦过了点 c，低碳钢材料又恢复了抵抗变形的能力。也就是说，过了点 c 后，必须增加拉力才能使得材料继续变形，这种现象称为材料强化。

由此，我们称点 c 到 $\sigma-\varepsilon$ 曲线的最高点 e，即图 4-17 曲线中的 ce 阶段为强化阶段。点 e 所对应的应力是材料所能承受的最大应力，故称抗拉强度(tension strength)，用 σ_b 表示。在这一阶段中，试样横向尺寸明显缩小。同时，通过观察 ce 段实验曲线可以得到一个结论：应力是随应变增加而非线性增长的。

如果在这一阶段中的任意一点 d 处，逐渐卸掉拉力，此时应力-应变关系将沿着斜直线 dd' 回到点 d'，且 dd' 近似平行于 Oa'。这时材料产生大的塑性变形，横坐标中的 Od' 表示残留的塑性应变，$d'O_2$ 则表示弹性应变。如果重新加载，应力-应变关系将沿卸载时的斜直线 $d'd$ 变化，到点 d 后又沿曲线 def 变化，直至断裂。

从图 4-17 中看出，在重新加载过程中，直到点 d 以前，材料的变形是弹性的，过点 d 后才开始有塑性变形。比较图中的 $Oa'abcdef$ 和 $d'def$ 两条曲线可知，重新加载时其比例极限 σ_p 得到提高，故材料的强度也提高了，但塑性变形却有所降低。这说明，在常温下将材料预拉到强化阶段，然后卸载，再重新加载时，材料的比例极限提高而塑性降低，这种现象称为冷作硬化。在工程中常利用冷作硬化来提高材料的强度，例如，用冷拉的办法可以提高钢筋的强度。可有时则要消除其不利的一面，例如，在冷轧钢板或冷拔钢丝时，由于加工硬化，材料的塑性降低，使继续轧制和拉拔困难，为了恢复塑性则要进行退火处理。

在强化阶段，可以获得如下低碳钢材料力学性能：

① 应力随应变增加而非线性增长；并在 $\sigma-\varepsilon$ 曲线的最高点获得了强度极限 σ_b；σ_b 和 σ_s 一样，是衡量材料强度的重要指标。

② 同时存在塑性和弹性变形。

③ 通过加载预拉至强化阶段后再卸载，试样将出现冷作硬化现象。

(4) 局部变形阶段(ef 段)

在点 e 以前，试样标距段内变形是均匀的。当到达点 e 后，试样变形开始集中于某一小段内，横截面面积出现局部迅速收缩变形，形成颈缩现象(necking)，如图 4-19(a) 所示。由于局部的截面收缩，试样继续变形所需的拉力逐渐减小。如果继续沿用原始横截面面积 A 去除拉

力 F 所得出的应力(又称名义应力),此时的应力随着变形的增加反而下降,直到点 f 试样断裂,断口如杯口状,如图 4-19(b) 所示。

(a) 颈缩现象　　(b) 低碳钢断口

图 4-19　低碳钢拉伸试样的颈缩与断口

试样断裂后,测量试样断裂后的标距长度 l_1 和试样断裂处的最小横截面面积 A_1,则可获得两个重要力学性能参数:断后伸长率、截面收缩率。这是衡量材料塑性性能的重要参数,是工程中评定材料质量优劣的重要方面。

断后伸长率 δ(percentage elongation) 定义为

$$\delta = \frac{l_1 - l}{l} \times 100\% \tag{4-13}$$

式中,l_1 为试样断裂后的标距长度,l 为原标距长度。

断面收缩率 ψ(percentage reduction in area) 定义为

$$\psi = \frac{A - A_1}{A} \times 100\% \tag{4-14}$$

式中,A_1 为试样断裂处的最小横截面面积;A 为试样原始横截面面积。

工程中常根据材料塑性性能指标将材料分为塑性材料(ductile materials) 和脆性材料(brittle materials) 两类。一般将 $\delta > 5\%$ 的材料归为塑性材料,$\delta < 5\%$ 的材料归为脆性材料。

通过颈缩变形阶段的分析,可以获得如下结果:

① 承载力下降;

② 出现颈缩现象;

③ 发生断裂,并可获得两个塑性性能参数 δ 和 ψ。

低碳钢拉伸时应力-应变曲线,主要分为四个阶段:弹性阶段、屈服阶段、强化阶段、颈缩阶段,体现了任何事物的发展都遵循量变到质变的变化规律,成功并非一日之功,而是需要不断地努力。低碳钢拉伸时屈服后,经过内部晶格的调整,恢复抵抗能力,荷载在强度阶段内继续上升。如同我们面对困难时,坚定信念,不断调整心态,强大自我,困难、逆境一定会被克服,守得云开见晴天,迎接人生的更大挑战,攀上另一个更高的高峰。

4.5.3 其他材料的拉伸力学性能

(1) 铸铁拉伸时的力学性能

铸铁拉伸时的应力-应变曲线如图 4-20 所示。由图可知,其力学性能有如下几个特点:

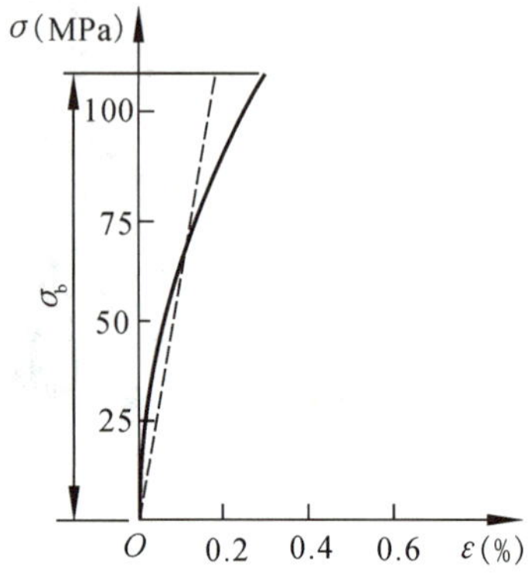

图 4-20 铸铁拉伸时的应力-应变曲线

① 整个拉伸过程没有明显的直线阶段,其应力-应变关系为一微弯的曲线。

② 没有明显的塑性变形,直至拉断,变形很小,是典型的脆性材料。

③ 由于铸铁没有屈服现象,因此抗拉强度 σ_b 是衡量强度的唯一指标。相对低碳钢而言,铸铁 σ_b 的数值要低得多,大约为 120 ~ 150 MPa。由于应力-应变曲线没有明显的直线部分,严格说来,胡克定律不再适用。但在工程中,在较低的拉应力下可以近似地认为变形服从胡克定律。通常取总应变为 0.1% 时 $\sigma - \varepsilon$ 曲线的割线代替曲线,如图 4-20 中的虚线所示,并用它确定弹性模量 E。这样确定的弹性模量称为割线弹性模量(secant modulus)。

(2) 其他材料拉伸时的力学性能

如前节所述,由低碳钢拉伸时的应力-应变曲线,可以确定反映该材料力学性能的指标。但材料的种类很多,即使是金属材料,拉伸的 $\sigma - \varepsilon$ 曲线也各不相同。图 4-21 所示为几种材料拉伸时的应力-应变曲线。

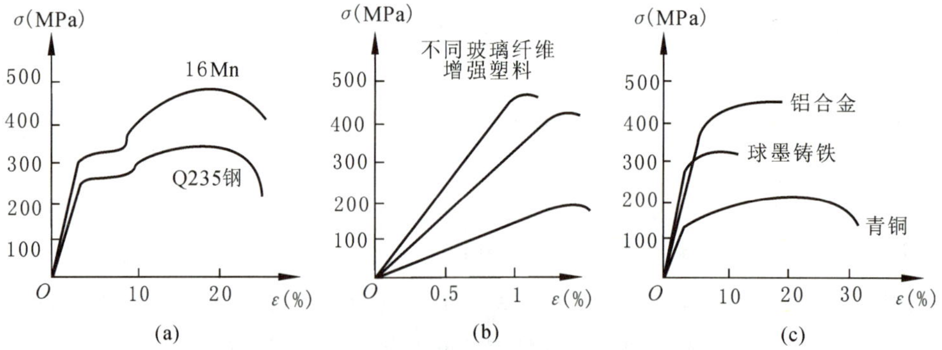

图 4-21 不同材料的拉伸应力-应变曲线

图 4-21(a) 表明:16Mn 钢和低碳钢(如 Q235 钢,屈服强度为 235 MPa)一样有明显的

弹性阶段、屈服阶段、强化阶段和颈缩阶段。图 4－21(b) 中的玻璃纤维增强塑料应力和应变基本呈线性关系，直至临近破坏才出现少量类似屈服的现象。图 4－21(c) 列举了几种塑性材料，如铝合金、球墨铸铁、青铜等，这些材料尽管塑性很好，但没有屈服平台，也难以明确地确定其屈服点和屈服强度。

对于不存在明显屈服阶段的材料，其强度指标只有抗拉强度 σ_b，例如玻璃纤维增强塑料。对于没有屈服阶段的金属材料，工程中规定以标准试样产生 0.2% 塑性应变时的应力值作为规定非比例延伸强度，特别记作 $\sigma_{0.2}$，如图 4－22 所示。

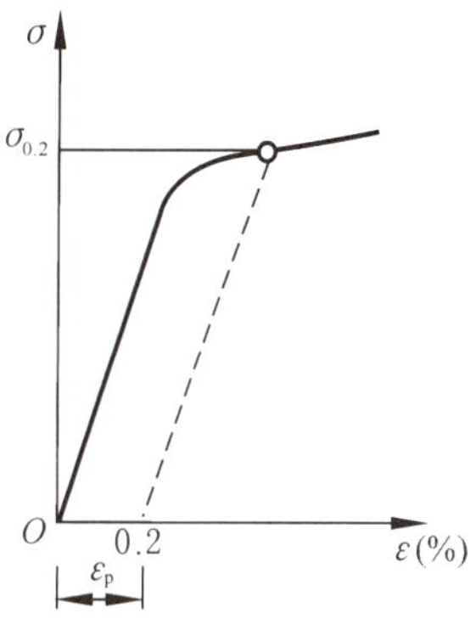

图 4－22　规定非比例延伸强度

◀ 讲授视频：材料在拉伸时的力学性能。

4.5.4　材料在压缩时的力学性能

(1) 塑性材料在压缩时的力学性能

材料的压缩试样一般做得短而粗，这是避免产生压弯的缘故。一般塑性金属材料的压缩试样为圆柱形，柱高为直径的 2.5 ～ 3.5 倍。下面仍以低碳钢材料为例来说明塑性材料压缩时的力学性能，图 4－23 所示为低碳钢的压缩试样。

低碳钢压缩时的应力-应变曲线如图 4－24 所示。图中的虚线表示拉伸时的应力-应变曲线。可以看出，在屈服阶段以前两条曲线基本重合，这表明：低碳钢压缩时的弹性模量 E、屈服强度 σ_s 等都与拉伸时基本相同。在屈服阶段以后，随着外力的增加，试样越压越扁，横截面面积不断增大而试样并不断裂，如图 4－25 所示，测不出压缩时的强度极限，故对低碳钢一般不做压缩实验，主要力学性能可由拉伸实验确定。

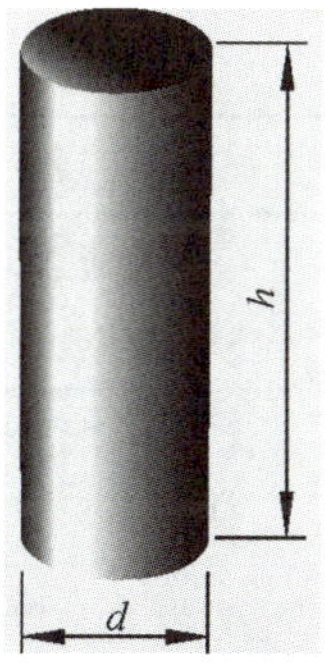

图 4－23　低碳钢压缩试样

其他塑性金属材料也有上述类似的现象。因此，工程中一般认为塑性金属材料在拉伸、压缩时的性质相同，因而不一定需要做压缩实验。

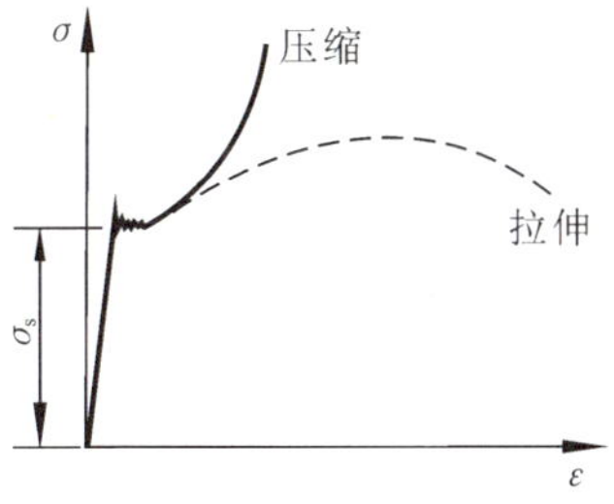

图 4－24　低碳钢的压缩力学性能

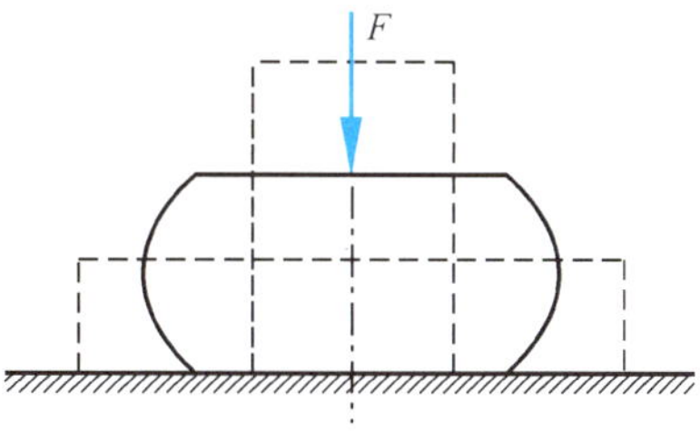

图 4－25　低碳钢压缩变形现象

但是，有些塑性金属材料压缩时的屈服强度与拉伸时有所不同，如铬钼硅合金钢。甚至有些材料拉压弹性模量、强度极限都不相同，如玻璃纤维增强塑料等。所以对这些材料还应做压缩试验，以测定压缩时的力学性能参数。

(2) 脆性材料在压缩时的力学性能

与塑性材料相反，脆性材料拉伸时的力学性能与压缩时有较大区别。例如铸铁，其压缩和拉伸时的应力-应变曲线分别如图 4－26 中的实线和虚线所示。由图可见，铸铁抗压强度比拉伸时高得多，为抗拉强度的 2 ～ 5 倍。铸铁压缩时有较大的塑性变形，且沿与轴线约成 45° 的斜面断裂，如图 4－27 所示，说明是切应力达到极限值而破坏。拉伸破坏时是沿横截面断裂，说明是拉应力达到极限值而破坏。其他脆性材料，如混凝土和石料，其抗压强度也远高于抗拉强度。因此，对于脆性材料，应注意它的抗压性能远比抗拉性能好的特点，并合理地加以利用。

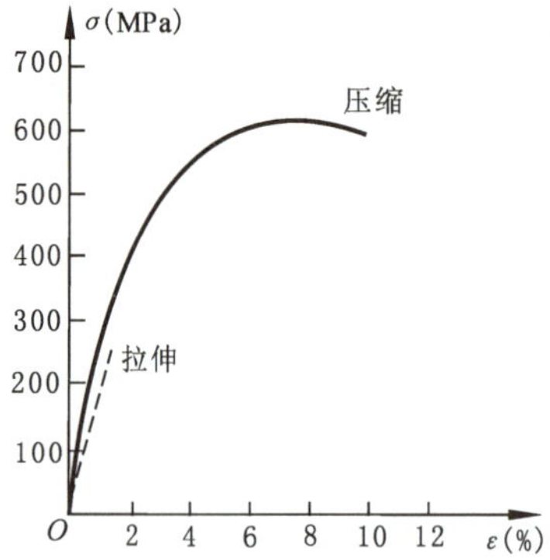

图 4－26 铸铁拉压应力-应变曲线

图 4－27 铸铁压缩破坏现象

现将工程中几种常用金属材料的主要力学性能列于表 4－2 中。

表 4－2 常用金属材料的力学性能

材料名称	牌号	σ_s(MPa)	σ_b(MPa)	δ_5(%)
普通碳素钢 (GB 700—79)	Q235 Q274	216 ～ 235 255 ～ 274	373 ～ 461 490 ～ 608	26 20
优质碳素结构钢 (GB 699—65)	40 45	333 353	569 598	19 16
低合金结构钢 (GB 1591—79)	12Mn 16Mn	235 ～ 294 275 ～ 343	392 ～ 441 471 ～ 510	19 ～ 21 19 ～ 21
合金结构钢 (GB 3077—82)	40 Cr 50 Mn2	785 785	981 932	9 9
球墨铸铁 (GB 1348—78)	QT40—17 QT60—2	245(σ_{02}) 412(σ_{02})	392 588	17 2
灰铸铁 (GB 5675—85)	HT150 HT300	— —	150 300	— —

注：表中 δ_5 指 $l = 5d$ 的标准试样的伸长率。

综上所述，塑性材料与脆性材料的力学性能有以下区别：

(1) 塑性材料在断裂前有很大的塑性变形，而脆性材料直至断裂，变形却很小，这是二者基本的区别。因此，在工程实际中，对需经锻压、冷加工的构件或承受冲击载荷的构件，宜采用塑性材料。

(2) 脆性材料抗压强度远高于其抗拉强度,可用作承受压力的构件,例如建筑物的基础、机器的底座等。塑性材料抵抗拉压的强度基本相同,因而适用于做承受拉力的构件。

◀ 讲授视频:材料在压缩时的力学性能。

4.6 轴向拉伸或压缩时的强度计算

本节讨论轴向拉(压)杆的强度计算问题。

前面已经指出,强度是指构件在外力作用下抵抗破坏的能力。在实际工程中,构件必须在长期服役条件下处于正常安全状态,这就要求构件必须满足一定的安全裕度,保留有足够的强度。因此,下面介绍许用应力、安全因数、强度条件等概念。

4.6.1 许用应力

由材料的拉伸或压缩实验可知:对于塑性材料,当应力达到屈服强度 σ_s(或 $\sigma_{0.2}$)时,会发生显著的塑性变形,影响构件的正常工作。对于脆性材料,当应力达到强度极限 σ_b 时,会发生断裂。在工程实际中,这两种情况显然都是不能允许的。因此,屈服和断裂都属于破坏现象。材料破坏时的应力称为极限应力(ultimate stress),用 σ_u 表示。塑性材料的极限应力为屈服强度 σ_s(或 $\sigma_{0.2}$),脆性材料的极限应力为强度极限 σ_b。

为了保证构件有足够的强度,要求构件在载荷作用下的最大工作应力在小于材料的极限应力的前提下,留有一定的安全裕度。其中,最大工作应力是指构件在承载过程中可能出现的最大应力。为此,引入材料的许用应力的概念,即在强度计算中,把极限应力除以一个大于 1 的因数,其结果称为许用应力(allowable stress),用$[\sigma]$表示。

对于塑性材料

$$[\sigma]=\frac{\sigma_s}{n} \tag{4-15}$$

对于脆性材料

$$[\sigma]=\frac{\sigma_b}{n} \tag{4-16}$$

式中,n 称为安全因数(factor of safety)。

由此可见,对许用应力数值的规定实质上是如何选择适当的安全因数。确定安全因数一般基于以下两方面的考虑:一是在强度条件中有些量本身就存在主观认识与客观实际间的差异;二是必须给构件或结构以必要的强度储备。

主观认识与客观实际间的差异主要有以下几个方面:(1) 极限应力的差异。材料的极限应力值是根据材料试验结果按统计方法得到的,材料产品的合格与否也只能凭抽样检查来确定。所以,实际使用材料的极限应力值有可能低于给定值。(2) 横截面尺寸的差异。个别构件在经过加工后,其实际横截面尺寸有可能比规定的尺寸小。(3) 载荷值的差异。实际载荷值有可能超过计算中所采用的标准载荷值,例如百年难遇的风、雪载荷就有可能超过计算载荷值。(4) 实际结构与计算简图间的差异。实际结构的计算简图是忽略了次要因素后得到的，可能会带来偏于不安全的后果。因此，为从强度上确保构件安全正常工作，就在强度条件中以安全因数的形式加以补偿。

安全因数的选取并不单纯是力学问题，还包含了工程上的考虑以及复杂的经济问题。

目前，在机械设计和建筑结构设计中，倾向于根据构件材料和具体工作条件，并结合过去制造同类构件的实践经验和现时的技术水平，规定不同的安全因数。对于各种不同构件的安全因数和许用应力，有关设计部门在规范中有具体规定。一般金属构件，在常温、静载下，对塑性材料取 $n=1.5\sim2.5$，对脆性材料取 $n=2\sim3.5$。

4.6.2 强度条件

前面分别引入了塑性材料和脆性材料的许用应力，为了保证构件安全正常地工作，把许用应力作为构件实际工作应力的最高限度，即要求构件的最大工作应力不超过材料的许用应力。于是，得到强度条件

$$\sigma_{max}\leqslant[\sigma] \tag{4-17}$$

对于轴向拉伸(压缩)的等直杆，其强度条件则为

$$\sigma_{max}=\frac{F_{Nmax}}{A}\leqslant[\sigma] \tag{4-18}$$

式中，σ_{max} 为杆件横截面上的最大工作应力，F_{Nmax} 为杆件的最大轴力，A 为横截面面积，$[\sigma]$ 为材料的许用应力。

根据强度条件，可以解决三种类型的强度计算问题：

(1) **强度校核** 若已知构件的尺寸、载荷大小以及材料的许用应力，即可用式(4-18)验算是否满足强度要求。

(2) **设计截面** 若已知构件承受的载荷和材料的许用应力，则根据式(4-18)确定构件所需要的横截面面积，即

$$A\geqslant\frac{F_{Nmax}}{[\sigma]} \tag{4-19}$$

(3) **确定许可载荷** 若已知构件的截面尺寸和材料的许用应力，则根据式(4-18)确定构件所能承受的最大轴力，即

$$F_{Nmax}\leqslant[\sigma]A \tag{4-20}$$

根据构件的最大轴力，由静力平衡条件可进一步确定机器或工程结构的许可载荷。

【例4-5】 铸工车间铁水吊运包吊杆的横截面为矩形，尺寸 $b=50$ mm，$h=25$ mm，如图4-28所示，吊杆的许用应力 $[\sigma]=80$ MPa。铁水包自重为8 kN，最多能容50 kN的铁水。试校核吊杆的强度。

解： (1) 计算吊杆的轴力

设总载荷为 W，由两根吊杆所承担，故每根吊杆的轴力应为

$$F_{Nmax}=\frac{W}{2}=\frac{1}{2}(50+8)\ \text{kN}=29\ \text{kN}$$

(2) 校核强度

吊杆横截面上的最大工作应力为

$$\begin{aligned}\sigma_{max}&=\frac{F_{Nmax}}{A}=\frac{29\times10^{3}\ \text{N}}{25\times50\ \text{mm}^{2}}\\&=23.2\ \text{MPa}<[\sigma]=80\ \text{MPa}\end{aligned}$$

故吊杆满足强度条件。

由计算看出，虽然吊杆满足强度条件，但强度有较大的余量。因此，为求更经济，应重新设计吊杆的横截面尺寸。

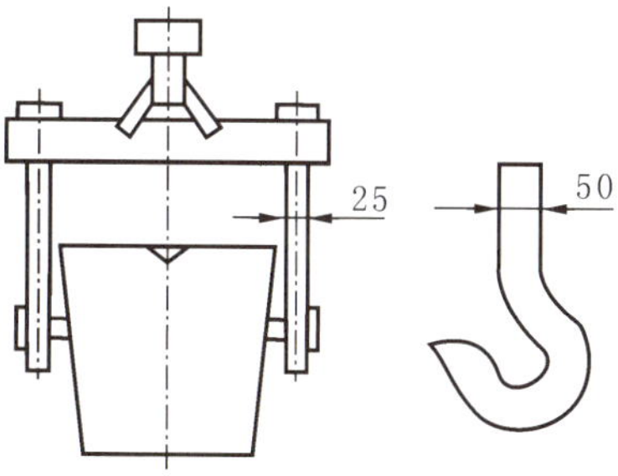

图 4-28　例 4-5 图

【例 4-6】　在例 4-5 中，其他条件不变，试根据强度条件，重新设计吊杆的截面尺寸 b。

解：（1）计算吊杆轴力，利用上例结果，$F_{\mathrm{Nmax}}=29\ \mathrm{kN}$。

（2）选择截面尺寸，由式(4-19)可得，吊杆横截面面积为

$$A \geqslant \frac{F_{\mathrm{Nmax}}}{[\sigma]}=\frac{29\times10^{3}\ \mathrm{N}}{80\times10^{6}\ \mathrm{Pa}}=362.5\times10^{-6}\ \mathrm{m}^{2}=362.5\ \mathrm{mm}^{2}$$

又因

$$A=25\ \mathrm{mm}\times b$$

故有

$$b\geqslant\frac{362.5\ \mathrm{mm}^{2}}{25\ \mathrm{mm}}=14.5\ \mathrm{mm}$$

最后可选择吊杆的横截面为 25 mm × 15 mm 的矩形。

【例 4-7】　简易起重设备[图 4-29(a)]中，杆 AC 由两根 80 mm×80 mm×7 mm 等边角钢组成，杆 AB 由两根 10 号工字钢组成。材料为 Q235 钢，许用应力$[\sigma]=170$ MPa。试求许可载荷$[F]$。

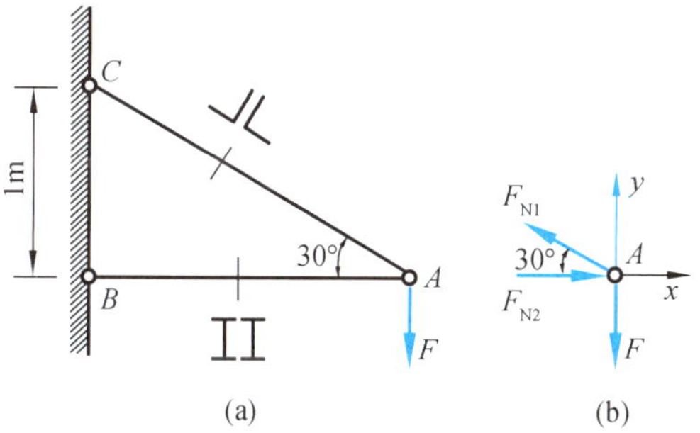

图 4-29　例 4-7 图

解：（1）求杆 AC 和杆 AB 的轴力 F_{N1} 和 F_{N2} 与载荷 F 的关系。取节点 A 为研究对象，并假设 F_{N1} 为拉力，F_{N2} 为压力，如图(b)所示。节点 A 的平衡方程为

$$\sum F_y=0,\quad F_{N1}\sin30^{\circ}-F=0$$

$$\sum F_x=0,\quad F_{N2}-F_{N1}\cos30^{\circ}=0$$

解得

$$F_{N1}=2F,\quad F_{N2}=1.732F \tag{1}$$

（2）计算许可轴力。

由型钢表查得杆 AC 的横截面面积 $A_1=(1086\times10^{-6}\ \mathrm{m}^2)\times2=2172\times10^{-6}\ \mathrm{m}^2$，杆 AB 的横截面面积 $A_2=(1430\times10^{-6}\ \mathrm{m}^2)\times2=2860\times10^{-6}\ \mathrm{m}^2$。根据强度条件

$$\sigma=\frac{F_N}{A}\leqslant[\sigma]$$

并代入两杆的横截面面积 A_1、A_2，得到许可轴力为

$$[F_{N1}]=(170\times10^6\ \text{Pa})(2172\times10^{-6}\ \text{m}^2)=369.2\times10^3\ \text{N}=369.2\ \text{kN}$$

$$[F_{N2}]=(170\times10^6\ \text{Pa})(2860\times10^{-6}\ \text{m}^2)=486.2\times10^3\ \text{N}=486.2\ \text{kN}$$

(3) 将 $[F_{N1}]$ 和 $[F_{N2}]$ 分别代入式(1)，得到按各杆强度要求所算出的许可载荷为

$$[F]=\frac{[F_{N1}]}{2}=\frac{369.2\ \text{kN}}{2}=184.6\ \text{kN}$$

$$[F]=\frac{[F_{N2}]}{1.732}=\frac{486.2\ \text{kN}}{1.732}=280.7\ \text{kN}$$

所以该结构的许可载荷应取 184.6 kN。

该例题考虑的是拉压杆的强度问题。事实上，如果考虑压杆的稳定性，结果可能有所不同。这个问题将在后续章节讲述。

◀ 讲授视频：轴向拉压强度计算。

4.7 拉压超静定问题

4.7.1 拉压超静定问题及其解法

前面所讨论的轴向拉压杆系，其约束力或内力都可以通过静力学的平衡方程求解，这类问题称为静定问题。例如，图 4-30(a) 所示结构，杆 AB 与杆 AC 的轴力，可以节点 A 为研究对象，通过平衡分析即可求得。这是因为结构的约束力与平衡方程的个数相同，所以仅靠平衡方程即可求出所有未知量。而在工程实际中，为了减小构件的应力或变形，往往采用更多的构件或支座。如图 4-30(b) 所示杆系，约束力的个数(3 个约束力)多于平衡方程的个数(两个平衡方程)，仅用平衡方程没有办法求出所有未知量(有些问题仅用平衡方程无法求出一个未知力)。

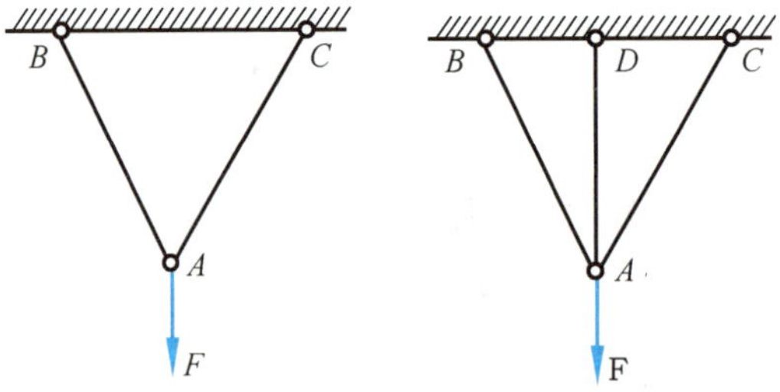

(a) 静定结构　(b) 超静定结构

图 4-30 图　静定结构与超静定结构

拉压超静定问题是指：轴向拉(压)杆件的约束力多于独立静力平衡方程数量，使得约束力不能仅利用平衡方程直接求解。一般而言，如果约束力比平衡方程多 n 个，称为 n 次超静定问题。

在前面涉及的拉压计算中，拉(压)杆件的约束力或轴力可直接由静力平衡方法求得，也

就是说，约束力数和静力平衡方程数相等。这类问题属于静定问题，既然在拉压超静定问题中仅由平衡方程不能求得所有杆件的约束力，那么如何来求解这类问题呢？本节介绍一种求解这类超静定问题的有效方法，即通过建立基本方程，将这些方程联立求解。

(1) 平衡方程

对于拉(压) 杆而言，其平衡方程是

$$\sum F_x = 0$$

$$\sum F_y = 0$$

由于研究对象是变形固体杆件，建立平衡方程时，往往需要利用小变形假设，对计算模型进行简化，忽略拉(压) 杆的变形。

(2) 变形相容方程

建立变形相容方程时，杆件的拉(压) 变形不可忽略，必须利用连续性假设，从几何方面分析杆件拉(压) 变形的相容性，建立其变形相容方程。

(3) 物理方程

在材料力学问题中，物理方程一般指应力-应变关系，即胡克定律。在求解拉压超静定问题时，往往需要建立轴力和变形之间的关系。首先由拉(压) 杆的胡克定律

$$\sigma = E\varepsilon \tag{a}$$

应力与轴力关系为

$$\sigma = \frac{F_N}{A} \tag{b}$$

应变与变形的关系为

$$\varepsilon = \frac{\Delta l}{l} \tag{c}$$

将式(b)、式 (c) 代入式(a)，得

$$\Delta l = \frac{F_N l}{EA} \tag{d}$$

式(d) 是求解拉压超静定问题的物理方程的常用形式。

(4) 联立求解

将上述基本方程联立求解，即可确定约束力，进而求出相关的内力、应力、变形等。

4.7.2　超静定问题的基本分析方法的应用

下面将通过例题来说明拉压超静定问题的基本分析方法。

【例 4-8】　有一钢制螺栓如图 4-31(a) 所示，截面积为 A_S；外套一铜套，截面积为 A_C，长度为 l。已知钢螺栓的弹性模量为 E_S，铜套的弹性模量为 E_C。螺栓的螺纹间距为 Δ，如果将螺帽朝拧紧方向拧 180°，求铜套所受力。

解： (1) 平衡方程

如图 4-31(b) 所示，钢螺栓因受到螺母拧紧力而受拉力，设为 F_{NS}，铜套受到螺母的挤压而受压力，设为 F_{NC}，其静力平衡方程为

$$F_{NS} = F_{NC} \tag{a}$$

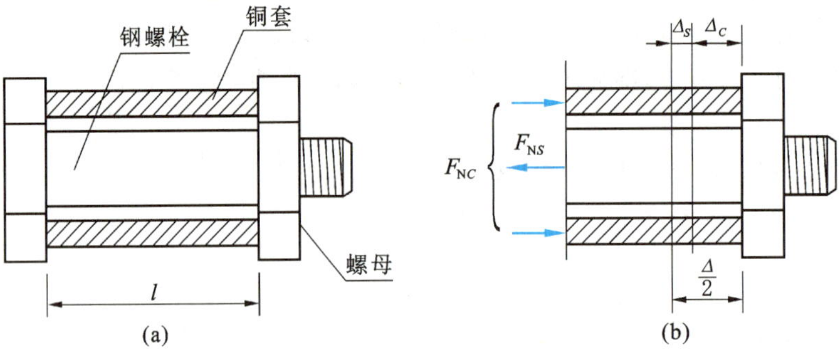

图 4-31 例 4-8 图

(2) 变形相容方程

设钢螺栓变形为 Δ_S，铜套变形为 Δ_C；将螺帽朝拧紧方向拧 180°，即是将螺帽拧紧位移 $\Delta/2$，其变形相容方程为

$$\Delta_S+\Delta_C=\frac{\Delta}{2} \tag{b}$$

(3) 物理方程

根据胡克定律，可建立螺栓和铜套的轴力和变形之间的关系，即物理关系

$$\left.\begin{aligned}\Delta_S&=\frac{F_{NS}l}{E_SA_S}\\ \Delta_C&=\frac{F_{NC}l}{E_CA_C}\end{aligned}\right\} \tag{c}$$

(4) 联立求解

将式(c) 代入式(b)，得

$$\frac{F_{NS}l}{E_SA_S}+\frac{F_{NC}l}{E_CA_C}=\frac{\Delta}{2} \tag{d}$$

将式(d)、式(a) 联立求解，可得铜套受力为

$$F_{NC}=\frac{\Delta E_SA_SE_CA_C}{2l(E_SA_S+E_CA_C)}$$

讨论：

本例题求解的是一个简单的机械装配问题。在静力平衡方程中，只有一个平衡方程，但有两个未知量，即螺栓的拉力和铜套的压力。显然，单靠平衡方程是不能求解这两个未知量的，因此这类问题属于超静定问题。由于未知量比平衡方程多一个，为一次超静定问题。

在求解这类超静定问题时，补充变形相容方程是超静定问题求解的关键。因为，通过变形相容分析，增加了方程数，使得超静定问题从形式上转化为“静定”问题。

当然，物理方程也是必需的，将物理方程代入变形相容方程后，几何量转化为轴力，恰好为静力平衡方程补充了求解方程。可以说，物理方程是连接平衡方程和变形相容方程的桥梁。

【例 4-9】 图 4-32(a) 中所示桁架，A、B、C、D 四处均为铰链。杆 1 的拉伸刚度为 E_1A_1，长度为 l_1，杆 2、3 的拉伸刚度为 $E_2A_2=E_3A_3$，长度为 $l_2=l_3$。桁架受力如图所示。若

E_1A_1、E_2A_2、l_1、l_2、F 均为已知，求各杆受力。

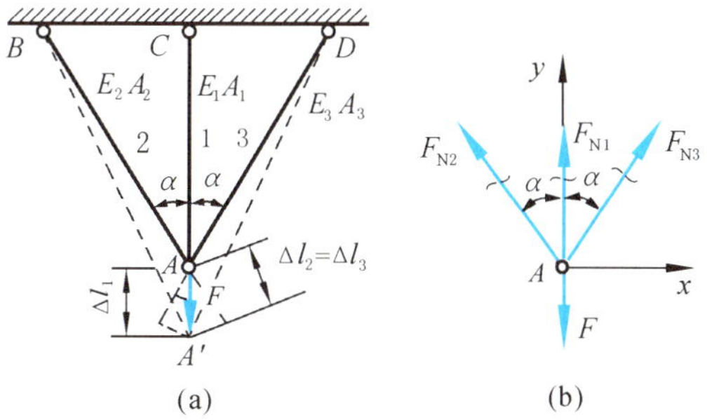

图 4-32　例 4-9 图

解： (1) 平衡方程

因为 A、B、C、D 四处均为铰链，故 1、2、3 三杆均为二力杆，设其轴力分别为 F_{N1}、F_{N2}、F_{N3}。由图 4-32(b) 受力图可知，其中有三个力是未知的，而平衡方程只有两个，故为一次超静定结构。

由 $\sum F_x=0$ 和 $\sum F_y=0$ 可以写出

$$F_{N3}\sin\alpha - F_{N2}\sin\alpha = 0$$

$$F_{N1} + F_{N2}\cos\alpha + F_{N3}\cos\alpha - F = 0$$

整理可得

$$\left.\begin{aligned} F_{N2} &= F_{N3} \\ F_{N1} + 2F_{N2}\cos\alpha &= F \end{aligned}\right\} \tag{a}$$

(2) 变形相容方程

由于结构的几何尺寸左右对称，而且左右杆拉伸刚度相等，所以杆 2、3 受力相等。受力后点 A 将沿铅垂方向移至点 A'，各杆变形后的位置如图 4-32(a) 中虚线所示。为了确保各杆变形后仍铰接于点 A'，三根杆的变形必须满足下列变形相容方程

$$\Delta l_2 = \Delta l_3 = \Delta l_1\cos\alpha' = \Delta l_1\cos\alpha \tag{b}$$

式中，α' 为变形后杆 1、2 之间的夹角。基于小变形假设条件：$\alpha'=\alpha$。

(3) 物理方程

根据胡克定律，应用各杆的轴力与轴向变形之间的关系，建立物理方程

$$\left.\begin{aligned} \Delta l_1 &= \frac{F_{N1}l_1}{E_1A_1} \\ \Delta l_2 &= \frac{F_{N2}l_2}{E_2A_2} \end{aligned}\right\} \tag{c}$$

将式(a)、式(b)、式(c) 联立求解，可得各杆的轴力分别为

$$\left.\begin{aligned} F_{N1} &= \frac{F}{1+2\dfrac{E_2A_2}{E_1A_1}\cos^3\alpha} \\ F_{N2} &= \frac{F}{2\cos\alpha + \dfrac{E_1A_1}{E_2A_2\cos^2\alpha}} \end{aligned}\right\} \tag{d}$$

讨论：

本例题求解的是一个超静定桁架的轴力问题。在建立静力平衡方程时，所用的受力[图 4－32(b)]是未曾变形的，其中的杆 AB、杆 AD 与杆 AC 的夹角仍是 α，这里实质上是利用了小变形假设，忽略了 α' 与 α 的差异。

在建立变形相容方程时，分别应用了连续性假设和小变形假设：在桁架的三根杆连接处点 A 变形到点 A' 时，应用了连续性假设，并应用小变形假设，同样忽略了 α' 与 α 的差异。

【例 4－10】 长 L 的杆 BC，截面积为 A，两端固定支承如图 4－33 所示。已知材料弹性模量 E 和温度改变时的线膨胀系数 α。若温度升高 ΔT，求约束力和杆横截面上的应力。

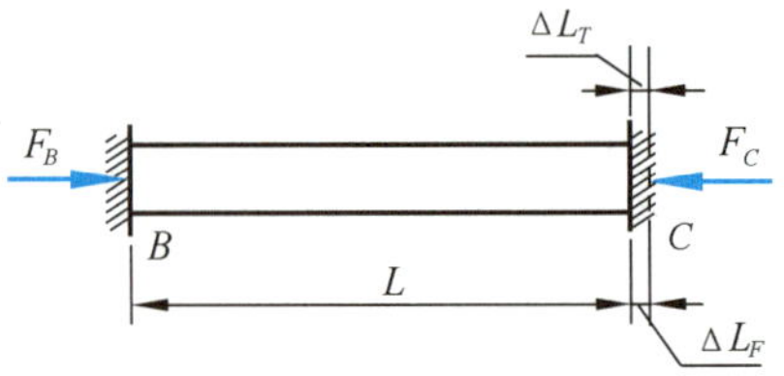

图 4－33 例 4－10 图

解： 虽然杆 BC 上无外力作用，但当温度升高时，杆 BC 因膨胀要伸长，而两端固定约束限制其伸长，引起约束力作用。这种约束力作用的结果是使杆在轴向受压缩短，最终使杆既不伸长也不缩短。设其两端约束力如图所示。

(1) 静力平衡方程

杆上只有两共线约束力作用，故有

$$F_B - F_C = 0$$

即有

$$F_B = F_C = F$$

(2) 变形相容方程

设杆在温度升高后的自由伸长为 ΔL_T，两端固定约束要保持杆长不变，必须有

$$\Delta L_T = \Delta L_F \tag{a}$$

(3) 物理方程

温度引起的杆长变化式为

$$\Delta L_T = \alpha \Delta T \cdot L \tag{b}$$

注意杆的轴力为 $F_N = F$(压力)，故轴力所引起的缩短量 ΔL_F 为

$$\Delta L_F = \frac{F_N L}{EA} = \frac{FL}{EA} \tag{c}$$

(4) 联立求解

将式(b)、式(c) 代入式(a)，则可解得两端约束力为

$$F = \alpha \Delta T \cdot EA \tag{d}$$

杆横截面上的应力(压应力) 为

$$\sigma = \frac{F_N}{A} = \frac{F}{A} = \alpha \Delta T \cdot E$$

讨论：

本例题求解的是温度应力问题。对于超静定构件，在没有外力作用的情况下，温度变化也会引起应力。在本例中，由于杆的两端固定约束，温度将引起应力，称为温度应力(temperature stress)。温度应力与材料的线膨胀系数 α、弹性模量 E 和温升 ΔT 成正比。

如果在本例中除掉 C 端固定约束，构件在 C 端可自由伸缩，这时的温度变化不会产生温度

应力。由此可得另外一个结论:单纯的温度变化不一定能产生温度应力。

在实际工程中,温度应力往往是引起结构损坏的重要原因。例如,图4-34所示大罐,连接一壁厚为6 mm、内径为200 mm的钢管,钢管的温度变化为$\Delta T=30$ ℃,线膨胀系数$\alpha=12\times10^{-6}$/℃;钢管的A端支撑在固定支墩上,B端连接在大罐上,将大罐视为刚性体,求钢管在温度变化时对大罐所产生的顶力。

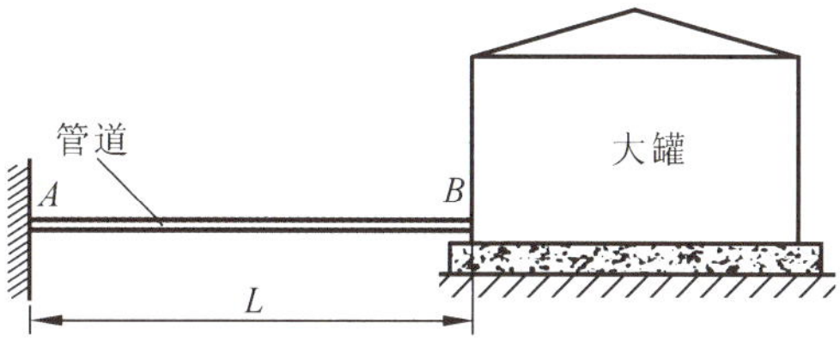

图4-34 大罐与管道的连接

在这个实际问题中,由于将大罐视为刚性体,可将B端视为固定端。则可利用上述计算结果求出钢管对大罐的顶力为

$$F=\alpha\Delta T\cdot EA$$

其中,钢管的弹性模量$E=210$ GPa;截面积$A=\pi(200+6)\ \text{mm}\times6\ \text{mm}=3883\ \text{mm}^2=3.883\times10^{-3}\ \text{m}^2$。

则

$$F=12\times10^{-6}/℃\times30\ ℃\times210\times10^9\,\text{Pa}\times3.883\times10^{-3}\ \text{m}^2$$
$$=293555\text{N}\approx293.6\ \text{kN}$$

显然,钢管如此大的顶力必将对大罐产生严重损害。因此,必须改变管道与大罐以及与支墩的连接方式,或采用其他减少顶力的结构设计方式。

4.8 等直杆在轴向拉伸或压缩时的应变能

本节介绍关于弹性变形固体的能量法中最简单的基本概念:等直杆在轴向拉伸或压缩时的应变能。

4.8.1 等直杆在轴向拉伸或压缩时的应变能计算

应变能(strain energy)是指弹性体在外力作用下,因变形而储存的能量。对于始终处于静力平衡状态的物体,如果物体的变形处于弹性范围内,则原来慢慢施加的外力对变形体所做的功W几乎全部转化为物体的弹性应变能V_ε,则由能量守恒原理可得

$$V_\varepsilon=W \tag{4-21}$$

下面讨论等直杆的轴向拉伸或压缩时的应变能。

如图4-35所示等直杆,在拉力F作用下,变形始终是在弹性阶段范围内。设等直杆在拉力作用下的变形为Δl,拉力F做功为

$$W=\frac{1}{2}F\Delta l \tag{4-22}$$

由能量守恒原理式(4-21),得

$$V_{\varepsilon}=W=\frac{1}{2}F\Delta l$$

将胡克定律 $\Delta l=\frac{Fl}{EA}$ 代入上式，得等直拉杆弹性应变能

$$V_{\varepsilon}=\frac{F^2 l}{2EA} \tag{4-23}$$

式(4－23)同样适用于等直杆的轴向压缩。应变能的国际单位制单位为焦耳(J)。

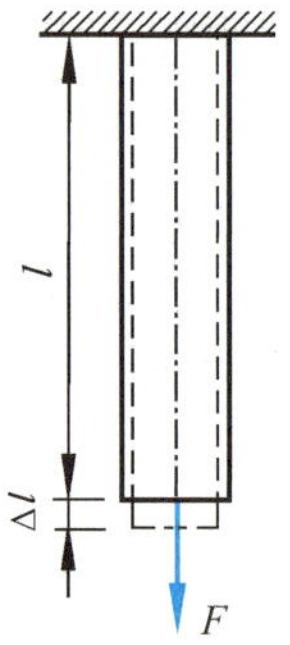

图 4－35 等直杆的拉伸

4.8.2 等直杆在轴向拉伸或压缩时的应变能密度

应变能密度(strain energy density)是指单位体积的应变能，设为 v_{ε}。对于受拉(压)的等直杆而言，由于等直杆整个体积内各点处的应力均相同，则单位体积内应变能相同。因此，可将杆的应变能除以杆的体积，得到等直杆的应变能密度，即

$$v_{\varepsilon}=\frac{V_{\varepsilon}}{V}=\frac{F\Delta l}{2Al} \tag{4-24}$$

将应力、应变的下列关系式

$$\sigma=\frac{F}{A},\quad \varepsilon=\frac{\Delta l}{l}$$

代入式(4－24)，则

$$v_{\varepsilon}=\frac{1}{2}\sigma\varepsilon$$

由胡克定律 $\sigma=E\varepsilon$，还可以得到下述两种不同的应变能密度表达式，即

$$v_{\varepsilon}=\frac{\sigma^2}{2E} \tag{4-25}$$

$$v_{\varepsilon}=\frac{E\varepsilon^2}{2} \tag{4-26}$$

应变能密度的单位为焦／米^3，记作 J/m^3。

利用应变能的概念可以计算构件或结构的变形和位移，这种解决问题的方法称为能量法。可参阅相关教材。

4.9 工程实例分析：锅炉焊缝事故原因分析

20 世纪 90 年代，大连某锅炉厂设计生产的一种锅炉正常使用了一段时间以后发生了焊缝开裂事故。这是一种热水锅炉，主要结构由圆筒状外壳和沿纵向布置的管束组成，两者通过端部的管板连接在一起。管程走烟气，壳程充装热水，并承受内压。烟管集中在管板的上部，管板下部设有椭圆形的人孔。人孔两侧各用一根拉杆以限制管板在内压下的挠度。拉杆为实心圆截面杆，其直径与烟管的外径相近，拉杆两端与管板焊接，开裂就是发生在此处。其结构简图如图 4－36 所示。

厂内经过检测，排除了焊缝的结构与施工问题。分析认定连接焊缝开裂是由于拉杆承受了过大的轴向拉应力。按照拉伸强度的概念，为了降低拉杆的工作应力，则需增大拉杆的截面

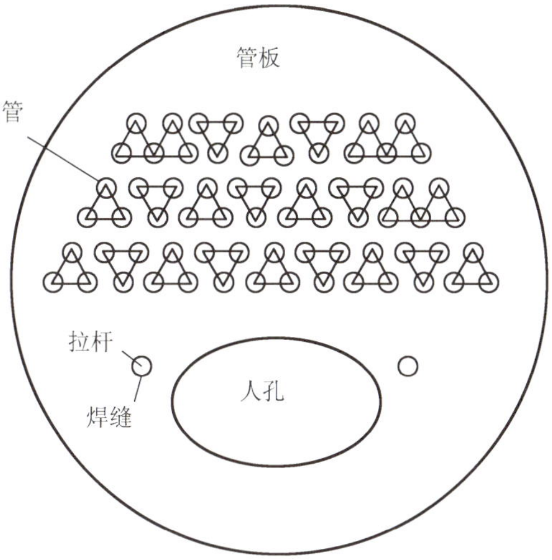

图 4-36　锅炉管板结构简图

尺寸。然而,按照上述提高强度的思路重新设计制造的锅炉投入使用后,又发生了同样的焊缝开裂事故,而且破坏的周期更短了。

到底是什么原因导致焊缝失效,大连理工大学建立了合理的力学模型,并经过计算提出了解决问题的方案。

(1) 力学模型

该结构可以采用如图 4-37 所示的力学模型。

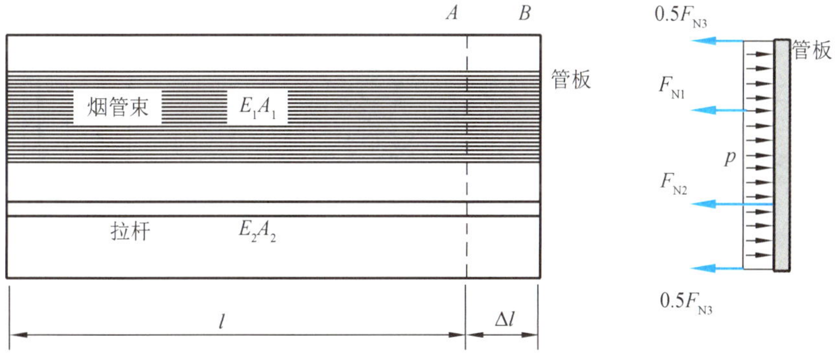

图 4-37　管束、拉杆与管板的力学模型

p 为热水对管板作用的压力,F_{N1} 和 F_{N2} 分别为烟管束和拉杆承受的轴向拉力,F_{N3} 为锅炉筒壁对管板的作用力。设管板原位置在 A 处,受内压后移至 B 处(此处忽略了管板的挠度)。

(2) 简要计算

该问题为一次超静定结构,需要列变形相容方程。忽略管板的挠度,则烟管束与拉杆的伸长量相同,从而得到烟管与拉杆的轴力之比,即

$$\frac{F_{N1}}{F_{N2}}=\frac{E_1A_1}{E_2A_2}$$

由于焊缝受力与拉杆受力相等，要想减小焊缝受力，必须减小拉杆的轴力。在材料的弹性模量不变的情况下，必须减小拉杆的横截面面积。这就是超静定结构与静定结构的区别。超静定结构可以通过调节各构件的刚度比来调节各构件受力大小。当然，此处还必须使拉杆满足强度条件。即合理调节各杆刚度，使得结构各处都满足强度条件。

(3) 解决方案

在保证焊缝截面尺寸不变的前提下，将拉杆改为空心圆截面，减小其拉伸刚度，从而减小轴力。

◀ 拓展阅读：《考工记》、弹性定律(数字资源)

思　考　题

4-1　讨论变形体静力学问题时，为什么要作均匀连续性、各向同性和小变形假设？

4-2　将物体视为变形体时，力矢量是滑移矢吗？力偶矩矢是自由矢吗？

4-3　试判断题图中各杆件的变形形式。

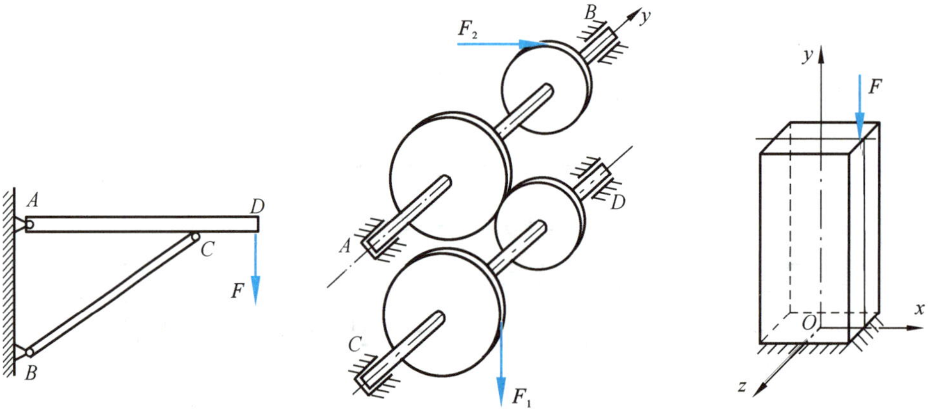

(a)　(b)　(c)

思考题 4-3 图

4-4　两根材料不同、横截面面积也不同的杆，若承受相同的轴向载荷作用，杆中内力是否相同？横截面上的应力是否相同？纵向线应变是否相同？为什么？

4-5　求解静定问题时，约束力、内力、应力是否与材料有关？应变、变形是否与材料有关？对于超静定问题，约束力、内力、应力是否与材料有关？

4-6　为什么要研究材料的力学性能？

4-7　简述低碳钢拉伸时应力-应变曲线的特征，从中可以获得哪些力学性能参数？

4-8　简述铸铁拉伸时的力学性能与低碳钢的有何不同。

4-9　铸铁压缩时为什么沿斜面破坏？

4-10　在常温、静载情况下，反映材料塑性的指标有哪些？通常如何界定塑性材料和脆性材料？举例说明。

4-11　何谓冷作硬化？

4-12　如何确定许用应力？确定安全因数时需要考虑哪些因素？

4-13　简述轴向拉压时的弹性应变能及其与构件刚度之间的关系。

习　　题

4-1　求题图所示各杆1—1、2—2和3—3横截面上的轴力，并作轴力图。

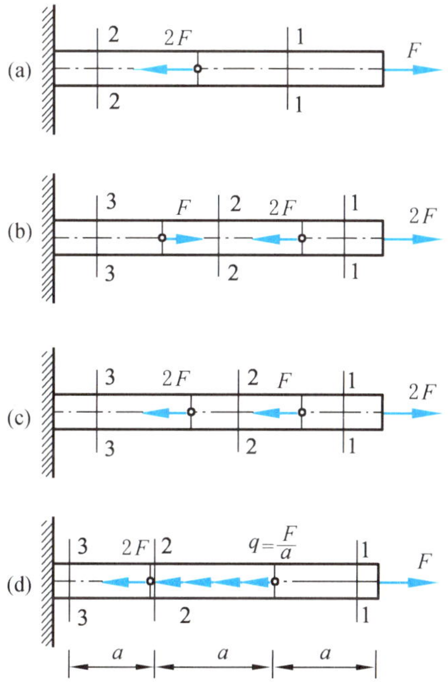

习题4-1图

4-2　求题图所示阶梯状直杆横截面1—1、2—2和3—3上的轴力，并作轴力图。如果横截面面积$A_1=200\ mm^2$、$A_2=300\ mm^2$、$A_3=400\ mm^2$，求各横截面上的应力。

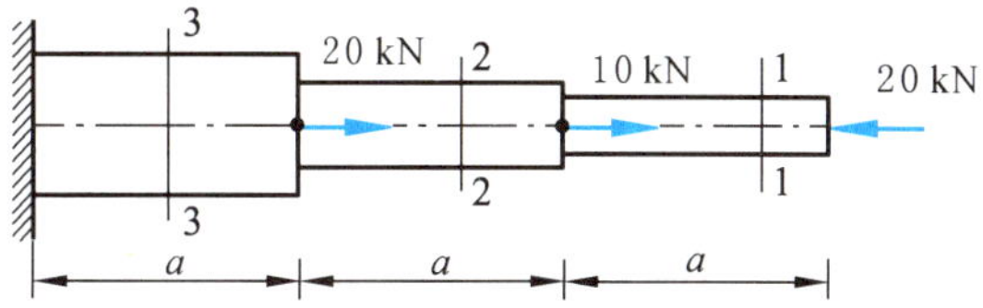

习题4-2图

4-3　一横截面为正方形的砖柱分为上下两段，其受力情况、各段长度及横截面尺寸如题图所示。已知 $F=50$ kN，试求载荷引起的最大工作应力。

4－4 石砌桥墩的墩身高，其横截面尺寸如题图所示。载荷 $F=1000$ kN，材料的密度 $\rho=2.35\ \text{kg/m}^3$，试求墩身底部横截面上的压应力。

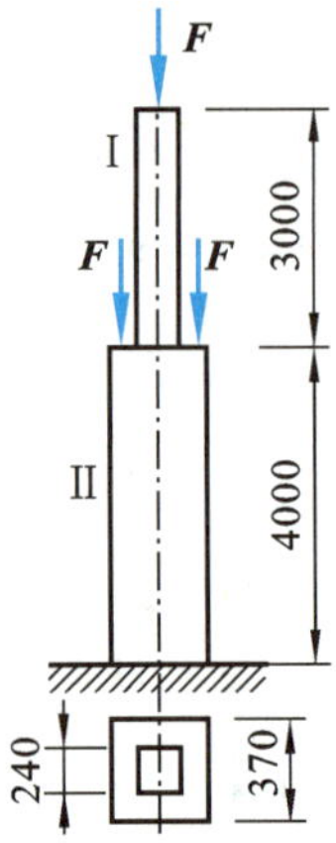

习题 4－3 图

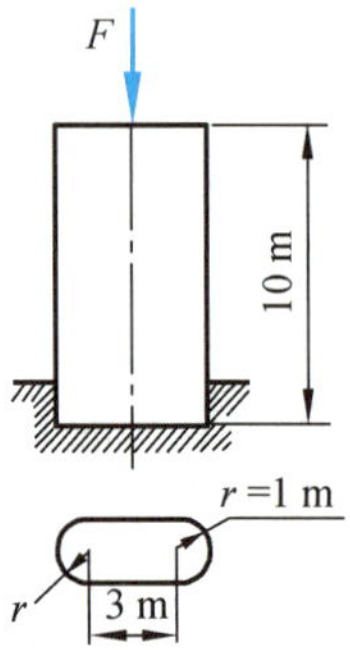

习题 4－4 图

4－5 题图所示拉杆承受拉力 $F=10$ kN，杆的横截面面积 $A=100\ \text{mm}^2$，如果以 α 表示斜截面与横截面间的夹角，试求当 $\alpha=0°、30°、45°、60°、90°$ 时，各斜截面上的正应力和切应力。

4－6 求题图所示杆的总变形。已知杆的横截面面积 $A=5\ \text{cm}^2$，弹性模量 $E=200$ GPa。

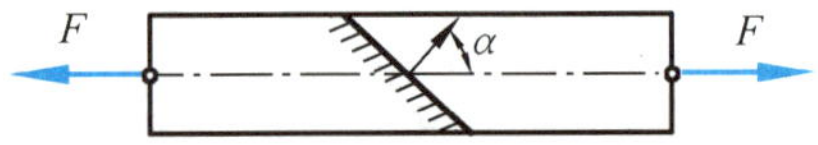

习题 4－5 图

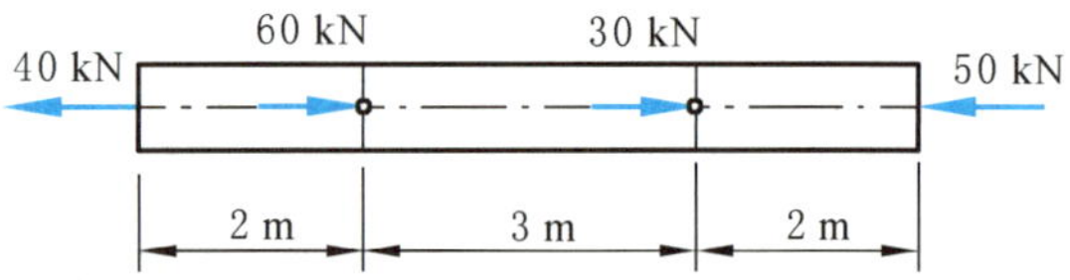

习题 4－6 图

4－7 变截面杆如题图所示。已知 $A_1=4\ \text{cm}^2$，$A_2=8\ \text{cm}^2$，弹性模量 $E=200$ GPa，试求杆件总伸长量。

4－8 一根等直杆受力如题图所示。已知杆的横截面面积 A 和材料的弹性模量 E。试作轴力图，并求杆端截面 D 的位移。

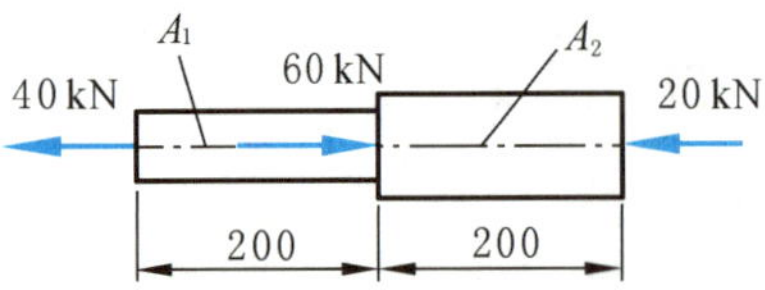

习题 4－7 图

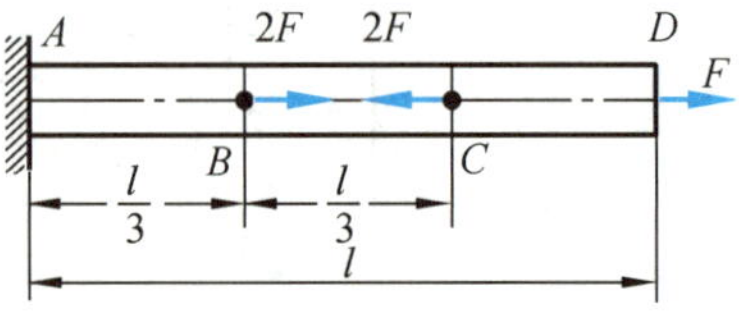

习题 4－8 图

4-9　一木桩受力如题图所示。柱的横截面为边长 200 mm 的正方形，材料可认为符合胡克定律，其弹性模量 $E=10$ GPa。不计柱的自重。

(1) 作轴力图；

(2) 求各段柱横截面上的应力；

(3) 求各段柱的纵向线应变；

(4) 求柱的总变形。

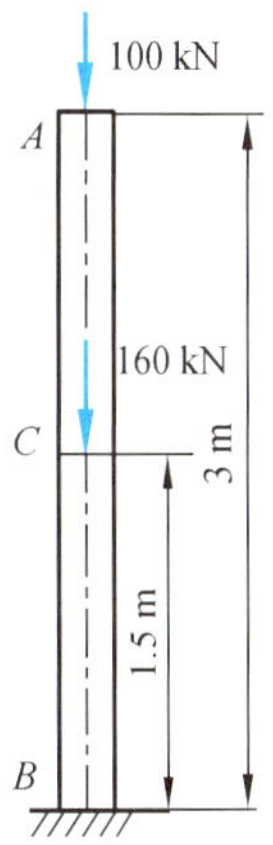

习题 4-9 图

4-10　一根直径 $d=16$ mm、长 $l=3$ m 的圆截面杆，承受轴向拉力 $F=30$ kN，其伸长为 $\Delta l=2.2$ mm。试求杆横截面上的应力与材料的弹性模量 E。

4-11　(1) 证明轴向拉伸(或压缩)的圆截面杆，其横截面上沿圆周方向的线应变 ε_s 等于沿直径方向的线应变 ε_d；(2) 一根直径为 $d=10$ mm 的圆截面杆，在轴向力 F 作用下，直径减小了 0.0025 mm，材料的弹性模量 $E=210$ GPa，泊松比 $\nu=0.3$，试求该轴向拉力 F 的值(设材料在线弹性范围内)。

4-12　实心圆钢杆 AB 和 AC 在点 A 处铰接，如题图所示。在点 A 处作用铅垂向下的力 $F=35$ kN。已知杆 AB 和 AC 的直径分别为 $d_1=12$ mm 和 $d_2=15$ mm，钢材的弹性模量 $E=210$ GPa。试求点 A 在铅垂方向的位移。

4-13　题图所示 A 和 B 两点之间原有水平方向的一根直径 $d=1$ mm 的钢丝，在钢丝的中点 C 加一竖向载荷 F。已知钢丝产生的线应变为 $\varepsilon=0.0035$，其材料的弹性模量 $E=210$ GPa，钢丝的自重不计。试求：

(1) 钢丝横截面上的应力(假设钢丝经过冷拉，在断裂前可认为符合胡克定律)；

(2) 钢丝在 C 点下降的距离 Δ；

(3) 载荷 F 的值。

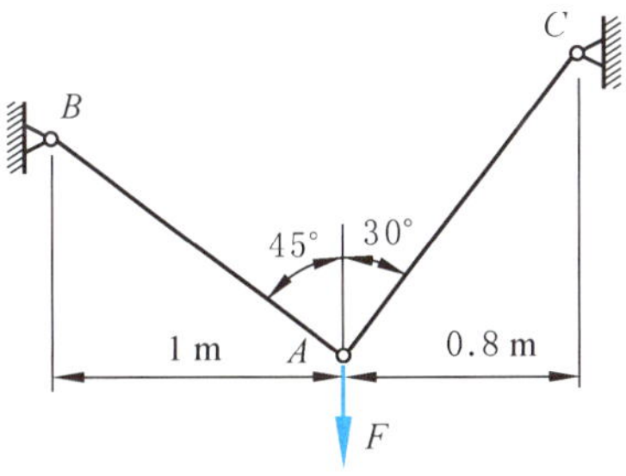

习题 4-12 图

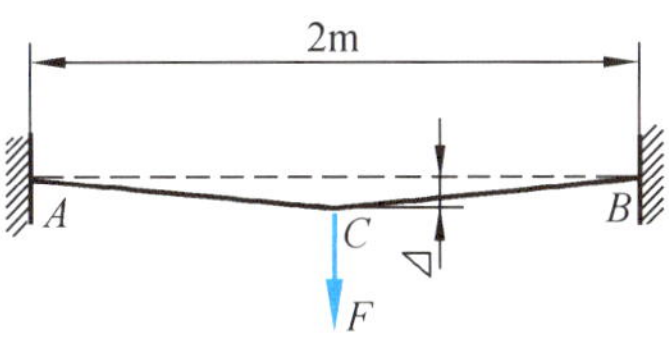

习题 4-13 图

4-14　题图所示结构中，刚性杆 AB 由两根弹性杆 AC 和 BD 悬吊。已知：F、l、E_1A_1 和 E_2A_2，试求 x 等于多少时可使 AB 杆保持水平？

4-15　题图所示结构中，AB 为水平放置的刚性杆，杆 1、2、3 材料相同，其弹性模量 $E=210$ GPa，已知 $l=1$ m，$A_1=A_2=100\ \text{mm}^2$，$A_3=150\ \text{mm}^2$，$F=20$ kN。试求 C 点的水平位移和垂直位移。

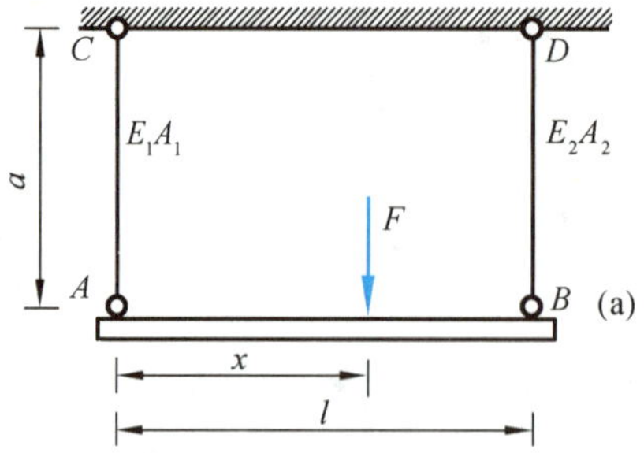

习题 4－14 图

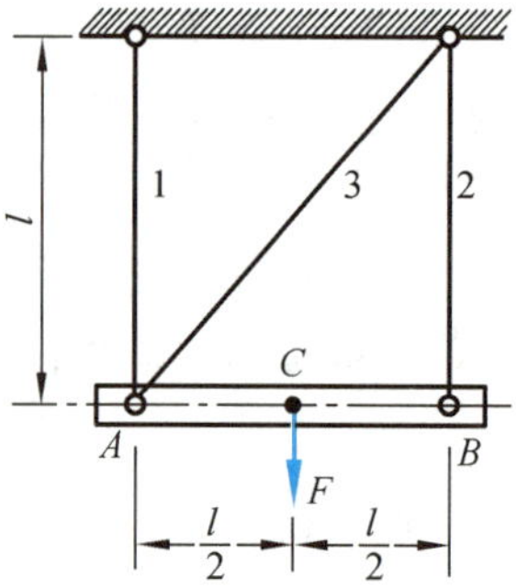

习题 4－15 图

4－16　平板拉伸试件如题图所示。横截面尺寸为 $b=30$ mm，$t=4$ mm，在纵、横向各贴一电阻应变片测量线应变。试验时每增加拉力 $\Delta F=3$ kN，测得的纵、横向应变增量为 $\Delta\varepsilon_1=120\times10^{-6}$，$\Delta\varepsilon_2=-38\times10^{-6}$，求试验材料的弹性模量 E、泊松比 ν。

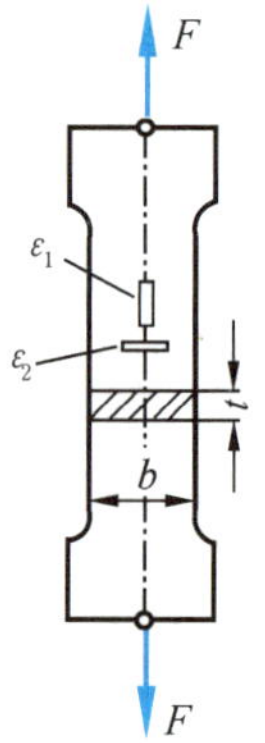

习题 4－16 图

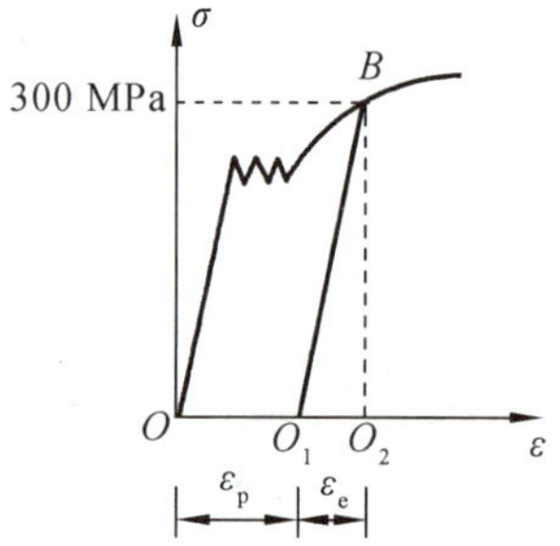

习题 4－17 图

4－17　题图所示为低碳钢的 $\sigma-\varepsilon$ 曲线，测得弹性模量 $E=200$ GPa。若超过屈服极限后继续加载，当试件横截面上应力 $\sigma=300$ MPa 时，测得其纵向线应变 $\varepsilon=3.5\times10^{-3}$，试求此时试件的塑性应变 ε_p。

4－18　题图所示一钢筋混凝土平面闸门，其最大启门力为 $F=140$ kN。如提升闸门的钢质丝杠内径 $d=40$ mm，钢的许用应力 $[\sigma]=170$ MPa，试校核丝杠的强度。

4－19　简易起重设备的计算简图如题图所示，已知斜杆 AB 由两根 $63\times40\times4$ 的不等边角钢组成。若钢的许用应力 $[\sigma]=170$ MPa，问该起重设备在起吊 $W=15$ kN 的重物时斜杆 AB 是否满足强度条件？

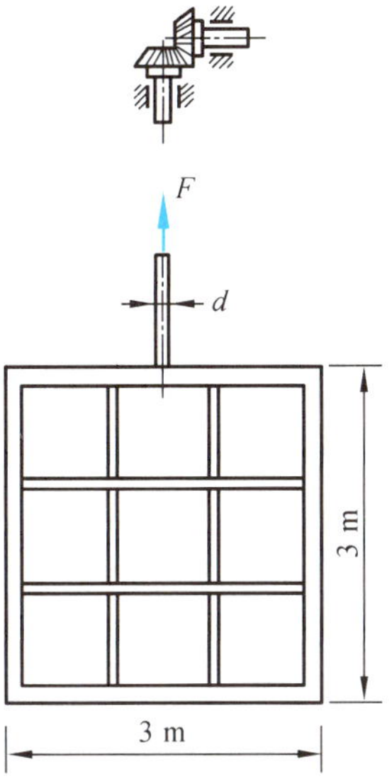

习题 4－18 图

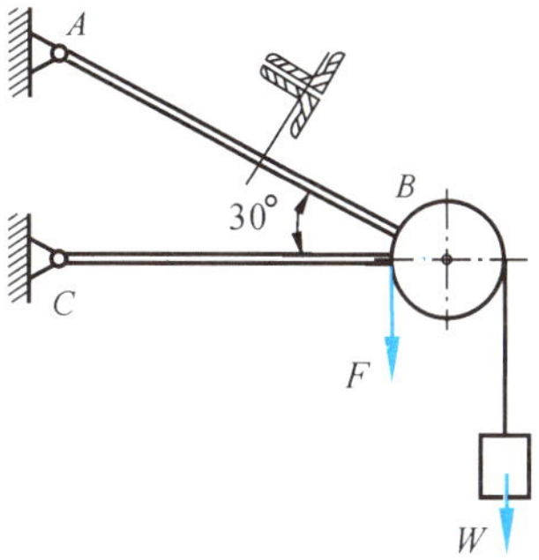

习题 4－19 图

4－20　刚性梁 ACB 由圆截面杆 CD 悬挂在点 C，如题图所示。B 端作用集中载荷 $F=25$ kN，已知杆 CD 的直径 $d=20$ mm，许用应力$[\sigma]=160$ MPa。(1) 试校核杆 CD 的强度；(2) 求结构的许可载荷$[F]$；(3) 若 $F=50$ kN，设计杆 CD 的直径 d。

4－21　题图所示水压机的最大压力为 600 kN，两立柱 A 和 B 的直径 $d=80$ mm，$[\sigma]=80$ MPa。试校核立柱的强度。

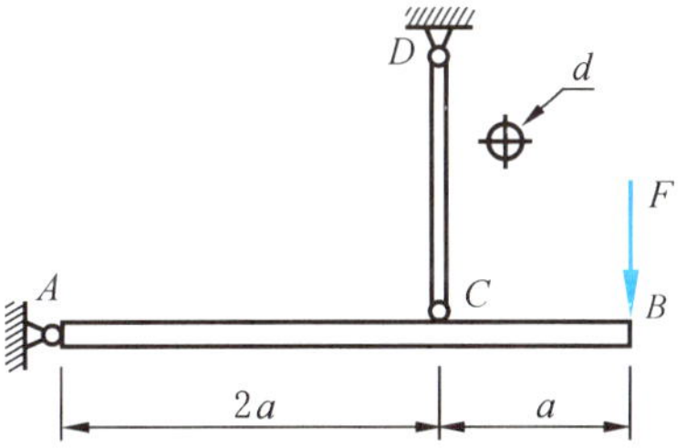

习题 4－20 图

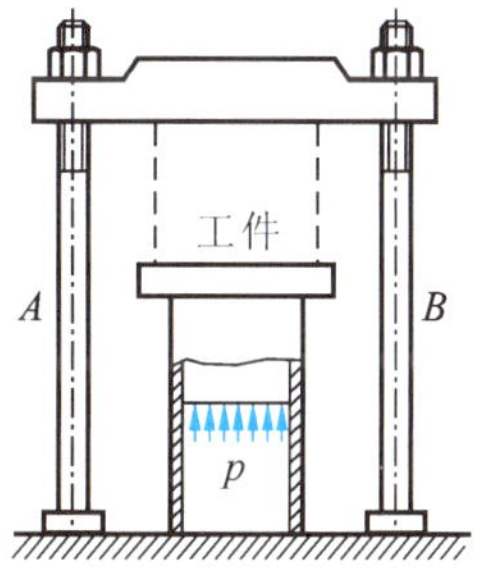

习题 4－21 图

4－22　题图所示三角架中，已知杆 ① 横截面面积 $A_1=600\ \text{mm}^2$，$[\sigma]_1=160$ MPa，杆 ② 横截面面积 $A_2=900\ \text{mm}^2$，$[\sigma]_2=100$ MPa，试求结构的许可载荷$[F]$。

4－23　起重机如题图所示，绳索 AB 的横截面面积为 500 mm^2，许用应力$[\sigma]=40$ MPa。试根据绳索的强度条件确定起重机的许可起重量$[F]$。

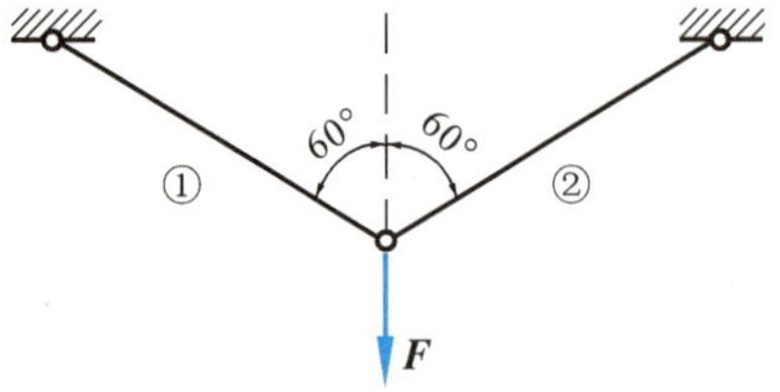

习题 4－22 图

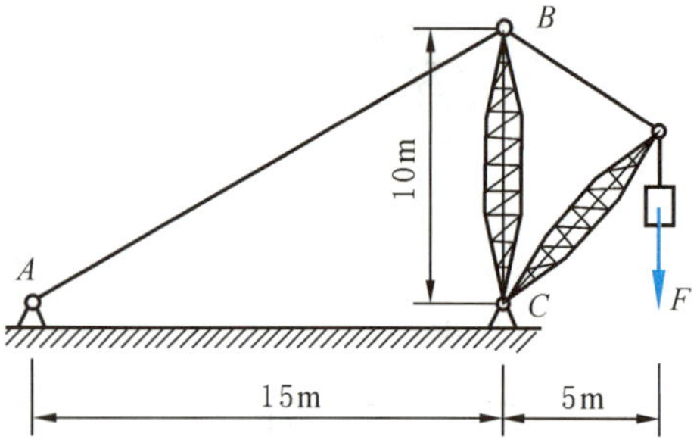

习题 4－23 图

4－24　一块厚 10 mm、宽 200 mm 的旧钢板，其截面被直径 $d=20$ mm 的圆孔所削弱，圆孔的排列对称于杆的轴线，如题图所示。钢板承受轴向拉力 $F=200$ kN。材料的许用应力$[\sigma]=170$ MPa，若不考虑应力集中的影响，试校核钢板的强度。

4－25　一结构受力如题图所示，杆件 AB，AD 均由两根等边角钢组成。已知材料的许用应力$[\sigma]=170$ MPa，试选择 AB、AD 的角钢型号。

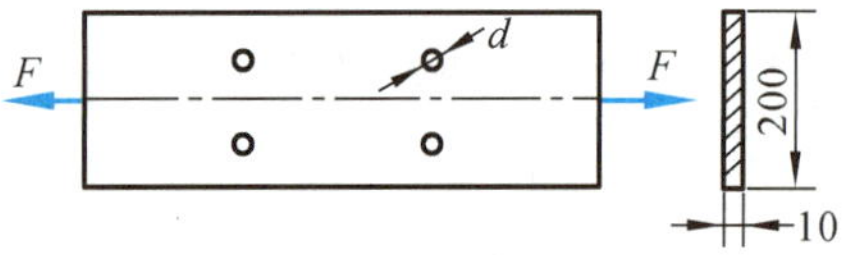

习题 4－24 图

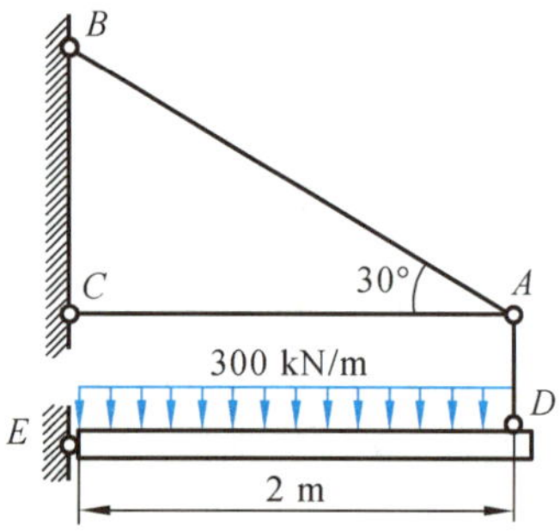

习题 4－25 图

4－26　题图所示桁架中，各杆长度均为 1 m，且每根杆都由两根 Q235 等边角钢组成，设材料的许用应力$[\sigma]=170$ MPa，$F=400$ kN，试选择 AC 杆和 CD 杆所用角钢的型号。

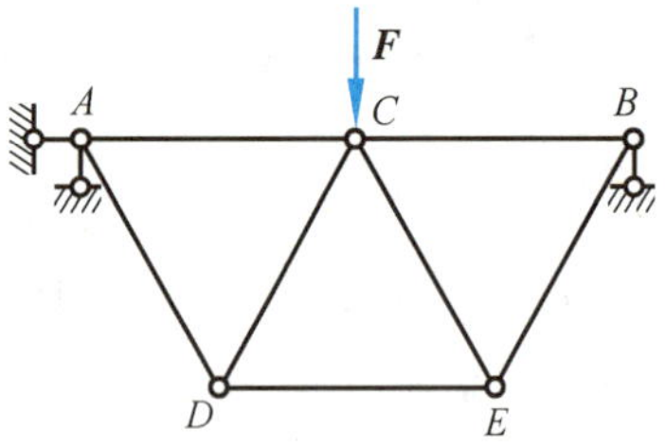

习题 4－26 图

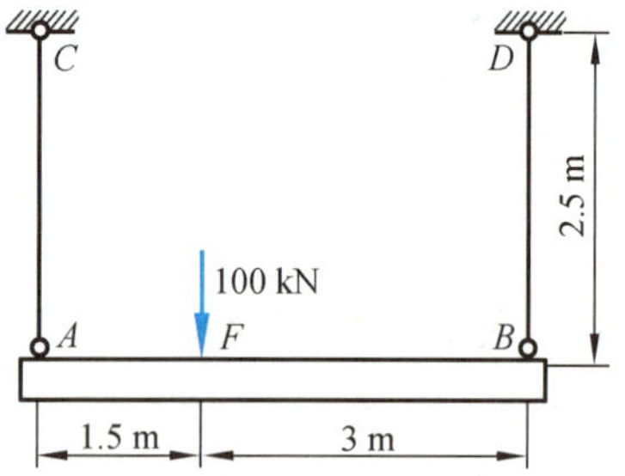

习题 4－27 图

4－27　刚性梁 AB 用两根钢杆 AC、BD 悬挂着，其受力如题图所示。已知钢杆 AC 和 BD 的直径分别为 $d_1=25$ mm 和 $d_2=18$ mm，钢的许用应力$[\sigma]=170$ MPa，弹性模量 $E=210$ GPa。试校核钢杆的强度，并计算钢杆的变形 Δl_{AC}、Δl_{BD} 及 A、B 两点的竖向位移 Δ_A、Δ_B。

4－28　简单桁架及其受力如题图所示，水平杆 BC 的长度 l 保持不变，斜杆 AB 的长度可随夹角 θ 的变化而改变。两杆由同一种材料制造，且材料的许用拉应力和许用压应力相等。要求两杆内的应力同时达到许用应力，且结构的总重量为最小时，试求：

（1）两杆的夹角；

（2）两杆横截面面积的比值。

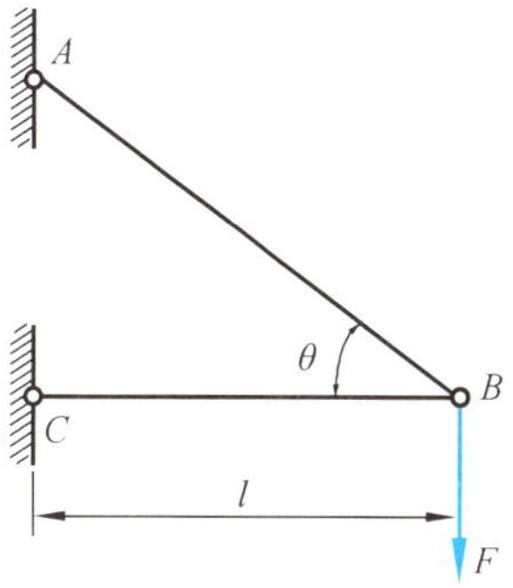

习题 4－28 图

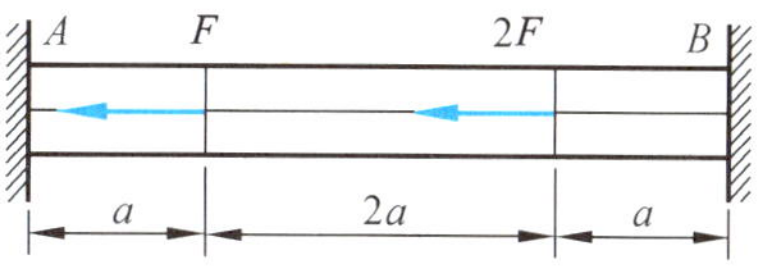

习题 4－29 图

4－29　作题图所示等直杆的轴力图。

4－30　题图所示刚性梁受均布载荷的作用，梁在 A 端铰支，在点 B 和点 C 由两钢杆 BD 和 CE 支承。已知钢杆 CE 和 BD 的横截面面积 $A_1 = 400\ \text{mm}^2$ 和 $A_2 = 200\ \text{mm}^2$，求各杆横截面上的应力。

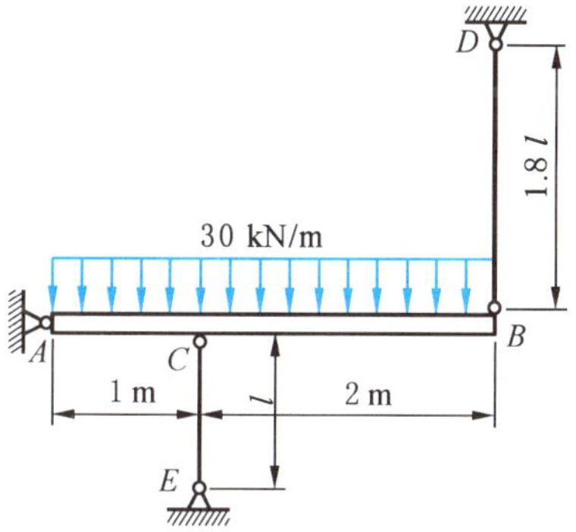

习题 4－30 图

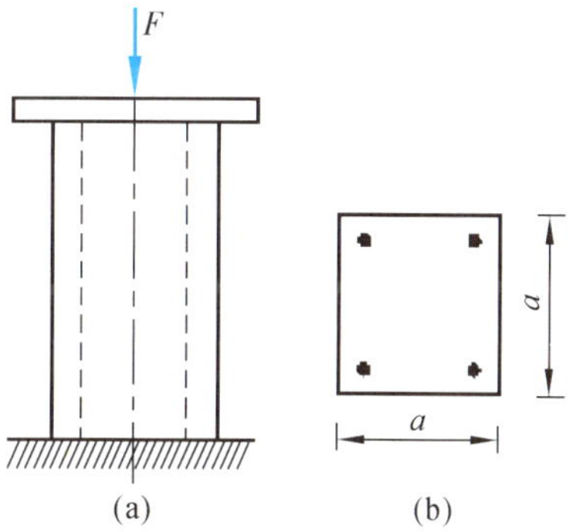

习题 4－31 图

4－31　题图所示钢筋混凝土短柱，边长 $a = 400$ mm，柱内有四根直径为 $d = 30$ mm 的钢筋。已知，柱受压后混凝土的应力值为 $\sigma_h = 6$ MPa，试求轴向压力 F 及钢筋的应力 σ_g。

4－32　刚性梁由三根钢杆支承，如题图所示。材料的弹性模量 $E = 210$ GPa，钢杆的横截面面积均为 $200\ \text{mm}^2$。试求下述情况下各杆横截面上的应力。

（1）中间一根杆的长度做短了 $\delta = 5 \times 10^{-4} l$，$F = 0$，强行安装；

（2）$\delta = 0$，$F = 30$ kN；

（3）$\delta = 5 \times 10^{-4} l$，$F = 30$ kN。

4－33 钢杆如题图所示。已知截面 $A_1 = 100\ \text{mm}^2$，$A_2 = 200\ \text{mm}^2$，弹性模量 $E = 210\ \text{GPa}$，线膨胀系数 $\alpha = 125 \times 10^{-7}/℃$。试求当温度升高 30 ℃ 时杆内的最大应力。

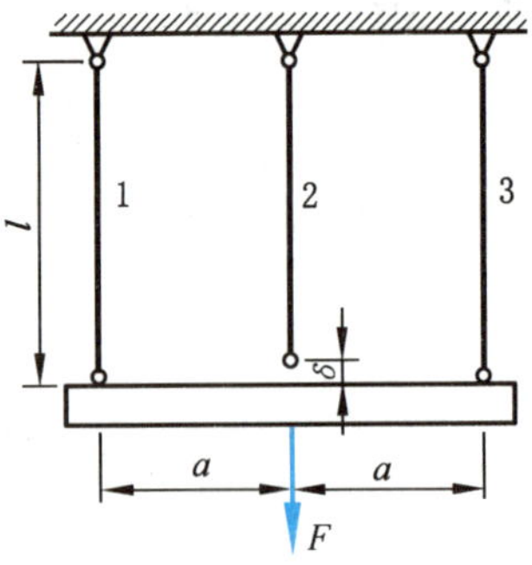

习题 4－32 图

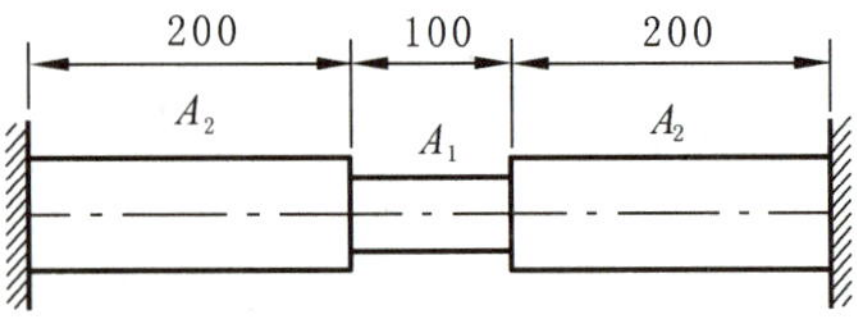

习题 4－33 图

5 扭　　转

5.1　扭转的概念

在工程实际中，常常遇到许多构件的主要变形为扭转(torsion)。如图 5-1 所示丝锥攻丝，通过绞杠把力偶作用于丝锥的上端，丝锥下端则受到工件的阻抗力偶作用。这两个力偶的作用使丝锥发生扭转。又如图 5-2 所示化工生产设备反应釜中的搅拌轴。当轴匀速转动时，轴的上端受到由减速机输出的转动力矩 M_e，下端搅拌桨上受到物料的阻力形成的阻力矩 M_e 的作用，发生扭转。

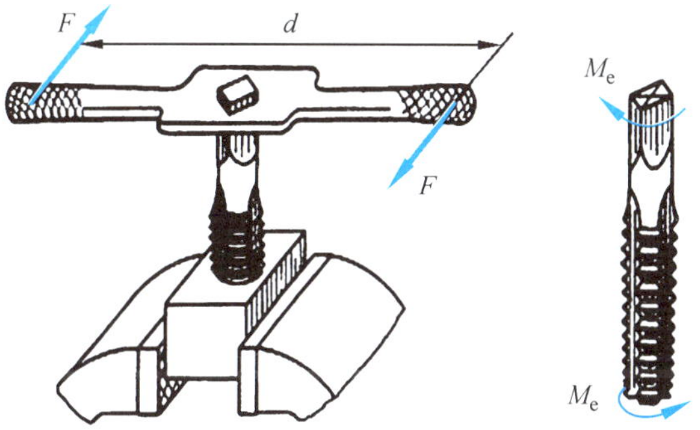

图 5-1　丝锥攻丝

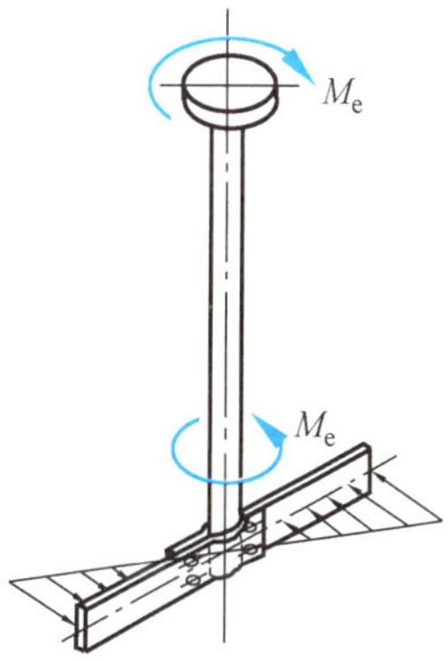

图 5-2　搅拌轴

扭转构件的受力特点是：在垂直于构件轴线的平面内承受力偶作用，最简单的计算简图如图 5-3 所示。其变形特点是：相邻横截面绕轴线发生相对转动。任意两横截面间相对转过的角度称为**相对扭转角**(relative angle of twist)，以 φ 表示。图 5-3 中，φ_{BA} 表示截面 B 相对于截面 A 的扭转角。以扭转变形为主的杆件称为**轴**(shaft)。本章主要研究圆截面等直杆，即等直圆轴的扭转。

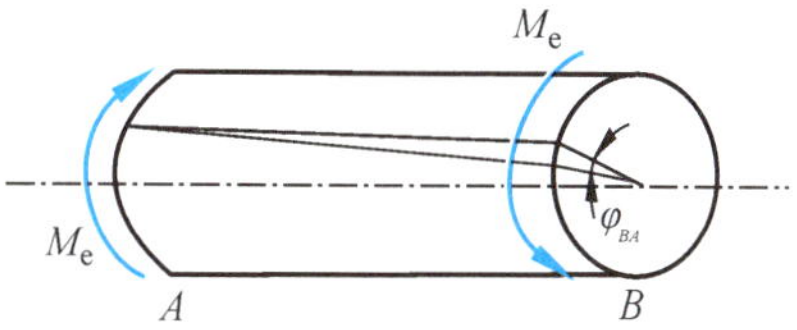

图 5-3　扭转及扭转角

有些构件，如内燃机曲轴的轴颈、电机主轴等，它们除了扭转变形外，还伴有弯曲等其他形式的变形，属于组合变形。组合变形问题将在第 10 章中进行研究。

5.2　外力偶矩的计算

作用于圆轴上的外力偶，其力偶矩即外力偶矩，一般不是直接给出的，需要根据轴传递的功率和轴的转速来进行计算。

某传动轴如图 5－4 所示，其中 A 为主动轮，由它输入的功率通过轴传递给从动轮 B、C，再由从动轮 B、C 输出给其他构件。若已知轴的转速为 n（转 / 分，记为 r/min），某轮传输的功率为 P_k（千瓦，记为 kW），则可求出作用于该轮上的外力偶矩 M_e。

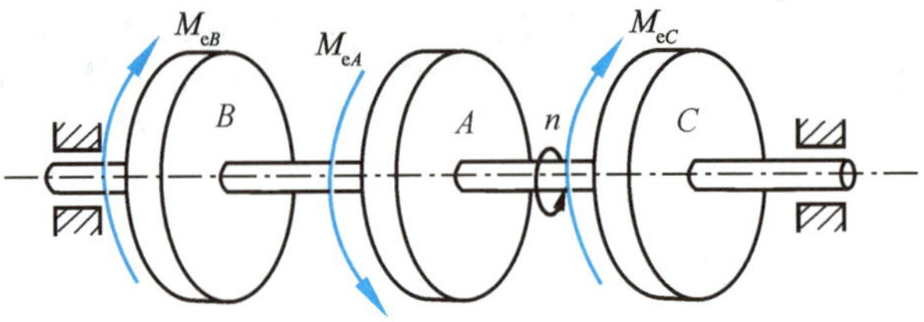

图 5－4 传动轴

外力偶每秒钟所做的功即功率，因此有

$$\{P_k\}_{kW} \times 1000 = \{M_e\}_{N\cdot m} \times \frac{2\pi\{n\}_{r/min}}{60}$$

由此得

$$\{M_e\}_{N\cdot m} = 9549 \frac{\{P_k\}_{kW}}{\{n\}_{r/min}} \text{①} \tag{5-1}$$

外力偶矩 M_e 的单位为牛顿·米（N·m）。主动轮上外力偶的转向与轴的转动方向相同，从动轮上外力偶的转向则与轴的转动方向相反，如图 5－4 所示。

5.3 扭矩、扭矩图

构件扭转时横截面上内力的计算，仍采用截面法。例如图 5－5(a) 所示的轴，用假想截面 $m—m$ 将轴截开，取左侧段进行平衡分析，如图 5－5(b) 所示，可知截面上的内力系必构成一个内力偶，其力偶矩称为**扭矩**（torque），常用 T 表示。可由平衡方程 $\sum M_x = 0$ 得到

$$T = M_e$$

如取右段为研究对象，如图 5－5(c) 所示，仍可得到 $T = M_e$ 的结果，但转向与取左段求出的扭矩相反。为了使左、右两段求得的同一截面上的扭矩不但大小相等而且符号也相同，可将扭矩的正负规定如下：按右手螺旋法则将扭矩用矢量表示，当矢量方向与截面的外法线方向一致时，扭矩 T 为正；反之为负。据这一规则，上述截面 $m—m$ 上的扭矩无论从左段还是从右段来看，均为正值。

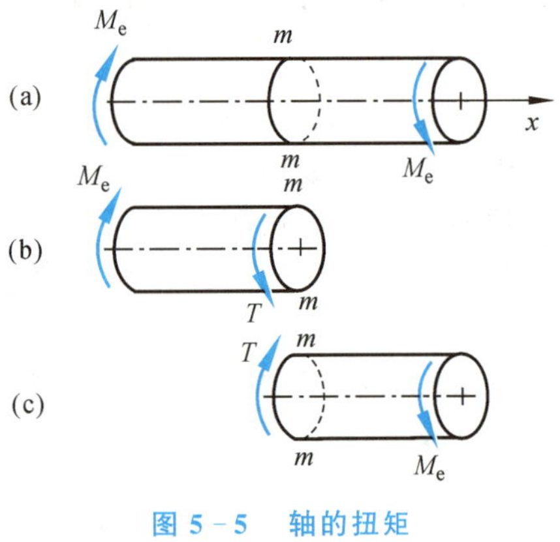

图 5－5 轴的扭矩

为了清楚地反映扭矩随横截面位置变化的情况，通常可取平行于轴线的坐标表示横截面的位置，垂直于轴线的坐标表示扭矩的大小，绘出扭矩

① 这是国家标准 GB3101－93 中规定的数值方程的表示方法。

随截面位置变化的图形，此图形称为扭矩图(torque diagram)。

【例 5-1】 一传动轴如图 5-6(a) 所示，已知轴的转速 $n = 300\ \mathrm{r/min}$，主动轮输入的功率 $P_{kA} = 36.7\ \mathrm{kW}$，从动轮 B、C、D 输出的功率分别为 $P_{kB} = 14.7\ \mathrm{kW}$，$P_{kC} = P_{kD} = 11\ \mathrm{kW}$。试绘制轴的扭矩图。

解：(1) 计算外力偶矩。由式(5-1)算出作用于各轮上的外力偶矩为

$$M_{eA} = 9549\,\frac{P_{kA}}{n} = 9549 \times \frac{36.7\ \mathrm{kW}}{300\ \mathrm{r/min}} = 1168\ \mathrm{N \cdot m}$$

$$M_{eB} = 9549\,\frac{P_{kB}}{n} = 9549 \times \frac{14.7\ \mathrm{kW}}{300\ \mathrm{r/min}} = 468\ \mathrm{N \cdot m}$$

$$M_{eC} = M_{eD} = 9549\,\frac{P_{kC}}{n} = 9549 \times \frac{11\ \mathrm{kW}}{300\ \mathrm{r/min}} = 350\ \mathrm{N \cdot m}$$

(2) 计算扭矩。从受力情况看出，该轴在 BA、AC、CD 三段内扭矩是不相等的，须分段求得各扭矩值。

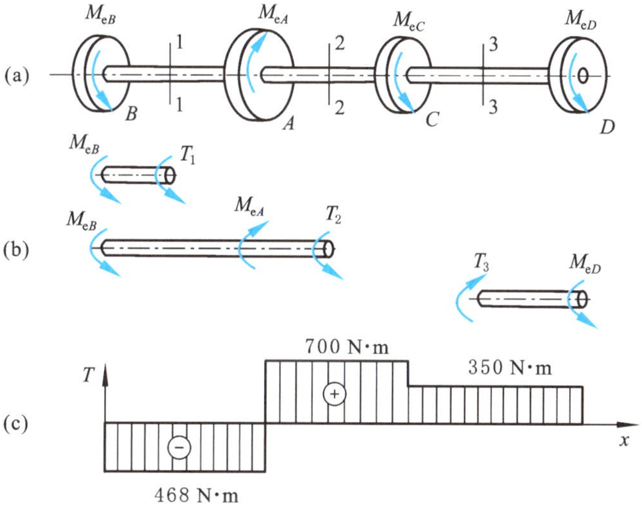

图 5-6 例 5-1 图

在 BA 段内，以 T_1 代表任一截面 1—1 上的扭矩，并将 T_1 的方向假设成正的扭矩方向，如图5-6(b) 所示，根据平衡条件有

$$T_1 = -M_{eB} = -468\ \mathrm{N \cdot m}$$

等号右边的负号说明，扭矩 T_1 的方向与假设的方向相反。同理可以求得 AC 段内的扭矩为

$$T_2 = M_{eA} - M_{eB} = 1168\ \mathrm{N \cdot m} - 468\ \mathrm{N \cdot m} = 700\ \mathrm{N \cdot m}$$

CD 段内的扭矩为

$$T_3 = M_{eD} = 350\ \mathrm{N \cdot m}$$

(3) 画扭矩图。以横坐标表示横截面的位置，用纵坐标表示扭矩的大小，根据各段扭矩的数值和正负号，将正的画在上面，负的画在下面，即可画出传动轴的扭矩图，如图 5-6(c) 所示。显然，最大扭矩发生在 AC 段内，其值为 $T_{max} = 700\ \mathrm{N \cdot m}$。

5.4 薄壁圆筒的扭转

取一等厚薄壁圆筒($t\leqslant\frac{1}{10}R$,t 为壁厚,R 为平均半径),在其表面画出圆周线和纵向线,构成矩形网格,如图 5-7(a) 所示。然后在圆筒两端的横截面内施加一对大小相等、转向相反的力偶 M_e,使圆筒产生扭转变形,如图5-7(b) 所示。这时可以观察到下列现象:

(1) 圆周线的形状、大小及圆周线之间的距离没有改变,只是相邻的两圆周线发生相对转动。

(2) 圆筒表面上每个格子的直角都改变了同一微小角度 γ。这种直角的改变量 γ 称为切应变(shear strain)。

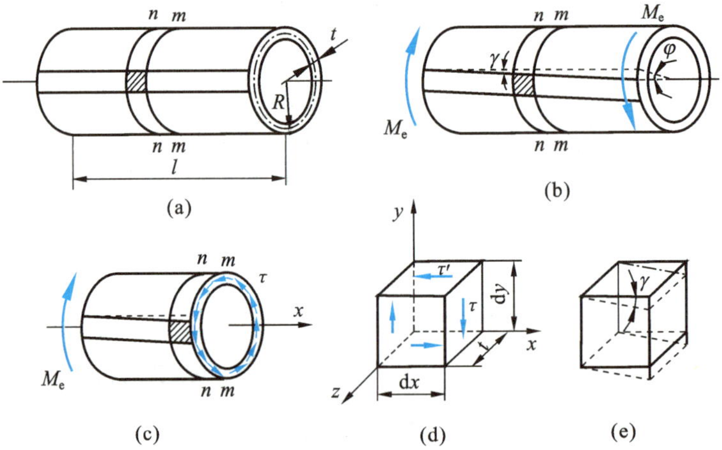

图 5-7 薄壁圆筒扭转

根据实验观察到的上述现象,由第一条可知,薄壁圆筒横截面上没有正应力,只有切应力。在横截面上,由于筒壁的厚度很小,可认为切应力沿壁厚不变①,即切应力沿壁厚均匀分布。又据第二条可知,由于纵向线倾斜的角度 γ 处处相等,故切应力沿环向保持不变,且切应变发生在垂直于半径的平面内,因此,切应力的方向垂直于圆筒的半径,如图 5-7(c) 所示。

横截面上的扭矩是切应力合成的结果,因此横截面上的切应力对 x 轴的合力矩为

$$2\pi Rt\cdot\tau\cdot R=2\pi R^2t\tau=T$$

由此得

$$\tau=\frac{T}{2\pi R^2t} \tag{5-2}$$

由图 5-7(b) 可见,若 φ 为薄壁圆筒两端面间的相对扭转角,l 为圆筒的长度,则由几何关系可得切应变 γ 为

$$\gamma=\frac{R\varphi}{l} \tag{5-3}$$

---

① 可以证明当筒壁厚度不超过平均直径的 5% 时,近似解与精确解的误差不超过 5%。

◀ 讲授视频：薄壁圆筒的扭转。

5.4.1　切应力互等定理

从薄壁圆筒的壁上取出一单元体，它的三个方向的尺寸分别为 $\mathrm{d}x$、$\mathrm{d}y$ 和 t，如图 5-7(d)所示。

单元体的左右两侧面是薄壁圆筒横截面的一部分，所以这两侧面上只有切应力，其值均按式(5-2)计算，二者的方向却相反。这两侧面上的切应力组成一个力偶，其力偶矩为 $(\tau t\cdot \mathrm{d}y)\mathrm{d}x$。由于单元体是平衡的，所以单元体上下两平面上必然有切应力 τ' 存在，且组成另一个力偶矩为 $(\tau' t\cdot \mathrm{d}x)\mathrm{d}y$ 的力偶，与左右两侧 τ 形成的力偶相平衡。由平衡方程 $\sum M_z=0$，即

$$(\tau' t\cdot \mathrm{d}x)\mathrm{d}y-(\tau t\cdot \mathrm{d}y)\mathrm{d}x=0$$

可得

$$\tau'=\tau \tag{5-4}$$

上式表明，在单元体互相垂直的两个截面上，切应力必然成对出现，且数值相等，两者都垂直于两个面的交线，方向同时指向或同时背离这一交线。这就是切应力互等定理(theorem of conjugate shearing stress)。图 5-7(d) 所示的单元体，其四个侧面上只有切应力没有正应力的作用，这种情况称为纯剪切(pure shear)。

5.4.2　剪切胡克定律

通过薄壁圆筒的扭转试验，可得到材料在纯剪切下切应力与切应变间的关系曲线，如图5-8 所示，图中 τ_p 称为剪切比例极限。试验表明，当切应力不超过材料的剪切比例极限 τ_p 时，切应力 τ 与切应变 γ 成正比，即图5-8 中的直线部分。这就是材料的剪切胡克定律(Hooke's law in shear)。可写成

$$\tau=G\gamma \tag{5-5}$$

式中，比例常数 G 称为材料的切变模量(shear modulus)。其量纲与弹性模量 E 相同，常用单位为 GPa。材料的切变模量值可通过试验测定，钢材的切变模量约为 80 GPa。

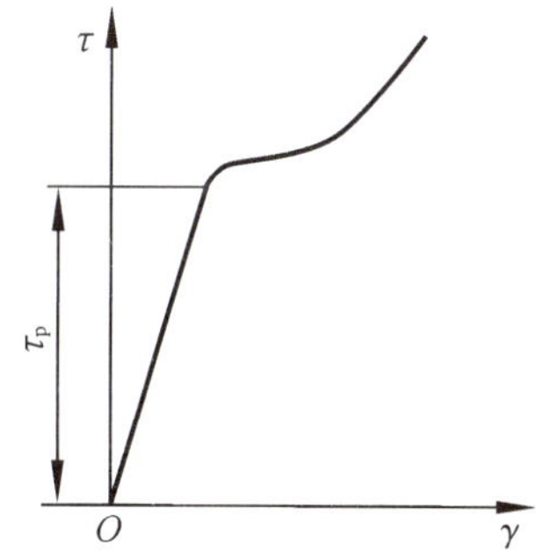

图 5-8　切应力-切应变($\tau-\gamma$)曲线

可以证明，对于各向同性材料，三个弹性常数 E、G、ν 之间存在下列关系

$$G=\frac{E}{2(1+\nu)} \tag{5-6}$$

可见，三个弹性常数中，只要知道其中的两个，就可算出第三个。

5.5 圆轴扭转时的应力与变形

5.5.1 横截面上的应力

对于薄壁圆筒的扭转，因为壁厚 t 很小，可认为横截面上的切应力沿壁厚是均匀分布的。对于实心圆轴扭转，这一结论不再成立。确定应力分布是一个超静定问题，所以只用静力学关系不可能解决，必须结合变形的几何关系、物理关系和静力学关系三个方面进行研究。

(1) **变形几何关系** 如图 5-9 所示，圆轴扭转后可观察到与薄壁圆筒相同的变形现象。根据圆周线的大小、形状及间距不变，只是绕轴线相对地旋转了一个角度的现象，可假设圆轴各横截面变形后仍保持为平面，其形状和大小不变，半径仍保持为直线。即横截面像刚性平面一样绕轴线旋转了一个角度。这个假设称为圆轴扭转的**平面假设**(plane assumption)。以平面假设为基础导出的应力和变形公式已为试验所证实。

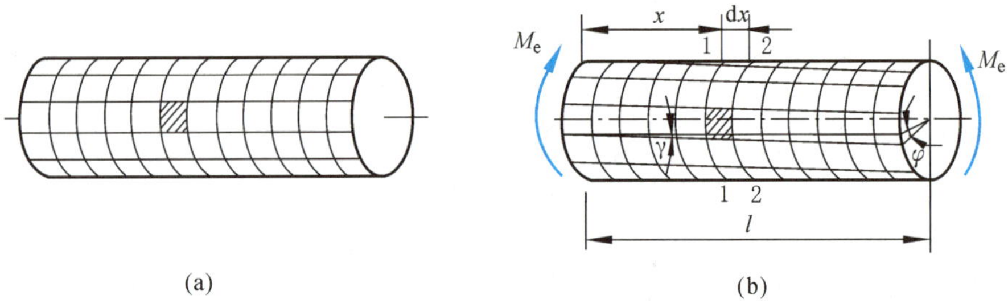

图 5-9 圆轴扭转变形现象

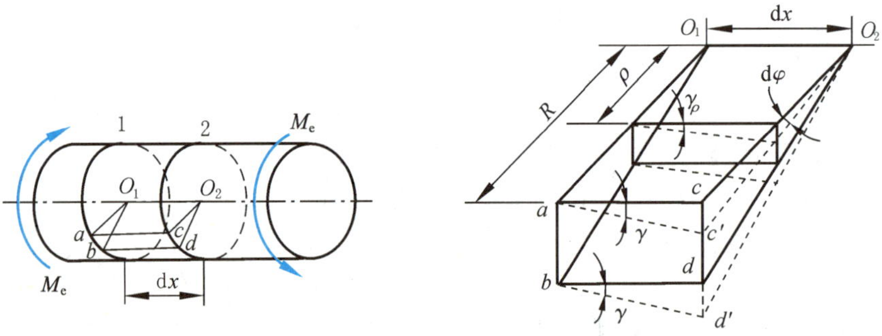

图 5-10 圆轴扭转的变形分析

用相邻的两个横截面 1—1 和 2—2，从图 5-9(b) 中取出一微段 dx 来研究(图 5-10)。根据平面假设，变形后截面 2—2 将相对截面 1—1 刚性转过角度 $d\varphi$，半径 O_2c 转到 O_2c' 的位置，半径 O_2d 转到 O_2d' 的位置。如将圆轴看成由无数层薄壁圆筒镶套组成，则在此微段中，所有薄壁圆筒皆扭转了一个相同的角度 $d\varphi$。若从微段中取出半径为 ρ、厚度为 $d\rho$ 的薄壁圆筒，其切应变 γ_ρ 为一微小角，有

$$\gamma_\rho \approx \tan\gamma_\rho = \frac{\rho\, d\varphi}{dx} \tag{a}$$

半径为 R 处(即圆轴表层处) 的切应变

$$\gamma = R\frac{d\varphi}{dx} \tag{b}$$

式(b)中，$\frac{d\varphi}{dx}$ 为扭转角沿着 x 的变化率。对同一横截面上的各点，$\frac{d\varphi}{dx}$ 为一常数。

由式(a)可见，横截面上任一点的切应变 γ_ρ 与该点到截面中心的距离 ρ 成正比。切应变的最大值 γ_{max} 发生在 $\rho = R$ 处，即圆轴的最外层。

(2) **物理关系**　对于线弹性问题，根据剪切胡克定律可知，横截面上任意一点处的切应力 τ_ρ 应与该点处的切应变 γ_ρ 成正比，即

$$\tau_\rho = G\gamma_\rho = G\rho\frac{d\varphi}{dx} \tag{5-7}$$

此式说明，横截面上任意一点处的切应力 τ_ρ 的大小与该点到轴心的距离 ρ 成正比。由于切应变发生在垂直于半径的平面内，故切应力的方向与半径垂直。因此，圆轴扭转时横截面上切应力的分布如图 5-11 所示。

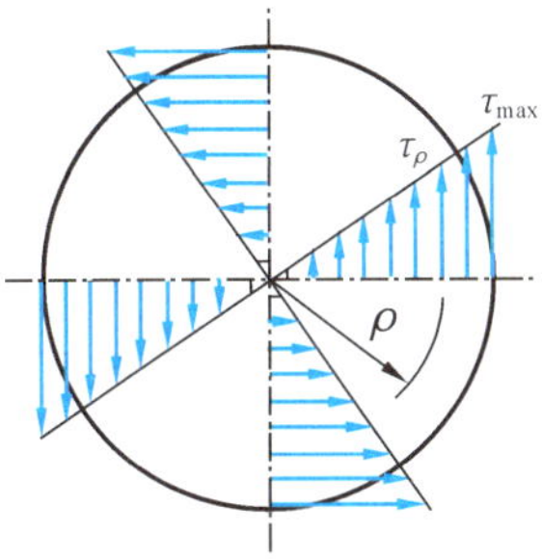

图 5-11　横截面上切应力的分布

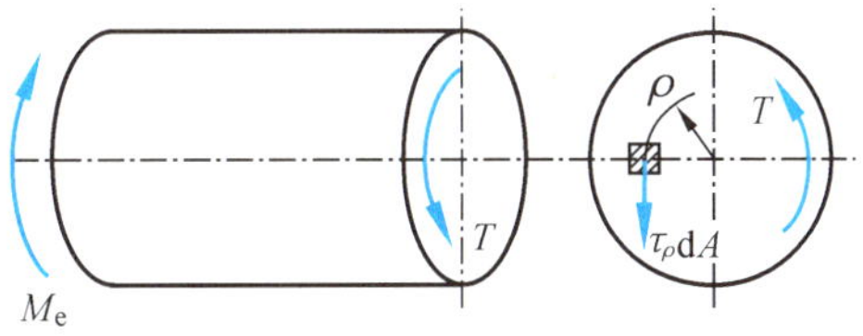

图 5-12　圆轴的静力分析

(3) **静力学关系**　上述切应力 τ_ρ 的表达式中，$\frac{d\varphi}{dx}$ 尚为未知量，还不能计算出切应力的值。因此，还需要从静力学条件来建立切应力 τ_ρ 与扭矩 T 间的关系。

在横截面内，距圆心为 ρ 处取一微小面积 dA，该微面积上的内力为 $\tau_\rho dA$，如图 5-12 所示。横截面上的扭矩是由无数微面积上的内力对圆心之矩合成的，故有

$$T = \int_A \rho\tau_\rho dA \tag{c}$$

将式(5-7)代入式(c)，并注意到对于给定的横截面，$\frac{d\varphi}{dx}$ 为一常数，于是

$$T = \int_A G\rho^2\frac{d\varphi}{dx}dA = G\frac{d\varphi}{dx}\int_A \rho^2 dA \tag{d}$$

式中，$\int_A \rho^2 dA$ 是只与横截面形状和尺寸有关的几何量，用 I_p 表示，称为横截面的**极惯性矩**(polar moment of inertia of an area)。于是有

$$T = G\frac{d\varphi}{dx}I_p \tag{5-8}$$

由式(5-7)和式(5-8)消去 $\frac{d\varphi}{dx}$ 得

$$\tau_\rho = \frac{T\rho}{I_p} \tag{5-9}$$

上式即为圆轴扭转时横截面上切应力的计算公式。式中，T 为横截面上的扭矩，ρ 为横截面上任意一点到圆心的距离。极惯性矩 I_p 是截面的几何性质之一，可由附录Ⅰ提供的方法计算。

由式(5-9)可见，最大切应力发生在横截面的外圆周上，即 $\rho=R$ 处，方向与圆的周边相切。故有

$$\tau_{max}=\frac{TR}{I_p}=\frac{T}{\frac{I_p}{R}}=\frac{T}{W_p} \tag{5-10}$$

式中，W_p 称为扭转截面系数(section modulus in torsion)，量纲为[长度]^3，常用单位为 cm^3 或 mm^3。直径为 d 的圆形截面，通过计算，其扭转截面系数为

$$W_p=\frac{\frac{\pi d^4}{32}}{\frac{d}{2}}=\frac{\pi d^3}{16} \tag{5-11a}$$

对于内、外直径之比为 α，外直径为 D 的空心圆截面，其扭转截面系数为

$$W_p=\frac{\frac{\pi D^4}{32}(1-\alpha^4)}{\frac{D}{2}}=\frac{\pi D^3}{16}(1-\alpha^4) \tag{5-11b}$$

切应力公式的推导是建立在平面假设基础之上的。试验结果表明：只有等截面圆轴，平面假设才是正确的，因此，式(5-9)只适用于等直圆杆。对于截面沿杆轴变化缓慢的圆杆，也可近似地应用。另外，因为推导该公式时应用了剪切胡克定律，因此圆轴上的最大切应力应不超过材料的剪切比例极限。

5.5.2 扭转时的变形

圆轴扭转时的变形是由横截面间的相对扭转角 φ 来度量的。由式(5-8)可知，扭转角沿轴线方向的变化率为

$$\frac{d\varphi}{dx}=\frac{T}{GI_p}$$

则相距为 dx 的两横截面的相对扭转角 $d\varphi$ 为

$$d\varphi=\frac{T}{GI_p}dx$$

沿轴线 x 积分，即可求得距离为 l 的两个横截面之间的相对扭转角

$$\varphi=\int_l \frac{T}{GI_p}dx$$

对于同一材料的等截面圆轴，当轴上扭矩为常数时，相对扭转角 φ 为

$$\varphi=\frac{Tl}{GI_p} \tag{5-12}$$

上式即为等直圆轴扭转变形的计算公式。式中，T 为横截面上的扭矩，l 为两横截面间的距离，G 为材料的切变模量，I_p 为横截面的极惯性矩。显然，φ 的正负号与 T 一致，且 φ 与 T、l 成正比，与 GI_p 成反比。GI_p 反映了圆轴抵抗扭转变形的能力，故称之为扭转刚度(torsion rigidity)。相对扭转角的单位为弧度(rad)。单位长度的相对扭转角常用 θ 来表示，即

$$\theta = \frac{d\varphi}{dx} = \frac{T}{GI_p}$$

式中，θ 的单位为弧度 / 米，记为 rad/m。

【例 5-2】　空心圆轴如图 5-13(a) 所示，在 A、B、C 三处受外力偶作用。已知 $M_A = 150\text{N}\cdot\text{m}$，$M_B = 50\ \text{N}\cdot\text{m}$，$M_C = 100\ \text{N}\cdot\text{m}$，材料的切变模量 $G = 80\ \text{GPa}$，试求：

(1) 轴横截面内的最大切应力 τ_{max}；

(2) 截面 C 相对截面 B 的扭转角 φ_{CB}。

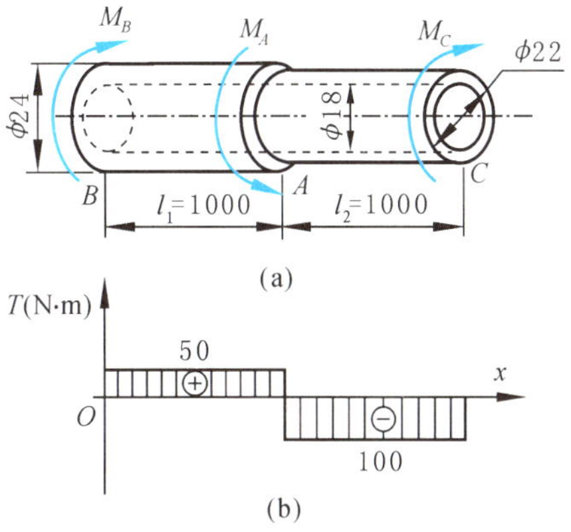

图 5-13　例 5-2 图

解：(1) 作扭矩图如图 5-13(b) 所示。

(2) 计算轴的最大切应力。

由式(5-10)可知横截面上的最大切应力发生在各段轴的外圆周上，其值为

BA 段：

$$\tau_{max1} = \frac{T_1}{W_{p1}} = \frac{T_1}{\frac{\pi D_1^3}{16}\left[1-\left(\frac{d}{D_1}\right)^4\right]}$$

$$= \frac{50\ \text{N}\cdot\text{m}}{\frac{\pi\times(24\times10^{-3}\ \text{m})^3}{16}\left[1-\left(\frac{18}{24}\right)^4\right]}$$

$$= 26.9\ \text{MPa}$$

AC 段：

$$\tau_{max2} = \frac{T_2}{W_{p2}} = \frac{T_2}{\frac{\pi D_2^3}{16}\left[1-\left(\frac{d}{D_2}\right)^4\right]}$$

$$= \frac{100\ \text{N}\cdot\text{m}}{\frac{\pi\times(22\times10^{-3}\ \text{m})^3}{16}\left[1-\left(\frac{18}{22}\right)^4\right]}$$

$$= 86.7\ \text{MPa}$$

可见，此轴最大切应力出现在 AC 段。

(3) 计算相对扭转角。

由于 BA、AC 两段内的扭矩不同，扭转刚度也不相同，因而须分段计算相对扭转角。由式(5-12)可得

$$\varphi_{AB} = \frac{T_1 l_1}{GI_{p1}} = \frac{T_1 l_1}{G\frac{\pi D_1^4}{32}\left[1-\left(\frac{d}{D_1}\right)^4\right]} = \frac{50\ \text{N}\cdot\text{m}\times1\ \text{m}}{80\times10^9\ \text{Pa}\times\frac{\pi\times(24\times10^{-3}\ \text{m})^4}{32}\left[1-\left(\frac{18}{24}\right)^4\right]}$$

$$= 0.0281\ \text{rad}$$

$$\varphi_{CA} = \frac{T_2 l_2}{GI_{p2}} = \frac{T_2 l_2}{G\frac{\pi D_2^4}{32}\left[1-\left(\frac{d}{D_2}\right)^4\right]} = \frac{-100\ \text{N}\cdot\text{m}\times1\ \text{m}}{80\times10^9\ \text{Pa}\times\frac{\pi\times(22\times10^{-3}\ \text{m})^4}{32}\left[1-\left(\frac{18}{22}\right)^4\right]}$$

$$= -0.0985\ \text{rad}$$

截面 C 相对于截面 B 的扭转角 φ_{CB}，等于截面 A 相对于截面 B 的扭转角 φ_{AB} 与截面 C 相

对于截面 A 的扭转角 φ_{CA} 的代数和，即

$$\varphi_{CB}=\varphi_{AB}+\varphi_{CA}=-0.0704\ \text{rad}$$

5.6 圆轴扭转时的强度、刚度条件

5.6.1 圆轴扭转时的破坏现象

为了研究圆轴扭转破坏的原因，首先讨论纯剪切时任意斜截面上的应力。如图 5－14(a) 所示，假想沿任意斜截面 BE 将单元体分成两部分，取左侧部分 ABE 进行分析。如图 5－14(b) 所示，设斜截面 BE 的外法线 n 与 x 轴之间的夹角为 α，斜截面面积为 $\mathrm{d}A$。由平衡方程

$$\sum F_n=0,\quad \sigma_\alpha \mathrm{d}A+(\tau \mathrm{d}A\cos\alpha)\sin\alpha+(\tau \mathrm{d}A\sin\alpha)\cos\alpha=0$$

$$\sum F_t=0,\quad \tau_\alpha \mathrm{d}A-(\tau \mathrm{d}A\cos\alpha)\cos\alpha+(\tau \mathrm{d}A\sin\alpha)\sin\alpha=0$$

可得

$$\left.\begin{aligned}\sigma_\alpha&=-\tau\sin2\alpha\\ \tau_\alpha&=\tau\cos2\alpha\end{aligned}\right\}\tag{5-13}$$

式中，σ_α 以拉应力为正；τ_α 对截取对象内部任一点产生顺时针力矩则为正；α 由 x 轴逆时针旋转至外法线 n 方向时为正。

由上式可看出，斜截面的应力 σ_α、τ_α 随角度 α 而变化。当 $\alpha=-45^\circ$、135° 时

$$\sigma_{-45^\circ}=\sigma_{135^\circ}=\sigma_{\max}=\tau,\quad \tau_{-45^\circ}=\tau_{135^\circ}=0$$

当 $\alpha=45^\circ$、-135° 时

$$\sigma_{45^\circ}=\sigma_{-135^\circ}=-\tau,\quad \tau_{45^\circ}=\tau_{-135^\circ}=0$$

当 $\alpha=0^\circ$、90°、180°、270° 时

$$\sigma_\alpha=0,\quad |\tau_\alpha|=\tau_{\max}=\tau$$

以上所述各面上的应力情况如图 5－14(c) 所示。可见圆轴扭转时，其横截面上的切应力最大，在与圆轴母线成 45° 的斜截面上正应力最大。

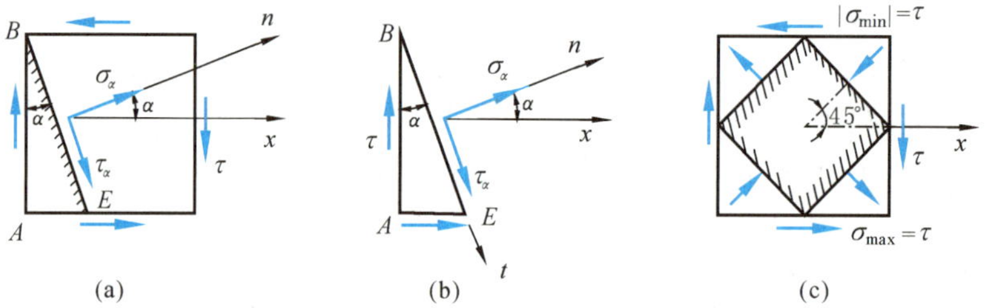

图 5－14 斜截面应力分析

由圆轴的扭转破坏试验可见，用塑性材料制成的试件，随着载荷的增加先发生屈服，然后产生较大的塑性变形，最后沿横截面发生破坏[图 5－15(a)]。这是因为横截面上有最大切应力，而材料的抗剪能力又低于其抗拉能力，因此被剪断。脆性材料制作的试件，没有明显的塑性变形，沿着与轴线约成 45° 角的螺旋面发生破坏[图 5－15(b)]。这是因为 45° 的斜截面上有最大的拉应力存在，而脆性材料抗拉能力低于其抗剪能力，因此被拉断。

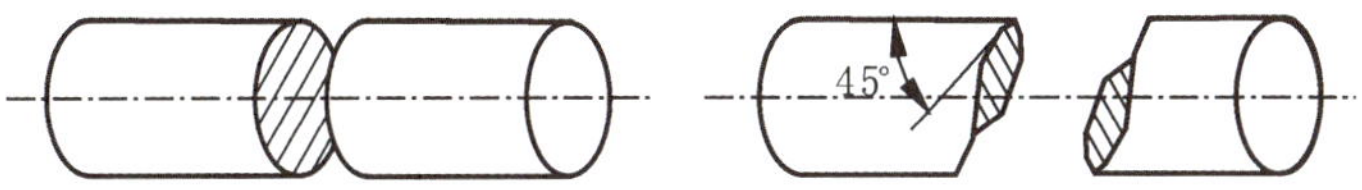

(a) 塑性材料　　(b) 脆性材料

图 5-15　圆轴扭转时的破坏现象

5.6.2　圆轴扭转时的强度条件

圆轴扭转时，杆内各点均处于纯剪切状态，其强度要求是：最大工作应力 τ_{max} 不得超过材料的许用切应力$[\tau]$。对于等直杆，最大切应力发生在扭矩最大的横截面上，则强度条件为

$$\tau_{max}=\frac{T_{max}}{W_p}\leqslant[\tau] \tag{5-14}$$

根据式(5-14)可对圆轴扭转进行强度校核、设计截面或确定许可载荷的计算。

【例 5-3】　汽车的主传动轴 AB 如图 5-16 所示，传递的最大扭矩为 2 kN·m，传动轴用外径 $D=90$ mm、壁厚 $t=2.5$ mm 的钢管做成，材料为 20 号钢，其许用切应力$[\tau]=70$ MPa。试校核轴的强度。若将轴改为实心轴，要求与原来空心轴的强度相同，试计算实心轴的直径，并比较实心轴与空心轴的重量。

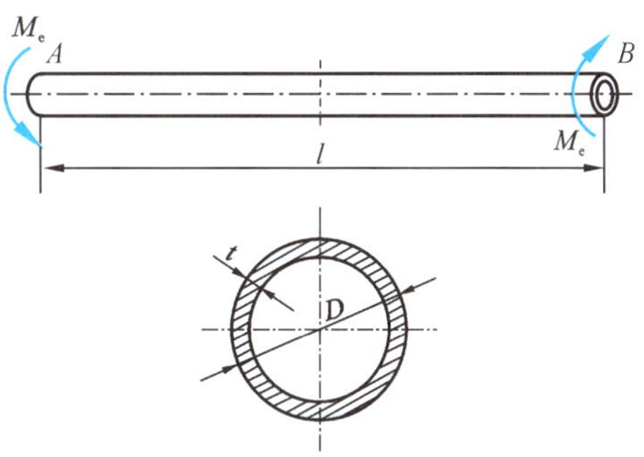

图 5-16　例 5-3 图

解：　(1) 计算轴的扭转截面系数。内、外径之比

$$\alpha=\frac{D-2t}{D}=\frac{90\ \text{mm}-2\times2.5\ \text{mm}}{90\ \text{mm}}=0.944$$

由式(5-11b)得扭转截面系数

$$W_p=\frac{\pi D^3}{16}(1-\alpha^4)$$

$$=\frac{\pi\times(90\ \text{mm})^3}{16}\times(1-0.944^4)=2.95\times10^4\ \text{mm}^3$$

(2) 强度计算。由式(5-10)算出该轴的最大工作应力为

$$\tau_{max}=\frac{T}{W_p}=\frac{2000\ \text{N}\cdot\text{m}}{2.95\times10^{-5}\ \text{m}^3}=68\ \text{MPa}<[\tau]$$

结果表明轴的强度足够。

由于该轴平均半径为

$$R=\frac{D-t}{2}=\frac{90\ \text{mm}-2.5\ \text{mm}}{2}=43.8\ \text{mm}$$

则

$$\frac{t}{R}=\frac{2.5\ \text{mm}}{43.8\ \text{mm}}\approx\frac{1}{18}$$

已属于薄壁圆筒的范围，因此，也可用式(5-2)来计算扭转切应力，即

$$\tau_{\max}=\frac{T}{2\pi R^2 t}=\frac{2000\ \text{N}\cdot\text{m}}{2\pi\times(43.8\times10^{-3}\ \text{m})^2\times2.5\times10^{-3}\ \text{m}}=66.4\ \text{MPa}$$

由此可见,薄壁圆筒扭转时切应力的计算公式是相当精确的。

(3) 计算实心轴的直径。实心轴与空心轴强度相同,若实心轴直径为 d,则有

$$\tau_{\max}=\frac{T}{\dfrac{\pi}{16}d^3}=68\times10^6\ \text{Pa}$$

故

$$d=\sqrt[3]{\frac{2000\ \text{N}\cdot\text{m}\times16}{\pi\times68\times10^6\ \text{Pa}}}=0.0531\ \text{m}=53.1\ \text{mm}$$

(4) 计算实心轴与空心轴的重量比。若两轴材料相同且轴长相等,则两轴的重量之比等于它们的横截面面积之比,因此二者的重量比为

$$\frac{Q_{空}}{Q_{实}}=\frac{\dfrac{\pi D^2}{4}-\dfrac{\pi(\alpha D)^2}{4}}{\dfrac{\pi d^2}{4}}=\frac{D^2}{d^2}(1-\alpha^2)$$

$$=\frac{(90\ \text{mm})^2}{(90\ \text{mm}-2\times2.5\ \text{mm})^2}\times(1-0.944^2)=0.31$$

可见,设计成空心圆轴,可减轻重量。α 越大,意味着材料分布离轴线越远,可承受的应力越大,减轻的重量也越多。但是应注意,对长轴或一些直径较小的轴,如加工成空心轴,则因加工工序增加或加工困难,反而会增加成本,造成浪费。

事实上,随着全球日趋严峻的节能减排环保要求,新能源汽车大力发展,汽车轻量化也成为了世界汽车工业发展的共同主题。通过轻量化设计减少资源消耗、降低制造成本,在保证安全的前提下,以最小的结构重量为目标得到最优的可行方案,将材料性能在安全范围内发挥到极致。目前,除了本例中涉及的金属材料,其他一些高强轻质的材料也被应用到汽车传动轴中来,如碳纤维复合材料。

◀ 讲授视频:圆轴扭转时的强度条件。

5.6.3 圆轴扭转时的刚度条件

杆件扭转时,有时即使满足了强度条件也不一定能保证正常工作。例如机器中的轴,如果变形过大就会影响机器的精度或在运转中产生较大的振动。因此,必须对扭转变形加以限制,通常限制单位长度扭转角的最大值 $\theta_{\max}$ 不超过某一允许值$[\theta]$,即应满足刚度条件

$$\theta_{\max}=\frac{T_{\max}}{GI_{\text{p}}}\leqslant[\theta] \tag{5-15}$$

式中,$[\theta]$ 称为许用单位长度扭转角,其单位为弧度 / 米(rad/m)。在工程实际中,$[\theta]$ 常用的单位是度 / 米((°)/m)。将 θ 的单位换算成与$[\theta]$ 一致,则刚度条件又可写为

$$\theta_{max}=\frac{T_{max}}{GI_p}\times\frac{180}{\pi}\leqslant[\theta] \tag{5-16}$$

$[\theta]$的数值，是根据载荷的性质及轴的工作条件等因素来确定的，可从有关规范和手册中查到。例如：

精密机器的轴　　$[\theta]=(0.25\sim0.50)\ ((°)/m)$

一般传动轴　　$[\theta]=(0.5\sim1.0)\ ((°)/m)$

根据刚度条件式(5-16)可以对轴进行三类问题的计算，即校核刚度、设计截面或确定许可载荷。

【例 5-4】　例 5-1 中传动轴，若材料为 45 号钢，切变模量 $G=80$ GPa，许用切应力 $[\tau]=40$ MPa，许用单位长度扭转角 $[\theta]=0.2\ (°)/m$。试设计轴的直径。

解：（1）根据强度条件设计直径。由例 5-1 计算可知，$T_{max}=700\ N\cdot m$。由强度条件

$$\tau_{max}=\frac{T_{max}}{W_p}=\frac{16T_{max}}{\pi d^3}\leqslant[\tau]$$

得

$$d\geqslant\sqrt[3]{\frac{16T_{max}}{\pi[\tau]}}=\sqrt[3]{\frac{16\times700\ N\cdot m}{\pi\times40\times10^6\ Pa}}=0.0447\ m=44.7\ mm$$

（2）根据刚度条件设计直径。由刚度条件

$$\theta_{max}=\frac{T_{max}}{GI_p}\times\frac{180}{\pi}=\frac{32T_{max}}{G\pi d^4}\times\frac{180}{\pi}\leqslant[\theta]$$

得

$$d\geqslant\sqrt[4]{\frac{32T_{max}\times180}{G\pi^2[\theta]}}=\sqrt[4]{\frac{32\times700\ N\cdot m\times180}{80\times10^9\ Pa\times\pi^2\times0.2\ (°)/m}}=0.071\ m=71\ mm$$

因此，为了既满足强度条件又满足刚度条件，应选择该轴的直径 $d=71$ mm。由此可见该轴的设计是由刚度条件控制的，这种情况在机床设计中是相当普遍的。

◀ 讲授视频：圆轴扭转时的刚度条件。

5.7　圆轴扭转时的应变能

由薄壁圆筒扭转试验可知，当切应力不超过材料的剪切比例极限时，施加的外力偶矩 M_e 与扭转角 φ 成正比关系，因此，所做的功 W 应为图 5-17(b) 中斜直线下面的面积（图中阴影部分），即

$$W=\frac{1}{2}M_e\varphi$$

根据能量守恒，W 全部转变为剪切应变能 V_ε，储存在薄壁圆筒内。因此有

$$V_\varepsilon=W=\frac{1}{2}M_e\varphi \tag{5-17a}$$

由截面法可求得薄壁圆筒扭转时横截面上的扭矩 $T=M_e$，于是可得剪切应变能为

$$V_\varepsilon = \frac{1}{2}T\varphi \tag{5-17b}$$

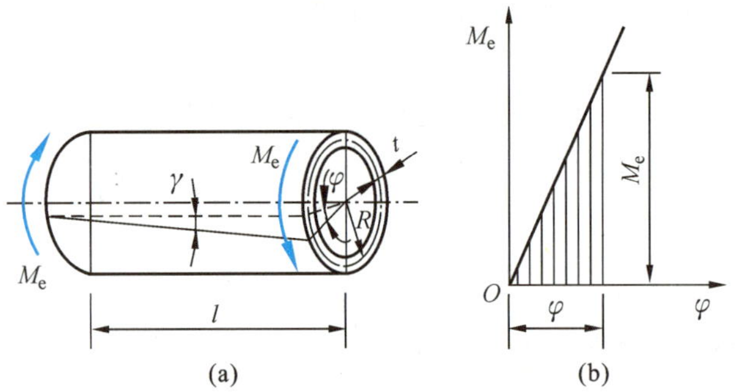

图 5-17 圆筒扭转时外力偶做功

由于薄壁圆筒扭转时杆中各点的切应力相同，切应变也相同，因此可将杆的应变能除以杆的总体积，得到杆单位体积内的剪切应变能，即杆的剪切应变能密度 v_ε 为

$$v_\varepsilon = \frac{V_\varepsilon}{V} = \frac{\frac{1}{2}T\varphi}{2\pi Rtl} \tag{5-17c}$$

利用式(5-2)和式(5-3)，整理可得

$$v_\varepsilon = \frac{1}{2}\tau\gamma \tag{5-18}$$

由剪切胡克定律 $\tau = G\gamma$，还可将剪切应变能密度写成以下两种表达形式：

$$v_\varepsilon = \frac{\tau^2}{2G} \quad 或 \quad v_\varepsilon = \frac{G\gamma^2}{2}$$

将式(5-12)代入式(5-17b)，可得等直圆轴(含实心或空心)扭转时的应变能为

$$V_\varepsilon = \frac{1}{2}T\varphi = \frac{1}{2}\frac{T^2 l}{GI_p} \tag{5-19}$$

需要说明的是，由于圆轴扭转时各点处的切应力、切应变随点到轴心的距离而变化，因此杆内积蓄的应变能并非均匀分布，不能用应变能除以总体积的方式得到各点处的应变能密度。可采用在圆轴中截取纯剪切单元体，由切应力的元功 dV_ε 除以单元体体积 dV 的方式，得到与式(5-18)相同的应变能密度表达式。将式(5-18)于圆轴体积内积分，也可得到与式(5-19)相同的应变能表达式。

5.8 工程实例分析：圆柱形密圈螺旋弹簧的应力和变形

图5-18(a)表示工程中常用来起缓冲、减振或控制作用的圆柱形密圈螺旋弹簧，承受轴向压力作用。簧圈的平均直径为 D，簧杆的直径为 d。弹簧的有效圈数为 n，簧杆材料的切变模量为 G。试在螺旋角 α 很小(一般小于 5°)且簧圈的平均直径比簧杆直径大得多的情况下，分析弹簧的应力与变形。

(1) 簧杆横截面上的应力

首先用截面法求出簧杆横截面上的内力[图5-18(b)]。在螺旋角较小(一般小于5°)的情况下，可以近似地认为簧杆横截面与弹簧的轴线在同一平面内，即压力 F 与簧杆横截面在同

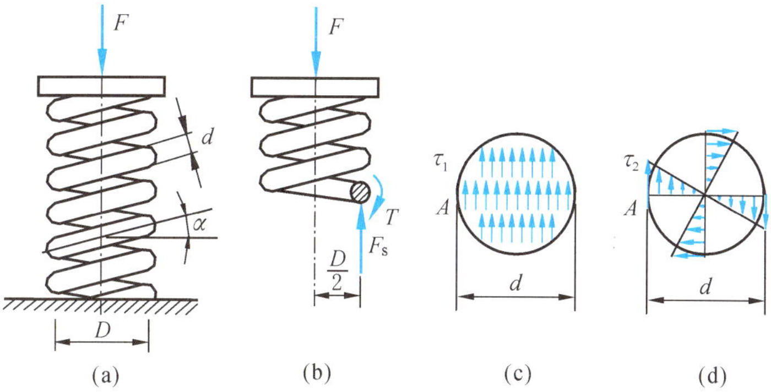

图 5-18 密圈螺旋弹簧承受轴向压力作用

一平面内。为保持上面部分的平衡，要求横截面上有一个与横截面相切的内力系。这个内力系简化为一个通过截面形心的合力 F_S 和一个扭矩 T。由平衡条件得 $F_S=F$ 和 $T=\frac{FD}{2}$。

与横截面相切的合力 F_S 又称为剪力(shear force)，在横截面上引起的切应力为 τ_1，假定其在横截面上是均匀分布的[图 5-18(c)]，即

$$\tau_1=\frac{F_S}{A}=\frac{4F}{\pi d^2} \tag{a}$$

扭矩 T 在横截面上引起的扭转切应力为 τ_2。当 $d \ll D$ 时，簧杆曲率的影响可忽略不计，近似地认为与圆直杆的扭转切应力相同[图 5-18(d)]。其最大切应力为

$$\tau_{2\max}=\frac{T}{W_p}=\frac{8FD}{\pi d^3} \tag{b}$$

在簧杆横截面上任一点处的总应力为两种切应力的矢量和。在横截面靠近轴线的内侧点 A 处，τ_1 和 $\tau_{2\max}$ 的方向相同，总应力达到最大值，其值为

$$\tau_{\max}=\tau_1+\tau_{2\max}=\frac{4F}{\pi d^2}+\frac{8FD}{\pi d^3}=\frac{8FD}{\pi d^3}\left(\frac{d}{2D}+1\right) \tag{c}$$

式中括号内的第一项代表剪力的影响，当$\frac{D}{d}\geqslant 10$ 时，$\frac{d}{2D}$ 与 1 相比可以忽略，即可忽略剪力的影响，则上式可简化为

$$\tau_{\max}=\frac{T}{W_p}=\frac{8FD}{\pi d^3} \tag{d}$$

如果考虑簧杆曲率和 τ_1 并非均匀分布这两个因素的影响，式(d) 的修正公式如下

$$\tau_{\max}=\left(\frac{4C-1}{4C-4}+\frac{0.615}{C}\right)\frac{8FD}{\pi d^3}=k\,\frac{8FD}{\pi d^3} \tag{e}$$

其中

$$C=\frac{D}{d}, \qquad k=\frac{4C-1}{4C-4}+\frac{0.615}{C} \tag{f}$$

式中，C 称为弹簧指数。k 是对式(d) 的修正系数，称为曲度因数。

(2) 弹簧的变形

下面用能量原理计算弹簧在轴向压力(或拉力)F 作用下，轴线方向产生的总缩短(或伸长)量 λ，即弹簧的变形。在弹性范围内，试验表明，压力 F 与变形 λ 成正比，即 F 与 λ 的关系是一斜

直线，如图 5－19 所示。当压力 F 从零开始缓慢增加到终值 F 时，压力 F 所做的功等于上述斜直线下的阴影面积，即

$$W=\frac{1}{2}F\lambda \tag{g}$$

另一方面，可以计算在压力的作用下，储存在弹簧内的应变能。簧杆的总长度 $l=n\pi D$，忽略簧杆曲率的影响时，可将簧杆视为等直圆轴，于是由式(5－19) 可得弹簧内所储存的应变能为

$$V_{\varepsilon}=\frac{T^2 l}{2GI_p}=\frac{\left(\frac{FD}{2}\right)^2 n\pi D}{\frac{2G\pi d^4}{32}}=\frac{4nF^2D^3}{Gd^4} \tag{h}$$

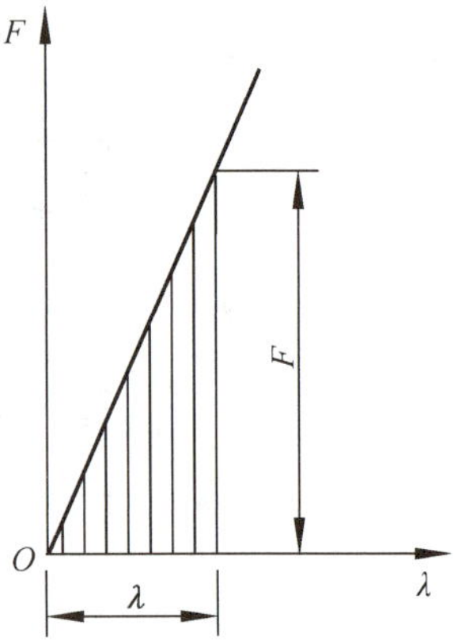

图 5－19 弹簧压力与变形间的关系

在变形的过程中，如不计算能量损失，压力 F 所做的功 W 等于储存在弹簧内的应变能，即 $W=V_{\varepsilon}$，故有

$$\frac{1}{2}F\lambda=\frac{4nF^2D^3}{Gd^4} \tag{i}$$

由此得计算弹簧变形的公式

$$\lambda=\frac{8FD^3n}{Gd^4} \tag{j}$$

或

$$\lambda=\frac{F}{\frac{Gd^4}{8D^3n}}=\frac{F}{K} \tag{k}$$

式中，$K=\frac{Gd^4}{8D^3n}$，它表示使弹簧产生单位长度轴向变形所需要的力，其值越大，λ 就越小，反映了弹簧抵抗轴向变形的能力，故称其为弹簧刚度。

在工程实际中，一般要求缓冲弹簧具有足够的承载能力和较大的变形。由式(j)、式(e) 可见，使簧杆直径 d 尽可能小一些即可获得较大的变形，但相应的 τ_{max} 数值则增高。这就要求弹簧材料有较高的强度，因此，一般采用弹簧钢或合金钢。

◀ 拓展阅读：中国古代劳动人民的创造发明——“水排”(数字资源)

思 考 题

5－1 建立圆轴扭转切应力公式时，刚性平面假设起何作用？公式 $\tau=\frac{T\rho}{I_p}$ 的应用条件是什么？

5－2 题图所示实心与空心圆轴横截面上的扭转切应力分布图是否正确？ T 为横截面

上的扭矩。

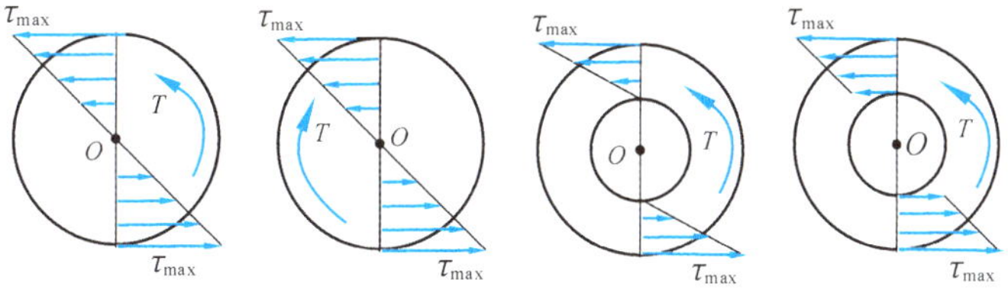

思考题 5-2 图

5-3 题图所示圆轴受力偶矩 M_e 的作用，A—A 为横截面，Ⅰ—Ⅰ、Ⅱ—Ⅱ 为通过轴线的两个纵向截面。试沿半径 OⅠ、OⅡ 画出在纵向截面和横向截面上的切应力分布图。

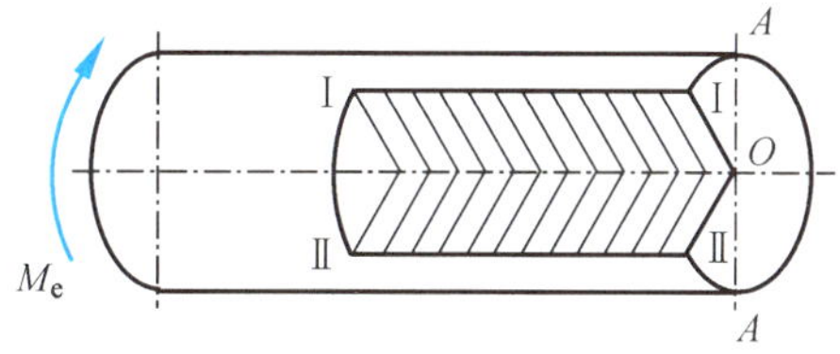

思考题 5-3 图

5-4 已知两轴长度及所受外力偶矩完全相同。若两轴材料不同、截面尺寸不同，其扭矩图是否相同？ 若两轴材料不同、截面尺寸相同，二者的强度是否相同？刚度是否相同？

5-5 题图所示为传动轴上主动轮与从动轮的两种布置方式，哪种方式对提高轴的承载能力有利？

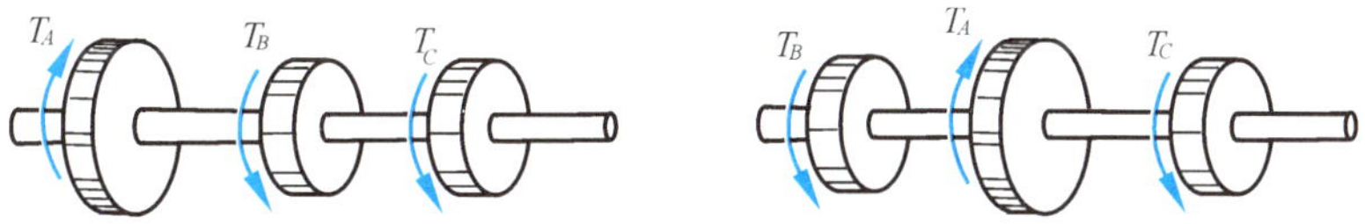

思考题 5-5 图

5-6 试分析图 5-20(b) 所示“水排”(数字资源) 中各构件的约束类型，并指出其中发生扭转变形的构件。

习 题

5-1 传动轴如题图所示，齿轮 B 输入的功率 $P_B = 10.5$ kW，齿轮 A、C 输出的功率分别为 $P_A = 4$ kW、$P_C = 6.5$ kW。轴的转速 $n = 680$ r/min，试画出轴的扭矩图。

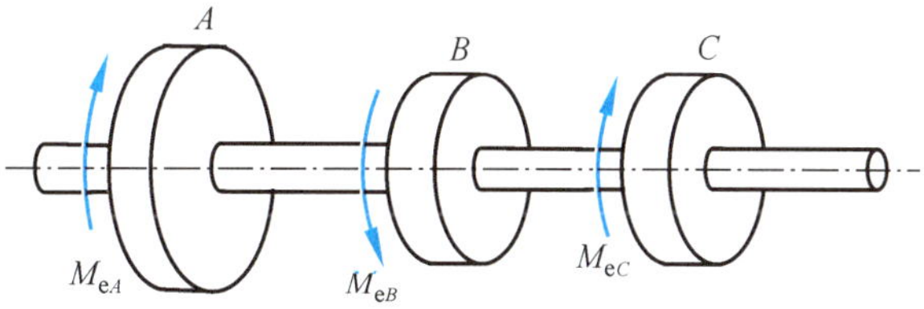

习题 5-1 图

5－2 题图所示钢制圆轴上作用有四个外力偶，其矩分别为 $M_{e1}=0.2\ \mathrm{kN\cdot m}$，$M_{e2}=0.2\ \mathrm{kN\cdot m}$，$M_{e3}=0.6\ \mathrm{kN\cdot m}$，$M_{e4}=1\ \mathrm{kN\cdot m}$。

（1）试画出轴的扭矩图；

（2）若 M_{e4} 和 M_{e3} 的作用位置互换，扭矩图有何变化？

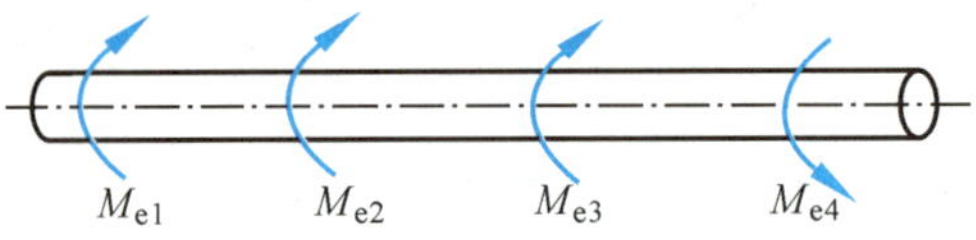

习题 5－2 图

5－3 如题图所示，T 为圆截面上的扭矩，试画出截面上与 T 对应的切应力分布。

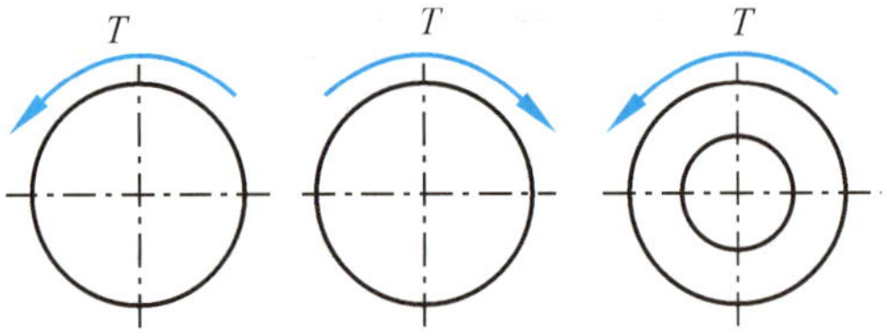

习题 5－3 图

5－4 一轴 AB 传递的功率 $P=7.5\ \mathrm{kW}$，转速 $n=360\ \mathrm{r/min}$。轴的 AC 段为实心圆截面，CB 段为空心圆截面，如题图所示，已知 $D=30\ \mathrm{mm}$，$d=20\ \mathrm{mm}$。试计算 AC 段横截面边缘处的切应力，以及 CB 段横截面上内、外边缘处的切应力。

5－5 直径 $d=5\ \mathrm{cm}$ 的圆轴，受到扭矩 $T=2.15\ \mathrm{kN\cdot m}$ 的作用。试求横截面上距离轴心 1 cm 处的切应力及轴的最大切应力。

5－6 如题图所示，实心轴的直径 $d=100\ \mathrm{mm}$，$l=1\ \mathrm{m}$，其两端所受外力偶矩 $M_e=14\ \mathrm{kN\cdot m}$，材料的切变模量 $G=80\ \mathrm{GPa}$。试求：

（1）最大切应力及两端截面间的相对扭转角；

（2）图示横截面上 A、B、C 三点处切应力的大小和方向。

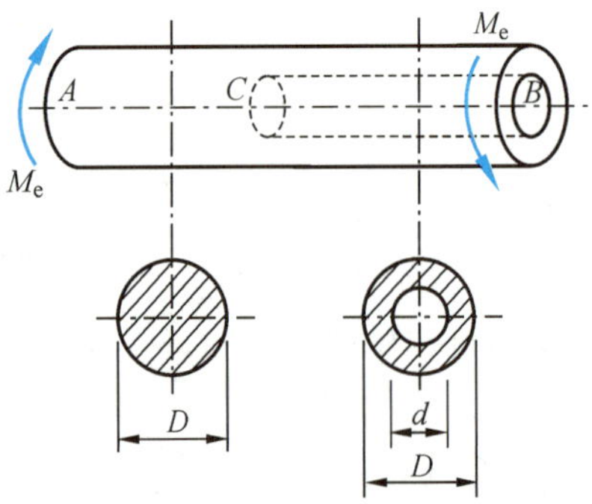

习题 5－4 图

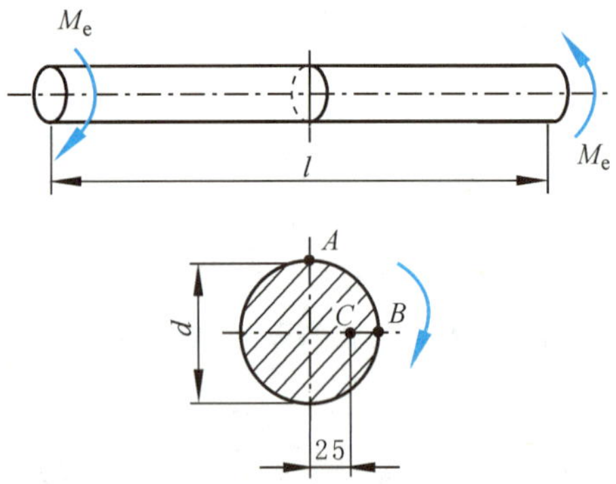

习题 5－6 图

5－7 直径 d＝25 mm 的钢圆杆，受 60 kN 的轴向拉力作用时，在标距为 200 mm 的长度内伸长了 0.113 mm。当它受到一对矩为 0.2 kN·m 的外力偶作用而扭转时，标距为 200 mm

的两个横截面之间相对转过了 0.732°。试求钢材的弹性常数 E、G 和 ν 值。

5-8　题图所示圆截面杆 AB 左端固定，承受力偶矩集度为 q_T 的均布力偶作用。试推导出计算截面 B 扭转角的公式。

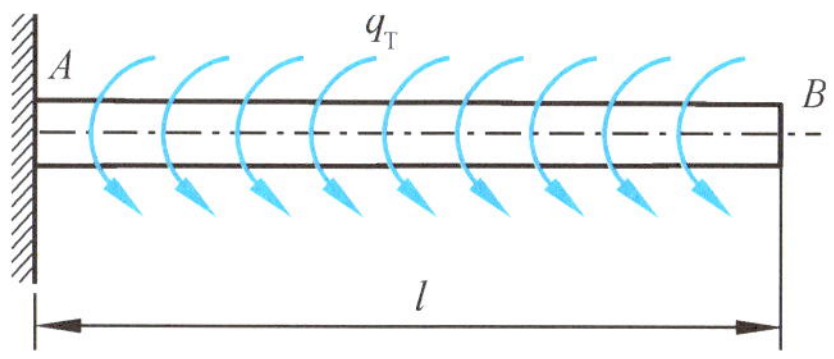

习题 5-8 图

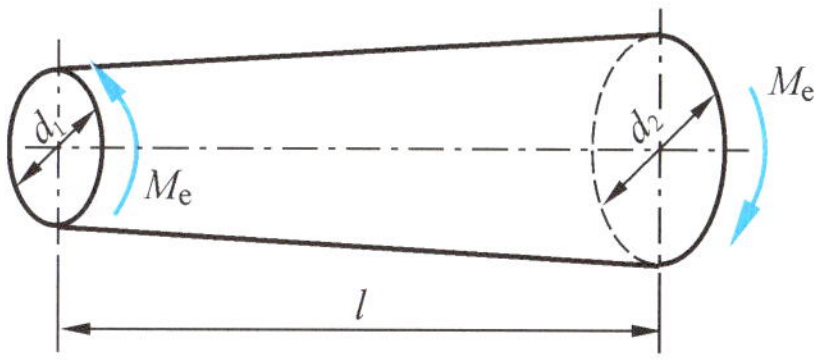

习题 5-9 图

5-9　长度为 l，两端直径分别为 d_1、d_2 的圆台形杆，在其两端面内各受一矩为 M_e 的集中力偶作用，如题图所示。试求杆两端面之间的相对扭转角。

5-10　机床变速箱第Ⅱ轴如题图所示，轴所传递的功率 $P=5.5$ kW，转速 $n=200$ r/min，材料为 Q235 钢，许用切应力 $[\tau]=40$ MPa，试设计轴的直径。

5-11　实心轴和空心轴通过牙嵌式离合器连接在一起，如题图所示。已知轴的转速 $n=100$ r/min，传递的功率 $P=7.5$ kW，材料的许用切应力 $[\tau]=40$ MPa。试选择实心轴的直径 d_1 和内外径比值为 1/2 的空心轴的外径 D_2。

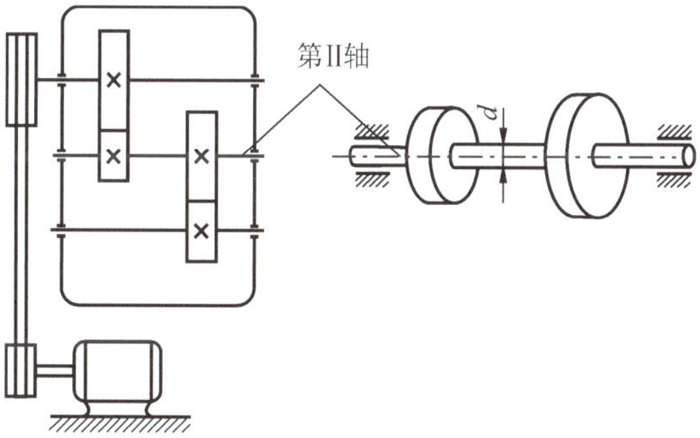

习题 5-10 图

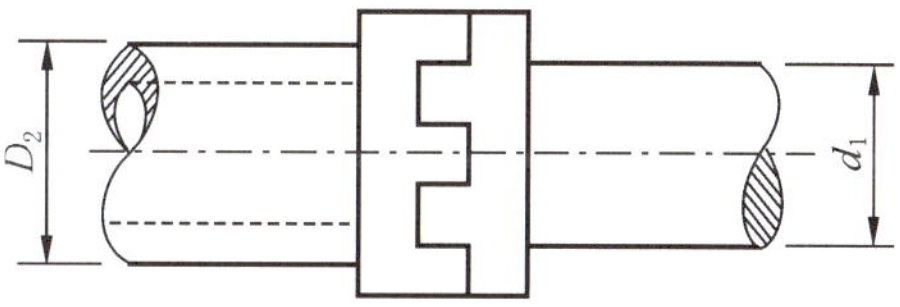

习题 5-11 图

5-12　阶梯形圆轴直径分别为 $d_1=4$ cm，$d_2=7$ cm，轴上装有三个皮带轮，如题图所示，已知由轮 Ⅲ 输入的功率 $P_3=30$ kW，轮 Ⅰ 输出的功率 $P_1=13$ kW，轴的转速 $n=200$r/min，材料的许用切应力 $[\tau]=60$ MPa，切变模量 $G=80$ GPa，单位长度许用扭转角 $[\theta]=2$ (°)/m。试校核轴的强度和刚度。

5-13　如题图所示，传动轴的转速为 $n=500$ r/min，主动轮 A 输入功率 $P_A=367$ kW，从动轮 B、C 分别输出功率 $P_B=147$ kW，$P_C=220$ kW。已知许用切应力 $[\tau]=70$ MPa，许用单位长度扭转角 $[\theta]=1$ (°)/m，材料的切变模量 $G=80$ GPa。

(1) 确定 AB 段直径 d_1 和 BC 段直径 d_2；

(2) 若 AB 和 BC 两段选用同一直径，试确定直径 d；

(3) 主动轮和从动轮应如何安排才比较合理。

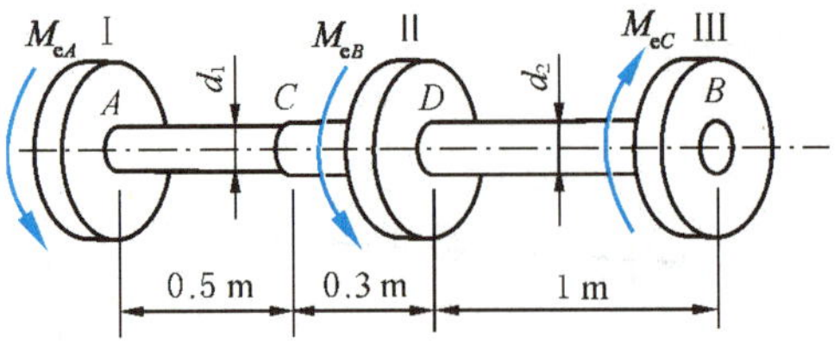

习题 5-12 图

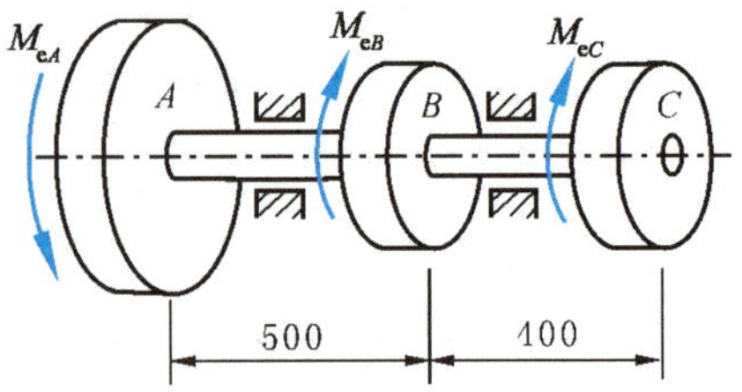

习题 5-13 图

5-14 圆柱形密圈螺旋弹簧的平均直径 $D=300$ mm，簧杆直径 $d=30$ mm，有效圈数 $n=10$，受力前弹簧的自由长度为 400 mm，材料的许用切应力 $[\tau]=140$ MPa，切变模量 $G=82$ GPa。试确定弹簧所能承受的压力(注意弹簧可能的最大压缩量)。

5-15 圆柱形密圈螺旋弹簧，簧杆直径 $d=18$ mm，弹簧平均直径 $D=125$ mm，弹簧材料的切变模量 $G=80$ GPa。如弹簧所受拉力 $F=500$ N，试求：

(1) 簧杆的最大切应力；

(2) 弹簧要几圈才能使它的伸长等于 6 mm。

5-16 油泵分油阀门的弹簧，簧杆直径 $d=2.25$ mm，簧圈外径 $D=18$ mm，有效圈数 $n=8$，轴向压力 $F=89$ N，弹簧材料的切变模量 $G=82$ GPa。试求簧杆的最大切应力及弹簧的压缩变形量。

6 梁的弯曲内力

6.1 弯曲的概念

在工程实际结构中，存在大量的承受弯曲变形的杆件。如图 6-1 所示的桥式起重机大梁，图 6-2 所示的火车轮轴，均为受弯杆件。

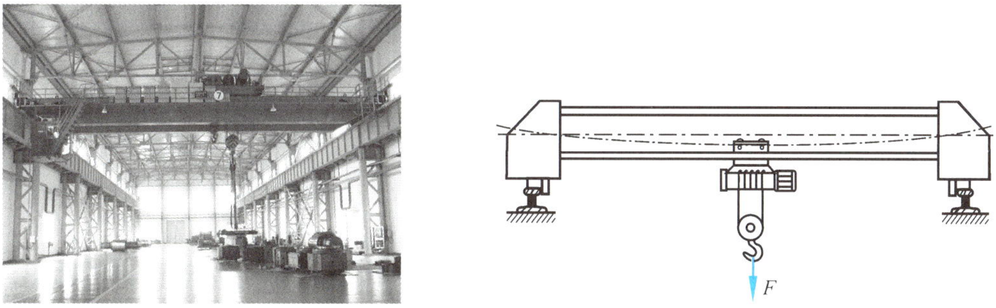

(a) (b)

图 6-1 桥式起重机大梁

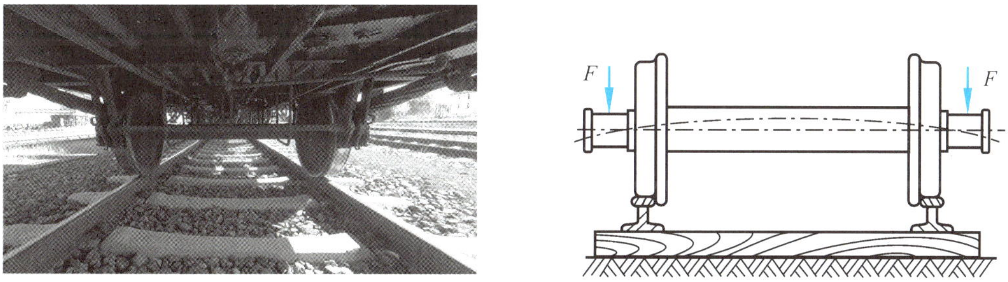

(a) (b)

图 6-2 火车轮轴

当杆件受到垂直其轴的横向外力或外力偶作用时，杆件的轴线将由直线变为曲线，这种变形称为弯曲(bending)。凡是以弯曲为主要变形的杆件，通常称为梁(beam)。梁是各种工程结构中最为常见的构件，在各类工程中都占有重要地位。

工程中常见的梁，其横截面都有一根对称轴，因而整个杆件有一个包含轴线的纵向对称面。当作用于杆件上的所有外力都在纵向对称面内时，如图 6-3 所示，弯曲变形后的轴线必定是一条在该纵向对称面内的平面曲线。这种弯曲称为**对称弯曲**(symmetric bending)，也称为**平面弯曲**(plane bending)。

6.1.1 支座的简化

固定铰支座(fixed support of pin joint) 固定铰支座的简化形式如图 6-4(a) 所示。这

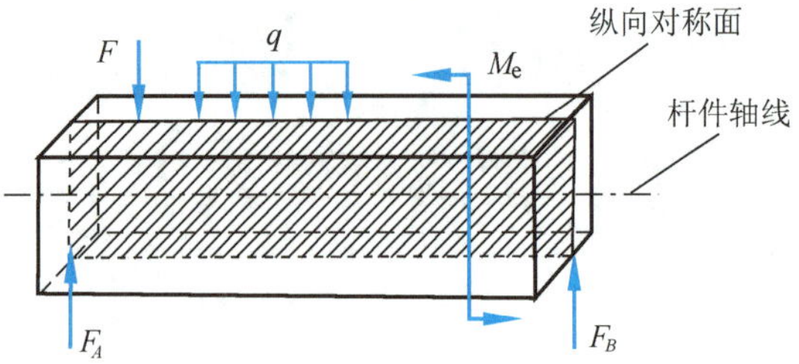

图 6－3　对称弯曲梁

种支座限制梁在支座处沿水平方向和铅垂方向的位移，但并不限制梁绕铰中心转动。因此，固定铰支座对梁在支座处有两个约束，相应地就有两个支反力，即水平支反力 F_{Ax} 和铅垂支反力 F_{Ay}，如图 6－4(d) 所示。

可动铰支座(roller support of pin joint)　可动铰支座的简化形式如图 6－4(b) 所示。这种支座只限制梁在支座处沿铅垂方向的位移。因此，可动铰支座对梁在支座处仅有 1 个约束，相应地也只有 1 个支反力，即垂直于支承面的支反力 F_A，如图 6－4(e) 所示。

固定端(fixed end)　固定端的简化形式如图 6－(4)c 所示。这种支座使梁的端截面既不能移动，也不能转动。因此，对梁的端截面有 3 个约束，相应地就有 3 个支反力，即水平支反力 F_{Ax}、铅垂支反力 F_{Ay} 和矩为 M_A 的支反力偶，如图 6－4(f) 所示。

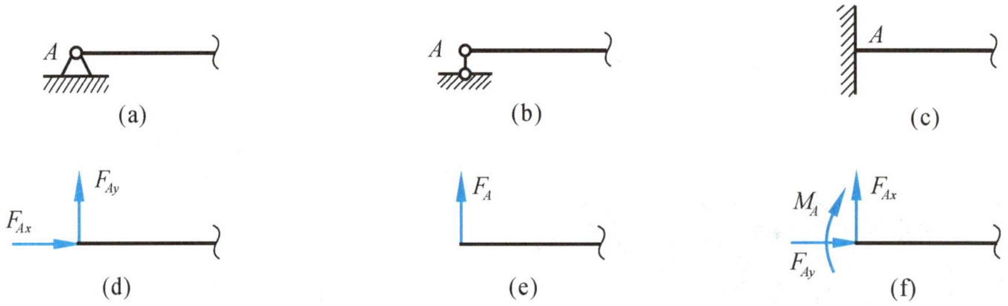

图 6－4　支座简化图

6.1.2　载荷的简化

集中力　分布范围很小，远远小于梁的轴线长度的力，可近似地简化为作用在一点上的集中力，如图 6－5 中力 F，其单位为牛顿(N) 或千牛顿(kN)。

集中力偶　通过微小梁段作用在梁的纵向对称平面内的力偶，可看作是集中力偶，如图 6－5 中矩为 M_e 的力偶，其单位为 N・m 或 kN・m。

分布载荷　沿梁的轴线方向在一定长度上连续分布的垂直于轴线的力系，称为分布载荷，其大小用分布载荷集度 q 表示。q 的单位为 N/m 或 kN/m。

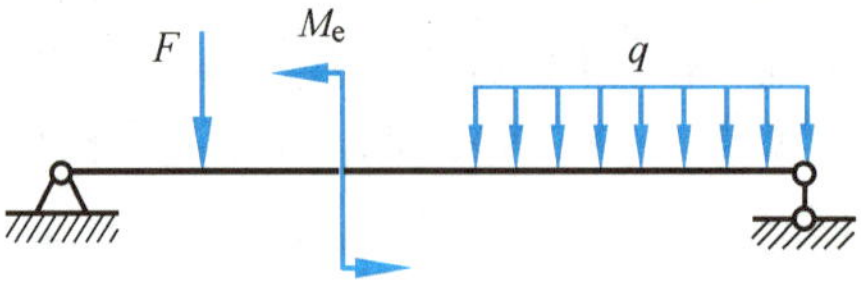

图 6－5　载荷简化图

6.1.3 梁的计算简图

经过对支座和载荷的简化，并以梁的轴线表示梁，即得到梁的计算简图。梁主要分为两大类，即静定梁和超静定梁。

用静力学平衡方程即可求出全部支反力的梁，称为**静定梁**(statically determinate beam)，如图 6－6 所示。用静力学平衡方程不能求出全部支反力的梁，称为**超静定梁**(statically indeterminate beam)，如图 6－7 所示。

常见静定梁有以下三种：

简支梁(simply supported beam)　一端为固定铰支座，另一端为可动铰支座的梁，称为简支梁，如图 6－6(a) 所示。

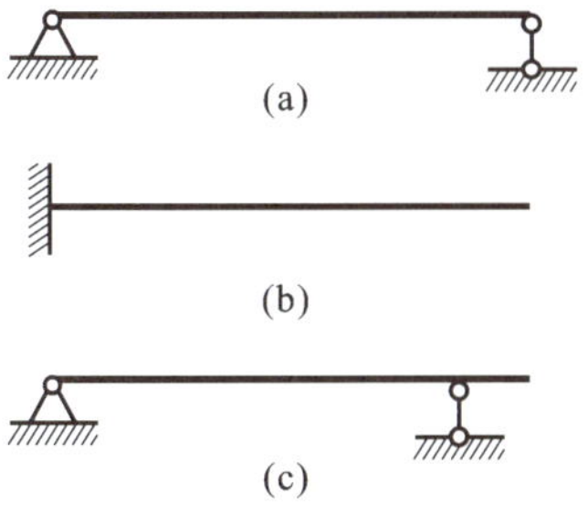

图 6－6　静定梁

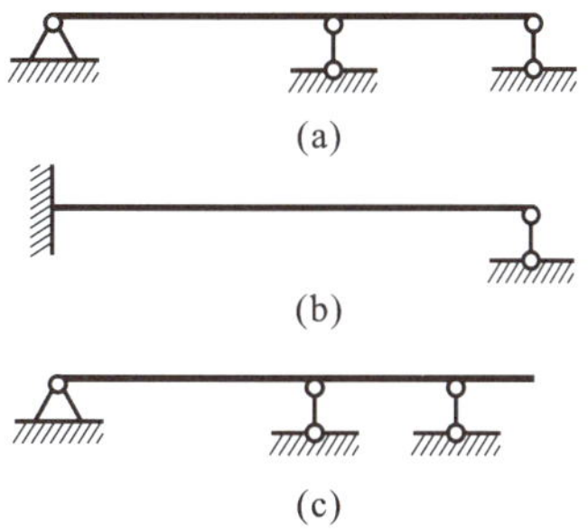

图 6－7　超静定梁

悬臂梁(cantilever beam)　一端为自由端，另一端为固定端的梁，称为悬臂梁，如图 6－6(b) 所示。

外伸梁(overhang beam)　梁的支座与简支梁相同，只是梁的一端或两端伸出支座之外，这样的梁称为外伸梁，如图 6－6(c) 所示。

6.2 剪力和弯矩

为计算梁的应力和变形，必须首先确定梁在外力作用下任一横截面上的内力。下面研究梁横截面上的内力。

设有一简支梁受集中力 F_1、F_2、F_3 作用，如图 6－8(a) 所示，可求得支反力 F_A、F_B。取 A 为坐标原点，建立图示坐标，现求距 A 端 x 处的任一横截面 m—m 上的内力。

为此，假想沿截面 m—m 将梁截为两段，取左段部分为研究对象，如图 6－8(b) 所示。作用在左段上的力，除外力 F_A 和 F_1 外，在截面 m—m 上还有右段对它作用的内力 F_S 和 M。由于原来的梁处于平衡状态，所以梁的左段仍应处于平衡状态。将左段上的外力和内力在 y 轴上投影，其总和应等于零，即 $\sum F_y = 0$，得

$$F_A - F_1 - F_S = 0$$

$$F_S = F_A - F_1$$

若将左段上的外力和内力对截面 m—m 的形心取矩，其总和也应等于零，即 $\sum M_C = 0$，得

$$M + F_1(x - a) - F_A x = 0$$

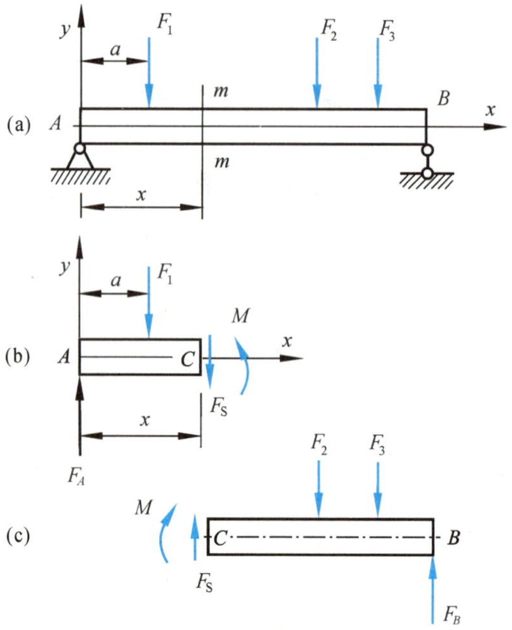

图 6-8 梁任一横截面上的内力

$$M=F_Ax-F_1(x-a)$$

F_S 和 M 分别称为横截面 $m-m$ 上的**剪力**(shearing force) 和**弯矩**(bending moment)。

如取右段为研究对象,如图 6-8(c) 所示。用同样的方法也可求得截面 $m-m$ 上的剪力 F_S 和弯矩 M。

为了使无论取左段为研究对象,还是取右段为研究对象,求得同一截面上的剪力和弯矩,不但数值相同而且符号也一样,把剪力和弯矩的符号规定与梁的变形联系起来,规定如下:

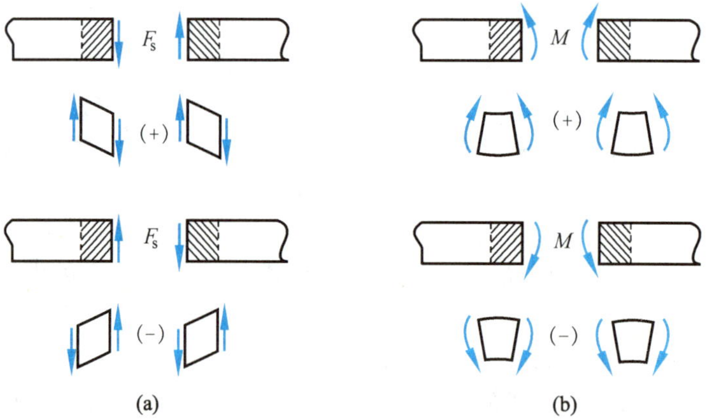

图 6-9 内力符号规定图

取紧靠截面的微段来观察,使此微段梁两相邻截面发生左上右下的相对错动时,横截面上的剪力为正,反之为负,如图 6-9(a) 所示;使该微段梁弯曲成凹形时的弯矩为正,弯曲成凸形时的弯矩为负,如图 6-9(b) 所示。

【例 6-1】 一简支梁及载荷如图 6-10(a) 所示。试求此梁中间横截面上的剪力和弯矩。

解：　先求支反力，取整个梁为研究对象，由平衡方程

$$\sum M_B = 0,\quad (4\ \text{m})F_A - (3\ \text{m})F - \frac{1}{2}q(2\ \text{m})^2 = 0$$

$$\sum M_A = 0,\quad (4\ \text{m})F_B - (1\ \text{m})F - q(2\ \text{m}) \times (3\ \text{m}) = 0$$

解得

$$F_A = 11\ \text{kN},\quad F_B = 9\ \text{kN}$$

再求中间横截面上的剪力和弯矩，假想沿中间截面将梁截开，取左段为研究对象，并假设该截面上剪力和弯矩均为正，如图 6-10(b) 所示。由该梁段的平衡方程

$$\sum F_y = 0,\quad F_A - F - F_S = 0$$

$$\sum M_C = 0,\quad -(2\ \text{m})F_A + (1\ \text{m})F + M = 0$$

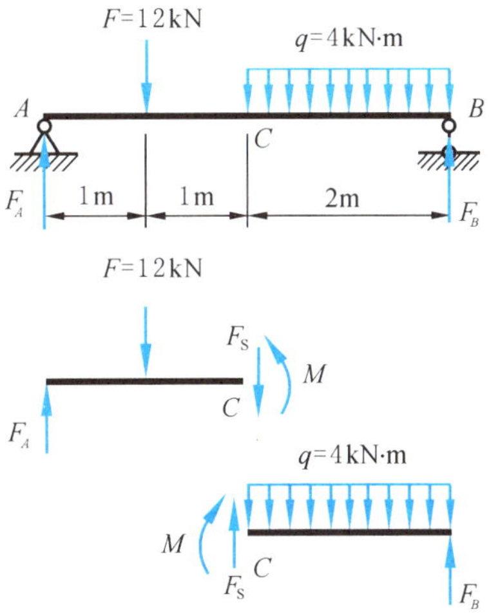

图 6-10　例 6-1 图

解得

$$F_S = F_A - F = (11 - 12)\ \text{kN} = -1\ \text{kN}$$

$$M = (2\ \text{m})F_A - (1\ \text{m})F = (2\ \text{m}) \times (11\ \text{kN}) - (1\ \text{m}) \times (12\ \text{kN}) = 10\ \text{kN} \cdot \text{m}$$

剪力为负，表明剪力的实际方向与假设的方向相反。弯矩为正，表明弯矩的实际方向与假设的方向相同。

同样，也可取右段为研究对象，并假设该截面上剪力和弯矩均为正，如图 6-10(c) 所示。由该梁段的平衡方程

$$\sum F_y = 0,\quad F_S - (2\ \text{m})q + F_B = 0$$

$$\sum M_C = 0,\quad -M - \frac{1}{2}q(2\ \text{m})^2 + (2\ \text{m})F_B = 0$$

解得

$$F_S = (2\ \text{m})q - F_B = (2\ \text{m}) \times (4\ \text{kN/m}) - 9\ \text{kN} = -1\ \text{kN}$$

$$M = (2\ \text{m})F_B - \frac{1}{2}q(2\ \text{m})^2 = (2\ \text{m}) \times (9\ \text{kN}) - \frac{1}{2}(4\ \text{kN/m}) \times (2\ \text{m})^2 = 10\ \text{kN} \cdot \text{m}$$

可见，同一截面上的剪力和弯矩，无论取截面左边的梁或者取截面右边的梁为研究对象，

其计算结果是相同的。

从上述例题的计算中可以看出，应用截面法计算某一横截面上的剪力和弯矩时，为了提高解题效率，一般并不必将梁假想截开，而可直接由该横截面的任意一侧梁上的外力来计算该截面上的剪力和弯矩。

(1) 某横截面上的剪力，在数值上等于该横截面左侧或者右侧梁上外力的代数和。该横截面左侧梁上的外力向上取正值，向下取负值；该横截面右侧梁上的外力向上取负值，向下取正值。

(2) 某横截面上的弯矩，在数值上等于该横截面左侧或者右侧梁上外力对该横截面形心取矩的代数和。该横截面左侧梁上的外力对截面形心取矩，顺时针为正值，逆时针为负值；该横截面右侧梁上的外力对截面形心取矩，逆时针为正值，顺时针为负值。

上述直接计算某横截面上剪力和弯矩的规律，可归纳为一个简单的口诀：**左上右下，剪力为正；左顺右逆，弯矩为正**。

应用截面法求指定截面上的剪力和弯矩，一般包括下列步骤：

(1) 在指定截面处将梁截开，在所截开的截面上假设剪力和弯矩的方向(一般设为正方向)。

(2) 考虑截开的任意一部分(一般取受力简单的那一部分)的平衡，由平衡条件确定剪力和弯矩的大小及实际方向。

(3) 考虑另一部分的平衡，校核上述结果是否正确。

【例 6-2】 一外伸梁及载荷如图 6-11 所示，试求截面 1—1、2—2 上的剪力和弯矩。

解： 求支反力，由平衡方程

$$\sum M_B = 0,\quad 2\ \text{m} \times F_A - 3\ \text{m} \times 20\ \text{kN} - 20\ \text{kN} \cdot \text{m} - 2\ \text{m} \times 10\ \text{kN/m} \times 1\ \text{m} = 0$$

$$\sum M_A = 0,\quad 2\ \text{m} \times F_B - 1\ \text{m} \times 20\ \text{kN} - 20\ \text{kN} \cdot \text{m} + 2\ \text{m} \times 10\ \text{kN/m} \times 1\ \text{m} = 0$$

解得

$$F_A = 50\ \text{kN},\quad F_B = 10\ \text{kN}$$

截面 1—1 上的剪力和弯矩：

$$F_{S1} = F_A - 20\ \text{kN} - (10\ \text{kN/m}) \times 0.5\ \text{m} = 25\ \text{kN}$$

$$M_1 = (0.5\ \text{m})F_A - (1.5\ \text{m}) \times (20\ \text{kN}) - \frac{1}{2} \times (10\ \text{kN/m}) \times (0.5\ \text{m})^2 = -6.25\ \text{kN} \cdot \text{m}$$

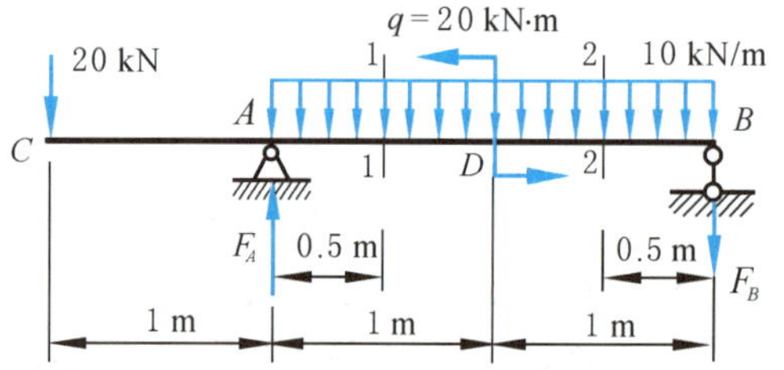

图 6-11　例 6-2 图

截面 2—2 上的剪力和弯矩：

$$F_{S2} = F_A - 20\ \text{kN} - (10\ \text{kN/m}) \times 1.5\ \text{m} = 15\ \text{kN}$$

$$M_2 = (1.5\ \text{m})F_A - (2.5\ \text{m}) \times (20\ \text{kN}) - \frac{1}{2} \times (10\ \text{kN/m}) \times (1.5\ \text{m})^2 - 20\ \text{kN} \cdot \text{m} = -6.25\ \text{kN} \cdot \text{m}$$

上例计算截面 1—1、2—2 上的剪力和弯矩时，都是用截面左侧的外力进行计算。建议读者再用截面右侧的外力进行计算，所得到的结果是一样的。

◀ 讲授视频：梁的剪力和弯矩。

6.3　剪力方程、弯矩方程和剪力图、弯矩图

在一般情况下，梁横截面上的剪力和弯矩是随横截面位置不同而变化的。如果横截面在梁轴线上的位置用横坐标 x 表示，则各横截面上的剪力和弯矩可表示为横坐标 x 的函数，即

$$F_S = F_S(x)$$

$$M = M(x)$$

上面的函数表达式，分别称为梁的**剪力方程**(equation of shearing force) 和**弯矩方程**(equation of bending moment)。

与前面绘制轴力图和扭矩图一样，这里也可以用图形表示梁的各个横截面上剪力和弯矩沿轴线变化的情况。

以平行于梁轴的直线为横坐标 x 轴，x 表示各截面的位置，以纵坐标表示相应截面上的剪力或弯矩。这种表示梁的各截面上剪力和弯矩的图形，分别称为**剪力图**(shearing force diagram) 和**弯矩图**(bending moment diagram)。

下面举例说明，如何建立剪力方程、弯矩方程，如何作剪力图、弯矩图。

【例 6－3】　简支梁 AB 受集中力 F 作用，如图 6－12(a) 所示。试作梁的剪力图和弯矩图。

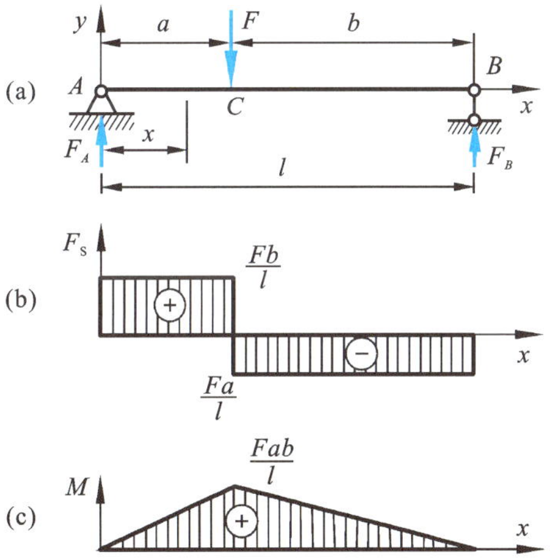

图 6－12　例 6－3 图

解：　(1) 求支反力。由平衡方程 $\sum F_y = 0$ 和 $\sum M_A = 0$ 可得

$$F_A = \frac{Fb}{l}, \quad F_B = \frac{Fa}{l}$$

(2) 列剪力方程和弯矩方程。以梁左端为坐标原点，选取坐标系如图 6－12(a) 所示。由于梁在点 C 处作用有集中力 F，显然，在集中力两侧，其剪力方程和弯矩方程均不相同，故需将梁分为 AC 和 CB 两段，分别写出剪力方程和弯矩方程。

AC 段：

$$F_S(x)=\frac{Fb}{l} \qquad (0<x<a) \tag{a}$$

$$M(x)=\frac{Fb}{l}x \qquad (0\leqslant x\leqslant a) \tag{b}$$

CB 段：

$$F_S(x)=\frac{Fb}{l}-F=-\frac{Fa}{l} \qquad (a<x<l) \tag{c}$$

$$M(x)=\frac{Fb}{l}x-F(x-a)=\frac{Fa}{l}(l-x) \qquad (a\leqslant x\leqslant l) \tag{d}$$

(3) 作剪力图和弯矩图。

由式(a)、式(c) 可知，左、右两段梁的剪力图均为平行于 x 轴的直线。剪力图如图 6 - 12(b) 所示。由剪力图可知，若 $b>a$ 时，最大剪力为 $|F_S|_{\max}=\frac{Fb}{l}$。

由式(b)、式(d) 可知，左、右两段梁的弯矩图均为斜直线，只要确定线上的两点，就可以确定这条直线。例如，$x=0$ 处，$M=0$；$x=a$ 处，$M=\frac{Fab}{l}$，连接这两点就得到 AC 段内的弯矩图。同理，可得 CB 段内的弯矩图，弯矩图如图 6 - 12(c) 所示。由弯矩图可知，最大弯矩在截面 C 上，且 $|M|_{\max}=\frac{Fab}{l}$。

【例 6 - 4】 在分布载荷作用下的简支梁，如图 6 - 13(a) 所示。试作梁的剪力图和弯矩图。

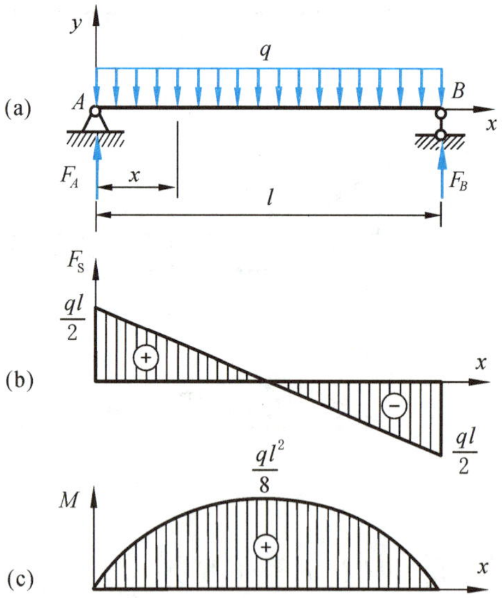

图 6 - 13 例 6 - 4 图

解： (1) 求支反力。由平衡方程 $\sum F_y=0$ 和 $\sum M_A=0$ 可得

$$F_A=F_B=\frac{ql}{2}$$

(2) 列剪力方程和弯矩方程。以梁左端为坐标原点,选取坐标系如图 6-13(a) 所示。则剪力方程和弯矩方程为

$$F_S(x)=F_A-qx=\frac{ql}{2}-qx \qquad (0<x<l) \tag{a}$$

$$M(x)=F_Ax-\frac{1}{2}qx^2=\frac{ql}{2}x-\frac{q}{2}x^2 \qquad (0\leqslant x\leqslant l) \tag{b}$$

(3) 作剪力图和弯矩图。

由式(a) 可知,剪力图为一斜直线,如图 6-13(b) 所示。在靠近两支座的横截面上剪力的绝对值最大,即最大剪力为 $|F_S|_{max}=\dfrac{ql}{2}$。

由式(b) 可知,弯矩图为一抛物线,在 $x=0$ 和 $x=l$ 处,$M=0$;在 $x=\dfrac{l}{2}$ 处,$M=\dfrac{ql^2}{8}$。再适当确定几个点后可作出弯矩图,如图 6-13(c) 所示。在梁的中间截面上,剪力 $F_S=0$,弯矩最大,其值为

$$M_{max}=\frac{ql^2}{8}$$

【例 6-5】 在点 C 处作用一集中力偶的简支梁,如图 6-14(a) 所示。试作梁的剪力图和弯矩图。

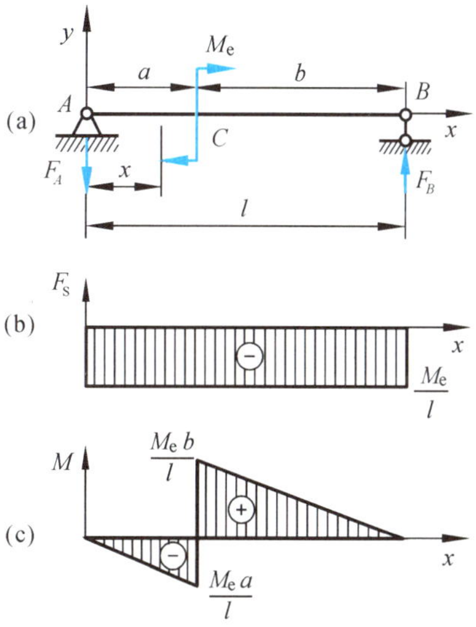

图 6-14 例 6-5 图

解: (1) 求支反力。由平衡方程 $\sum F_y=0$ 和 $\sum M_A=0$ 可得

$$F_A=F_B=\frac{M_e}{l}$$

(2) 列剪力方程和弯矩方程。以梁左端为坐标原点,选取坐标系如图 6-14(a) 所示。则剪力方程为

$$F_S(x)=-\frac{M_e}{l} \qquad (0<x<l) \tag{a}$$

AC 段弯矩方程为

$$M(x)=-\frac{M_e}{l}x \qquad (0\leqslant x<a) \tag{b}$$

CB 段弯矩方程为

$$M(x)=-\frac{M_e}{l}x+M_e=\frac{M_e}{l}(l-x) \qquad (a<x\leqslant l) \tag{c}$$

(3) 作剪力图和弯矩图。

由式(a)可知，剪力图是一条平行 x 轴的直线，如图 6-14(b)所示。最大剪力为 $|F_S|_{max}=\frac{M_e}{l}$。

由式(b)、式(c)可知，左、右两段梁的弯矩图均为一条斜直线，如图 6-14(c)所示。由图可见，在集中力偶作用处左、右两侧截面上的弯矩值有突变。如 $b>a$，则最大弯矩发生在集中力偶作用处的右侧横截面上，最大弯矩值为 $|M|_{max}=\frac{M_e b}{l}$。

【例 6-6】　一悬臂梁受均布载荷作用，如图 6-15(a)所示。试作梁的剪力图和弯矩图。

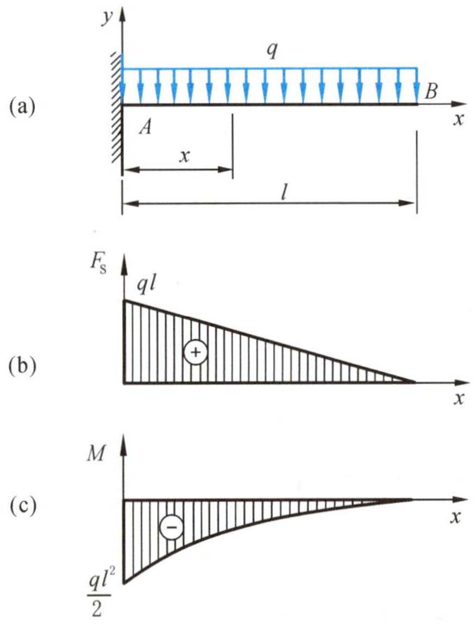

图 6-15　例 6-6 图

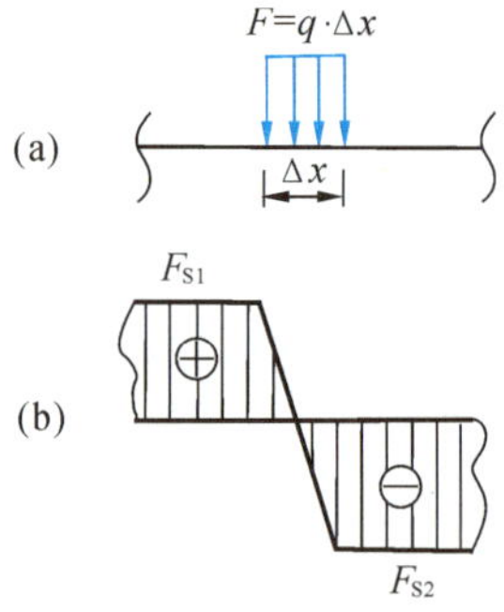

图 6-16　集中力分布图

解：　对于图 6-15(a)所示的悬臂梁，列剪力方程和弯矩方程时，如取任一截面右边为研究对象，可以不计算支反力。

(1) 列剪力方程和弯矩方程。以梁左端为坐标原点，选取坐标系如图 6-15(a)所示。则剪力方程和弯矩方程为

$$F_S(x)=q(l-x) \qquad (0<x\leqslant l) \tag{a}$$

$$M(x)=-\frac{q(l-x)^2}{2} \qquad (0<x\leqslant l) \tag{b}$$

(2) 作剪力图和弯矩图。

由式(a)可知，剪力图是一条斜直线，如图 6-15(b)所示。最大剪力为 $|F_S|_{max}=ql$。

由式(b)可知，弯矩图是一条抛物线，在 $x=0$ 处，$M=-\dfrac{ql^2}{2}$；在 $x=\dfrac{l}{2}$ 处，$M=-\dfrac{ql^2}{8}$；在 $x=l$ 处，$M=0$；再适当算出几个截面处的 M 值后可作出弯矩图，如图 6-15(c) 所示。最大弯矩为

$$|M|_{\max}=\frac{ql^2}{2}$$

在以上几个例题中，凡是集中力作用的截面上，剪力有突变，似乎没有确定的数值，即剪力方程的变量范围不包含有集中力的截面。事实上，所谓集中力不可能“集中”作用于一点，它是作用在很短一段梁(其长度为 Δx)上的分布力经过简化后得到的结果[图 6-16(a)]。若将分布力看作是在长为 Δx 的范围内均匀分布的，则在该段梁上实际剪力图将是按直线规律连续变化的[图 6-16(b)]。同理，对集中力偶作用的截面，也可作同样的解释。

◀ 讲授视频：剪力图和弯矩图。

6.4　剪力、弯矩和分布载荷集度间的微分关系

一轴线为直线的梁受任意载荷作用，如图 6-17(a) 所示。取梁的左端为坐标原点，以梁的轴线为 x 轴，y 轴向上为正。梁上分布载荷集度 $q(x)$ 是 x 的连续函数，且规定向上为正。假想用坐标为 x 和 $x+\mathrm{d}x$ 处的两横截面，从梁中取出长为 $\mathrm{d}x$ 的微段，放大后如图 6-17(b) 所示。微段左侧截面上的剪力和弯矩分别为 $F_S(x)$ 和 $M(x)$，微段右侧截面上的剪力和弯矩分别为 $F_S(x)+\mathrm{d}F_S(x)$ 和 $M(x)+\mathrm{d}M(x)$，设微段内无集中力和集中力偶。由于 $\mathrm{d}x$ 很小，可略去分布载荷集度沿 $\mathrm{d}x$ 长度的变化，于是，由微段的平衡方程

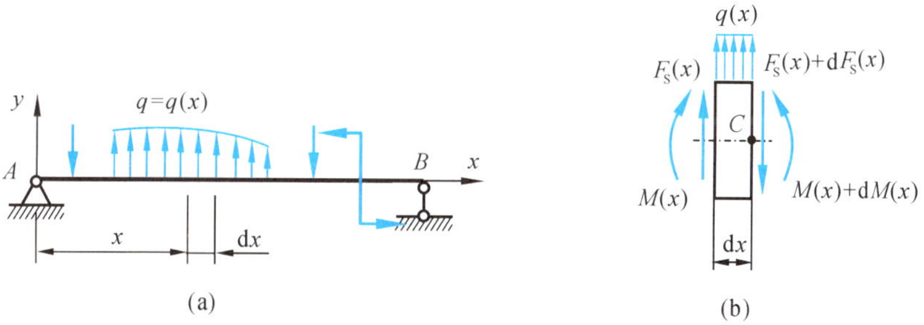

图 6-17　简支梁受任意载荷

$$\sum F_y=0,\qquad F_S(x)-[F_S(x)+\mathrm{d}F_S(x)]+q(x)\mathrm{d}x=0$$

得到

$$\frac{\mathrm{d}F_S(x)}{\mathrm{d}x}=q(x) \tag{6-1}$$

以及

$$\sum M_C=0,\qquad [M(x)+\mathrm{d}M(x)]-M(x)-F_S(x)\mathrm{d}x-q(x)\mathrm{d}x\cdot\frac{\mathrm{d}x}{2}=0$$

略去式中最后一项的高阶微量，可得

$$\frac{\mathrm{d}M(x)}{\mathrm{d}x}=F_{\mathrm{S}}(x) \tag{6-2}$$

如将式(6-2)对 x 求导，并利用式(6-1)，又可得

$$\frac{\mathrm{d}^2M(x)}{\mathrm{d}x^2}=q(x) \tag{6-3}$$

以上三式就是直梁的剪力 $F_{\mathrm{S}}(x)$、弯矩 $M(x)$ 和分布载荷集度 $q(x)$ 间的微分关系。应用这些关系，以及有关剪力图和弯矩图的规律，可检查所作剪力图或弯矩图的正确性；或者不写出剪力方程和弯矩方程，直接作剪力图和弯矩图。

现将有关剪力 $F_{\mathrm{S}}(x)$、弯矩 $M(x)$ 和分布载荷集度 $q(x)$ 间的关系以及剪力图和弯矩图的一些特征汇总整理如表 6-1 所示。

表 6-1 梁在均布载荷、集中力和集中力偶作用下剪力图和弯矩图的特点

	无外力段	均布载荷段	集中力	集中力偶
外力			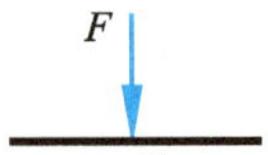	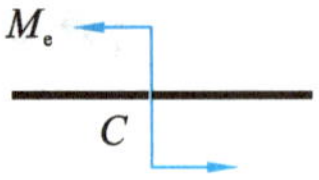
F_{S}图特征	水平直线	斜直线	有突变	无变化
	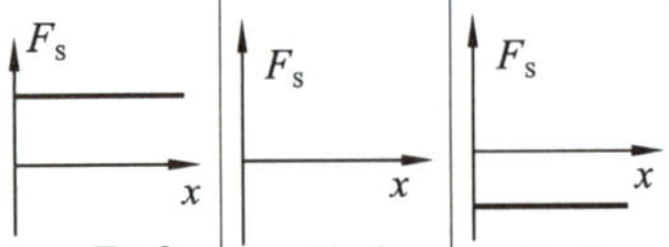	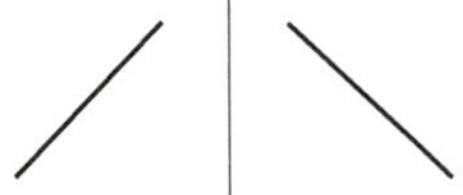 增函数　减函数	突变值为 F，突变方向与 F 方向一致	 左右无变化
M图特征	斜直线	曲线	有折角	有突变
	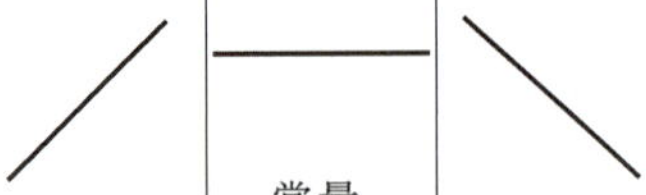 增函数　常量　减函数	 下凸　上凸	 斜率突变	突变值为 M_{e}，M_{e} 为逆时针，M 图向下突变，否则反之

【例 6-7】 外伸梁及其所受载荷如图 6-18(a) 所示，试作梁的剪力图和弯矩图。

解： 由静力学平衡方程，求得支反力

$$F_A=10\ \mathrm{kN},\qquad F_B=5\ \mathrm{kN}$$

作剪力图：

截面 C 右侧，剪力为 -3 kN。截面 C 到 A 之间无载荷，剪力图为水平线。截面 A 上有一集中力 F_A，从 A 的左侧到 A 的右侧，剪力图发生突然变化，变化的数值等于 F_A，故 F_A 右侧截面上的剪力为 $(-3+10)$ kN $=7$ kN。截面 A 到 D 之间无载荷，剪力图为水平线，截面 D 到 B 之间的载荷为均布载荷，剪力图为斜直线。算出截面 B 的左侧截面上的剪力为 -5 kN，即可确定这条斜直线。剪力图如图 6-18(b) 所示。

作弯矩图：

截面 C 上的弯矩 $M_C=0$。从 C 到 A，梁上无载荷，弯矩图为斜直线。算出截面 A 上弯矩 $M_A=-1.8$ kN·m，于是就确定了这条直线。从 A 到 D，梁上无载荷，弯矩图为斜直线。算出截面 D 上弯矩 $M_D=2.4$ kN·m，于是就确定了这条直线。在截面 A 上，剪力图突然变化，故弯矩图的

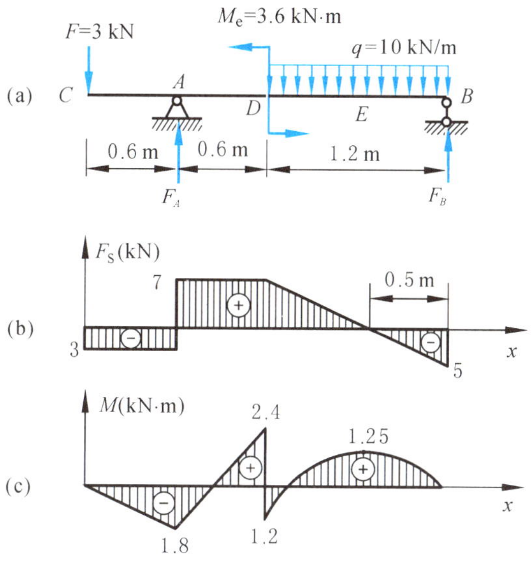

图 6-18　例 6-7 图

斜率也突然变化。截面 D 上有一矩为 M_e 的集中力偶，从 D 的左侧到 D 的右侧，弯矩图发生突然变化，变化的数值等于 M_e，所以在 D 的右侧截面上 $M_{D右}=(2.4-3.6)\ \text{kN}\cdot\text{m}=-1.2\ \text{kN}\cdot\text{m}$。从 D 到 B，梁上为均布载荷，弯矩图为抛物线。在这一段内，截面 E 上剪力为零，弯矩为极值，E 到 B 的距离为 0.5 m。求出截面 E 上的极值弯矩为

$$M_E=(5\ \text{kN})\times(0.5\ \text{m})-\frac{1}{2}\times(10\ \text{kN/m})\times(0.5\ \text{m})^2=1.25\ \text{kN}\cdot\text{m}$$

弯矩图如图 6-18(c) 所示。

◀ 讲授视频：剪力、弯矩和分布载荷集度间的微分关系及应用。

6.5　用叠加法作弯矩图

一梁在载荷作用下，当变形很小时，其跨长的改变可略去不计，因而在求梁的支反力、剪力和弯矩时，均可按其原始尺寸进行计算，所得结果均与梁上载荷呈线性关系。在这种情况下，当梁受几项载荷（如集中力、集中力偶或分布力）共同作用时，任意横截面上的弯矩就等于各项载荷单独作用下在该横截面上产生弯矩的代数和。

例如图 6-19(a) 所示的简支梁受集中力 F 和分布载荷 q 共同作用，在距左端 $x\left(0\leqslant x\leqslant\frac{l}{2}\right)$ 的任意横截面上的弯矩方程为

$$M=\frac{F}{2}x+\left(\frac{ql}{2}x-\frac{q}{2}x^2\right)$$

总弯矩就等于集中力 F 和均布载荷 q 单独作用[图 6-19(b)、(c)]时，在该截面上分别产生的

弯矩$\frac{F}{2}x$ 和$\left(\frac{ql}{2}x-\frac{q}{2}x^2\right)$的代数和。

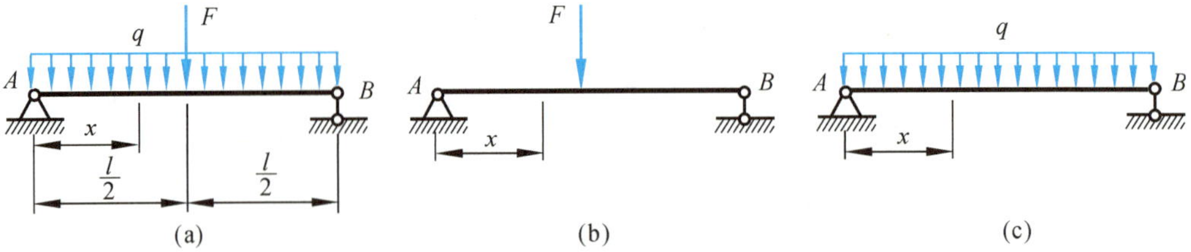

图 6-19 简支梁载荷图

由于弯矩方程可以叠加，因此表示弯矩沿梁轴线变化情况的弯矩图也可以叠加。当梁受几项载荷共同作用时，可先作出梁在各项载荷单独作用下的弯矩图，然后将其相应的纵坐标叠加，即为梁在几项载荷共同作用下的弯矩图。这种作弯矩图的方法，称为**叠加法**(superposition method)。

【例 6-8】 外伸梁受集中力和集中力偶作用，如图 6-20(a) 所示。试按叠加法作梁的弯矩图。

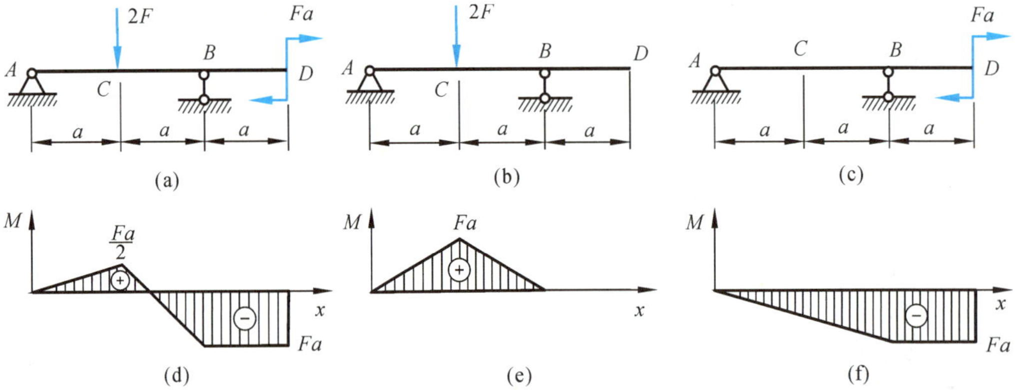

图 6-20 例 6-8 图

解： 先将外伸梁看作集中力和集中力偶单独作用的两梁叠加，如图6-20(b)、(c) 所示。分别作出梁上只有集中力或集中力偶时的弯矩图[图 6-20(e)、(f)]。由于 AC、CB 和 BD 段上没有分布载荷，所以弯矩图由直线组成，叠加时只需求出 A、C、B、D 四个截面处的弯矩值，即可作出弯矩图。

$$M_A=0,\quad M_C=Fa-\frac{1}{2}Fa=\frac{1}{2}Fa,\quad M_B=-Fa,\quad M_{D左}=-Fa$$

因此，外伸梁在集中力和集中力偶共同作用下的弯矩图如图 6-20(d) 所示。

6.6 工程实例分析：两人配合过渠

有体重均为 800 N 的两人，需借助跳板从渠的右边到左边，如图 6-21 所示。已知该跳板的许可弯矩$[M]=600\ \mathrm{N\cdot m}$。若跳板重量忽略不计，试问两人采用什么办法可安全过渠？

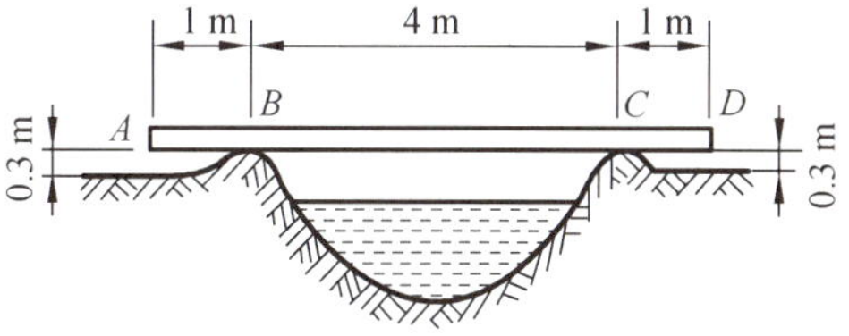

图 6-21　跳板简图

问题可简化为如图 6-22(a) 所示的计算模型，设第一人自右向左过渠时，第二人离 C 处的距离为 a，与第一人的间距为 b，跳板的弯矩图如图 6-22(b) 所示。

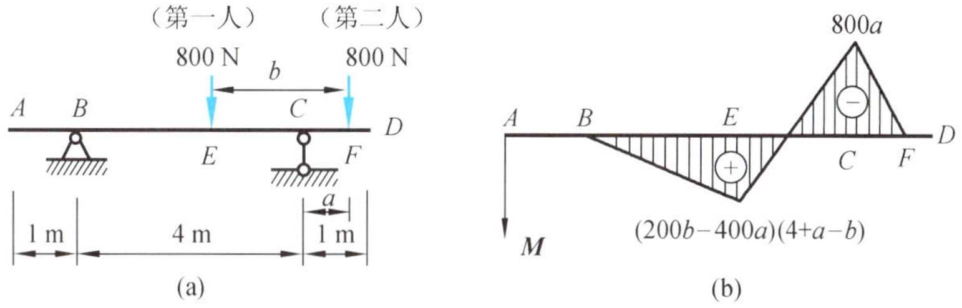

图 6-22　力学模型

$$M_E=(200b-400a)(4+a-b)$$

$$M_C=800a$$

由安全条件：$M_C\leqslant[M]$，可确定 $a\leqslant 0.75$ m

取 $a=0.75$ m，此时

$$M_E=(200b-300)(4.75-b)$$

当 $b=3.125$ m 时，M_E 取最大值

$$M_{E\max}=528.125\ \mathrm{N\cdot m}$$

显然，$M_{E\max}<[M]$，说明第二人站在 $a=0.75$ m 的 F 处时，即可保证第一人安全过渠。由于结构对称，且两人重量相等，因此，第一人过渠后，只需站在 AB 段离 B 处 0.75 m 处，即可保证第二人安全过渠。

◀ 拓展阅读：山西悬空寺"悬而不险"的力学揭秘(数字资源)

思　考　题

6-1　在写剪力方程、弯矩方程时，在何处需要分段？

6-2　用截面法将梁分成两部分，计算梁截面上的内力时，下列说法是否正确？如不正确应如何改正。

(1) 在截面的任一侧,向上的集中力产生正的剪力,向下的集中力产生负的剪力。

(2) 在截面的任一侧,顺时针转向的集中力偶产生正弯矩,逆时针的集中力偶产生负弯矩。

6-3 如何确定最大弯矩?最大弯矩是否一定发生在剪力为零的截面上?

6-4 在无载荷作用和均布载荷作用的梁段,剪力图和弯矩图各有何特点?如何利用这些特点绘制剪力图与弯矩图?

6-5 如题图所示,(1) 试问在图(a)所示梁中,AC 段和 CB 段剪力图图线的斜率是否相同?为什么?(2) 试问在图(b)所示梁中,在集中力偶作用处,左、右两段弯矩图图线的切线斜率是否相同?

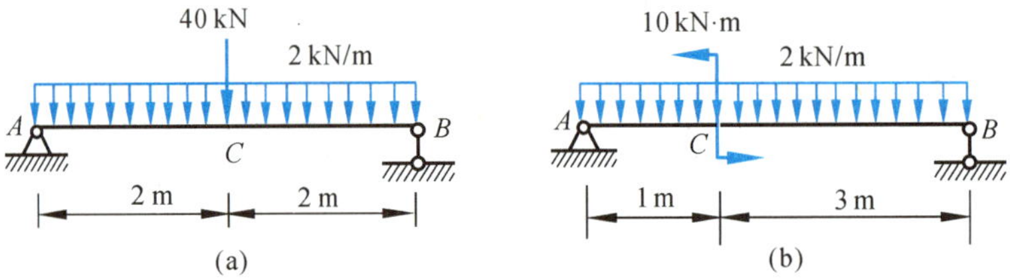

思考题 6-5 图

6-6 为什么垂柳的枝条细而长,而杨树的枝条粗而短(考虑在风载作用下树枝的受力状况)?

6-7 在自然界,物竞天择,适者生存,是指物种之间及生物内部之间相互竞争,物种与自然之间的抗争,能适应自然者被选择存留下来的一种丛林法则。自然界中,绝大多数花卉都具有结构的对称美,即花蕊和花托占据花的中心位置,而花瓣相对花蕊和花托是对称的。对称的形式有单轴对称、双轴对称、旋转对称等,如题图所示。有些向下开放的花,则是倒挂状的,如昙花[图(d)],试从花柄受力的角度来解释丛林法则。

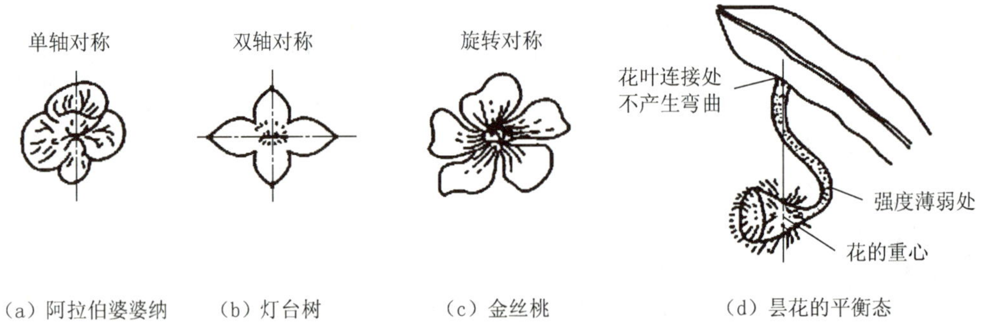

思考题 6-7 图

习 题

6-1 试求题图所示各梁中截面 1—1、2—2、3—3 上的剪力和弯矩。这些截面无限接近于截面 A、B、C 或 D。设 F、q、a 均为已知。

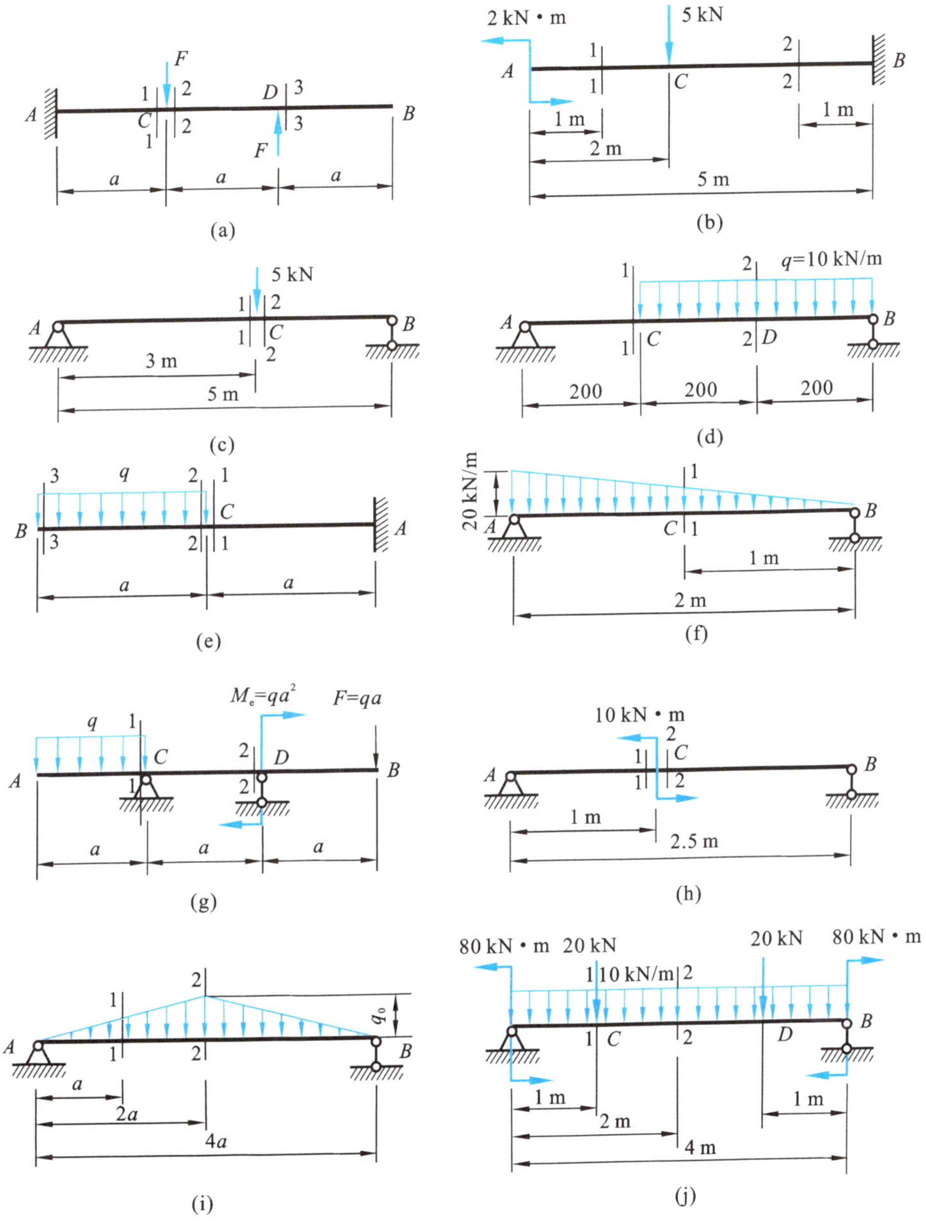

习题 6-1 图

6-2　已知题图所示各梁的载荷 F、q、M_e 和尺寸。试列出各梁的剪力方程，弯矩方程，并作出剪力图和弯矩图及确定 $|F_S|_{max}$、$|M|_{max}$ 的值。

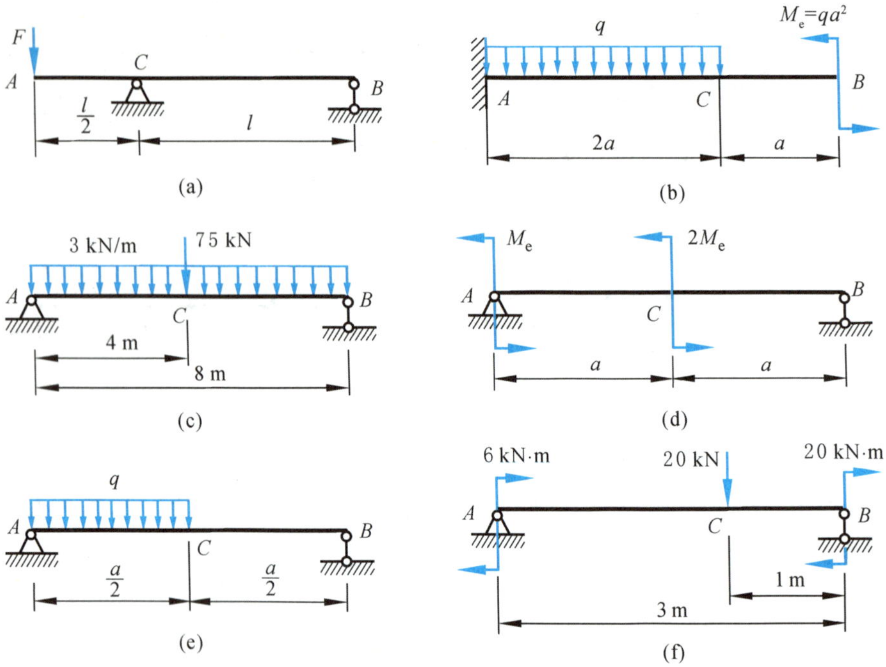

习题 6－2 图

6－3 如题图所示，试用载荷集度、剪力和弯矩之间的微分关系作剪力图和弯矩图，并确定 $|F_S|_{max}$ 和 $|M|_{max}$ 的值。

6－4 试根据剪力、弯矩和分布载荷集度间的微分关系，指出如题图所示各梁的剪力图和弯矩图中的错误，并改正。

6－5 已知梁的剪力图如题图所示，试作梁的弯矩图和载荷图。已知梁上没有集中力偶作用。

6－6 已知梁的弯矩图如题图所示，试作梁的载荷图和剪力图。

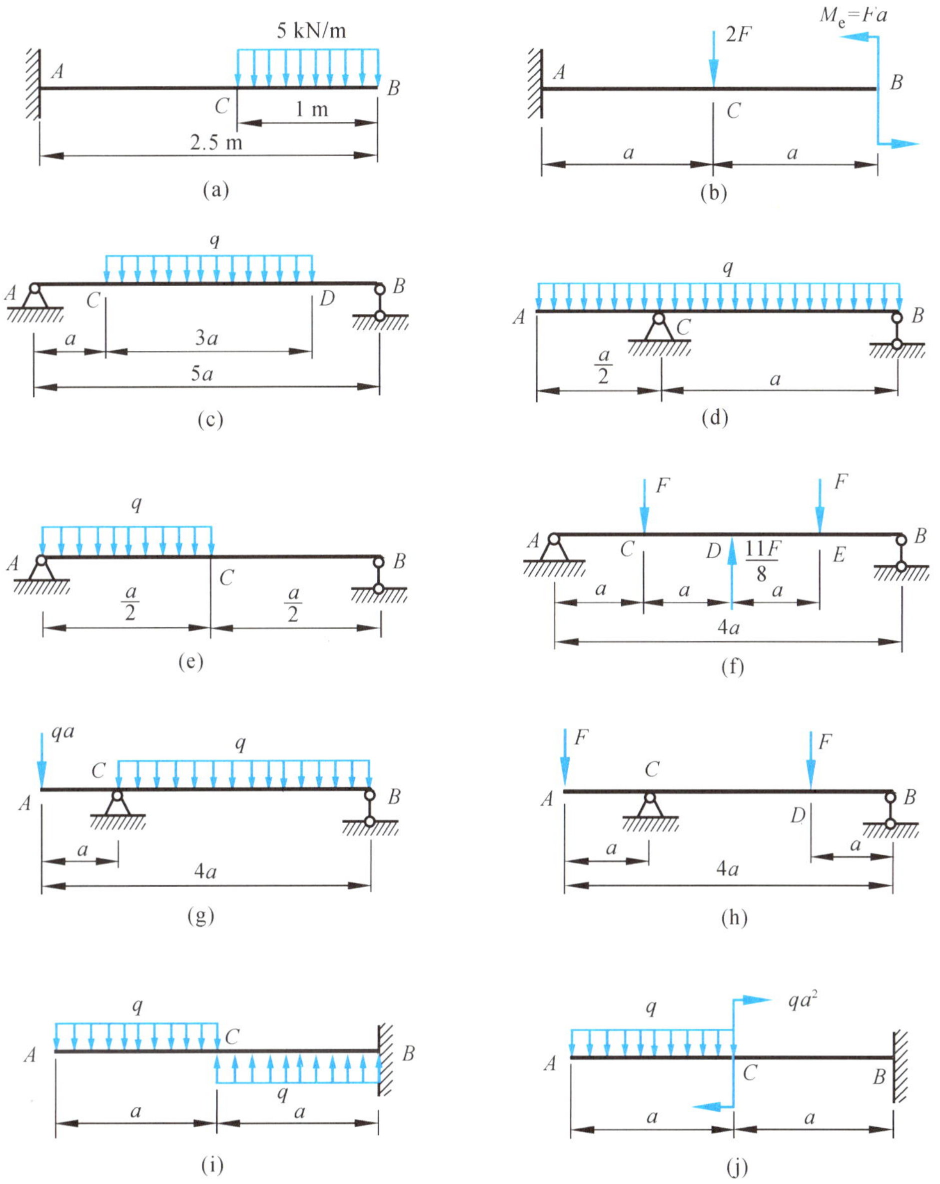
5 kN/m
A
C
B
1 m
2.5 m
(a)
$M_e=Fa$
2F
A
C
B
a
a
(b)
q
A
C
D
B
a
3a
5a
(c)
q
A
C
B
$\frac{a}{2}$
a
(d)
q
A
C
B
$\frac{a}{2}$
$\frac{a}{2}$
(e)
F
F
A
C
D
$\frac{11F}{8}$
E
B
a
a
a
4a
(f)
qa
q
C
A
B
a
4a
(g)
F
F
C
A
D
B
a
a
4a
(h)
q
A
C
B
q
a
a
(i)
q
qa^2
A
C
B
a
a
(j)

习题 6－3 图

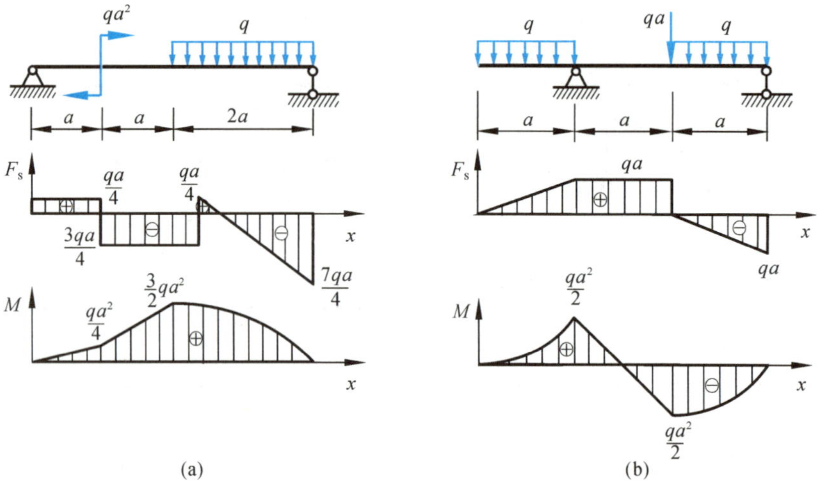

习题 6-4 图

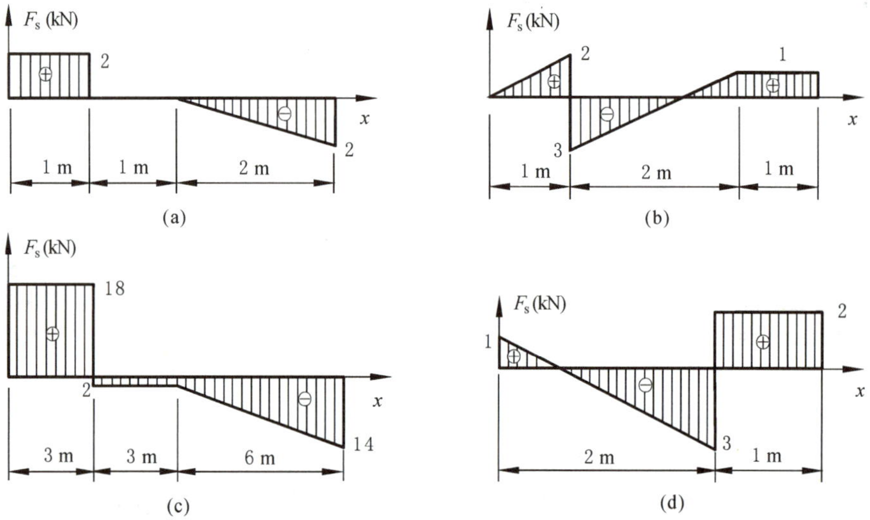

习题 6-5 图

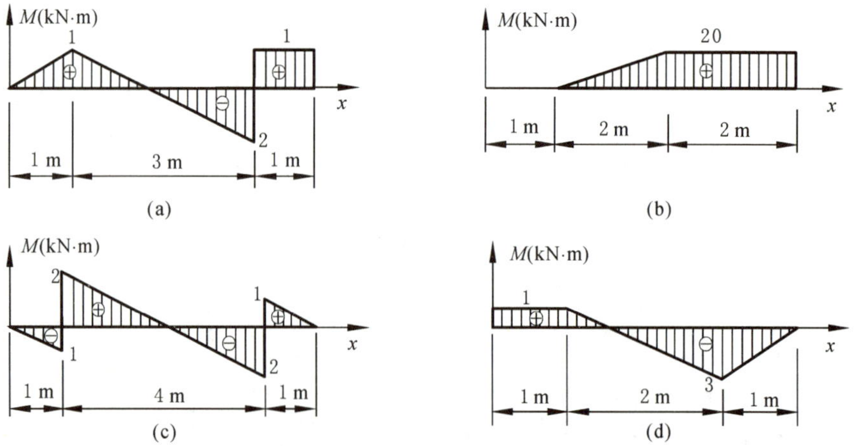

习题 6-6 图

6－7　试用叠加法作题图所示各梁的弯矩图。

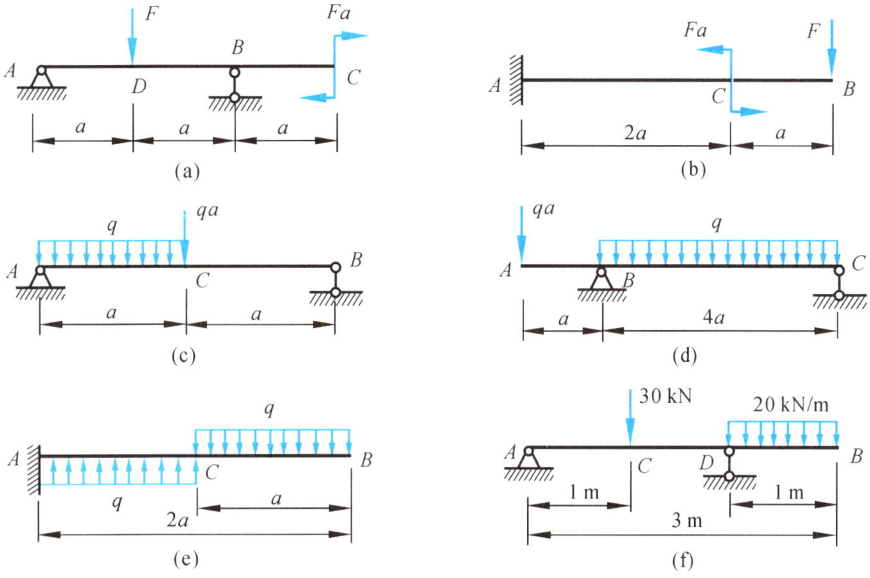

习题 6－7 图

7 梁的弯曲应力与强度计算

7.1 梁弯曲时横截面上的正应力

图 7-1(a) 所示简支梁，梁上的两个外力 F 对称地作用于梁的纵向对称面内。其计算简图、剪力图和弯矩图分别如图 7-1(b)、(c) 和(d) 所示。从图中可见，在 AC 和 DB 两段内，梁的横截面上既有弯矩又有剪力，因而既有正应力又有切应力。这种情况称为**横力弯曲**(bending by transverse force)。在 CD 段内，梁的横截面上剪力为零，而弯矩为常量，于是只有正应力而没有切应力。这种情况称为**纯弯曲**(pure bending)。

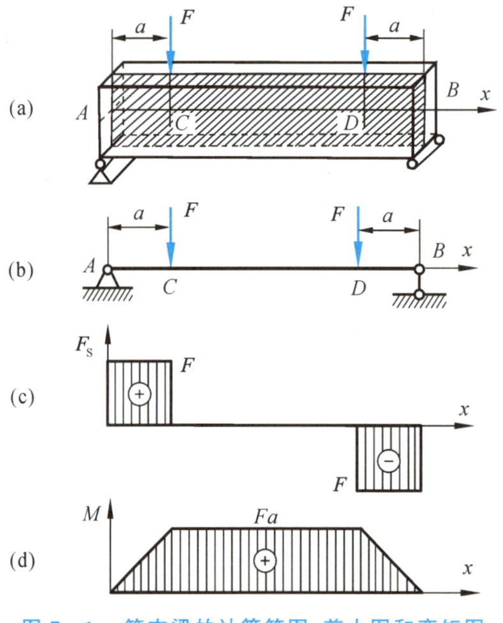

图 7-1　简支梁的计算简图、剪力图和弯矩图

研究梁弯曲时横截面上的正应力，首先推导纯弯曲时正应力计算公式，然后将其结果推广应用于横力弯曲。

7.1.1 纯弯曲时横截面上的正应力

推导纯弯曲时正应力计算公式，需从变形几何关系、物理关系和静力学关系三个方面来考虑。

变形几何关系　取一段纯弯曲梁。在加载前，先在梁的侧面上画两条垂直于轴线的横向线 mm 和 nn，并在两横向线之间画两条平行于轴线的纵向线 aa 和 bb，如图 7-2(a) 所示。然后在梁两端加一对矩为 M_e 的外力偶，梁发生弯曲变形，如图 7-2(b) 所示。可见，侧面上的纵

向线 aa 和 bb 弯曲成弧线，而横向线 mm 和 nn 仍为直线，只是相对地转了一个角度，仍与弧线 $\overset{\frown}{aa}$ 和 $\overset{\frown}{bb}$ 保持垂直。根据上述变形的表面现象，可作如下假设：梁的横截面在弯曲变形后仍然保持为平面，且与变形后的轴线垂直，只是绕截面的某一轴线转过一个角度。这个假设称为弯曲变形的**平面假设**(plane assumption)。对于纯弯曲梁，根据弹性力学分析的结果，可知其横截面确实保持为平面。

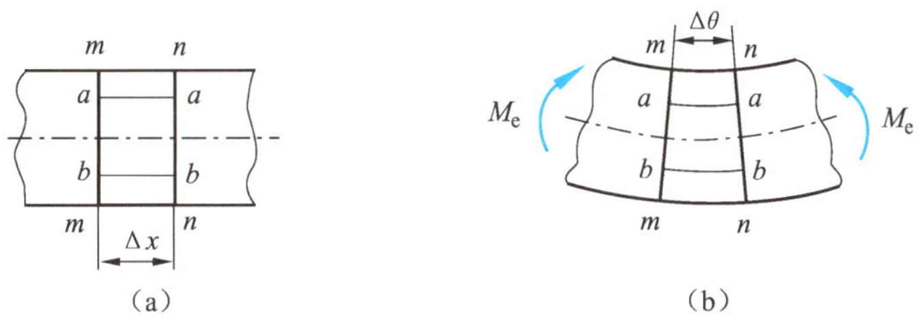

图 7-2　纯弯曲梁表面纵横线变化图

由平面假设可知，在梁弯曲时，两横截面将相对转动。如果假设梁由无数层纤维所组成，则梁上部分(凹入边)纤维缩短，下部分(凸出边)纤维伸长。由于变形的连续性，中间必有一层纤维既不伸长也不缩短，称为**中性层**(neutral surface)。中性层与横截面的交线称为**中性轴**(neutral axis)。如图 7-3 所示。梁在弯曲时，横截面就是绕中性轴转动的。对于平面弯曲问题，梁上载荷都作用在纵向对称面内，梁的轴线弯曲成纵向对称面内的曲线，变形对称于梁的纵向对称面，因此，中性轴垂直于梁的纵向对称面。

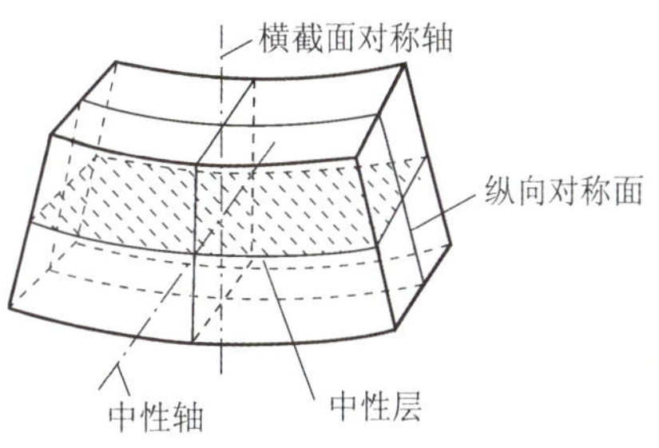

图 7-3　中性层、中性轴示意图

现用两个横截面从梁中假想地截取长为 dx 的微段，如图 7-4(a) 所示。在梁弯曲时，两横截面将相对转一个角度 $d\theta$，如图 7-4(b) 所示。设梁的轴线为 x 轴，横截面的对称轴为 y 轴，中性轴为 z 轴。至于中性轴在横截面上的具体位置，现在尚未确定。由图 7-4(b) 可知，若中性层的曲率半径为 ρ，则距中性层为 y 的纤维 $\overset{\frown}{bb}$ 的长度为

$$\overset{\frown}{bb} = (\rho + y)d\theta$$

纤维 $\overset{\frown}{bb}$ 的原长度为 dx，且 $\overline{bb} = dx = \overline{OO}$。因为变形前后中性层纤维 OO 的长度不变，故有

$$\overline{bb} = dx = \overline{OO} = \overset{\frown}{OO} = \rho d\theta$$

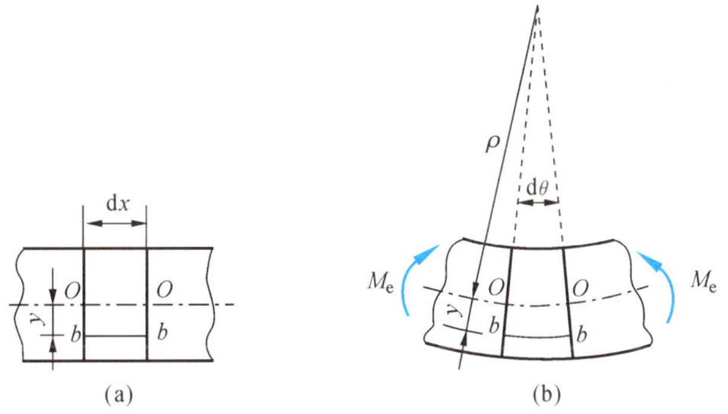

图 7-4　梁纯弯曲时的几何关系

根据应变的定义，得纤维 bb 的应变为

$$\varepsilon = \frac{(\rho + y)\mathrm{d}\theta - \rho\mathrm{d}\theta}{\rho\mathrm{d}\theta} = \frac{y}{\rho} \tag{a}$$

物理关系 设纵向纤维之间无挤压，则每一纤维都是单向拉伸或压缩。当应力小于比例极限时，由胡克定律 $\sigma = E\varepsilon$，将式(a) 代入，得

$$\sigma = E\,\frac{y}{\rho} \tag{b}$$

由上式可知，横截面上任一点处的正应力与该点到中性轴的距离成正比，中性轴上各点处的正应力均为零，在距中性轴为 y 的等高线上各点处的正应力均相等。其变化规律如图 7-5(a) 所示。

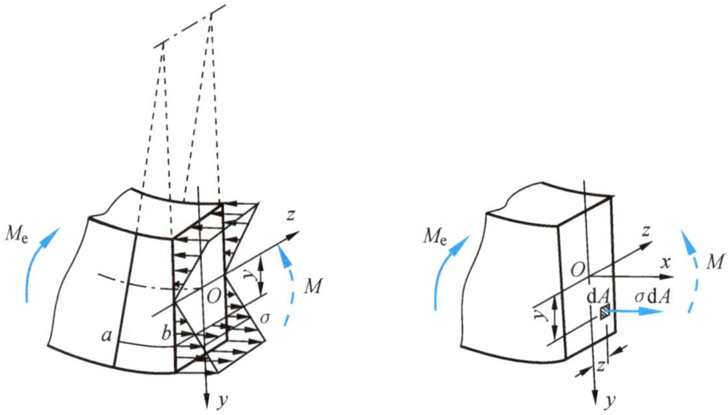

图 7-5 横截面上正应力分布规律

静力学关系 由于式(b) 中的 $\frac{1}{\rho}$ 以及中性轴的位置均为未知，为此，考虑静力学关系。

取任一横截面来分析，如图 7-5(b) 所示，在横截面上法向微内力元素 $\sigma\mathrm{d}A$ 构成了空间平行力系，因此，可能组成三个内力分量

$$F_N = \int_A \sigma\mathrm{d}A,\qquad M_y = \int_A z\sigma\mathrm{d}A,\qquad M_z = \int_A y\sigma\mathrm{d}A$$

根据梁上只有外力偶 M_e 的受力情况，可知，上式中的 F_N 和 M_y 均等于零，而 M_z 就是横截面上的弯矩 M，其值等于 M_e。因此，由静力平衡条件得

$$F_N = \int_A \sigma\mathrm{d}A = 0 \tag{c}$$

$$M_y = \int_A z\sigma\mathrm{d}A = 0 \tag{d}$$

$$M_z = \int_A y\sigma\mathrm{d}A = M \tag{e}$$

将式(b) 代入以上的三式，得

$$F_N = \int_A \sigma\mathrm{d}A = \frac{E}{\rho}\int_A y\mathrm{d}A = \frac{ES_z}{\rho} = 0 \tag{f}$$

$$M_y = \int_A z\sigma\mathrm{d}A = \frac{E}{\rho}\int_A zy\mathrm{d}A = \frac{EI_{zy}}{\rho} = 0 \tag{g}$$

$$M_z = \int_A y\sigma\mathrm{d}A = \frac{E}{\rho}\int_A y^2\mathrm{d}A = \frac{EI_z}{\rho} = M \tag{h}$$

为满足式(f)，由于$\frac{E}{\rho}\neq 0$，故必有$S_z=0$，即横截面对z轴的静矩等于零，所以z轴(中性轴)必通过横截面的形心，于是就确定了中性轴的位置。

式(g)是自然满足的，因为y轴是横截面的对称轴，所以I_{yz}必等于零。

最后，由式(h)得中性层曲率的表达式

$$\frac{1}{\rho}=\frac{M}{EI_z} \tag{7-1}$$

由上式可见，在弯矩相同时，EI_z值越大，则曲率越小，即梁的弯曲变形越小，所以EI_z称为弯曲刚度(flexural rigidity)。

将式(7-1)代入式(b)，得

$$\sigma=\frac{My}{I_z} \tag{7-2}$$

式(7-2)为梁纯弯曲时横截面上正应力的一般公式。式中，σ为横截面上任意一点处的正应力，M为截面上的弯矩，y为该点的坐标，I_z为横截面对z轴的惯性矩。

在式(7-2)中，将弯矩M和坐标y按规定的正负代入，所得到的正应力σ若为正，即为拉应力，若为负则为压应力。在实际计算中，可以只用弯矩M和坐标y的绝对值来计算正应力σ的大小，然后再根据变形来判断是拉应力还是压应力，即以中性层为界，梁变形后凸出边的应力必为拉应力，而凹入边的应力则为压应力。

推导式(7-1)和式(7-2)时，为了方便，把梁的横截面画成矩形。但在推导过程中，并未用过矩形的几何特征。所以，只要梁有一纵向对称面，且载荷作用于这个平面内，该公式就可适用。

7.1.2　横力弯曲时横截面上的正应力

在工程实际中，梁一般都是横力弯曲，此时，梁的横截面上不但有正应力还有切应力。由于切应力的存在，梁的横截面将发生翘曲。同时，纵向纤维之间有挤压。因此，梁在纯弯曲时所作的平面假设和各纵向纤维之间无挤压的假设都不成立。

虽然横力弯曲与纯弯曲存在这些差异，但进一步的分析表明，对于跨度l与横截面高度h之比大于5的梁，受横力弯曲时，若按式(7-2)计算，所得结果误差不大，足以满足工程中的精度要求。且梁的跨高比l/h越大，其误差越小。所以，在工程实际中，横力弯曲时梁横截面上的正应力，采用纯弯曲时正应力计算式(7-2)来计算。

【例7-1】　图7-6(a)所示悬臂梁受均布载荷作用，已知梁的跨长$l=1$ m，均布载荷集度$q=6$ kN/m，梁由10号槽钢制成。试求梁的最大拉应力和最大压应力。

解：(1)作弯矩图，如图7-6(b)所示。由图可见梁的固定端截面上弯矩最大，其值为

$$M_{\max}=\frac{1}{2}ql^2=\frac{1}{2}\times(6000\ \text{N/m})\times(1\ \text{m})^2=3000\ \text{N}\cdot\text{m}$$

(2)确定中性轴位置和惯性矩。由型钢表查得，10号槽钢

$$I_z=25.6\ \text{cm}^4,\quad b=48\ \text{mm},\quad y_1=1.52\ \text{cm}$$

(3)求最大应力。固定端截面上边缘各点有最大拉应力，其值为

$$\sigma_{\text{tmax}}=\frac{M_{\max}y_1}{I_z}=\frac{(3000\ \text{N}\cdot\text{m})\times(1.52\times10^{-2}\ \text{m})}{25.6\times10^{-8}\ \text{m}^4}=178.1\times10^6\ \text{Pa}=178.1\ \text{MPa}$$

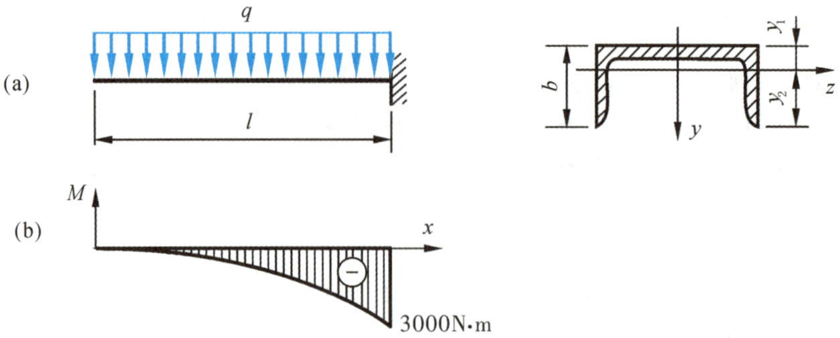

图 7-6　例 7-1 图

固定端截面下边缘各点有最大压应力，其值为

$$\sigma_{cmax}=\frac{M_{max}y_2}{I_z}=\frac{(3000\ \mathrm{N\cdot m})\times[(4.8-1.52)\times10^{-2}\ \mathrm{m}]}{25.6\times10^{-8}\ \mathrm{m}^4}=384.4\times10^6\ \mathrm{Pa}=384.4\ \mathrm{MPa}$$

◀ 讲授视频：弯曲正应力公式的应用。

7.2　弯曲正应力的强度条件

梁横力弯曲时，弯矩随截面的位置而变化。一般情况下，最大正应力 σ_{max} 发生在弯矩最大的截面上，距中性轴最远处，即

$$\sigma_{max}=\frac{M_{max}y_{max}}{I_z} \tag{7-3}$$

若令

$$W_z=\frac{I_z}{y_{max}} \tag{7-4}$$

则

$$\sigma_{max}=\frac{M_{max}}{W_z} \tag{7-5}$$

W_z 称为弯曲截面系数(section modulus in bending)。它与截面的几何形状和尺寸有关，单位为 m^3。

对于宽为 b，高为 h 的矩形截面

$$W_z=\frac{I_z}{y_{max}}=\frac{\frac{bh^3}{12}}{\frac{h}{2}}=\frac{bh^2}{6}$$

对于直径为 D 的圆形截面

$$W_z=\frac{I_z}{y_{max}}=\frac{\frac{\pi D^4}{64}}{\frac{D}{2}}=\frac{\pi D^3}{32}$$

对于内外径分别为 d、D 的空心圆截面

$$W_z=\frac{I_z}{y_{\max}}=\frac{\dfrac{\pi D^4}{64}-\dfrac{\pi d^4}{64}}{\dfrac{D}{2}}=\frac{\dfrac{\pi D^4}{64}(1-\alpha^4)}{\dfrac{D}{2}}=\frac{\pi D^3}{32}(1-\alpha^4)$$

式中，$\alpha=\dfrac{d}{D}$。

如果梁的最大工作应力不超过材料的许用弯曲应力，梁就是安全的。因此，梁弯曲时的正应力强度条件为

$$\sigma_{\max}=\frac{M_{\max}}{W_z}\leqslant[\sigma] \tag{7-6}$$

对于抗拉强度和抗压强度相等的材料（如碳钢），只要绝对值最大的正应力不超过许用弯曲应力即可。对于抗拉强度和抗压强度不等的材料（如铸铁），则最大的拉应力和最大的压应力分别不超过各自的许用弯曲应力。

特别指出，由弯曲正应力计算式

$$\sigma=\frac{My}{I_z}$$

可见，正应力不仅与 M 有关，而且与 $\dfrac{y}{I_z}$ 有关，即与截面的形状和尺寸有关。对截面为某些形状的梁或变截面梁进行强度校核时，不应只考虑弯矩为最大值的截面。

◀ 讲授视频：弯曲正应力的强度条件。

【例 7-2】 20a 工字钢梁的支承和受力情况如图 7-7(a) 所示。若许用应力 $[\sigma]=160\ \text{MPa}$，试求许可载荷 $[F]$。

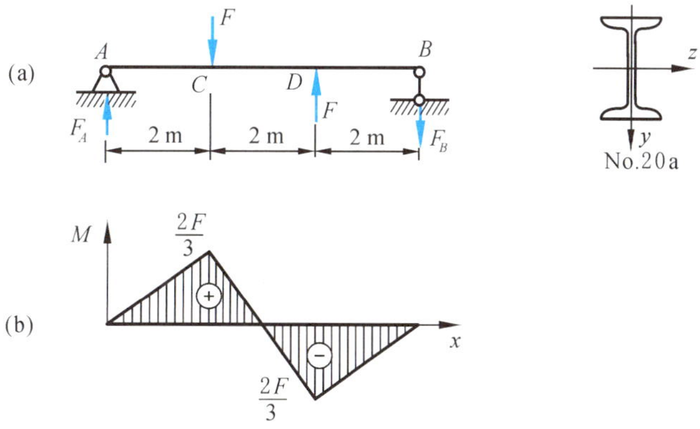

图 7-7 例 7-2 图

解：(1) 计算支反力。由平衡方程，得

$$F_A=F_B=\frac{F}{3}$$

（2）作弯矩图，如图 7－7(b) 所示。可见最大弯矩为

$$|M|_{\max}=\frac{2F}{3}$$

（3）确定许可载荷。由强度条件

$$\sigma_{\max}=\frac{|M|_{\max}}{W_z}=\frac{2F}{3W_z}\leqslant[\sigma]$$

查型钢表，得 20a 工字钢的弯曲截面系数

$$W_z=237\ \mathrm{cm}^3$$

得许可载荷为

$$F\leqslant\frac{3}{2}W_z[\sigma]=\frac{3}{2\ \mathrm{m}}\times(237\times10^{-6}\ \mathrm{m}^3)\times(160\times10^6\ \mathrm{Pa})=56.9\times10^3\ \mathrm{N}=56.9\ \mathrm{kN}$$

【例 7－3】 一矩形截面木梁如图 7－8(a) 所示。已知 $F=10$ kN，$a=1.2$ m，木材的许用应力$[\sigma]=10$ MPa。设梁横截面的高宽比为 $h/b=2$，试选择梁的截面尺寸。

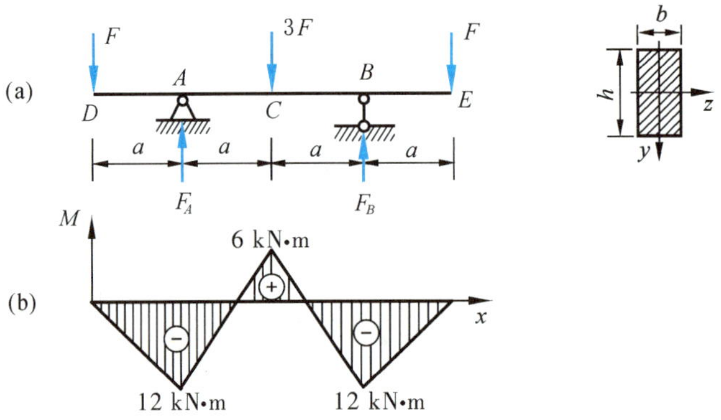

图 7－8　例 7－3 图

解：（1）计算支反力，由平衡方程，得

$$F_A=F_B=\frac{5}{2}F=25\ \mathrm{kN}$$

（2）作弯矩图，如图 7－8(b) 所示。可见最大弯矩为

$$|M|_{\max}=Fa=12\ \mathrm{kN\cdot m}$$

（3）选择截面尺寸，由强度条件

$$\sigma_{\max}=\frac{|M|_{\max}}{W_z}=\frac{|M|_{\max}}{\dfrac{bh^2}{6}}=\frac{3|M|_{\max}}{2b^3}\leqslant[\sigma]$$

$$b\geqslant\sqrt[3]{\frac{3|M|_{\max}}{2[\sigma]}}=\sqrt[3]{\frac{3\times(12000\ \mathrm{N\cdot m})}{2\times(10\times10^6\ \mathrm{Pa})}}=0.1216\ \mathrm{m}=121.6\ \mathrm{mm}$$

$$h=2b=243\ \mathrm{mm}$$

最后选用 125 mm × 250 mm 的截面。

【例 7－4】 T 字形截面铸铁梁的载荷和尺寸如图 7－9(a) 所示。铸铁抗拉许用应力为

$[\sigma_t]=30\ \text{MPa}$，抗压许用应力$[\sigma_c]=160\ \text{MPa}$。已知截面对形心轴 z 的惯性矩为 $I_z=763\ \text{cm}^4$，且$|y_1|=52\ \text{mm}$。试按正应力校核梁的强度。

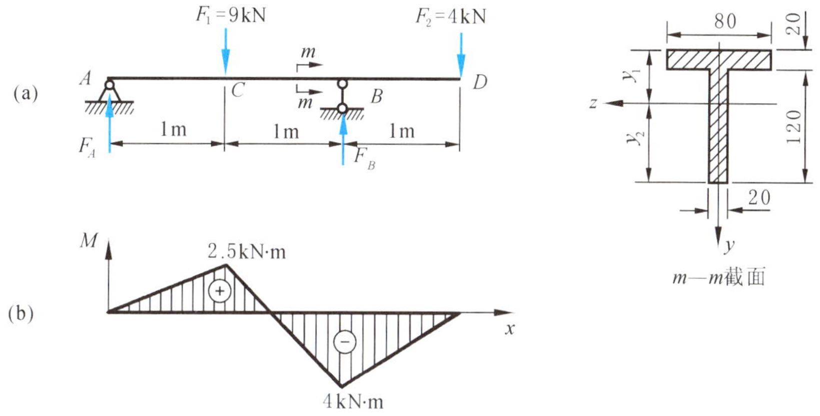

图 7-9　例 7-4 图

解：(1) 计算支反力。由平衡方程，得

$$F_A=2.5\ \text{kN},\quad F_B=10.5\ \text{kN}$$

(2) 作弯矩图，如图 7-9(b) 所示。可见最大正弯矩在截面 C 上，最大负弯矩在截面 B 上，其绝对值大小分别为

$$M_C=2.5\ \text{kN}\cdot\text{m},\quad M_B=4\ \text{kN}\cdot\text{m}$$

(3) 强度校核。T 字形截面关于中性轴不对称，同一截面上的最大拉应力和最大压应力并不相等。计算最大应力时，应以 y_1 和 y_2 分别代入式(7-2)。

在截面 B 上，弯矩是负的，最大拉应力在上边缘各点，其值为

$$\sigma_{\text{tmax}}=\frac{M_B y_1}{I_z}=\frac{(4000\ \text{N}\cdot\text{m})\times(52\times10^{-3}\ \text{m})}{763\times10^{-8}\ \text{m}^4}=27.3\ \text{MPa}<[\sigma_t]$$

最大压应力在下边缘各点，其值为

$$\sigma_{\text{cmax}}=\frac{M_B y_2}{I_z}=\frac{(4000\ \text{N}\cdot\text{m})\times[(140-52)\times10^{-3}\ \text{m}]}{763\times10^{-8}\ \text{m}^4}=46.1\ \text{MPa}<[\sigma_c]$$

在截面 C 上，虽然弯矩 M_C 的绝对值小于 M_B，但 M_C 是正弯矩，最大拉应力发生在截面的下边缘各点，而这些点到中性轴的距离却比较大($y_2>y_1$)，因而就有可能发生比截面 B 还要大的拉应力。所以必须校核其强度，其值为

$$\sigma_{\text{tmax}}=\frac{M_C y_2}{I_z}=\frac{(2500\ \text{N}\cdot\text{m})\times[(140-52)\times10^{-3}\ \text{m}]}{763\times10^{-8}\ \text{m}^4}=28.8\ \text{MPa}<[\sigma_t]$$

由于截面 C 最大压应力发生在上边缘各点，这些点到中性轴的距离比截面 B 最大压应力各点到中性轴的距离小，且截面 C 上的弯矩比截面 B 上的弯矩的绝对值小，由于截面 B 上的压应力满足强度条件，截面 C 上的压应力一定满足强度条件，可以不计算。

从计算结果可见，全梁满足强度条件。但最大拉应力不是发生在弯矩绝对值最大的截面 B 上。

◀ 讲授视频：弯曲正应力强度条件的应用。

7.3 梁的切应力及其强度条件

7.3.1 梁的弯曲切应力

梁在横力弯曲时，梁的横截面上既有弯矩又有剪力，所以横截面上既有正应力又有切应力。下面分几种情况简单介绍弯曲切应力。

(1) 矩形截面梁的弯曲切应力

在矩形截面梁的任意截面上，剪力 F_S 都与截面的对称轴 y 重合。关于横截面上切应力的分布规律，作以下两个假设：

① 横截面上各点的切应力的方向都平行于剪力 F_S；

② 切应力沿截面宽度均匀分布。

在截面高度 h 大于宽度 b 的情况下，以上述假设为基础得到的解，与精确解相比有足够的准确度，因而上述假设是合理的。

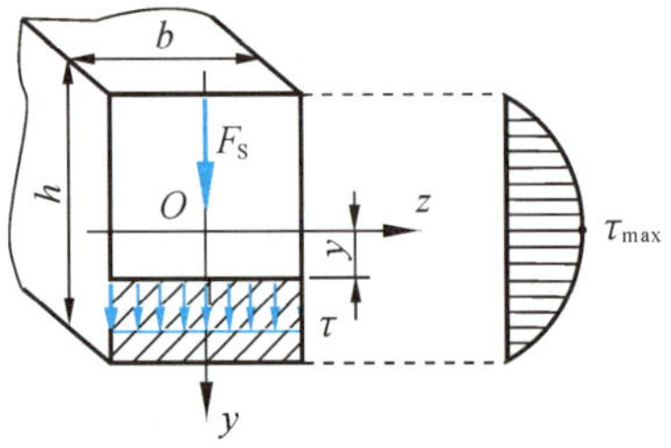

图 7-10 矩形截面

设宽为 b、高为 h 的矩形截面梁，在截面上沿 y 方向的剪力 F_S，如图 7-10 所示。这时横截面上距中性轴 z 为 y 的任一点的切应力计算式为

$$\tau=\frac{F_S S_z^*}{I_z b} \tag{7-7}$$

式中，F_S 为横截面上的剪力，b 为横截面上所求切应力处的宽度，I_z 为横截面对中性轴 z 的惯性矩，S_z^* 为距中性轴 z 为 y 的横线至下边缘部分(图 7-10 中的阴影部分)对中性轴的静矩。

图 7-10 中阴影部分对中性轴的静矩为

$$S_z^*=b\left(\frac{h}{2}-y\right)\left[y+\frac{h/2-y}{2}\right]=\frac{b}{2}\left(\frac{h^2}{4}-y^2\right)$$

将静矩 S_z^* 代入式(7-7)，可得

$$\tau=\frac{F_S}{2I_z}\left(\frac{h^2}{4}-y^2\right) \tag{7-8}$$

从式(7-8)可见，沿截面高度切应力 τ 按抛物线规律变化。当 $y=\pm\frac{h}{2}$ 时，$\tau=0$。这表明在截面上、下边缘的各点处，切应力等于零。随着离中性轴的距离 y 的减小，τ 逐渐增大。当 $y=0$ 时，τ 为最大值，即最大切应力发生于中性轴上，且

$$\tau_{max}=\frac{F_S h^2}{8I_z}$$

将 $I_z=\dfrac{bh^3}{12}$ 代入上式,得

$$\tau_{\max}=\frac{3F_S}{2bh} \tag{7-9}$$

可见,矩形截面梁的最大切应力为平均切应力$\dfrac{F_S}{bh}$的 1.5 倍,方向同剪力 F_S。

(2) 工字形截面梁的弯曲切应力

如图 7-11(a) 所示,工字形截面由腹板和翼缘组成,中间狭长部分为腹板,上下扁平部分为翼缘。梁横截面上的切应力主要分布在腹板上,翼缘部分的切应力情况比较复杂,数值很小,可以忽略不计。

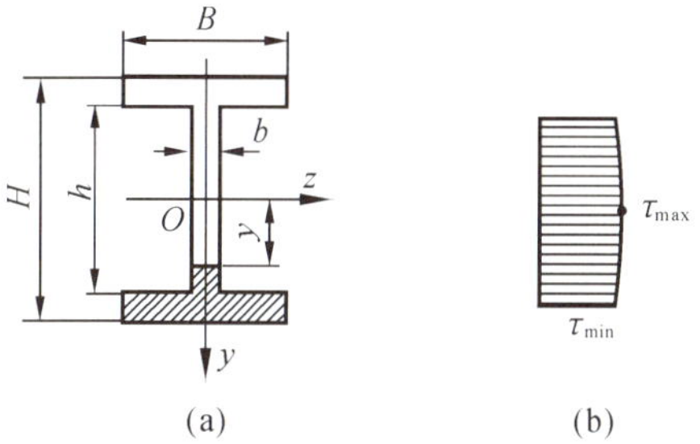

图 7-11　工字形截面

腹板是一个狭长矩形,关于矩形截面上切应力分布的两个假设仍然适用。用相同的方法,可得到相同的切应力计算公式,即

$$\tau=\frac{F_S S_z^*}{I_z b}$$

如要计算腹板上距中性轴为 y 处的切应力,则 S_z^* 为图 7-11(a) 中阴影部分面积对中性轴的静矩

$$\begin{aligned}S_z^*&=B\left(\frac{H}{2}-\frac{h}{2}\right)\left[\frac{h}{2}+\frac{1}{2}\left(\frac{H}{2}-\frac{h}{2}\right)\right]+b\left(\frac{h}{2}-y\right)\left[y+\frac{1}{2}\left(\frac{h}{2}-y\right)\right]\\&=\frac{B}{8}(H^2-h^2)+\frac{b}{2}\left(\frac{h^2}{4}-y^2\right)\end{aligned}$$

于是

$$\tau=\frac{F_S}{I_z b}\left[\frac{B}{8}(H^2-h^2)+\frac{b}{2}\left(\frac{h^2}{4}-y^2\right)\right] \tag{7-10}$$

可见,沿腹板高度,切应力也是按抛物线规律分布的[图 7-11(b)]。以 $y=0$ 和 $y=\pm\dfrac{h}{2}$ 分别代入式(7-10),求得腹板上最大和最小切应力分别为

$$\tau_{\max}=\frac{F_S}{I_z b}\left[\frac{BH^2}{8}-(B-b)\frac{h^2}{8}\right]$$

$$\tau_{\min}=\frac{F_S}{I_z b}\left(\frac{BH^2}{8}-\frac{Bh^2}{8}\right)$$

由以上两式可见,因为腹板的宽度 b 远小于翼缘的宽度 B,最大切应力 $\tau_{\max}$ 与最小切应力

τ_{min} 实际上相差不大，所以，可认为在腹板上切应力大致是均匀分布的。计算结果表明，工字形截面上的剪力绝大部分由腹板承担，翼缘上平行于剪力方向的切应力很小。这样，就可以用剪力 F_S 除以腹板的面积 bh，近似地得到腹板内的切应力为

$$\tau = \frac{F_S}{bh} \tag{7-11}$$

(3) 圆形截面梁的弯曲切应力

图 7-12 所示为圆形截面梁，对于圆形截面梁，由切应力互等定理可知，在截面边缘上各点处切应力 τ 的方向必与圆周相切，而在 y 轴上的各点处切应力的方向必沿 y 方向。为此，可以假设：

① 沿宽度 ab 上各点处的切应力均汇交于点 D；② 各点处切应力沿 y 轴方向的分量沿宽度相等。这样，τ_y 可用式(7-7)计算，即

$$\tau_y = \frac{F_S S_z^*}{I_z b}$$

式中，$b = 2\sqrt{R^2 - y^2}$，为 ab 弦的长度，S_z^* 为 ab 弦以上的面积对中性轴 z 的静矩，其表达式为

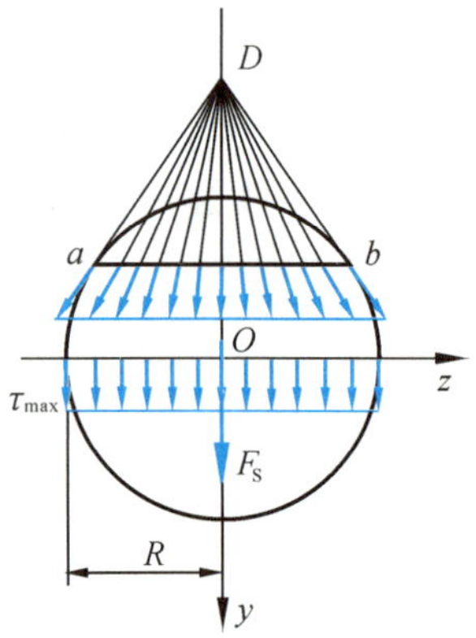

图 7-12　圆形截面

$$S_z^* = \frac{2}{3}(R^2 - y^2)^{3/2}$$

代入上式，得

$$\tau_y = \frac{F_S(R^2 - y^2)}{3I_z}$$

在 $y=0$ 的中性轴上，τ_y 达到最大值。将 $y=0$ 及圆形截面的惯性矩 $I_z = \frac{\pi R^4}{4}$ 代入上式，得最大切应力值为

$$\tau_{max} = \frac{4F_S}{3\pi R^2} = \frac{4}{3}\frac{F_S}{A} \tag{7-12}$$

可见，圆形截面的最大切应力发生在中性轴上各点处，其数值为平均切应力的 $\frac{4}{3}$ 倍。

(4) 薄壁圆环形截面梁的弯曲切应力

图 7-13 所示一薄壁圆环形截面，环壁厚度为 δ，环的平均半径为 R。由于 δ 与 R 相比很小，故可假设：① 横截面上切应力的大小沿壁厚无变化；② 切应力的方向与圆周相切。

对于圆环形截面，其 τ_{max} 发生在中性轴上。而在求中性轴上的切应力时，式中的 b 应为 2δ，而 S_z^* 则为半个圆环的面积对中性轴的静矩，其值为

$$S_z^* = \pi R\delta \cdot \frac{2R}{\pi} = 2R^2\delta$$

圆环形截面对中性轴的惯性矩为

$$I_z = \pi R^3 \delta$$

于是，得

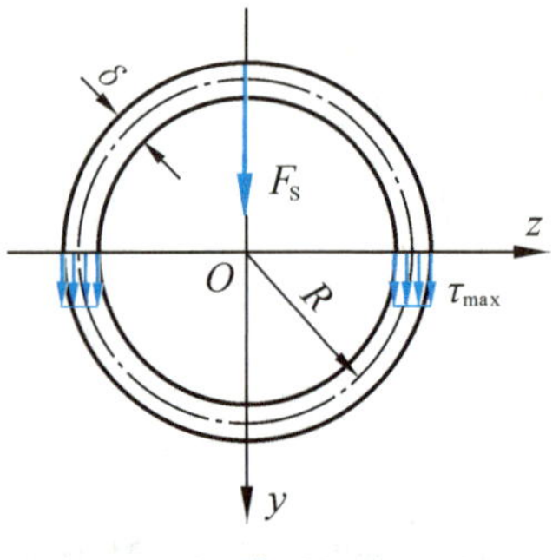

图 7-13　薄壁圆环形截面

$$\tau_{max}=\frac{F_S S_z^*}{I_z b}=\frac{F_S\cdot 2R^2\delta}{\pi R^3\delta\cdot 2\delta}=2\frac{F_S}{A} \tag{7-13}$$

式中,$A=2\pi R\delta$ 为圆环形截面的面积。可见,最大切应力为平均切应力的两倍。

7.3.2 梁的切应力强度条件

对于横力弯曲的梁,其横截面上一般既有弯矩又有剪力。梁除了要满足弯曲正应力强度要求外,还应该满足弯曲切应力强度要求。

等直梁的最大切应力一般是在最大剪力所在横截面的中性轴上,即

$$\tau_{max}=\frac{F_{Smax}S_z^*}{I_z b}$$

中性轴上各点正应力等于零,所以都是纯剪切。于是,可按纯剪切应力状态下的强度条件公式

$$\tau_{max}\leqslant[\tau]$$

建立梁的切应力强度条件。将最大弯曲切应力的表达式代入上式,即得梁的切应力强度条件

$$\tau_{max}=\frac{F_{Smax}S_z^*}{I_z b}\leqslant[\tau] \tag{7-14}$$

式中,$[\tau]$ 为材料在横力弯曲时的许用切应力。

细长梁的控制因素通常是弯曲正应力。满足弯曲正应力强度条件的梁,一般都能满足弯曲切应力强度条件。只是在下面一些特殊情况下,要进行梁的弯曲切应力强度校核:

(1) 梁的跨度较短,或在支座附近作用较大的载荷,以致梁的弯矩较小,而剪力很大。

(2) 铆接或焊接的工字梁,如腹板较薄而截面高度很大,以致厚度与高度的比值小于型钢的相应比值,这时,对腹板应进行切应力校核。

(3) 经焊接、铆接或胶合而成的梁,对焊接、铆接或胶合面等,一般要进行切应力校核。

【例 7-5】 一外伸梁如图 7-14(a) 所示,已知 $F=50$ kN,$a=0.15$ m,$l=1$ m,梁由工字钢制成,材料的许用正应力$[\sigma]=160$ MPa,许用切应力$[\tau]=100$ MPa,试选择工字钢的型号。

解: 此梁的载荷距支座较近,弯矩较小,而剪力相对较大,且工字钢的腹板较窄,因此,除考虑正应力强度外,还应校核切应力强度。

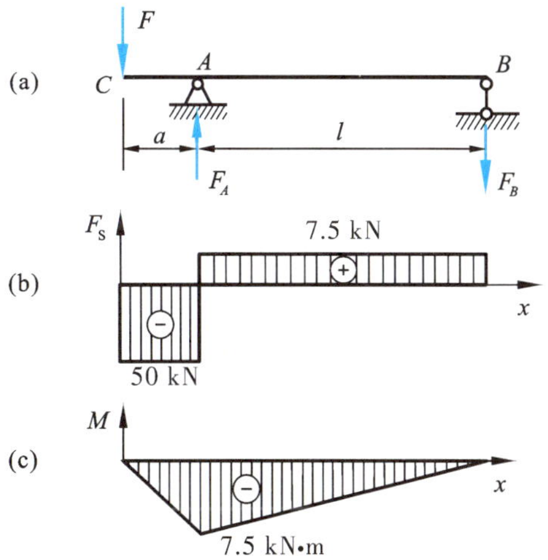

图 7-14 例 7-5 图

(1) 计算支反力。由平衡方程，得

$$F_A=\left(1+\frac{a}{l}\right)F=57.5\ \text{kN}\cdot\text{m},\quad F_B=\frac{a}{l}F=7.5\ \text{kN}$$

(2) 作剪力图和弯矩图，如图 7-14(b)、(c) 所示。

$$|F_S|_{max}=F=50\ \text{kN},\quad |M|_{max}=Fa=7.5\ \text{kN}\cdot\text{m}$$

(3) 选择工字钢型号。由弯曲正应力强度条件，得

$$W_z\geqslant\frac{M_{max}}{[\sigma]}=\frac{7.5\times10^3\ \text{N}\cdot\text{m}}{160\times10^6\text{Pa}}=46.9\times10^{-6}\ \text{m}^3=46.9\ \text{cm}^3$$

查型钢表，选用 10 号工字钢，其 $W_z=49.0\ \text{cm}^3$，$I_z:S_z^*=8.59\ \text{cm}$，$d=4.5\ \text{mm}$。

(4) 校核切应力强度。由切应力强度条件

$$\tau_{max}=\frac{F_S S_z^*}{I_z d}=\frac{50\times10^3\ \text{N}}{(8.59\times10^{-2}\ \text{m})\times(4.5\times10^{-3}\ \text{m})}=129.3\ \text{MPa}>[\tau]$$

不满足切应力强度条件，必须重新选择更大的截面。现以 12.6 号工字钢进行试算。由型钢表得到 $I_z:S_z^*=10.8\ \text{cm}$，$d=5.0\ \text{mm}$。再次进行切应力强度校核

$$\tau_{max}=\frac{F_S S_z^*}{I_z d}=\frac{50\times10^3\ \text{N}}{(10.8\times10^{-2}\ \text{m})\times(5.0\times10^{-3}\ \text{m})}=92.6\ \text{MPa}<[\tau]$$

因此，按照满足正应力和切应力强度条件，应选择 12.6 号的工字钢。

【例 7-6】 如图 7-15(a) 所示的矩形截面梁，由 3 根木条胶合而成。若胶合面上的许用切应力$[\sigma_{胶}]=0.34\ \text{MPa}$，木材的许用正应力$[\sigma]=10\ \text{MPa}$，许用切应力$[\tau]=1\ \text{MPa}$。试求许可载荷$[F]$。

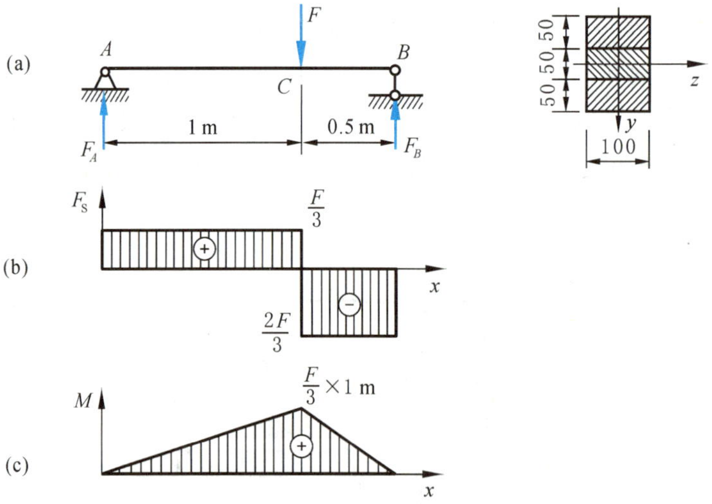

图 7-15　例 7-6 图

解： (1) 计算支反力。由平衡方程，得

$$F_A=\frac{F}{3},\quad F_B=\frac{2F}{3}$$

(2) 作剪力图和弯矩图，如图 7-15(b)、(c) 所示。

$$|F_S|_{max}=\frac{2F}{3},\quad M_{max}=\frac{F}{3}\times(1\ m)$$

(3) 确定许可载荷[F]。由弯曲正应力强度条件

$$\sigma_{max}=\frac{M_{max}}{W_z}=\frac{F\times(1\ m)}{3W_z}\leqslant[\sigma]$$

得

$$F\leqslant\frac{3W_z[\sigma]}{1\ m}=\frac{3(bh^2/6)[\sigma]}{1\ m}=\frac{(0.1\ m)\times(0.15\ m)^2\times(10\times10^6\ Pa)}{2\times(1\ m)}=11.25\ kN$$

由弯曲切应力强度条件

$$\tau_{max}=\frac{3}{2}\frac{F_{Smax}}{bh}=\frac{F}{bh}\leqslant[\tau]$$

得

$$F\leqslant[\tau]bh=(1\times10^6\ Pa)\times(0.1\ m)\times(0.15\ m)=15.0\ kN$$

由胶合面上切应力强度条件

$$\tau_{胶}=\frac{F_S S_z^*}{I_z b}=\frac{2FS_z^*}{3I_z b}\leqslant[\tau_{胶}]$$

得

$$F\leqslant\frac{3I_z b[\tau_{胶}]}{2S_z^*}=\frac{3\times\frac{(0.1\ m)\times(0.15\ m)^3}{12}(0.1\ m)\times(0.34\times10^6\ Pa)}{2\times(0.1\ m)\times(0.05\ m)\times(0.05\ m)}=5.74\ kN$$

综上所述，该梁的许可载荷为

$$[F]=5.74\ kN$$

7.4　提高梁的弯曲强度的措施

按强度条件设计梁时，主要是根据梁的弯曲正应力强度条件

$$\sigma_{max}=\frac{M_{max}}{W}\leqslant[\sigma]$$

由上式可见，要提高梁的弯曲强度，即减小最大正应力，可以从两方面来考虑，一是合理安排梁的受力情况，以减小最大弯矩 M_{max} 的数值；二是采用合理的截面形状以及合理设计梁的外形，以增大弯曲截面系数 W 的数值。

7.4.1　合理安排梁的受力情况

合理安排作用在梁上的载荷，可以减小梁的最大弯矩。例如，简支梁在跨中受集中力 F 作用，如图 7-16 所示，梁的最大弯矩为 $M_{max}=\frac{Fl}{4}$。如将集中力 F 分成两个集中力，如图7-17所示，则梁的最大弯矩减为 $M_{max}=\frac{Fl}{8}$，为原简支梁最大弯矩值的一半。

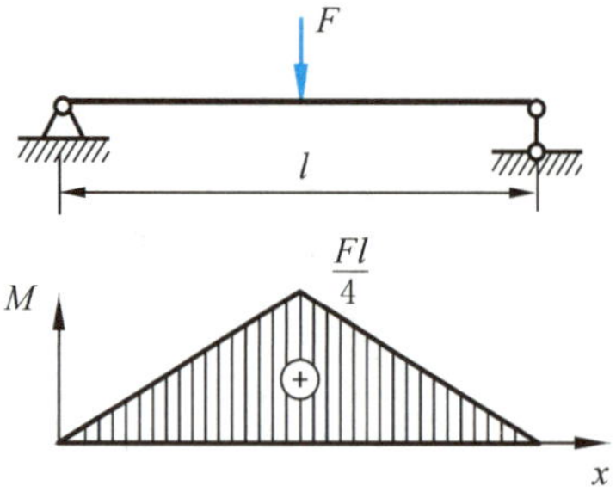

图 7-16 简支梁在跨中受集中力 F

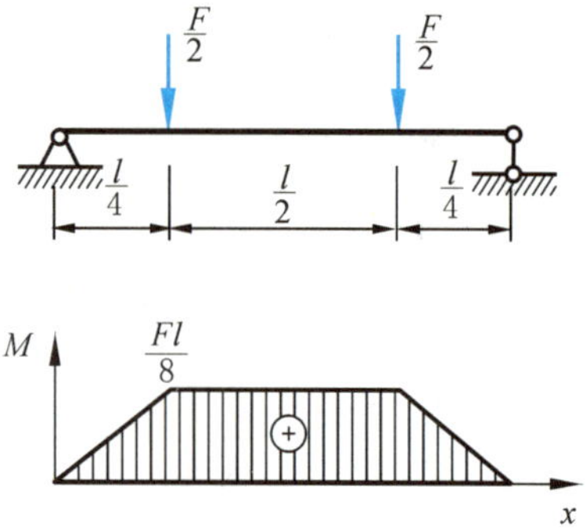

图 7-17 将集中力 F 分成两个集中力

合理布置梁的支座，同样也可以减小梁的最大弯矩。例如，简支梁受均布载荷 q 作用，如图 7-18 所示，梁的最大弯矩为 $M_{\max}=\dfrac{ql^2}{8}=0.125ql^2$。如将两端支座各向里移动 $0.2l$，如图 7-19 所示，则梁的最大弯矩减为 $M_{\max}=\dfrac{ql^2}{40}=0.025ql^2$，仅为原简支梁最大弯矩值的 20%。

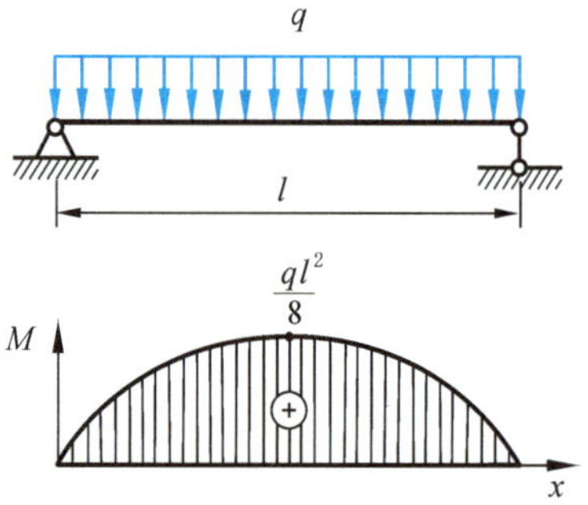

图 7-18 简支梁受均布载荷 q 作用

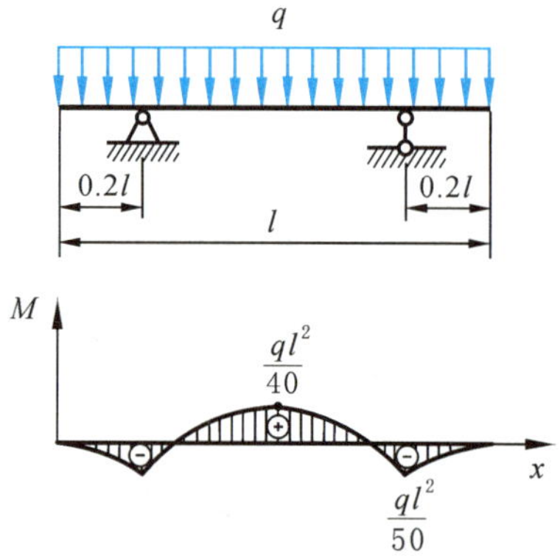

图 7-19 两端支座各向里移动后梁的弯矩图

在工程实际中，图 7-20(a) 所示的门式起重机的大梁，图 7-20(b) 所示的圆柱形容器，其支撑点都略向中间移动，就考虑了减小由载荷和自重所产生的最大弯矩。

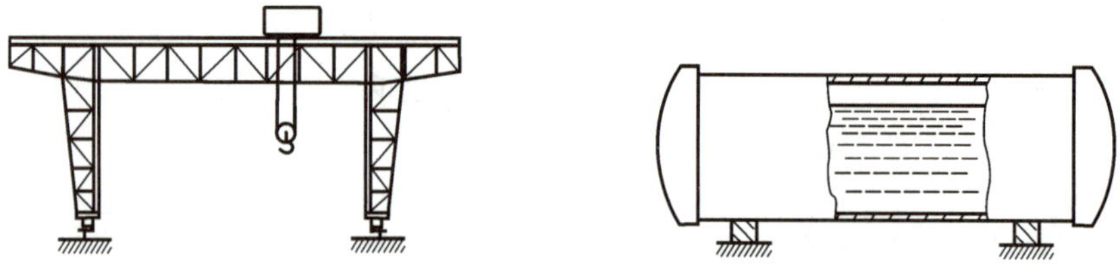

(a) (b)

图 7-20 门式起重机的大梁和圆柱形容器

7.4.2 采用合理的截面形状

当弯矩值一定时，横截面上的最大正应力与弯曲截面系数成反比，即弯曲截面系数 W 越大越好。另一方面，横截面面积越小，梁使用的材料越少，自重越轻，即横截面面积 A 越小越好。

因此，合理的横截面形状应该是截面面积 A 较小，而弯曲截面系数 W 较大，可以用比值 $\frac{W}{A}$ 来衡量截面形状的合理性。所以，在截面面积一定时，环形截面比圆形截面合理，矩形截面比圆形截面合理，矩形截面竖放比平放合理，工字形截面比矩形截面合理。

另外，截面是否合理，还应考虑材料的特性。在梁横截面上距中性轴最远的各点处，分别有最大拉应力和最大压应力。为充分发挥材料的承载能力，应使两者同时达到材料的许用应力。对抗拉强度和抗压强度相等的材料制成的梁，宜采用中性轴为其对称轴的截面，例如，图 7－21 所示的工字形、矩形、圆形和环形截面等。对抗拉强度和抗压强度不相等的材料制成的梁，宜采用中性轴偏向于受拉一侧的截面，例如，图 7－22 所示的一些截面。对这类截面，应使最大拉应力和最大压应力同时接近材料的许用拉应力和许用压应力。

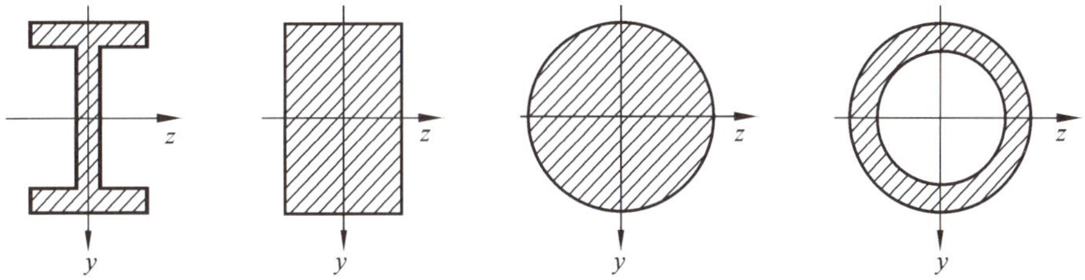

图 7－21 中性轴为对称轴的截面

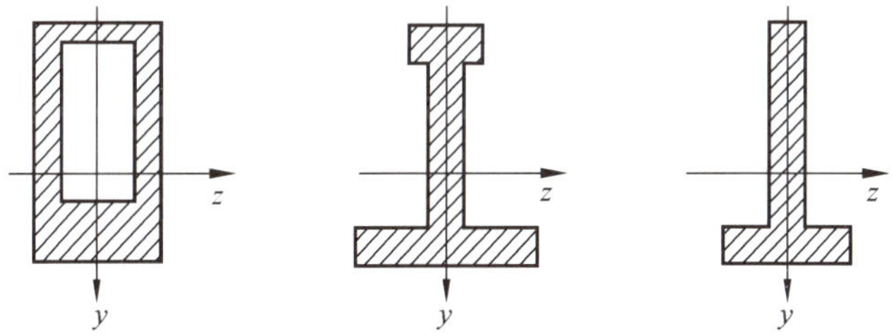

图 7－22 中性轴偏向于受拉一侧的截面

7.4.3 合理设计梁的外形

一般情况下，梁在弯曲时，梁各截面上的弯矩是不同的，弯矩是随截面位置不同而变化的。由 $\sigma_{\max}=\frac{M_{\max}}{W}\leqslant[\sigma]$ 可知，对于等截面的梁，$W=$ 常数，最大正应力发生在弯矩最大的截面上，距中性轴最远的各点处。也就是说，当最大弯矩截面上的最大正应力达到材料的许用应力时，其余各截面上的最大正应力都小于或远小于材料的许用应力，材料没有得到充分利用。因此，为了节约材料并减轻自重，考虑将截面设计成变化的，即弯矩较大处，截面设计大些；弯矩较小处，截面设计小些。这种截面沿轴线变化的梁，称为变截面梁（beam of variable cross-section）。如图 7－23(a)、(b) 所示的阶梯轴和鱼腹梁。

理想的变截面梁应该为：梁各横截面上的最大正应力都相等，且等于许用应力，即

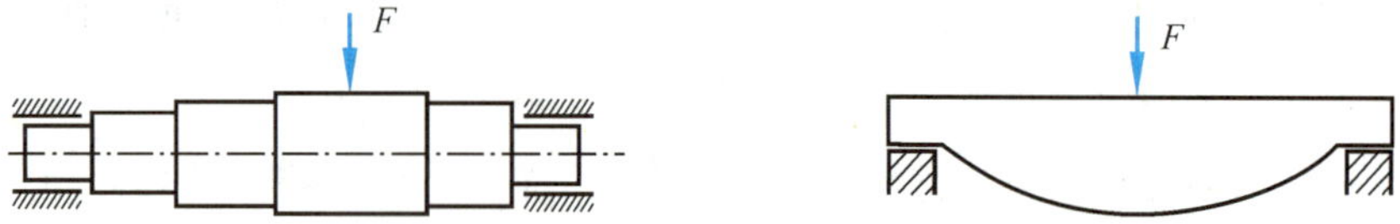

(a)　　(b)

图 7-23　阶梯轴和鱼腹梁

$$\sigma_{\max}=\frac{M(x)}{W(x)}=[\sigma] \tag{7-15}$$

这种梁称为等强度梁(beam of constant strength)。

7.5　工程实例分析:等强度梁设计

工程实际中遇到的梁,很多都是按等强度梁进行设计的。由式(7-15)可得

$$W(x)=\frac{M(x)}{[\sigma]} \tag{7-16}$$

这就是等强度梁的 $W(x)$ 沿梁轴线的变化规律。

如图 7-24(a) 所示,在集中力 F 作用下的简支梁为等强度梁,截面为矩形,且设截面高度 $h=$常数,而宽度 b 为 x 的函数,即 $b=b(x)(0\leqslant x\leqslant \frac{l}{2})$。

在左半段距左端为 x 处的弯矩为

$$M(x)=\frac{F}{2}x$$

作弯矩图如图 7-24(b) 所示。

由式(7-16)得

$$W(x)=\frac{M(x)}{[\sigma]}=\frac{Fx}{2[\sigma]}$$

截面为矩形,设 x 处的截面宽度为 $b(x)$,则

$$W(x)=\frac{1}{6}b(x)h^2=\frac{Fx}{2[\sigma]}$$

解得截面宽度为

$$b(x)=\frac{3Fx}{[\sigma]h^2}$$

以上是左半段梁宽度变化的规律。右半段梁与左半段梁对称,全梁宽度变化规律如图 7-24(c) 所示。当 $x=\frac{l}{2}$ 时,截面宽度 b_1 最大,即

$$b_1=\frac{3Fl}{2[\sigma]h^2}$$

由弯曲正应力考虑梁的宽度变化,梁两端的截面宽度趋于零,这将不能承受剪力,因此必

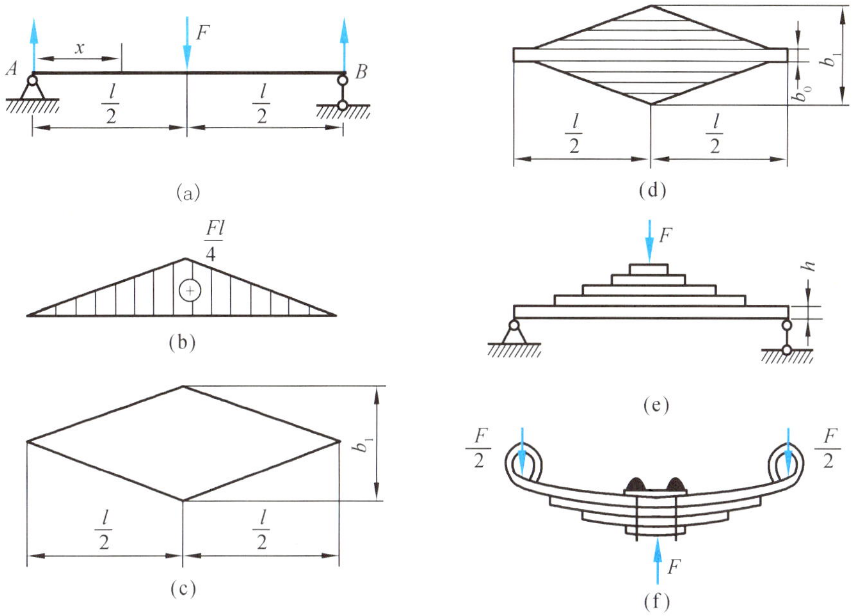

图 7-24　等强度简支梁(一)

须按切应力强度条件确定截面的最小宽度 b_0,将 $F_{Smax}=\frac{F}{2}$,代入式(7-9),得

$$\tau_{max}=\frac{3}{2}\frac{F_S}{A}=\frac{\frac{3F}{2}}{2b_0h}=\frac{3F}{4b_0h}\leqslant[\tau]$$

端截面的最小宽度为

$$b_0\geqslant\frac{3F}{4[\tau]h}$$

截面宽度实际变化规律如图 7-24(d) 所示。

为了避免使用上的不便,常把梁沿图 7-24(d) 中的细线裁成窄条,然后叠在一起,如图 7-24(e) 所示。车辆上使用的叠板弹簧[图 7-24(f)]就是按这种方法制成的。

如矩形截面梁的宽度 b 为常数,而高度 h 是 x 的函数,即 $h=h(x)$,用完全类同的方法,可得

$$h(x)=\sqrt{\frac{b}{3}\frac{Fx}{[\sigma]}}$$

其中

$$h_{min}=\frac{3F}{4b[\tau]},\quad h_{max}=h_0=\sqrt{\frac{3Fl}{2b[\sigma]}}$$

按照上式确定梁的形状如图 7-25(a) 所示。

如把梁建成如图 7-25(b) 所示的形式,就成为在厂房建设中广泛使用的"鱼腹梁"。

由式(7-16) 也可求得圆截面等强度梁的横截面直径沿轴线的变化规律。但考虑到加工的方便及结构上的要求,常用阶梯状的变截面梁(阶梯轴) 来代替理论上的等强度梁。

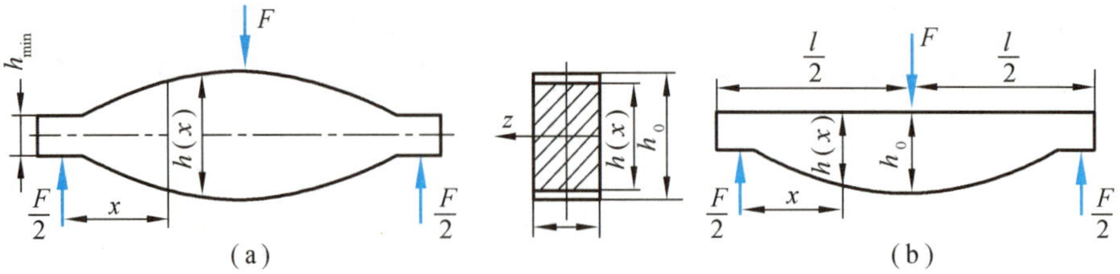

图 7-25　等强度简支梁(二)

【例 7-7】　悬臂梁如图 7-26(a) 所示，矩形截面的宽度为 b，高度从 A 端 h_0 线性变化到 B 端的 $3h_0$，若自由端处加载荷载 F，求梁的最大正应力。

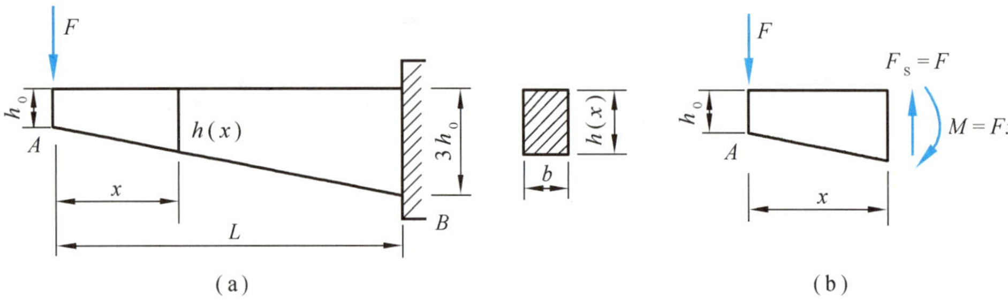

图 7-26　例 7-7 图

解：　① 在任意横截面上，最大正应力必出现在梁的上、下表面处；② 本例中 W_z 是随 x 增大而增大；③ 梁的最大正应力不一定位于弯矩最大的截面 B 上；④ 根据弯曲正应力公式将任意截面的最大弯曲正应力表示为截面位置 x 的函数。在 x 处，梁的截面高度为

$$h(x)=\frac{2h_0}{L}x+h_0=\frac{h_0}{L}(2x+L)$$

弯曲截面系数

$$W_z(x)=\frac{bh^2(x)}{6}=\frac{bh_0^2(2x+L)^2}{6L^2}$$

将 $M(x)=Fx$ 代入式(7-15)，得

$$\sigma(x)=\frac{M(x)}{W_z(x)}=\frac{6FL^2x}{bh_0^2(2x+L)^2} \tag{7-17}$$

为了确定最大正应力所在的截面，将 $\sigma(x)$ 对 x 求导并令其等于零，即

$$\frac{\mathrm{d}\sigma(x)}{\mathrm{d}x}=\frac{6FL^2}{bh_0^2}\,\frac{(2x+L)^2-x\times2\times(2x+L)\times2}{(2x+L)^4}=0$$

整理得

$$L^2-4x^2=0$$

解得

$$x=\frac{1}{2}L$$

将 $x=\frac{1}{2}L$ 代入式(7-17) 并化简，得梁内最大正应力为

$$|\sigma|_{max}=\frac{3}{4}\frac{FL}{bh_0^2}$$

而在固定端 B 处，最大正应力为

$$\sigma_{B,max}=\frac{M}{W_z}=\frac{FL}{\frac{b(3h_0)^2}{6}}=\frac{2FL}{3bh_0^2}$$

求得梁的最大正应力为 $\sigma_{max}=\frac{3FL}{4bh_0^2}$

◀ 拓展阅读：弯曲正应力理论推导简史（数字资源）

思　考　题

7-1　试画出题图所示两梁各指定截面上弯矩的方向，指出该截面上哪些部分受拉，哪些部分受压，并绘制正应力分布图。

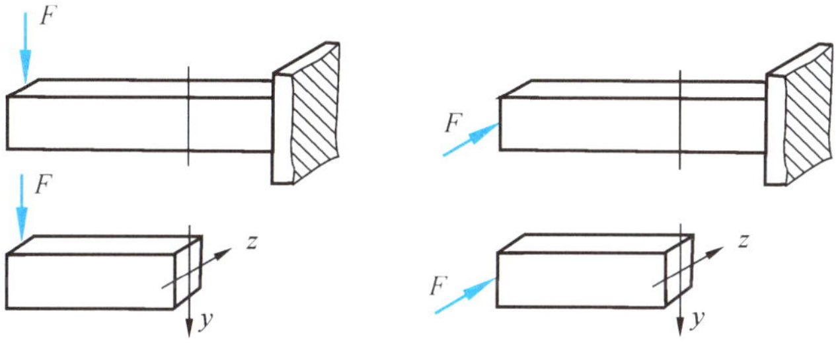

思考题 7-1 图

7-2　如果矩形截面梁的高度或宽度分别增加一倍，梁的承载能力各增加几倍？

7-3　如题图所示，若同一梁按图(a)及图(b)两种方式放置，两梁的最大弯曲正应力是否相同？

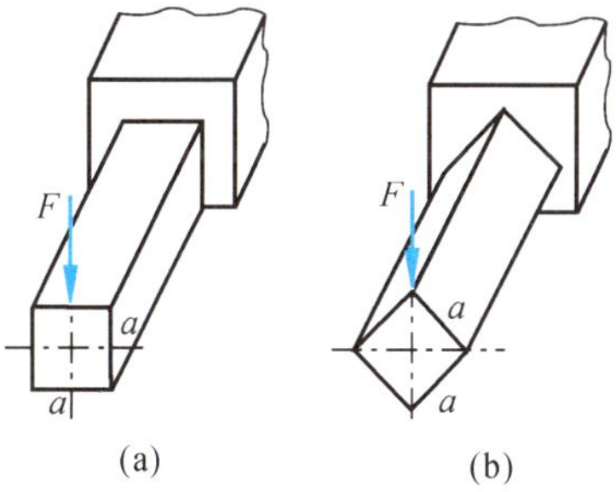

思考题 7-3 图

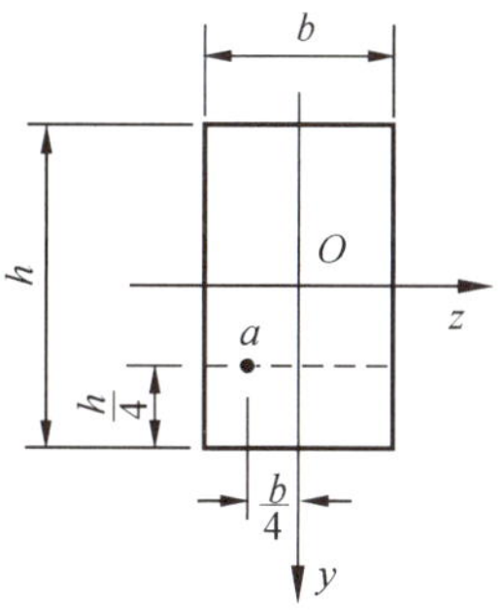

思考题 7-4 图

7-4　如题图所示，在计算矩形截面梁点 a 处的弯曲切应力时，其中的静矩 S_z^* 若取点 a

以上或点 a 以下部分的面积来计算，结果是否相同？为什么？

7－5　最大弯曲正应力是否一定发生在弯矩值最大的横截面上？

7－6　在推导对称弯曲正应力公式时作了哪些假设？在什么条件下这些假设才是正确的？

习　　题

7－1　矩形截面的悬臂梁受集中力和集中力偶作用，如题图所示。试求截面 m—m 和固定端截面 n—n 上 A、B、C、D 四点处的正应力。

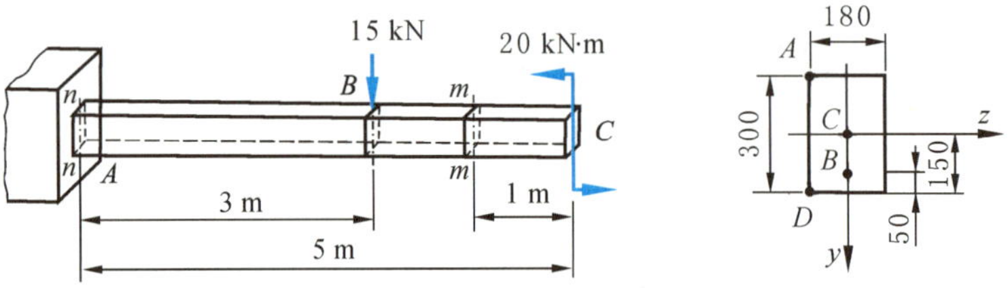

习题 7－1 图

7－2　题图所示矩形截面简支梁，受均布载荷 $q=20$ kN/m 的作用。已知跨度 $l=3$ m，截面高度 $h=24$ cm，宽度 $b=8$ cm。试分别计算横放和竖放时梁的最大正应力。

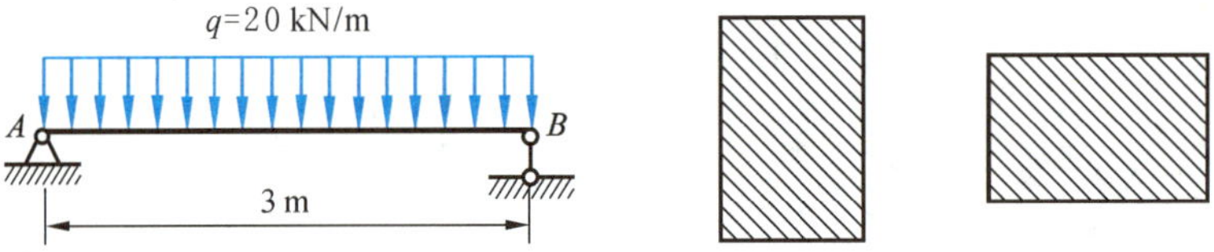

习题 7－2 图

7－3　简支梁承受均布载荷如题图所示。若分别采用截面面积相等的实心和空心圆截面，且 $D_1=40$ mm，$\dfrac{d_2}{D_2}=\dfrac{3}{5}$，试分别计算它们的最大正应力，并确定空心截面比实心截面的最大正应力减小了多少。

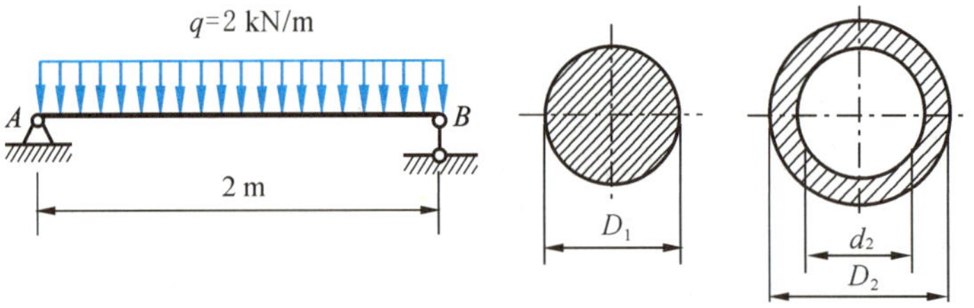

习题 7－3 图

7－4　一圆轴如题图所示，其外伸部分为空心管状，试作弯矩图，并求轴内的最大正应力。

7－5　一车轴如题图所示。已知 $a=0.6$ m，$F=5$ kN，材料的许用应力 $[\sigma]=80$ MPa，试

选择车轴直径。

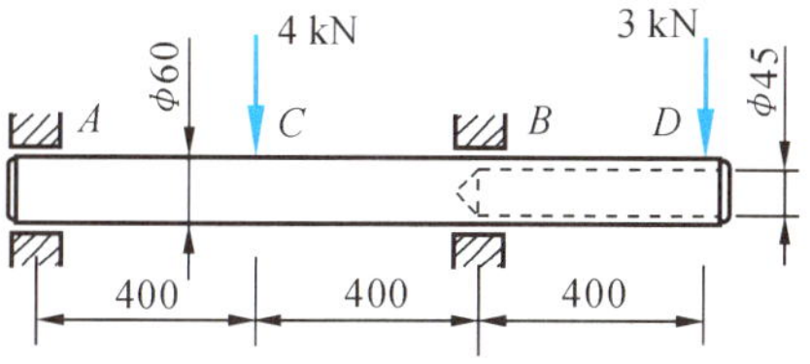

习题 7－4 图

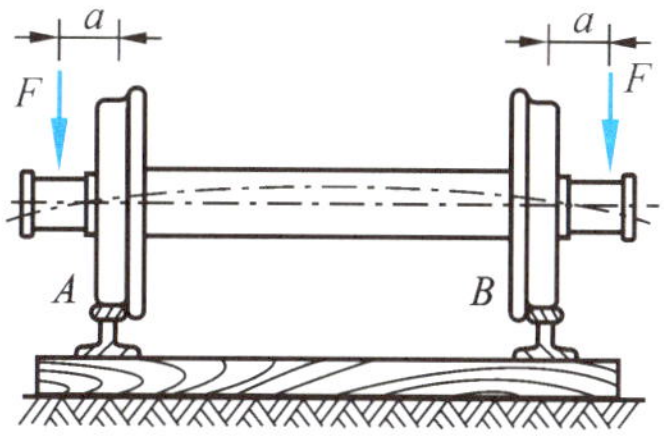

习题 7－5 图

7－6　一受均布载荷作用的外伸工字钢梁如题图所示，已知 $q=12$ kN/m，材料的许用应力$[\sigma]=160$ MPa。试选择此工字钢型号。

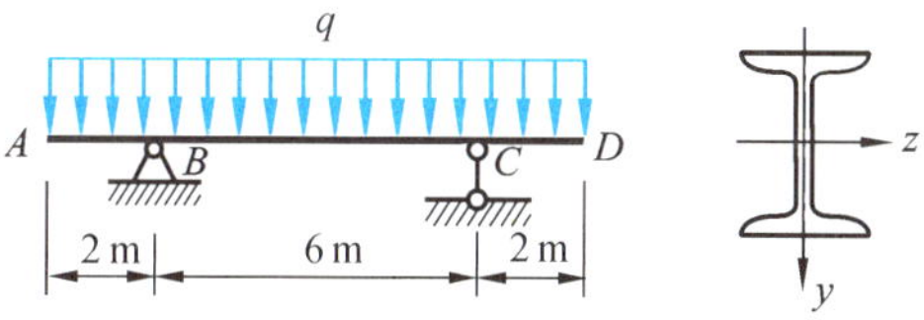

习题 7－6 图

7－7　矩形截面悬臂梁如题图所示，已知 $l=4$ m，$\dfrac{b}{h}=\dfrac{2}{3}$，$q=10$ kN/m，许用应力$[\sigma]=10$ MPa。试确定此梁横截面的尺寸。

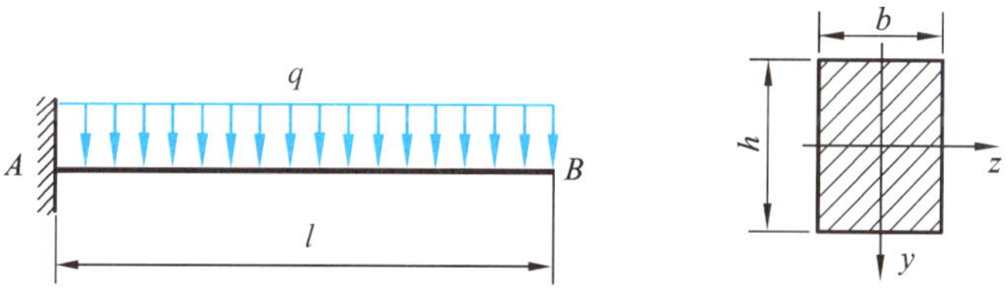

习题 7－7 图

7－8　一简支木梁受力如题图所示，载荷 $F=5$ kN，距离 $a=0.7$ m，材料的许用弯曲正应力$[\sigma]=10$ MPa，横截面为$\dfrac{h}{b}=3$ 的矩形。试按正应力强度条件确定梁横截面的尺寸。

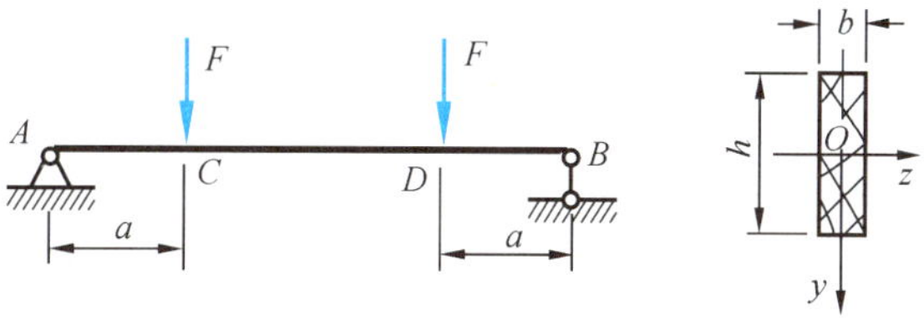

习题 7－8 图

7－9　⊥ 形截面铸铁悬臂梁，尺寸及载荷如题图所示。若材料的许用拉应力$[\sigma_t]=40$ MPa，许用压应力$[\sigma_c]=160$ MPa，截面对形心轴的惯性矩 $I_{zC}=10180$ cm^4，$h_1=9.64$ cm。试求许可载荷$[F]$。

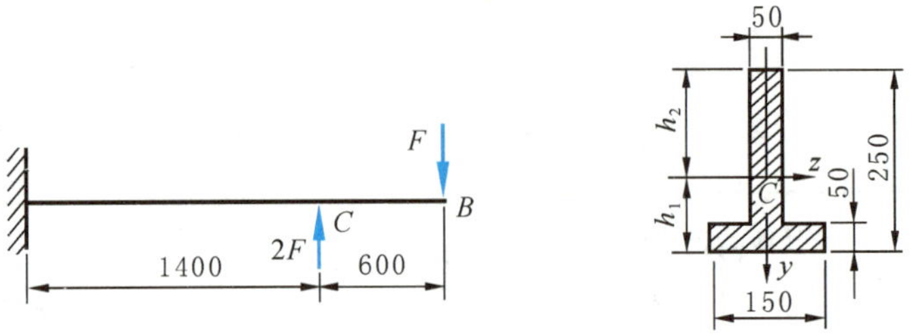

习题 7－9 图

7－10 一正方形截面悬臂木梁的尺寸及所受载荷如题图所示，木料的许用弯曲正应力$[\sigma]=10$ MPa。现需在梁的截面 C 上中性轴处钻一直径为 d 的圆孔，那么在保证梁强度的条件下，圆孔的直径 d（不考虑圆孔处应力集中的影响）最大可达多少？

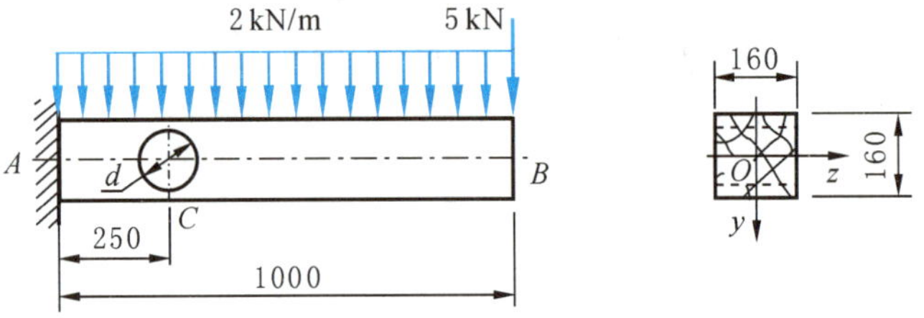

习题 7－10 图

7－11 当题图所示 20 号槽钢受纯弯曲变形时，测得 A、B 两点间长度的改变 $\Delta l=27\times10^{-3}$ mm。材料的弹性模量 $E=200$ GPa，试求梁横截面上的弯矩 M。

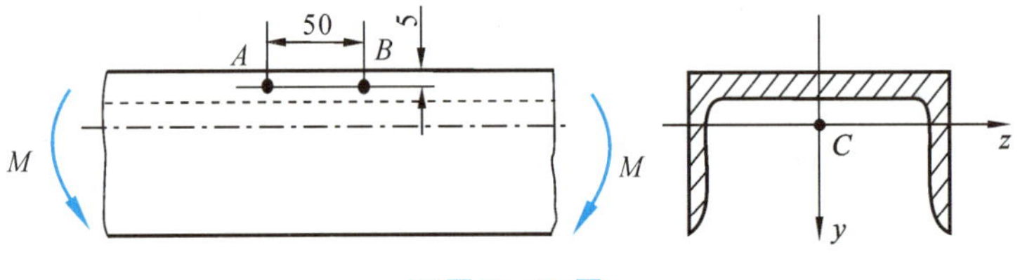

习题 7－11 图

7－12 吊车大梁如题图所示，已知许用应力$[\sigma]=120$ MPa，若不考虑梁的自重，求吊车的许可载荷 F。

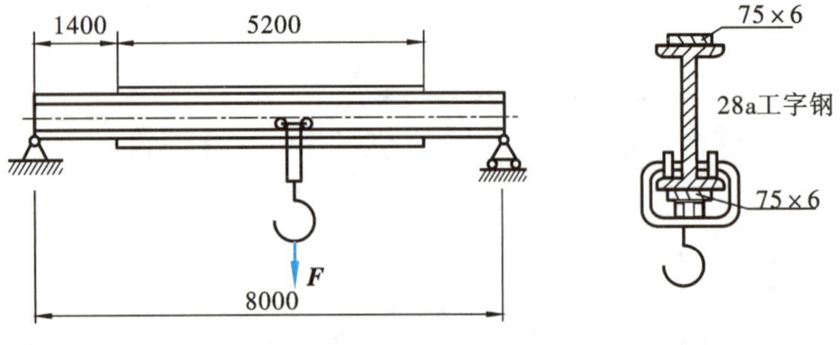

习题 7－12 图

7-13　铸铁梁的载荷及横截面尺寸如题图所示。许用拉应力$[\sigma_t]=40$ MPa，许用压应力$[\sigma_c]=160$ MPa。试按正应力强度条件校核梁的强度。

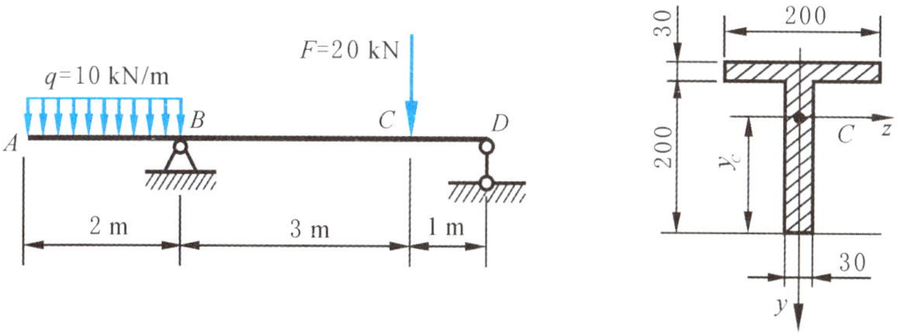

习题 7-13 图

7-14　试计算题图所示矩形截面简支梁的1—1截面上点 a 和点 b 的正应力和切应力。

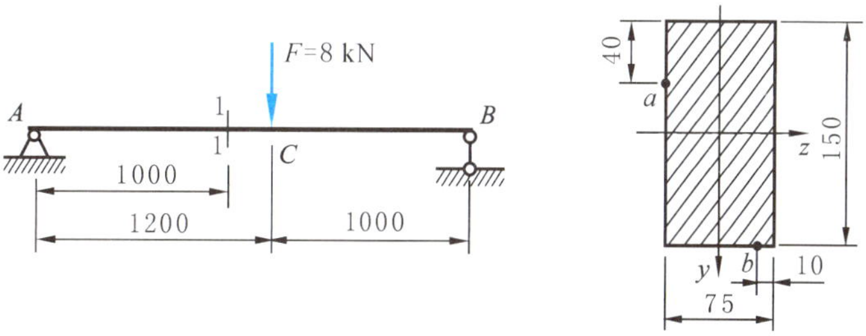

习题 7-14 图

7-15　试计算题图所示工字形截面梁内的最大正应力和最大切应力。

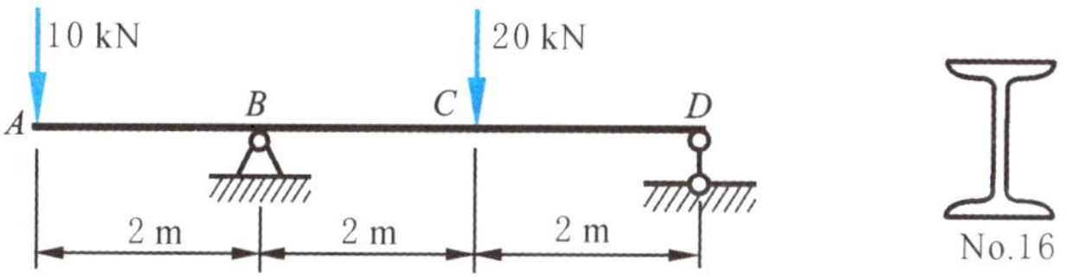

习题 7-15 图

7-16　由三根木条胶合而成的悬臂梁截面尺寸如题图所示，跨度 $l=1$ m。若胶合面上的许用切应力为 0.34 MPa，木材的许用弯曲正应力为$[\sigma]=10$ MPa，许用切应力为$[\tau]=1$ MPa，试求许可载荷$[F]$。

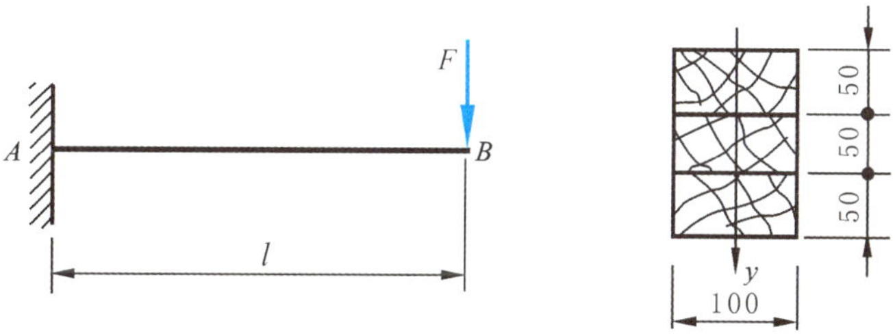

习题 7-16 图

7－17　一矩形截面木梁，其截面尺寸及载荷如题图所示，$q=1.3\ \mathrm{kN/m}$。已知$[\sigma]=10\ \mathrm{MPa}$，$[\tau]=2\ \mathrm{MPa}$。试校核梁的正应力和切应力强度。

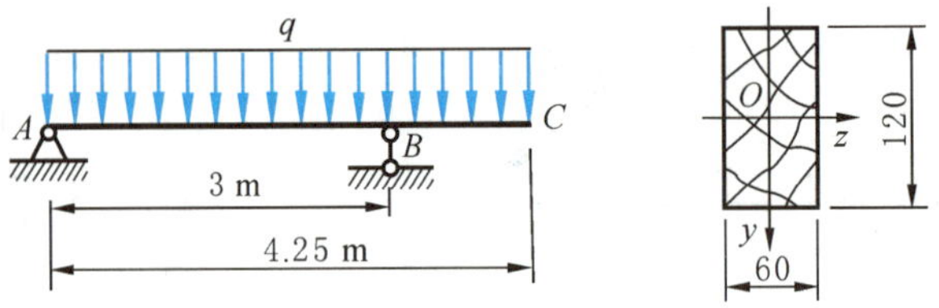

习题 7－17 图

7－18　工字钢外伸梁如题图所示。已知$F=50\ \mathrm{kN}$，$a=0.15\ \mathrm{m}$，$b=0.6\ \mathrm{m}$，材料的许用正应力$[\sigma]=160\ \mathrm{MPa}$，许用切应力$[\tau]=100\ \mathrm{MPa}$，试选择工字钢型号。

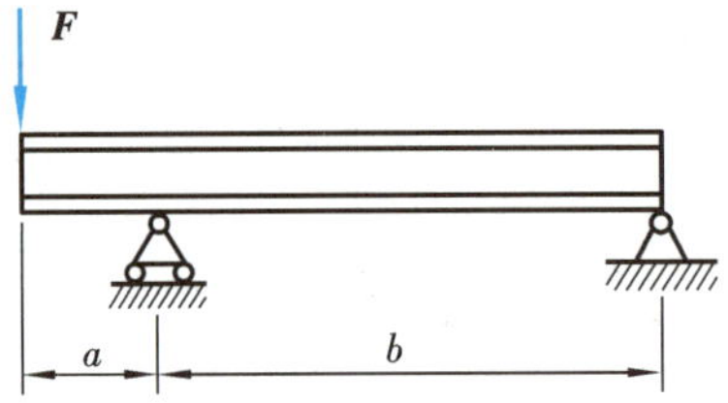

习题 7－18 图

7－19　题图所示起重机的大梁由两根工字钢组成，起重机自重$Q=50\ \mathrm{kN}$，超重量$F=10\ \mathrm{kN}$，许用应力$[\sigma]=160\ \mathrm{MPa}$，$[\tau]=100\ \mathrm{MPa}$，若暂不考虑梁的自重，试按正应力强度条件选择工字钢型号，然后再校核切应力。

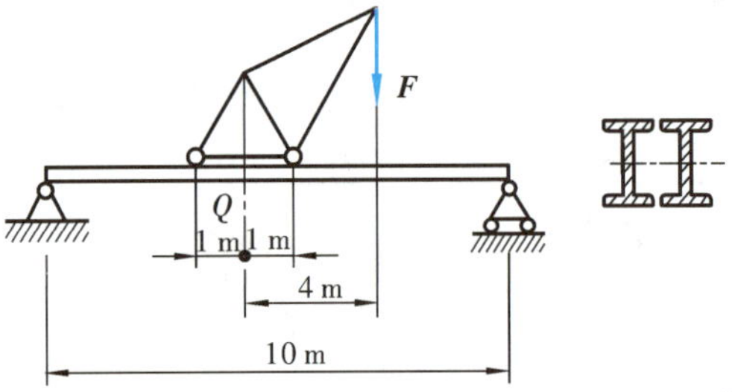

习题 7－19 图

7－20　为改善载荷分布，在主梁AB上安置辅助梁CD，如题图所示。设主梁和辅助梁的弯曲截面系数分别为W_1和W_2，材料相同，试求辅助梁的合理长度a。

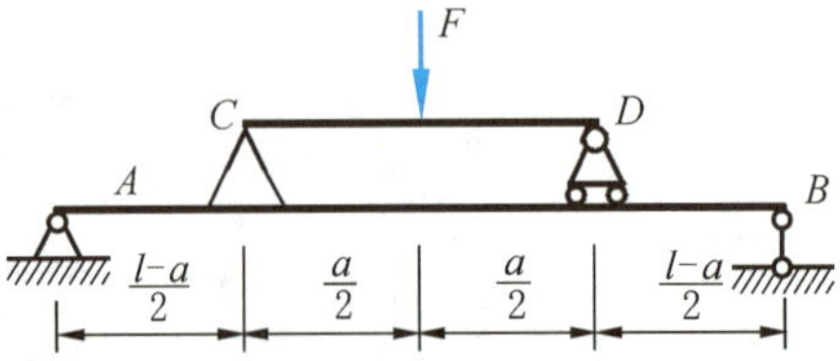

习题 7－20 图

8　梁的弯曲变形与刚度计算

8.1　工程中的弯曲变形问题

上一章讨论了梁的强度计算，对于自然界和生活中产生弯曲变形的物体，人们除了关注它们的内力分布之外，对弯矩和横力作用下物体形态的改变也进行了观测和研究。比如唐代诗人李峤的《风》就用“过江千尺浪，入竹万竿斜。”描绘了风荷载使竹子发生弯曲的画面，反应了风的魅力和威力，表达了对大自然的赞叹。清代著名文学家郑板桥的《竹石》则以“咬定青山不放松，立根原在破岩中。千磨万击还坚劲，任尔东西南北风。”描述了竹子立足石中，在强风中抵抗变形、保持坚挺的形态，表达了深扎稳打、不惧强力、坚持自我的精神。这两首诗中的竹子均可以看成是一端自由，一端固定的竖杆，竹子形态的改变就是其在风载荷这个横力作用下发生的弯曲变形。

工程中对某些以弯曲变形为主的杆件，除强度要求外，往往还有刚度要求，即要求它的变形不能过大。若车床主轴的变形过大[图 8-1(a)]，则可能影响齿轮的啮合，造成磨损不均，产生噪声，并影响所加工零件的质量[图 8-1(b)]。如果车间内的吊车梁变形过大，则会让吊车梁上的小车面临不同程度的陡坡，甚至导致其行进困难，影响整个吊车梁的工作效率和安全。所谓“牵一发而动全身”，单个构件的不规整就有可能造成极大的影响。所以在类似工程应用中，当变形超过允许数值时，即使构件的应力仍然在弹性范围内，也被认为是一种失效现象，叫刚度失效。

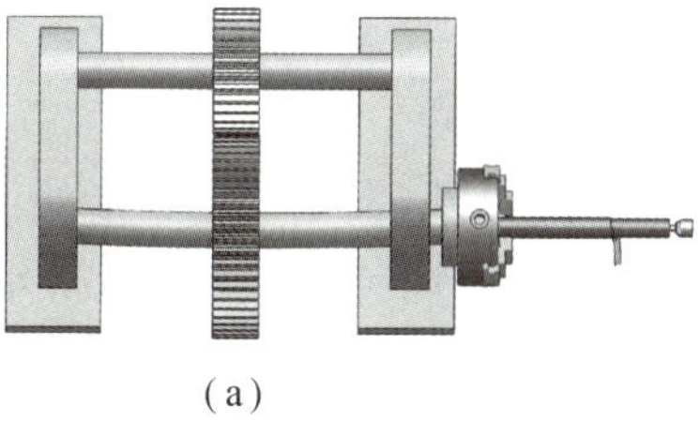

(a)

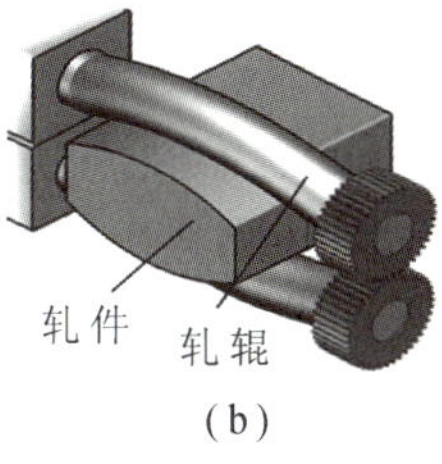

(b)

图 8-1　车床主轴与轧辊弯曲变形

但凡事都不是绝对的，并非所有的弯曲变形都是越小越好，现实生活和工程应用中也有相反的情况，即要求构件有适当的变形，才能符合使用要求。例如汽车的叠板弹簧(图 8-2)，要求产生较大的弹性变形，才能在车辆行驶时发挥缓冲和减振作用。又如弹簧扳手(图 8-3)，要求有明显的弯曲变形，才能使测得的力矩更为准确。

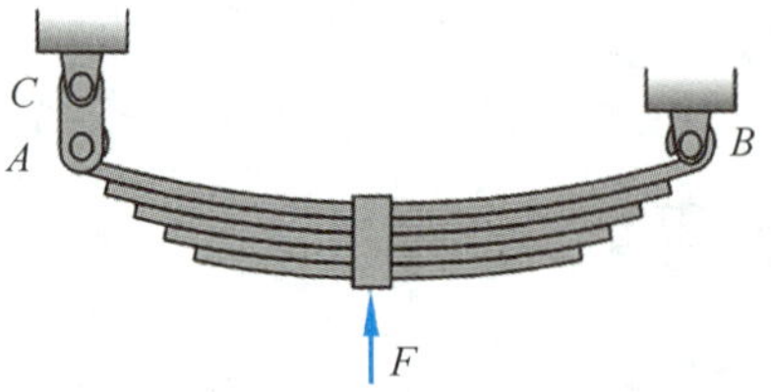

图 8-2 叠板弹簧

图 8-3 弹簧扳手

此外，为了构建几何相容条件，弯曲变形的计算还经常应用于超静定系统的求解中。因此，需要研究梁的弯曲变形。本章主要研究梁在对称弯曲时的变形与刚度计算。

8.2 梁的挠曲线的近似微分方程

讨论等直梁在对称弯曲时的变形时，取变形前的梁轴线为 x 轴，梁横截面的铅垂对称轴为 w 轴，xw 平面即为梁的纵向对称面(图 8-4)。梁在对称弯曲变形后，其轴线 AB 将变形为 xw 面内的平面曲线 AB'，称为**挠曲线**，如图 8-4 所示。在小变形的情况下，梁轴线上坐标为 x 的任意一点 C(即横截面的形心)，在变形过程中沿 x 方向的线位移可忽略不计，只考虑垂直于轴线方向的位移，称为该截面的**挠度**(deflection)。该坐标系中规定向上的挠度为正，向下的挠度为负。一般情况下，挠度是截面位置 x 的函数，通常用 w 表示。

$$w=f(x) \tag{8-1}$$

上式称为**挠曲线方程**(equation of deflection curve)。

根据平面假设，弯曲变形后的横截面仍与变形后的轴线(挠曲线)相垂直，即相对变形前的位置绕中性轴产生一个角位移 θ，称 θ 为截面的**转角**(slope rotation angle)。定义逆时针的转角为正，顺时针的转角为负。一般情况下，转角也是截面位置 x 的函数，通常用 θ 表示。

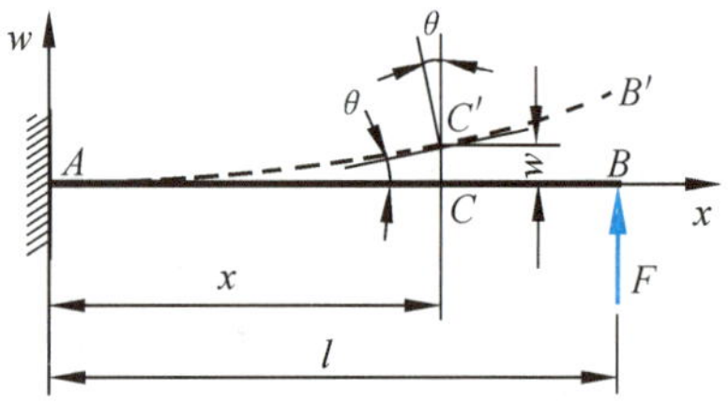

图 8-4 梁的挠度与转角

$$\theta=f(x) \tag{8-2}$$

上式称为**转角方程**(equation of slope rotation angle)。

由图 8-4 可知，转角 θ 与挠曲线在该点处切线的倾角相等。在小变形的情况下

$$\theta \approx \tan\theta=\frac{\mathrm{d}w}{\mathrm{d}x}=w' \tag{8-3}$$

即截面的转角近似等于挠曲线在该截面处的斜率。可见，发生弯曲变形的梁的挠度与转角相互关联。如果给出了梁的挠曲线方程，就可以确定梁上任一横截面的挠度和转角。

在第 7 章梁的弯曲正应力推导过程中，我们用挠曲线的曲率来度量梁弯曲变形的程度，并且由几何关系、物理关系和静力学平衡关系得到轴线曲率计算公式为

$$\frac{1}{\rho}=\frac{M}{EI} \tag{8-4}$$

由高等数学知识可知，平面挠曲线 $w=f(x)$ 上任意一点的曲率大小可由挠曲线方程计算，即

$$\frac{1}{\rho(x)}=\pm\frac{\dfrac{\mathrm{d}^2w}{\mathrm{d}x^2}}{\left[1+\left(\dfrac{\mathrm{d}w}{\mathrm{d}x}\right)^2\right]^{3/2}} \tag{8-5}$$

由于工程实际中梁的变形一般都很小，挠曲线是一条极平坦的曲线，梁各截面的转角数值也很小，式(8－5)中$(\frac{\mathrm{d}w}{\mathrm{d}x})^2$与1相比可以略去，于是得到近似公式为

$$\frac{1}{\rho(x)}=\pm\frac{\mathrm{d}^2w}{\mathrm{d}x^2}=\pm w'' \tag{8-6}$$

联立式(8－4)和式(8－6)可得

$$w''=\pm\frac{M(x)}{EI} \tag{8-7}$$

根据6.2节中关于弯矩的符号规定，在图8-5所示的坐标系下，弯矩M与挠曲线函数的二阶导数$\frac{\mathrm{d}^2w}{\mathrm{d}x^2}$的正负号始终一致，因此式(8－7)的右端应取正号，即

$$w''=\frac{M(x)}{EI} \tag{8-8}$$

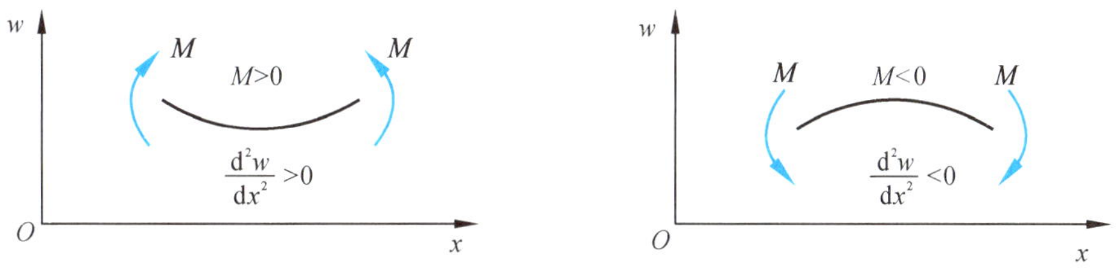

图8－5　弯矩符号与挠曲线曲率的关系

式(8－8)即为梁的挠曲线近似微分方程(approximately differential equation of the deflection curve)。称它为近似微分方程的原因是：(1)忽略了剪力对弯曲变形的影响；(2)略去了曲率计算公式(8－5)分母中的$(\frac{dw}{dx})^2$项。工程应用结果表明，由该公式求解的挠曲线精度一般是足够满足要求的。

如同拉伸刚度EA、扭转刚度GI_p一样，EI称为梁的弯曲刚度(flexural rigidity)。弯曲刚度EI越大，弯曲后梁的变形(挠度和转角)就越小，梁抵抗弯曲变形的能力越强。

8.3　积分法求梁的变形

对梁的挠曲线近似微分方程式(8－8)积分，即可求得梁的转角方程和挠度方程。对于等截面梁，弯曲刚度EI为常量，方程式(8－8)可改写为如下形式：

$$EIw''=M(x) \tag{8-9}$$

将上式连续积分两次，得

$$EIw'=EI\theta=\int M(x)\mathrm{d}x+C \tag{8-10}$$

$$EIw=\int\left[\int M(x)\mathrm{d}x\right]\mathrm{d}x+Cx+D \tag{8-11}$$

式中，C、D为积分常数，可利用梁的边界条件确定。

梁的几种常见约束确定的边界条件如下：

（1）固定铰支座与活动铰支座

如图 8－6(a) 所示，无论 A 处的固定铰支座还是 B 处的活动铰支座，都使得梁在支承处沿各个方向的位移受到约束，但转角不受约束。故固定铰支座和活动铰支座使得挠曲线在支承处满足的边界条件为：$w=0$。

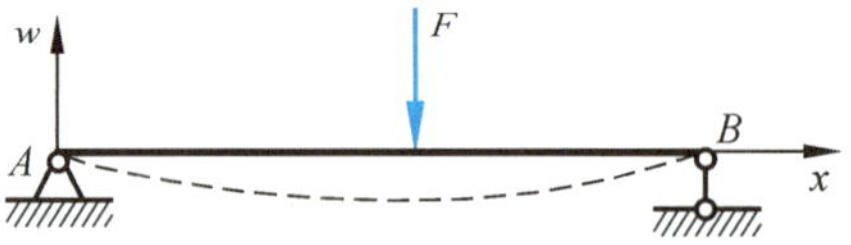

(a) $w_A=0$; $w_B=0$

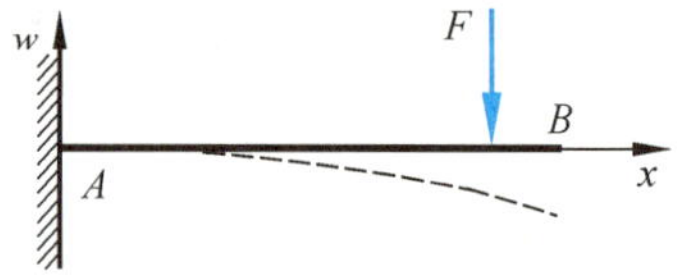

(b) $w_A=0$; $\theta_A=0$

图 8－6 几何边界条件

（2）固定端

固定端限制构件在该处发生任何形式的位移和转动，如图 8－6(b) 所示，梁的挠曲线在固定端 A 处需要满足两个边界条件：$w=0$，$\theta=0$。

（3）自由端

如图 8－6(b) 所示，梁的自由端(B 端) 的位移和转角不受任何约束，因此不需要任何边界条件。

对于一般的静定梁，约束决定的两个边界条件即可确定挠曲线微分方程求解所产生的两个积分常数。如果梁上的弯矩方程不连续，或者梁的弯曲刚度在全长内有变化，即挠曲线的微分方程需要用分段函数来描述，则求解挠度和转角时需对分段函数分别进行积分求解。对每一段函数两次积分都需要确定两个积分常数，N 个分段函数则需要 $2N$ 个条件来确定积分常数。此时，考虑到在梁不发生破坏之前，其每一个分段处都应保持光滑连续，即在分段处左右两边应有相同的挠度和转角。由此，每一分段处可补充两个连续性条件(continuity condition)：$w_{左}=w_{右}$，$\theta_{左}=\theta_{右}$，共可得到 $2(N-1)$ 个连续性条件，加上 2 个边界条件，一共有 $2N$ 个定解条件，仍然足以确定所有分段函数的积分常数。

【例 8－1】 一悬臂梁在自由端 B 处受一集中力 F 的作用，如图 8－7 所示。梁跨度为 l，弯曲刚度 EI 为常数。试求梁的转角方程和挠度方程，并确定梁的最大挠度与最大转角。

解：（1）写出弯矩方程。

以左端点 A 为坐标原点，取直角坐标如图 8－7 所示。任一横截面 x 的弯矩方程为

$$M(x)=F(l-x) \qquad (0<x\leqslant l) \tag{a}$$

（2）建立挠曲线的近似微分方程并积分。

$$EIw''=M(x)=F(l-x) \tag{b}$$

$$EIw'=Flx-\frac{F}{2}x^2+C \tag{c}$$

$$EIw=\frac{Fl}{2}x^2-\frac{F}{6}x^3+Cx+D \tag{d}$$

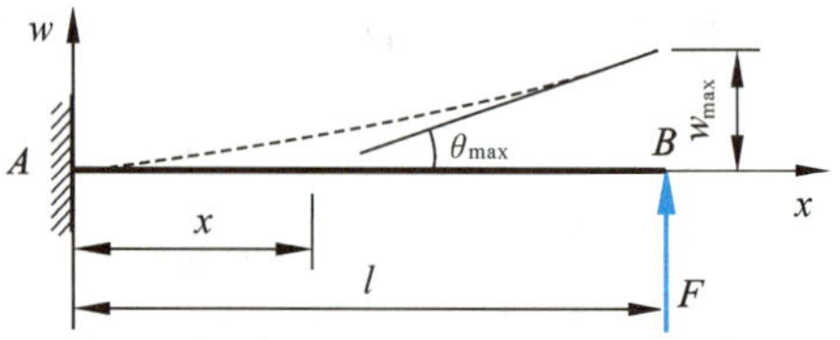

图 8－7 例 8－1 图

（3）利用边界条件确定积分常数。

在固定端 A 处，截面的挠度和转角均为零，其

边界条件为

$$w\big|_{x=0}=0,\quad \theta\big|_{x=0}=w'\big|_{x=0}=0 \tag{e}$$

将式(c)、式(d)代入式(e)得

$$D=C=0 \tag{f}$$

将积分常数的结果代入式(c)、式(d),得到该梁的转角方程和挠度方程分别为

$$\theta=w'=\frac{Fx}{2EI}(2l-x) \tag{g}$$

$$w=\frac{Fx^2}{6EI}(3l-x) \tag{h}$$

(4) 确定梁的最大挠度与最大转角。

挠曲线的形状如图 8-7 中的虚线所示。最大挠度和最大转角均发生在悬臂梁的自由端。以 $x=l$ 代入式(g)和式(h)得

$$\theta_{\max}=\theta\big|_{x=l}=\frac{Fl^2}{2EI},\quad w_{\max}=w\big|_{x=l}=\frac{Fl^3}{3EI}$$

所得结果均为正值,表示截面 B 的转角为逆时针转向,挠度向上。

【例 8-2】 图 8-8 所示简支梁,承受均布载荷 q 作用。试求此梁的挠度方程和转角方程,并确定梁的最大的挠度与最大转角。

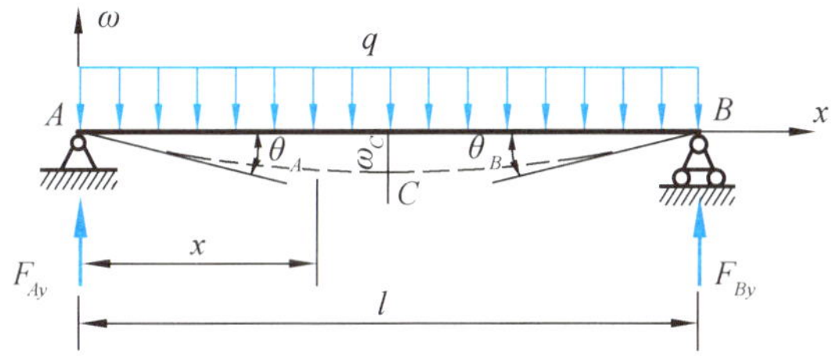

图 8-8 例 8-2 图

解:(1) 写出弯矩方程。

首先计算支座的约束力。由于简支梁上的载荷是对称的,故两支座的约束力相等,即 $F_{Ay}=F_{By}=\dfrac{ql}{2}$。以左端点 A 为坐标原点,取直角坐标系如图 8-8 所示,则梁的弯矩方程为

$$M(x)=\frac{ql}{2}x-\frac{q}{2}x^2\qquad(0\leqslant x\leqslant l) \tag{a}$$

(2) 建立挠曲线微分方程并进行积分。

$$EIw''=\frac{ql}{2}x-\frac{q}{2}x^2 \tag{b}$$

$$EIw'=\frac{ql}{4}x^2-\frac{q}{6}x^3+C \tag{c}$$

$$EIw=\frac{ql}{12}x^3-\frac{q}{24}x^4+Cx+D \tag{d}$$

(3) 利用边界条件确定积分常数。

$$w|_{x=0}=0 \tag{e}$$

$$w|_{x=l}=0 \tag{f}$$

将式(d)代入式(e)及式(f),可解得

$$D=0,\quad C=-\frac{ql^3}{24} \tag{g}$$

将积分常数 C、D 代入式(c)、式(d),得该梁的转角方程和挠度方程分别为

$$\theta=w'=-\frac{q}{24EI}(l^3-6lx^2+4x^3) \tag{h}$$

$$w=-\frac{qx}{24EI}(l^3-2lx^2+x^3) \tag{i}$$

在本例中,由于载荷和结构的对称性,因此弯曲变形也应该是对称的。在对称点 $x=\frac{l}{2}$ 处,横截面的转角应为零。因此,边界条件(f)也可以用下列条件代替:即当 $x=\frac{l}{2}$ 时,有 $\theta=w'=0$。将其代入式(c),可以得到同样的结果。由于利用了对称性,边界条件(f)是自然满足的。

(4) 确定梁的最大挠度和最大转角。

由图 8-8 可见,绝对值最大的挠度发生在梁的中点。因为该处的转角等于零,挠度有极值,即

$$w_C=-\frac{5ql^4}{384EI}$$

式中负号表示梁中点的挠度向下。由此可知,绝对值最大的挠度为

$$|w|_{\max}=\frac{5ql^4}{384EI}$$

在 A、B 两端,截面转角的大小相等但符号相反,且绝对值最大。于是,在式(h)中分别令 $x=0$ 和 $x=l$,得

$$\theta_{\max}=-\theta_A=\theta_B=\frac{ql^3}{24EI}$$

讨论:从【例 8-1】和【例 8-2】的计算结果可以看出,用积分法求弯曲变形的挠曲线主要包含三个步骤:列弯矩方程、建立挠曲线近似微分方程并积分、利用边界条件确定积分常数。挠曲线和转角方程确定之后,对其求极值就可确定整个梁上的最大挠度和最大转角。值得注意的是,在列弯矩方程的过程中要注意弯矩正方向的定义,对边界条件的描述除了应用前面提到的约束端的位移、转角条件之外,还可以灵活运用结构和载荷对称性所体现出来的对称变形边界条件。

【例 8-3】 图 8-9 所示简支梁,受集中力 F 作用,EI 为常量,求梁的最大挠度及两端的转角。

解: (1) 写出弯矩方程。

由平衡方程求得 A、B 两支座处的约束力为

$$F_A=\frac{Fb}{l},\quad F_B=\frac{Fa}{l}$$

约束力的方向如图 8-9 所示。梁的弯矩方程应分 AC、CB 两段建立，其弯矩方程分别为

$$M_1(x)=\frac{Fb}{l}x\qquad(0\leqslant x\leqslant a)$$

$$M_2(x)=\frac{Fb}{l}x-F(x-a)\qquad(a\leqslant x\leqslant l)$$

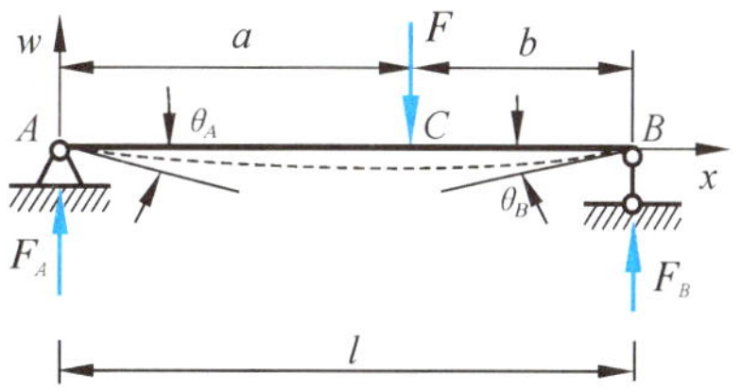

图 8-9 例 8-3 图

(2) 建立挠曲线近似微分方程并积分，如表 8-1 所示。

表 8-1 例 8-3 表

AC 段 $0\leqslant x\leqslant a$	CB 段 $a\leqslant x\leqslant l$
$EIw''_1=M_1(x)=\frac{Fb}{l}x$ (a)	$EIw''_2=M_2(x)=\frac{Fb}{l}x-F(x-a)$ (d)
$EIw'_1=\frac{Fb}{2l}x^2+C_1$ (b)	$EIw'_2=\frac{Fb}{2l}x^2-\frac{F}{2}(x-a)^2+C_2$ (e)
$EIw_1=\frac{Fb}{6l}x^3+C_1x+D_1$ (c)	$EIw_2=\frac{Fb}{6l}x^3-\frac{F}{6}(x-a)^3+C_2x+D_2$ (f)

(3) 由边界条件和连续条件确定积分常数。

边界条件为

$$w_1\big|_{x=0}=0\tag{g}$$

$$w_2\big|_{x=l}=0\tag{h}$$

连续条件为

$$w'_1\big|_{x=a}=w'_2\big|_{x=a}\tag{i}$$

$$w_1\big|_{x=a}=w_2\big|_{x=a}\tag{j}$$

把式(b)、式(c)、式(e)及式(f)相应代入式(g)、式(h)、式(i)及式(j)，并联立求解，得

$$D_1=D_2=0\tag{k}$$

$$C_1=C_2=-\frac{Fb}{6l}(l^2-b^2)\tag{l}$$

把四个积分常数分别代入式(b)、式(c)、式(e)和式(f)中，可得转角方程和挠度方程如表 8-2 所示。

表 8-2 例 8-3 表续

AC 段 $0\leqslant x\leqslant a$	CB 段 $a\leqslant x\leqslant l$
$\theta_1=w'_1=-\frac{Fb}{6EIl}(l^2-b^2-3x^2)$ (m)	$\theta_2=w'_2=-\frac{Fb}{6EIl}\left[(l^2-b^2-3x^2)+\frac{3l}{b}(x-a)^2\right]$ (o)
$w_1=-\frac{Fbx}{6EIl}(l^2-b^2-x^2)$ (n)	$w_2=-\frac{Fb}{6EIl}\left[(l^2-b^2-x^2)x+\frac{l}{b}(x-a)^3\right]$ (p)

(4) 确定最大挠度与最大转角。

对简支梁而言,最大转角一般发生在梁的两端截面处。由式(m),令 $x=0$ 得

$$\theta_A=-\frac{Fb}{6EIl}(l^2-b^2)=-\frac{Fab}{6EIl}(l+b)$$

由式(o),令 $x=l$ 得

$$\theta_B=\frac{Fab}{6EIl}(l+a)$$

当 $a>b$ 时,$\theta_B>|\theta_A|$,故

$$\theta_{\max}=\theta_B=\frac{Fab}{6EIl}(l+a)$$

根据极值条件,在 $w'=0$ 即 $\theta=0$ 处,w 取得极值。因此,应首先确定转角为零的截面位置。假设最大挠度发生在 AC 段内,当 $x=x_0$ 时,转角为零,由式(m) 得

$$-\frac{Fb}{6EIl}(l^2-b^2-3x_0^2)=0$$

$$x_0=\sqrt{\frac{l^2-b^2}{3}}=\sqrt{\frac{a^2+2ab}{3}} \tag{q}$$

当 a > b 时,由式(q) 可知 $x_0<a$,说明转角为零的截面是发生在 AC 段内的。因此可将式(q) 代入式(n) 而得最大挠度为

$$w_{\max}=-\frac{Fb}{9\sqrt{3}EIl}(l^2-b^2)^{\frac{3}{2}} \tag{r}$$

当 F 从梁中点位置向支座 B 移动时,即 b 值减小时,由式(q) 可见,x_0 值从 $l/2$ 增加到约为 $\sqrt{3}l/3$(当 $b\to 0$ 时)。因此,即使是在 $b\to 0$ 的极端情况下,最大挠度点的位置也非常接近梁的中点。因此,对简支梁而言,只要挠曲线上无拐点就可用中点的挠度近似作为梁的最大挠度,这样带来的误差不会很大。

讨论:

(1) 从【例 8-3】的求解过程可见,对于挠曲线需要分多段函数列微分方程的问题,需要联立梁的约束边界条件和各分段点的光滑连续条件来求解所有积分常数。为简化积分常数的定解计算,通常对各段梁都在同一坐标系内列弯矩方程,这样在距离原点为 a 之后的梁的弯矩方程中会包含前一梁段的弯矩方程和 $(x-a)$ 项。在积分过程中,对包含 $(x-a)$ 项的积分直接以 $(x-a)$ 为自变量,不必展开,可简化计算过程。

(2) 从【例 8-3】的计算结果进一步分析可得,简支梁上不管哪个位置受载荷作用,只要梁上没有拐点,最大挠度发生的位置都在距离梁中点 0.077 L 的范围之内,最大挠度与梁中点挠度之间的差别不超过 2.6%。在此基础上,工程应用中往往用简支梁中点的挠度近似作为梁的最大挠度,满足工程精度要求的同时简化了检测流程,兼顾了安全和经济两方面的要求。

◀ 讲授视频:积分法求梁的变形。

8.4 叠加法求梁的变形

当梁上有多种载荷共同作用时，梁上的弯矩方程形式比较复杂，用积分法求解梁的变形就显得较为繁琐。而且工程中往往只需求出某几个特定截面的转角和挠度，并不需要知道整根梁的挠曲线变化。这时可以考虑用叠加法来求解梁的变形。

通过上一节的几个例题结果可以看出，梁弯曲变形的转角、挠度都与其所受到的载荷成正比。这是因为挠曲线近似微分方程是在小变形即材料符合胡克定律的前提下推导得到的，该方程是线性方程。除此之外，弯矩 $M(x)$ 是根据初始尺寸计算的，与外载荷间也满足线性关系。所以，梁上同时作用几个载荷产生的内力、变形，等于每一个载荷单独作用产生的内力、变形的代数和。通过叠加每一个简单载荷单独作用时所产生的内力、变形来求解复杂组合载荷引起的内力、变形的方法叫做**叠加法**(superposition method)。这种方法同样适用于拉伸、扭转等其他基本变形组合成的复杂变形的计算。

为方便起见，工程上将常见梁在简单载荷作用下的变形计算结果制成表格，供随时查用。表 8-3 给出了简单载荷作用下几种梁的挠曲线方程、最大挠度及端截面的转角。

【例 8-4】 图 8-10(a)所示简支梁，承受均布载荷 q 和集中力偶 M_e 作用，已知 $M_e=ql^2$。试求跨度中点的挠度 w_C 和端面 A 的转角 θ_A。

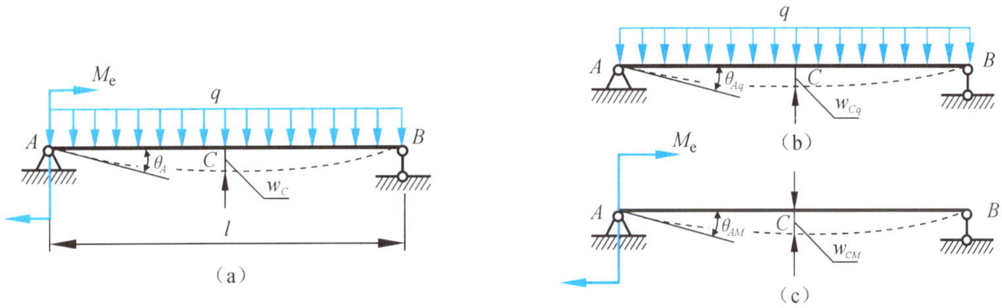

图 8-10 例 8-4 图

解： 利用叠加法求解时，首先将 q、M_e 同时作用下的简支梁分解为 q 作用下的简支梁[图 8-10(b)]和 M_e 作用下的简支梁[图 8-10(c)]，然后，由表 8-3 查取结果叠加。从表 8-3 的第 9 栏查得均布载荷 q 作用下的点 C 挠度和端面 A 转角分别为

$$w_{Cq}=-\frac{5ql^4}{384EI},\quad \theta_{Aq}=-\frac{ql^3}{24EI}$$

由表 8-3 第 5 栏查得集中力偶 M_e 作用下的点 C 挠度和端面 A 转角分别为

$$w_{CM}=-\frac{M_e l^2}{16EI},\quad \theta_{AM}=-\frac{M_e l}{3EI}$$

叠加以上结果，求得 q、M_e 同时作用下的点 C 挠度和端面 A 转角为

$$w_C=-\frac{5ql^4}{384EI}-\frac{M_e l^2}{16EI}=-\frac{29ql^4}{384EI}$$

$$\theta_A=-\frac{ql^3}{24EI}-\frac{M_e l}{3EI}=-\frac{3ql^3}{8EI}$$

w_C 为负值，表示挠度向下。θ_A 为负值，表示端面 A 顺时针转动。

表 8-3 简单荷载作用下梁的变形

序号	梁的简图	挠曲线方程	端截面转角	绝对值最大的挠度
1	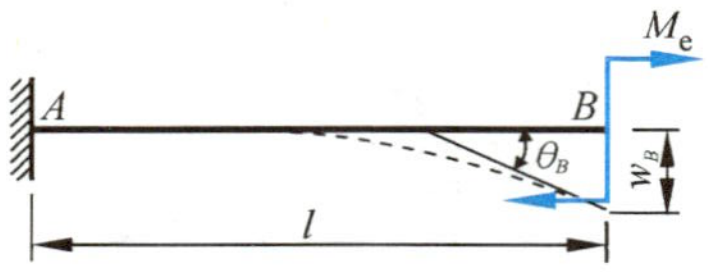	$w=-\dfrac{M_e x^2}{2EI}$	$\theta_B=-\dfrac{M_e l}{EI}$	$w_B=-\dfrac{M_e l^2}{2EI}$
2	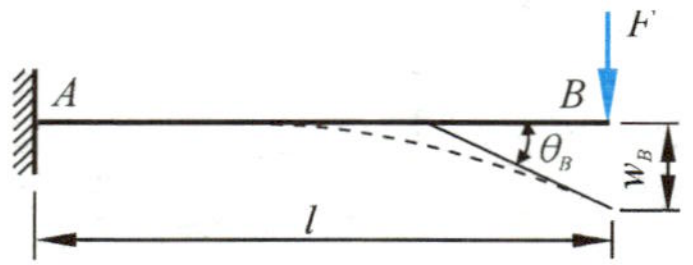	$w=-\dfrac{Fx^2}{6EI}(3l-x)$	$\theta_B=-\dfrac{Fl^2}{2EI}$	$w_B=-\dfrac{Fl^3}{3EI}$
3	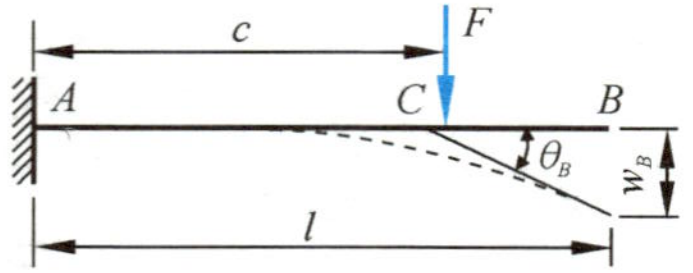	$0\leqslant x\leqslant c$ $w=-\dfrac{Fx^2}{6EI}(3c-x)$ $c\leqslant x\leqslant l$ $w=-\dfrac{Fc^2}{6EI}(3x-c)$	$\theta_B=-\dfrac{Fc^2}{2EI}$	$w_B=-\dfrac{Fc^2}{6EI}(3l-c)$
4	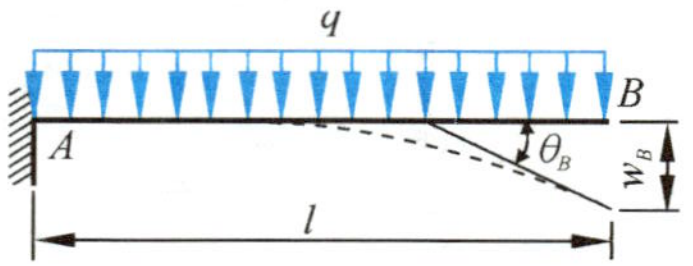	$w=-\dfrac{qx^2}{24EI}(x^2+6l^2-4lx)$	$\theta_B=-\dfrac{ql^3}{6EI}$	$w_B=-\dfrac{ql^4}{8EI}$
5	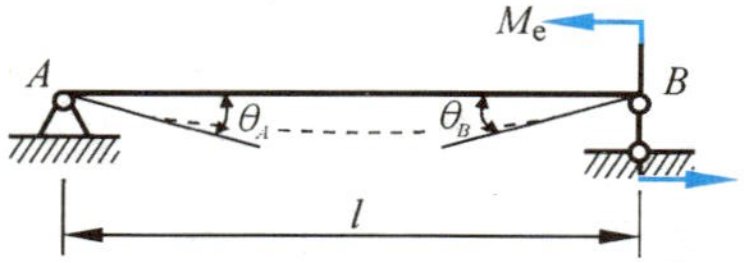	$w=-\dfrac{M_e x}{6lEI}(l^2-x^2)$	$\theta_A=-\dfrac{M_e l}{6EI}$ $\theta_B=\dfrac{M_e l}{3EI}$	在 $x=\dfrac{l}{\sqrt{3}}$ 处，$w_{\max}=-\dfrac{M_e l^2}{9\sqrt{3}EI}$ 在 $x=\dfrac{l}{2}$ 处，$w=-\dfrac{M_e l^2}{16EI}$

续表 8-3

序号	梁的简图	挠曲线方程	端截面转角	绝对值最大的挠度
6	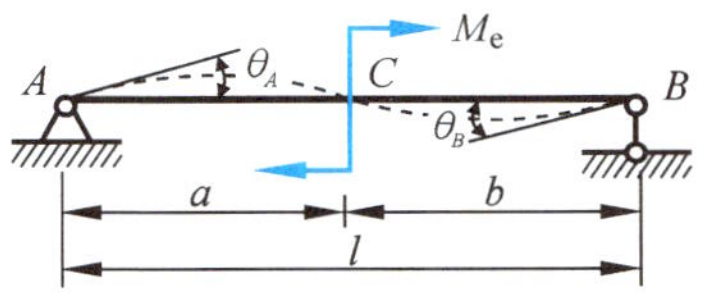	$0 \leqslant x \leqslant a$ $w = \dfrac{M_e x}{6lEI}(l^2 - 3b^2 - x^2)$ $a \leqslant x \leqslant l$ $w = -\dfrac{M_e(l-x)}{6lEI}[l^2 - 3a^2 - (l-x)^2]$	$\theta_A = \dfrac{M_e}{6lEI}(l^2 - 3b^2)$ $\theta_B = \dfrac{M_e}{6lEI}(l^2 - 3a^2)$ $\theta_C = -\dfrac{M_e}{6lEI}(3a^2 + 3b^2 - l^2)$	在 $x = \sqrt{\dfrac{l^2 - 3b^2}{3}}$ 处， $w = \dfrac{M_e(l^2 - 3b^2)^{3/2}}{9\sqrt{3}\,lEI}$ 在 $x = \sqrt{\dfrac{l^2 - 3a^2}{3}}$ 处， $w = -\dfrac{M_e(l^2 - 3a^2)^{3/2}}{9\sqrt{3}\,lEI}$
7	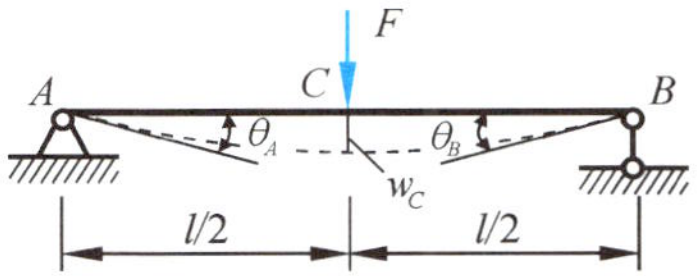	$0 \leqslant x \leqslant \dfrac{l}{2}$ $w = -\dfrac{Fx}{48EI}(3l^2 - 4x^2)$	$\theta_A = -\theta_B = -\dfrac{Fl^2}{16EI}$	$w_{max} = -\dfrac{Fl^3}{48EI}$
8	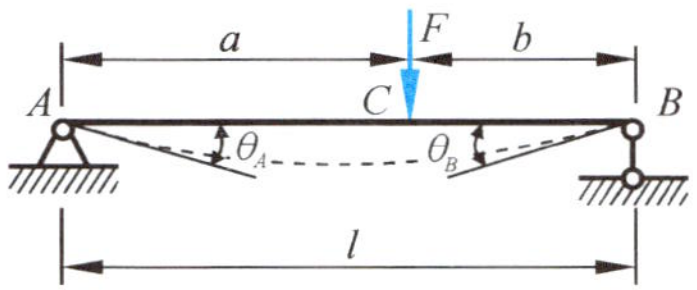	$0 \leqslant x \leqslant a$ $w = -\dfrac{Fbx}{6lEI}(l^2 - b^2 - x^2)$ $a \leqslant x \leqslant l$ $w = -\dfrac{Fb}{6lEI}\left[(l^2 - b^2)x - x^3 + \dfrac{l}{b}(x-a)^3\right]$	$\theta_A = -\dfrac{Fab(l+b)}{6lEI}$ $\theta_B = \dfrac{Fab(l+a)}{6lEI}$	若 $a > b$，在 $x = \sqrt{\dfrac{l^2 - b^2}{3}}$ 处， $w_{max} = -\dfrac{\sqrt{3}Fb(l^2 - b^2)^{3/2}}{27lEI}$ 在 $x = \dfrac{l}{2}$ 处，$w = -\dfrac{Fb(3l^2 - 4b^2)}{48EI}$
9	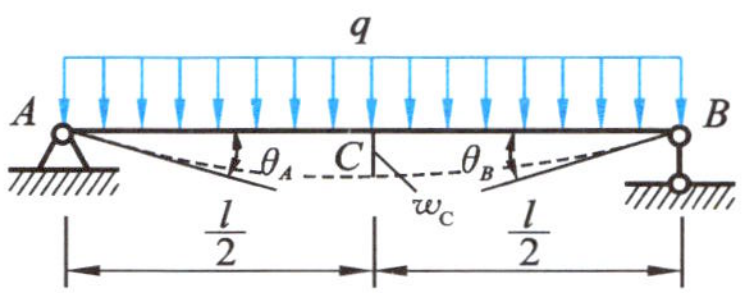	$w = -\dfrac{qx}{24EI}(l^3 - 2lx^2 + x^3)$	$\theta_A = -\theta_B = -\dfrac{ql^3}{24EI}$	$w_{max} = -\dfrac{5ql^4}{384EI}$

续表 8－3

序号	梁的简图	挠曲线方程	端截面转角	绝对值最大的挠度
10	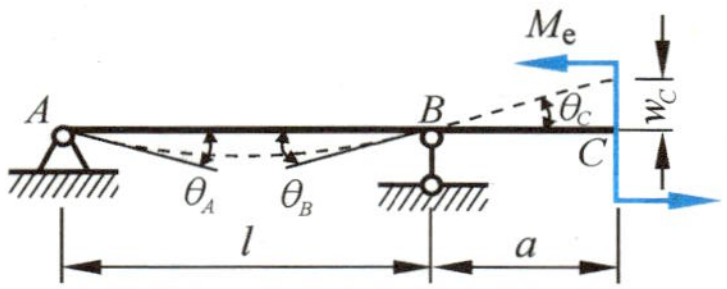	$0 \leqslant x \leqslant l$ $w = -\dfrac{M_e x}{6lEI}(l^2 - x^2)$ $l \leqslant x \leqslant l+a$ $w = \dfrac{M_e}{6EI}(3x^2 - 4lx + l^2)$	$\theta_A = -\dfrac{M_e l}{6EI}$ $\theta_B = \dfrac{M_e l}{3EI}$ $\theta_C = \dfrac{M_e}{3EI}(l + 3a)$	在 $x = \dfrac{l}{\sqrt{3}}$ 处，$w = -\dfrac{M_e l^2}{9\sqrt{3}EI}$ 在 $x = l+a$ 处，$w = \dfrac{M_e a(2l + 3a)}{6EI}$
11	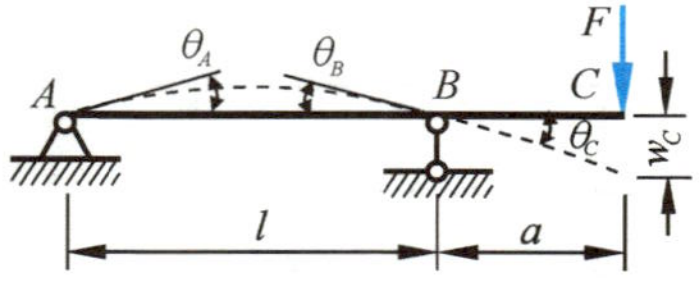	$0 \leqslant x \leqslant l$ $w = \dfrac{Fax}{6lEI}(l^2 - x^2)$ $l \leqslant x \leqslant l+a$ $w = -\dfrac{F(x-l)}{6EI}[a(3x - l) - (x - l)^2]$	$\theta_A = \dfrac{Fal}{6EI}$ $\theta_B = -\dfrac{Fal}{3EI}$ $\theta_C = -\dfrac{Fa}{6EI}(2l + 3a)$	在 $x = \dfrac{l}{\sqrt{3}}$ 处，$w = \dfrac{Fal^2}{9\sqrt{3}EI}$ 在 $x = l+a$ 处，$w_C = -\dfrac{Fa^2(l + a)}{3EI}$

讨论：用叠加法求解梁的变形时，要注意每一个简单载荷作用下梁的挠度和转角都是带符号的代数值。查表时要注意所求解问题中的载荷、截面位置、挠度、转角与表中所示各要素的对应关系。

【例 8-5】 简支梁如图 8-11(a) 所示，在 $2a$ 的长度上对称地作用有均布载荷 q。试求梁中点挠度和梁端面的转角。

解： 由于简支梁上的载荷对跨度中点 C 对称，故 C 截面的转角应为零。因而从 C 截面取出梁的一半，可将其简化为悬臂梁，如图 8-11(b) 所示。梁上作用有均布载荷 q 和支座 B 的约束力 $F_{By}=qa$。这样，悬臂梁上 B 端面的挠度在数值上等于原梁中点 C 的挠度，但符号相反，B 端面的转角即为原梁 B 端面的转角。经这样处理后，应用叠加原理求解比较方便。

查表 8-3 可知，当集中力 $F_{By}=qa$ 作用时[图 8-11(c)]，B 端面的转角和挠度分别为

$$\theta_{BF}=\frac{qal^2}{2EI},\quad w_{BF}=\frac{qal^3}{3EI}$$

查表 8-3 可知，当均布载荷 q 作用时[图 8-11(d)]，E 截面的转角和挠度分别为

$$\theta_{Eq}=-\frac{qa^3}{6EI},\quad w_{Eq}=-\frac{qa^4}{8EI}$$

由于 EB 梁段上无载荷作用，因此 q 引起 B 点的转角和挠度分别为

$$\theta_{Bq}=\theta_{Eq}=-\frac{qa^3}{6EI}$$

$$w_{Bq}=w_{Eq}+\theta_{Eq}(l-a)=-\frac{qa^4}{8EI}-\frac{qa^3}{6EI}(l-a)=\frac{qa^4}{24EI}-\frac{qa^3l}{6EI}$$

叠加上述结果，可得 B 端面的转角和挠度分别为

$$\theta_B=\theta_{BF}+\theta_{Bq}=\frac{qal^2}{2EI}-\frac{qa^3}{6EI},\quad w_B=w_{BF}+w_{Bq}=\frac{qal^3}{3EI}+\frac{qa^4}{24EI}-\frac{qa^3l}{6EI}$$

于是，原梁[图 8-11(a)] 中点 C 的挠度 w_C 为

$$w_C=-w_B=-\frac{qa^4}{24EI}\left[1-\frac{4l}{a}+8\left(\frac{l}{a}\right)^3\right]$$

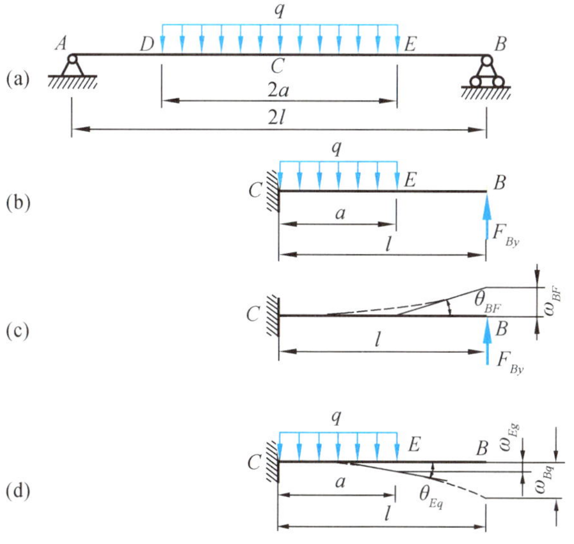

图 8-11 例 8-5 图

讨论：本例题基于梁所受载荷和变形的对称性，利用不同位置位移和转角的相对关系，巧妙地将简支梁变形的求解转变成悬臂梁位移的求解。在实际生活和工程中，有很多问题都可以借鉴本例的思路，从不同角度加以研究解决。

【例 8-6】 某一变截面外伸梁如图 8-12(a) 所示。AB、BC 段的弯曲刚度分别为 EI_1 和 EI_2，在端面 C 处受集中力 F 作用，求端面 C 的挠度和转角。

解： 由于外伸梁是变截面梁（I_1 不等于 I_2），故不能直接应用表 8-3 中的结果。为此，必须将外伸梁分为 AB、BC 两段来研究。首先假设梁的外伸段 BC 是刚性的，研究由于简支梁 AB 的变形所引起的端面 C 的挠度和转角。然后，再考虑由于外伸段 BC 的变形所引起的端面 C 的挠度和转角。最后将这两部分叠加，得端面 C 的实际变形。

由于假设 BC 段为刚性，故可将力 F 向简支梁 AB 的 B 端简化，得力 F 和力偶 Fa。力 F 可由 B 支座的反力平衡，不会引起简支梁的弯曲变形。集中力偶 Fa 引起截面 B 的转角[图 8-12(b)]，由表 8-3 查得

$$\theta_B=-\frac{Fal}{3EI_1}$$

它引起端面 C 的转角和挠度分别为

$$\theta_{C1}=\theta_B=-\frac{Fal}{3EI_1}$$

$$w_{C1}=\theta_B\cdot a=-\frac{Fa^2l}{3EI_1}$$

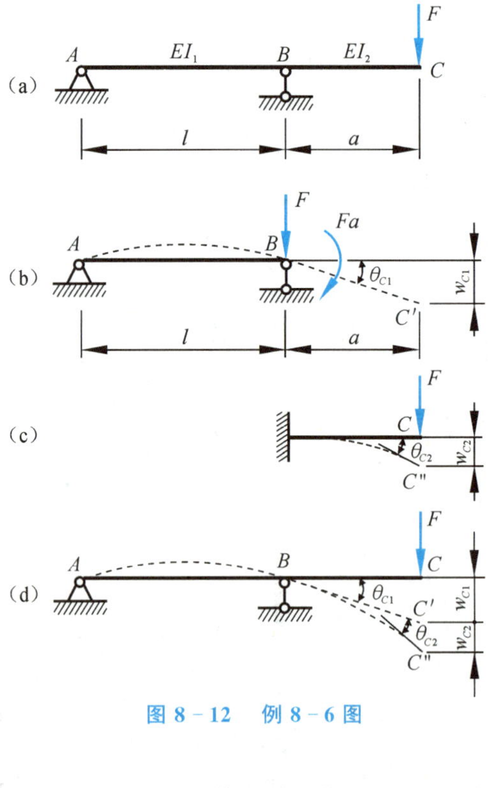

图 8-12 例 8-6 图

再假定 AB 段是刚性的，可将 BC 段看作悬臂梁[图 8-12(c)]，由表 8-3 查得，在力 F 作用下端面 C 的转角和挠角分别为

$$\theta_{C2}=-\frac{Fa^2}{2EI_2},\quad w_{C2}=-\frac{Fa^3}{3EI_2}$$

将图 8-12(b)、(c) 中的变形叠加后，求得端面 C 的转角和挠度分别为

$$\theta_C=\theta_{C1}+\theta_{C2}=-\frac{Fal}{3EI_1}-\frac{Fa^2}{2EI_2}$$

$$w_C=w_{C1}+w_{C2}=-\frac{Fa^2l}{3EI_1}-\frac{Fa^3}{3EI_2}$$

方向如图 8-12(d) 所示。

若 $EI_1=EI_2$，则有

$$\theta_C=-\frac{Fa(2l+3a)}{6EI}$$

$$w_C=-\frac{Fa^2(a+l)}{3EI}$$

讨论：本例题除了载荷的叠加，还采用局部刚化的处理实现了变形的叠加。这类问题的求解过程中需要注意，刚化的梁段虽然轴线保持为直线，整个梁段的转角保持不变，但是由于梁段端部发生了偏转，刚化梁段仍然会有挠度的增加。

◀ 讲授视频：叠加法求梁的变形。

8.5　梁的刚度计算及提高梁的弯曲刚度的措施

8.5.1　梁的刚度计算

在工程实践中，为了满足某些构件的刚度要求，必须限制梁的最大挠度和最大转角，或者限制指定截面的挠度和转角，使它们不超过某些规定的数值。如果以 $[w]$ 为规定的许可挠度，$[\theta]$ 为规定的许可转角，则梁的刚度条件表示为

$$|w|_{max}\leqslant[w] \tag{8-12}$$

$$|\theta|_{max}\leqslant[\theta] \tag{8-13}$$

式中，$[w]$、$[\theta]$ 根据具体工程重要性和构件的工作需要确定。例如：

普通机床主轴：

$$[w]=(0.0001\sim0.0005)l$$

$$[\theta]=(0.001\sim0.005)\ \text{rad}$$

起重机大梁：

$$[w]=(0.001\sim0.002)l$$

滑动轴承：

$$[\theta]=0.001\ \text{rad}$$

其中 l 为梁的跨度。

【例 8-7】　车床空心主轴如图 8-13(a) 所示，承受切削力 $F_1=20$ kN，齿轮传动力 $F_2=10$ kN 作用。已知轴的外径 $D=80$ mm，内径 $d=40$ mm，跨度 $l=400$ mm，外伸长度 $a=$

100 mm。许用应力$[\sigma]=100$ MPa，材料的弹性模量$E=210$ GPa。若卡盘 C 处的许可挠度$[w_C]=0.0002l$，轴承 B 处的许可转角$[\theta_B]=10^{-3}$ rad。试校核轴的强度和刚度。

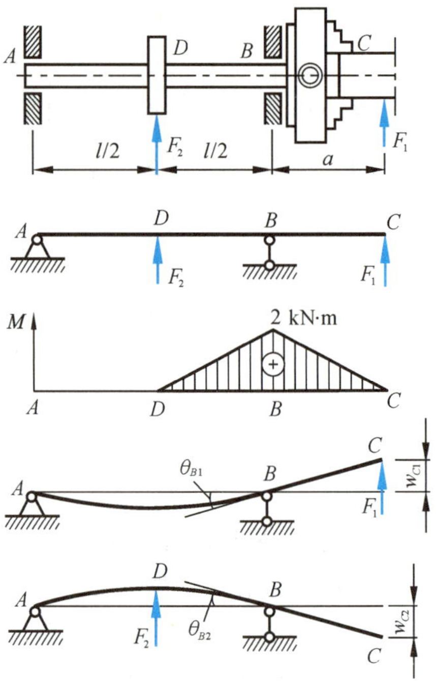

图 8－13　例 8－7 图

解： (1) 强度校核。作车床主轴[图 8－13(b)]的弯矩图，如图 8－13(c) 所示，可见截面 B 为危险截面，而且 $M_{max}=2$ kN·m。

$$\sigma_{max}=\frac{M_{max}}{W_z}=\frac{M_{max}}{\frac{\pi}{32}D^3(1-\alpha^4)}$$

$$=\frac{2\times10^3\ \text{N}\cdot\text{m}\times32}{\pi\times(80\times10^{-3}\ \text{m})^3\times(1-0.5^4)}$$

$$=42.46\times10^6\ \text{Pa}=42.46\ \text{MPa}$$

$\sigma_{max}<[\sigma]$，满足强度条件。

(2) 刚度校核。利用叠加原理，车床主轴[图 8－13(b)]的弯曲变形应该是 F_1、F_2 单独作用下弯曲变形[图 8－13(d)、(e)]的代数和。弯曲刚度为

$$EI=(210\times10^9\ \text{Pa})\times\frac{\pi}{64}\times(80\times10^{-3}\ \text{m})^4\times(1-0.5^4)=39.48\times10^4\ \text{N}\cdot\text{m}^2$$

当 F_1 单独作用时[图 8－13(d)]，由表 8－3 查得端面 C 的挠度和截面 B 的转角分别为

$$w_{C1}=\frac{F_1a^2}{3EI}(l+a)=\frac{(20\times10^3\ \text{N})\times(100\times10^{-3}\ \text{m})^2}{3\times(39.48\times10^4\ \text{N}\cdot\text{m}^2)}\times(400\times10^{-3}\ \text{m}+100\times10^{-3}\ \text{m})$$

$$=8.44\times10^{-5}\ \text{m}$$

$$\theta_{B1}=\frac{F_1al}{3EI}=\frac{(20\times10^3\ \text{N})\times(100\times10^{-3}\ \text{m})\times(400\times10^{-3}\ \text{m})}{3\times(39.48\times10^4\ \text{N}\cdot\text{m}^2)}=0.675\times10^{-3}\ \text{rad}$$

当 F_2 单独作用时[图 8－13(e)]，由表 8－3 查得截面 B 的转角为

$$\theta_{B2}=-\frac{F_2l^2}{16EI}=-\frac{(10\times10^3\ \text{N})\times(400\times10^{-3}\ \text{m})^2}{16\times(39.48\times10^4\ \text{N}\cdot\text{m}^2)}=-2.53\times10^{-4}\ \text{rad}$$

由图 8－13(e) 可知，在 F_2 作用下，BC 段上无弯曲变形。而且 θ_{B2} 又是一个很小的角度，因此，端面 C 的挠度为

$$w_{C2}=\theta_{B2}\cdot a=(-2.53\times10^{-4}\ \text{rad})\times(100\times10^{-3}\ \text{m})=-2.53\times10^{-5}\ \text{m}$$

于是，F_1、F_2 同时作用下端面 C 的挠度和截面 B 的转角分别为

$$w_C=w_{C1}+w_{C2}=(8.44-2.53)\times10^{-5}\ \text{m}=5.91\times10^{-5}\ \text{m}$$

$$\theta_B=\theta_{B1}+\theta_{B2}=(0.675\times10^{-3}-2.53\times10^{-4})\ \text{rad}=0.422\times10^{-3}\ \text{rad}$$

主轴的许可挠度为

$$[w_C]=0.0002l=8\times10^{-5}\ \text{m}$$

所以，$w_C<[w_C]$，$\theta_B<[\theta_B]$，主轴满足刚度条件。

◀ 讲授视频：梁的刚度计算。

讨论：对于有刚度要求的构件，在设计尺寸和选择材料时必须使其同时满足强度和刚度条件。工程结构安全需要每一个构件的安全保障，每一个构件的安全又往往包含多方面要素，必须做到面面俱到，缺一不可。

8.5.2　提高梁的弯曲刚度的措施

从表 8-3 列出的结果可知，梁的挠度和转角与其跨长、约束条件、弯曲刚度以及载荷施加方式相关。因此，可以从以下几个方面采取措施，提高梁的弯曲刚度，减小梁的弯曲变形。

(1) 减小梁的跨长　从前一节梁的弯曲变形的计算分析结果可知，梁的挠度和转角与其跨长的 n 次幂成正比。因此，减小梁的跨长能显著减小其挠度和转角。例如，Z145 造型机横臂的支点原本在立柱的后面[图8-14(a)]，而改进后的 Z145A 造型机横臂的支点在立柱的前面[图 8-14(b)]。由于跨度和外伸长度都缩短了，所以后者的弯曲刚度有较大提高。

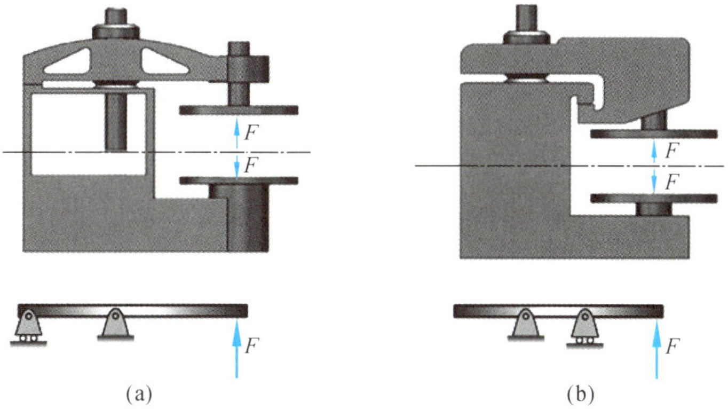

图 8-14　造型机横臂

(2) 增加约束　在梁的跨长不能缩短的情况下，可以采用增加约束的办法来提高梁的弯曲刚度，减小变形。例如，车削细长杆时，在末端增加顶尖支承(图 8-15)，以减小工件弯曲的最大挠度。又如原来两端用两个短轴承支承的轴[图 8-16(a)]，若在其一端增加一个短轴承[图 8-16(b)]，或者将其左端改为长轴承[图 8-16(c)]，使其约束接近于固定端，也能有效减小轴的变形，提高弯曲刚度。增加支座后，静定梁变为超静定梁，其变形和应力的求解方法将在下一节讨论。

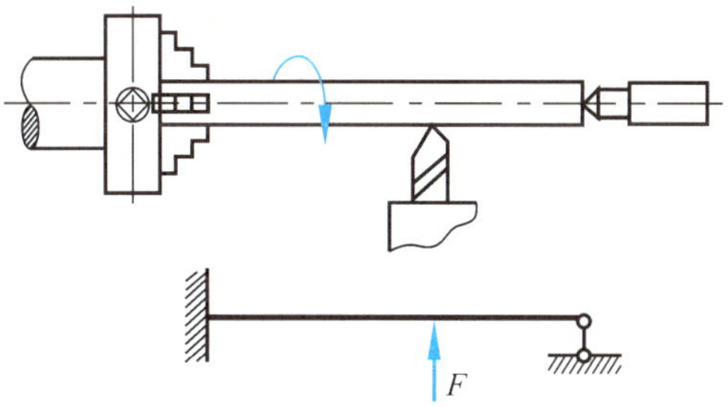

图 8-15　细长杆车削

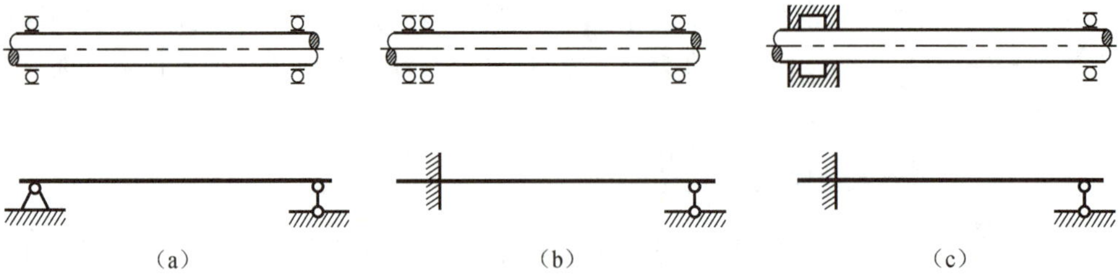

图 8－16　轴的不同支承形式

(3) **改变加载方式**　由挠曲线微分方程和梁的挠度、转角计算结果可知，弯曲变形的大小由梁的弯矩直接决定。弯矩越小，产生的弯曲变形也越小。因此，合理改变加载方式，减小梁内弯矩也是提高弯曲刚度的有效措施。例如，将简支梁中点的集中力[图 8－17(a)]改为对称作用的两个集中力[图 8－17(b)]，则梁中点的最大挠度由原来的$\frac{ql^4}{48EI}$减小至$\frac{11ql^4}{768EI}$。将集中力改成均布载荷[图 8－17(c)]，则最大挠度减小至$\frac{5ql^4}{384EI}$。如果在此基础上再采用图 8－17(d)所示的两端外伸梁布置，则梁的最大挠度只有$\frac{0.11ql^4}{384EI}$，其值只有图 8－17(c)中梁最大挠度的$\frac{1}{45}$，是图 8－17(a)中最大挠度的$\frac{1}{73}$，大大提高了弯曲刚度。

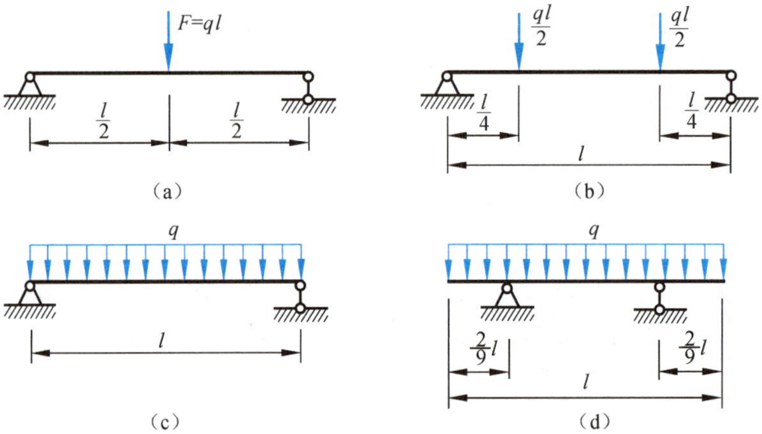

图 8－17　承受不同载荷的梁

为了提高结构弯曲刚度，还可以通过优化结构设计来改变构件的受力形式。例如采用卸载装置后(图 8－18)，原本由皮带轮轴承受的皮带拉力经滚动轴承传给箱体，从而消除了拉力导致的传动轴弯曲变形。又如，车床主轴上主动轮和从动轮的位置安排，由图 8－19(a)改变为图 8－19(b)，主动轮传给主轴的

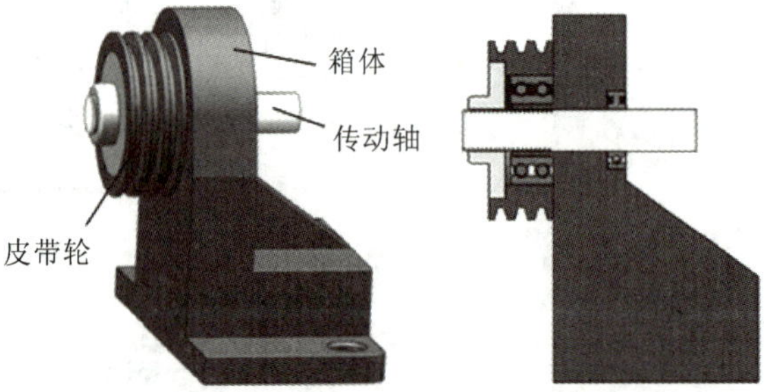

图 8－18　皮带轮的卸荷装置

扭矩虽无改变，但径向啮合力 F_2 的方向却发生了改变。新位置安排下主轴外伸端的挠度明显减小，提高了主轴的刚度。

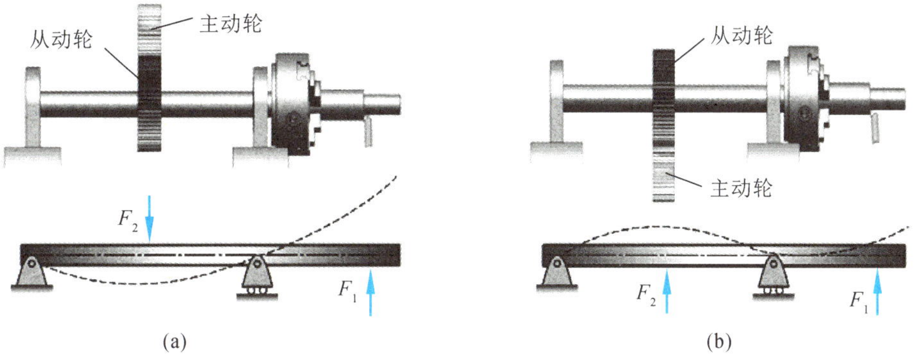

图 8-19　主动轮在不同位置时引起的变形

(4) 设计合理截面、增大惯性矩　梁的弯曲挠度和转角跟惯性矩成反比，因此，在梁的截面面积不变的前提下，设计合理的截面形状，增大截面惯性矩的数值，也是提高弯曲刚度的有效措施。如空心圆截面、工字形、槽形、T 形截面的惯性矩均明显比面积相等的实心圆截面、矩形截面的惯性矩大。本章开头提到的竹子就是中空截面，起重机等大型器械的大梁一般采用工字形或者箱型截面，大型舰船等箱壁结构经常采用加筋的办法来提高弯曲刚度。

应该注意，由于梁的变形是无限多 dx 梁段的变形累加的结果。因此，只有在梁的全长或绝大部分长度上加大惯性矩的数值，才能达到提高弯曲刚度的目的。这一点与强度问题不同，在强度问题中，只需在弯矩较大的梁段内加大惯性矩，即可达到提高强度的目的。另外，梁在局部范围内惯性矩的减小（如由铆钉孔所引起的削弱等），对强度的影响较大，而对刚度的影响是可以忽略的。上述是解决刚度问题与强度问题的不同之处。

最后必须指出，弯曲变形还与材料的弹性模量 E 有关，E 值越大弯曲变形越小。但由于各种钢材的弹性模量 E 大致相同，因此，希望用提高弹性模量的办法来提高梁的弯曲刚度，是不会收到明显效果的。从提高弯曲刚度的角度看，没有必要选用价格昂贵的高强度钢。

8.6　简单超静定梁

前面讨论的梁都是静定梁，这种梁的约束力通过静力平衡方程即可求得。有时为了提高梁的刚度和强度，需要增加梁的约束（支座），例如上一节所讲的，在车削的工件上加顶尖，在轴两端施加额外约束等（图 8-15）。由于增加了约束，相应地增加了约束力的数目，从而使未知约束力数目超过独立的静力平衡方程数目。因此，只用平衡方程就无法求解出全部约束力，这些梁就成为超静定梁（statically indeterminate beam）。超静定梁的未知约束力个数与独立静力平衡方程数的差值称为超静定次数。

为提高梁的刚度和强度而增加的约束，对于维持梁的平衡来说是多余的。这种约束通常称为多余约束，与多余约束相对应的约束力称为多余约束力。故多余约束力的数目也就是超静定次数。

对超静定梁进行强度或刚度计算时，首先必须求出梁的多余支反力。求解方法与拉压超静定问题类似，需要根据梁的变形相容条件和力与变形间的物理关系建立补充方程，从而与静力平衡方程联立求解获得多余的约束力。

图 8-20(a) 所示一端固定端约束、一端可动铰支座约束的等截面梁，承受均布载荷 q 作用，为一次超静定问题。解题时首先解除多余约束，如选支座 B 为多余约束，将它去掉后，使超静定梁变为静定梁。这种静定梁称为原超静定梁的静定基本系统，简称**静定基**(primary statically determinate system)，如图 8-20(b) 所示。在静定基上，除了承受原有载荷 q 外，还必须加上多余支反力 F_B，以代替去掉的多余约束，如图 8-20(c) 所示，该图应与原超静定梁相当，称为**相当系统**(equivalent system)。相当系统在多余约束处的变形应该与原梁相同，即在图 8-20(c) 中端面 B 的挠度应为零。由 8.4 节介绍的叠加法有

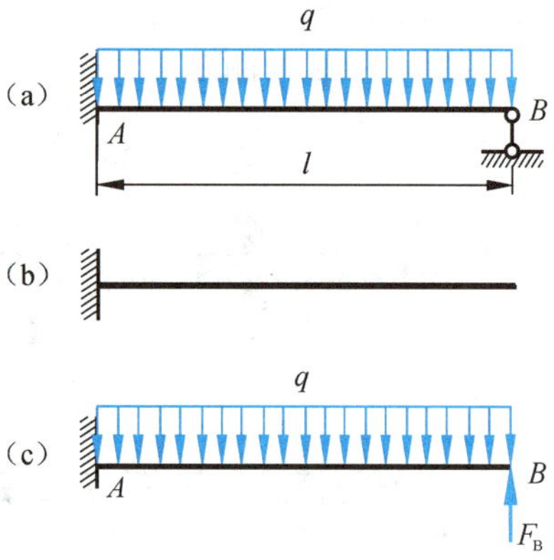

图 8-20　超静定梁的求解

$$w_B = w_{Bq} + w_{BF} = 0 \tag{a}$$

上式即为变形相容条件。

然后找出力与变形之间的物理关系。由表 8-3 查得 q 和 F_B 单独作用下，端面 B 的挠度分别为

$$w_{Bq} = -\frac{ql^4}{8EI} \tag{b}$$

$$w_{BF} = \frac{F_B l^3}{3EI} \tag{c}$$

将式(b)、式(c) 代入式(a)，得

$$\frac{F_B l^3}{3EI} - \frac{ql^4}{8EI} = 0 \tag{d}$$

上式即为补充方程，由此解得多余支反力 F_B 为

$$F_B = \frac{3ql}{8}$$

多余支反力 F_B 确定之后，梁的强度和刚度计算方法与静定梁相同。

计算可得，没有 B 端支撑时，受均匀分布载荷的悬臂静定梁的最大弯矩在固定端，大小为 $|M|_{\max} = \frac{ql^2}{2}$。在 B 端增加约束后，梁上的最大弯矩发生在 $\frac{5l}{8}$ 处(由 $\frac{dM}{dx}=0$ 或者 $F_S=0$ 确定)，其大小为 $|M|_{\max} = \frac{9ql^2}{128}$。可见，超静定梁中的最大弯矩减小，相应的最大应力减小，承载能力提高。

查表 8-3 可得，没有 B 端支撑时，受均匀分布载荷的悬臂梁最大挠度发生在自由端，大小为 $|\omega|_{\max} = \frac{0.125ql^4}{EI}$。在 B 端增加约束后，基于图 8-20(c) 和表 8-3 利用叠加法计算可得超

静定梁的挠度方程为

$$\omega_{Bq}=-\frac{qx^2}{24EI}(x^2+6l^2-4lx)$$

$$\omega_{BF}=\frac{F_Bx^2}{6EI}(3l-x)=\frac{3qx^2l}{48EI}(3l-x)$$

$$\omega=\omega_{Bq}+\omega_{BF}=\frac{qx^2}{48EI}(-2x^2+5lx-3l^2)$$

最大挠度发生在转角为零的地方，令

$$\theta=\omega'=\frac{qx}{48EI}(-8x^2+15lx-6l^2)=0\text{，解得 }x=0.579l$$

求得此处有最大挠度，即

$$|\omega|_{\max}=|\omega|_{x=0.579l}=\frac{0.0054ql^4}{EI}$$

可见，在自由端增加顶杆的措施使得悬臂梁的弯曲变形大大缩小，最大挠度只有原来的4.5%。这也是前面提到的通过增加顶杆约束来提高车削件刚度的作用原理。

讨论：科学问题的求解大都不是只有一个角度、一种方法。解超静定梁时，多余约束的选择也不是唯一的，可以根据解题的方便而定。若选取的多余约束不同，则相应的静定基及其变形相容条件也随之而异。例如上面的超静定梁，也可以选取端面 A 的转动约束作为多余约束。此时静定基为一个简支梁，多余约束力为端面 A 的反力偶矩 M_A。这时的变形相容条件应该是在分布力 q 和反力偶矩 M_A 的共同作用下，端面 A 的转角为零，补充方程在此基础上列取。虽然所选的多余约束及其相应的基本静定系、建立的补充方程不同，不同处理方式求得的全部约束反力应该都是相同的。关于这一点，建议读者自行验证。

【例 8-8】 图 8-21(a) 所示为三支点单梁吊车。梁长 $l=8$ m，由 40a 工字钢制成，许用应力为$[\sigma]=140$ MPa，吊车吊起重物的重量为 $P=100$ kN，梁的自重不计。试按电葫芦行至 CB 段中点时的情况，校核梁的强度。

解： 吊车梁的计算简图如图 8-21(b) 所示，该梁为一次超静定，需要列出一个补充方程。

(1) 取基本静定梁，列变形相容条件。选取点 C 处的支座为多余约束，F_C 为多余支座约束力，见图 8-21(c)，则相应的基本静定梁为一简支梁。相应的变形协调条件为

$$w_C=(w_C)_P+(w_C)_{F_C}=0$$

式中，$(w_C)_P$ 和$(w_C)_{F_C}$ 分别为力 P 和 F_C 在点 C 处引起的挠度。

(2) 建立补充方程。由表 8-3 查得

$$(w_C)_P=-\frac{P\cdot\frac{l}{4}}{48EI}\left[3l^2-4\left(\frac{l}{4}\right)^2\right]=-\frac{11Pl^3}{768EI}$$

$$(w_C)_{F_C}=\frac{F_Cl^3}{48EI}$$

将$(w_C)_P$ 和$(w_C)_{F_C}$ 代入变形相容条件，得补充方程

$$-\frac{11Pl^3}{768EI}+\frac{F_Cl^3}{48EI}=0$$

（3）解出支座约束力。由补充方程解得

$$F_C=\frac{11}{16}P$$

再画出受力图，列出平衡方程

$$\sum F_x=0,\quad F_{Ax}=0$$

$$\sum F_y=0,\quad F_{Ay}+F_C-P+F_B=0$$

$$\sum M_A=0,\quad F_B\cdot l-P\cdot\frac{3l}{4}+F_C\cdot\frac{l}{2}=0$$

以 F_C 之值代入解得

$$F_B=\frac{13}{32}P,\quad F_{Ay}=-\frac{3}{32}P(\downarrow)$$

（4）校核强度。作梁的弯矩图如图 8-21(d) 所示，最大弯矩在 D 处，其值为

$$M_{\max}=\frac{13}{128}Pl=\frac{13}{16}\times10^5\ \mathrm{N\cdot m}$$

由附录Ⅱ—型钢表查得 40a 工字钢的抗弯截面系数为

$$W_z=1090\times10^{-6}\ \mathrm{m^3}$$

所以梁的最大弯曲正应力为

$$\sigma_{\max}=\frac{M_{\max}}{W_z}=\frac{1}{1090\times10^{-6}}\ \mathrm{m^3}\times\frac{13}{16}\times10^5\ \mathrm{N\cdot m}$$

$$=74.5\times10^6\ \mathrm{Pa}$$

$$=74.5\ \mathrm{MPa}<[\sigma]$$

所以梁满足强度条件。

（5）讨论：若吊车梁在 C 处没有中间支座，为一简支梁，如图 8-21(e) 所示。当电葫芦行至此时的梁中点 C 时，梁在 C 处横截面上的弯矩最大，其值为

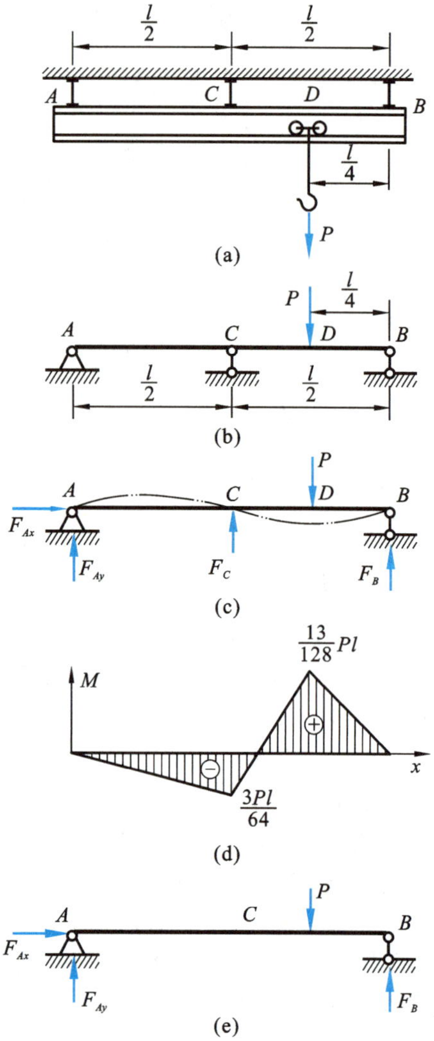

图 8-21　例 8-8 图

$$M_{\max}=\frac{Pl}{4}=\frac{100\times10^3\ \mathrm{N}\times8\ \mathrm{m}}{4}=200\times10^3\ \mathrm{N\cdot m}$$

则梁的最大弯曲正应力为

$$\sigma_{\max}=\frac{M_{\max}}{W_z}=\frac{200\times10^3\ \mathrm{N\cdot m}}{1090\times10^{-6}\ \mathrm{m^3}}=183.5\times10^6\ \mathrm{Pa}=183.5\ \mathrm{MPa}>[\sigma]$$

这样就不能满足强度条件了。

8.7　梁的弯曲应变能

当梁在横力和弯矩作用下发生弯曲变形后，梁内会积蓄应变能。下面先研究梁在纯弯曲时应变能的计算。如图 8－22 所示的简支梁，在外力偶矩 M_e 作用下发生纯弯曲。此时，不考虑能量损耗的前提下，积蓄在杆内的应变能 V_ε 在数值上等于外力偶矩 M_e 所做的功 W。

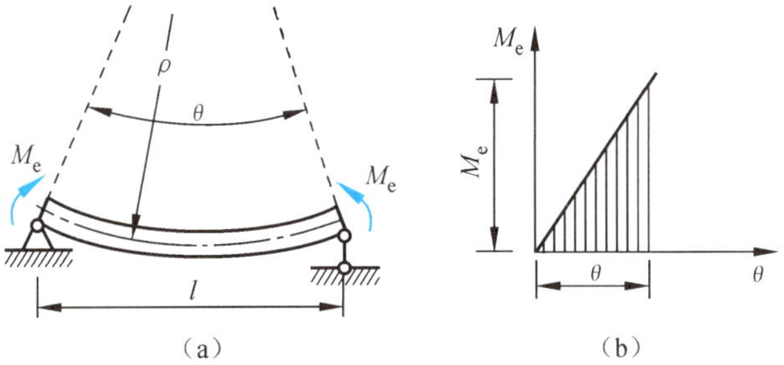

图 8-22　纯弯曲的应变能

此时，梁在纯弯曲时各横截面的弯矩 M 都等于外力偶矩 M_e，即为常数。梁在线弹性范围内工作时，由式(7-1)可知，梁的轴线在弯曲后将成一曲率 $\frac{1}{\rho}=\frac{M}{EI}$ 的圆弧，所对的圆心角为

$$\theta=\frac{l}{\rho}=\frac{Ml}{EI}=\frac{M_e l}{EI} \tag{a}$$

由此可见，圆心角 θ 与外力偶矩 M_e 间的关系可由图 8-22(b) 所示的直线表示。图中直线下的三角形面积就是外力偶矩 M_e 所做的功，即

$$W=\frac{1}{2}M_e\theta$$

将式(a) 代入上式得

$$W=\frac{M_e^2 l}{2EI} \tag{b}$$

故梁在纯弯曲时的应变能为

$$V_\varepsilon=\frac{M_e^2 l}{2EI} \tag{8-14}$$

或用弯矩表示为

$$V_\varepsilon=\frac{M^2 l}{2EI} \tag{8-15}$$

在梁受横力弯曲的情况下[图 8-23(a)]，横截面上同时存在着弯矩 $M(x)$ 和剪力 $F_S(x)$ 作用。因此，梁内存蓄的应变能应也包含两个部分，即与弯曲变形相应的弯曲应变能和与剪切变形相应的剪切应变能。但对于细长梁来说，跨度远大于横截面尺寸，其剪切应变能一般远小于弯曲应变能，因而可忽略不计。因此，梁在横力弯曲时的应变能只计算其弯曲应变能。

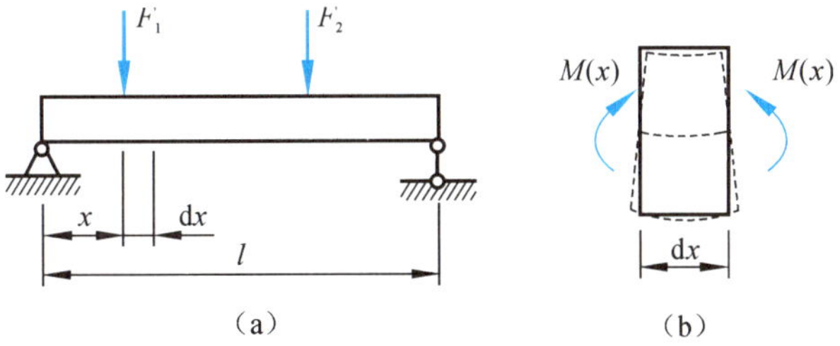

图 8-23　横力弯曲时的应变能

从梁内取出微段 dx，其左右两端面上的弯矩分别为 $M(x)$ 和 $M(x)+dM(x)$。忽略弯矩增量 $dM(x)$ 后，可以把 dx 微段看作纯弯曲的情况，如图 8-23(b) 所示。利用式(8-15)，可得

该微段的弯曲应变能 dV_ε 为

$$dV_\varepsilon = \frac{M^2(x)}{2EI}dx$$

则全梁的弯曲应变能为

$$V_\varepsilon = \int_l \frac{M^2(x)}{2EI}dx \tag{8-16}$$

【例 8-9】 图 8-24 所示的简支梁，弯曲刚度为 EI。试求梁的应变能。

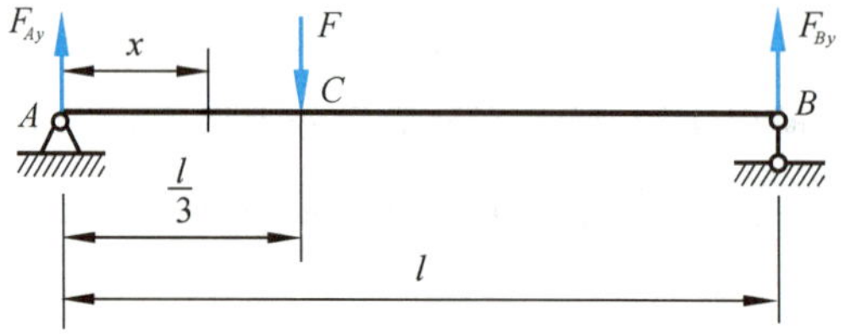

图 8-24 例 8-9 图

解： (1) 计算梁的支座约束力。

$$F_{Ay} = \frac{2}{3}F,\quad F_{By} = \frac{1}{3}F$$

(2) 分段写出弯矩方程。

AC 段：

$$M(x) = \frac{2}{3}Fx \quad \left(0 \leqslant x \leqslant \frac{l}{3}\right)$$

BC 段：

$$M(x) = \frac{2}{3}Fx - F\left(x - \frac{l}{3}\right) = -\frac{l}{3}F\left(x - \frac{l}{3}\right) \quad \left(\frac{l}{3} \leqslant x \leqslant l\right)$$

(3) 将弯矩方程代入应变能表达式(8-16)，分段积分后，即得该简支梁的应变能 V_ε 为

$$V_\varepsilon = \int_0^{l/3} \frac{M^2(x)}{2EI}dx + \int_{l/3}^{l} \frac{M^2(x)}{2EI}dx$$

$$= \frac{1}{2EI}\int_0^{l/3}\left(\frac{2Fx}{3}\right)^2 dx + \frac{1}{2EI}\int_{l/3}^{l}\left[-\frac{1}{3}F\left(x - \frac{l}{3}\right)\right]^2 dx = \frac{2F^2l^3}{243EI}$$

【例 8-10】 弯曲刚度为 EI 的悬臂梁受一集中载荷 F 作用，如图 8-25 所示。试求梁内积蓄的弯曲应变能 V_ε，并利用功能原理求 A 端的挠度 。

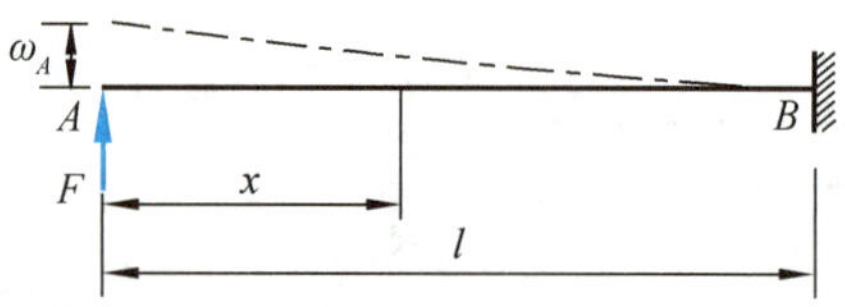

图 8-25 例 8-10 图

解： (1) 计算梁的弯曲应变能。梁任一横截面上的弯矩为

$$M(x) = Fx$$

代入式(8-16)，经过积分即得梁内的应变能为

$$V_\varepsilon = \int_0^l \frac{F^2 x^2}{2EI} dx = \frac{F^2 l^3}{6EI}$$

(2) 计算自由端挠度。载荷 F 所做的功为

$$W = \frac{1}{2} F w_A$$

由功能原理,有

$$\frac{1}{2} F w_A = \frac{F^2 l^3}{6EI}$$

由此可得 A 端的挠度为

$$w_A = \frac{Fl^3}{3EI}$$

w_A 为正值,表示 w_A 与力 F 的指向相同(即向上)。

8.8 工程实例分析:混凝土浇筑模板变形带来的问题

8.8.1 事件背景

建筑工程中大量使用混凝土预制构件,而制造质量很大程度上取决于模板的变形与否。

某厂房结构跨度 21 m,屋架下弦高 21 m,配有 30 t 桥式吊车。其钢筋混凝土排架柱采用就地预制的方法制成。验收通过后的柱子在吊装时,发现有一些横向裂缝,在截面较小的柱段的根部裂缝较为集中。

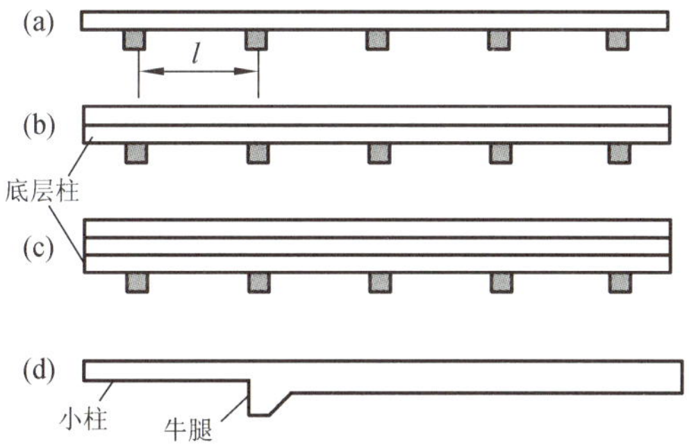

图 8-26 混凝土柱叠层浇筑和小柱

为查找出现裂缝的原因,验算了柱子吊装时的强度,排除了强度不足的可能。又由于裂缝仅在吊装时出现,所以对吊装方法也进行了改进,未见明显改观。详细了解施工过程后发现,问题出在浇筑环节。

8.8.2 原因分析

(1) 裂缝与吊装是否无关

裂缝是在吊装时发现的,但分布范围广,且不随柱的截面尺寸或刚度分布而改变,也不随吊装方式的改变而改变。说明裂缝与吊装无关,而是在吊装前已存在。

(2) 裂缝与模板变形的关系

混凝土构件浇筑之后，需要经过长时间的养护才凝固硬化，从而慢慢提高强度，一般 28 d 后达到设计强度。在构件养护期，由于混凝土抗弯强度低，若发生弯曲变形，容易产生裂缝。这就是该问题的关键，因为构件养护期模板变形导致混凝土柱发生弯曲而产生裂缝。

(3) 如何避免类似裂缝

既然裂缝是因为模板的变形造成的，避免裂缝的主要措施就是提高模板的弯曲刚度，减小模板和构件的弯曲位移。具体方法参见 8.5 节。

◀ 拓展阅读：弓箭的弯曲变形（数字资源）

思　考　题

8-1　题图(a)、(b) 所示的纯弯曲梁的尺寸、材料、受力完全相同，但约束条件不同。试问：(1) 两梁下边缘总伸长是否相同？(2) 两梁相应横截面的挠度和转角是否相同？

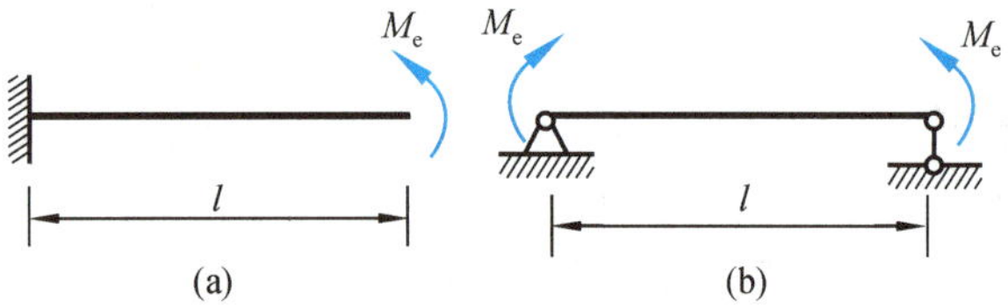

思考题 8-1 图

8-2　一端固定的板条截面尺寸为 0.4 mm×6 mm，将它弯成半圆形，如题图所示。设弹性模量 $E=200$ GPa，比例极限 $\sigma_p=210$ MPa。求力偶矩 M_e 及最大正应力。在此情况下，能否用 $\sigma=\dfrac{M}{W_z}$ 计算应力？能否用 $\dfrac{d^2w}{dx^2}=\dfrac{M}{EI}$ 计算挠度？

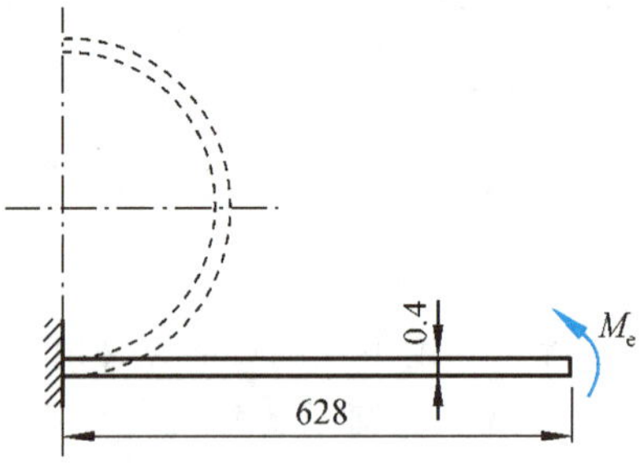

思考题 8-2 图

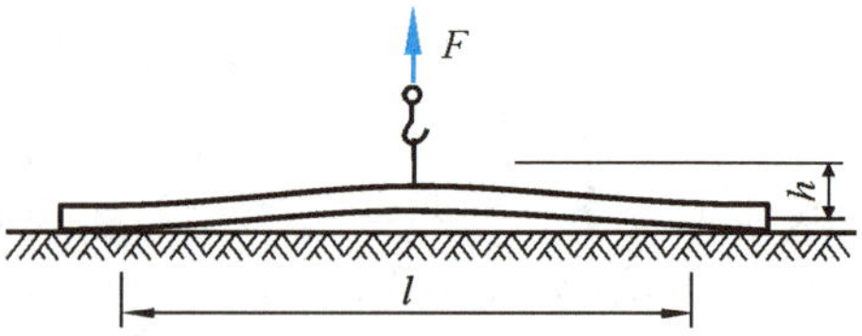

思考题 8-3 图

8-3　如题图所示，外径 $D=500$ mm，壁厚 $\delta=10$ mm 的钢管自由放在地面上，设管子为无限长而地基是刚性的。已知钢管材料的弹性模量 $E=200$ GPa，密度 $\rho=8000$ kg/m^3。若起吊高度 $h=100$ mm，那么起吊部分的长度及起吊力 F 应为多少？

8-4　欲在直径为 d 的圆木中锯出弯曲刚度最大的矩形截面梁（如题图所示），试求截面的高度 h 与宽度 b 的合理比值？

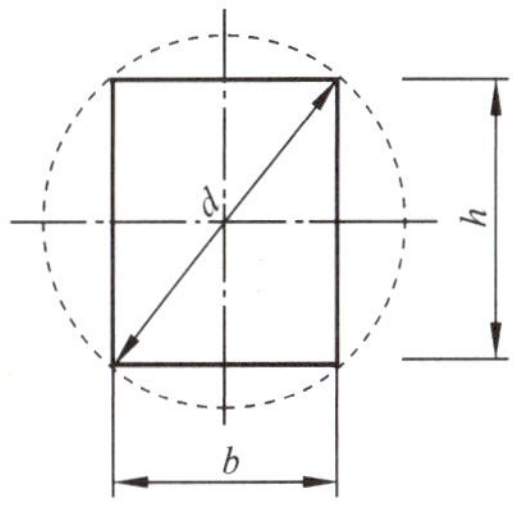

思考题 8-4 图

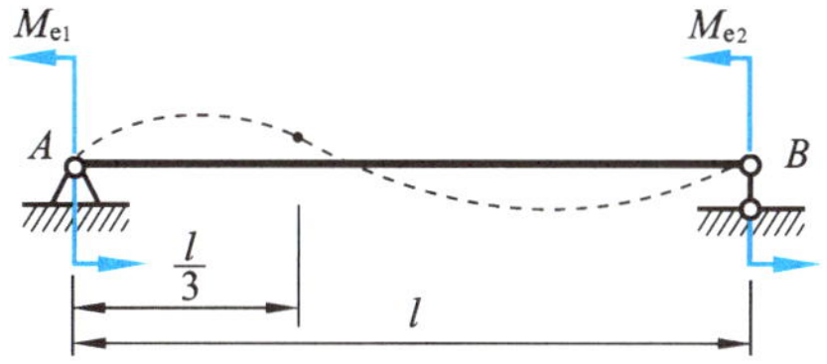

思考题 8-5 图

8-5　题图所示简支梁，左右两端分别作用力偶矩 M_{e1} 和 M_{e2}，如果欲使挠曲线的拐点位于离左端$\frac{l}{3}$处，则 M_{e1} 和 M_{e2} 应保持何种关系？

8-6　一直径为 d 的钢杆和一由 n 根直径为 d_1 的细钢丝缠绕而成的钢丝绳，若钢丝绳与钢杆的材料相同(弹性模量相同)、横截面面积相等，分别环绕在半径为 R 的圆柱体上，且 $d \ll R$，如题图所示。试求钢丝绳与钢杆的弯曲刚度之比，以及最大正应力之比。

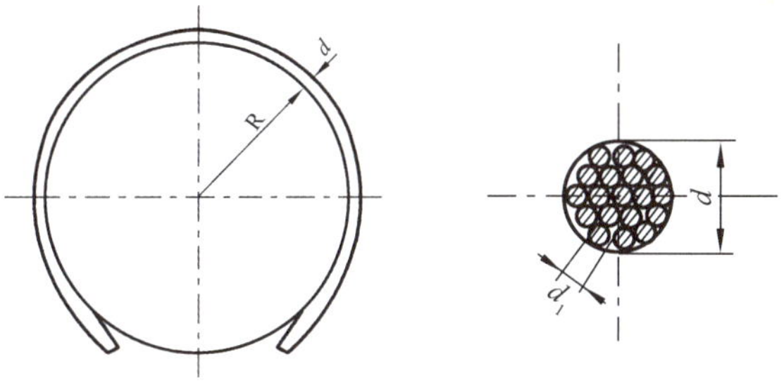

思考题 8-6 图

8-7　如题图所示，为使载荷 F 作用点的挠度 w_C 等于零，试求载荷 F 与 q 间的关系。

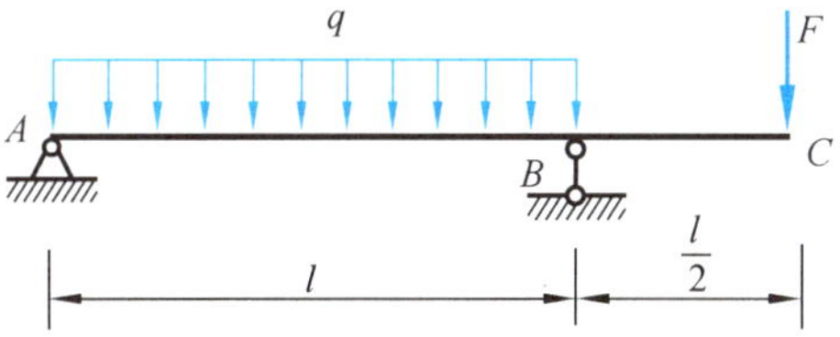

思考题 8-7 图

8-8　试按叠加原理并利用表 8-3 求题图所示梁跨中截面的挠度 w_C。

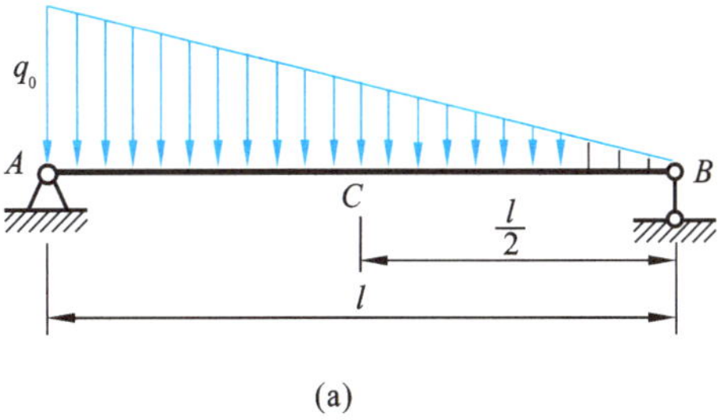

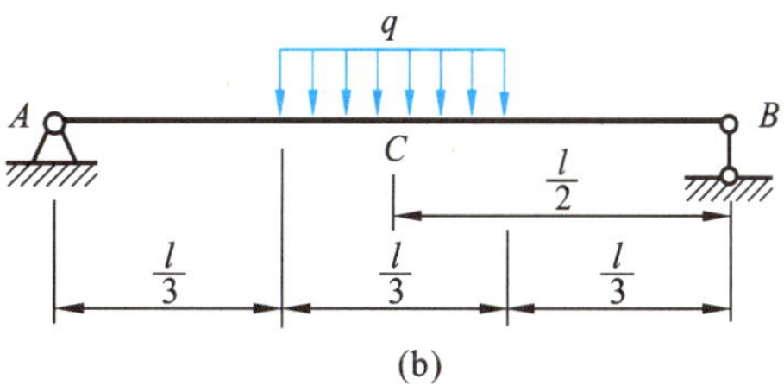

思考题 8-8 图

8－9　弯曲刚度为EI的两端固定梁，在梁跨中点下有一支座，但与梁底边相距δ，如题图所示。当梁承受均布载荷q后，梁与中间支座接触。试问该梁为几次超静定，并列出其变形几何相容方程和物理关系式。

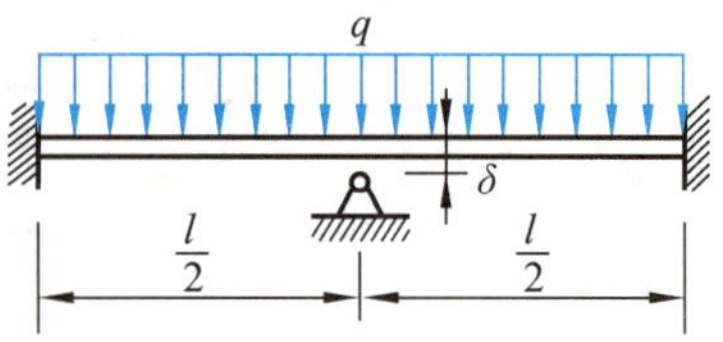

思考题8－9图

习　　题

8－1　悬臂梁承受载荷如题图所示，分别用积分法求图示各梁自由端的挠度和转角。设EI为常数。

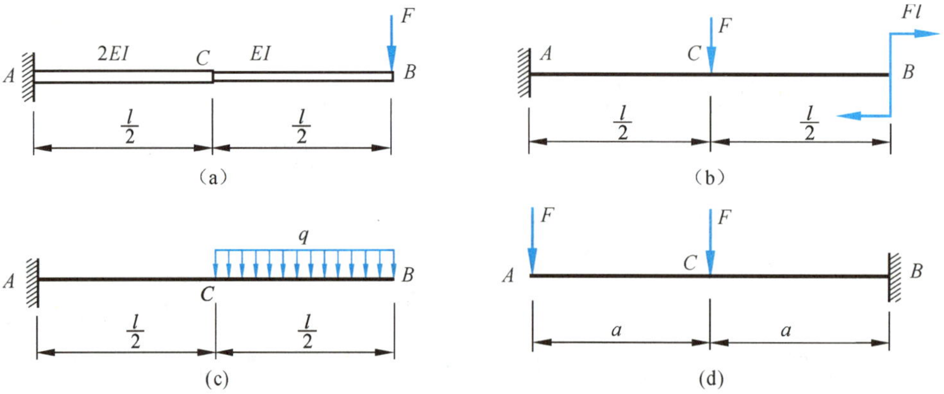

习题8－1图

8－2　用积分法求题图所示各简支梁：(1) 端截面的转角；(2) 梁中点的挠度。设EI为常数。

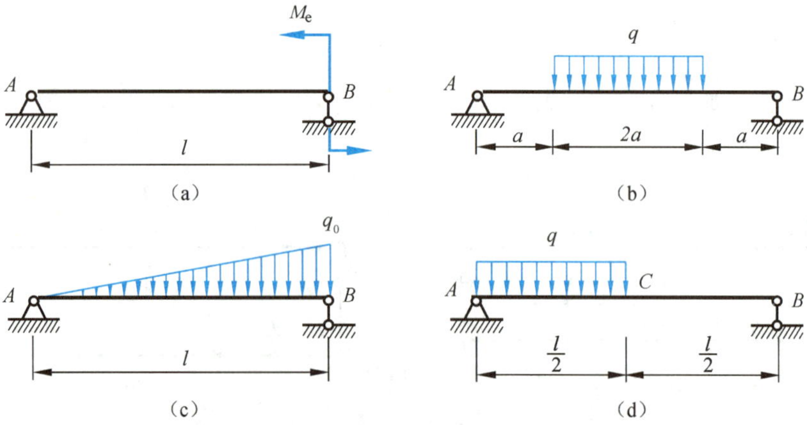

习题8－2图

8 - 3　用积分法求题图所示各外伸梁：(1) A、B 处的转角；(2) C 处的挠度和转角。设 EI 为常数。

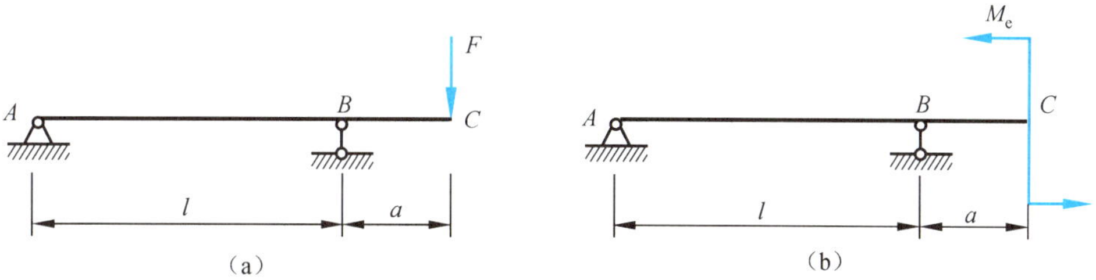

习题 8 - 3 图

8 - 4　试用叠加法计算题图所示各梁截面 A 的挠度和截面 B 的转角。设 EI 为常数。

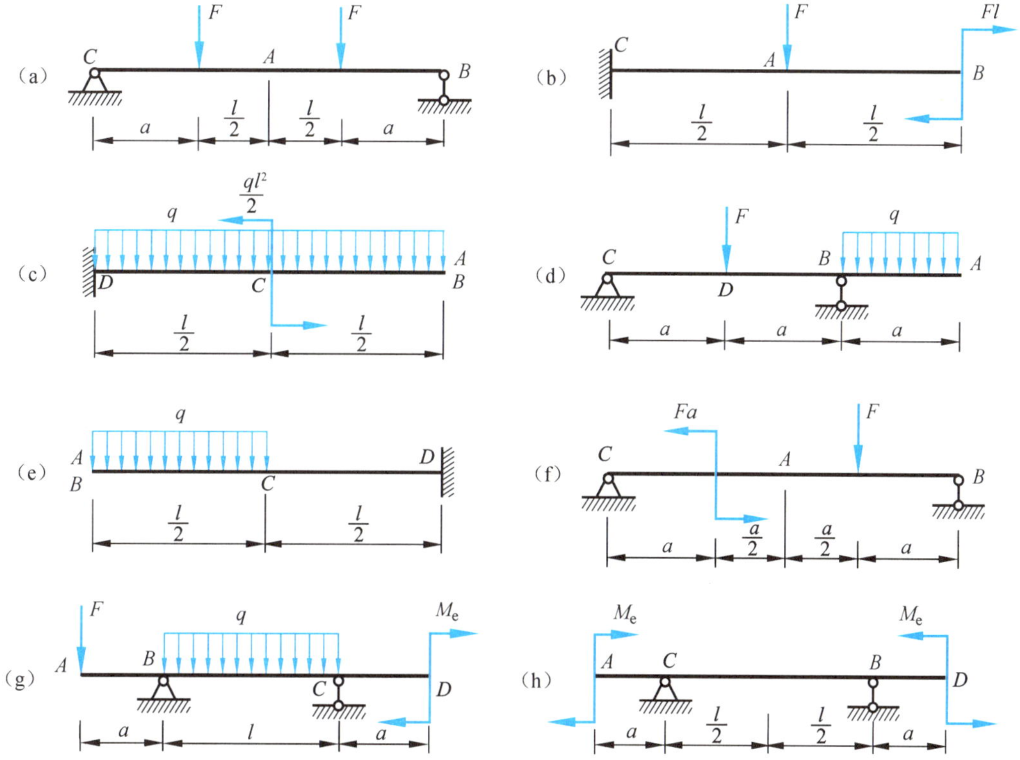

习题 8 - 4 图

8 - 5　用叠加法求题图所示直角折杆自由端 C 的垂直和水平位移。设 EI 为常数。

8 - 6　题图所示外伸梁在截面 B 支承于弹簧上，弹簧刚度为 K，试求截面 C 挠度，设 EI 为常数。

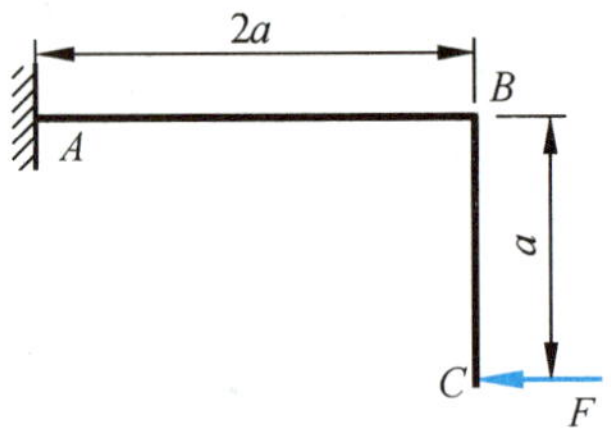

习题 8－5 图

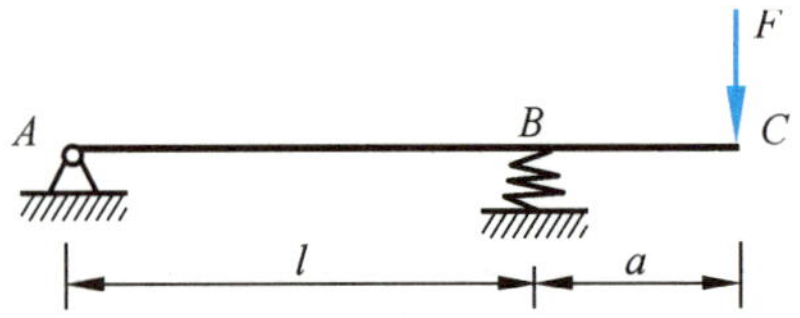

习题 8－6 图

8－7　简化后的齿轮轴如题图所示，已知材料的弹性模量 $E=200$ GPa，试求轴承 A、B 处的转角。

8－8　题图所示钢制圆轴的左端受力 $F=20$ kN，材料的弹性模量 $E=200$ GPa。若规定截面 B 的许可转角 $[\theta]=0.5°$，试设计轴的直径。

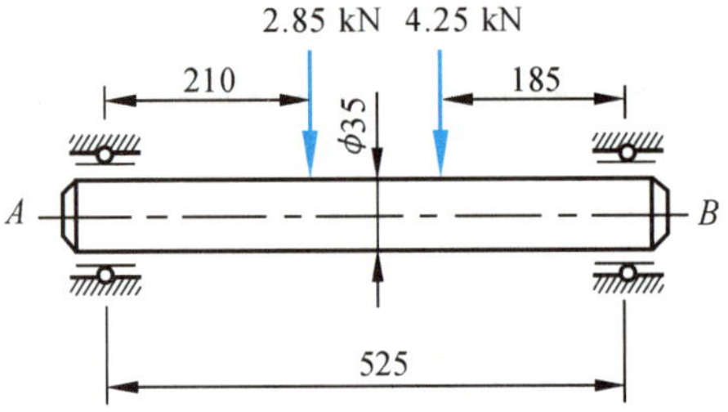

习题 8－7 图

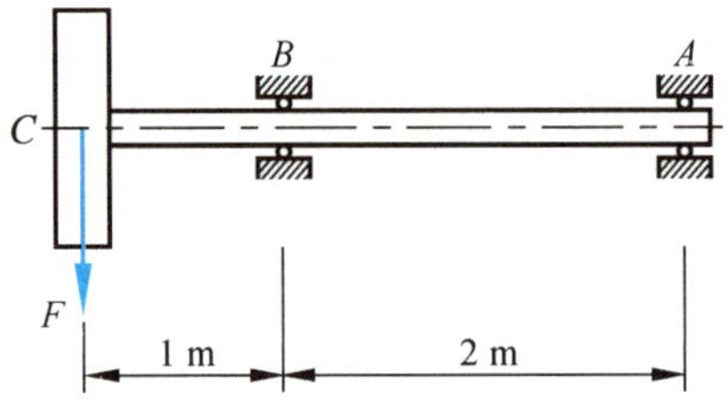

习题 8－8 图

8－9　矩形截面悬臂梁如题图所示。已知 $q=10$ kN/m，$l=3$ m。若许可挠度 $[w]=\dfrac{l}{250}$，许用应力 $[\sigma]=120$ MPa，弹性模量 $E=200$ GPa，截面尺寸 $h=2b$。试设计矩形截面的尺寸。

8－10　桥式起重机大梁（视为简支梁）由 32a 号工字钢制成，最大载荷 $F=20$ kN。已知跨度 $l=8.5$ m，弹性模量 $E=210$ GPa，规定的许可挠度 $[w]=\dfrac{l}{500}$。试校核梁的刚度。

8－11　一跨度 $l=4$ m 的简支梁，承受集度 $q=10$ kN/m 的均布载荷和 $F=20$ kN 的集中力作用，如题图所示。该梁由两槽钢制成，设材料的弹性模量 $E=210$ GPa，许用应力 $[\sigma]=160$ MPa，梁的许可挠度 $[w]=\dfrac{l}{400}$，试选择槽钢型号，并校核其刚度。

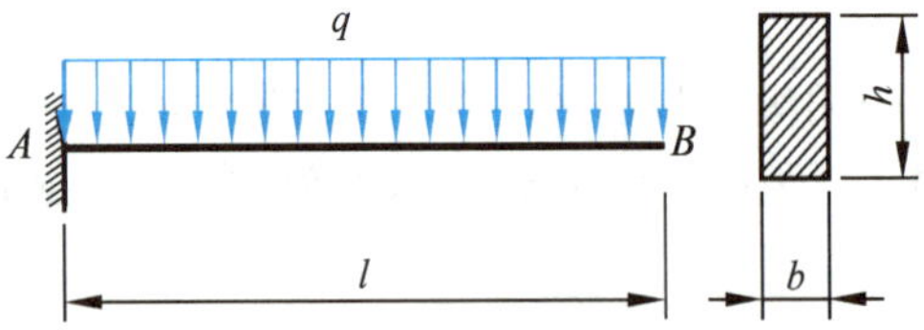

习题 8－9 图

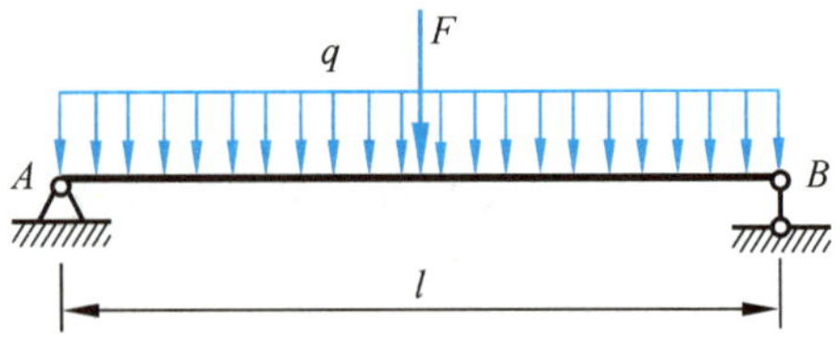

习题 8－11 图

8－12　试求题图所示各超静定梁的约束力。设 EI 为常数。

8－13　题图所示梁 AB 的刚度为 EI，杆 BC 的截面为 A，二者材料相同，弹性模量均为

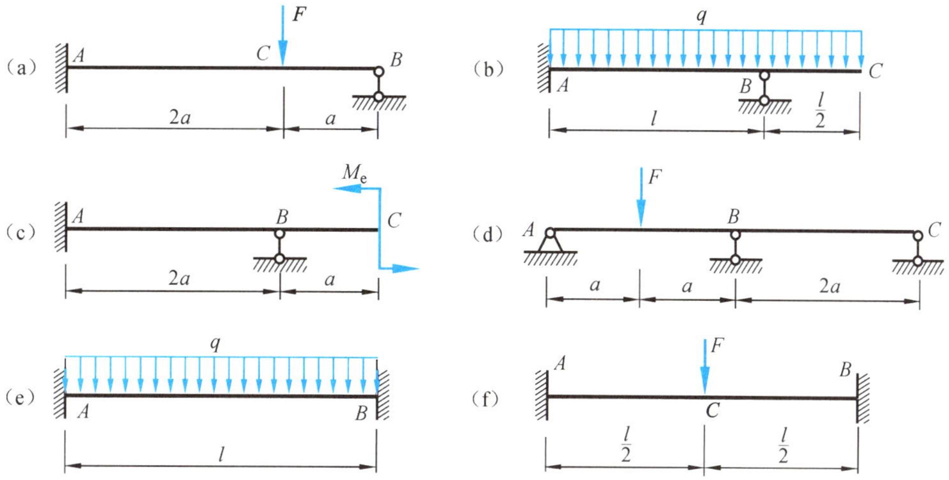

习题 8－12 图

E。梁长为 l，杆长为 a。试求杆 BC 内的拉力。

8－14　梁 AB 因强度和刚度不足，用同一材料同样截面的短梁 AC 加固，如题图所示，试求：(1) 两梁接触处的压力；(2) 加固后梁 AB 的最大弯矩和点 B 的挠度减小了多少。

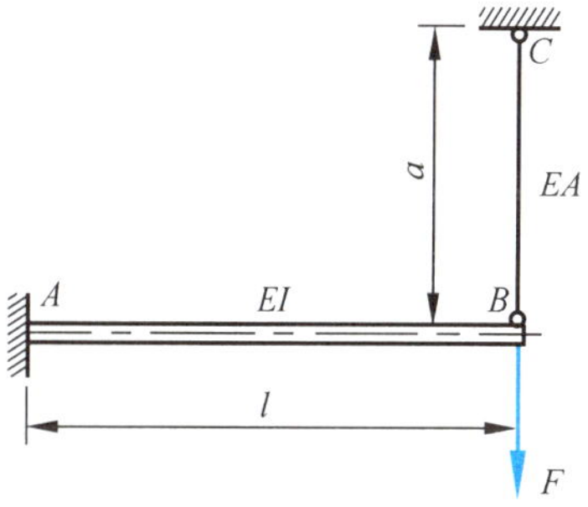

习题 8－13 图

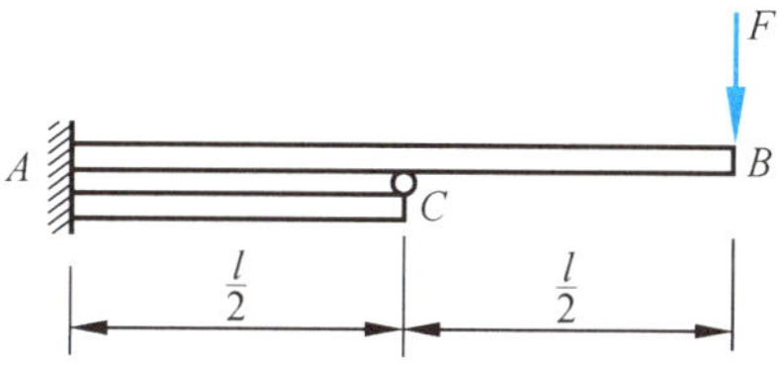

习题 8－14 图

8－15　试求题图所示各梁的弯曲应变能。设 EI 为常数。

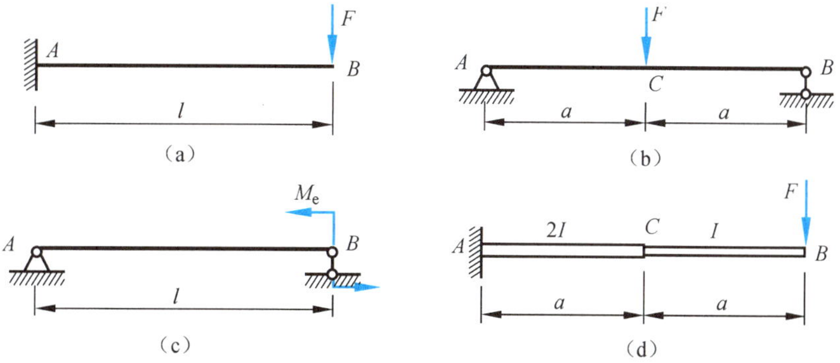

习题 8－15 图

9　应力状态与强度理论

9.1　应力状态基本概念

9.1.1　应力状态概述

对构件在基本变形情况下的应力分析结果表明，除了轴向拉伸与压缩外，受力构件同一横截面上各点处的应力一般是不相同的；并且即使是通过同一点的不同方位截面上的应力一般也是不相同的，应力会随截面方位的变化而变化。同时，实践表明，构件破坏不都是沿横截面破坏，如铸铁压缩破坏时，沿与轴线成 45° 的斜截面开裂；铸铁圆轴扭转破坏时，沿 45° 螺旋面断开；低碳钢试样拉伸至屈服时，表面会出现与轴线成 45° 角的滑移线。这表明，构件的破坏还与斜截面上的应力有关。因此，为了全面判断受力构件在什么位置、什么方向最危险，从而分析各种破坏现象，必须分析通过一点的各个方位截面上的应力。受力构件内一点处不同方位截面上应力的集合（也即通过一点的所有不同方位截面上应力的全部情况），称为一点处的应力状态（state of stress）。

9.1.2　描述一点处应力状态的方法

为了研究受力构件一点处的应力状态，通常围绕该点用互相垂直的 3 对面截取一个单元体，且单元体 3 个方向的尺寸均为无穷小，以致可认为它的每个面上的应力都是均匀分布的，且任一对相互平行的两个截面上的应力都是相等的，皆等于通过所研究的点并与上述截面平行的面上的应力。当受力物体处于平衡状态时，从物体中截取的单元体是平衡的，单元体的任意一个局部也必然是平衡的。所以，知道了单元体三个互相垂直面上的应力后，单元体任一方位斜截面上的应力，都可通过截面法求出，这样一点处的应力状态就完全确定了。因此，可用单元体 3 个互相垂直面的应力描述一点处的应力状态。在最普遍的情况下，描述一点处的应力状态需要9 个应力分量（图 9-1）。考虑到切应力互等定理，τ_{xy} 和 τ_{yx}，τ_{yz} 和 τ_{zy}，τ_{zx} 和 τ_{xz} 数值上分别相等。这样原来 9 个应力分量中，独立的就只有 6 个，即 σ_x，σ_y，σ_z，τ_{xy}，τ_{yz}，τ_{zx}。因此，又可以说，可用单元体 3 个互相垂直面上的 6 个独立的应力分量表示一点处的应力状态。

围绕一点取出单元体，并确定单元体 3 个互相垂直面上的应力分量是研究该点处应力状态过程中的一个很重要的步骤。截取单元体的原则是，其 3 对平行平面上的应力应该是给定的，或经过分析后可以算得的。而构件在基本变形下横截面上的应力我们都已计算出，因此，其中的一对平行平面通常是构件两个横截面的一部分。以直杆轴向拉伸为例［图9-2(a)］，为了分析任一点 A 的应力情况，假想地用围绕点 A 的纵横 6 个截面，从杆内截取一个单元体，并

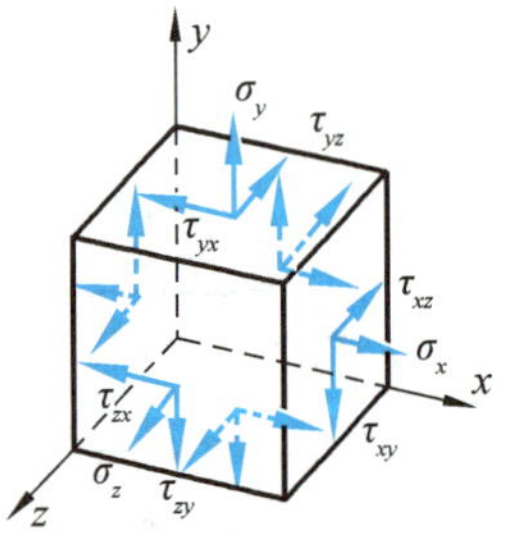

图 9-1　一点处应力状态的一般情况

将其放大如图 9-2(b) 所示。单元体左右两面为横截面的一部分，面上只有正应力 $\sigma=\dfrac{F_N}{A}$。单元体上下、前后为纵截面的一部分，这些面上无任何应力。当圆轴扭转时，对于其表面上的点 B 和点 C[图 9-2(c)]，可围绕该点以轴的横截面、径向截面和周向截面截取单元体[图 9-2(d)、(e)]来进行研究。根据第 5 章分析可知，圆轴横截面上只有垂直于半径并按线性规律变化的切应力。横截面在表面点 B 和点 C 处的切应力值为 $\tau=\dfrac{T}{W_p}$，轴在周向截面上没有应力。又由切应力互等定理可知，在径向截面上应有值与 τ 相等的切应力。对于横力弯曲下的梁，对于其任一点 D 处，可用上面两例类似的方法截取单元体[图 9-2(f)、(g)]。单元体上的应力分量均可由第 7 章中有关公式算得。

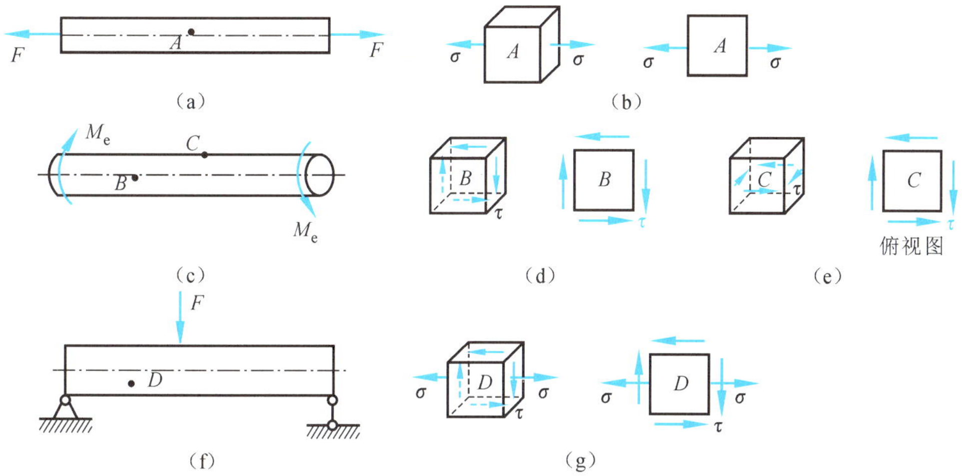

图 9-2 围绕构件上一点截取单元体的方法

图 9-2 所示应力状态，有一共同特点，即在单元体的 6 个面中，至少有一对面上没有应力作用，而且，其他面上的应力作用线均平行于这对不受力表面，所以可将单元体立体图用平面图来表示[如图 9-2(b)、(d)、(e)、(g)]。像这样单元体有一对平面上应力等于零，即不等于零的应力分量均处于同一坐标平面内的应力状态，称为平面应力状态(state of plane stress)，否则称为空间应力状态(state of triaxial stress)，平面应力状态是一种常见的应力状态。

9.1.3 应力状态分类

在图 9-2(b)、(d)、(e)、(g) 所示单元体中，都有切应力等于零的面，我们把这种切应力等于零的面称为主平面(principal plane)。作用在主平面上的正应力称为主应力(principal stress)。在弹性力学中还可以证明，在一般情况下，构件内每一点处都可以找到 3 个互相垂直的主平面和与之对应的 3 个主应力。这种单元体称为主单元体(principal element)(图 9-3)。3 个主应力分别用 σ_1、σ_2 和 σ_3 表示，并按代数值的大小顺序排列，即 $\sigma_1 \geqslant \sigma_2 \geqslant \sigma_3$。

在实际问题中常常遇到某些主应力的数值等于零的情况，据此，可把应力状态分为 3 种类型：

(1) 单向应力状态(state of uniaxial stress)——3个主应力中只有一个不等于零。例如轴向拉(压)和纯弯曲的杆件内各点即是。横力弯曲下的梁，其横截面上下边缘处各点的切应力为零，只有单向拉应力或单向压应力，所以也属于单向应力状态，如图 9-2(b) 所示单元体。

(2) 二向应力状态(state of biaxial stress)——3 个主应力中有两个不等于零。例如,产生扭转变形的圆轴内各点均处于平面应力状态,薄壁容器的各点(忽略径向压力)也可视为平面应力状态。在工程中,平面应力状态是常见的一种应力状态,所以将予以详细讨论,如图 9-2(d)、(e)、(g) 所示单元体。

(3) 三向应力状态(state of triaxial stress)——3 个主应力均不等于零。例如滚珠轴承中滚珠与外环的接触处[图 9-4(a)],由于压力 F 的作用,在单元体的上下平面上将产生主应力 σ_3。由于此处局部材料被周围大量材料所包围,其侧向变形受到阻碍,因而使单元体的 4 个侧面也同时受到侧向压力,即还要产生主应力 σ_1 和 σ_2,如图 9-4(b) 所示。所以单元体处于三向应力状态。

单向应力状态又称为简单应力状态,二向和三向应力状态统称为复杂应力状态。

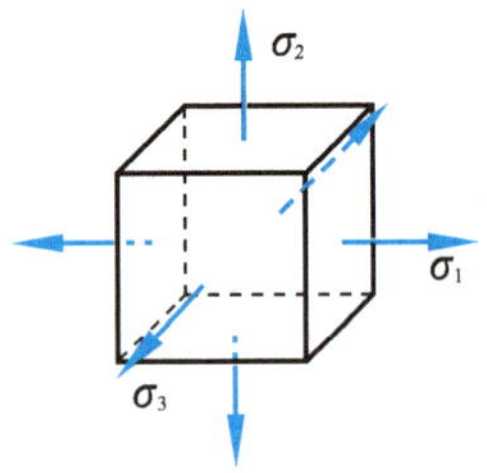

图 9-3 主单元体

(a) 滚珠轴承中滚珠与外环的接触 (b) 接触点的应力状态图

图 9-4 三向应力状态实例

9.2 二向应力状态的应力分析

如前所述,在工程中二向应力状态是最常见的一种应力状态,现予以详细讨论其应力情况。

图 9-5(a) 所示的应力状态为二向应力状态最一般的情况,图 9-5(b) 为其对应的平面图。对于图 9-5(a) 或图 9-5(b) 所示的单元体,法线与 z 轴平行的面为一主平面,该面上的主应力为零。在法线分别与 x 轴和 y 轴平行的两个面上,应力 σ_x、τ_{xy} 和 σ_y、τ_{yx} 是已知的。这样,该点的应力状态就由三个应力分量 σ_x、σ_y 和 τ_{xy} 所完全确定。单元体上的正应力和切应力的符号规定:正应力以拉应力为正,压应力为负;切应力对单元体内任意点的矩为顺时针转向时为正,反之为负。

为了确定该点处的主应力的大小和主平面的位置,首先要研究单元体任一与 z 轴平行的斜截面上的应力。下面分别用解析法和图解法(应力圆法)来分析这一问题。

9.2.1 解析法

(1) 任一斜截面上的应力

在单元体上任取一与 z 轴平行的斜截面 ef,如图 9-5(a)、(b) 所示,其外法线 n 与 x 轴的夹角为 α,称此斜截面为 α 截面。且规定,由 x 轴逆时针转向外法线 n 时,α 为正值,反之为负。假想沿截面 ef 将单元体分为两部分,在 bef 部分[图 9-5(c)、(d)] 的斜截面 ef(即 α 截面) 上的正应力和切应力分别记为 σ_α 和 τ_α。若 ef 面的面积为 dA,则 bf 面和 be 面的面积分别为 $dA\sin\alpha$ 和 $dA\cos\alpha$。将作用在 bef 部分三个面上的力[图 9-5(e)] 投影于 ef 面的外法线

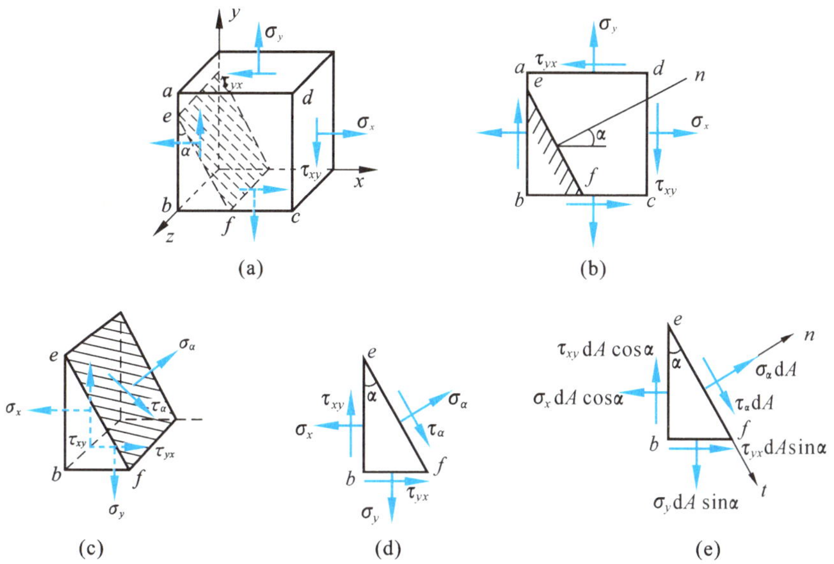

图 9-5 用解析法求解二向应力状态分析图

n 和切线 t 的方向,得平衡方程式为

$$\sigma_\alpha dA+(\tau_{xy}dA\cos\alpha)\sin\alpha-(\sigma_x dA\cos\alpha)\cos\alpha+(\tau_{yx}dA\sin\alpha)\cos\alpha-(\sigma_y dA\sin\alpha)\sin\alpha=0$$

$$\tau_\alpha dA-(\tau_{xy}dA\cos\alpha)\cos\alpha-(\sigma_x dA\cos\alpha)\sin\alpha+(\tau_{yx}dA\sin\alpha)\sin\alpha+(\sigma_y dA\sin\alpha)\cos\alpha=0$$

根据切应力互等定理,τ_{xy} 与 τ_{yx} 等值,以 τ_{xy} 代换 τ_{yx},并利用三角函数关系,由上列两个平衡方程得出

$$\sigma_\alpha=\frac{\sigma_x+\sigma_y}{2}+\frac{\sigma_x-\sigma_y}{2}\cos2\alpha-\tau_{xy}\sin2\alpha \tag{9-1}$$

$$\tau_\alpha=\frac{\sigma_x-\sigma_y}{2}\sin2\alpha+\tau_{xy}\cos2\alpha \tag{9-2}$$

这就是在二向应力状态下,已知应力分量 σ_x、σ_y 和 τ_{xy} 求任意 α 截面上的应力 σ_α 和 τ_α 的基本公式。公式表明:斜截面上的正应力 σ_α 和切应力 τ_α 是随截面的方位角 α 的变化而连续变化的,即 σ_α 和 τ_α 都是 α 的函数。

在推导上述两式时,式中各量均设为正值,所以在具体计算时,应注意按规定的符号将 σ_x、σ_y、τ_{xy} 及 α 的代数值代入式(9-1)和式(9-2)求 σ_α 和 τ_α。

应该指出,上述公式是根据静力平衡条件建立的,因此,它们既可用于线弹性问题,也可用于非线性和非弹性问题,既可用于各向同性情况,也可用于各向异性情况。

利用式(9-1)和式(9-2)可以证明,单元体两互相垂直面上的正应力之和为一常数,而切应力满足切应力互等定理。

(2) 主应力和主平面

根据主平面、主应力的定义,可令 $\tau_\alpha=0$ 以确定主平面的位置,并求出主应力的大小。设 $\alpha=\alpha_0$ 时,有 $\tau_\alpha=0$,即

$$\tau_\alpha\big|_{\alpha=\alpha_0}=\frac{\sigma_x-\sigma_y}{2}\sin2\alpha_0+\tau_{xy}\cos2\alpha_0=0$$

由此得出

$$\tan 2\alpha_0 = -\frac{2\tau_{xy}}{\sigma_x - \sigma_y} \tag{9-3}$$

由式(9-3)可以求出相差90°的两个角度α_0，它们确定了互相垂直的两个主平面的方位。由式(9-3)求出$\sin 2\alpha_0$和$\cos 2\alpha_0$代入式(9-1)，求得两个主应力为

$$\left.\begin{matrix}\sigma' \\ \sigma''\end{matrix}\right\} = \frac{\sigma_x + \sigma_y}{2} \pm \sqrt{\left(\frac{\sigma_x - \sigma_y}{2}\right)^2 + \tau_{xy}^2} \tag{9-4}$$

另外，还有一个主应力为

$$\sigma''' = 0$$

这三个主应力σ'、σ''、σ'''按代数值大小排序分别记为σ_1、σ_2、σ_3。

可以证明，主应力就是极值正应力。设$\alpha = \alpha'_0$时，导数$\frac{d\sigma_\alpha}{d\alpha} = 0$，即

$$\left.\frac{d\sigma_\alpha}{d\alpha}\right|_{\alpha=\alpha'_0} = \frac{\sigma_x - \sigma_y}{2}(-2\sin 2\alpha'_0) - \tau_{xy}(2\cos 2\alpha'_0) = 0$$

于是

$$\tan 2\alpha'_0 = -\frac{2\tau_{xy}}{\sigma_x - \sigma_y}$$

与式(9-3)比较可见，极值正应力所在的平面就是主平面。

以上的分析中，并没有确定由式(9-3)所求得的两个角度分别与哪一个主应力的方向相对应。为了确定每个主应力的作用平面，现取$2\alpha_0$为主值，即$-90° \leqslant 2\alpha_0 \leqslant 90°$。

由于

$$\left.\frac{d^2\sigma_\alpha}{d\alpha^2}\right|_{\alpha=\alpha_0} = -2\cos 2\alpha_0\left[(\sigma_x - \sigma_y) + \frac{4\tau_{xy}^2}{\sigma_x - \sigma_y}\right]$$

所以

① 若$\sigma_x > \sigma_y$，则$\frac{d^2\sigma_\alpha}{d\alpha^2} < 0$，此时$\sigma_\alpha$有极大值，$\alpha_0$截面上为$\sigma'$和$\sigma''$中代数值较大的主应力。

② 若$\sigma_x < \sigma_y$，则$\frac{d^2\sigma_\alpha}{d\alpha^2} > 0$，此时$\sigma_\alpha$有极小值，$\alpha_0$截面上为$\sigma'$和$\sigma''$中代数值较小的主应力。

(3) 极值切应力

对于二向应力状态，在平行于z轴的截面内，除确定主应力和主平面外，由条件$\frac{d\tau_\alpha}{d\alpha} = 0$，还可以确定极值切应力及其所在截面的方位。

设$\alpha = \alpha_1$时，有$\frac{d\tau_\alpha}{d\alpha} = 0$，即

$$\left.\frac{d\tau_\alpha}{d\alpha}\right|_{\alpha=\alpha_1} = \frac{\sigma_x - \sigma_y}{2}(2\cos 2\alpha_1) + \tau_{xy}(-2\sin 2\alpha_1) = 0$$

故

$$\tan 2\alpha_1 = \frac{\sigma_x - \sigma_y}{2\tau_{xy}} \tag{9-5a}$$

由上式可解出相差 90° 的两个角度 α_1，从而确定两个互相垂直的平面，分别作用着极大切应力和极小切应力。由上式解出 $\sin 2\alpha_1$ 和 $\cos 2\alpha_1$，代入式(9－2)，求得极大切应力和极小切应力为

$$\left.\begin{matrix}\tau_{极大}\\ \tau_{极小}\end{matrix}\right\}=\pm\sqrt{\left(\frac{\sigma_x-\sigma_y}{2}\right)^2+\tau_{xy}^2} \tag{9-5b}$$

比较式(9－3)和式(9－5a)可知

$$\tan 2\alpha_1=-\cot 2\alpha_0=\tan 2(\alpha_0\pm 45°)$$

所以有

$$\alpha_1=\alpha_0\pm 45°$$

即极值切应力所在平面与主平面互成 45° 角。

需要特别指出的是，以上所求的极值切应力，只是垂直于零应力平面（纸面）的各斜截面上的切应力之极值，它不一定是过一点的所有截面上的切应力的最大值。由 9.3 节将要讲到的三向应力圆可知，过一点的所有截面上的切应力的最大值为 $\tau_{max}=\dfrac{\sigma_1-\sigma_3}{2}$。

◀ 讲授视频：二向应力状态的解析法。

【例 9－1】　已知应力状态如图 9－6(a) 所示，图 9－6(b) 为其对应的平面图，图中应力单位皆为 MPa，试求：(1) 指定斜截面上应力；(2) 主应力大小、主平面方位，并画出主单元体；(3) 最大切应力。

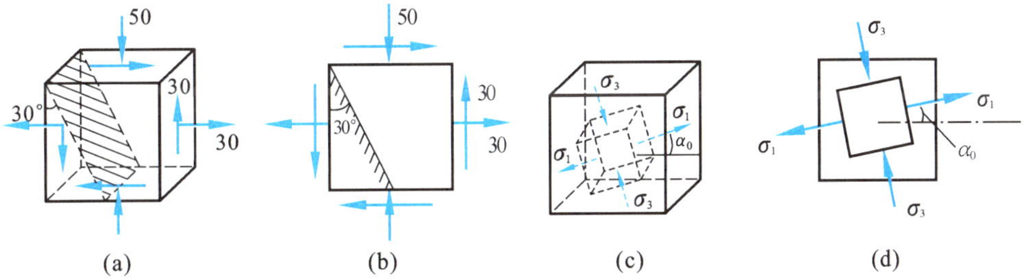

图 9－6　例 9－1 图

解：　由图 9－6(a)、(b) 知 $\sigma_x=30$ MPa，$\sigma_y=-50$ MPa，$\tau_{xy}=-30$ MPa，$\alpha=30°$。

(1) 计算指定斜截面上的应力。根据式(9－1)、式(9－2)

$$\sigma_\alpha=\frac{\sigma_x+\sigma_y}{2}+\frac{\sigma_x-\sigma_y}{2}\cos 2\alpha-\tau_{xy}\sin 2\alpha$$

$$\tau_\alpha=\frac{\sigma_x-\sigma_y}{2}\sin 2\alpha+\tau_{xy}\cos 2\alpha$$

有

$$\sigma_{30°}=\frac{30\ \text{MPa}-50\ \text{MPa}}{2}+\frac{30\ \text{MPa}+50\ \text{MPa}}{2}\cos 60°+30\ \text{MPa}\cdot\sin 60°=35.98\ \text{MPa}$$

$$\tau_{30°}=\frac{30\ \text{MPa}+50\ \text{MPa}}{2}\sin 60°-30\ \text{MPa}\cdot\cos 60°=19.64\ \text{MPa}$$

(2) ① 计算主应力的大小。由式(9－4)有

$$\left.\begin{matrix}\sigma' \\ \sigma''\end{matrix}\right\} = \frac{\sigma_x + \sigma_y}{2} \pm \sqrt{\left(\frac{\sigma_x - \sigma_y}{2}\right)^2 + \tau_{xy}^2} = \frac{30\ \text{MPa} - 50\ \text{MPa}}{2} \pm$$

$$\sqrt{\left(\frac{30\ \text{MPa} + 50\ \text{MPa}}{2}\right)^2 + (-30\ \text{MPa})^2} = \begin{cases} 40\ \text{MPa} \\ -60\ \text{MPa} \end{cases}$$

所以

$$\sigma_1 = 40\ \text{MPa}, \qquad \sigma_2 = 0, \qquad \sigma_3 = -60\ \text{MPa}$$

② 确定主平面的方位。由式(9－3)有

$$\tan 2\alpha_0 = -\frac{2\tau_{xy}}{\sigma_x - \sigma_y} = -\frac{2 \times (-30\ \text{MPa})}{30\ \text{MPa} + 50\ \text{MPa}} = 0.75$$

取主值 $2\alpha_0 = 36.86°$，则 $\alpha_0 = 18.43°$。

③ 画主单元体。

因为 $\sigma_x > \sigma_y$，所以 α_0 截面上的主应力为 σ_1。画出主单元体如图 9－6(c) 或(d) 所示。

(3) 计算最大切应力。

$$\tau_{\max} = \frac{\sigma_1 - \sigma_3}{2} = \frac{40\ \text{MPa} - (-60\ \text{MPa})}{2} = 50\ \text{MPa}$$

9.2.2　图解法——应力圆法

从式(9－1) 和式(9－2) 可知，σ_α 与 τ_α 都是以 2α 为参数的变量。若从两式中消去 2α，即可得到

$$\left(\sigma_\alpha - \frac{\sigma_x + \sigma_y}{2}\right)^2 + \tau_\alpha^2 = \left(\frac{\sigma_x - \sigma_y}{2}\right)^2 + \tau_{xy}^2 \tag{a}$$

这是一个以 σ_α、τ_α 为变量的方程式。在 $\sigma - \tau$ 直角坐标系中，上式所表示的图形是一个圆，其圆心坐标为 $\left(\frac{\sigma_x + \sigma_y}{2}, 0\right)$，半径等于 $\sqrt{\left(\frac{\sigma_x - \sigma_y}{2}\right)^2 + \tau_{xy}^2}$。而任一斜截面上的正应力和切应力则可用圆周上与之相应点的横坐标和纵坐标来代表，通常称此圆为应力圆，又称莫尔圆(Mohr's circle for stresses)。

设单元体上的应力 σ_x、σ_y 和 τ_{xy} 已知，如图 9－7(a) 所示，图 9－7(b) 为其相应的平面图，可按下述步骤画出应力圆：

(1) 取 $\sigma - \tau$ 直角坐标系。以横坐标表示 σ，纵坐标表示 τ。

(2) 按选定的比例尺量取横坐标 $OA = \sigma_x$，纵坐标 $AD_x = \tau_{xy}$，得到点 $D_x(\sigma_x, \tau_{xy})$；量取 $OB = \sigma_y$，$BD_y = \tau_{yx}$，确定点 $D_y(\sigma_y, \tau_{yx})$，如图 9－7(c) 所示。

(3) 连接 D_x、D_y 两点，交 σ 轴于点 C，点 C 即为应力圆的圆心。

(4) 以点 C 为圆心，CD_x 为半径作圆，即得式(a) 所表示的应力圆。应力圆上任一点的坐标代表单元体内某一相应平面上的应力。

可以证明，用应力圆可求得单元体任意 α 截面上的应力 σ_α 和 τ_α。设由 x 轴转到 α 面外法线 n 夹角为逆时针的 α 角，在应力圆上由点 D_x 出发，沿着圆周按逆时针方向绕圆心转过 2α 角得点 E。则点 E 的横坐标 OE' 和纵坐标 EE' 分别代表 α 截面上的正应力 σ_α 和切应力 τ_α。现证明如下：

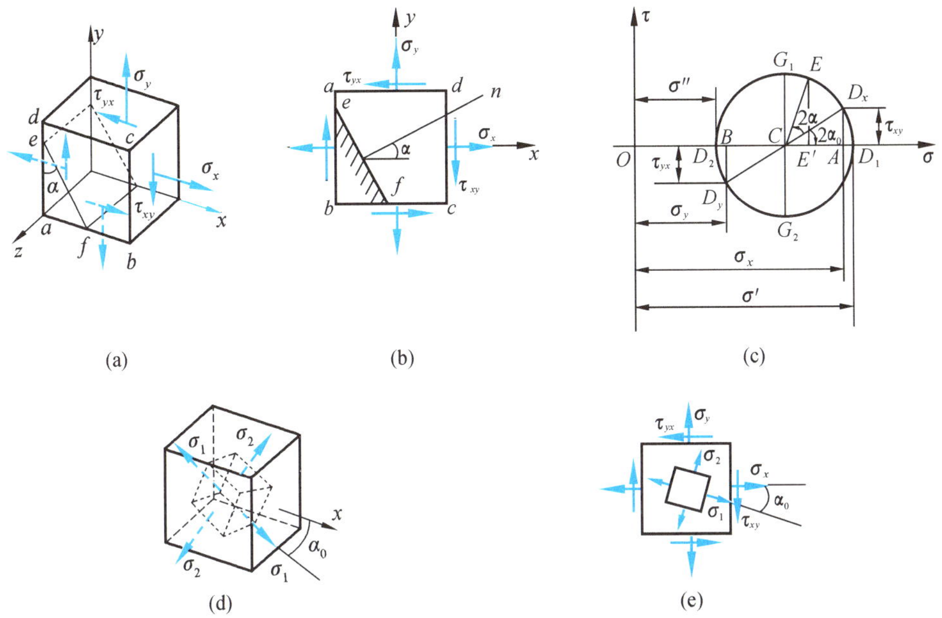

图 9－7　二向应力状态应力圆

$$
\begin{aligned}
OE' &= OC + CE' \\
&= OC + CE\cos(2\alpha + 2\alpha_0) \\
&= OC + CE\cos2\alpha_0\cos2\alpha - CE\sin2\alpha_0\sin2\alpha \\
&= OC + (CD_x\cos2\alpha_0)\cos2\alpha - (CD_x\sin2\alpha_0)\sin2\alpha \\
&= OC + CA\cos2\alpha - AD_x\sin2\alpha \\
&= \frac{\sigma_x + \sigma_y}{2} + \frac{\sigma_x - \sigma_y}{2}\cos2\alpha - \tau_{xy}\sin2\alpha
\end{aligned}
$$

与式(9－1)相同。可见 E 点的横坐标代表 α 截面上的正应力。同理可以证明，$EE'=\tau_\alpha$，即 E 点的纵坐标代表 α 截面上的切应力。

利用应力圆，还可以求出主应力的数值，确定主平面的方位。由图 9－7(c) 可以看出，D_1、D_2 两点的横坐标为最大值和最小值，而纵坐标皆为零。因而 D_1、D_2 两点便对应着两个主平面，其横坐标代表主平面上的主应力。

$$\sigma' = OD_1 = OC + CD_1 = \frac{\sigma_x + \sigma_y}{2} + \sqrt{\left(\frac{\sigma_x - \sigma_y}{2}\right)^2 + \tau_{xy}^2}$$

$$\sigma'' = OD_2 = OC - CD_2 = \frac{\sigma_x + \sigma_y}{2} - \sqrt{\left(\frac{\sigma_x - \sigma_y}{2}\right)^2 + \tau_{xy}^2}$$

其结果与式(9－4)相同[图 9－7(c) 所示情况下 $\sigma'=\sigma_1$、$\sigma''=\sigma_2$、$\sigma_3=0$]。

现确定主平面的方位。应力圆上点 D_x 到点 D_1 所对的圆心角 $2\alpha_0$ 是沿顺时针方向量取的，所以在单元体上由 x 轴顺时针量取 α_0 就可确定 σ_1 所在主平面的外法线[图 9－7(d) 或 (e)]。由于从 x 轴到 σ' 所在主平面外法线的转角 α_0 为顺时针转向，所以 α_0 是负的。由图 9－7(c) 可看出

$$\tan(-2\alpha_0)=\frac{AD_x}{CA}=\frac{2\tau_{xy}}{\sigma_x-\sigma_y}$$

即

$$\tan(2\alpha_0)=-\frac{2\tau_{xy}}{\sigma_x-\sigma_y}$$

其结果与式(9-3)相同。

如果由圆心 C 作 σ 轴的垂线交应力圆于 G_1、G_2 两点，显然 CG_1 和 CG_2 分别代表极大切应力和极小切应力。即

$$\tau_{极大}=CG_1=\sqrt{\left(\frac{\sigma_x-\sigma_y}{2}\right)^2+\tau_{xy}^2}$$

$$\tau_{极小}=-CG_2=-\sqrt{\left(\frac{\sigma_x-\sigma_y}{2}\right)^2+\tau_{xy}^2}$$

与式(9-5)相同。在应力圆上由 D_1 到 G_1 所对的圆心角为 90°，故主平面与 $\tau_{极大}$ 所在平面夹角为 45°，与解析法所得的结果一致。

为了正确地应用应力圆，要记住以下两点：

(1) 圆上一点对应于单元体上一个面。点的坐标就是该面上的应力，横坐标代表正应力，纵坐标代表切应力。

(2) 圆上两点沿圆弧所对的圆心角，等于单元体上两相应截面的外法线所夹角度的两倍，且转向相同。

◀ 讲授视频：二向应力状态的应力圆法。

【例 9-2】 已知应力状态如图 9-8(a) 所示，图 9-8(b) 为其对应的平面图，图中应力单位皆为 MPa，试用图解法求主应力的大小、主平面的位置和最大切应力。

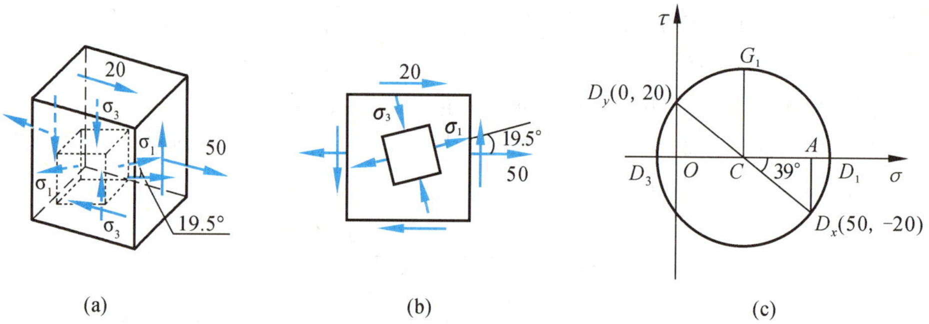

图 9-8 例 9-2 图

解： 按选定的比例尺，在 σ、τ 坐标系上量取 $OA=\sigma_x=50$ MPa，$AD_x=\tau_{xy}=-20$ MPa，得点 D_x；再量取 $OD_y=\tau_{yx}=20$ MPa，得点 D_y。连 D_x、D_y 两点，与 σ 轴交于点 C。以 C 为圆心，CD_x 为半径作应力圆[图 9-8(c)]，从图中量得：

$$\sigma_1=OD_1=57\text{ MPa}$$

$$\sigma_3 = OD_3 = -7\ \text{MPa}$$
$$2\alpha_0 = 39°,\quad \alpha_0 = 19.5°$$
$$\tau_{max} = CG_1 = 32\ \text{MPa}$$

主单元体如图 9－8(a) 或(b) 所示。

9.3　三向应力状态的最大应力

三向应力状态是一点处应力状态中最为一般的情况，单向应力状态和平面应力状态均可看作是其特例。对于危险点处于三向应力状态下的构件的强度计算问题比较复杂，通常需确定其最大正应力和最大切应力。当一点处的主应力 σ_1、σ_2 和 σ_3 为已知时[图 9－9(a)]，就可利用三向应力圆确定该点处的最大正应力和最大切应力，以作为危险点处于复杂应力状态的构件强度计算的基础。

首先用平行于主应力 σ_3 的任意斜截面[图 9－9(a)]中画阴影线的截面将单元体一分为二，并研究左边部分的平衡。由于主应力 σ_3 所在面上的力是一对平衡的力[图 9－9(b)]，所以斜截面上的正应力和切应力的数值并不受 σ_3 的影响，只取决于 σ_1 和 σ_2。于是，在 $\sigma-\tau$ 坐标系内，根据 σ_1、σ_2 的数值所绘出的应力圆上任一点的坐标就代表与 σ_3 平行的某一斜截面上的应力。同理，根据 σ_2、σ_3 和 σ_3、σ_1 又可绘出两个应力圆，这两个应力圆上的点的坐标就分别代表与 σ_1、σ_2 平行的斜截面上的应力[图 9－9(c)]。

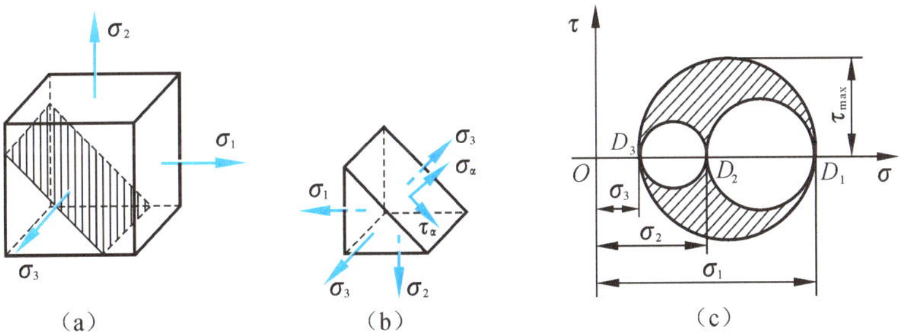

图 9－9　三向应力状态应力圆

这样所得到的 3 个互相相切的应力圆称为三向应力圆。研究证明，与 3 个主应力均不平行的任意斜截面上的应力，可用三向应力圆中阴影线部分的点的坐标值来表示。

综上所述，在 σ-τ 平面内，代表任一截面的应力的点，或位于应力圆上，或位于由 3 个圆所构成的阴影区域内。

由三向应力圆可见，一点处的最大与最小正应力及最大切应力分别为

$$\left.\begin{aligned} \sigma_{max} &= \sigma_1 \\ \sigma_{min} &= \sigma_3 \\ \tau_{max} &= \frac{\sigma_1 - \sigma_3}{2} \end{aligned}\right\} \tag{9-6}$$

最大切应力发生在与主应力 σ_2 平行且与 σ_1 和 σ_3 所在的主平面成 45° 角的截面上。

【例 9－3】　已知某构件一点处的应力状态如图 9－10 所示(应力单位为 MPa)，试求该点

处的最大与最小正应力及最大切应力。

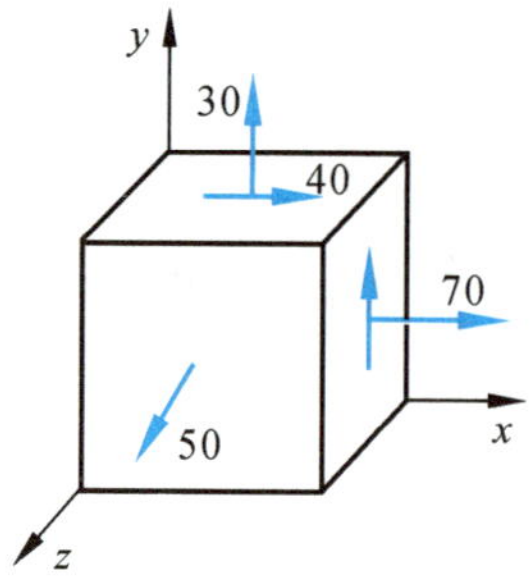

图 9－10　例 9－3 图

解：　由图知单元体前后面(z 平面)上没有切应力，所以该平面为主平面，其上正应力 $\sigma_z=50$ MPa 即为三个主应力中的一个。另外两个主平面与 z 平面垂直，且其上主应力大小与 z 平面上主应力大小无关，只由 x、y 平面上应力分量 $\sigma_x=70$ MPa、$\sigma_y=30$ MPa、$\tau_{xy}=-40$ MPa 即可确定。

由式(9－4)有

$$\left.\begin{matrix}\sigma' \\ \sigma''\end{matrix}\right\}=\frac{\sigma_x+\sigma_y}{2}\pm\sqrt{\left(\frac{\sigma_x-\sigma_y}{2}\right)^2+\tau_{xy}^2}$$

$$=\frac{70\ \text{MPa}+30\ \text{MPa}}{2}\pm\sqrt{\left(\frac{70\ \text{MPa}-30\ \text{MPa}}{2}\right)^2+(-40\ \text{MPa})^2}$$

$$=\begin{cases}94.7\ \text{MPa}\\ 5.3\ \text{MPa}\end{cases}$$

另一个主应力 $\sigma'''=\sigma_z=50$ MPa

所以

$$\sigma_1=94.7\ \text{MPa},\qquad \sigma_2=50\ \text{MPa},\qquad \sigma_3=5.3\ \text{MPa}$$

由式(9－6)知

$$\sigma_{\max}=\sigma_1=94.7\ \text{MPa}$$

$$\sigma_{\min}=\sigma_3=5.3\ \text{MPa}$$

$$\tau_{\max}=\frac{\sigma_1-\sigma_3}{2}=\frac{94.7\ \text{MPa}-5.3\ \text{MPa}}{2}=44.7\ \text{MPa}$$

9.4　应力与应变间的关系及应变能密度

9.4.1　广义胡克定律

在讨论单向拉伸或压缩时，根据实验结果，得到了在线弹性范围内应力与应变间的关系是 $\varepsilon=\dfrac{\sigma}{E}$，这就是简单拉压胡克定律。此外，轴向变形还会引起横向尺寸的变化，且横向线应变为 $\varepsilon'=-\nu\varepsilon=-\nu\dfrac{\sigma}{E}$。在纯剪切的情况下，实验结果表明，当切应力不超过剪切比例极限时，切应力和切应变之间的关系服从剪切胡克定律，即 $\gamma=\dfrac{\tau}{G}$。

下面讨论一般情况下，即一点处应力状态为如图 9－1 所示情况时的应力应变关系。

这种普遍情况，可以看作是 3 组单向应力和 3 组纯剪切的组合。对于各向同性材料，当变形很小且在线弹性范围内时，线应变只与正应力有关，而与切应力无关；切应变只与切应力有关，而与正应力无关。任意互相垂直 3 个方向上的线应变与正应力之间的关系可应用叠加原理求得。在 σ_x、σ_y 和 σ_z 分别单独作用时引起 x 方向的线应变分别为

$$\varepsilon'_x=\frac{\sigma_x}{E},\qquad \varepsilon''_x=-\nu\frac{\sigma_y}{E},\qquad \varepsilon'''_x=-\nu\frac{\sigma_z}{E}$$

于是在 σ_x、σ_y 和 σ_z 共同作用下，x 方向的线应变为

$$\varepsilon_x=\varepsilon'_x+\varepsilon''_x+\varepsilon'''_x=\frac{\sigma_x}{E}-\nu\frac{\sigma_y}{E}-\nu\frac{\sigma_z}{E}$$

同理，可得 y 和 z 两方向的线应变，整理得

$$\left.\begin{aligned}\varepsilon_x&=\frac{1}{E}[\sigma_x-\nu(\sigma_y+\sigma_z)]\\ \varepsilon_y&=\frac{1}{E}[\sigma_y-\nu(\sigma_z+\sigma_x)]\\ \varepsilon_z&=\frac{1}{E}[\sigma_z-\nu(\sigma_x+\sigma_y)]\end{aligned}\right\}\tag{9-7a}$$

至于切应变与切应力之间的关系，则分别为

$$\left.\begin{aligned}\gamma_{xy}&=\frac{\tau_{xy}}{G}\\ \gamma_{yz}&=\frac{\tau_{yz}}{G}\\ \gamma_{zx}&=\frac{\tau_{zx}}{G}\end{aligned}\right\}\tag{9-7b}$$

式(9－7a)、式(9－7b) 即为最普遍情况下，在线弹性范围内、小变形条件下各向同性材料的广义胡克定律(generalized Hooke's law)。

在平面应力状态下，设 $\sigma_z=0$，$\tau_{xz}=0$，$\tau_{yz}=0$，则由式(9－7a)、式(9－7b) 可得

$$\left.\begin{aligned}\varepsilon_x&=\frac{1}{E}(\sigma_x-\nu\sigma_y)\\ \varepsilon_y&=\frac{1}{E}(\sigma_y-\nu\sigma_x)\\ \gamma_{xy}&=\frac{\tau_{xy}}{G}\end{aligned}\right\}\tag{9-7c}$$

若所取单元体为主单元体时，设其上的主应力分别为 σ_1、σ_2、σ_3，如图 9－3 所示。此时

$$\sigma_x=\sigma_1,\quad \sigma_y=\sigma_2,\quad \sigma_z=\sigma_3$$
$$\tau_{xy}=0,\quad \tau_{yz}=0,\quad \tau_{zx}=0$$

广义胡克定律为

$$\left.\begin{aligned}\varepsilon_1&=\frac{1}{E}[\sigma_1-\nu(\sigma_2+\sigma_3)]\\ \varepsilon_2&=\frac{1}{E}[\sigma_2-\nu(\sigma_3+\sigma_1)]\\ \varepsilon_3&=\frac{1}{E}[\sigma_3-\nu(\sigma_1+\sigma_2)]\end{aligned}\right\}\tag{9-8}$$

$$\gamma_{xy}=0,\qquad \gamma_{yz}=0,\qquad \gamma_{zx}=0$$

式(9－8) 中 ε_1、ε_2、ε_3 为沿 3 个主应力方向的线应变，称为主应变(principal strain)。由于 $\sigma_1\geqslant\sigma_2\geqslant\sigma_3$，所以有 $\varepsilon_1\geqslant\varepsilon_2\geqslant\varepsilon_3$。因而最大线应变为

$$\varepsilon_{max}=\varepsilon_1 \tag{9-9}$$

◀ 讲授视频：广义胡克定律。

【例 9-4】 一直径为 d 的实心圆轴，两端受扭转力矩 M_e 的作用，现测得圆轴表面点 A 处沿 30° 方向的线应变为 ε[图 9-11(a)]，已知材料的弹性常数 E 和 ν，试求扭转力矩 M_e 的大小。

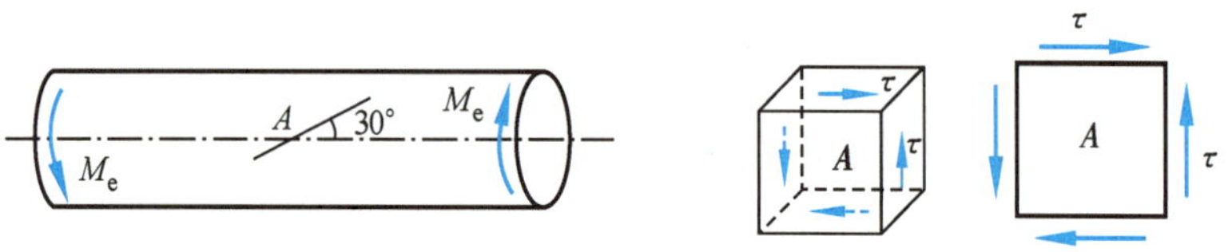

(a)　　(b)

图 9-11　例 9-4 图

解：　从轴的表面点 A 处取一单元体如图 9-11(b) 所示。该点的应力状态为纯剪切应力状态，图中的 τ 是横截面边缘处的切应力，其值为

$$\tau=\frac{T}{W_p}=\frac{16M_e}{\pi d^3}$$

由式(9-1) 得

$$\sigma_{30^\circ}=-\tau_{xy}\sin 60^\circ=\frac{\sqrt{3}}{2}\tau$$

$$\sigma_{-60^\circ}=-\tau_{xy}\sin(-120^\circ)=-\frac{\sqrt{3}}{2}\tau$$

由广义胡克定律得

$$\varepsilon_{30^\circ}=\frac{1}{E}(\sigma_{30^\circ}-\nu\sigma_{-60^\circ})$$

故

$$\varepsilon_{30^\circ}=\varepsilon=\frac{\sqrt{3}(1+\nu)}{2E}\tau=\frac{8\sqrt{3}(1+\nu)}{E\pi d^3}M_e$$

由上式解得

$$M_e=\frac{\sqrt{3}\pi d^3 E\varepsilon}{24(1+\nu)}$$

◀ 讲授视频：广义胡克定律的应用。

9.4.2　体积应变

单元体各棱边长度的改变，可能引起单元体体积的改变。对于图 9-3 所示的单元体，设各

棱边长度分别为 dx、dy、dz，则变形后各棱边长度分别为 $(1+\varepsilon_1)dx$、$(1+\varepsilon_2)dy$、$(1+\varepsilon_3)dz$，因此，变形前后单元体的体积分别为

$$V_0 = dx\,dy\,dz$$

$$V_1 = (1+\varepsilon_1)dx(1+\varepsilon_2)dy(1+\varepsilon_3)dz = V_0(1+\varepsilon_1)(1+\varepsilon_2)(1+\varepsilon_3)$$

因为弹性应变值很小，故展开后可略去含高阶微量 $\varepsilon_1\varepsilon_2$、$\varepsilon_2\varepsilon_3$、$\varepsilon_3\varepsilon_1$ 和 $\varepsilon_1\varepsilon_2\varepsilon_3$ 各项，而只保留一次幂各项。于是得

$$V_1 = V_0(1+\varepsilon_1+\varepsilon_2+\varepsilon_3)$$

单元体单位体积的改变量称为体积应变，用 θ 表示，即

$$\theta = \frac{\Delta V}{V} = \frac{V_1 - V_0}{V_0} = \varepsilon_1+\varepsilon_2+\varepsilon_3 \tag{9-10a}$$

把式(9-8)代入，经整理后得

$$\theta = \frac{1-2\nu}{E}(\sigma_1+\sigma_2+\sigma_3) = \frac{3(1-2\nu)}{E}\sigma_m = \frac{\sigma_m}{K} \tag{9-10b}$$

式中，$\sigma_m = \frac{1}{3}(\sigma_1+\sigma_2+\sigma_3)$ 是3个主应力的平均值，称之为平均主应力。$K = \frac{E}{3(1-2\nu)}$ 称为**体积弹性模量**(bulk modulus)，其量纲与 E 相同。

由式(9-10b)可见，体积应变与3个主应力之和成正比。显然，若3个主应力之和为零，则体积应变 θ 等于零。式(9-10b)还表明，体积应变 θ 与平均主应力 σ_m 成正比，此即体积胡克定律。

9.4.3 三向应力状态下的应变能密度

在单向应力状态下，根据应变能在数值上等于外力所做的功，且应力 σ 与应变 ε 呈正比关系，得单位体积的应变能即应变能密度为

$$v_\varepsilon = \frac{1}{2}\sigma\varepsilon = \frac{\sigma^2}{2E} \tag{a}$$

在三向应力状态下[图9-12(a)]，弹性体的应变能仍应等于外力所做的功，且仅取决于外力的最终数值，而与加力的次序无关。设单元体的3个主应力 σ_1、σ_2、σ_3 由零按同一比例逐渐增长而同时达到各自的最终值，那么3个主应变 ε_1、ε_2 和 ε_3 也将按同一比例增长，此时与每个主应力相应的应变能密度都可以利用式(a)算出。于是空间应力状态下的应变能密度为

$$v_\varepsilon = \frac{1}{2}\sigma_1\varepsilon_1 + \frac{1}{2}\sigma_2\varepsilon_2 + \frac{1}{2}\sigma_3\varepsilon_3 \tag{9-11}$$

把广义胡克定律式(9-8)代入上式，即得用主应力表示的应变能密度

$$v_\varepsilon = \frac{1}{2E}[\sigma_1^2+\sigma_2^2+\sigma_3^2-2\nu(\sigma_1\sigma_2+\sigma_2\sigma_3+\sigma_3\sigma_1)] \tag{9-12}$$

一般情况下，单元体变形时既有体积改变又有形状改变。相应的应变能密度亦可以分成两部分，即**体积改变能密度**(strain energy density of volume change)v_V 和**形状改变能密度**(distortional strain energy density)v_d。于是

$$v_\varepsilon = v_V + v_d \tag{b}$$

设单元体的三个主应力值不相等，并把单元体上的应力看成两类应力叠加而成(图9-12)，即

$$\left.\begin{aligned}\sigma_1&=\sigma_m+(\sigma_1-\sigma_m)\\ \sigma_2&=\sigma_m+(\sigma_2-\sigma_m)\\ \sigma_3&=\sigma_m+(\sigma_3-\sigma_m)\end{aligned}\right\}\tag{c}$$

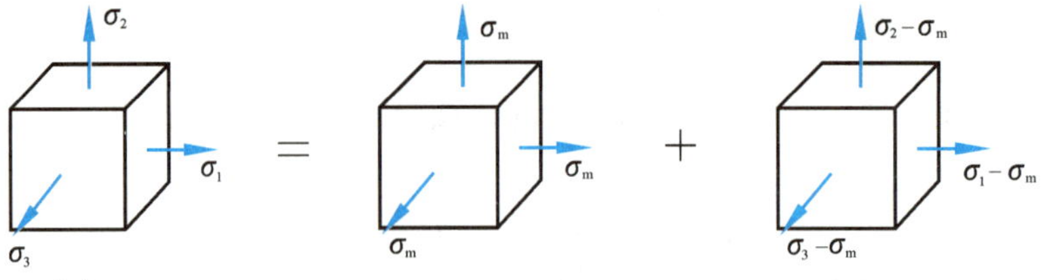

图 9-12 三向应力状态单元体及其体积改变与形状改变

在平均主应力 σ_m 的作用下[图 9-12(b)],各棱边的线应变均相同,即

$$\varepsilon_m=\frac{1}{E}[\sigma_m-\nu(\sigma_m+\sigma_m)]=\frac{1-2\nu}{E}\sigma_m\tag{d}$$

这时单元体变形后与原来的形状相似,只有体积改变而无形状改变。于是由式(9-11)与式(d),得体积改变能密度

$$\begin{aligned}v_V&=3\times\left(\frac{1}{2}\sigma_m\varepsilon_m\right)=3\times\frac{(1-2\nu)}{2E}\sigma_m^2\\&=\frac{1-2\nu}{6E}(\sigma_1+\sigma_2+\sigma_3)^2\end{aligned}\tag{9-13}$$

另外,在$(\sigma_1-\sigma_m)$、$(\sigma_2-\sigma_m)$和$(\sigma_3-\sigma_m)$三个应力作用下[图 9-12(c)],由于

$$(\sigma_1-\sigma_m)+(\sigma_2-\sigma_m)+(\sigma_3-\sigma_m)=\sigma_1+\sigma_2+\sigma_3-3\sigma_m=0$$

因此单元体的体积应变$\theta=0$,此时单元体没有体积改变而只有形状改变。根据式(9-11)得形状改变能密度为

$$v_d=\frac{1+\nu}{6E}[(\sigma_1-\sigma_2)^2+(\sigma_2-\sigma_3)^2+(\sigma_3-\sigma_1)^2]$$

或

$$v_d=\frac{1+\nu}{3E}[\sigma_1^2+\sigma_2^2+\sigma_3^2-\sigma_1\sigma_2-\sigma_2\sigma_3-\sigma_3\sigma_1]\tag{9-14}$$

形状改变能密度及其算式(9-14)将在讨论复杂应力状态下的强度条件时用到。

【例 9-5】 试证明各向同性材料的 3 个弹性常数 E、G、ν 间的关系。

解: 在纯剪切应力状态下[图 9-11(b)],由第 5 章知识可知,单元体应变能密度为

$$v_{\varepsilon 1}=\frac{\tau_{xy}^2}{2G}$$

将纯剪切应力状态下的 3 个主应力

$$\sigma_1=\tau_{xy},\sigma_2=0,\sigma_3=-\tau_{xy}$$

代入式(9-12),亦可得应变能密度为

$$\begin{aligned}v_{\varepsilon 2}&=\frac{1}{2E}[\sigma_1^2+\sigma_2^2+\sigma_3^2-2\nu(\sigma_1\sigma_2+\sigma_2\sigma_3+\sigma_3\sigma_1)]\\&=\frac{\tau_{xy}^2(1+\nu)}{E}\end{aligned}$$

因为 $v_{\varepsilon 1}$ 和 $v_{\varepsilon 2}$ 皆是纯剪切应力状态下单元体的应变能密度，故两者应该相等，即 $v_{\varepsilon 1}=v_{\varepsilon 2}$，于是

$$\frac{\tau_{xy}^2}{2G}=\frac{\tau_{xy}^2(1+\nu)}{E}$$

由此可得出三个弹性常数 E、G、ν 间的关系式

$$G=\frac{E}{2(1+\nu)}$$

9.5 强 度 理 论

9.5.1 概述

在载荷的作用下，构件内各点将产生一定的应力状态。当载荷达到一定数值时，构件的危险点处将发生显著的塑性变形或断裂，亦即构件开始发生破坏。这时的应力状态称为危险应力状态。

在单向应力状态或纯剪切应力状态下，单元体的面（横截面）上只有一种应力，即正应力或切应力，因而构件的危险应力状态只需一个极限应力值 σ_u 或 τ_u 即可确定。通过材料的轴向拉压或扭转试验测定出极限应力后，即可建立强度条件（见教材第 4、5 和 7 章）：

$$\sigma_{\max}\leqslant[\sigma] \text{ 或 } \tau_{\max}\leqslant[\tau]$$

并据此进行强度计算。可见，在此状态下，破坏状态或强度条件都是以实验为基础，至于材料破坏的真正原因并不加以考虑。

但当危险点处于复杂应力状态，危险点处既有正应力又有切应力时，就不能用上述强度条件分别对 σ 和 τ 进行强度计算，因为它们并不是分别对构件的破坏起作用，而是有所联系的，实验也证实了这一点，所以应考虑它们的综合影响。这就需要建立复杂受力时的强度条件，也就是要建立复杂应力状态下工作应力与极限应力之间的关系。然而，复杂应力状态下不能直接由实验测定出极限应力，这是因为：一方面复杂应力状态下各应力比值各式各样，可以说有无穷多种，不可能一一通过实验确定极限应力；另一方面，有些复杂应力状态的实验，技术上难以实现。因此，根据实验结果建立强度条件显然是不可能的。这就迫使人们从探求材料的破坏原因着手，研究在复杂应力状态下的强度条件。

大量的关于材料破坏的实验结果以及工程构件强度破坏的实例表明，复杂应力状态虽然各式各样，但是材料在各种复杂应力状态下的强度破坏的形式却是共同的，而且是有限的。

实验结果表明，无论应力状态多么复杂，材料在常温、静载作用下主要发生两种形式的强度破坏：一种是脆性断裂，另一种是塑性屈服。例如，铸铁在拉伸或扭转时，在未产生明显的塑性变形的情况下，就突然断裂，属于脆性断裂；又如低碳钢在拉伸（压缩）和扭转时，在试件的应力达到屈服强度后，就会产生明显的塑性变形，这就是破坏的另一类基本形式 —— 塑性屈服。

事物虽然呈现着纷繁复杂的表象，但却可能有着简单统一的本质，尽管复杂应力状态各式各样，但材料在各种复杂应力状态下发生破坏必然有内在的规律性，人们经过观察、分析、归纳、总结，抓主要矛盾，认为虽然引起构件破坏的原因可能有多种，但对破坏起决定性作用的必

然是一种或几种主要内在因素。在上述认识的基础上，人们把材料外部的破坏现象和内部存在的因素联系起来，通过去粗取精，去伪存真，由此及彼，由表及里，提出了材料破坏原因的各种假设。假设某些因素对材料的破坏起决定性作用，并且利用材料在简单拉伸试验中所取得的实验结果作为衡量这些因素的限度。这些假设，通常称为强度理论(theory of strength)。因而，也可以这样说，强度理论的任务在于根据材料破坏原因的假设，利用材料简单拉伸试验的结果，来建立复杂应力状态下的强度条件。

大胆假设、小心求证，即"以假求真"本就是科学研究方法之一。强度理论正确与否，适用于什么情况，必须通过生产实践检验，事实上，强度理论正是在反复实践基础上，得以日益完善和发展。目前常用的强度理论都是针对均匀连续、各向同性材料在常温静载条件下的工作情况提出的。由于材料的多样性、应力状态的复杂性，一种强度理论经常适合这一类材料，而不适合另一类材料；适合一般应力状态，而不适合特殊应力状态，所以现有强度理论不能说可以圆满解决所有强度问题，随着材料科学和工程技术不断进步，强度理论的研究也在进一步深入和发展。

9.5.2 几个常用的强度理论

由于材料破坏的基本形式可分为脆性断裂和塑性屈服两类，相应的强度理论也可以分为关于脆性断裂破坏的强度理论和关于塑性屈服破坏的强度理论两类。前者如第一强度理论和第二强度理论，后者如第三强度理论和第四强度理论。

(1) 第一强度理论(最大拉应力理论 maximun tensile stress theory)

17 世纪时，工程上使用的材料主要是砖、石、铸铁等，材料的破坏形式主要是脆性断裂。因此出现了最大正应力理论①，后来修正为最大拉应力理论。这一理论认为，使材料发生断裂破坏的主要因素是最大拉应力。即不论材料在什么复杂应力状态下，只要最大拉应力达到由简单拉伸试验所测得的极限应力 σ_b，就会引起材料的断裂破坏。其破坏条件为

$$\sigma_1 = \sigma_b$$

将极限应力 σ_b 除以安全因数，得到许用应力$[\sigma]$，于是，据此理论建立的强度条件为

$$\sigma_1 \leqslant [\sigma] \tag{9-15}$$

试验表明，对于砖石、铸铁等脆性材料，此理论较为适合，如铸铁等脆性材料在单向拉伸时断裂破坏发生于拉应力最大的横截面上，扭转破坏也沿拉应力最大的斜截面发生断裂。但是，此理论没有考虑其他两个主应力 σ_2 和 σ_3 对材料破坏的影响，而且对于没有拉应力的应力状态(如单向压缩、三向压缩等)也无法应用。

(2) 第二强度理论(最大拉应变理论 maximun tensile strain theory)

这一理论是由最大线应变理论②修正而得到的。这一理论认为，使材料发生断裂破坏的主要因素是最大拉应变。即不论材料在什么复杂应力状态下，只要最大拉应变达到了简单拉伸发生破坏时的极限值 ε_u 时，就会引起材料的断裂破坏。因此破坏条件为

$$\varepsilon_1 = \varepsilon_u$$

---

① 意大利科学家伽利略(Galilei)于 1638 年首先提出最大正应力理论。

② 法国科学家马略特(E·Mariotte)于 1682 年提出最大线应变理论。

假设材料在断裂破坏前，始终服从胡克定律，即 $\varepsilon_u=\frac{\sigma_b}{E}$，则把广义胡克定律代入上式后，可得出以主应力表示的破坏条件

$$\sigma_1-\nu(\sigma_2+\sigma_3)=\sigma_b$$

将 σ_b 除以安全因数，得许用应力，于是据此理论建立的强度条件为

$$\sigma_1-\nu(\sigma_2+\sigma_3)\leqslant[\sigma] \tag{9-16}$$

实际上，这个理论仅仅对少数脆性材料在某些特殊受力情况下的实验结果解释比较到位，比如，这个理论可以较好地解释岩石、混泥土等脆性材料在单向压缩时沿纵向开裂的脆断现象，但并未被金属材料试验所证实。所以，目前的断裂破坏已经较少采用第二强度理论。

19 世纪开始，工程上大量使用钢材，这些材料塑性性能好，其主要破坏形式是塑性屈服。于是关于塑性屈服破坏的强度理论相继提出。

(3) **第三强度理论**(**最大切应力理论** maximun shearing stress theory)[①]

该理论认为，使材料发生塑性屈服破坏的主要因素是最大切应力。即不论材料在什么复杂应力状态下，只要最大切应力达到了简单拉伸时的极限值 τ_s，就会引起材料的塑性屈服破坏。这一极限值就是材料在单向拉伸出现塑性屈服时的最大切应力。因此破坏条件为

$$\tau_{max}=\tau_s$$

在空间应力状态下

$$\tau_{max}=\frac{\sigma_1-\sigma_3}{2}$$

而在单向拉伸下出现塑性屈服时的最大切应力 τ_s 与极限应力 σ_s 的关系为

$$\tau_s=\frac{\sigma_s}{2}$$

于是，塑性屈服破坏条件可表示为

$$\sigma_1-\sigma_3=\sigma_s$$

将 σ_s 除以安全因数得许用应力[σ]，于是据此理论建立的强度条件为

$$\sigma_1-\sigma_3\leqslant[\sigma] \tag{9-17}$$

一些试验结果表明，对于塑性材料如低碳钢、铜等，这一理论是符合的，但它未考虑中间主应力 σ_2 的作用，而试验表明，σ_2 对材料的塑性屈服确实存在一定影响。因此，在该理论提出后不久，又提出了形状改变能密度理论。

(4) **第四强度理论**(**形状改变能密度理论** shape-change specific energy theory)[②]

该理论认为形状改变能密度是引起材料塑性屈服破坏的主要因素。亦即，不论材料在什么复杂应力状态下，当形状改变能密度达到某一极限值时，材料就发生塑性屈服破坏，这个极限值就是材料在单向拉伸下发生塑性屈服时的形状改变能密度 v_d。

---

① 该理论又称为特雷斯卡屈服准则(H. Tresca yield criterion)。特雷斯卡全名亨利·爱德华·特雷斯卡(Henri－Edouard Tresca，1814－1885)，法国机械工程师。

② 该理论又称为冯·米塞斯屈服准则(von Mises yield criterion)，是以意大利科学家贝尔特拉密(E. Beltrami)1885 年提出的能量理论为基础而得出。冯·米塞斯全名理查德·冯·米塞斯(Richard von Mises，1883－1953)，德国科学家。

由式(9－14)可知，空间应力状态下的形状改变能密度为

$$v_d=\frac{1+\nu}{3E}[\sigma_1^2+\sigma_2^2+\sigma_3^2-\sigma_1\sigma_2-\sigma_2\sigma_3-\sigma_3\sigma_1]$$

而在计算单向拉伸下出现塑性屈服时的形状改变能密度时，令上式中的$\sigma_1=\sigma_s$，$\sigma_2=\sigma_3=0$，即可得

$$v_{ds}=\frac{1+\nu}{3E}\sigma_s^2$$

相应于这一理论的塑性屈服破坏条件为

$$\frac{1+\nu}{3E}[\sigma_1^2+\sigma_2^2+\sigma_3^2-\sigma_1\sigma_2-\sigma_2\sigma_3-\sigma_3\sigma_1]=\frac{1+\nu}{3E}\sigma_s^2$$

即

$$\sqrt{\sigma_1^2+\sigma_2^2+\sigma_3^2-\sigma_1\sigma_2-\sigma_2\sigma_3-\sigma_3\sigma_1}=\sigma_s$$

将σ_s除以安全因数得许用应力$[\sigma]$。于是据此理论建立的强度条件为

$$\sqrt{\sigma_1^2+\sigma_2^2+\sigma_3^2-\sigma_1\sigma_2-\sigma_2\sigma_3-\sigma_3\sigma_1}\leqslant[\sigma] \tag{9-18a}$$

或

$$\sqrt{\frac{1}{2}[(\sigma_1-\sigma_2)^2+(\sigma_2-\sigma_3)^2+(\sigma_3-\sigma_1)^2]}\leqslant[\sigma] \tag{9-18b}$$

试验表明，对于塑性材料，第四强度理论比第三强度理论更符合试验结果。但由于第三强度理论的数学表达式较简单，因此，第三与第四强度理论在工程中均得到广泛应用。

由上述分析可知，四个强度理论起初都是在当时所用工程材料、工程技术和认知情况下首先提出的，然后随着材料科学和工程技术的不断进步，认知的不断深化，初始理论得以不断修正而得出最终理论。

其实，我们学习、生活过程中的认知规律都是由浅入深的，通过不断的学习、探索，我们认识事物逐步深入和全面，解决问题的能力不断提升，方法不断改进；因而做事、做人都应该脚踏实地、一步一个脚印，不应总想到一步到位，遇到困难也不应放弃，要想办法去克服困难。根据四个强度理论建立强度条件时，形式上是将主应力综合值与材料单向拉伸许用应力比较。也就是将复杂应力状态强度问题表示为简单应力状态强度问题，主应力的综合值称为**相当应力**(equivalent stress)，用σ_r表示。

于是，在工程上，常把上述几种强度理论的强度条件写成统一的形式，即

$$\sigma_r\leqslant[\sigma] \tag{9-19a}$$

σ_r称为**相当应力**(equivalent stress)，它是由3个主应力σ_1、σ_2、σ_3按一定形式组合而成，按照强度理论提出的先后顺序，可写出相应的相当应力及强度条件为

$$\left.\begin{aligned}&\sigma_{r1}=\sigma_1\leqslant[\sigma]\\&\sigma_{r2}=\sigma_1-\nu(\sigma_2+\sigma_3)\leqslant[\sigma]\\&\sigma_{r3}=\sigma_1-\sigma_3\leqslant[\sigma]\\&\sigma_{r4}=\sqrt{\frac{1}{2}[(\sigma_1-\sigma_2)^2+(\sigma_2-\sigma_3)^2+(\sigma_3-\sigma_1)^2]}\leqslant[\sigma]\end{aligned}\right\} \tag{9-19b}$$

上述四个强度理论是分别针对脆性断裂和塑性屈服两种破坏形式建立的，是当前最常用的强度理论。

由于材料的破坏形式不仅与材料本身的力学性质有关，而且与材料所处的应力状态、温度和加载速度等都有一定的关系，所以，材料的破坏形式不能看作是一成不变的。也就是说，即使同一种材料在不同的应力状态下也可能会发生不同形式的破坏，如典型的塑性材料低碳钢试件在单向拉伸时呈塑性屈服破坏，而在三向等值（或接近等值）拉应力状态下却发生脆性断裂，又如铸铁在单向拉应力状态下呈脆性断裂，而在三向等值压应力状态下则有较大的塑性变形。无论是塑性材料还是脆性材料，在三向拉应力相近的情况下，都以脆性断裂形式破坏，所以宜采用第一强度理论；而在三向压应力相近的情况下，都可引起塑性变形，以塑性屈服形式破坏，所以宜采用第三或第四强度理论。因此，严格地说，应根据材料的破坏形式而不是根据材料来选择相应的强度理论。但一般说来，脆性材料抵抗断裂的能力低于抵抗滑移的能力；塑性材料抵抗滑移的能力则低于抵抗断裂的能力。因此，最大拉应力理论与最大拉应变理论一般适用于脆性材料；而最大切应力理论与形状改变能密度理论则一般适用于塑性材料。

【例 9-6】　如图 9-13 所示单向与纯剪切组合应力状态，是一种常见的应力状态。设材料的许用应力为$[\sigma]$，试按第三和第四强度理论导出其强度条件。

解：　令 $\sigma_x=\sigma, \sigma_y=0, \tau_{xy}=\tau$，根据式(9-4)，得

$$\left.\begin{matrix}\sigma'\\ \sigma''\end{matrix}\right\}=\frac{\sigma}{2}\pm\sqrt{\left(\frac{\sigma}{2}\right)^2+\tau^2}$$

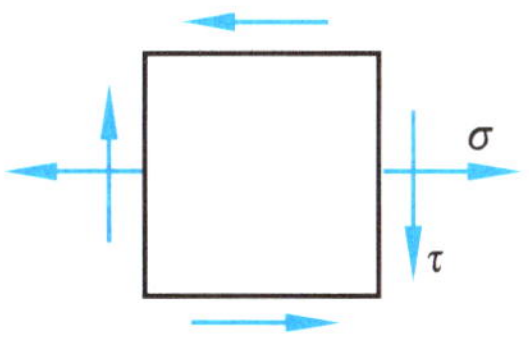

图 9-13　例 9-6 图

则相应的主应力分别为

$$\sigma_1=\frac{\sigma}{2}+\sqrt{\left(\frac{\sigma}{2}\right)^2+\tau^2}$$

$$\sigma_2=0$$

$$\sigma_3=\frac{\sigma}{2}-\sqrt{\left(\frac{\sigma}{2}\right)^2+\tau^2}$$

于是按第三强度理论得

$$\sigma_{r3}=\sigma_1-\sigma_3=\sqrt{\sigma^2+4\tau^2}\leqslant[\sigma] \tag{9-20a}$$

按第四强度理论得

$$\sigma_{r4}=\sqrt{\sigma_1^2+\sigma_3^2-\sigma_1\sigma_3}=\sqrt{\sigma^2+3\tau^2}\leqslant[\sigma] \tag{9-20b}$$

【例 9-7】　试推证塑性材料的许用切应力$[\tau]$和许用正应力$[\sigma]$之间的关系。

解：　纯剪切应力状态是图 9-13 所示应力状态的一个特例，即相当于 $\sigma=0$ 的情况，则

(1) 由式(9-20a)得

$$\sigma_{r3}=\sqrt{\sigma^2+4\tau^2}=\sqrt{0+4\tau^2}=2\tau\leqslant[\sigma]$$

则

$$\tau\leqslant\frac{[\sigma]}{2}$$

而纯剪切时剪切强度条件为

$$\tau\leqslant[\tau]$$

二者相比较，有

$$[\tau]=\frac{[\sigma]}{2}=0.5[\sigma]$$

(2) 由式(9-20b)得

$$\sigma_{r4}=\sqrt{\sigma_2+3\tau^2}=\sqrt{0+3\tau^2}=\sqrt{3}\tau\leqslant[\sigma]$$

则

$$\tau\leqslant\frac{[\sigma]}{\sqrt{3}}$$

与剪切强度条件相比较,得

$$[\tau]=\frac{[\sigma]}{\sqrt{3}}=0.577[\sigma]$$

因此,对塑性材料,其许用切应力$[\tau]$通常取$(0.5\sim0.6)[\sigma]$。

由以上各例,不难得出这样的结论:选用第三强度理论比选用第四强度理论偏于安全。

【例 9-8】 组合截面梁如图 9-14(a)所示。已知$q=40\ \text{kN/m}$,$F=480\ \text{kN}$,梁材料的许用应力$[\sigma]=160\ \text{MPa}$,$[\tau]=100\ \text{MPa}$。试对梁的强度作全面校核。

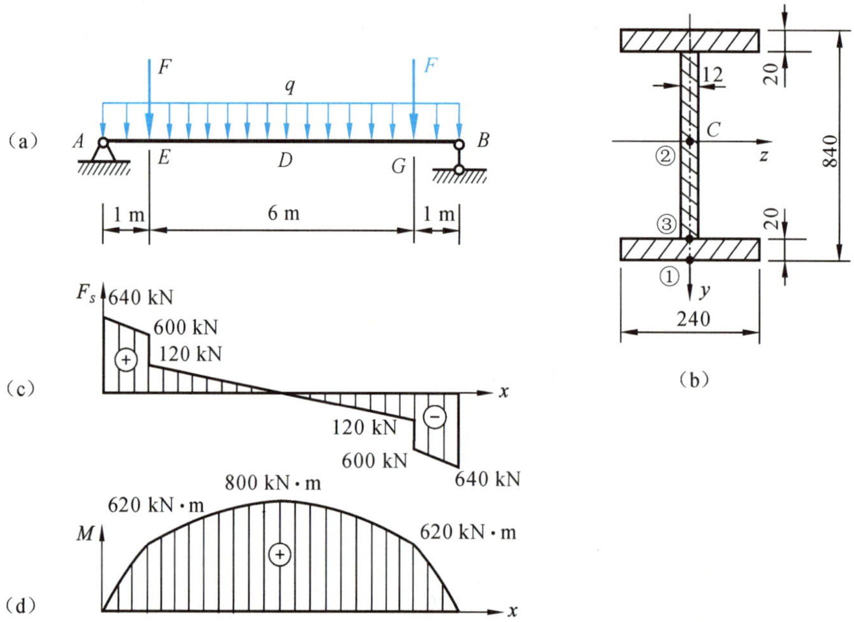

图 9-14　例 9-8 图

解: 本例的剪力图和弯矩图如图 9-14(c)、(d)所示,根据F_s、M图及组合截面上的正应力与切应力的分布规律可知:梁横截面上的最大正应力发生在梁跨中截面D的上下边缘上各点,例如图 9-14(b)所示的点①;最大切应力发生在梁支承处内侧的截面中性轴上,如图 9-14(b)所示的点②;切应力和正应力都比较大的点,位于集中力作用点偏于支承一侧的截面E(或G)上翼缘与腹板的交界处,如图 9-14(b)所示的点③。下面对上述各点分别进行强度校核。

(1) 最大正应力作用处的强度校核。

对于截面D上最大正应力作用点①

$$\sigma_{\max}=\frac{M_{\max}y_{\max}}{I_z}$$

其中

$$M_{max}=800\ \text{kN}\cdot\text{m}$$

$$y_{max}=420\ \text{mm}$$

$$I_z=\frac{240\times10^{-3}\ \text{m}\times(840\times10^{-3}\ \text{m})^3}{12}-\frac{(240-12)\times10^{-3}\ \text{m}\times(800\times10^{-3}\ \text{m})^3}{12}$$

$$=2.126\times10^{-3}\ \text{m}^4$$

于是

$$\sigma_{max}=\frac{800\times10^3\ \text{N}\cdot\text{m}\times420\times10^{-3}\ \text{m}}{2.126\times10^{-3}\ \text{m}^4}=158\times10^6\ \text{Pa}=158\ \text{MPa}$$

则

$$\sigma_{max}=158\ \text{MPa}<[\sigma]=160\ \text{MPa}$$

因此,梁满足正应力强度条件。

(2) 最大切应力作用处的强度校核。

对于截面 A(或 B)上最大切应力作用点 ②

$$\tau_{max}=\frac{F_{Smax}S_{z\,max}^*}{I_zd}$$

其中

$$F_{Smax}=640\ \text{kN},\quad d=12\ \text{mm}$$

$$S_{zmax}^*=(240\times10^{-3}\ \text{m}\times20\times10^{-3}\ \text{m})\times410\times10^{-3}\ \text{m}+12\times10^{-3}\ \text{m}\times400\times10^{-3}\ \text{m}\times200\times10^{-3}\ \text{m}$$

$$=2.93\times10^{-3}\ \text{m}^3$$

于是

$$\tau_{max}=\frac{640\times10^3\ \text{N}\times2.93\times10^{-3}\ \text{m}^3}{2.126\times10^{-3}\ \text{m}^4\times12\times10^{-3}\ \text{m}}=73.5\times10^6\ \text{Pa}=73.5\ \text{MPa}$$

则

$$\tau_{max}=73.5\ \text{MPa}<[\tau]=100\ \text{MPa}$$

因此,梁满足切应力强度条件。

(3) 腹板与翼缘交界处的强度校核。

以上校核了危险截面上的正应力和切应力强度。但是,对于工字形截面,在腹板与翼缘交界处,正应力和切应力都较大,且为平面应力状态。因此,需对这些点进行强度校核。如对于横截面上正应力和切应力都比较大的点 ③,其在截面 E(或 G)上,该截面上的剪力和弯矩分别为

$$F_S=600\ \text{kN},\quad M=620\ \text{kN}\cdot\text{m}$$

该点的正应力为

$$\sigma=\frac{My}{I_z}=\frac{620\times10^3\ \text{N}\cdot\text{m}\times400\times10^{-3}\ \text{m}}{2.126\times10^{-3}\ \text{m}^4}=116.7\times10^6\ \text{Pa}=116.7\ \text{MPa}$$

该点的切应力为

$$\tau=\frac{F_SS_z^*}{I_zd}$$

其中

$$S_z^*=(240\times10^{-3}\ \text{m}\times20\times10^{-3}\ \text{m})\times410\times10^{-3}\ \text{m}=1.968\times10^{-3}\ \text{m}^3$$

于是

$$\tau=\frac{600\times10^3\ \text{N}\times1.968\times10^{-3}\ \text{m}^3}{2.126\times10^{-3}\ \text{m}^4\times12\times10^{-3}\ \text{m}}=46.3\times10^6\ \text{Pa}=46.3\ \text{MPa}$$

则由第四强度理论，有

$$\sigma_{r4}=\sqrt{\sigma^2+3\tau^2}=\sqrt{(116.7\times10^6\ \mathrm{Pa})^2+3\times(46.3\times10^6\ \mathrm{Pa})^2}$$
$$=141.6\times10^6\ \mathrm{Pa}=141.6\ \mathrm{MPa}<[\sigma]=160\ \mathrm{MPa}$$

因此，梁腹板与翼缘交界处也满足强度条件。

上述各项计算结果表明，组合梁在给定载荷作用下，强度方面是安全的。

以上分析可见，既有正应力又有切应力的点 ③ 的相当应力较大，也是危险点之一。但应该指出，对于符合国家标准的型钢(工字钢、槽钢) 来说，并不需要对腹板与翼缘交界处的点进行强度校核。因型钢截面在腹板与翼缘交界处有圆弧过渡，且工字钢翼缘的内边又有 1 : 6 的斜度，从而增加了交界处的截面宽度，这就保证了在截面上、下边缘处的正应力和中性轴上的切应力不超过许用应力的情况下，腹板与翼缘交界处的各点一般不会出现强度不够的问题。但对于自行设计的由三块钢板焊接而成的组合工字梁，就要按例 9 - 8 中的方法对腹板与翼缘交界处的点进行强度校核。

◀ 讲授视频：常用强度理论应用。

9.6 工程实例分析：薄壁容器的应力状态与强度计算

承受内压的薄壁容器是化工、热能、空调、制药、石油、航空等工业中常常使用的重要零件或部件，例如高压罐、充压气瓶等。薄壁容器的设计关系着安全生产、人的生命与国家财产的安全。我们谨记学以致用，用知识武装头脑。本节首先对圆柱形薄壁容器各截面上的应力状态进行分析研究，然后简述薄壁容器的强度计算方法。

9.6.1 薄壁容器的应力分析

圆柱形容器承受内压[图 9 - 15(a)] 后，在横截面和纵截面上都将产生应力。作用在横截面上的正应力沿着容器轴线方向，称之为轴向应力或纵向应力，用 σ_x 表示；而作用在径向纵截面上的正应力沿着圆周的切线方向，称之为环向应力，用 σ_t 表示，如图 9 - 15(b) 所示。设容器的内径为 D，壁厚为 δ，则当容器较薄时($\dfrac{D}{\delta}\geqslant20$，称为薄壁容器)，可认为上述两种应力均沿壁厚均匀分布。

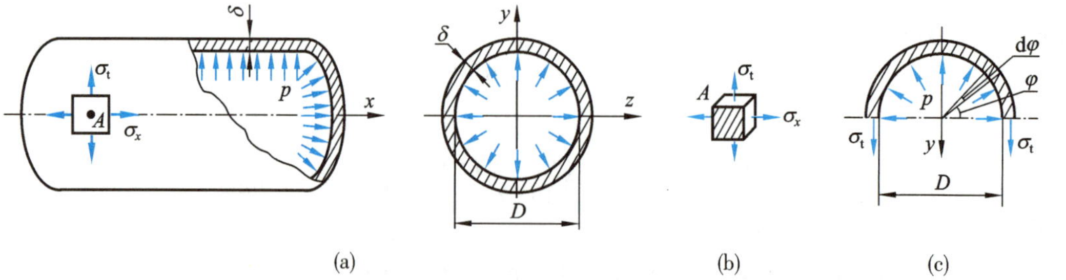

图 9 - 15 承受内压薄壁容器的应力分析

下面针对圆柱形薄壁容器计算轴向应力 σ_x 和环向应力 σ_t。

设容器内压为 p，则作用在容器两端部的总压力为 $p \cdot \frac{\pi D^2}{4}$，因此，容器横截面上的轴向应力为

$$\sigma_x = \frac{p \cdot \frac{\pi D^2}{4}}{\pi D\delta} = \frac{pD}{4\delta} \tag{9-21}$$

用相距为 1 单位长度的两个横截面和包含直径的纵向截面，假想从容器中截取一部分[图 9-15(c)]，则由该部分的静力平衡方程 $\sum F_y = 0$，得

$$2\delta\sigma_t - \int_0^{\pi} p \cdot \frac{D}{2}\sin\varphi \, d\varphi = 0$$

从而得到纵向截面上的正应力(即环向应力)

$$\sigma_t = \frac{pD}{2\delta} \tag{9-22}$$

此外，容器所受内压力 p 垂直于内壁，在容器壁内还会引起径向压应力 σ_r，如图 9-16 所示，且在内壁处，径向压应力 σ_r 的数值最大，其值为

$$\sigma_r = -p$$

对于薄壁容器而言，由于 $\frac{D}{\delta} \gg 1$，故 σ_r 与 σ_x 和 σ_t 相比甚小。并且，σ_r 自内向外沿壁厚方向逐渐减小，至外壁时变为零，因此，径向压应力 σ_r 常常忽略不计。

9.6.2 薄壁容器的强度计算

综上所述，承受内压的薄壁容器，在忽略径向应力的情形下，其各点均可视为处于平面应力状态，3 个主应力分别为

$$\sigma_1 = \sigma_t = \frac{pD}{2\delta}, \quad \sigma_2 = \sigma_x = \frac{pD}{4\delta}, \quad \sigma_3 = 0$$

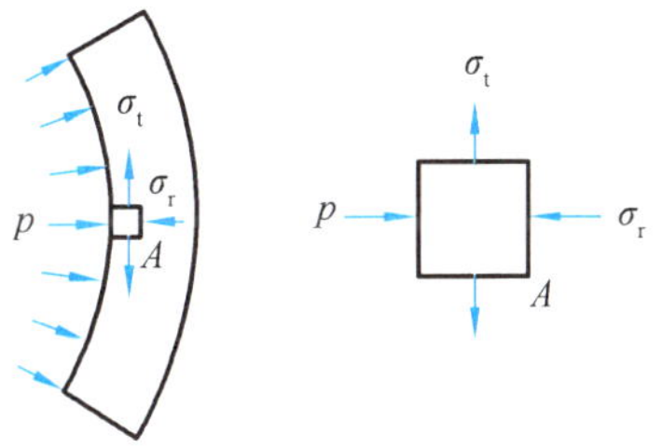

图 9-16 承受内压薄壁容器上的单元体

考虑到薄壁容器由塑性材料制成，可以采用第三或第四强度理论进行强度计算。

按第三强度理论，强度条件为

$$\sigma_{r3} = \sigma_1 - \sigma_3 = \frac{pD}{2\delta} \leqslant [\sigma] \tag{9-23}$$

按第四强度理论，则有

$$\begin{aligned}\sigma_{r4} &= \sqrt{\sigma_1{}^2 + \sigma_2{}^2 - \sigma_1\sigma_2} \\ &= \sqrt{\left(\frac{pD}{2\delta}\right)^2 + \left(\frac{pD}{4\delta}\right)^2 - \left(\frac{pD}{2\delta}\right)\left(\frac{pD}{4\delta}\right)} \\ &= \frac{\sqrt{3}\,pD}{4\delta} \leqslant [\sigma]\end{aligned} \tag{9-24}$$

薄壁容器可根据以上二式进行强度校核或确定壁厚 δ 或计算许可内压[p]的大小。

【例 9-9】 为测量圆柱形薄壁容器(图 9-15)所承受的内压力值，在容器表面用电阻应变

片测得环向应变 $\varepsilon_t = 350 \times 10^{-6}$。若已知容器内径 $D = 500$ mm，壁厚 $\delta = 10$ mm，容器材料的弹性模量 $E = 210$ GPa，泊松比 $\nu = 0.25$。试计算容器所受到的内压力。

解： 容器表面各点均处二向拉伸应力状态，如图 9-15(a) 或(b)。根据广义胡克定律，有

$$\varepsilon_t = \frac{1}{E}(\sigma_t - \nu\sigma_x)$$

将式(9-21)、(9-22) 代入上式，有

$$\varepsilon_t = \frac{1}{E}\left(\frac{pD}{2\delta} - \nu\frac{pD}{4\delta}\right)$$

故

$$p = \frac{4\varepsilon_t E\delta}{(2-\nu)D} = \frac{4 \times 350 \times 10^{-6} \times 210 \times 10^9\ \text{Pa} \times 10 \times 10^{-3}\ \text{m}}{(2-0.25) \times 500 \times 10^{-3}\ \text{m}}$$
$$= 3.36 \times 10^6\ \text{Pa} = 3.36\ \text{MPa}$$

【例 9-10】 已知薄壁容器的内径 $D = 500$ mm，承受的内压力 $p = 3.36$ MPa，容器材料的许用应力 $[\sigma] = 160$ MPa。试用第三强度理论设计容器的壁厚 δ。

解： 根据式(9-23)，有

$$\delta \geq \frac{pD}{2[\sigma]} = \frac{3.36 \times 10^6\ \text{Pa} \times 500 \times 10^{-3}\ \text{m}}{2 \times 160 \times 10^6\ \text{Pa}} = 5.25 \times 10^{-3}\ \text{m} = 5.25\ \text{mm}$$

可取 $\delta = 6$ mm

思　考　题

9-1　三个单元体各面上的应力分量如题图所示。问它们分别处于几向应力状态？

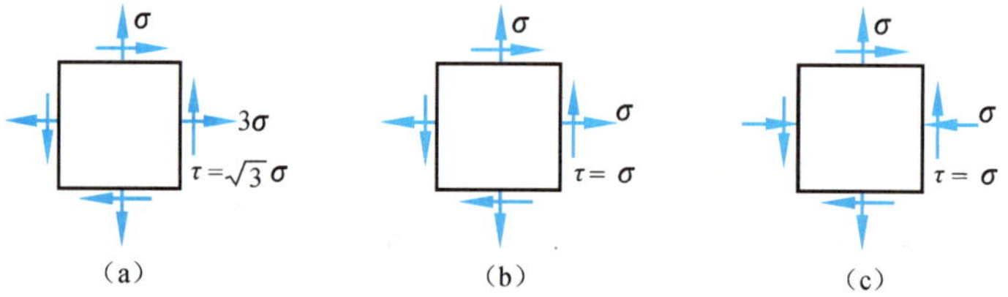

思考题 9-1 图

9-2　试解释以下现象：(1) 在拉伸实验中，低碳钢试件屈服时，与轴线成 45° 角方向出现滑移线；(2) 在压缩实验中，铸铁试件沿与轴线成 45° 角斜截面断裂；(3) 在扭转实验中，铸铁试件沿与轴线成 45° 角的螺旋面断裂。

9-3　试问在何种情况下，平面应力状态下的应力圆符合以下特征：(1) 一个点圆；(2) 圆心在原点；(3) 与 τ 轴相切。

9-4　如题图所示应力状态下的单元体，材料为各向同性，已知弹性常数 E 和泊松比 ν，试问是否有 $\varepsilon_z = -\nu(\varepsilon_x + \varepsilon_y)$？为什么？

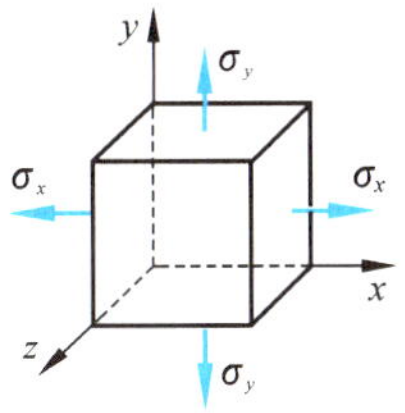

思考题 9-4 图

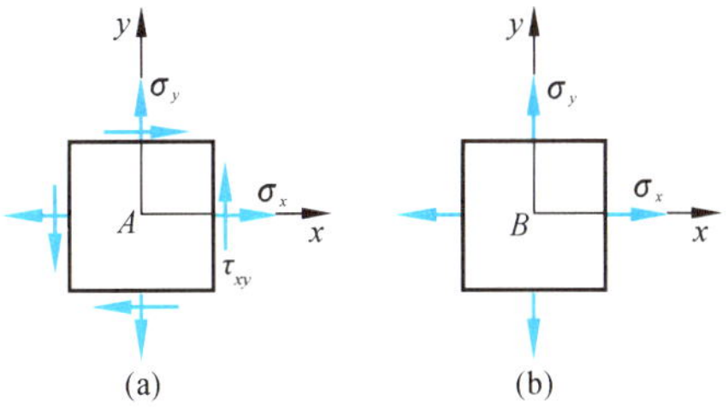

思考题 9-5 图

9-5　A、B 两点的应力状态如题图所示，两者沿 x 方向的线应变 ε_x 是否相同？两者的最大线应变 ε_1 是否相同？

9-6　水管在冬天常有冻裂现象，根据作用与反作用原理，水管壁与管内所结冰之间的相互作用力应该相等，那么为什么不是冰被压碎而是水管被冻裂？

9-7　试分析单轴压缩的混凝土圆柱[图(a)]与在钢管内灌注混凝土待凝固后在其上端施加均匀压力的混凝土圆柱[图(b)]相比，哪种情况下的强度大？为什么？

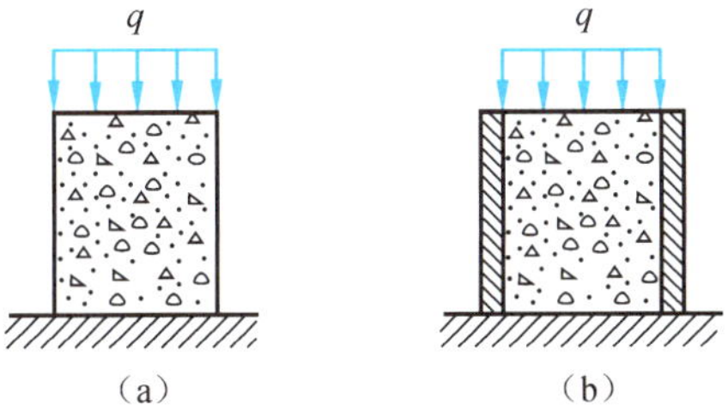

思考题 9-7 图

习　　题

9-1　如题图所示一等直圆截面杆，直径 $d=100$ mm，承受转矩 $M_e=7$ kN·m 及轴向拉力 $F=50$ kN，试用单元体表示杆的表面点 A 的应力状态。

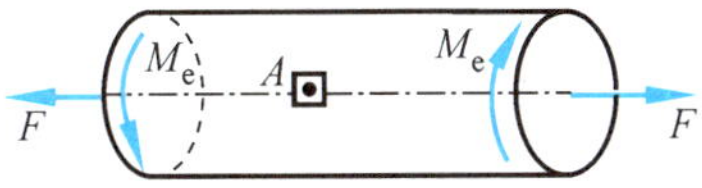

习题 9-1 图

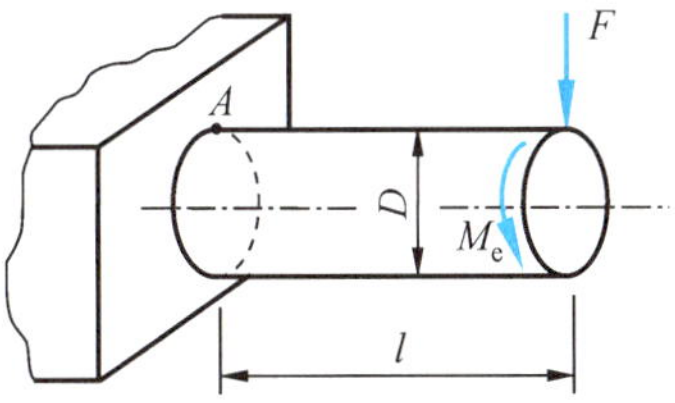

习题 9-2 图

9-2　圆截面直杆受力如题图所示，试用单元体表示点 A 的应力状态。已知 $F=39.3$ N，$M_e=125.6$ N·m，$D=20$ mm，杆长 $l=1$ m。

9-3　已知应力状态如题图所示，图中应力单位皆为 MPa，试用解析法求：

(1) 指定截面上的应力；

(2) 主应力大小，主平面方位，并画出主单元体；

(3) 最大切应力。

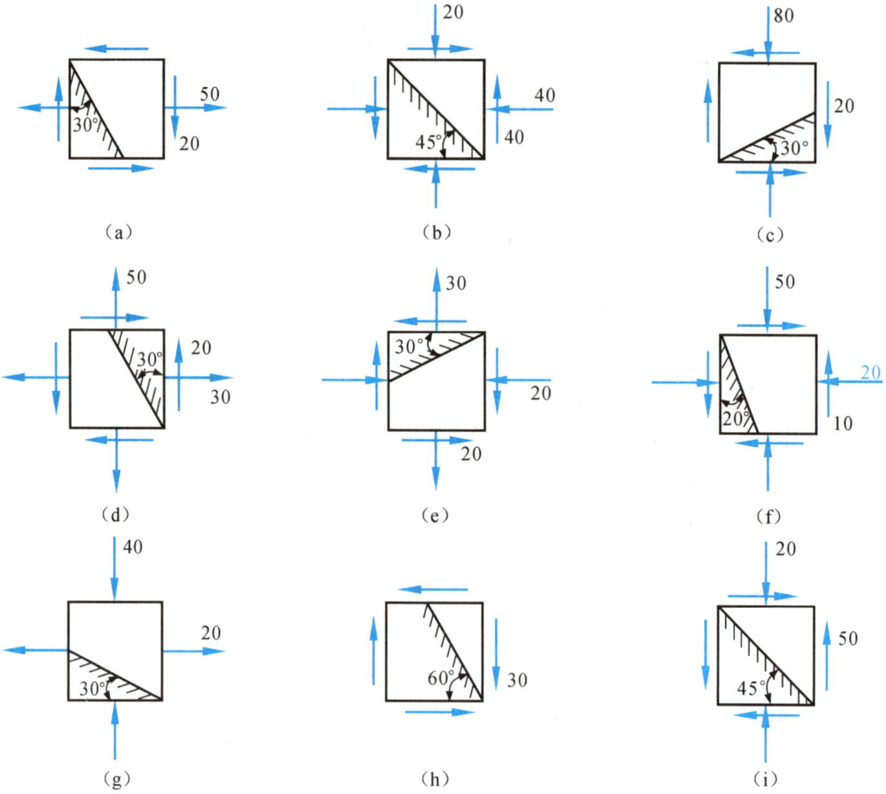

习题 9 - 3 图

9 - 4　用图解法求解习题 9 - 3 各小题。

9 - 5　试求题图所示各应力状态的主应力及最大切应力。(应力单位为 MPa)

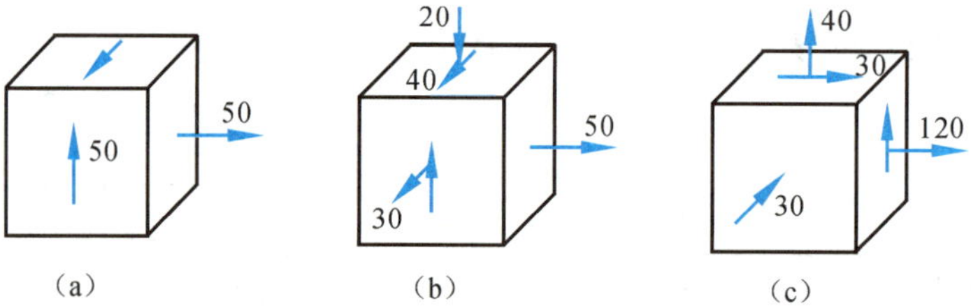

习题 9 - 5 图

9 - 6　已知矩形截面梁的尺寸及载荷如题图所示。试求：

(1) n — n 截面上指定点(点 1 ～ 5) 处各单元体的应力状态；

(2) 用图解法画出各指定点处的主单元体。

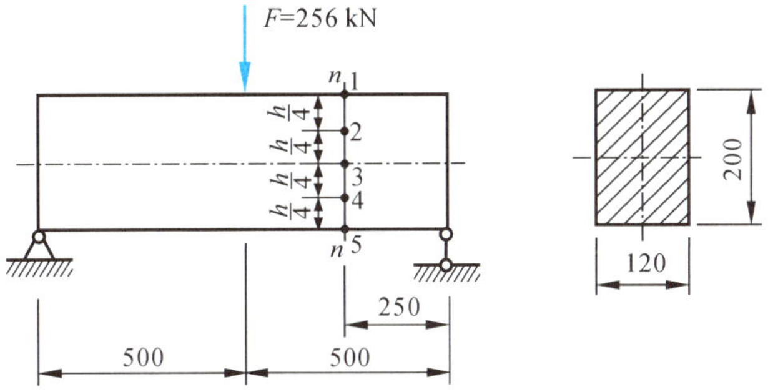

习题 9－6 图

9－7　围绕构件内某点处取出的微棱柱体如题图所示。σ_y 和 α 角均为未知，试求 σ_y 及该点处的主应力的数值和主平面的方位。（图中的应力单位为 MPa）

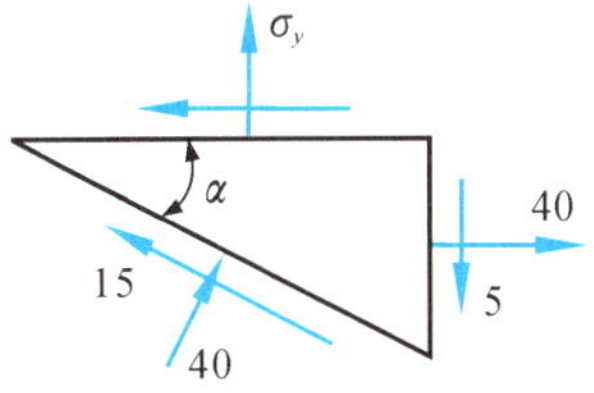

习题 9－7 图

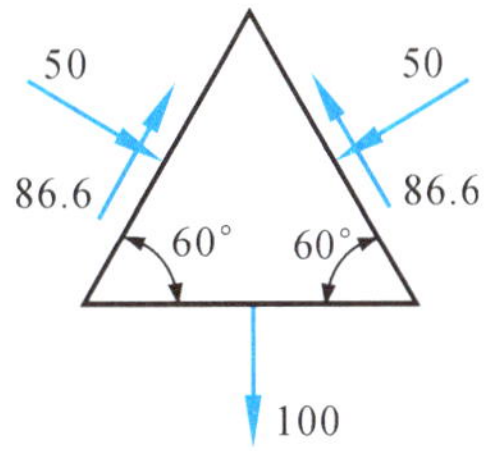

习题 9－8 图

9－8　在平面应力状态的受力物体中取出一单元体，其受力状态如题图所示。试求主应力和最大切应力，并指出其截面位置。（图中应力单位为 MPa）

9－9　薄壁圆筒做扭转、拉伸试验时的受力如题图所示。若 $F=20\ \text{kN}$，$M_e=600\ \text{N}\cdot\text{m}$，$d=5\ \text{cm}$，$\delta=2\ \text{mm}$。试求：

（1）点 A 在指定斜截面上的应力；

（2）点 A 的主应力大小及方向，画出主单元体。

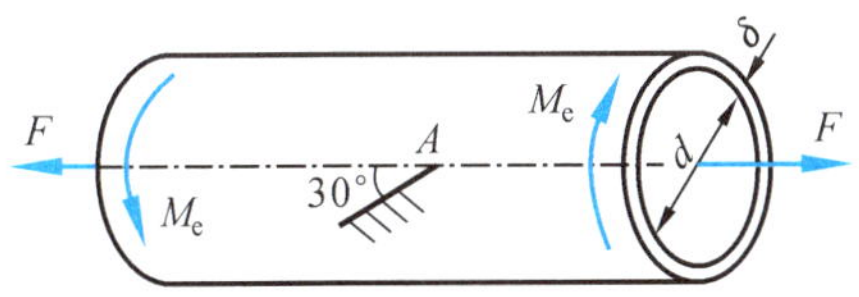

习题 9－9 图

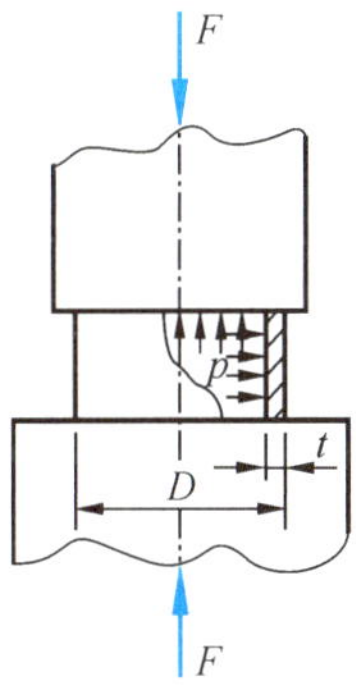

习题 9－10 图

9－10　如题图所示薄壁圆环外径 $D=100\ \text{mm}$，壁厚 $t=1\ \text{mm}$，两端压紧力 $F=11.7\ \text{kN}$，内压力 $p=1.3\ \text{MPa}$，试表示出危险点的应力状态，并求其所有主应力的大小。

9－11　现有应力状态如题图所示（应力单位为 MPa）。已知材料的弹性模量

E =210 GPa，泊松比 ν =0.28，试求：

(1) x 方向的线应变 ε_x；

(2) 主应变。

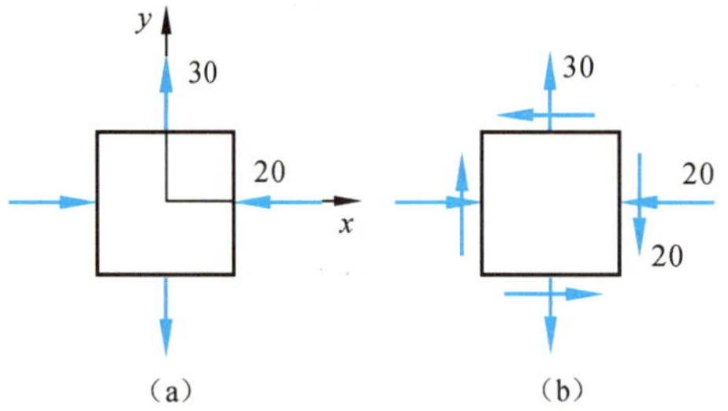

习题 9－11 图

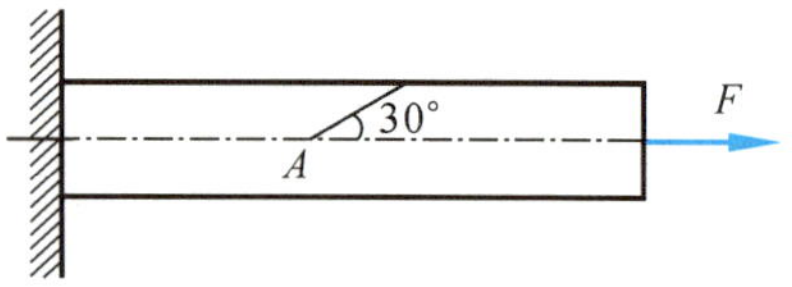

习题 9－12 图

9－12 如题图所示一钢杆，截面为 20 mm×40 mm 的矩形，弹性模量 E =200 GPa，泊松比 ν =0.3，现从杆中点 A 测得与轴线成 30° 方向的线应变 $\varepsilon=2.7\times10^{-4}$，试求载荷 F 的大小。

9－13 从钢构件内某一点的周围取出一单元体如题图所示。根据理论计算已经求得 σ =30 MPa，τ =15 MPa。已知材料的弹性模量 E =200 GPa，泊松比 ν =0.30。试求对角线 AC 的长度改变 Δl。

9－14 如题图所示一端固定的圆轴，直径为 d，在自由端处作用一弯曲力偶 M 和一扭转力偶 M_T。如果在此载荷下轴内的最大主应力不超过材料屈服强度 σ_s 的一半，$M_T=nM$，试求此弯曲力偶矩 M，以 d、n 和 σ_s 来表示。

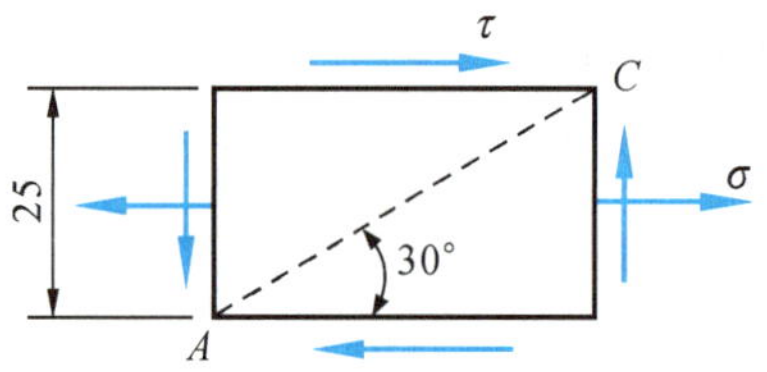

习题 9－13 图

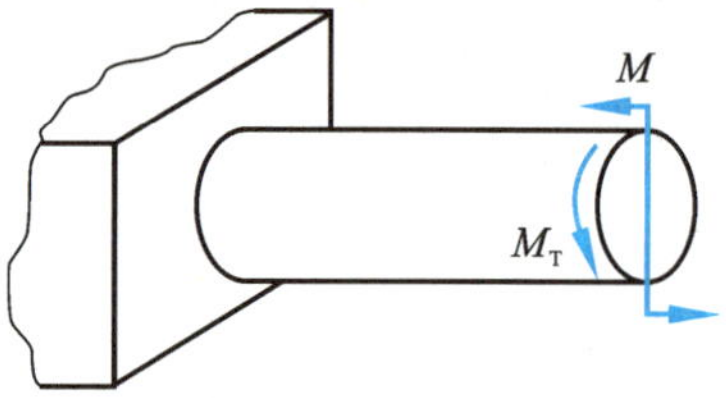

习题 9－14 图

9－15 在一体积较大的钢块上开一个贯穿的槽，其宽度和深度都是 10 mm。在槽内紧密无隙地嵌入一铝质立方块，它的尺寸是 10 mm×10 mm×10 mm，如题图所示。当铝块受到压力 F =6 kN 的作用时，假设钢块不变形。铝的弹性模量 E =70 GPa，泊松比 ν =0.33。试求铝块的三个主应力及相应的变形。

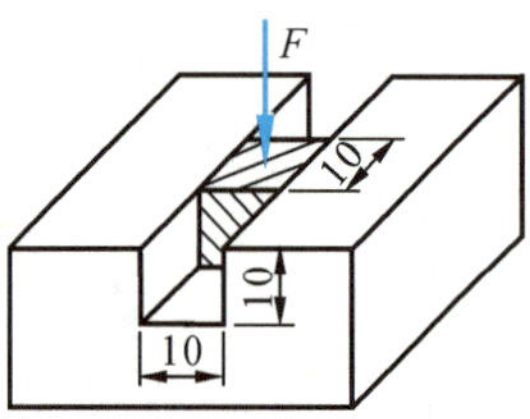

习题 9－15 图

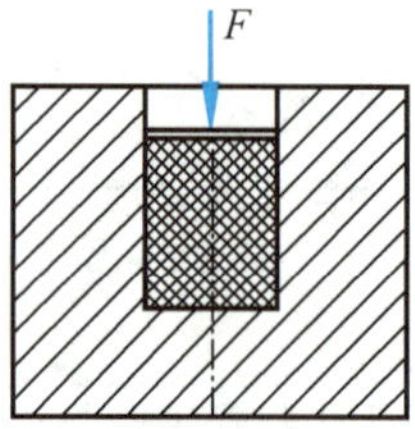

习题 9－16 图

9-16　如题图所示，一直径为 d 的橡皮圆柱体，放置在刚性圆筒内，并承受合力为 F 的均布压力作用，试求橡皮柱的主应力。设橡皮的弹性模量与泊松比分别为 E 与 ν，并忽略橡皮与刚筒间的摩擦。

9-17　如题图所示，力偶矩 $M_e=2.5\ \mathrm{kN\cdot m}$ 作用在直径 $D=60\ \mathrm{mm}$ 的钢轴上，切变模量 $G=82\ \mathrm{GPa}$，试求圆轴表面上任一点处与母线成 $\alpha=30^\circ$ 方向上的线应变。

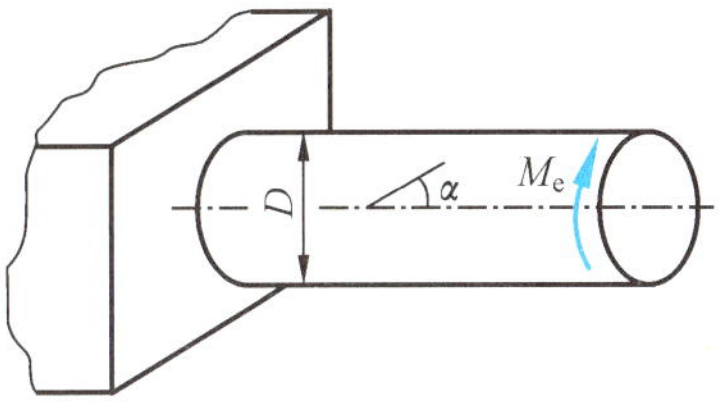

习题 9-17 图

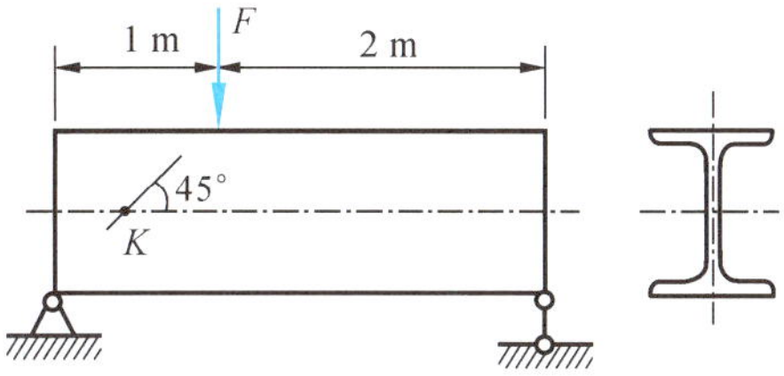

习题 9-18 图

9-18　在如题图所示 28a 号工字梁的中性层上某点 K 处，沿与轴线成 45° 的方向贴有电阻应变片，测得线应变 $\varepsilon_{45^\circ}=-2.6\times10^{-5}$，弹性模量 $E=210\ \mathrm{GPa}$，泊松比 $\nu=0.3$，试求梁上的载荷 F。

9-19　车轮与钢轨接触点处的主应力为 $-800\ \mathrm{MPa}$、$-900\ \mathrm{MPa}$、$-1100\ \mathrm{MPa}$。若许用应力 $[\sigma]=300\ \mathrm{MPa}$，试对接触点作强度校核。

9-20　已知脆性材料的许用拉应力 $[\sigma_t]$ 与泊松比 ν，试根据第一与第二强度理论确定该材料纯剪切时的许用切应力 $[\tau]$。

9-21　炮筒横截面如题图所示。在危险点处，$\sigma_t=550\ \mathrm{MPa}$，$\sigma_r=-350\ \mathrm{MPa}$，第三个主应力垂直于图面，是拉应力，且其大小为 420 MPa。试按第三和第四强度理论，计算其相当应力。

9-22　试比较如题图所示两种情况下正方形棱柱体的相当应力 σ_{r3}，弹性常数 E 和泊松比 ν 均为已知。(a) 棱柱体轴向受压；(b) 棱柱体在刚性方模中轴向受压。

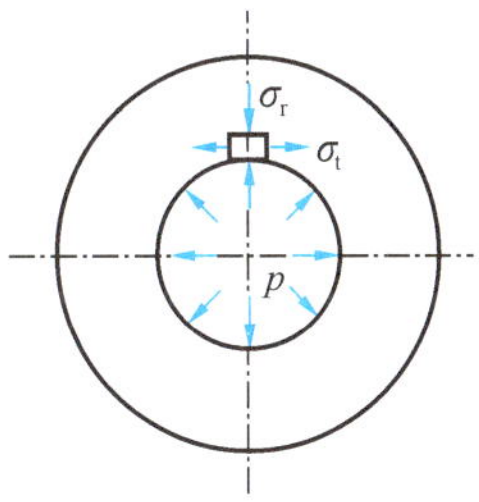

习题 9-21 图

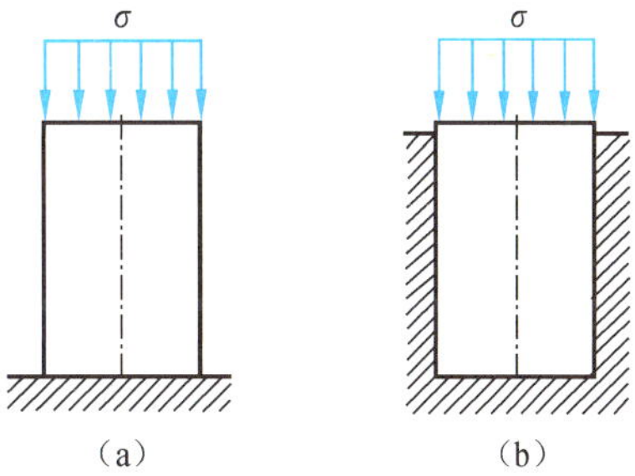

习题 9-22 图

9-23　如题图所示一受内压作用的薄壁容器，当承受最大内压力时，测得圆筒筒壁上任一点 A 的线应变 $\varepsilon_x=1.88\times10^{-4}$，$\varepsilon_y=7.99\times10^{-4}$，已知钢材的弹性模量 $E=210\ \mathrm{GPa}$，泊松比 $\nu=0.3$，许用应力 $[\sigma]=200\ \mathrm{MPa}$。试用第三强度理论对点 A 作强度校核。

9-24　圆截面杆受载如题图所示。已知 $d=10\ \text{mm}$，$M_e=\dfrac{1}{10}Fd$，试求以下两种情况下的许可载荷。

(1) 材料为钢，许用应力 $[\sigma]=160\ \text{MPa}$，用第三强度理论；

(2) 材料为铸铁，许用拉应力 $[\sigma_t]=30\ \text{MPa}$，用第一强度理论。

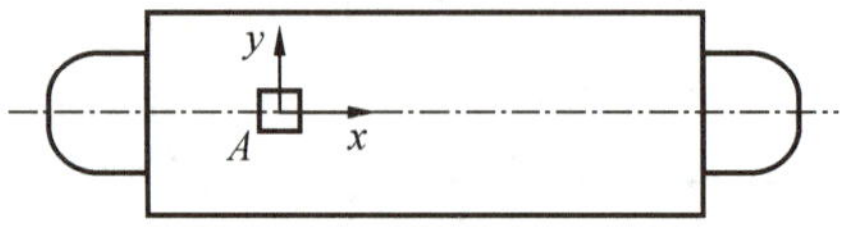

习题 9-23 图

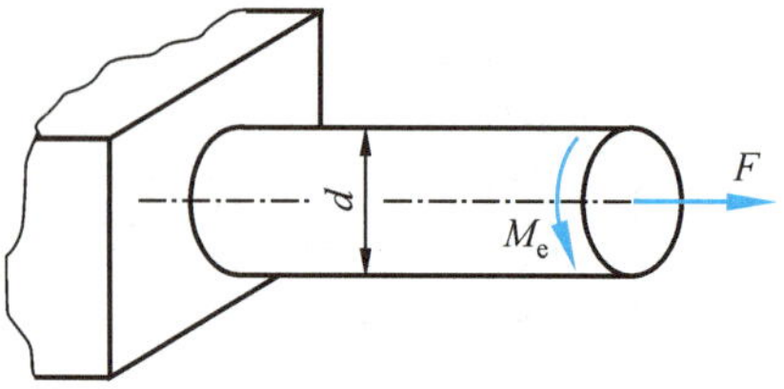

习题 9-24 图

9-25　一圆柱形气瓶，内径 $D=200\ \text{mm}$，壁厚 $\delta=8\ \text{mm}$，许用应力 $[\sigma]=200\ \text{MPa}$。试按第四强度理论确定气瓶的许用压力 $[p]$。

9-26　如题图所示的截面由三块钢板焊接而成的简支梁，受集中力 F 和集度为 q 的均布载荷作用。若已知 $F=400\ \text{kN}$，$q=40\ \text{kN/m}$，许用应力 $[\sigma]=160\ \text{MPa}$，许用切应力 $[\tau]=80\ \text{MPa}$，试全面校核梁的强度。

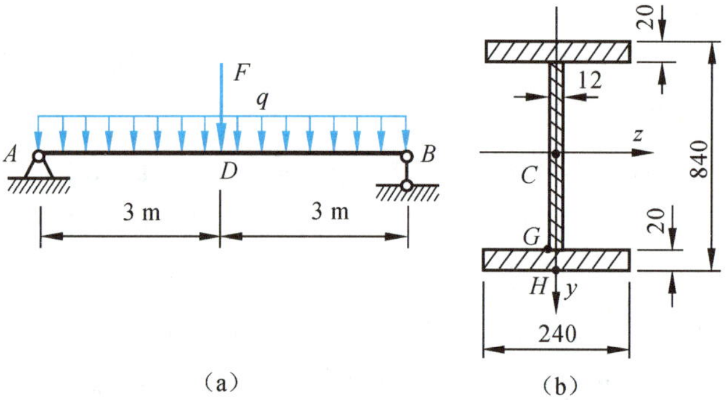

习题 9-26 图

9-27　两种应力状态如题图所示。

(1) 试按第三强度理论分别计算其相当应力（设 $|\sigma|>|\tau|$）；

(2) 直接根据形状改变能密度的概念判断何者较易发生流动，并用第四强度理论进行验算。

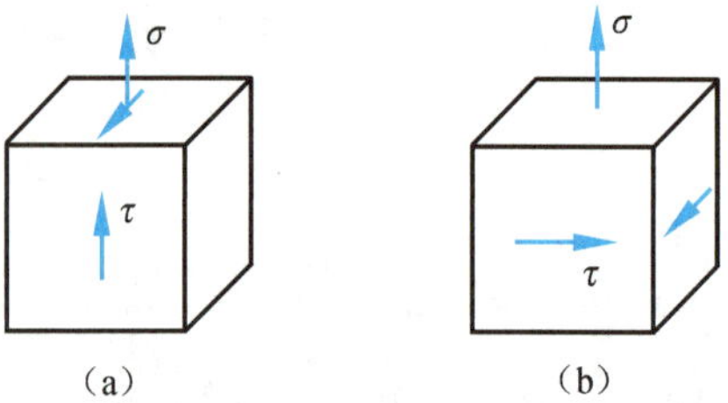

习题 9-27 图

10 组合变形及连接件的实用计算

10.1 概　　述

前面各章已经分别讨论了构件在轴向拉压、扭转、弯曲等基本变形下的强度和刚度计算问题。但是，在实际工程中，许多构件在载荷作用下，同时发生两种或两种以上的基本变形。例如图 10-1(a) 所示的锥齿轮轴，作用在锥齿轮上的啮合力可以分解为切向力 F_t、径向力 F_r 和轴向力 F_x，将这些力向齿轮轴简化得其计算简图如图 10-1(b) 所示，其中 $M_z = F_x r$，$M_x = F_t r$，可见齿轮轴将同时产生轴向拉伸(压缩)、扭转和弯曲变形。构件在外载荷作用下，同时产生两种或两种以上基本变形的情况，称为组合变形(combined deformation)。

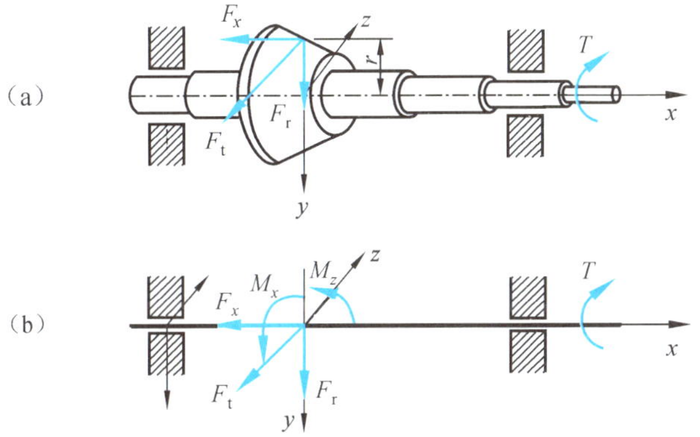

图 10-1　锥齿轮轴及其计算简图

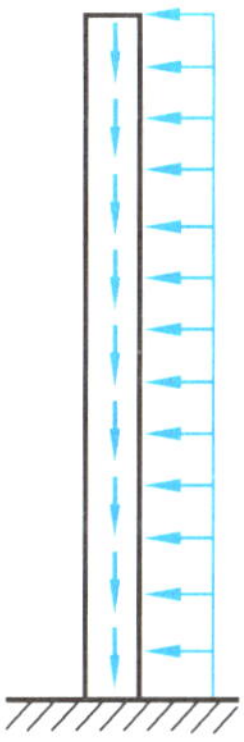

图 10-2　烟囱的受力图

根据圣维南原理，在求解组合变形问题时，通常将作用于杆件的载荷转化为一系列与其静力等效的载荷，使转化后的每一个等效的载荷各自只产生一种基本变形。例如，图 10-1(a) 所示的锥齿轮轴中，把轴向力 F_x、径向力 F_r 和切向力 F_t 转化为图 10-2(b) 中产生轴向拉伸的力 F_x、产生扭转变形的力矩 M_x 和产生弯曲变形的力 F_t、F_r、力矩 M_z。在材料服从胡克定律和小变形前提下，力的独立作用原理成立，即每一个载荷所引起的内力、应力和变形等不受其他载荷的影响。这样，就可以应用叠加原理。即分别计算构件在每一种基本变形下的应力和变形，叠加后就得到构件在原载荷作用下的应力和变形，以确定构件的危险截面、危险点的位置及危险点的应力状态，并据此进行强度计算。在有些组合变形问题中，作用在杆件上的载荷很明显可分为几组，而每一组载荷只产生一种基本变形。例如图 10-2 所示的烟囱，这时就不需要对载荷进行转化。

根据力的独立作用原理和叠加原理，可以把求解组合变形问题的方法步骤归纳如下：

(1) 外力分析，确定基本变形　分析在外力作用下，构件会产生哪几种基本变形。对于复杂载荷的情况，通常把载荷向杆件轴线简化，将其转化成几个静力等效的简单载荷，使每一个简单载荷各自只产生一种基本变形。

(2) **内力分析,确定危险截面**　计算在各种基本变形下构件的内力并绘制内力图,从而确定危险截面。

(3) **应力分析,确定危险点**　根据构件内力情况,分析危险截面上的应力,确定危险点。

(4) **强度计算**　根据危险点的应力状态和构件材料的力学性能,选择合适的强度条件进行强度计算,求解强度计算的三类问题。

另外,在工程实际中,常用连接件将构件相互连接,例如:铆钉连接[图 10－3(a)]、销钉连接[图 10－4(a)]、键连接[图 10－5(a)]等。铆钉、销钉(螺栓)、键等起连接作用的部件,统称为连接件(connective element)。由图 10－3(b)、图 10－4(b)、图 10－5(b) 中各连接件的受力图可以看出,连接件(或构件连接处)的变形往往是比较复杂的,而其本身的尺寸都比较小。在工程设计中,通常按照连接的破坏可能性,采用既能反映受力的基本特征,又能简化计算的假设,计算其名义应力,然后根据直接试验的结果,确定其相应的许用应力,来进行强度计算。这种简化计算的方法,称为工程实用计算法。

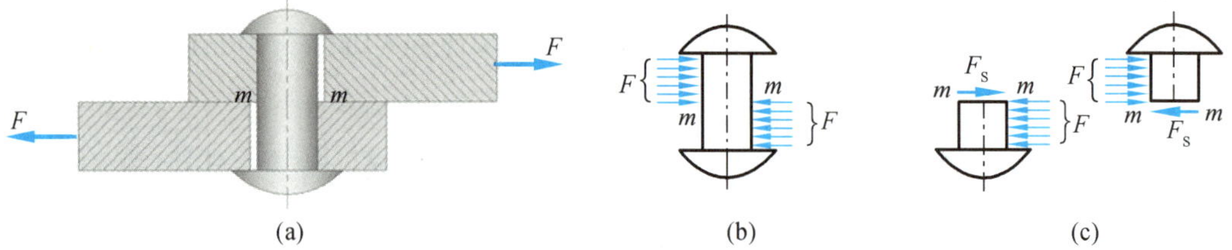

图 10－3　铆钉连接

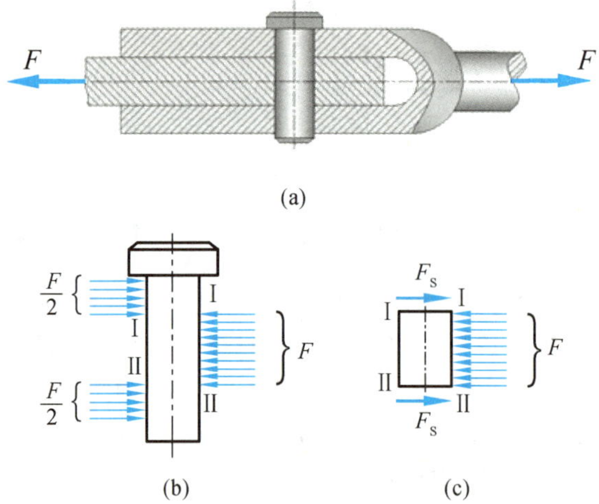

图 10－4　销钉连接

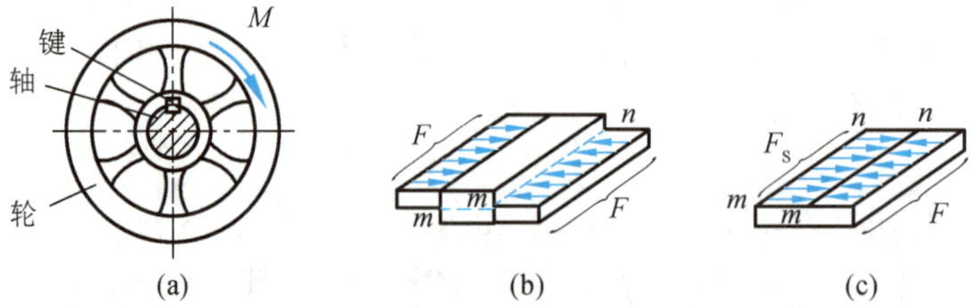

图 10－5　键连接

本章首先讨论两相互垂直平面内的弯曲、拉（压）弯组合和弯扭组合等几种工程中常见的组合变形。至于其他形式的组合变形，也可应用同样的方法解决。然后讨论连接件的实用计算。

10.2　两相互垂直平面内的弯曲

在第 6 章中曾经指出，当横向外力或力偶作用于梁的纵向对称面内时，梁变形后的轴线是一条位于外载荷所作用平面内的平面曲线，梁发生平面弯曲变形。

在工程实际中，有时会遇到双对称截面梁在水平和铅垂两纵向对称平面内同时承受横向外力作用的情况，例如，图 10-6(a) 所示的具有两个纵向对称面的悬臂梁。这时梁在横向力 F_1 和 F_2 的作用下，分别在铅垂纵向对称面(Oxy 面)和水平纵向对称面(Oxz 面)内同时发生平面弯曲变形。下面就分析该悬臂梁在两相互垂直平面内同时产生弯曲变形时的应力和变形。

10.2.1　正应力的计算

F_1、F_2 分别使梁在两个相互垂直的形心主惯性平面内发生平面弯曲，且分别以 z 轴和 y 轴为中性轴。

在梁的任一横截面(x 截面)上，由 F_1 和 F_2 引起的弯矩大小分别为

$$M_z = F_1(l-a-x),\quad M_y = F_2(l-x)$$

在 x 截面上任一点 $A(y,z)$ 处，与 M_z 和 M_y(即 F_1 和 F_2)相应的弯曲正应力分别为

$$\sigma' = -\frac{M_z y}{I_z},\qquad \sigma'' = \frac{M_y z}{I_y}$$

根据叠加原理，x 截面点 A 处由 F_1 和 F_2 共同作用引起的弯曲正应力为

$$\sigma = \sigma' + \sigma'' = -\frac{M_z y}{I_z} + \frac{M_y z}{I_y} \tag{10-1}$$

式(10-1)就是梁在两相互垂直平面内同时产生弯曲变形时任一横截面上任一点的正应力计算公式。式中，I_y 和 I_z 分别是横截面对于两对称轴 y 轴和 z 轴的惯性矩；M_y 和 M_z 分别是位于水平和铅垂对称面内的弯矩，且其矩矢方向分别与 y 轴和 z 轴的正向一致。在具体计算中，也可先不考虑弯矩 M_y、M_z 和坐标 y、z 的正负号，以其绝对值代入，然后根据梁在 F_1 和 F_2 分别作用下的变形情况和点的位置来判定 σ' 和 σ'' 的正负(拉应力记为正，压应力记为负)，最后将 σ' 和 σ'' 的代数值相加得到该点处的正应力 σ，并根据 σ 的正负号判定其为拉应力还是压应力。

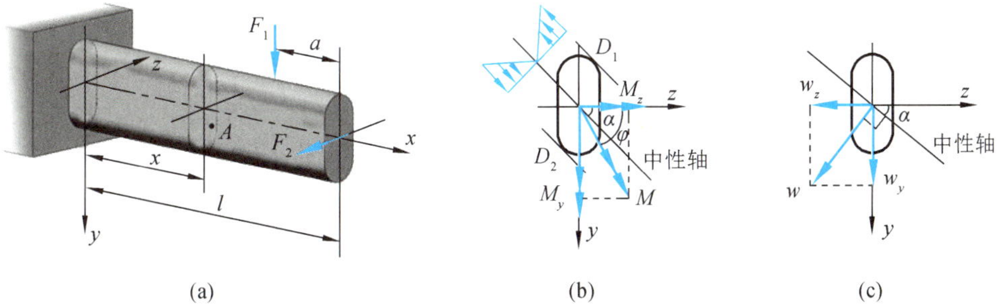

图 10-6　两相互垂直平面内的弯曲

10.2.2　中性轴的位置

第 7 章中曾经指出，梁横截面上的最大弯曲正应力发生在离中性轴最远的点处，所以为了进行强度计算，需确定中性轴的位置。

由于中性轴上各点处的弯曲正应力都等于零，所以，如令中性轴上任一点的坐标为(y_0，z_0)，则将 y_0、z_0 代入式(10－1) 后所得到的 σ 必等于零，便可得到中性轴方程，即

$$-\frac{M_z}{I_z}y_0+\frac{M_y}{I_y}z_0=0 \tag{a}$$

显然，中性轴是一条通过坐标原点的直线。设它与 z 轴的夹角为 α[图 10－6(b)]，则

$$\tan\alpha=\frac{y_0}{z_0}=\frac{M_y}{M_z}\times\frac{I_z}{I_y}=\frac{I_z}{I_y}\tan\varphi \tag{b}$$

式中，角度 φ 是横截面上合成弯矩 $M=\sqrt{M_y^2+M_z^2}$ 的矢量与 z 轴间的夹角。由式(b) 可见，中性轴的位置并不依赖于力的大小，而只与合成弯矩和形心主惯性轴 z 的夹角 φ 以及截面的几何形状和尺寸有关。当 I_z、I_y 和角 φ 已知时，便可求出中性轴与 z 轴的夹角 α，从而确定中性轴的位置。

一般情况下，由于截面的 $I_y\neq I_z$，则 $\alpha\neq\varphi$，因而中性轴与合成弯矩 M 所在的平面并不相互垂直。而截面的挠度方向垂直于中性轴，所以挠曲线将不在合成弯矩所在的平面内。这种弯曲也称为“斜弯曲(oblique bending)”。而对于正方形、圆形一类截面，$I_y=I_z$，有 $\alpha=\varphi$，因而，截面的挠度方向不仅垂直于中性轴而且垂直于合成弯矩 M 所在的平面，正应力也可用合成弯矩 M 按式(7－2) 计算。由于梁各横截面上的合成弯矩 M 所在平面的方位一般并不相同，因此，虽然每一截面的挠度都发生在该截面的合成弯矩所在平面内，但梁的挠曲线仍是一条空间曲线。于是，梁的挠曲线方程仍应分别按两垂直平面内的弯曲计算，不能直接用合成弯矩计算。任一截面总挠度 w 就是 w_y 和 w_z 的矢量和[图 10－6(c)]，其大小为

$$w=\sqrt{w_y^2+w_z^2}$$

请读者思考：如图 10－6(a) 所示，当 $a=0$ 时，挠度又有什么特点？

10.2.3　最大正应力和强度条件

与平面弯曲类似，两相互垂直平面内同时产生弯曲变形时，横截面上的正应力也以中性轴为界，一侧为拉应力，另一侧为压应力，各点的正应力值与该点到中性轴的距离成正比，最大正应力位于距中性轴最远处。横截面上正应力的分布规律如图 10－6(b) 所示。为此，在确定中性轴的位置以后，在中性轴两侧各作一条与中性轴平行且与横截面周边相切的直线，则切点 D_1、D_2 即为离中性轴最远的点[图 10－6(b)]，也就是正应力最大的点。将两点的坐标分别代入式(10－1)，即可求得横截面上的最大拉应力和最大压应力。

对于矩形、工字形等一类工程中常用的截面梁，横截面周边具有棱角，其距中性轴最远的点必在两个角点 D_1 和 D_2 处(图 10－7)。将 D_1 或 D_2 的坐标代入式(10－1) 即可求得最大拉应力和最大压应力。因此，对于横截面周边具有棱角的梁，可根据梁的变形情况，直接确定截面上最大拉应力和最大压应力点的位置，而无需定出中性轴位置。

至于横截面上的弯曲切应力，对于一般的组合变形实体截面梁，由于其数值较小，可不必考虑。在确定了梁的危险截面和危险点位置，并求出危险点处的最大正应力后，因危险点处于

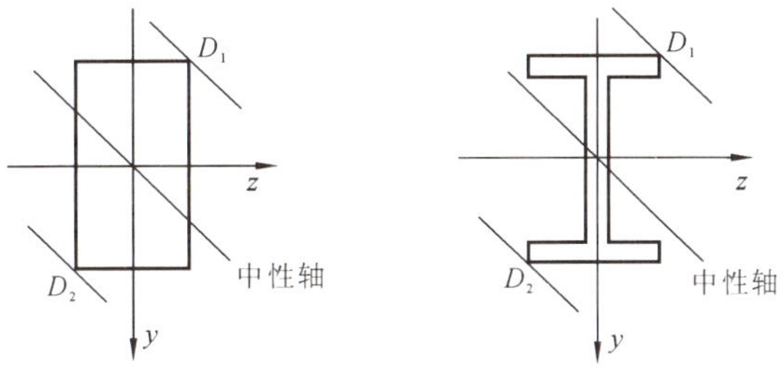

图 10-7 距中性轴最远点的确定方法

单向应力状态，于是，可按正应力强度条件进行计算。设材料的抗拉和抗压强度相等，则强度条件为

$$\sigma_{\max}=\frac{M_{z\max}}{I_z}y_1+\frac{M_{y\max}}{I_y}z_1=\frac{M_{z\max}}{W_z}+\frac{M_{y\max}}{W_y}\leqslant[\sigma] \tag{10-2}$$

式中：I_z 和 I_y 分别是横截面对 z 轴和 y 轴的惯性矩，W_z 和 W_y 分别是横截面对 z 轴和 y 轴的弯曲截面系数，$M_{z\max}$ 和 $M_{y\max}$ 分别是 F_1 和 F_2 单独作用时引起的危险截面的弯矩。计算时，弯矩和坐标均取绝对值。

【例 10-1】 图 10-8(a) 所示简支梁由 28a 号工字钢制成，已知 $F=25$ kN，$l=4$ m，$\varphi=15°$，材料的许用应力$[\sigma]=170$ MPa，试校核此梁的强度。

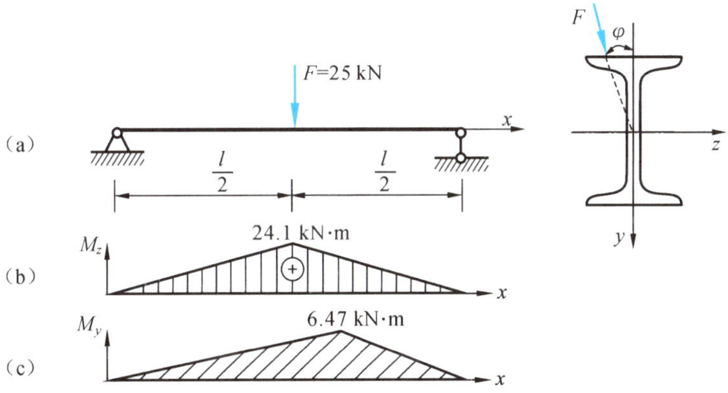

图 10-8 例 10-1 图

解： 梁的危险截面在跨度中央。首先将集中力 F 沿 y 轴和 z 轴方向分解，其大小分别为

$$F_y=F\cos\varphi=25\text{ kN}\cdot\cos15°=24.1\text{ kN}$$

$$F_z=F\sin\varphi=25\text{ kN}\cdot\sin15°=6.47\text{ kN}$$

在梁的两个形心主惯性平面 x—y 和 x—z 内的弯矩图如图 10-8(b)、(c) 所示，其最大弯矩值分别为

$$M_{z\max}=\frac{F_y l}{4}=\frac{24.1\text{ kN}\times4\text{ m}}{4}=24.1\text{ kN}\cdot\text{m}$$

$$M_{y\max}=\frac{F_z l}{4}=\frac{6.47\text{ kN}\times4\text{ m}}{4}=6.47\text{ kN}\cdot\text{m}$$

从型钢表中查得 28a 号工字钢的弯曲截面系数 $W_z=508\text{ cm}^3$，$W_y=56.6\text{ cm}^3$，按式 (10-2) 得

$$\sigma_{\max}=\frac{M_{z\max}}{W_z}+\frac{M_{y\max}}{W_y}=\frac{24.1\times10^3\ \text{N}\cdot\text{m}}{508\times(10^{-2})^3\ \text{m}^3}+\frac{6.47\times10^3\ \text{N}\cdot\text{m}}{56.6\times(10^{-2})^3\ \text{m}^3}$$

$$=(47.4+114.3)\times10^6\ \text{Pa}=161.7\ \text{MPa}<[\sigma]$$

计算结果表明，此梁满足强度要求。

在此例中，若 $\varphi=0$，即力 F 与形心主惯性轴 y 重合，则梁的最大正应力

$$\sigma'_{\max}=\frac{M_{\max}}{W_z}=\frac{25\times10^3\ \text{N}\cdot\text{m}}{508\times(10^{-2})^3\ \text{m}^3}=49.2\times10^6\ \text{Pa}=49.2\ \text{MPa}$$

由此可见，对于工字形这样窄而高截面的梁，如外力稍有偏斜，就会使梁的最大正应力显著增大。产生这种结果的原因是这类截面的 W_y 远小于 W_z。因此，对两个形心主惯性轴的弯曲截面系数相差较大的梁，应尽量避免斜弯曲，外力应尽可能作用在弯曲截面系数较大的主惯性平面内。

10.3 拉伸(压缩)与弯曲的组合

前面研究直杆弯曲问题时，曾要求所有外力均垂直于杆轴；在研究轴向拉压问题时，则限制所有外力或其合力的作用线均沿杆件轴线。然而，如果作用于杆件上的外力除了轴向拉(压)力以外，还有垂直于轴线的横向力，如图 10-9(a) 所示的矩形截面杆，则杆件将发生拉伸(压缩)与弯曲的组合变形。除此之外，在工程实际中，还常常遇到载荷与构件的轴线平行，但不通过横截面形心的情况。这种情况通常称为偏心拉伸(压缩)，如图10-10所示的立柱，横截面上除了有轴力外还有弯矩产生。由此可见，偏心拉伸或偏心压缩实际上也就是拉伸(压缩)与弯曲的组合变形。拉伸(压缩)与弯曲的组合变形简称为**拉(压)弯组合变形**。

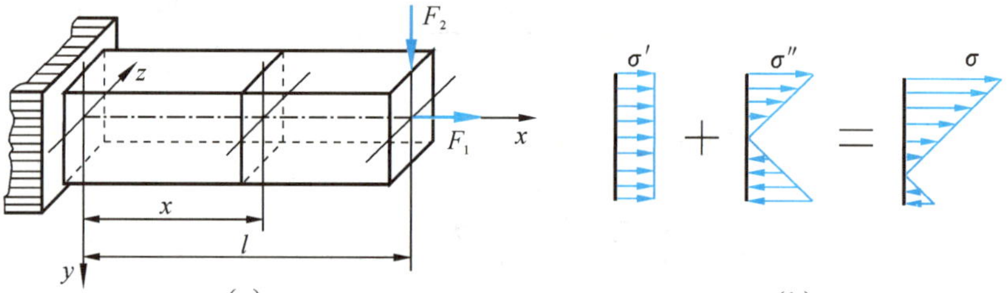

(a) (b)

图 10-9 拉弯组合变形

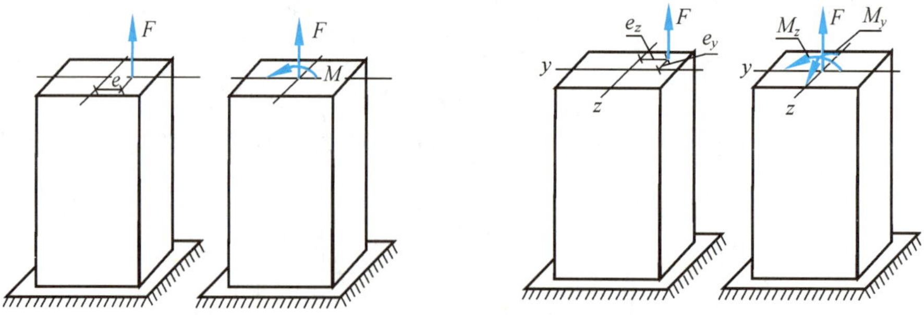

(a) (b)

图 10-10 偏心拉伸

10.3.1 轴向力和横向力同时作用

现以图 10-9(a) 所示的矩形截面杆为例讨论构件上同时作用有轴向力和横向力时的强度计算问题。

轴向拉力 F_1 使杆发生轴向拉伸，各横截面的轴力相等，$F_N=F_1$。在横截面上，与轴力 F_N 对应的拉伸正应力呈均匀分布，其值为

$$\sigma'=\frac{F_N}{A}$$

横向力 F_2 使杆发生平面弯曲，任一横截面的弯矩大小 $M=F_2(l-x)$。与弯矩 M 对应的弯曲正应力在中性轴两侧呈线性分布，其值为

$$\sigma''=\frac{My}{I_z}$$

根据叠加原理，则该截面上任一点的正应力为

$$\sigma=\sigma'+\sigma''=\frac{F_N}{A}+\frac{My}{I_z}$$

σ'、σ'' 以及两者叠加后的正应力 σ 沿截面高度的分布情况如图 10-9(b) 所示。需要指出的是，按照拉伸正应力 σ' 和弯曲正应力 σ'' 的值的相对大小，σ 沿截面高度将具有不同的变化规律。

由于固定端截面的弯矩最大，故该截面为危险截面。截面上边缘和下边缘各点分别有最大拉应力和最大压应力。对于抗拉、抗压强度不等的材料，可分别列出强度条件如下：

$$\left.\begin{aligned}\sigma_{tmax}&=\frac{F_N}{A}+\frac{M_{max}}{W_z}\leqslant[\sigma_t]\\ \sigma_{cmax}&=\left|\frac{F_N}{A}-\frac{M_{max}}{W_z}\right|\leqslant[\sigma_c]\end{aligned}\right\}\qquad(10-3)$$

必须指出，在应用上式进行强度计算时，弯矩 M 取绝对值，而轴力 F_N 则根据拉为正、压为负的规定取代数值。建议进行危险点的应力分析时，绘出应力分布图，这样力学概念清楚，符号问题自然也清楚了。同样，对拉(压) 弯组合变形杆件进行应力分析时，忽略了弯曲切应力，所以横截面上只有正应力，各点均处于单向应力状态。

10.3.2 偏心拉伸(压缩)

为了说明这类问题的计算方法，这里讨论横截面具有两对称轴的直杆承受偏心力时的强度计算问题。首先将偏心力 F 向杆的截面形心简化，得到一个过截面形心的轴向力 $F_N=F$ 和一个作用在由力 F 和截面形心所确定的平面内的矩为 $M=Fe$ 的附加力偶矩，其中，e 是偏心力 F 的作用线与杆轴线之间的距离，称为偏心距。F 使杆产生轴向拉(压) 变形，M 使杆产生弯曲(不一定是平面弯曲) 变形，可见偏心拉伸(压缩) 实际上也就是拉(压) 弯组合变形。

如果偏心力 F 的作用点在杆的一对称轴上，如图 10-10(a) 所示，则 M 作用在杆的纵向对称平面内，将引起平面弯曲变形。此时式(10-3) 中的 $M_{max}=M$，强度条件为

$$\left.\begin{aligned}\sigma_{tmax}&=\frac{F_N}{A}+\frac{M}{W}\leqslant[\sigma_t]\\ \sigma_{cmax}&=\left|\frac{F_N}{A}-\frac{M}{W}\right|\leqslant[\sigma_c]\end{aligned}\right\}\qquad(10-4a)$$

如果偏心力 F 的作用点不在杆的任一对称轴上[图 10－10(b)]，此时 M 将不引起平面弯曲，则需将 M 分解为 M_y、M_z；或者将力 F 分别沿对称轴平行方向进行两次平移简化，得到 F、M_y、M_z，F 使杆引起轴向拉(压)变形，M_y、M_z 分别引起不同纵向对称平面内的平面弯曲变形。强度条件则按式(10－4b)进行计算。

$$\left.\begin{aligned}\sigma_{\text{tmax}} &= \frac{F_{\text{N}}}{A}+\frac{M_y}{W_y}+\frac{M_z}{W_z}\leqslant[\sigma_{\text{t}}]\\ \sigma_{\text{cmax}} &= \left|\frac{F_{\text{N}}}{A}-\frac{M_y}{W_y}-\frac{M_z}{W_z}\right|\leqslant[\sigma_{\text{c}}]\end{aligned}\right\}\tag{10－4b}$$

上两式中，轴力 F_{N} 取代数值，弯矩均取绝对值代入计算。

◀ 讲授视频：拉伸(压缩)与弯曲的组合。

【例 10－2】 最大吊重 $F=20$ kN 的简易吊车如图 10－11(a) 所示。AB 为工字梁，材料为 Q235 钢，许用应力$[\sigma]=100$ MPa，试选择工字梁的型号。

解： 取横梁 AB 为研究对象。由 $\sum M_A=0$，求出杆 CD 的拉力 F_{T}

$$F_{\text{T}}\sin 30^\circ\times 2\ \text{m}-F\times 3\ \text{m}=0$$

解得

$$F_{\text{T}}=3F=3\times 20\ \text{kN}=60\ \text{kN}$$

拉力 F_{T} 在水平和铅垂方向的分量为

$$H=F_{\text{T}}\cos 30^\circ=60\ \text{kN}\times\frac{\sqrt{3}}{2}=52\ \text{kN}$$

$$V=F_{\text{T}}\sin 30^\circ=60\ \text{kN}\times\frac{1}{2}=30\ \text{kN}$$

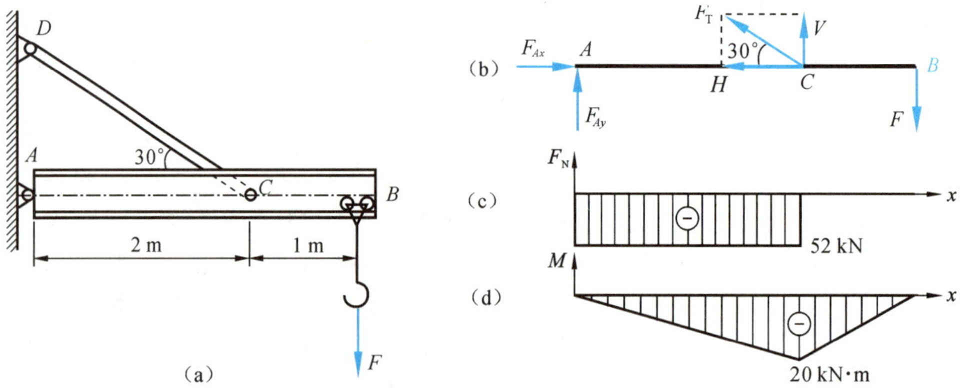

图 10－11　例 10－2 图

杆 AB 在 AC 段内产生压缩与弯曲的组合变形。作杆 AB 的轴力图和弯矩图，分别如图 10－11(c)、(d) 所示。危险截面在截面 C 的左侧。选择工字梁截面时，可暂不考虑轴力 F_{N} 的影响，只根据弯曲强度条件进行初选。这时

$$W_z \geqslant \frac{M_{max}}{[\sigma]} = \frac{20 \times 10^3\ \text{N} \cdot \text{m}}{100 \times 10^6\ \text{Pa}} = 2 \times 10^{-4}\ \text{m}^3 = 200\ \text{cm}^3$$

查型钢表，选取20a号工字梁，查得$W_z = 237\ \text{cm}^3$，$A = 35.55\ \text{cm}^2$。初选后再考虑轴力F_N和弯矩M的同时作用，进行强度校核：

$$\sigma_{max} = \sigma_{cmax} = \left| \frac{F_N}{A} - \frac{M_{max}}{W_z} \right| = \frac{52 \times 10^3\ \text{N}}{35.55 \times 10^{-4}\ \text{m}^2} + \frac{20 \times 10^3\ \text{N} \cdot \text{m}}{237 \times 10^{-6}\ \text{m}^3}$$

$$= 99 \times 10^6\ \text{Pa} = 99\ \text{MPa} < [\sigma]$$

计算结果表明，初选的20a号工字梁合用，无需另行选择。

【例10-3】　图10-12(a)所示为钻床结构及其受力简图。钻床立柱为空心铸铁管，管的外直径为$D = 140$ mm，内、外直径之比$\frac{d}{D} = 0.75$。铸铁的拉伸许用应力$[\sigma_t] = 35$ MPa，压缩许用应力$[\sigma_c] = 90$ MPa。钻孔时钻头和工作台面的受力如图所示，其中$F = 15$ kN，力F作用线与立柱轴线之间的距离(偏心距)$e = 400$ mm。试校核立柱的强度。

解：(1) 确定立柱横截面上的内力分量。

用假想截面m—m将立柱截开，以截开的上半部分为研究对象，如图10-12(b)所示。由平衡条件得截面上的轴力和弯矩大小分别为

$$F_N = F = 15\ \text{kN}$$

$$M = Fe = 15\ \text{kN} \times 400 \times 10^{-3}\ \text{m} = 6\ \text{kN} \cdot \text{m}$$

(2) 计算最大应力并进行强度校核。

立柱在偏心力F作用下产生拉伸与弯曲组合变形。因为，立柱内所有横截面上的轴力和弯矩都是相同的，所以所有横截面的危险程度也是相同的。

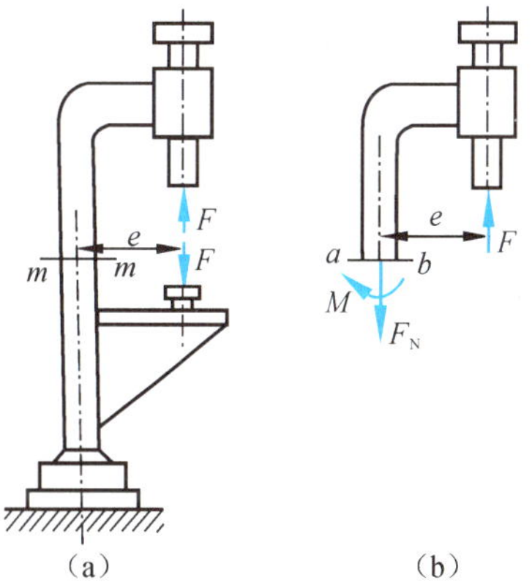

图10-12　例10-3图

根据图10-12(b)所示横截面上轴力F_N和弯矩M的实际方向可知，横截面上左、右两侧上的点b和点a分别承受最大拉应力和最大压应力，其值分别为

$$\sigma_{tmax} = \frac{F_N}{A} + \frac{M}{W} = \frac{F}{\frac{\pi(D^2 - d^2)}{4}} + \frac{M}{\frac{\pi D^3(1-\alpha^4)}{32}}$$

$$= \frac{4 \times 15 \times 10^3\ \text{N}}{\pi \times [(140 \times 10^{-3})^2\ \text{m}^2 - (0.75 \times 140 \times 10^{-3})^2\ \text{m}^2]} + \frac{32 \times 6 \times 10^3\ \text{N} \cdot \text{m}}{\pi \times (140 \times 10^{-3})^3 \times (1 - 0.75^4)\ \text{m}^3}$$

$$= 34.84 \times 10^6\ \text{Pa} = 34.84\ \text{MPa} < [\sigma_t] = 35\ \text{MPa}$$

$$\sigma_{cmax} = \left| \frac{F_N}{A} - \frac{M}{W} \right| = \left| \frac{F}{\frac{\pi(D^2 - d^2)}{4}} - \frac{M}{\frac{\pi D^3(1-\alpha^4)}{32}} \right|$$

$$= \left| \frac{4 \times 15 \times 10^3\ \text{N}}{\pi \times [(140 \times 10^{-3})^2\ \text{m}^2 - (0.75 \times 140 \times 10^{-3})^2\ \text{m}^2]} - \frac{32 \times 6 \times 10^3\ \text{N} \cdot \text{m}}{\pi \times (140 \times 10^{-3})^3 \times (1 - 0.75^4)\ \text{m}^3} \right|$$

$=30.38\times10^{6}\ \text{Pa}=30.38\ \text{MPa}<[\sigma_c]=90\ \text{MPa}$

二者的数值都小于各自的许用应力值。这表明立柱的拉伸和压缩强度都满足要求。

◀ 讲授视频：拉伸（压缩）与弯曲的组合应用。

10.4　弯曲与扭转的组合

弯曲与扭转的组合变形是机械结构中最常见，也是最为重要的一种组合变形。如机床主轴、齿轮轴在工作时均发生弯曲和扭转的组合变形。由于这类轴大都是圆截面，故下面就以处于水平位置的圆截面直角曲拐轴的 AB 段[图 10－13(a)]为例，说明弯曲与扭转组合变形时的强度计算方法。

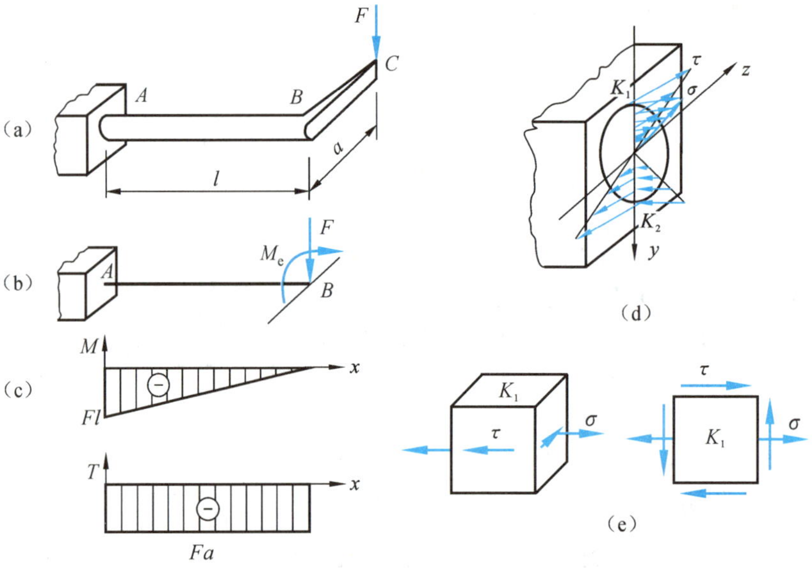

图 10－13　弯扭组合变形

为分析 AB 杆的内力，首先将力 F 向杆 AB 右端截面形心 B 简化，得一作用于杆端的横向力 F 和作用于横截面内的力偶 $M_e=Fa$[图 10－13(b)]，所以，杆 AB 发生弯曲与扭转组合变形。

作 AB 段的弯矩图和扭矩图[图 10－13(c)]，可知截面 A 为危险截面，且该截面上的弯矩、扭矩值(均取绝对值)分别为

$$M=Fl$$

$$T=Fa$$

沿危险截面上、下边缘两点 K_1、K_2 连线的应力分布如图 10－13(d) 所示。由该图可看出，点 K_1 和点 K_2 处的弯曲正应力和扭转切应力均为最大值，故都是危险点。最大弯曲正应力和最大扭转切应力分别为

$$\sigma = \frac{M}{W_z} \tag{a}$$

$$\tau = \frac{T}{W_p} \tag{b}$$

从点 K_1 取出一单元体，单元体各面上的应力分量如图 10－13(e) 所示。由于点 K_1 处于平面应力状态，因此应按强度理论建立强度条件。

若构件由塑性材料制成，则可选用第三或第四强度理论进行强度计算。应用式(9－20a)，按第三强度理论的强度条件为

$$\sigma_{r3} = \sqrt{\sigma^2 + 4\tau^2} \leqslant [\sigma]$$

将式(a)、式(b) 代入，并注意到圆截面的 $W_p = 2W_z$，得到强度条件为

$$\sigma_{r3} = \frac{M_{r3}}{W_z} = \frac{\sqrt{M^2 + T^2}}{W_z} \leqslant [\sigma] \tag{10-5}$$

式中，$M_{r3} = \sqrt{M^2 + T^2}$ 为第三强度理论的相当弯矩。

同理，若采用第四强度理论，应用式(9－20b)，相应的强度条件为

$$\sigma_{r4} = \frac{M_{r4}}{W_z} = \frac{\sqrt{M^2 + 0.75T^2}}{W_z} \leqslant [\sigma] \tag{10-6}$$

式中，$M_{r4} = \sqrt{M^2 + 0.75T^2}$ 为第四强度理论的相当弯矩。

式(10－5) 和式(10－6) 仅适用于弯曲与扭转组合变形下的实心圆截面杆或空心圆截面杆。对于非圆截面杆，即使在弯曲与扭转组合变形时，由于没有 $W_p = 2W_z$ 的关系，式(10－5) 和式(10－6) 就不再适用。但分析方法依然相同。必须指出，非圆截面杆在扭转时常常发生约束扭转，这时横截面上还将产生附加正应力。尤其是开口薄壁截面杆在约束扭转时，这种附加正应力的数值较大，不容忽视。同时，对于拉(压)、弯、扭组合变形的圆截面杆，上述二式也不再适用，但仍可应用式(9－20a) 和式(9－20b) 进行强度计算，只须注意式中的 σ 为危险点处的拉伸(压缩) 正应力和弯曲正应力之和即可。

◀ 讲授视频：弯曲与扭转的组合。

【例 10－4】 电机带动一圆轴 AB，如图 10－14(a) 所示，其中点 C 处装有一个重 $W=5\ \text{kN}$，直径 $D = 1.2\ \text{m}$ 的胶带轮，胶带紧边张力 $F_1 = 6\ \text{kN}$，松边张力 $F_2 = 3\ \text{kN}$，如轴的许用应力 $[\sigma] = 50\ \text{MPa}$，试按第三强度理论设计轴的直径 d。

解： (1) 受力分析。将轮上皮带张力向轴线简化，得轴的计算简图如图 10－14(b) 所示。其中

$$M_x = (F_1 - F_2) \cdot \frac{D}{2} = (6 - 3)\ \text{kN} \times \frac{1.2\ \text{m}}{2} = 1.8\ \text{kN} \cdot \text{m}$$

$$F = W + F_1 + F_2 = 5\ \text{kN} + 6\ \text{kN} + 3\ \text{kN} = 14\ \text{kN}$$

(2) 作内力图。根据计算简图可作出轴的弯矩图和扭矩图如图 10－14(c)、(d) 所示。其中

$$M_{max} = \frac{1}{4}Fl = \frac{1}{4} \times 14\ \text{kN} \times 1.2\ \text{m} = 4.2\ \text{kN} \cdot \text{m}$$

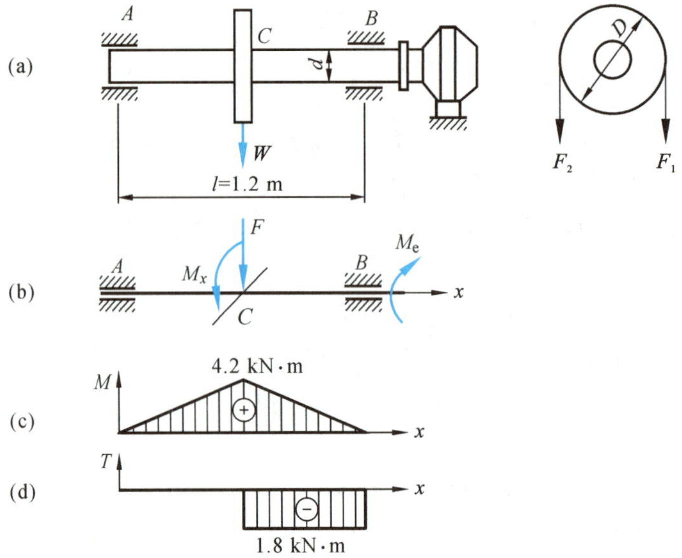

图 10-14 例 10-4 图

$$T_{max} = -M_x = -1.8 \text{ kN} \cdot \text{m}$$

可见,危险截面在轮 C 右侧。

(3) 计算轴的直径。由第三强度理论的强度条件

$$\sigma_{r3} = \frac{\sqrt{M_C{}^2 + T_C{}^2}}{W_z} \leqslant [\sigma]$$

即

$$\frac{32\sqrt{M_C{}^2 + T_C{}^2}}{\pi d^3} \leqslant [\sigma]$$

所以

$$d \geqslant \sqrt[3]{\frac{32\sqrt{M_C^2 + T_C^2}}{\pi[\sigma]}} = \sqrt[3]{\frac{32\sqrt{(4.2\times10^3 \text{ N}\cdot\text{m})^2 + (1.8\times10^3 \text{ N}\cdot\text{m})^2}}{\pi\times50\times10^6 \text{ Pa}}}$$

$$= 97.7\times10^{-3} \text{ m} = 97.7 \text{ mm}$$

可取 $d = 98$ mm。

【例 10-5】 若将上例中的胶带由竖直索引改为水平索引,其他不变[图 10-15(a)],试按第三强度理论设计轴的直径 d。

解: (1) 受力分析。将轮上皮带张力向轴线简化,得轴的计算简图如图 10-15(b) 所示。

其中

$$M_x = (F_1 - F_2)\cdot\frac{D}{2} = (6-3) \text{ kN}\times\frac{1.2 \text{ m}}{2} = 1.8 \text{ kN}\cdot\text{m}$$

$$F = F_1 + F_2 = 6 \text{ kN} + 3 \text{ kN} = 9 \text{ kN}$$

(2) 作内力图。根据计算简图可分别作出水平面和铅垂面内的弯矩图如图 11-15(c)、(d) 所示,轴的扭矩图如图 10-15(e) 所示。其中

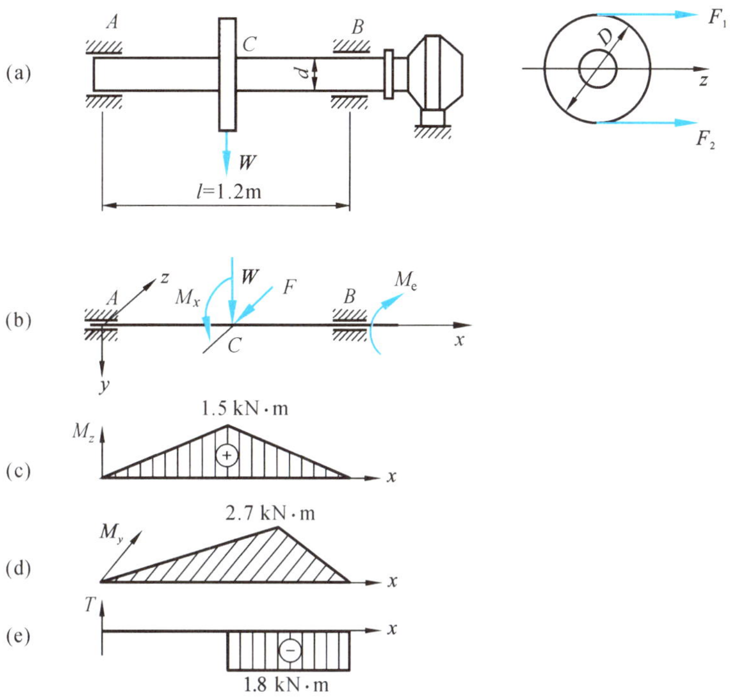

图 10-15 例 10-5 图

$$M_{z\max}=\frac{1}{4}Wl=\frac{1}{4}\times 5\ \text{kN}\times 1.2\ \text{m}=1.5\ \text{kN}\cdot\text{m}$$

$$M_{y\max}=\frac{1}{4}Fl=\frac{1}{4}\times 9\ \text{kN}\times 1.2\ \text{m}=2.7\ \text{kN}\cdot\text{m}$$

$$T_{\max}=-M_x=-1.8\ \text{kN}\cdot\text{m}$$

对于圆截面，包含轴线的任意纵向面都是纵向对称面，可将 M_y 和 M_z 按矢量合成，合成弯矩 M 的作用平面仍然是纵向对称面，然后按平面弯曲公式计算弯曲正应力。可见，危险截面在轮 C 右侧。

$$M_C=\sqrt{M_{Cz}^2+M_{Cy}^2}$$

（3）计算轴的直径。由第三强度理论的强度条件

$$\sigma_{r3}=\frac{\sqrt{M_C{}^2+T_C{}^2}}{W_z}=\frac{32\sqrt{M_{Cz}^2+M_{Cy}^2+T_C^2}}{\pi d^3}\leqslant[\sigma]$$

即

$$d\geqslant\sqrt[3]{\frac{32\sqrt{M_{Cz}^2+M_{Cy}^2+T_C{}^2}}{\pi[\sigma]}}$$

$$=\sqrt[3]{\frac{32\times\sqrt{(1.5\times 10^3\ \text{N}\cdot\text{m})^2+(2.7\times 10^3\ \text{N}\cdot\text{m})^2+(1.8\times 10^3\ \text{N}\cdot\text{m})^2}}{\pi\times 50\times 10^6\ \text{Pa}}}$$

$$=89.99\times 10^{-3}\ \text{m}=89.99\ \text{mm}$$

可取 $d=90$ mm。

◀ 讲授视频：弯曲与扭转的组合应用。

10.5　连接件的实用计算

由图 10－3(b) 和(c) 中铆钉的受力分析、图 10－4(b) 和(c) 中销钉的受力分析以及图 10－5(b) 和(c) 中平键的受力分析，可知，这些连接件的受力特点是：作用于构件两侧且垂直于轴线的两横向力大小相等、方向相反，作用线相距很近。其变形特点是：二力间的各横截面沿外力方向产生相对错动。构件的这种变形称为剪切变形。

连接件在外力作用下，在发生剪切变形的同时，往往伴随有挤压。所谓挤压就是连接件和被连接的构件之间在接触面上产生的相互压紧的现象。因此，连接件破坏形式可能有两种，一是沿二力间横截面被剪坏，称为剪切破坏。二是在连接件与被连接件间的接触面处相互挤压而产生显著的局部塑性变形或被压碎，称之为挤压破坏。因此，需要对连接件进行剪切和挤压的强度计算。需要补充说明的是，被连接件也可能产生两种破坏：一是被连接件在与连接件间的接触面处也因相互挤压而产生显著的局部塑性变形或被压碎；二是被连接件在受连接件孔削弱的截面处因外力作用产生全截面的显著塑性变形或断裂。如前所述，连接件本身的尺寸较小，而其变形往往较为复杂，其内部应力的性质和分布规律亦比较复杂，要进行精确的理论分析是困难的，所以，在工程设计中对这类构件通常采用实用计算的方法。

10.5.1　剪切的实用计算

以图 10－3(a) 所示的铆钉连接为例，说明剪切实用计算的方法。由于铆钉起着连接两块钢板的作用，当两钢板受拉时，铆钉上、下两段受到大小相等、方向相反的一对力的作用，铆钉可能沿二力间的横截面 m—m 被剪坏[图 10－3(b)]，将这个发生剪切变形的截面 m—m 称为剪切面。为了分析剪切面上的内力，可假想沿 m－m 截面将铆钉截开，分为上下两部分[图 10－3(c)]。根据其中一部分的静力平衡条件 $\sum F_x=0$，可得剪切面上的剪切力

$$F_S=F$$

由于剪切面上的切应力分布情况复杂，为了计算上的方便，在工程计算中，假设切应力 τ 在剪切面上均匀分布，即

$$\tau=\frac{F_S}{A_S} \tag{10－7}$$

由式(10－7) 算出的平均切应力值 τ，称为名义切应力，简称为切应力。式中 A_S 为剪切面面积。

为了确定许用切应力[τ]，可用试验的方法，使试件受力情况尽量与实际受力情况相类似，测得试件破坏时的载荷，由式(10－7) 求得剪断时的切应力，即名义剪切强度极限 τ_b，再将 τ_b 除以安全因数就得到该种材料的许用切应力[τ]。从而建立剪切实用计算的强度条件为

$$\tau=\frac{F_S}{A_S}\leqslant[\tau] \tag{10－8}$$

剪切许用应力的值$[\tau]$可从有关设计资料中查到。

虽然按名义切应力公式(10-7)求得的切应力值并不能反映剪切面上切应力的精确理论值,而只是剪切面上的平均切应力,但对于用低碳钢等塑性材料制成的连接件,当变形较大而临近断裂破坏时,剪切面上的切应力将逐渐趋于均匀。而且当满足剪切强度条件式(10-8)时,显然不至于发生剪切破坏,从而满足工程实用的要求。

用同样的方法可分析图10-4(a)所示销钉。其受力情况如图10-4(b)所示,剪切面为Ⅰ-Ⅰ、Ⅱ-Ⅱ[图10-4(c)]。由于有两个剪切面,故称之为双剪。平键[图10-5(a)]的受力情况如图10-5(b)所示,剪切面为$mmnn$[图10-5(c)]。只有一个剪切面,故称为单剪。

【例10-6】 如图10-16所示,钢板厚度$t=5\ \text{mm}$,剪切强度极限$\tau_b=320\ \text{MPa}$,若用直径$d=15\ \text{mm}$的冲头在钢板上冲孔,求冲床所需的冲压力。

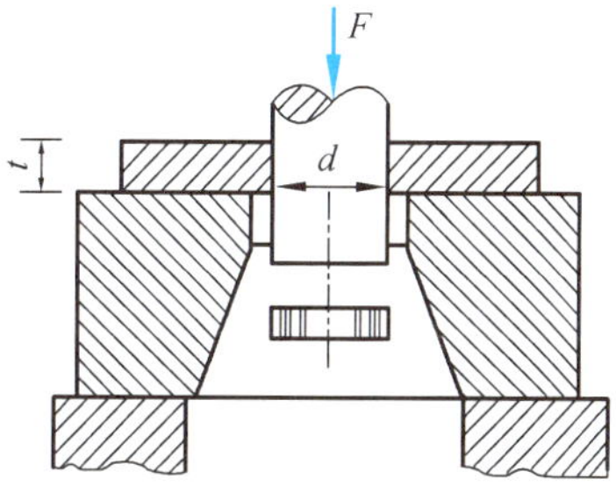

图10-16　例10-6图

解: 钢板冲孔的过程就是发生剪切破坏的过程,故可用式(10-8)求出所需的冲压力。剪切面面积是直径为d、高为t的圆柱体侧面面积$A_S=\pi dt$,分布于此圆柱体侧面上的剪力为$F_S=F$。故由

$$\tau=\frac{F_S}{A_S}=\frac{F}{\pi dt}\geqslant\tau_b$$

可得冲压力

$$F\geqslant\tau_b\pi dt=320\times10^6\ \text{Pa}\times3.14\times15\times10^{-3}\ \text{m}\times5\times10^{-3}\ \text{m}=75.4\ \text{kN}$$

10.5.2　挤压的实用计算

前面说过,连接件除了可能产生剪切破坏外,还可能产生挤压破坏。例如在铆钉连接中,因铆钉与铆钉孔之间存在挤压,就可能使铆钉或钢板的铆钉孔产生显著的局部塑性变形或压碎。所以对连接件还应进行挤压的强度计算,工程中仍采用实用计算的方法。

挤压面上的应力称为挤压应力(bearing stress),用σ_{bs}表示。在实用计算中,用挤压面上的平均应力值进行计算,即

$$\sigma_{bs}=\frac{F_{bs}}{A_{bs}}\tag{10-9}$$

式中,A_{bs}为挤压面的面积;F_{bs}为挤压力。

挤压面面积A_{bs}的计算要根据接触面的情况而定。铆钉、销钉等连接件的挤压面为部分圆柱面。根据理论分析,挤压应力的分布情况如图10-17(a)所示,最大应力发生在半圆柱形接触面的中点。如果用圆柱的直径平面面积td[图10-17(b)]去除挤压力,所得应力值与理论分析得到的最大应力值相近。因此,在挤压实用计算中,对于铆钉、销钉等连接件,用直径平面作为挤压面进行计算。图10-5(a)所示的平键,其接触面为平面,挤压面面积就是接触面面积[图10-5(c)中$mmnn$面的

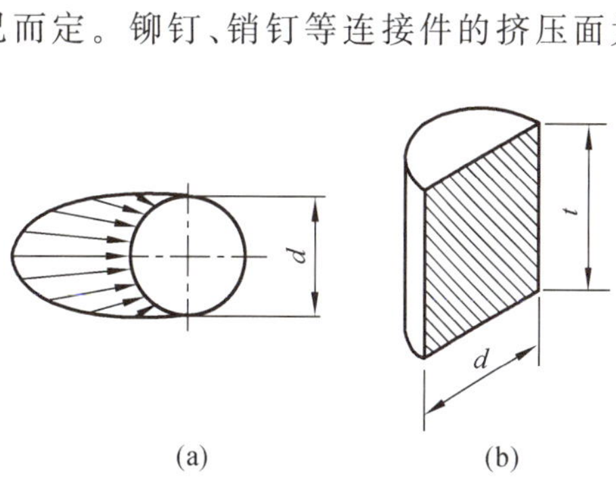

图10-17　铆钉、销钉连接的挤压

面积]。为保证构件正常工作,挤压强度条件应为

$$\sigma_{bs}=\frac{F_{bs}}{A_{bs}}\leqslant[\sigma_{bs}] \tag{10-10}$$

式中,$[\sigma_{bs}]$ 为材料的许用挤压应力。同样,通过直接实验,并按式(10-9)得到材料的极限挤压应力,再除以安全因数,从而确定许用挤压应力$[\sigma_{bs}]$,其值可以从有关设计规范中查到。对于钢材一般可取

$$[\sigma_{bs}]=(1.7\sim2.0)[\sigma]$$

式中,$[\sigma]$ 为材料拉压时的许用应力。应当注意,挤压应力是连接件和被连接件之间相互作用的。因而,当两者材料不同时,应校核其中许用挤压应力较低的挤压强度。

【例 10-7】 校核图 10-18(a)所示连接件的强度。已知钢板和铆钉材料相同,4 个铆钉直径相等,其$[\sigma]=160$ MPa, $[\tau]=140$ MPa,$[\sigma_{bs}]=200$ MPa,$F=100$ kN。

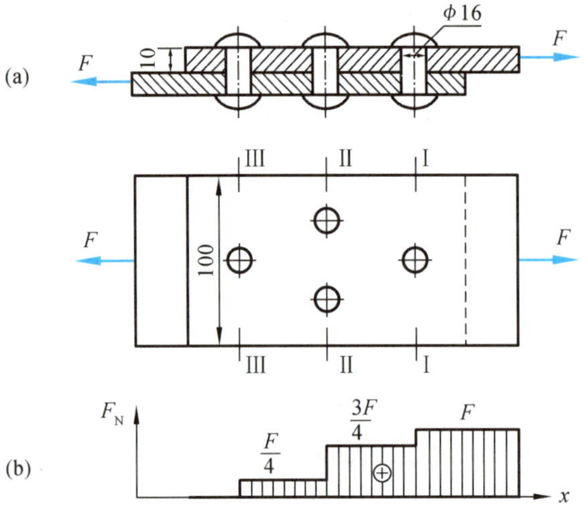

图 10-18 例 10-7 图

解: 该连接件可能有下面四种破坏形式:钢板被拉坏,钢板被挤压坏,铆钉被剪坏,铆钉被挤压坏。应分别进行校核。

(1) 校核钢板的拉伸强度。 由于两块板的受力情况完全相同,因此只需对其中一块钢板进行计算。假定每个铆钉受力相等。作出上面一块钢板的轴力图[图 10-18(b)],其危险截面可能是 Ⅰ—Ⅰ 和 Ⅱ—Ⅱ 截面,两截面上的应力分别为

$$\sigma_{\mathrm{I}}=\frac{F}{A_1}=\frac{100\times10^3}{(100-16)\times10\times10^{-6}}=119\ \mathrm{MPa}$$

$$\sigma_{\mathrm{II}}=\frac{\frac{3F}{4}}{A_2}=\frac{3\times100\times10^3}{4\times(100-2\times16)\times10\times10^{-6}}=110\ \mathrm{MPa}$$

由于$\sigma_{\mathrm{I}}>\sigma_{\mathrm{II}}$,故危险截面为 Ⅰ—Ⅰ 截面。该截面上的应力$\sigma_{\mathrm{I}}=119$ MPa$<[\sigma]$,故钢板满足拉伸强度的要求。

(2) 校核钢板的挤压强度。 根据假设,每个铆钉孔受力情况相同,只需取出其中任意一孔计算。每个铆钉孔受到挤压力 $F_{bs}=\frac{F}{4}$,挤压面面积 $A_{bs}=16\times10$ mm^2,因此,挤压应力为

$$\sigma_{bs}=\frac{F_{bs}}{A_{bs}}=\frac{100\times10^3}{4\times16\times10\times10^{-6}}=156\ \text{MPa}<[\sigma_{bs}]$$

故钢板满足挤压强度要求。

(3) 校核铆钉的剪切强度。每个铆钉所受剪切力 $F_S=\frac{F}{4}$,剪切面积 $A_S=\frac{\pi d^2}{4}$,故有

$$\tau=\frac{F_S}{A_S}=\frac{F}{\pi d^2}=\frac{100\times10^3}{\pi\times16^2\times10^{-6}}=124.3\ \text{MPa}<[\tau]$$

故铆钉的剪切强度满足要求。

(4) 校核铆钉的挤压强度。由于铆钉与钢板具有相同的挤压应力,而且两者材料又相同,因此铆钉的挤压强度与钢板的相同,不需再进行计算。

根据以上计算结果可知,连接件是安全的。

【例 10-8】 图 10-19(a) 所示为齿轮用平键与轴相连接(图中只画了轴与键,未画齿轮)。已知轴的直径 $d=70$ mm,键的尺寸为 $b\times h\times l=20\ \text{mm}\times12\ \text{mm}\times100\ \text{mm}$,传递的扭转力偶矩 $M_e=2\ \text{kN}\cdot\text{m}$,键的许用应力$[\tau]=60$ MPa,$[\sigma_{bs}]=100$ MPa。试校核键的强度。

解: 首先校核键的剪切强度。将平键沿 n—n 截面分成两部分,并把 n—n 以下部分和轴作为一个整体来考虑[图 10-19(b)]。因为假设在 n—n 截面上切应力均匀分布,故 n—n 截面上的剪力 F_S 为

$$F_S=A\tau=bl\tau$$

对轴心取矩,由平衡方程 $\sum M_O=0$,得

$$F_S\cdot\frac{d}{2}=bl\tau\cdot\frac{d}{2}=M_e$$

故有

$$\tau=\frac{2M_e}{bld}=\frac{2\times2000\ \text{N}\cdot\text{m}}{20\times100\times70\times10^{-9}\ \text{m}^3}=28.6\times10^6\ \text{Pa}=28.6\ \text{MPa}<[\tau]$$

可见平键满足剪切强度条件。

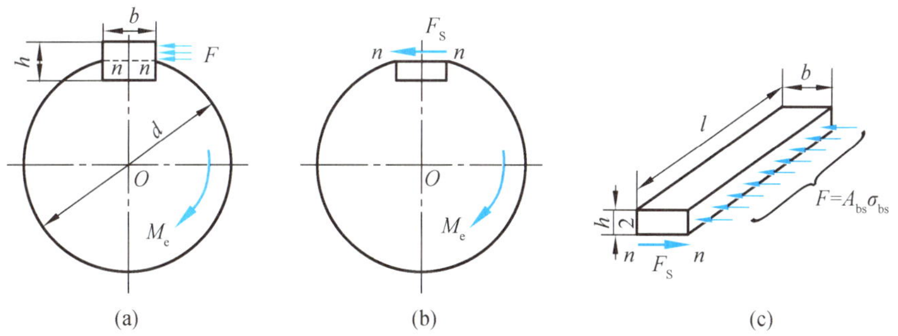

图 10-19 例 10-8 图

其次校核键的挤压强度。考虑键在 n—n 截面以上部分的平衡[图 10-19(c)],在 n—n 截面上的剪力 $F_S=bl\tau$,右侧面上的挤压力为

$$F=A_{bs}\sigma_{bs}=\frac{h}{2}l\sigma_{bs}$$

投影于水平方向,由平衡方程得

$$F_S = F \quad 或 \quad bl\tau = \frac{h}{2} l\sigma_{bs}$$

由此求得

$$\sigma_{bs} = \frac{2b\tau}{h} = \frac{2 \times (20 \times 10^{-3}\ m) \times (28.6 \times 10^{6}\ Pa)}{12 \times 10^{-3}\ m} = 95.3 \times 10^{6}\ Pa = 95.3\ MPa < [\sigma_{bs}]$$

故平键也满足挤压强度要求。

◀ 讲授视频：连接件的实用计算。

10.6 工程实例分析：工厂吊车梁柱的强度分析

吊车系统是工业厂房中常见的受力结构(图 10-20)，其所用牛腿柱的安全问题直接影响着整个结构是否能够正常工作。下面针对牛腿柱的强度问题进行分析。

图 10-20 工厂吊车系统示意图

(1) 牛腿柱所受外力分析

若忽略牛腿柱本身的自重，它所受外载荷主要来自两个方面，一是厂房屋顶部分传来的压力 F_1，二是通过吊车轨道梁传来的压力 F_2，其计算简化模型如图 10-21 所示。

(2) 牛腿柱 AB 段柱体的内力分析

由于 F_2 的偏心作用，在 AB 段柱体的横截面上除轴力 F_N 外，还有一个弯矩 M，如图 10-22 所示。其中

$$F_N = F_1 + F_2, \quad M = F_2 a$$

轴力 F_N 使 AB 段柱体产生轴向压缩变形，而弯矩 M 使 AB 段柱体产生弯曲变形，也就是 AB 段柱体产生轴向压缩与弯曲的组合变形。

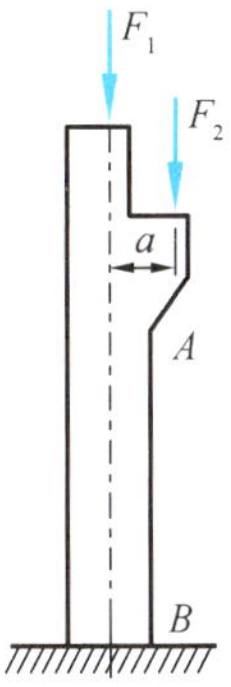

图 10-21　牛腿柱的计算简化模型

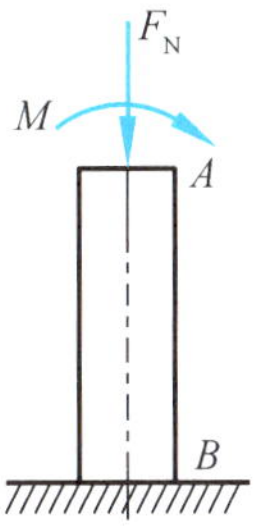

图 10-22　牛腿柱 AB 段内力分析图

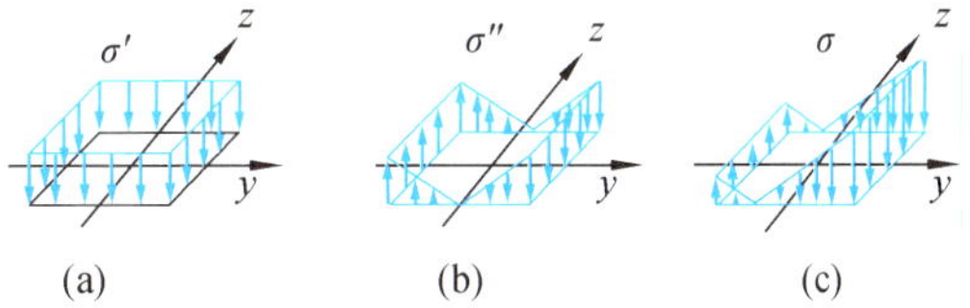

图 10-23　牛腿柱 AB 段应力分析图

(3) 牛腿柱 AB 段横截面上的应力分析

轴力 F_N 引起的压应力 σ' 在横截面上均匀分布，如图 10-23(a) 所示。弯矩 M 引起的弯曲正应力 σ'' 沿着 y 轴在中性轴 z 两侧呈线性分布，以 z 轴为界，左侧受拉，右侧受压，如图 10-23(b) 所示。且 $\sigma'=\dfrac{F_N}{A}$，$\sigma''=\dfrac{My}{I_z}$，其中 A 为 AB 段柱横截面面积，I_z 为 AB 段柱横截面对 z 轴的惯性矩。那么，轴力 F_N 和弯矩 M 共同作用而产生压弯组合变形时，引起的正应力 $\sigma=\dfrac{F_N}{A}+\dfrac{My}{I_z}$，$\sigma$ 的分布如图 10-23(c) 所示。可见，产生组合变形时的最大拉应力发生在截面的最左边缘，最大压应力发生在截面的最右边缘。最大拉应力 $\sigma_{tmax}=\dfrac{F_N}{A}+\dfrac{M}{W_z}$，最大压应力 $\sigma_{cmax}=\left|\dfrac{F_N}{A}-\dfrac{M}{W_z}\right|$，式中 W_z 为柱横截面对 z 轴的弯曲截面系数，且轴力 F_N 取代数值，弯矩 M 取绝对值。

(4) 牛腿柱 AB 段的强度分析

显然，牛腿柱横截面上最大压应力值比最大拉应力值大，这也正符合柱材料的力学性能。牛腿柱所用材料为混凝土，而混凝土属脆性材料，其抗拉强度只有抗压强度的 $\dfrac{1}{20}\sim\dfrac{1}{5}$，宜做压缩构件。

知道了柱横截面上的最大应力值，就可对柱进行强度计算。

据前分析，柱体横截面上拉应力越小，对柱的安全越有利；若不出现拉应力，则最为理想。对此，可通过设计截面尺寸以及改善载荷作用位置的方式实现横截面上不出现拉应力这一目的。

思　考　题

10-1　判断如题图所示各杆件在大小相同的力 F、横截面形状不相同情况下，各产生什么变形？

10-2　圆截面梁双向弯曲时，可将弯矩 M_y、M_z 合成为合成弯矩 M 后按平面弯曲公式求正应力。矩形截面梁双向弯曲时，能否将弯矩 M_y、M_z 合成为合成弯矩 M 后按平面弯曲公式

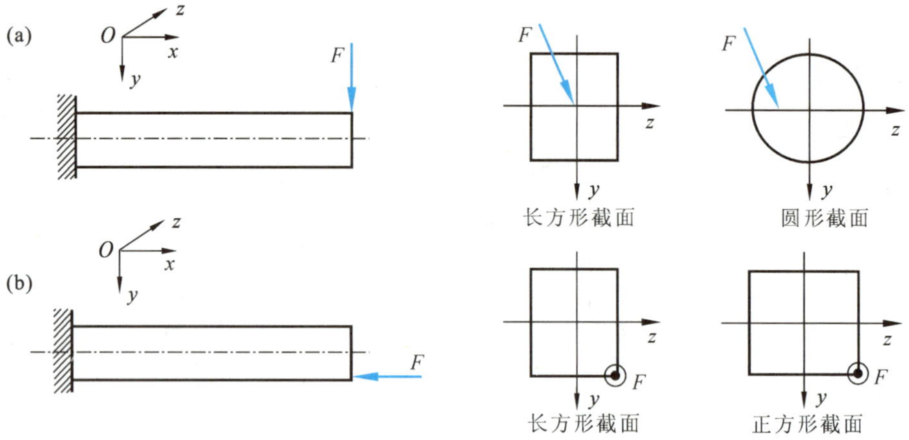

思考题 10－1 图

求正应力？

10－3　如题图所示为一钢圆截面梁危险截面上的两弯矩分量 M_y 和 M_z。那么是否必须用应力叠加方法推出其最大正应力的表达式：$\sigma_{\max}=\dfrac{\sqrt{M_y^2+M_z^2}}{W}$。

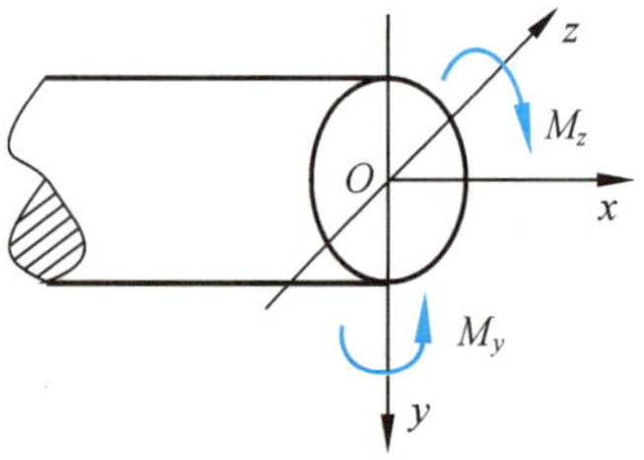

思考题 10－3 图

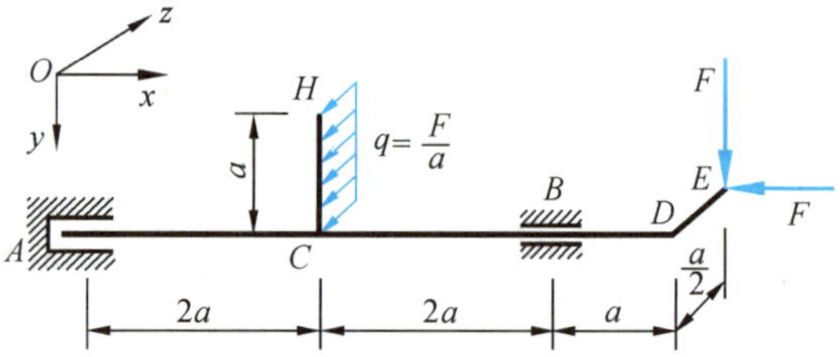

思考题 10－4 图

10－4　一折杆由直径为 d 的 Q235 钢实心圆截面杆构成，其受力情况及尺寸如题图所示。若已知杆材料的许用应力$[\sigma]$，试分析杆 AB 的危险截面及危险点处的应力状态，并列出强度条件表达式。

10－5　一圆截面悬臂梁如题图所示，同时受到轴向力、横向力和扭转力偶作用，试指出危险截面和危险点的位置；画出危险点的应力状态；判断下面两个强度条件中哪一个正确。

$$\frac{F_1}{A}+\sqrt{\left(\frac{M}{W}\right)^2+4\left(\frac{M_e}{W_p}\right)^2}\leqslant[\sigma],\quad \sqrt{\left(\frac{F_1}{A}+\frac{M}{W}\right)^2+4\left(\frac{M_e}{W_p}\right)^2}\leqslant[\sigma]$$

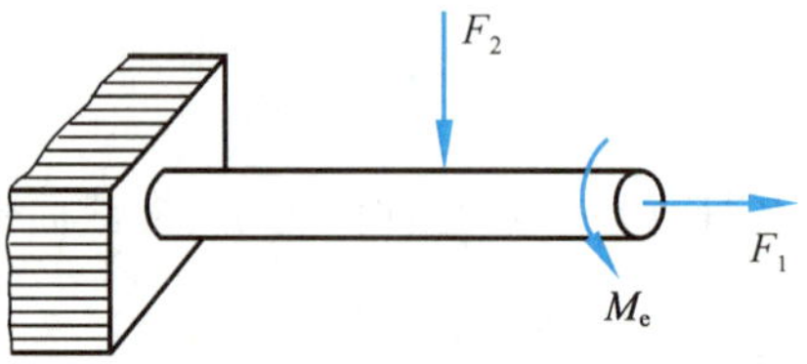

思考题 10－5 图

习　　题

10-1　悬臂梁一端受一横向力 F，横截面形状如题图所示，且力 F 作用线沿着 1—1 线。试分别指出下列各种情况是平面弯曲还是斜弯曲。

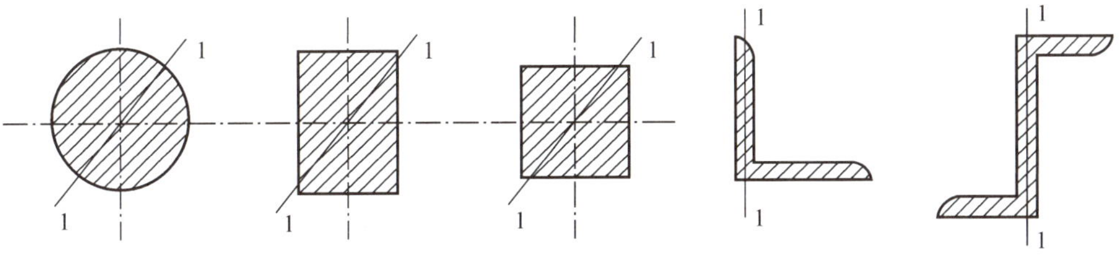

习题 10-1 图

10-2　如题图所示悬臂梁上的载荷 $F_1 = 800$ N，$F_2 = 1650$ N，许用应力$[\sigma] = 10$ MPa。若矩形截面 $\frac{h}{b} = 2$，试确定截面尺寸。

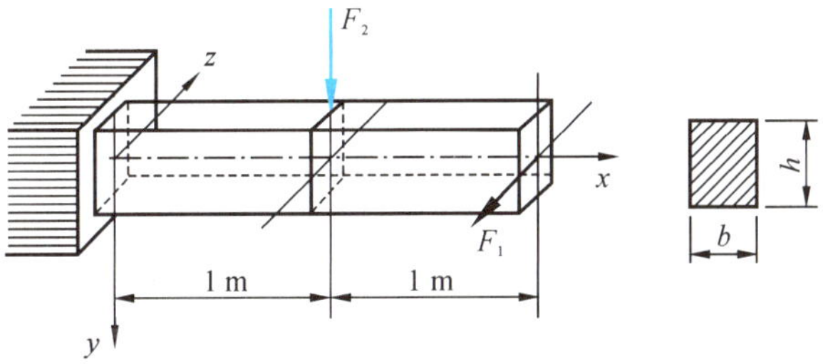

习题 10-2 图

10-3　如题图所示 16 号工字梁，$F = 7$ kN，$\varphi = 20°$。若材料的许用应力$[\sigma] = 160$ MPa，试对梁进行强度校核。

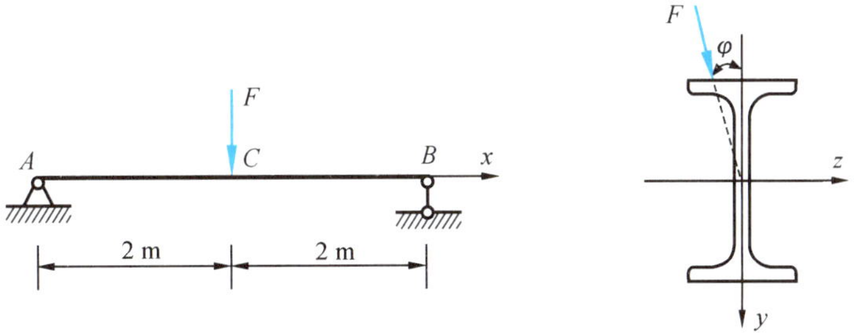

习题 10-3 图

10-4　如题图所示构架的立柱 AB 用 25a 号工字钢制成。已知 $F = 20$ kN，许用应力$[\sigma] = 160$ MPa，试对立柱 AB 进行强度校核。

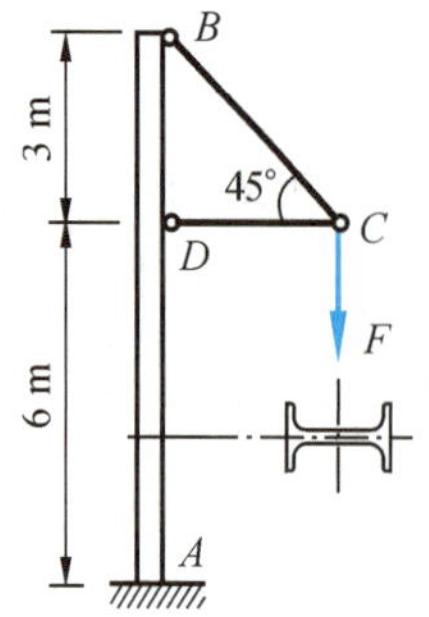

习题 10－4 图

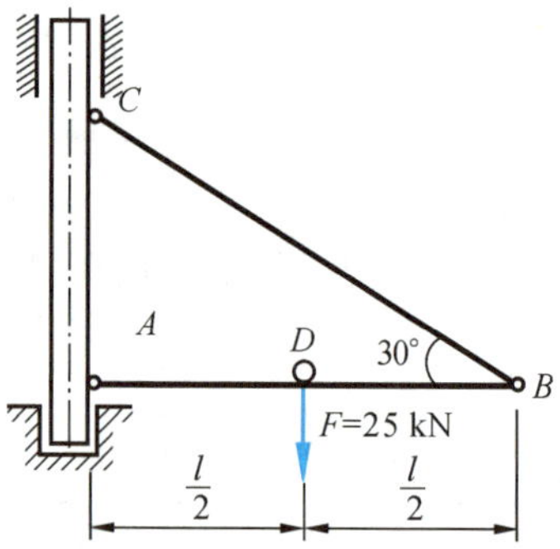

习题 10－5 图

10－5　如题图所示一悬臂起重架，梁 AB 为一根 18 号工字钢，$l=2.6$ m。试求梁内最大正应力。

10－6　如题图所示砖砌烟囱高 $H=30$ m，底截面 $m-m$ 的外径 $d_1=3$ m，内径 $d_2=2$ m，自重 $G_1=2000$ kN，受 $q=1$ kN/m 的风力作用。试求：

(1) 烟囱底截面上的最大压应力；

(2) 若烟囱的基础埋深 $h=4$ m，基础及填土自重按 $G_2=1000$ kN 计算，土壤的许用压应力 $[\sigma]=0.3$ MPa，圆形基础的直径 D 应为多大？

注：计算风力时，可略去烟囱直径的变化，把它看作是等截面。

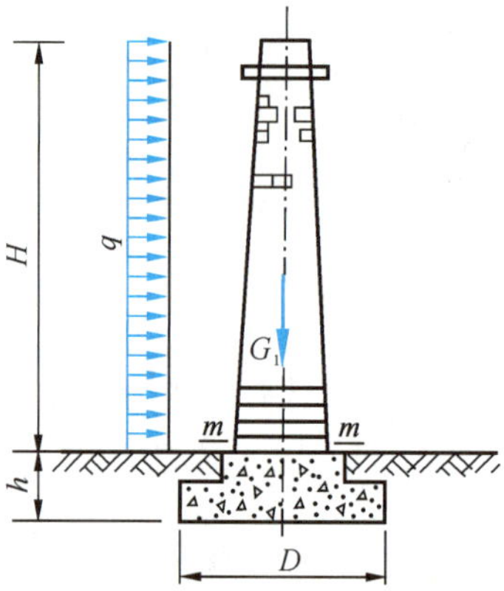

习题 10－6 图

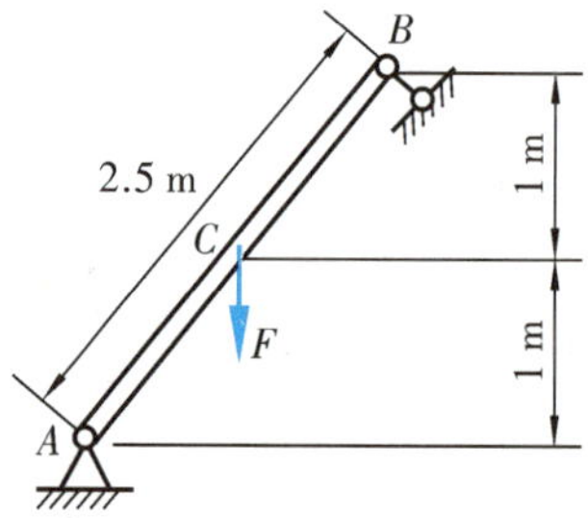

习题 10－7 图

10－7　如题图所示，梁的截面为 100×100 mm² 的正方形，若 $F=3$ kN，试作轴力图及弯矩图，并求最大拉应力及最大压应力。

10－8　试分别求出如题图所示几种截面杆中的最大正应力，并作比较。

10－9　承受偏心载荷的矩形截面杆如题图所示。用实验方法测得左、右两侧的纵向线应变分别为 ε_2 和 ε_1。试证明：偏心距 e 与 ε_1、ε_2 满足关系式 $e=\dfrac{h}{6}\cdot\dfrac{\varepsilon_1-\varepsilon_2}{\varepsilon_1+\varepsilon_2}$。

10－10　如题图所示钻床的立柱由铸铁制成，许用拉应力 $[\sigma_t]=35$ MPa，许用压应力 $[\sigma_c]=90$ MPa，设 $F=15$ kN，试确定立柱所需直径 d。

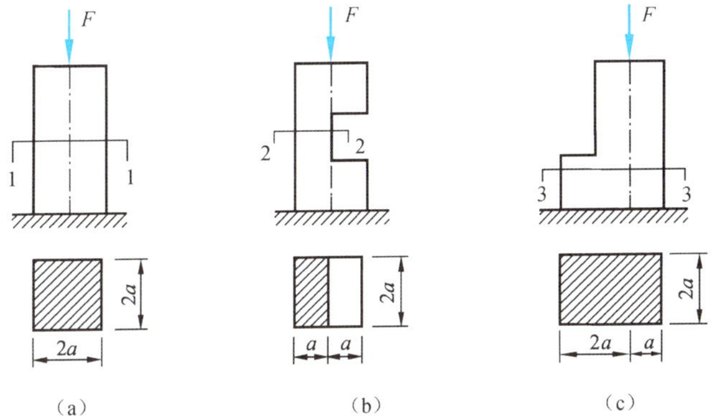

习题 10－8 图

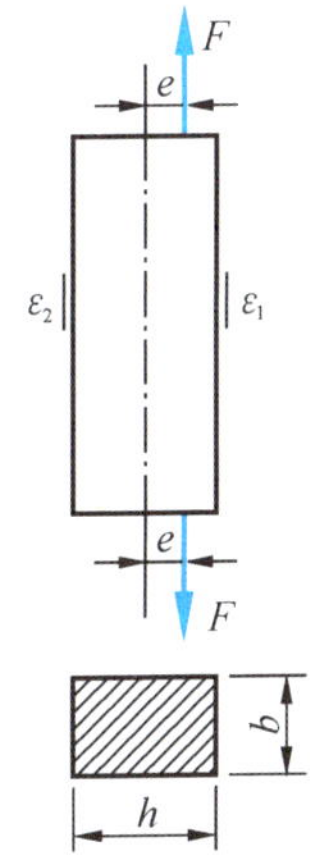

习题 10－9 图

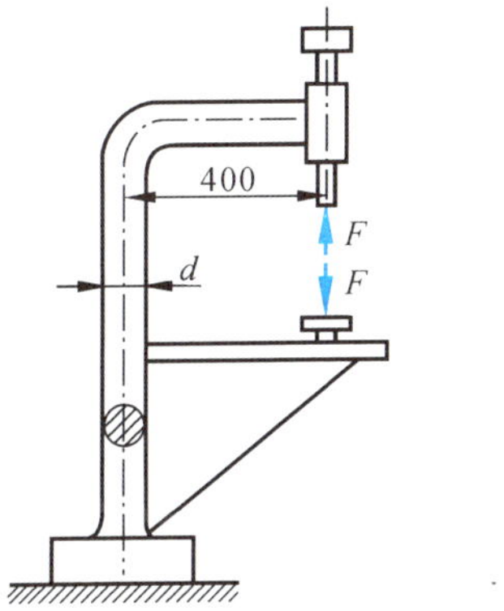

习题 10－10 图

10－11　已知矩形截面杆 $h=200$ mm，$b=100$ mm，$F=20$ kN，如题图所示，试计算最大正应力。

10－12　一端固定、中间具有切槽的杆如题图所示，试指出危险点的位置，并求最大正应力，已知 $F=1$ kN。

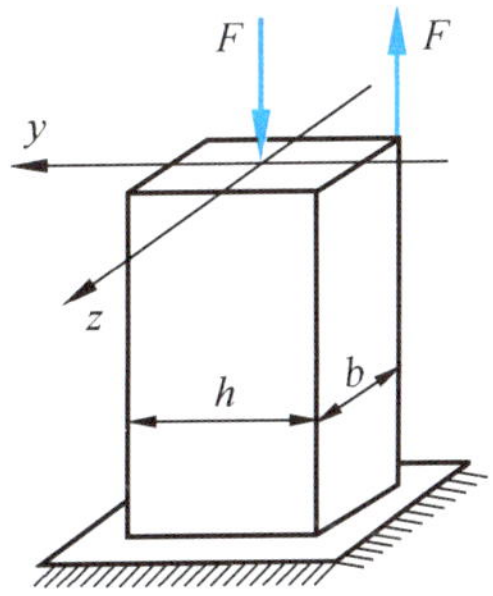

习题 10－11 图

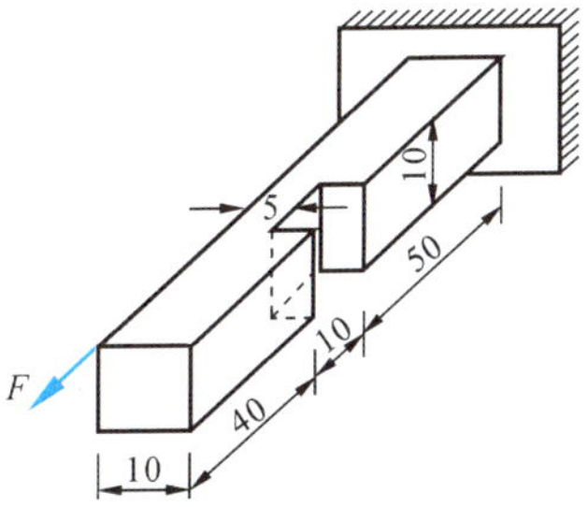

习题 10－12 图

10－13　在如题图所示的轴 AB 上装有两个轮子，大轮的直径 $2R=2$ m，小轮的直径 $2r=1$ m，作用在轮子上的力有 $F=3$ kN 和重物重力 W，轴处于平衡状态。若轴材料的许用应力$[\sigma]=60$ MPa，试按第三强度理论选择轴的直径 d。

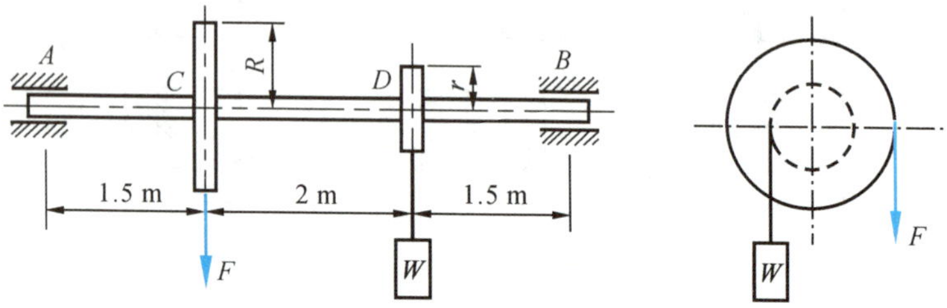

习题 10－13 图

10－14　如题图所示，电动机的功率为 9 kW，转速为 715 r/min，皮带轮直径 $D=250$ mm，主轴外伸部分长度为 $l=120$ mm，主轴直径 $d=40$ mm。若许用应力$[\sigma]=60$ MPa，试按第三强度理论校核轴的强度。

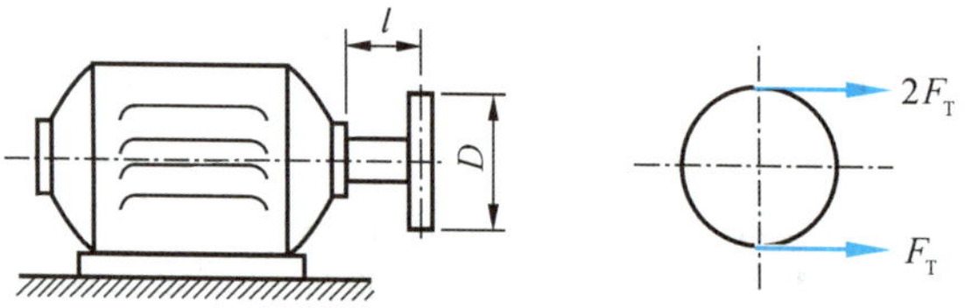

习题 10－14 图

10－15　如题图所示，水平钢折杆 ABC，在自由端受铅垂力 F 作用。已知 $F=2$ kN，许用应力$[\sigma]=100$ MPa，$a=300$ mm，$l=400$ mm。试：

(1) 设计 AB 段轴的直径 d(用第四强度理论)；

(2) 找出 AB 段轴的危险点及画出该点的应力状态图。

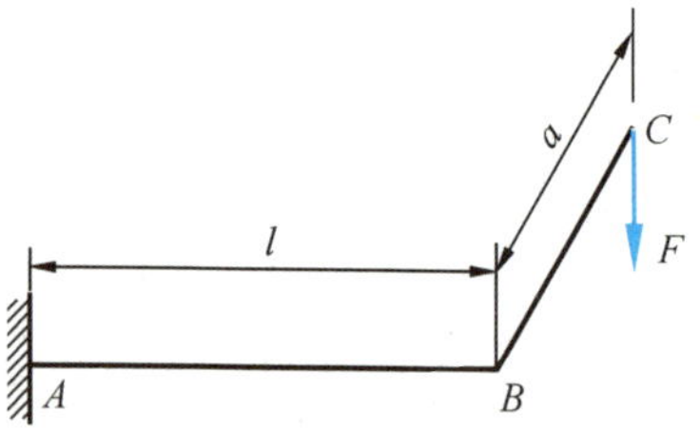

习题 10－15 图

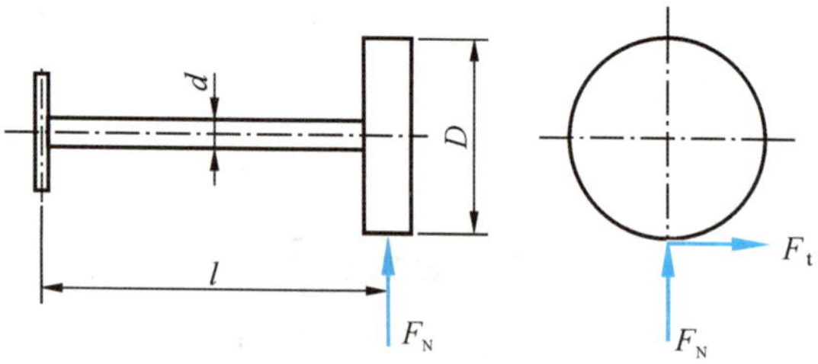

习题 10－16 图

10－16　如题图所示辗轮的计算简图上作用外载 $F_N=2$ kN，$F_t=0.6$ kN，辗轮直径 $D=500$ mm，辗轮轴的长度 $l=400$ mm，直径 $d=60$ mm，轴的许用应力$[\sigma]=70$ MPa，试按第三强度理论校核轴的强度。

10－17　如题图所示圆轴上装有两个皮带轮 A 和 B，两轮直径相等，$D=1$ m，轮重相同，$W=5$ kN，轮 A 皮带拉力沿水平方向，轮 B 皮带拉力沿铅直方向，拉力数值如题图所示。设圆轴许用应力$[\sigma]=80$ MPa，试按第三强度理论设计轴的直径 d。

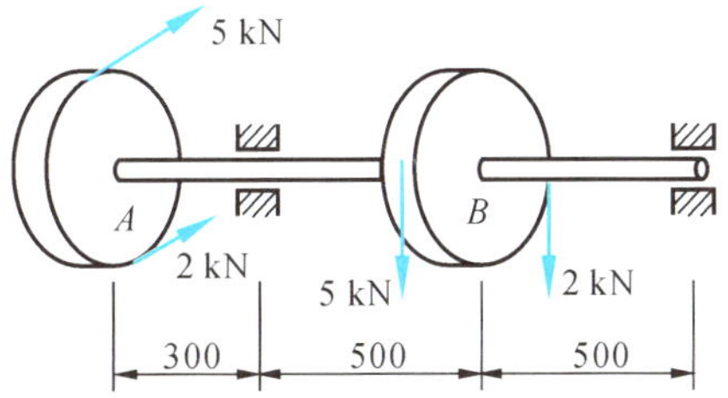

习题 10－17 图

10－18　如题图所示直径 $d=30$ mm 的圆轴，承受扭转力矩 M_{e1} 及水平面内的力偶矩 M_{e2} 的联合作用。现测得轴线方向和与轴线成 45° 方向的应变值分别为 $\varepsilon_{0^\circ}=5\times10^{-4}$，$\varepsilon_{45^\circ}=4.26\times10^{-4}$。已知材料的弹性模量 $E=210$ GPa，泊松比 $\nu=0.28$，试求 M_{e1} 和 M_{e2} 的值。

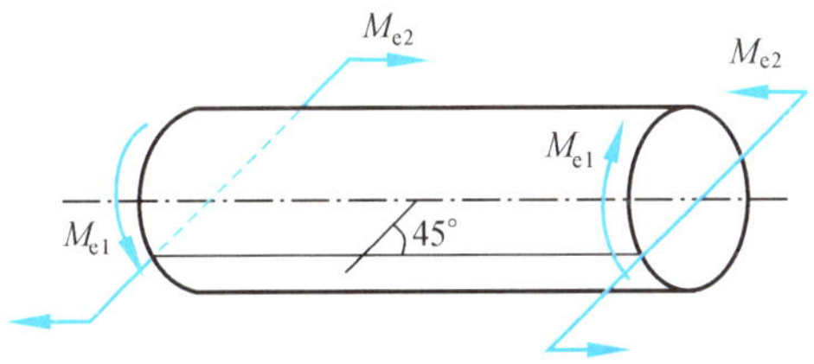

习题 10－18 图

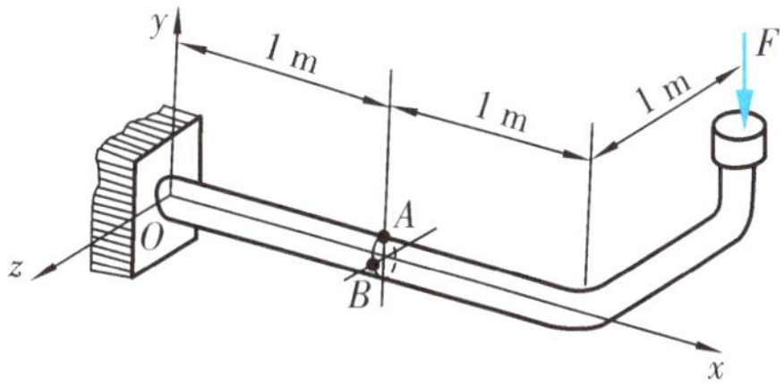

习题 10－19 图

10－19　如题图所示端截面密封的曲管，外径为 100 mm，壁厚 $\delta=5$ mm，内压 $p=8$ MPa。集中力 $F=3$ kN。A，B 两点在管的外表面上，A 点为截面垂直直径的上端点，B 点为水平直径的前端点。试确定此两点的应力状态。

提示：对于薄壁圆环形截面梁，横截面的面积为 A，作用的剪力为 F_s，则该截面上的最大弯曲切应力发生在中性轴上，且沿厚度方向均匀分布，大小为 $\tau_{max}=2\dfrac{F_s}{A}$。

10－20　轴上装有一斜齿轮，其受力简图如题图所示。$F_1=650$ N，$F_2=650$ N，$F_3=1730$ N，若轴的许用应力$[\sigma]=90$ MPa，试按第三强度理论选择轴的直径。

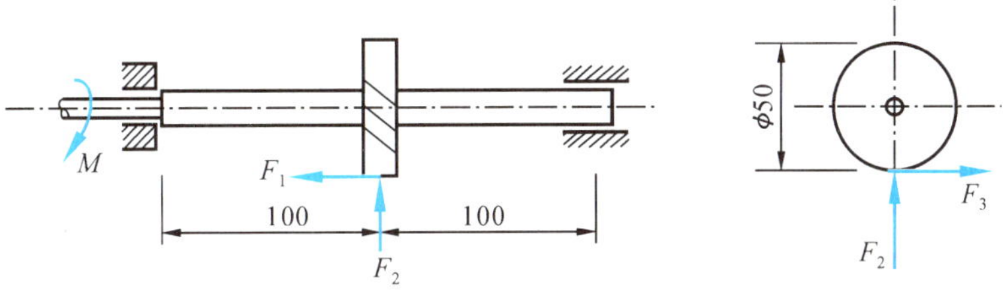

习题 10－20 图

10－21　如题图所示凸缘联轴节传递的力偶矩为 $M_e=200\ \mathrm{N\cdot m}$，凸缘之间用四根螺栓连接，螺栓内径 $d\approx10\ \mathrm{mm}$，对称地分布在直径为 80 mm 的圆周上。如螺栓的剪切许用应力 $[\tau]=60\ \mathrm{MPa}$，试校核螺栓的剪切强度。

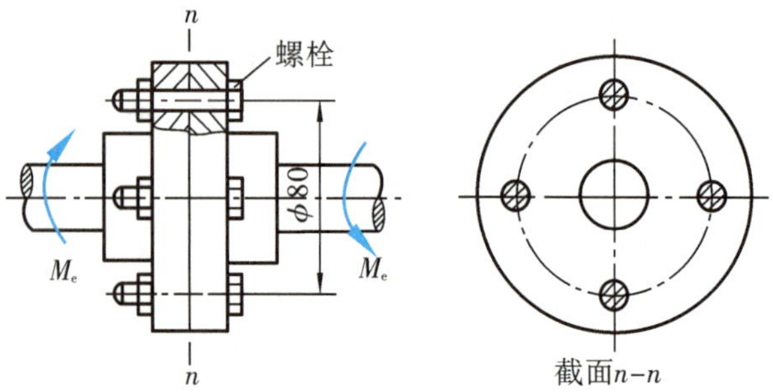

习题 10－21 图

10－22　试校核题图所示连接销钉的剪切强度。已知 $F=100\ \mathrm{kN}$，销钉直径 $d=30\ \mathrm{mm}$，材料的许用切应力 $[\tau]=60\ \mathrm{MPa}$。若强度不够，改用多大直径的销钉？

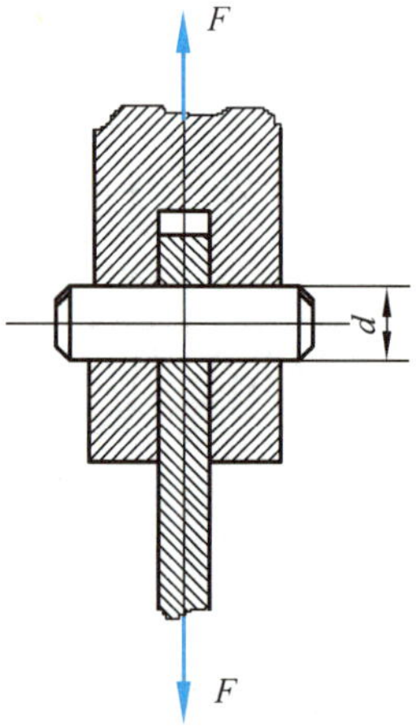

习题 10－22 图

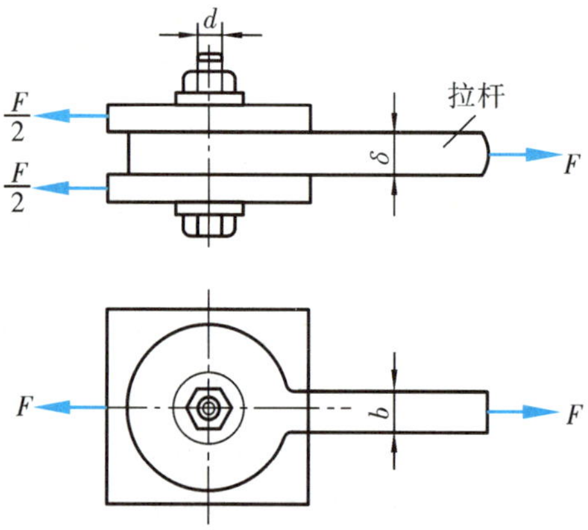

习题 10－23 图

10－23　一螺栓将拉杆与厚度为 8 mm 的两块盖板相连接，如题图所示。各零件材料相同，许用应力均为 $[\sigma]=80\ \mathrm{MPa}$，$[\tau]=60\ \mathrm{MPa}$，$[\sigma_{bs}]=160\ \mathrm{MPa}$。若拉杆的厚度 $\delta=15\ \mathrm{mm}$，拉力 $F=120\ \mathrm{kN}$，试设计螺栓直径 d 及拉杆宽度 b。

10－24　试校核题图所示拉杆头部的剪切强度和挤压强度。已知 $D=32\ \mathrm{mm}$，$d=20\ \mathrm{mm}$，$h=12\ \mathrm{mm}$，杆的许用切应力 $[\tau]=100\ \mathrm{MPa}$，许用挤压应力 $[\sigma_{bs}]=240\ \mathrm{MPa}$，$F=50\ \mathrm{kN}$。

10－25　在厚度 $t=5\ \mathrm{mm}$ 的钢板上，冲出一个形状如题图所示的孔，钢板剪切时的极限切应力 $\tau_u=300\ \mathrm{MPa}$，求冲床所需的冲力 F。

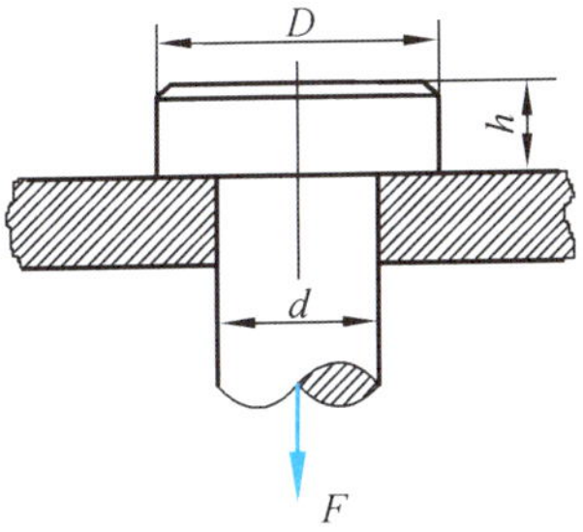

习题 10－24 图

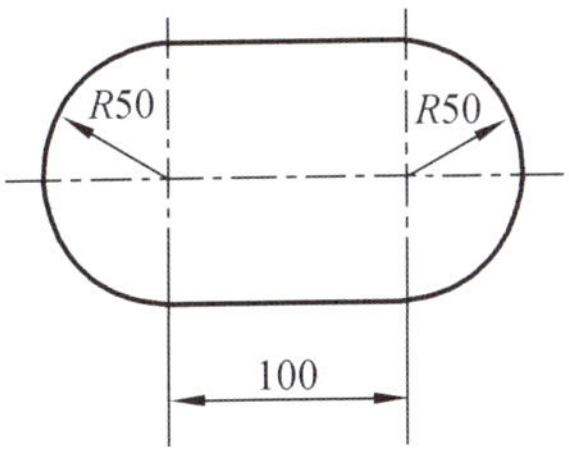

习题 10－25 图

10－26　题图所示 5 mm×5 mm 的方键长 $L=35$ mm，许用切应力$[\tau]=100$ MPa，许用挤压应力$[\sigma_{bs}]=220$ MPa。若轴径 $d=20$ mm，试求手柄处所施加的力 F 的最大值。

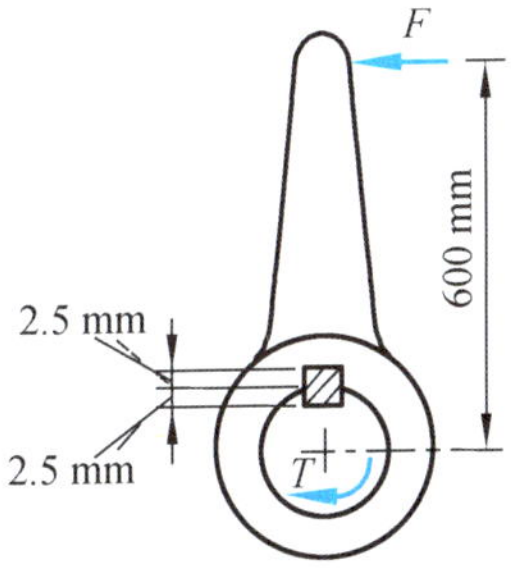

习题 10－26 图

11　压杆的稳定性分析

11.1　压杆稳定性概念

工程中有许多细长的轴向压缩杆件，例如，气缸或油缸中的活塞杆、内燃机连杆、建筑结构中的立柱、火箭的级间连接支杆等。工程力学中统称为压杆或柱(columns)。在第 4 章研究直杆轴向压缩时，认为杆是在直线形态下维持平衡，杆的失效是由于强度不足而引起的。事实上，这样考虑，只对短粗的压杆才有意义，而对细长的压杆，当它们所受到的轴向外力远未达到其发生强度失效时的数值，可能会突然变弯而丧失了原有直线形态下的平衡而引起失效。它是不同于强度失效的又一种失效形式。

为说明这种失效形式，先观察如下试验：取两端铰支均质等直细长杆如图 11－1(a) 所示，施加轴向压力 F，压杆呈直线形态平衡。现在，若此压杆受到一很小的横向干扰力(例如，轻轻地推一下)，则压杆弯曲，如图 11－1(b) 中虚线所示。当横向干扰力解除后，会出现下述两种情况：

(1) 当轴向压力 F 小于某一界限值时，压杆又恢复到原来的直线平衡形态，如图 11－1(b) 所示。

(2) 当轴向压力 F 增加到这一界限值时，虽然干扰力已解除，但压杆不再恢复到原来的直线形态平衡，而在微弯曲的形态下平衡，如图 11－1(c) 所示。

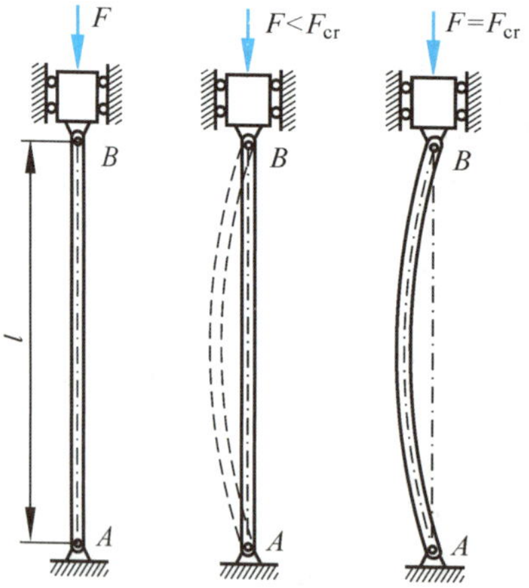

图 11－1　压杆平衡的稳定性

第一种情况表明压杆的直线平衡形态是稳定的；而第二种情况表明压杆的直线形态平衡是不稳定的。可见，压杆的原来直线形态平衡是否稳定，与所受轴向压力 F 的大小有关；当轴向压力 F 由小逐渐增加到某一个数值时，压杆的直线形态平衡由稳定过渡到不稳定。压杆的直线形态平衡由稳定过渡到不稳定所受的轴向压力的界限值，称为压杆的临界力(critical force)，用 F_{cr} 表示。当压杆所受的轴向压力 F 达到临界力 F_{cr} 时，其直线形态的平衡开始丧失，称压杆丧失了稳定性，简称失稳(lost stability buckling)。压杆失稳后，压力的微小增加将引起弯曲变形的显著增大，压杆已丧失承载能力。研究压杆稳定性的关键是寻求其临界力的值。

实际工程中承受压力的杆件很多，例如，千斤顶的丝杆[图 11-2(a)]、简易挂物架中的支撑杆[图 11-2(b)]、自卸式货车中起重机构的油缸柱塞[图 11-2(c)]以及桁架结构中的压杆，操作平台和其他结构的立柱等。一旦压杆丧失稳定，杆将不能正常工作，甚至会引起整个机器或结构的破坏，造成事故[①]。

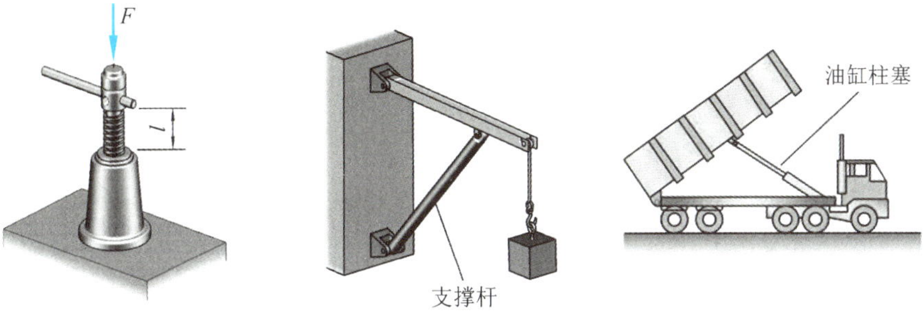

(a) 千斤顶　(b) 简易挂物架　(c) 自卸式货车

图 11-2　压杆工程实例

除压杆外，其他构件也存在稳定失效问题。例如，在内压作用下的圆柱形薄壳，壁内应力为拉应力，这是一个强度问题。蒸汽锅炉、圆柱形薄壁容器就是这种情况。但圆柱形薄壳在均匀外压作用下，壁内应力变为压应力[图 11-3(a)]，当外压力达到临界值时，它的圆形平衡形态就变为不稳定，而会突然变为由虚线表示的非圆形。又如图 11-3(b) 所示狭长矩形截面悬臂梁，当 $F < F_{cr}$ 时，梁在 xOy 面内的弯曲平衡是稳定的，而当 $F \geqslant F_{cr}$ 时，它会产生侧向弯曲失稳，如图 11-3(b) 中虚线所示。而薄壳在轴向压力或扭矩作用下，会出现局部折皱。本章主要讨论压杆的稳定性，对其他形式的稳定性问题不作探讨。

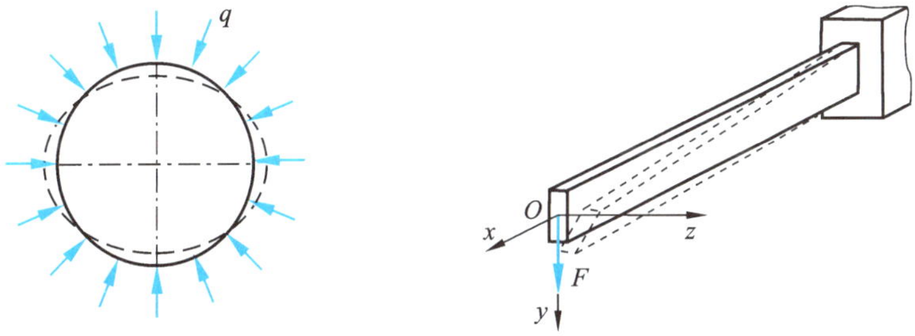

图 11-3　结构丧失稳定

11.2　两端铰支细长压杆的临界力

假设两端球形铰支的等直细长压杆所受的轴向压力刚好等于其临界力 F_{cr}，并且已经失稳而在微弯曲形态下保持平衡，如图 11-4(a) 所示。假想沿任意截面 x 将已挠曲的压杆截开，

① 立杆或整体失稳是导致脚手架整体结构坍塌的常见原因之一。住房和城乡建设部在 2022 年 3 月 10 日发布公告，批准《施工脚手架通用规范》为国家标准，编号为 GB 55023-2022，自 2022 年 10 月 1 日起实施。该规范为强制性工程建设规范，全部条文必须严格执行。

保留部分如图 11－4(b) 所示。由保留部分的平衡得

$$M=-F_{cr}w \tag{a}$$

上式中轴向压力 F_{cr} 取绝对值。在图示坐标系中，当 w 为负值时，弯矩为正；当 w 为正值时，弯矩为负。所以，式(a) 的右端有个负号。

当压杆内应力不超过材料的比例极限时，微弯下的挠曲线近似微分方程为

$$\frac{d^2w}{dx^2}=\frac{M}{EI} \tag{b}$$

由式(a)、式(b) 得

$$EI\frac{d^2w}{dx^2}+F_{cr}w=0 \tag{c}$$

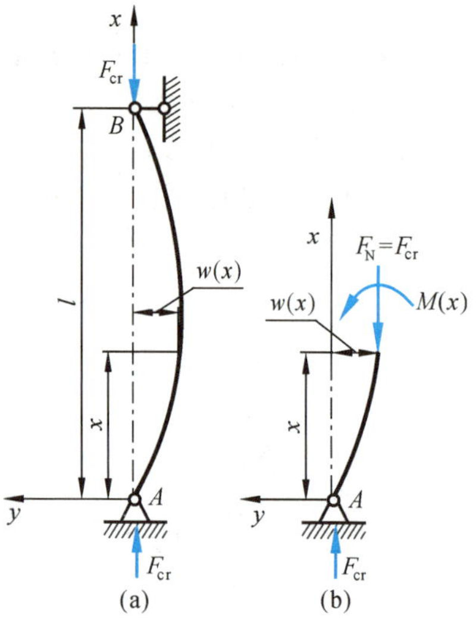

图 11－4 两端铰支压杆的临界力

引入记号

$$k^2=\frac{F_{cr}}{EI} \tag{d}$$

则式(c) 可写成

$$\frac{d^2w}{dx^2}+k^2w=0 \tag{e}$$

式(e) 的通解为

$$w=C_1\sin kx+C_2\cos kx \tag{f}$$

式中，C_1、C_2 为积分常数，可根据压杆的边界条件来确定。两端铰支杆的边界条件为

$$w\big|_{x=0}=0 \text{ 和 } w\big|_{x=l}=0$$

将上面两个边界条件代入式(f)，可得

$$C_2=0 \tag{g}$$

$$C_1\sin kl=0 \tag{h}$$

式(h) 的解有两种可能，即 $C_1=0$ 或 $\sin kl=0$。若 $C_1=0$，则有 $w=0$，这意味着压杆可稳定地保持着直线平衡形态，与假设压杆已失稳相矛盾。因此只有

$$\sin kl=0$$

由此可得

$$kl=n\pi,n=1,2,3,\cdots$$

即

$$k=\frac{n\pi}{l}$$

将上式代入式(d) 有

$$k^2=\frac{F_{cr}}{EI}=\frac{n^2\pi^2}{l^2}$$

或

$$F_{cr}=\frac{n^2\pi^2EI}{l^2} \tag{11－1a}$$

因为 n 可取 1,2,3,⋯ 中的任一整数,所以式(11-1a)表明,使压杆保持曲线形态平衡的压力在理论上是多值的。而在这些压力中,使压杆保持微弯曲的最小轴向压力,才是其临界力。取 $n=1$,得两端铰支细长压杆的临界力公式

$$F_{cr}=\frac{\pi^2 EI}{l^2} \tag{11-1b}$$

上式即两端铰支细长压杆临界力的计算公式,又称为欧拉公式(Euler formula)①。

从欧拉公式可以看出,临界力 F_{cr} 与杆的弯曲刚度 EI 成正比,与杆长 l 的平方成反比,即杆件越细长,临界力越小,越容易丧失稳定。

以临界压力时的 $k=\frac{\pi}{l}$ 代入式(f),且注意有式(g),则

$$w=C_1\sin\frac{\pi}{l}x \tag{i}$$

这说明两端铰支压杆临界状态时的失稳挠曲线是半波正弦曲线。由式(i)可得

$$w_{max}=w\big|_{x=\frac{l}{2}}=C_1\sin\left(\frac{\pi}{l}\cdot\frac{l}{2}\right)=C_1 \tag{j}$$

显然,C_1 是压杆跨长中点的挠度,也是最大挠度值 w_{max}。w_{max} 可以是任意的微小值。若以 F 为纵坐标,w_{max} 为横坐标,画出 $F-w_{max}$ 曲线,如图 11-5 所示,则式(j)所示的挠曲线为折线 OAB 的形状。常数 C_1 之所以不确定,是因为式(j)是根据挠曲线的近似微分方程 $EIw''=M$ 推导而得的。

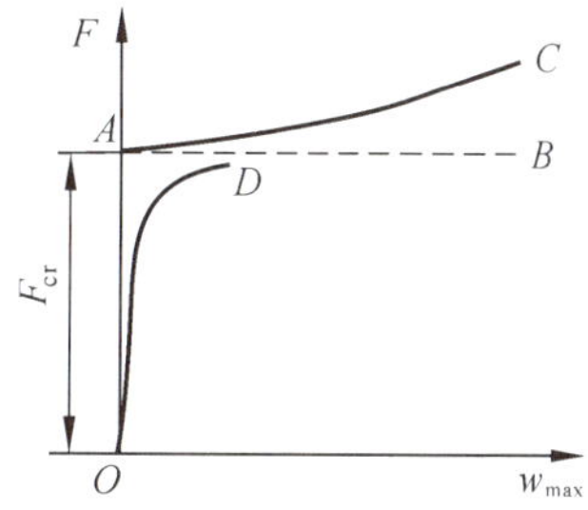

图 11-5 压杆 w_{max} 与 F 的关系

若按精确的挠曲线方程(参看第 8 章第 2 节)推导,C_1 则是一确定的值,此时可找到 w_{max} 与轴向压力 F 之间的一一对应关系,见图 11-5 中的 OAC 曲线。这一关系读者可参考有关教材进行推导。该曲线表明,当轴向压力 F 小于临界力 F_{cr} 时,F 与 w_{max} 间关系为直线 OA,说明压杆只有直线这一种平衡形态,直线平衡形态是稳定的。当压力 F 超过 F_{cr} 时,压杆开始弯曲,且随着压力的增加挠度增长的速率加快。

前面所讨论的有关压杆稳定性的概念是针对理想化的模型而言:即杆为理想的直杆,压力理想地与杆轴线相重合,材料是均匀的。而工程中的实际压杆总存在一定的初始曲率,压力存在一定的偏心,材料也非绝对均匀或有缺陷存在。这些因素综合起来,就相当于作用在杆件上的压力有一微小的偏心距。所以,实际压杆的 F 与 w_{max} 关系为图 11-5 中的 OD 曲线,偏心距越小,OD 曲线与折线 OAB 愈靠近,理想压杆按式(11-1b)计算的 F_{cr} 可看作实际压杆承载能力的上限。

11.3 其他约束条件下细长压杆的临界力

上一节利用微弯曲时挠曲线的近似微分方程,结合压杆的边界条件,推导出了两端铰支细长压杆临界力的公式,仿照同样的方法,可以导出其他约束条件下细长压杆临界力公式。另

① 莱昂哈德·欧拉(Leonhard Euler,1707 年 4 月 15 日—1783 年 9 月 18 日),瑞士数学家和物理学家。欧拉将数学方法用于力学,在力学各个领域中都有突出贡献,是刚体动力学和流体力学的奠基者,弹性系统稳定性理论的开创人。他在丹尼尔·伯努利的帮助下,得到了弹性细长压杆失稳后的挠曲线——弹性曲线的精确解,其最小压力后称为“细长压杆的欧拉临界载荷”。

外，也可通过将不同支承压杆的挠曲线形状进行比拟的方法，由两端铰支细长压杆的临界力计算公式(11－1b)，直接得到其他约束条件下细长压杆临界力的公式。

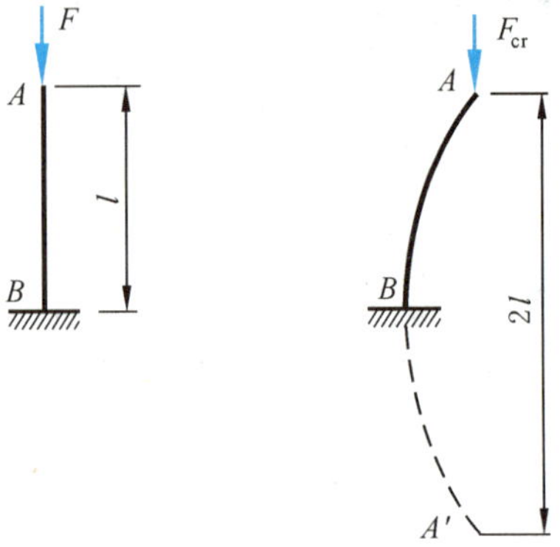

(a)　(b)

图 11－6　一端自由、一端固定压杆的临界力

图 11－6(a) 是一端固定、一端自由，长为 l 的压杆。根据约束，失稳后挠曲线形状如图 11－6(b) 中曲线 AB。将失稳后的挠曲线 AB 以固定端 B 为对称点向下延长至 A'。延长后的挠曲线 AA' 是一条半波正弦曲线，与两端铰支压杆失稳后的挠曲线形状一样。这样就比拟得到，一端固定、一端自由，长为 l 的压杆的临界力与两端铰支长为 $2l$ 压杆的临界力相同。即

$$F_{cr}=\frac{\pi^2 EI}{(2l)^2} \tag{11-2}$$

用这种比较失稳后挠曲线形状的方法，同样会得到其他约束情况下压杆的临界力公式，这些公式可统一写成

$$F_{cr}=\frac{\pi^2 EI}{(\mu l)^2} \tag{11-3}$$

上式为欧拉公式的一般形式。由式(11－3) 可见，杆端约束对临界力的影响表现在系数 μ 上。称 μ 为**长度因数**(factor of length)，μl 为压杆的**相当长度**(equivalent length)，它等于长为 l 的压杆折算成两端铰支杆后的长度。几种常见约束情况下的长度因数 μ 列于表 11－1 中。

表 11－1　常见压杆的长度因数

杆端约束情况	一端固定另一端自由	两端铰支	一端固定另一端铰支	两端固定
失稳时挠曲线形状	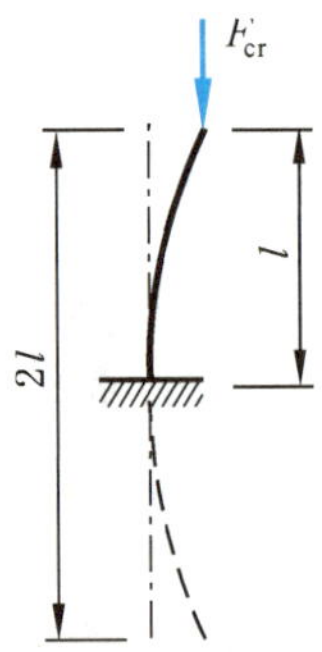	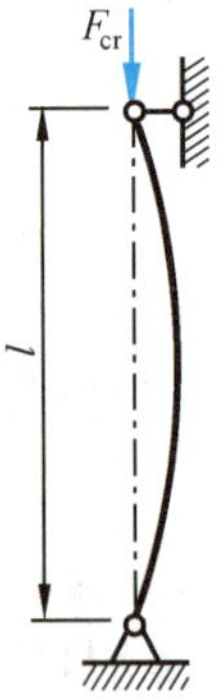	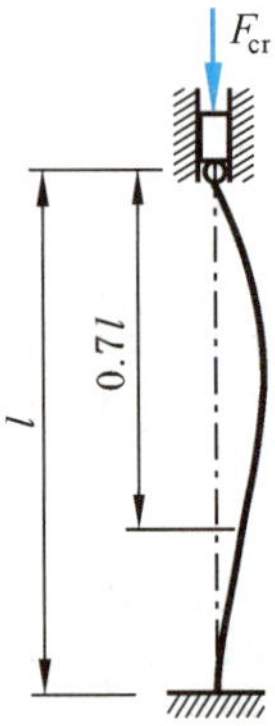	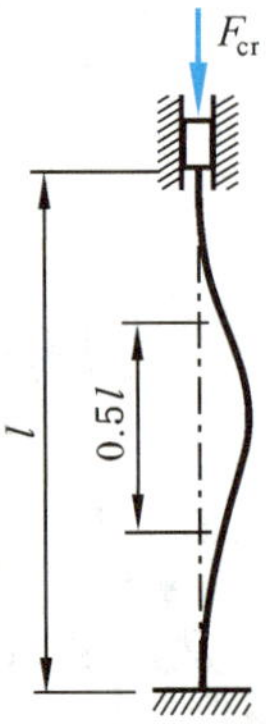
长度因数 μ	$\mu=2$	$\mu=1$	$\mu\approx0.7$	$\mu=0.5$

表 11-1 中所列的只是几种较典型情况，实际中的压杆约束情况可能更复杂。对于那些复杂约束的长度因数可从有关设计手册或规范中查找。

由表 11-1 所给的结果可以看出，中心受压直杆的临界力 F_{cr} 受到杆端约束情况的影响。杆端约束越强，杆的抗弯能力就越强，其临界力也越大。

应当注意，细长压杆临界力的欧拉公式(11-3)中，I 是横截面对某一形心主惯性轴的惯性矩。若杆端在各个方向的约束情况相同(如球形铰链等)，则 I 应取最小的形心主惯性矩。若杆端在不同方向的约束情况不同(如柱形铰)，则 I 应取挠曲时横截面对其中性轴的惯性矩。

【例 11-1】 一矩形截面细长压杆，截面宽度 $b=40$ mm，高度 $h=60$ mm。在 $x-y$ 平面内弯曲时，两端可简化为铰支[图 11-7(a)]，长度 $l=2.4$ m；在 $x-z$ 平面内弯曲时，两端可视为固定端[图 11-7(b)]，长度 $l_1=2.3$ m。压杆材料为 Q235 钢，弹性模量 $E=210$ GPa。试用欧拉公式求压杆的临界力。

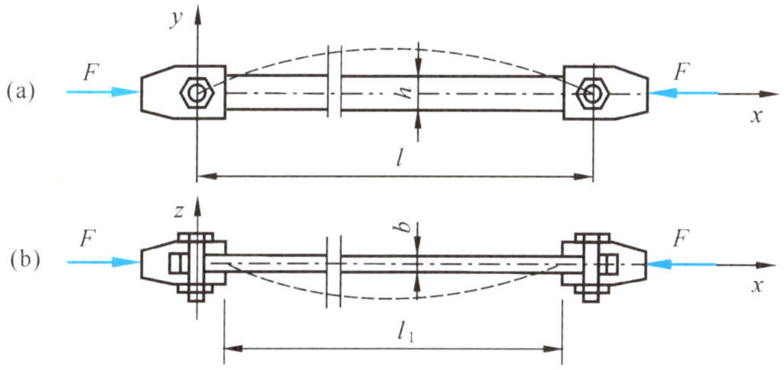

图 11-7 例 11-1 图

解：(1) 计算 $x-y$ 平面内弯曲时的临界力。两端为铰支，$\mu=1$，由式(11-3)得临界力为

$$F'_{cr}=\frac{\pi^2 EI}{(\mu l)^2}=\frac{\pi^2 Ebh^3/12}{(\mu l)^2}$$

$$=\frac{\pi^2\times(210\times10^9\ \text{Pa})\times(40\times10^{-3}\ \text{m})\times(60\times10^{-3}\ \text{m})^3}{(1\times2.4\ \text{m})^2\times12}$$

$$=259\times10^3\ \text{N}=259\ \text{kN}$$

(2) 计算 $x-z$ 平面内弯曲时的临界力。两端为固定端，$\mu=0.5$，由式(11-3)得临界力为

$$F''_{cr}=\frac{\pi^2 EI}{(\mu l_1)^2}=\frac{\pi^2 Ehb^3/12}{(\mu l_1)^2}=\frac{\pi^2\times(210\times10^9\ \text{Pa})\times(60\times10^{-3}\ \text{m})\times(40\times10^{-3}\ \text{m})^3}{(0.5\times2.3\ \text{m})^2\times12}$$

$$=501.5\times10^3\ \text{N}=501.5\ \text{kN}$$

(3) 确定压杆的临界力。比较上面两种情况下的临界力，由于 $F_{cr}'<F_{cr}''$，可知压杆首先在 $x-y$ 平面内失稳。故该压杆的临界力为

$$F_{cr}=259\ \text{kN}$$

(4) 讨论。如果从压杆的强度考虑，对于 Q235 钢，其 $\sigma_s=240$ MPa，使该压杆发生屈服时的轴向压力为

$$F=\sigma_s A=\sigma_s bh=(240\times 10^6\ \text{Pa})\times(40\times 10^{-3}\ \text{m})\times(60\times 10^{-3}\ \text{m})$$
$$=576\times 10^3\ \text{N}$$
$$=576\ \text{kN}$$

计算结果可见，该压杆的 F_{cr} 远小于 F 值，说明细长压杆的承载能力往往是由它的稳定性来决定的。

◀ 讲授视频：细长压杆的临界力。

11.4　压杆的临界应力总图

11.4.1　临界应力

压杆在临界力作用下，其横截面上的应力称为压杆的临界应力(critical stress)，用 σ_{cr} 表示，即

$$\sigma_{cr}=\frac{F_{cr}}{A}=\frac{\pi^2 EI}{(\mu l)^2 A} \tag{a}$$

上式中 I 和 A 的关系可用截面的惯性半径 i 来表示，即

$$i=\sqrt{\frac{I}{A}} \tag{b}$$

将式(b)代入式(a)得

$$\sigma_{cr}=\frac{\pi^2 E}{\left(\frac{\mu l}{i}\right)^2}$$

引入记号

$$\lambda=\mu l/i \tag{11-4}$$

则细长压杆的临界应力公式为

$$\sigma_{cr}=\frac{\pi^2 E}{\lambda^2} \tag{11-5}$$

式(11-5)是欧拉公式的另一种形式。式中 λ 称为压杆的柔度或长细比(slenderness ratio)，是无量纲的量。它综合反映了压杆长度(l)、约束条件(μ)、截面几何性质(i)对压杆临界应力的影响。λ 越大，临界应力越小，压杆越容易丧失稳定。

一般情况下，压杆在不同的纵向平面内具有不同的柔度值，压杆失稳首先发生在柔度最大的那个纵向平面内，因此，压杆的临界应力应按柔度的最大值 λ_{max} 计算。

将临界应力乘以压杆的横截面面积，就可得到临界压力。实际工程中的压杆常常带有小孔，使横截面面积在局部范围内被削弱。如果孔较小且个数不多，它们对杆件整体变形影响很小，那么在计算临界应力时可以不考虑，仍采用未削弱前的横截面面积 A 和惯性矩 I，计算柔度和相应的临界应力。

11.4.2 欧拉公式的适用范围

欧拉公式是以挠曲线的近似微分方程 $EIw''=M$ 为依据导出的，而挠曲线的近似微分方程又建立在材料服从胡克定律的基础上。因此，只有当临界应力不超过比例极限时，欧拉公式(11-3)或式(11-5)才是成立的。即

$$\sigma_{cr}=\frac{\pi^2 E}{\lambda^2}\leqslant\sigma_p$$

可得

$$\lambda\geqslant\sqrt{\frac{\pi^2 E}{\sigma_p}} \tag{c}$$

令

$$\lambda_p=\sqrt{\frac{\pi^2 E}{\sigma_p}} \tag{d}$$

则只有当压杆的柔度值 $\lambda\geqslant\lambda_p$ 时，欧拉公式才适用。通常称 $\lambda\geqslant\lambda_p$ 的压杆为大柔度压杆或细长压杆(slender column)。

由式(d)可见，λ_p 值仅与材料的弹性模量和比例极限有关，不同材料的 λ_p 值不同。如 Q235 钢的弹性模量 $E=206$ GPa，比例极限 $\sigma_p=200$ MPa，则

$$\lambda_p=\sqrt{\frac{\pi^2\times(206\times10^9\ \text{Pa})}{200\times10^6\ \text{Pa}}}\approx 100$$

因此，用 Q235 钢制成的压杆，只有当柔度 $\lambda\geqslant100$ 时，才能使用欧拉公式计算其临界应力。

11.4.3 临界应力总图

对于柔度 $\lambda<\lambda_p$ 的压杆，试验表明临界应力高于材料的比例极限 σ_p，这时欧拉公式不再适用，其临界应力可通过解析方法求得，工程中一般使用以试验结果为依据的经验公式来计算。常用的经验公式有直线公式和抛物线公式等。本书仅介绍直线公式，其一般表达式为

$$\sigma_{cr}=a-b\lambda \tag{11-6}$$

式中，a 和 b 是与材料性质有关的常数，其量纲与应力相同。现将一些材料的 a 和 b 值列于表 11-2 中。

表 11-2 直线公式中的 a 和 b 值

材料(σ_b，σ_s 的单位为 MPa)	a(MPa)	b(MPa)
Q235 钢 $\sigma_b\geqslant372$，$\sigma_s=235$	304	1.12
优质碳钢 $\sigma_b\geqslant471$，$\sigma_s=360$	461	2.568
硅钢 $\sigma_b\geqslant510$，$\sigma_s=353$	578	3.744
铬钼钢	980.7	5.296
铸铁	332.2	1.454
硬铝	373	2.15
松木	28.7	0.19

直线公式也有一定的适用范围，即要求压杆的临界应力不得超过材料的屈服强度（塑性材料）或抗拉强度（脆性材料）。例如，对于塑性材料，要求

$$\sigma_{cr}=a-b\lambda\leqslant\sigma_s$$

即

$$\lambda\geqslant\frac{a-\sigma_s}{b}=\lambda_s$$

λ_s 为使用直线公式的最小柔度值，所对应的临界应力是材料的屈服强度。对于 Q235 钢，$\sigma_s=235$ MPa，由表 11-2 查得 $a=304$ MPa，$b=1.12$ MPa，故

$$\lambda_s=\frac{a-\sigma_s}{b}=\frac{304-235}{1.12}\approx 61.6$$

因此，$\lambda_s<\lambda<\lambda_p$ 是直线公式的有效范围。通常称柔度 λ 在 λ_s 至 λ_p 之间的压杆为中柔度杆或中长杆（intermediate column）。对于脆性材料，只需用 σ_b 代替 σ_s，就可得到使用直线公式的最小柔度值。

柔度 $\lambda\leqslant\lambda_s$ 的压杆称为小柔度杆或粗短杆（short column）。这类杆件受到轴向压力时，不会发生侧弯而丧失稳定。这类杆的破坏，主要是由于强度不够而引起的，故应按强度问题进行计算。若在形式上作为稳定问题考虑，则可认为“临界应力”就是强度问题中的极限应力（对于塑性材料为 σ_s，对于脆性材料为 σ_b）。

综上所述，压杆临界应力 σ_{cr} 的计算公式随压杆柔度 λ 的变化范围不同而有所不同，即

大柔度杆 $\lambda\geqslant\lambda_p$，　　$\sigma_{cr}=\dfrac{\pi^2E}{\lambda^2}$

中柔度杆 $\lambda_s<\lambda<\lambda_p$，　　$\sigma_{cr}=a-b\lambda$

小柔度杆 $\lambda\leqslant\lambda_s$（或 λ_b），　　$\sigma_{cr}=\sigma_s$（或 σ_b）

压杆临界应力随压杆柔度 λ 变化的情况可用 $\sigma_{cr}-\lambda$ 图来描述，如图 11-8 所示，称为临界应力总图（total diagram of critical stress）。它十分重要，为压杆的稳定性设计提供了手段。

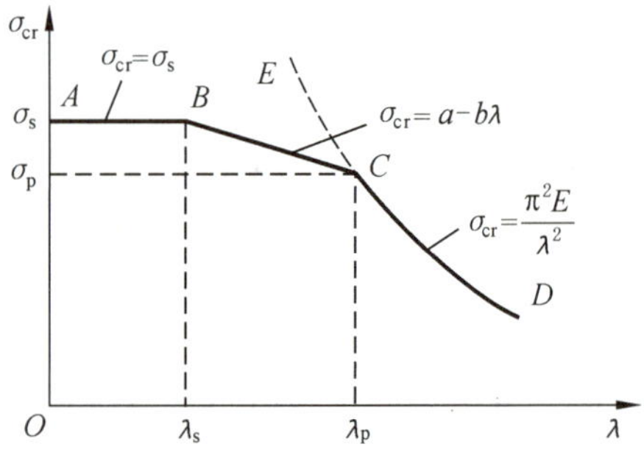

图 11-8　压杆临界应力总图

【例 11-2】　图 11-9 所示压杆，长度 $l=400$ mm，直径 $d=50$ mm，材料为 45 号钢，其弹性模量 $E=210$ GPa，比例极限 $\sigma_p=280$ MPa，屈服强度 $\sigma_s=350$ MPa。求压杆的临界应力和临界力。

解：(1) 计算压杆的柔度。杆为一端固定另一端自由的压杆，$\mu=2$。横截面的惯性半径为

$$i=\sqrt{\frac{I}{A}}=\frac{d}{4}=\frac{50\ \text{mm}}{4}=12.5\ \text{mm}$$

柔度为

$$\lambda=\frac{\mu l}{i}=\frac{2\times 400\ \text{mm}}{12.5\ \text{mm}}=64$$

对于 45 号钢，其

$$\lambda_p=\sqrt{\frac{\pi^2E}{\sigma_p}}=\pi\sqrt{\frac{210\times10^9\ \text{Pa}}{280\times10^6\ \text{Pa}}}\approx86$$

由表 11－2 查得，$a=461$ MPa，$b=2.568$ MPa，则

$$\lambda_s=\frac{a-\sigma_s}{b}=\frac{461\ \text{MPa}-350\ \text{MPa}}{2.568\ \text{MPa}}\approx43.2$$

故该压杆的柔度在λ_s与λ_p之间，为中柔度杆，只能选用经验公式计算临界应力。

(2) 计算临界应力。

$\sigma_{cr}=a-b\lambda=461\ \text{MPa}-2.568\ \text{MPa}\times64=296.5\ \text{MPa}$

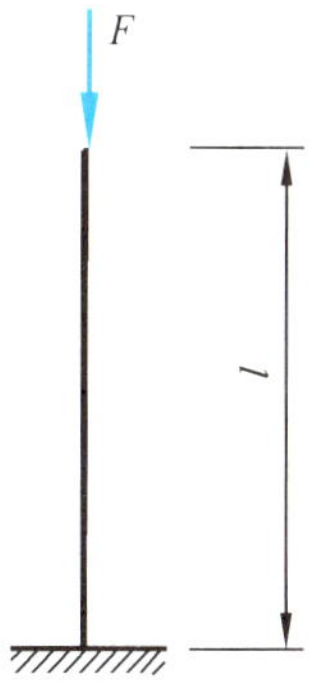

图 11－9　例 11－2 图

(3) 计算临界力。

$$F_{cr}=\sigma_{cr}A=\sigma_{cr}\frac{\pi d^2}{4}=(296.5\times10^6\ \text{Pa})\times\frac{\pi\times(50\times10^{-3}\ \text{m})^2}{4}$$
$$=582.2\times10^3\ \text{N}=582.2\ \text{kN}$$

【例 11－3】　一根两端为球形铰支的矩形截面压杆，如图11－10 所示。长度 $l=5$ m，材料的弹性模量 $E=210$ GPa，比例极限 $\sigma_p=200$ MPa。试计算压杆的临界应力和临界力。

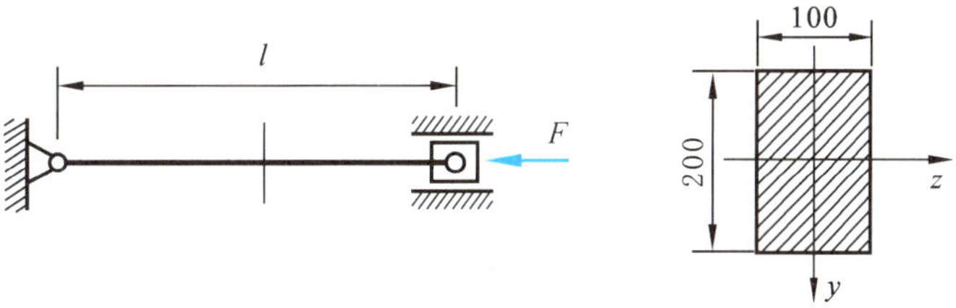

图 11－10　例 11－3 图

解：(1) 计算柔度值λ。截面的惯性半径为

$$i_y=\sqrt{\frac{I_y}{A}}=\sqrt{\frac{(200\times10^{-3}\ \text{m})\times(100\times10^{-3}\ \text{m})^3/12}{(200\times10^{-3}\ \text{m})\times(100\times10^{-3}\ \text{m})}}=2.89\times10^{-2}\ \text{m}$$

$$i_z=\sqrt{\frac{I_z}{A}}=\sqrt{\frac{(100\times10^{-3}\ \text{m})\times(200\times10^{-3}\ \text{m})^3/12}{(200\times10^{-3}\ \text{m})\times(100\times10^{-3}\ \text{m})}}=5.77\times10^{-2}\ \text{m}$$

杆两端为球形铰支，则压杆在水平面与铅垂面内微弯时的μ均为1。由于$i_y<i_z$，因此有$\lambda_y>\lambda_z$。仅需取$\lambda=\lambda_y$进行临界力计算即可。

$$\lambda=\lambda_y=\frac{\mu l}{i_y}=\frac{1\times5\ \text{m}}{2.89\times10^{-2}\ \text{m}}=173$$

$$\lambda_p=\sqrt{\frac{\pi^2E}{\sigma_p}}=\pi\sqrt{\frac{210\times10^9\ \text{Pa}}{200\times10^6\ \text{Pa}}}\approx102$$

压杆为大柔度压杆，可用欧拉公式求临界应力。

(2) 压杆临界应力的计算。

$$\sigma_{cr}=\frac{\pi^2E}{\lambda^2}=\frac{\pi^2\times(210\times10^9\ \text{Pa})}{173^2}=69.3\times10^6\ \text{Pa}=69.3\ \text{MPa}$$

(3) 计算临界力。

$$F_{cr}=\sigma_{cr}A=(69.3\times10^{6}\ \text{Pa})\times(200\times10^{-3}\ \text{m})\times(100\times10^{-3}\ \text{m})$$
$$=1.39\times10^{6}\ \text{N}=1390\ \text{kN}$$

◀ 讲授视频：压杆的临界应力总图。

11.5 压杆的稳定性计算

为了保证压杆具有足够的稳定性，设计中必须使杆件所承受的工作载荷小于杆件的临界载荷，并且具有一定的安全裕度。因此压杆的稳定条件可表示为

$$F\leqslant\frac{F_{cr}}{n_{st}} \tag{11-7}$$

或者

$$n=\frac{F_{cr}}{F}\geqslant n_{st} \tag{11-8}$$

式中，F 为压杆的工作压力，F_{cr} 为压杆的临界压力，n_{st} 为规定的稳定安全因数，n 为工作安全因数。

规定的稳定安全因数一般大于强度安全因数。这是因为加载偏心、压杆有初始曲率、材料不均匀等严重影响压杆的稳定性，减小了临界压力。而同样这些因素，对杆件强度的影响则不显著。其值可以从有关设计规范和手册中查得。几种常见压杆的稳定安全因数如表 11－3 所示。

表 11－3 几种常见压杆的稳定安全因数

实际压杆	金属结构中的压杆	机床的丝杠	低速发动机挺杆	高速发动机挺杆	矿山、冶金设备中的压杆	起重螺杆	木制压杆
n_{st}	1.8～3.0	2.5～4	4～6	2～5	4～8	3.5～5	2.8～3.2

在进行稳定计算时，需要根据实际压杆的柔度 λ 值，选用相应范围内的 F_{cr} 计算公式。

【例 11－4】 某平面磨床工作台液压驱动装置如图 11－11 所示。油缸活塞的直径 $D=65$ mm，油压 $p=1.2$ MPa，活塞杆的直径 $d=25$ mm，活塞杆长度 $l=1250$ mm，材料为 35 号钢，比例极限 $\sigma_p=220$ MPa，弹性模量 $E=210$ GPa。规定的稳定安全因数 $n_{st}=3$，试校核活塞杆的稳定性。

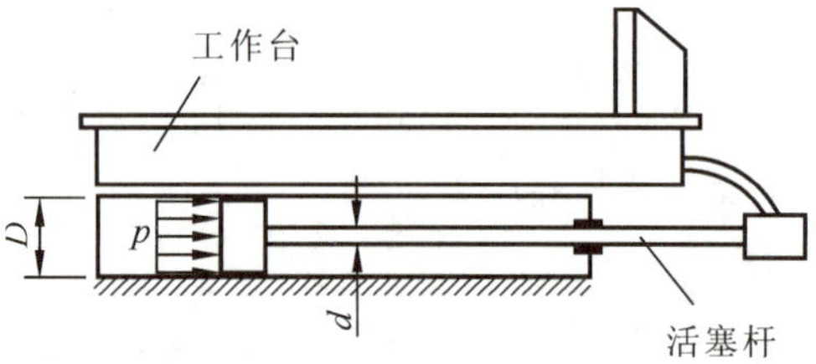

图 11－11 例 11－4 图

解：（1）计算临界力

将活塞杆两端简化为铰支座，故 $\mu=1$，其柔度为

$$\lambda=\frac{\mu l}{i}=\frac{\mu l}{\frac{d}{4}}=\frac{1\times1250\times10^{-3}\ \mathrm{m}\times4}{25\times10^{-3}\ \mathrm{m}}=200$$

对于 35 号钢，可算出

$$\lambda_{\mathrm{p}}=\sqrt{\frac{\pi^2E}{\sigma_{\mathrm{p}}}}=\sqrt{\frac{\pi^2\times(210\times10^9\ \mathrm{Pa})}{220\times10^6\ \mathrm{Pa}}}=97$$

可见 $\lambda>\lambda_{\mathrm{p}}$，故为细长杆，可用欧拉公式计算临界力。即

$$F_{\mathrm{cr}}=\frac{\pi^2EI}{(\mu l)^2}=\frac{\pi^2\times(210\times10^9\ \mathrm{Pa})\times\pi\times(25\times10^{-3}\ \mathrm{m})^4}{(1\times1250\times10^{-3}\ \mathrm{m})^2\times64}=25.4\times10^3\ \mathrm{N}=25.4\ \mathrm{kN}$$

（2）校核稳定性

作用在活塞杆上的实际工作轴向压力为

$$F=p\frac{\pi D^2}{4}=\frac{\pi\times(1.2\times10^6\ \mathrm{Pa})\times(65\times10^{-3}\ \mathrm{m})^2}{4}=3.98\times10^3\ \mathrm{N}=3.98\ \mathrm{kN}$$

因此，工作安全因数为

$$n=\frac{F_{\mathrm{cr}}}{F}=\frac{25.4\ \mathrm{kN}}{3.98\ \mathrm{kN}}=6.38$$

显然

$$n>n_{\mathrm{st}}$$

满足稳定性条件，故活塞杆是稳定的。

若本例改为根据稳定性条件确定活塞杆的直径。由于直径尚待确定，无法求出活塞杆的柔度 λ，自然也不能正确判断究竟应该用欧拉公式，还是用经验公式计算 F_{cr}。为此，可采用试算法：先由稳定性条件和欧拉公式确定活塞的直径，再根据所确定的直径求 λ，验算是否符合使用欧拉公式的条件。

【例 11－5】　图 11－12 所示的结构中，梁 AB 为 14 号普通热轧工字钢，杆 CD 为圆截面，其直径 $d=20$ mm，两者材料均为 Q235 钢，比例极限 $\sigma_{\mathrm{p}}=200$ MPa，弹性模量 $E=206$ GPa。结构受力如图所示，F 铅垂向下；A、C、D 三处均为铰接。若已知 $F=12$ kN，$l=1.25$ m，$a=0.55$ m，许用应力 $[\sigma]=160$ MPa，规定的稳定安全因数 $n_{\mathrm{st}}=2$。试问此结构是否安全？

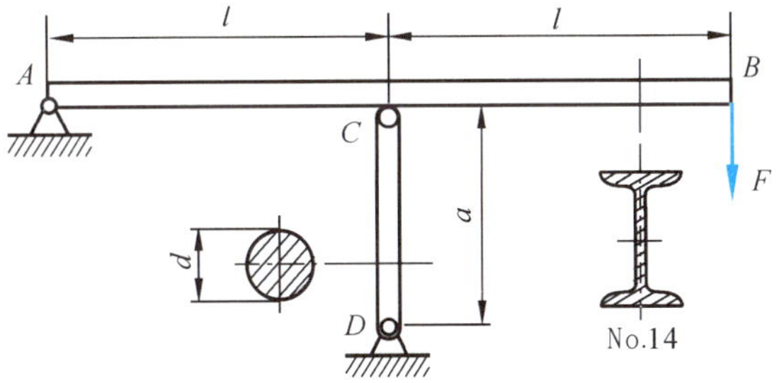

图 11－12　例 11－5 图

解：　在给定的结构中有两个构件：梁 AB 发生弯曲变形，应考虑其强度问题；杆 CD 发生

轴向压缩变形，应考虑其稳定问题。

(1) 梁 AB 的强度校核

梁 AB 在截面 C 处弯矩最大，该处为危险截面，其弯矩为

$$M_{\max}=Fl=12\ \text{kN}\times 1.25\ \text{m}=15\ \text{kN}\cdot\text{m}$$

由型钢表查得 14 号普通热轧工字钢的 $W_z=102\ \text{cm}^3=102\times 10^3\ \text{mm}^3$，由此得到

$$\sigma_{\max}=\frac{M_{\max}}{W_z}=\frac{15\times 10^3\ \text{N}\cdot\text{m}}{102\times 10^3\times 10^{-9}\ \text{m}^3}=147\times 10^6\ \text{Pa}=147\ \text{MPa}$$

显然 $\sigma_{\max}<[\sigma]$，梁 AB 满足强度要求。

(2) 校核压杆 CD 的稳定性

由静力平衡条件可求得压杆 CD 的轴向压力

$$F_{CD}=2F=24\ \text{kN}$$

因为是圆截面杆，且两端为球铰约束 $\mu=1$，故其柔度为

$$\lambda=\frac{\mu a}{i}=\frac{\mu a}{\dfrac{d}{4}}=\frac{1\times 0.55\ \text{m}\times 4}{20\times 10^{-3}\ \text{m}}=110$$

材料的 λ_p 值为

$$\lambda_p=\sqrt{\frac{\pi^2 E}{\sigma_p}}=\sqrt{\frac{\pi^2\times 206\times 10^9\ \text{Pa}}{200\times 10^6\ \text{Pa}}}=101$$

可见 $\lambda>\lambda_p$，表明杆 CD 为细长杆，故其临界力

$$F_{cr}=\sigma_{cr}A=\frac{\pi^2 E}{\lambda^2}\times\frac{\pi d^2}{4}=\frac{\pi^2\times 206\times 10^9\ \text{Pa}}{110^2}\times\frac{\pi(20\times 10^{-3}\ \text{m})^2}{4}$$
$$=52.8\times 10^3\ \text{N}=52.8\ \text{kN}$$

显然

$$F_{CD}<\frac{F_{cr}}{n_{st}}=26.4\ \text{kN}$$

满足稳定性条件，即杆 CD 是稳定的。

上述两项计算结果表明，整个结构的强度和稳定性都满足要求。

◀ 讲授视频：压杆的稳定性计算。

11.6 提高压杆稳定性的措施

由以上各节的讨论可知，压杆临界应力的大小，反映了压杆稳定性的高低，而压杆的临界应力与压杆的截面形状尺寸(I)、压杆长度(l)、约束条件(μ)以及材料的力学性质(E)有关。因此，可根据这些因素，采取适当的措施来提高压杆的稳定性。

(1) 选择合理的截面形状

由临界应力公式可见，细长杆与中柔度杆的临界应力均与柔度 λ 有关，而且，压杆柔度值越小，其临界应力就越大。压杆的柔度计算公式为

$$\lambda = \frac{\mu l}{i} = \mu l \sqrt{\frac{A}{I}}$$

上式表明：当 μ、l 一定时，同等 A 情况下，I 越大，λ 越小。因此，压杆长度和杆端约束一定时，在不增加横截面面积的情况下，应选择惯性矩较大的截面形状。例如，对于面积相同的圆环形截面和实心圆截面，由于环形截面的 I 比实心截面的大，因此环形截面比实心截面合理（图 11－13）。在工程中，对于受压的支杆和立柱，也应尽量使其截面具有较大的 I 值。例如，由两根槽钢组成的压杆，采用图 11－14(b) 形式放置时，其稳定性比图 11－14(a) 的形式放置的稳定性好。

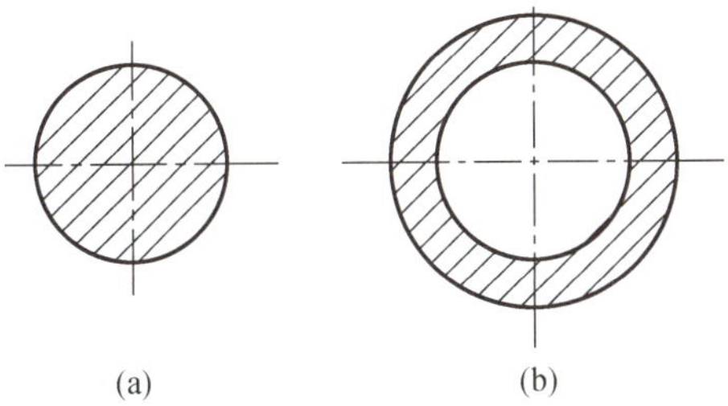

图 11－13　实心与空心圆（圆环）截面

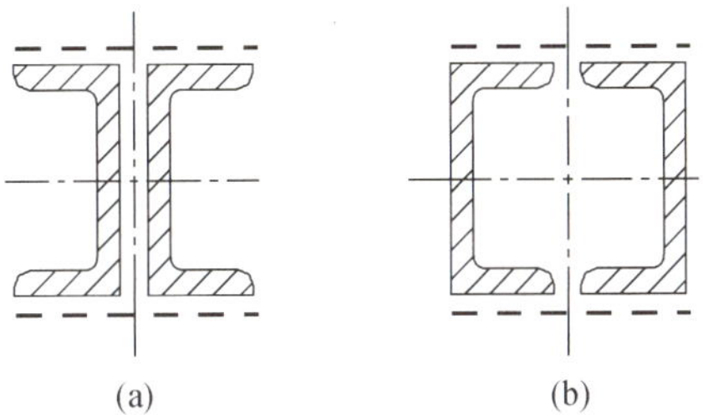

图 11－14　型钢组合截面

需要注意的是，不能为了获得较大的 I 和 i 而将圆环截面设计得过薄，否则将造成薄壁圆管因局部失稳而失去承载能力，反而达不到提高稳定性的目的。对于组合截面的压杆，还必须保证它的整体稳定性。例如，图 11－15 所示的槽钢组合截面，要用足够强的缀条或缀板把分开放置的型钢连成一体。否则，各根型钢将变为独立的受压杆件，达不到提高其稳定性的目的。

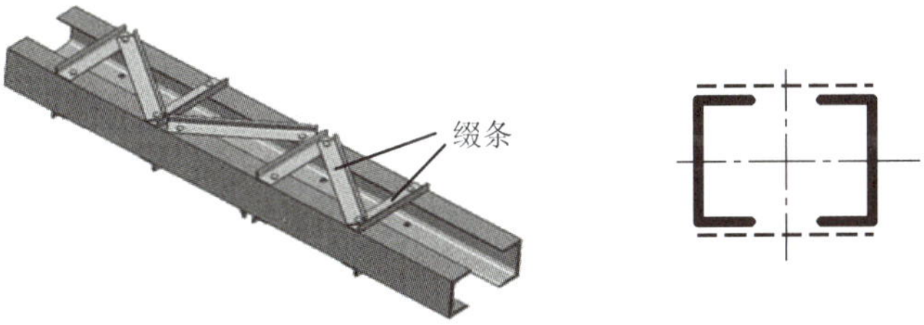

图 11－15　缀条连接的型钢组合截面杆

为使截面形状更为合理，还需考虑压杆在各纵向平面内的约束形式。如果压杆在各纵向平面内的 μl 值相同，应使截面对任一形心轴有相同的惯性半径 i，以使压杆在各纵向平面内具有相等的柔度和稳定性，例如圆截面、正方形截面以及各种箱形组合截面（图 11－16）。若压杆在各纵向平面内的 μl 值不相同，应使截面对任一形心轴的惯性半径不相等，以使压杆在各纵向平面内的柔度相等或近似相等。

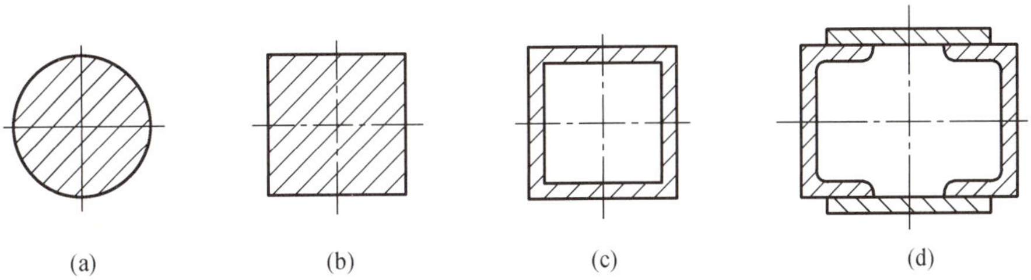

图 11－16　对形心轴的惯性半径相近的截面

(2) 减小压杆支承间的长度

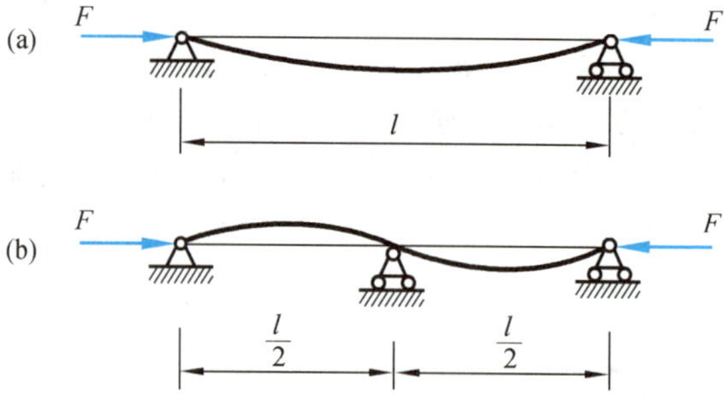

图 11－17　减小压杆支承间的长度

压杆的长度越大，其柔度越大，稳定性就越差。因此，在可能的情况下，应尽量减小压杆的长度。但一般情况，压杆的长度是由结构要求决定的，通常不允许改变。可通过增加中间支座来减小压杆的支承长度，以使柔度减小。例如，图 11－17(a) 所示的两端铰支轴向受压细长杆，失稳时形状如图所示，l 为一个半波的长度，其临界力为 $F_{cr}=\dfrac{\pi^2 EI}{l^2}$。若在压杆长度的中点处增加一个支座，失稳时形状如图 11－17(b) 所示，l 为两个半波的长度，其临界力为 $F_{cr}=\dfrac{\pi^2 EI}{\left(\dfrac{l}{2}\right)^2}$。显然图 11－17(b) 杆的临界力是图 11－17(a) 杆临界力的 4 倍。

(3) 改变压杆杆端的约束条件

压杆的杆端约束条件不同，压杆的长度因数 μ 就不同。从表 11－1 中可见，杆端约束刚性越好，压杆的长度因数就越小，其柔度值也就越小，临界应力就越大。因此，可用增强杆端约束的刚性，来达到提高压杆稳定性的目的。例如图 11－18(a) 所示的一端固定，另一端自由的轴向受压细长杆，其长度因数 $\mu_1=2$。如果在上端加一铰链约束，如图 11－18(b) 所示，其长度因数 $\mu_2=0.7$，压杆的临界力提高 $\left(\dfrac{\mu_1}{\mu_2}\right)^2=8.16$ 倍。如果上端再改为固定端，如图 11－18(c) 所示，其长度因数 $\mu_3=0.5$，则临界应力提高 16 倍。

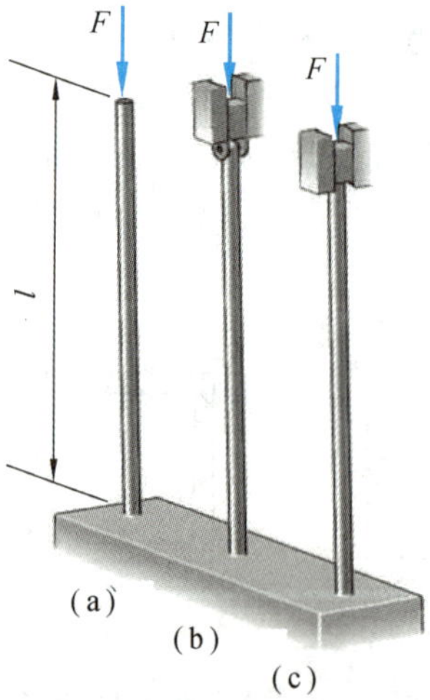

图 11－18　改善压杆杆端的约束条件

(4) 合理选择材料

对于大柔度杆,临界应力按欧拉公式(11-5)计算。由该公式可见,除了压杆的柔度 λ 影响临界应力的大小外,材料的弹性模量 E 对它也有一定的影响。然而,对于钢材而言,其 E 大致相等,所以选用优质钢或低碳钢,对提高大柔度压杆的稳定性并无多大意义。

而对于中柔度杆,其临界应力采用经验公式计算,临界应力与材料的强度有关,优质钢材在一定程度上可提高临界应力数值。小柔度杆主要考虑强度问题,优质材料的优越性是显而易见的。

11.7 工程实例分析:钢屋架稳定设计的缺陷

11.7.1 事件背景

1990 年某礼堂屋顶突然整体失稳,瞬间垮塌,造成多人死伤。礼堂的屋顶由跨度为15 m 的轻型钢屋架支撑,图 11-19 为钢屋架的半跨结构简图。屋架的上弦为双角钢,下弦和腹杆为钢筋,全部采用节点焊接而成,屋面载荷通过檩条作用于上弦节点,无节间载荷作用,屋架可视为全部节点为铰接的桁架结构。

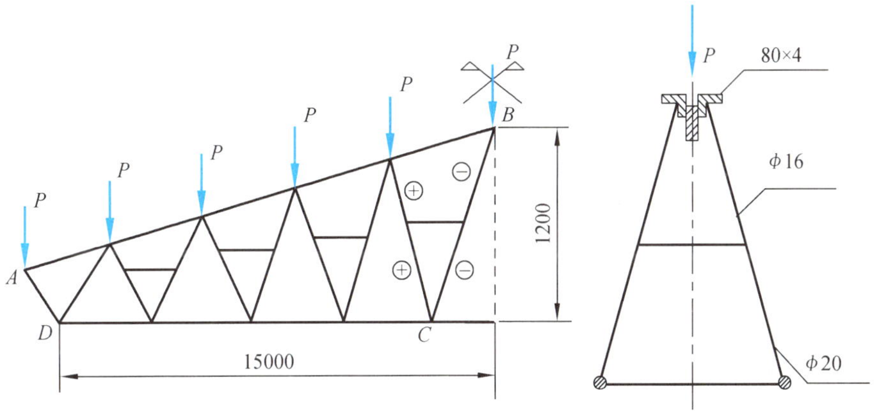

图 11-19 钢屋架结构简图

11.7.2 原因分析

专家组开展了事故调查和技术鉴定,对屋架的稳定性计算提出了质疑。由于屋架各节点载荷是相同的,各压杆的横截面也是一样的,根据稳定性分析原理,该屋架的稳定承载力取决于最长的压杆,即 BC 杆的临界力。BC 杆可能的失稳模式如图 11-20 所示,有面内失稳和面外失稳两种情形,其中面外失稳又分为对称型(失稳波形为 S 形)和非对称型(失稳波形为 C 形)两种,而原屋架设计采用的是对称型模型。

BC 杆在屋架所在的平面内失稳时,杆件中点有水平短杆约束,该点挠度保持为零,B、C 两点为铰链点,因此,面内失稳波形如图 11-20(a)虚线所示。在垂直于屋架的平面内,屋架截面呈对称图形,如图 11-20(b)所示,双压杆中点也有短杆相连,发生面外失稳时,E、F 两点的相对挠度为零,相应失稳波形会出现对称和非对称两种情况。

下面利用相当长度的概念,比较不同失稳模式的临界力。首先分析图 11-20(a)所示的面

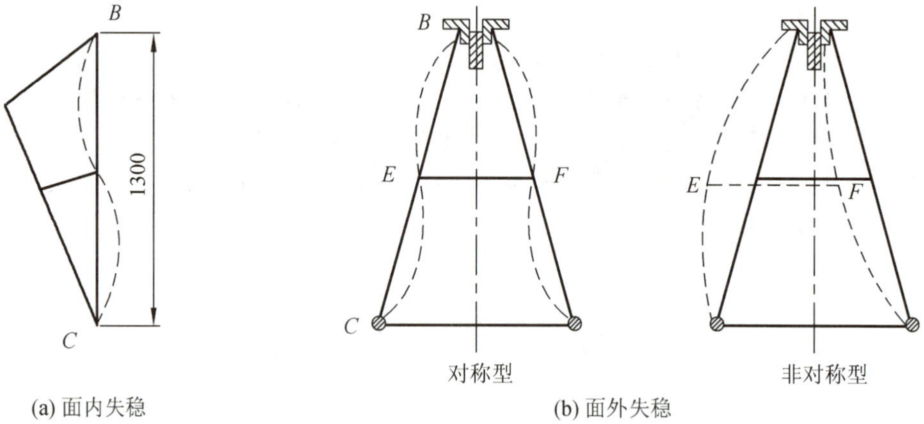

图 11-20 失稳破坏模式分析

内失稳和图 11-20(b) 中所示的面外失稳的对称模式，作为两端铰支压杆的半波长，其相当长度均为 0.65 m，其压杆柔度为

$$\lambda=\frac{\mu l}{i}=\frac{1\times 650}{\frac{16}{4}}=162.5>100\text{(Q235 钢)}$$

而图 11-20(b) 中所示的面外失稳的非对称模式的相当长度最大，为 1.3m，其柔度也最大，即

$$\lambda=\frac{\mu l}{i}=\frac{1\times 1300}{\frac{16}{4}}=325>100\text{(Q235 钢)}$$

这说明面外失稳的非对称模式对应的临界力最小，是最危险的模式。

可见，无论是哪种失稳模式均属于大柔度。两种模式都可用欧拉公式计算压杆临界力，即

$$F_{cr}=\frac{\pi^2 EI}{(\mu l)^2}$$

比较可知，由于上述两种失稳模式的相当长度为 2 倍关系，面外失稳的临界力仅为面内失稳的$\frac{1}{4}$，这种最不利模式是原设计没有考虑到的。

设计修改方案：可通过设置交叉的支撑杆件防止压杆发生侧移，如图 11-21 所示。

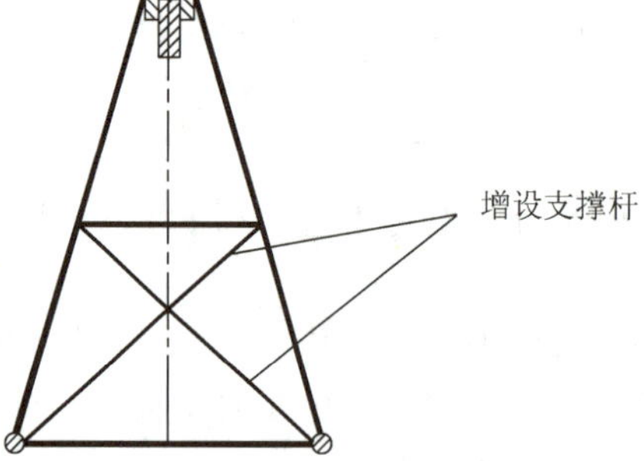

图 11-21 防止压杆中部侧移的结构措施

◀ 拓展阅读：魁北克大桥与工程师之戒(数字资源)

思　考　题

11-1　题图所示桁架的1、2两杆为零杆(即轴力为零的杆件)，分析它们对结构的承载能力的意义。

11-2　两端为柱形铰、受轴向压力作用的矩形截面杆如题图所示。杆在 $x—y$ 面失稳时，杆端约束为两端铰支；在 $x—z$ 面内失稳时，杆端约束为两端固定。那么压杆的 b 与 h 的合理比值应为多大？

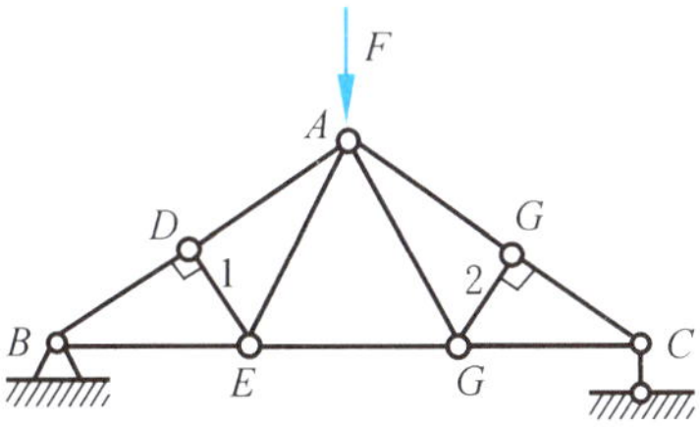

思考题 11-1 图

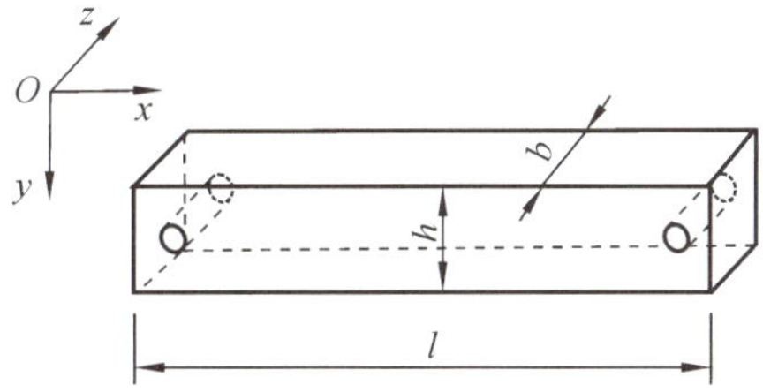

思考题 11-2 图

11-3　在题图(a)、(b)所示中心受压杆中，实心圆杆与空心圆杆的横截面面积相同。从稳定性角度考虑，图(a)、(b)两种布置方案中哪一种较为合理？

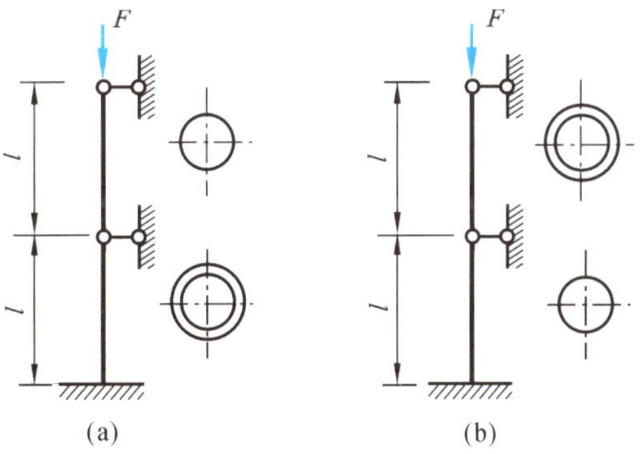

思考题 11-3 图

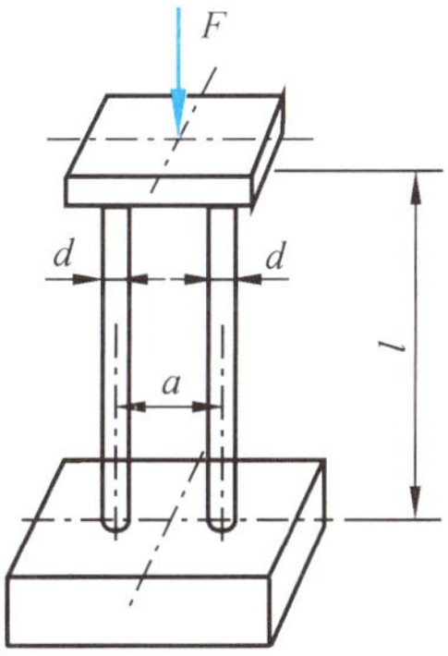

思考题 11-4 图

11-4　两根直径为 d 的立柱，上、下端分别与强劲的顶块、底块刚性连接，如题图所示。试根据杆端的约束条件，分析在总压力 F 作用下，立柱可能产生的几种失稳形态下的挠曲线形状，分别写出对应的总压力 F 之临界值的计算式(均按细长杆考虑)，确定最小临界力。

11-5　题图所示结构，AB、DE 梁的弯曲刚度为 EI，CD 杆的拉压刚度为 EA。为求结构的许可载荷，需考虑哪些方面？并分析其解题步骤。

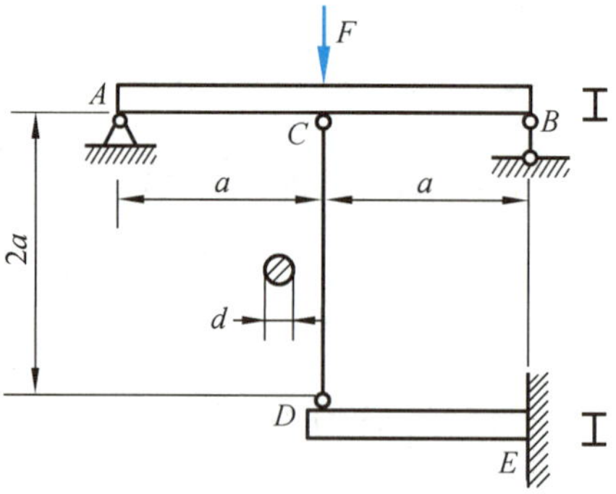

思考题 11－5 图

习 题

11－1 如题图所示，仿照推导两端铰支细长压杆临界力计算公式的方法，试推导出一端固定另一端自由的压杆的欧拉公式。

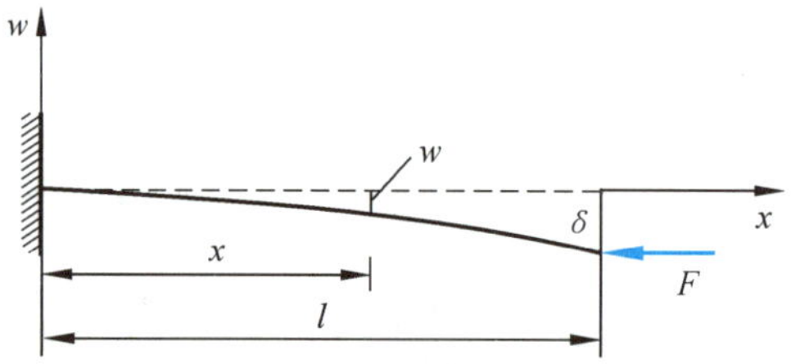

习题 11－1 图

11－2 细长压杆如题图所示，各圆杆的直径 d 均相同，材料为 Q235 钢，其中图(a) 为两端铰支，图(b) 为上端铰支，下端固定，图(c) 为两端固定。试判断哪一种情形的临界载荷 F_{cr} 最大。若 $d=160$ mm，$E=210$ GPa，试求其中最大临界载荷。

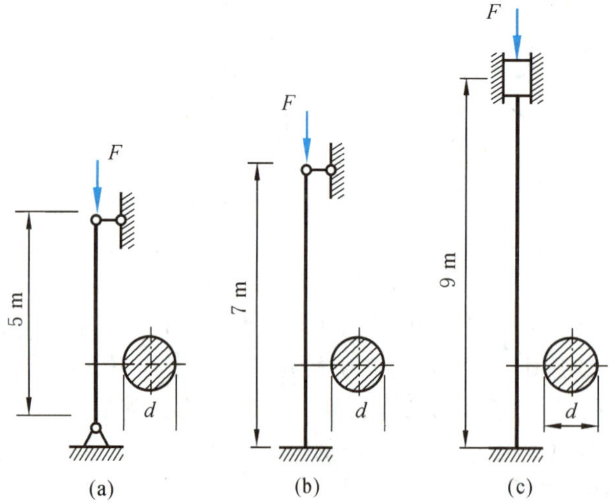

习题 11－2 图

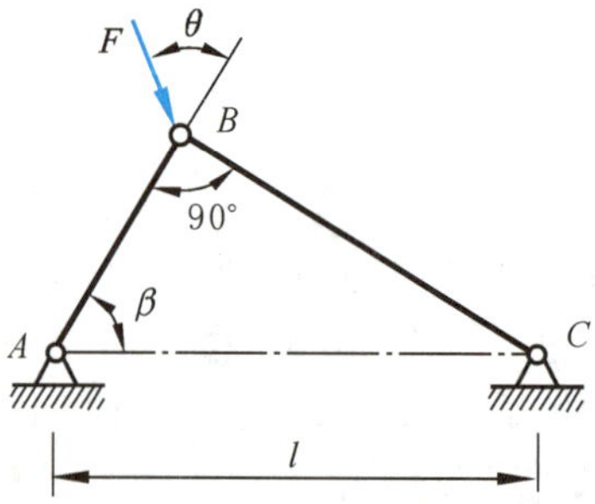

习题 11－3 图

11-3　有一铰接杆系 ABC 如题图所示。已知 AB、BC 二杆为材料相同、截面相等的两细长杆。若由于杆件在 ABC 平面内失稳而引起毁坏，试确定载荷 F 为最大时的 θ 角。（假设 $0<\theta<\frac{\pi}{2}$，A、C 之间的距离为 l）

11-4　如题图所示为某型飞机起落架中承受轴向压力的斜撑杆，两端视为铰支。杆为空心圆杆，外径 $D=52$ mm，内径 $d=44$ mm，$l=950$ mm。材料为 30CrMnSiNi2A，比例极限 $\sigma_p=1200$ MPa，弹性模量 $E=210$ GPa。试求支撑杆的临界力 F_{cr} 和临界应力 σ_{cr}。

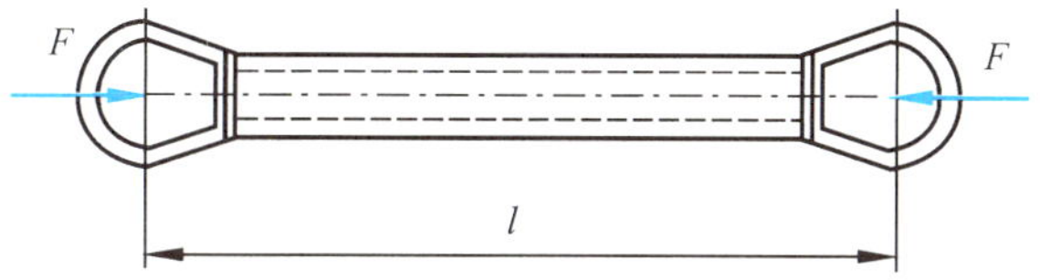

习题 11-4 图

11-5　三根圆截面压杆，其直径均为 $d=160$ mm，材料为 Q235 钢，弹性模量 $E=206$ GPa，比例极限 $\sigma_p=200$ MPa，屈服强度 $\sigma_s=235$ MPa。两端均为铰支，长度分别为 l_1、l_2 和 l_3，且 $l_1=2l_2=4l_3=5$ m。试求各杆的临界压力 F_{cr}。

11-6　已知一矩形截面杆如题图所示。$h=60$ mm，$b=20$ mm，$l=600$ mm，材料为 Q235 钢，弹性模量 $E=206$ GPa，比例极限 $\sigma_p=200$ MPa，屈服强度 $\sigma_s=235$ MPa。试计算压杆的临界力 F_{cr}。

11-7　千斤顶丝杠可认为是下端固定、上端自由的压杆。已知其最大承重量 $F=120$ kN，螺纹内径 $d_1=52$ mm，长度 $l=500$ mm，材料为 Q235 钢，弹性模量 $E=206$ GPa，屈服强度 $\sigma_s=235$ MPa，比例极限 $\sigma_p=200$ MPa，试求千斤顶丝杠的工作安全因数。

11-8　蒸汽机车的连杆如题图所示。截面为工字形，材料为 Q235 钢，弹性模量 $E=206$ GPa，屈服强度 $\sigma_s=235$ MPa，比例极限 $\sigma_p=200$ MPa，连杆所受最大轴向压力为 465 kN。连杆在摆动平面（xy 平面）内发生弯曲时，两端可视为铰支，在与摆动平面垂直的 xz 平面内发生弯曲时，两端可视为固定支座。试确定其工作安全因数。

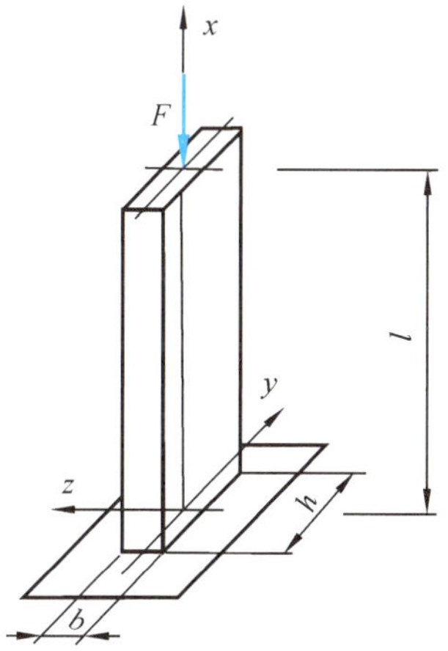

习题 11-6 图

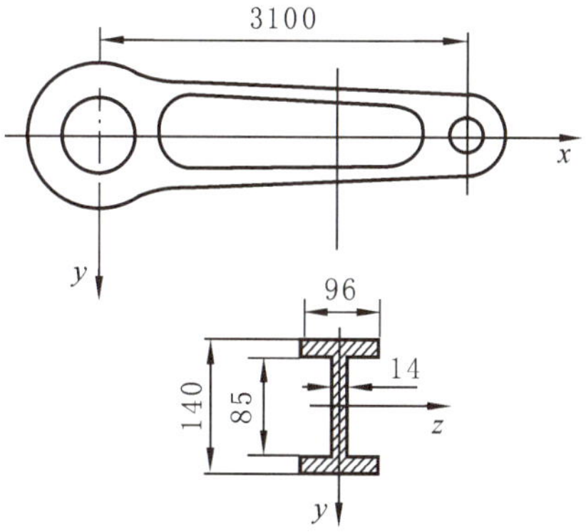

习题 11-8 图

11－9 题图所示正方形桁架结构，由5根圆截面钢杆组成，连接处均为铰链，各杆直径均为 $d=40$ mm，$a=1$ m，材料为Q235钢，$[\sigma]=160$ MPa，稳定安全因素 $n_{st}=2$。

(1) 试求结构的许可载荷。

(2) 若力 F_p 的方向与题图中相反，试问许可载荷是否改变，若有改变，应为多少？

11－10 千斤顶的最大承载压力 $F=150$ kN，螺杆内径 $d=52$ mm，$l=50$ cm，材料为Q235钢，弹性模量 $E=206$ GPa，屈服强度 $\sigma_s=235$ MPa，比例极限 $\sigma_p=200$ MPa。规定的稳定安全因数为 $n_{st}=3$。试校核其稳定性。

11－11 题图所示结构中，BC 为圆截面杆，其直径 $d=80$ mm；AC 为边长 $a=70$ mm的正方形截面杆。已知该结构的约束情况为 A 端固定，B、C 为球铰。两杆材料均为Q235钢，弹性模量 $E=210$ GPa，可各自独立发生弯曲互不影响。若结构的稳定安全因数 $n_{st}=2.5$，试求所能承受的许可压力。

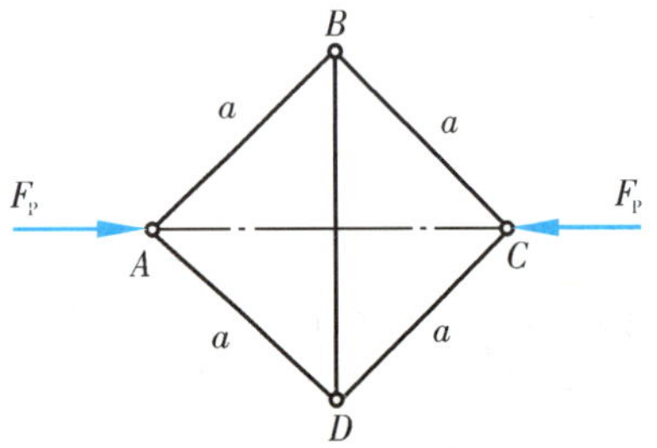

习题 11－9 图

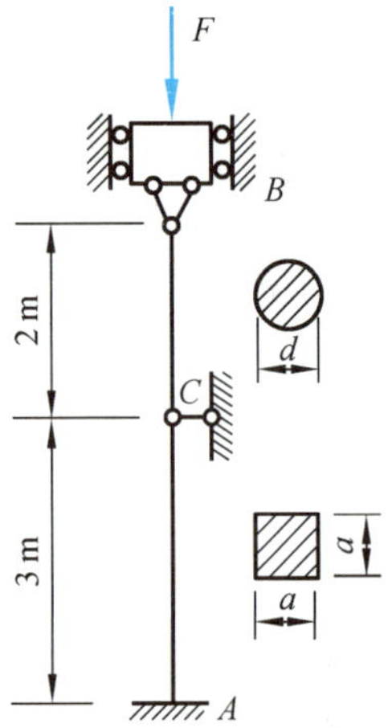

习题 11－11 图

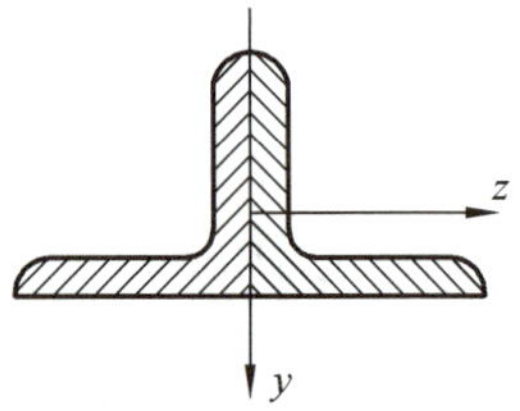

习题 11－12 图

11－12 长度为3.4 m的两端铰支压杆由两根角钢(75 mm×75 mm×5 mm)沿全长焊接而成，截面如题图所示，$E=210$ GPa。如果规定的稳定安全因数为 $n_{st}=2$，试确定此压杆在压力 $F=60$ kN作用下是否安全。若此压杆是由这两根角钢自由拼放在一起而组成，确定在上述压力下它是否安全。

11－13 题图所示组合柱由两根32a号槽钢用连接板铆接而成，已知柱的两端为球铰支承，柱长为8 m。若材料为Q235钢，$E=206$ GPa，$\sigma_p=200$ MPa，$\sigma_s=235$ MPa，其 $[\sigma]=160$ MPa，$n_{st}=2$，截面上有4个铆钉孔，直径均为18 mm。规定连接板间单根槽钢的 $\lambda\leqslant 40$，试求：

(1) 槽钢间的合理间距 a；

(2) 组合柱的许用载荷；

(3) 连接板间距离 b。

11－14 题图所示结构 $ABCD$，由三根直径均为 d 的圆截面细长钢杆组成，在 B 端铰支，而在 A 点和 C 点固定，D 为铰结点。$\alpha=30°$，$\dfrac{l}{d}=10\pi$。若此结构由于杆件在 $ABCD$ 平面内弹性失稳而丧失承载能力，试确定作用于结点 D 的载荷 F 的临界值。

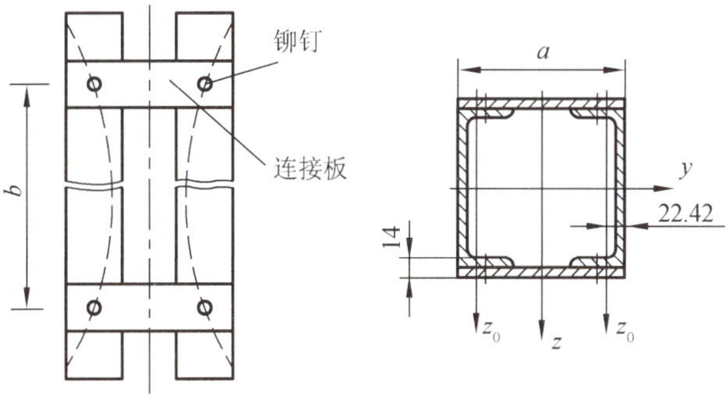

习题 11-13 图

11-15　题图所示蒸汽机的活塞杆 AB，所受的压力为 120 kN，$l=1.8$ m，截面为圆形，直径 $d=75$ mm。材料为 Q275 钢，弹性模量 $E=210$ GPa，比例极限 $\sigma_p=240$ MPa。规定的稳定安全因数为 $n_{st}=8$，试校核活塞杆的稳定性。

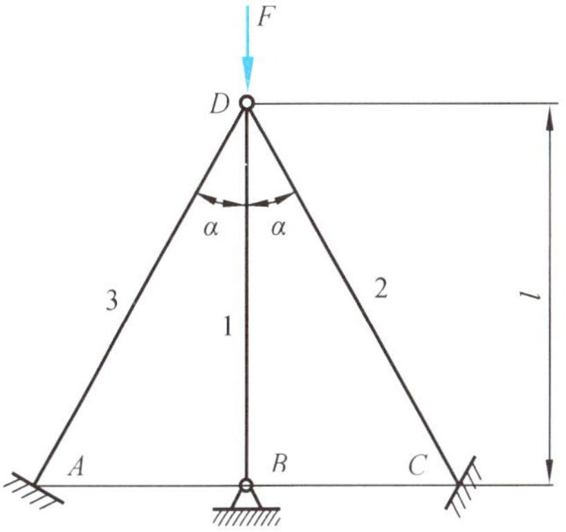

习题 11-14 图

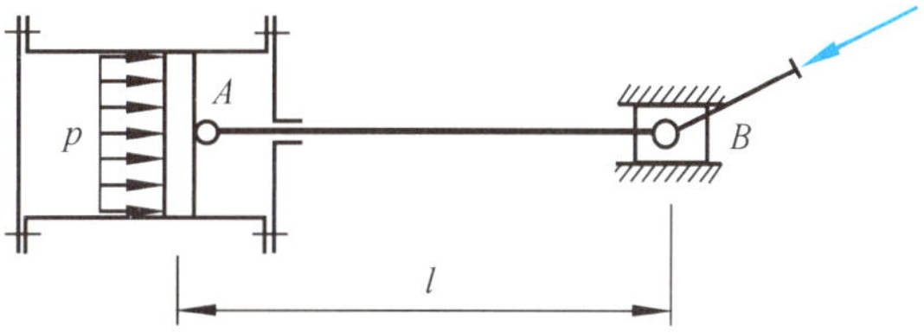

习题 11-15 图

11-16　题图所示托架中杆 AB 的直径 $d=40$ mm，长度 $l=800$ mm，两端可视为铰支，材料为 Q235 钢。杆 CBD 为刚性杆。(1) 试求托架的临界载荷 F_{cr}；(2) 若已知工作载荷 $F=70$ kN，并规定杆 AB 的稳定安全因数 $n_{st}=2$，试确定托架是否安全。

11-17　题图所示结构中 CF 为铸铁圆杆，其直径 $d_1=100$ mm(按细长压杆计算)，$n_{st}=4.6$，弹性模量 $E_{铁}=120$ GPa。BE 为钢圆杆，其直径 $d_2=50$ mm，$[\sigma]=160$ MPa，弹性模量 $E_{钢}=200$ GPa。横梁 $ABCD$ 可视为刚体，试求结构的许可载荷 $[F]$。

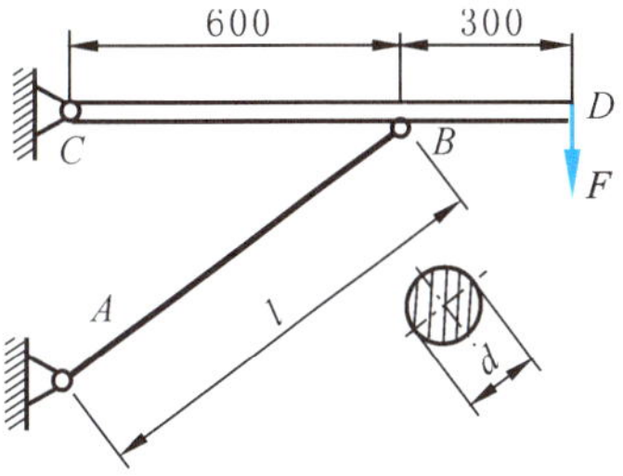

习题 11-16 图

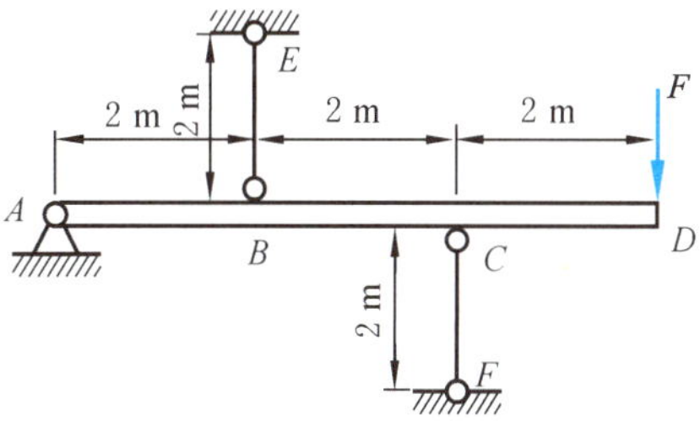

习题 11-17 图

附录 Ⅰ　截面的几何性质

任何受力构件的承载能力不仅与材料性能和加载方式有关，而且与构件截面的几何形状和尺寸有关。只与构件横截面的形状、尺寸有关的物理量，统称为截面的几何性质(geometrical properties of an area)。下面分别讨论工程力学中常用的一些截面几何性质。

Ⅰ.1　静矩和形心

Ⅰ.1.1　静矩

设有一任意截面如图Ⅰ-1所示，其面积为 A。选取直角坐标系 yOz，在坐标为(y,z)处取一微小面积 $\mathrm{d}A$，定义微面积 $\mathrm{d}A$ 乘以 z 坐标，沿整个截面的积分，为截面对 y 轴的静矩(static moment of an area) S_y，即

$$S_y=\int_A z\,\mathrm{d}A \tag{Ⅰ-1a}$$

同理，图形对 z 轴的静矩为

$$S_z=\int_A y\,\mathrm{d}A \tag{Ⅰ-1b}$$

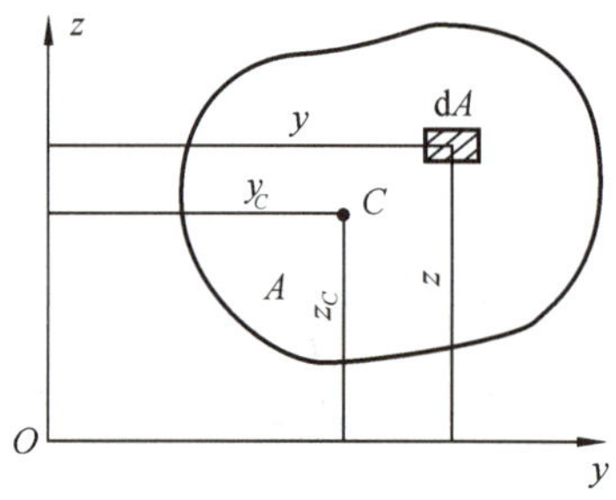

图Ⅰ-1　截面图形

截面静矩与坐标轴的选取有关，它随坐标轴 y、z 的不同而不同。所以静矩可能为正，也可能为负或是零。静矩的量纲为[长度]^3。

Ⅰ.1.2　形心

确定截面的形心位置(图Ⅰ-1中的点 C)时，可借助等厚均质薄片重心的概念。当薄片的形状与所研究的截面形状相同，且薄片厚度非常小时，薄片的重心就是该截面的形心(center of an area)。因此有

$$y_C=\frac{\int_A y\,\mathrm{d}A}{A}=\frac{S_z}{A} \tag{Ⅰ-2a}$$

$$z_C=\frac{\int_A z\,\mathrm{d}A}{A}=\frac{S_y}{A} \tag{Ⅰ-2b}$$

式中，y_C、z_C 为截面形心的坐标。

若将式(Ⅰ-2)改写为

$$S_z=A\cdot y_C,\quad S_y=A\cdot z_C \tag{Ⅰ-3}$$

则表明截面对 y、z 轴的静矩，分别等于截面面积乘上形心的坐标 z_C、y_C。同时可得以下结论：

(1) 若截面的静矩等于零，则此坐标轴必定通过截面的形心；

(2) 若坐标轴通过截面形心，则截面对此轴的静矩必为零；

(3) 由于截面的对称轴必定通过截面形心，故图形对其对称轴的静矩恒为零。

工程实际中，有些构件的截面形状比较复杂，而这些复杂的截面形状常可视为由若干简单图形（如矩形、圆形等）组合而成的。对于这样的组合截面，计算静矩 S_y、S_z 与形心坐标 y_C、z_C 时，可用以下公式：

$$S_y=\sum_{i=1}^{n}A_iz_i,\quad S_z=\sum_{i=1}^{n}A_iy_i \tag{Ⅰ-4}$$

$$y_C=\frac{\sum_{i=1}^{n}A_iy_i}{\sum_{i=1}^{n}A_i},\quad z_C=\frac{\sum_{i=1}^{n}A_iz_i}{\sum_{i=1}^{n}A_i} \tag{Ⅰ-5}$$

式中，n 为组成组合截面的简单图形的个数，A_i、y_i、z_i 分别表示第 i 个简单图形的面积及其形心坐标。

式(Ⅰ-4)、式(Ⅰ-5)表明：组合截面对某一轴的静矩等于组成它的各简单图形对同一轴的静矩的代数和。组合截面的形心坐标值等于组合截面对相应坐标轴的静矩除以组合截面的面积。

【例Ⅰ-1】　已知半圆形截面半径为 R[图Ⅰ-2(a)]，试计算其静矩 S_y、S_z 及形心坐标 y_C、z_C。

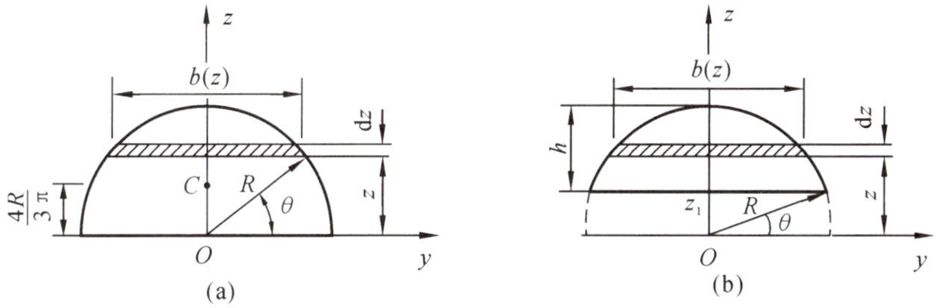

图Ⅰ-2　例Ⅰ-1图

解：(1) 计算 S_y、S_z。取 $\mathrm{d}A=b(z)\mathrm{d}z=2\times\sqrt{R^2-z^2}\,\mathrm{d}z$ 代入式(Ⅰ-1a)

$$S_y=\int_A z\mathrm{d}A=\int_0^R 2\times\sqrt{R^2-z^2}\,z\mathrm{d}z=-\int_0^R\sqrt{R^2-z^2}\,\mathrm{d}(R^2-z^2)=\frac{2}{3}R^3$$

由于 z 为对称轴，故

$$S_z=0$$

(2) 计算 y_C、z_C。由式(Ⅰ-2)求得

$$y_C=\frac{S_z}{A}=0$$

$$z_C=\frac{S_y}{A}=\frac{\frac{2}{3}R^3}{\frac{1}{2}\pi R^2}=\frac{4R}{3\pi}$$

(3) 讨论。当要求计算弓形面积[图Ⅰ-(2b)]对过圆心的 y 轴的静矩 S_y^* 时，仍然可取图Ⅰ-2(a)上的微面积，只需将积分下限由零换成 z_1，即

$$S_y^*=\int_A z\mathrm{d}A=\int_{z_1}^R 2\times\sqrt{R^2-z^2}\,z\mathrm{d}z=-\frac{2}{3}(R^2-z^2)^{\frac{3}{2}}\Bigg|_{z_1}^R=\frac{2}{3}(R^2-z_1^2)^{\frac{3}{2}}$$

也可将上式中 z_1 用弓形的拱高 h 来表示，即 $R-z_1=h$ 代入上式得到

$$S_y^* = \frac{2}{3}h^{\frac{3}{2}} \cdot (2R-h)^{\frac{3}{2}}$$

【例 Ⅰ-2】 已知 T 形截面尺寸如图Ⅰ-3 所示，试确定此截面的形心位置。

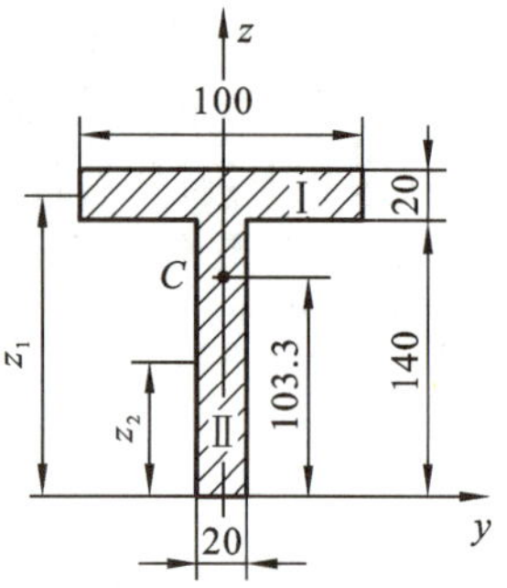

图 Ⅰ-3 例 Ⅰ-2 图

解： (1) 取参考坐标系如图Ⅰ-3 所示，其中 z 轴为对称轴。

(2) 将截面视为由 Ⅰ、Ⅱ 两个矩形组合而成，则

$$A_1 = 20\ \text{mm} \times 100\ \text{mm} = 2000\ \text{mm}^2$$

$$z_1 = 10\ \text{mm} + 140\ \text{mm} = 150\ \text{mm}$$

$$A_2 = 20\ \text{mm} \times 140\ \text{mm} = 2800\ \text{mm}^2$$

$$z_2 = 70\ \text{mm}$$

(3) 利用组合截面形心坐标公式(Ⅰ-5)，可得

$$z_C = \frac{\sum_{i=1}^{2} A_i z_i}{\sum_{i=1}^{2} A_i} = \frac{A_1 z_1 + A_2 z_2}{A_1 + A_2} = \frac{2000\ \text{mm}^2 \times 150\ \text{mm} + 2800\ \text{mm}^2 \times 70\ \text{mm}}{2000\ \text{mm}^2 + 2800\ \text{mm}^2} = 103.3\ \text{mm}$$

$$y_C = 0$$

【例 Ⅰ-3】 如图Ⅰ-4 所示的截面，试求其形心位置。

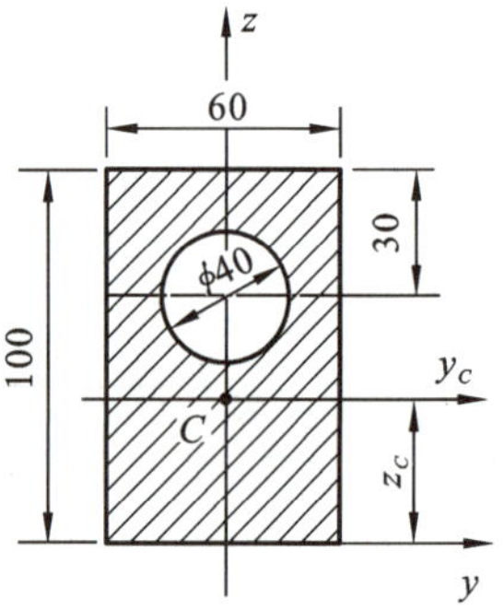

图 Ⅰ-4 例 Ⅰ-3 图

解： (1) 取参考坐标系如图Ⅰ-4 所示，其中 z 轴为对称轴。

(2) 截面可看成是由矩形减去圆形所组成。

(3) 求形心坐标。

据式(Ⅰ-5)，可得

$$y_C = 0$$

$$z_C = \frac{\sum A_i z_i}{\sum A_i}$$

$$= \frac{60\ \text{mm} \times 100\ \text{mm} \times 50\ \text{mm} - \pi \times (20\ \text{mm})^2 \times (100-30)\text{mm}}{60\ \text{mm} \times 100\ \text{mm} - \pi \times (20\ \text{mm})^2}$$

$$= 44.7\ \text{mm}$$

由上述二例可知，确定组合截面形心位置时首先要选取参考坐标系，然后把截面视为几个简单图形的组合，再根据式(Ⅰ-5)计算组合截面的形心坐标。

◀ 讲授视频：静矩和形心。

Ⅰ.2 极惯性矩、惯性矩和惯性积

设任一截面(图Ⅰ-5)，其面积为 A。选取直角坐标系 yOz，在坐标为(y,z)处取一微小面积 dA，定义此微面积 dA 乘以到坐标原点 O 的距离的平方 ρ^2，沿整个截面的积分，为截面的**极惯性矩** I_p(polar moment of inertia of an area)。微面积 dA 乘以到坐标轴 y 的距离的平方 z^2，沿整个截面的积分为截面对 y 轴的**惯性矩** I_y(moment of inertia of an area)。其数学表达式为

极惯性矩 $$I_p=\int_A \rho^2 \mathrm{d}A \tag{Ⅰ-6}$$

对 y 轴的惯性矩 $$I_y=\int_A z^2 \mathrm{d}A \tag{Ⅰ-7a}$$

同理，对 z 轴的惯性矩 $$I_z=\int_A y^2 \mathrm{d}A \tag{Ⅰ-7b}$$

由图Ⅰ-5可见 $\rho^2=y^2+z^2$，因此有

$$I_p=\int_A \rho^2 \mathrm{d}A=\int_A (y^2+z^2)\mathrm{d}A=\int_A y^2 \mathrm{d}A+\int_A z^2 \mathrm{d}A$$

即

$$I_p=I_y+I_z \tag{Ⅰ-8}$$

式(Ⅰ-8)说明截面对任意一对正交轴的惯性矩之和恒等于它对两轴交点的极惯性矩。

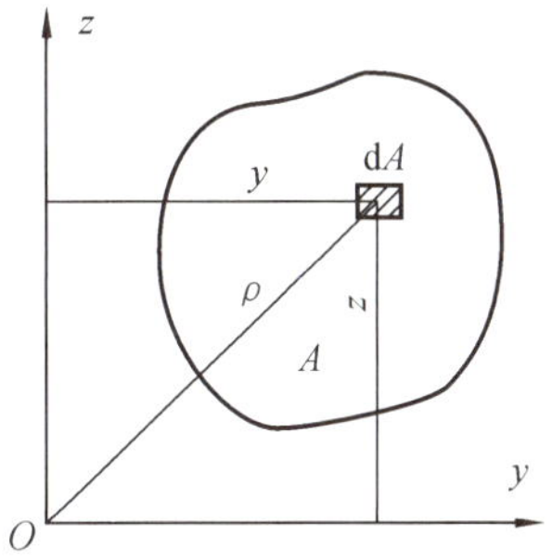

图Ⅰ-5　截面图形

在任一截面(图Ⅰ-5)中，取微面积 $\mathrm{d}A$ 与它的坐标 z、y 的乘积，沿整个截面积分，定义此积分为截面对 y、z 轴的惯性积(product of inertia of an area)。表达式为

$$I_{yz}=\int_A yz\,\mathrm{d}A \tag{Ⅰ-9}$$

惯性矩、极惯性矩与惯性积的量纲均为[长度]^4。惯性矩与极惯性矩的积分式中只含坐标的平方项，故 I_y、I_z、I_p 恒为正值，而惯性积 I_{yz} 中含有坐标乘积 yz，所以其值可能为正，可能为负，也可能为零，它取决于截面在坐标系中的位置。

若选取的坐标系中，有一轴是截面的对称轴，则截面对此轴的惯性积必等于零。如图Ⅰ-6所示，z 轴为此图形的对称轴，在关于 z 轴对称的位置各取一微小面积 $\mathrm{d}A$，则它们的 z 坐标相同，y 坐标数值相等、符号相反，所以这两个微面积对 y、z 轴的惯性积 $yz\mathrm{d}A$ 与 $(-y)z\mathrm{d}A$ 在积分中相互抵消，故 $I_{yz}=\int_A yz\,\mathrm{d}A=0$。

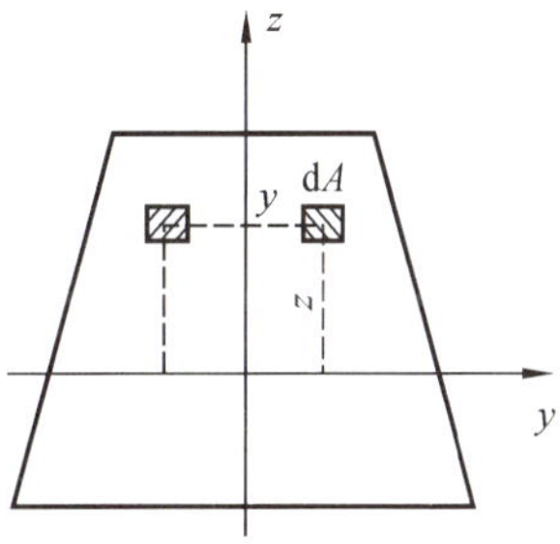

图Ⅰ-6　对称截面

当截面对某一对正交坐标轴的惯性积等于零时，称此对坐标轴为截面的主惯性轴(principal axes of inertia of an area)，对主惯性轴的惯性矩称为主惯性矩(principal moment of inertia of an area)。通过截面形心的主惯性轴称为形心主惯性轴(centroidal principal axes of inertia of an area)，截面对形心主惯性轴的惯性矩称为形心主惯性矩(centroidal principal moment of inertia of an area)。例如，图Ⅰ-6中若 y、z 轴通过截面形心，则它们就是形心主惯性轴，对这两个轴的惯性矩即为形心主惯性矩。

工程应用中，有时将惯性矩表示成截面面积与某一长度平方的乘积，即

$$I_y=A\cdot i_y^2,\quad I_z=A\cdot i_z^2$$

或写成

$$i_y=\sqrt{\frac{I_y}{A}},\quad i_z=\sqrt{\frac{I_z}{A}} \tag{Ⅰ-10}$$

式中，i_y、i_z 分别称为截面对 y 轴、z 轴的惯性半径(radius of gyration of an area)。其量纲为[长度]。

【例Ⅰ-4】　已知两种圆截面尺寸如图Ⅰ-7所示，试求其极惯性矩。

解： 取极坐标 θ、ρ 及 $dA=\rho d\theta d\rho$，代入式（Ⅰ-6）得圆截面的极惯性矩为

$$I_p=\int_A \rho^2 dA=4\int_0^{\frac{d}{2}}\int_0^{\frac{\pi}{2}}\rho^3 d\theta d\rho=\frac{\pi d^4}{32}$$

对于外径为 D、内径为 d 的圆环截面[图Ⅰ-7(b)]，其极惯性矩为

$$I_p=\int_A \rho^2 dA=4\int_{\frac{d}{2}}^{\frac{D}{2}}\int_0^{\frac{\pi}{2}}\rho^3 d\theta d\rho=\frac{\pi}{32}(D^4-d^4)$$

如果令 $d/D=\alpha$，则

$$I_p=\frac{\pi D^4}{32}(1-\alpha^4)$$

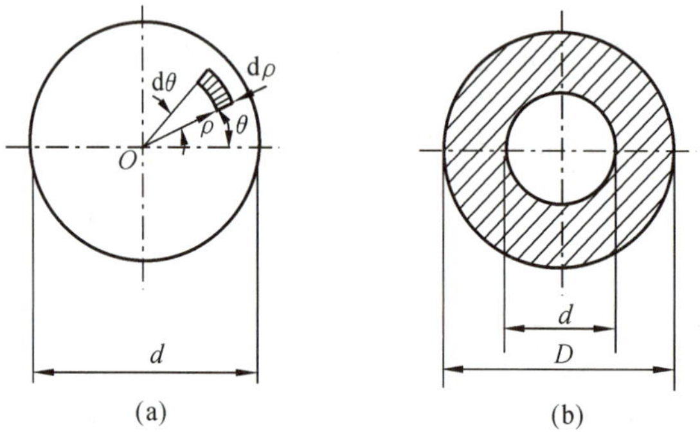

图 Ⅰ-7 例 Ⅰ-4 图

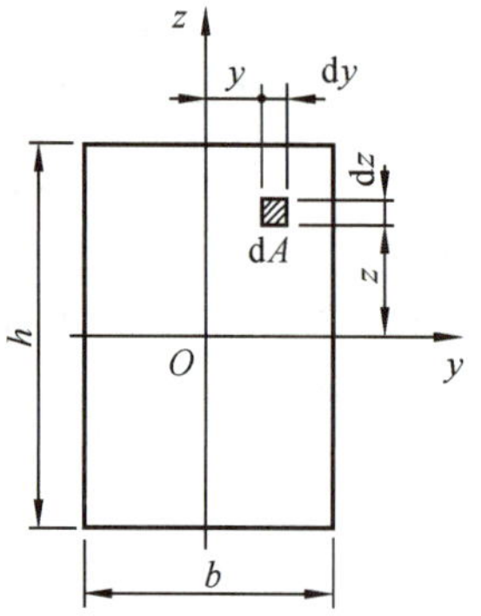

图 Ⅰ-8 例 Ⅰ-5 图

【例 Ⅰ-5】 已知矩形截面的尺寸 b、h（图Ⅰ-8），试求它的形心主惯性矩。

解： 取形心主惯性轴（即对称轴）y、z，及 $dA=dydz$，代入式（Ⅰ-7a）、式（Ⅰ-7b）得

$$I_y=\int_A z^2 dA=\int_{-\frac{h}{2}}^{\frac{h}{2}}\int_{-\frac{b}{2}}^{\frac{b}{2}}z^2 dydz=\frac{bh^3}{12}$$

同理：

$$I_z=\int_A y^2 dA=\int_{-\frac{h}{2}}^{\frac{h}{2}}\int_{-\frac{b}{2}}^{\frac{b}{2}}y^2 dydz=\frac{b^3h}{12}$$

【例 Ⅰ-6】 设圆截面的直径为 d（图Ⅰ-9），试求截面对其形心轴的惯性矩及惯性半径。

解： (1) 求惯性矩。因为图形对称，且 y、z 为对称轴，所以 $I_y=I_z$，根据例Ⅰ-4 的结果和式（Ⅰ-8），求得

$$I_y=I_z=\frac{1}{2}I_p=\frac{\pi d^4}{64}$$

(2) 求惯性半径。由式（Ⅰ-10）

$$i_y=i_z=\sqrt{\frac{I_y}{A}}=\sqrt{\frac{\frac{\pi d^4}{64}}{\frac{\pi d^2}{4}}}=\frac{d}{4}$$

一些常用简单图形的几何性质列于表 Ⅰ-1 中，以便直接查询使用。

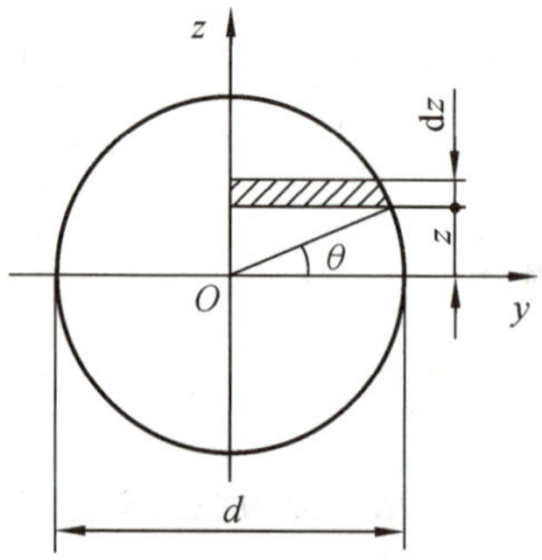

图 Ⅰ-9 例 Ⅰ-6 图

表 Ⅰ-1　常用简单图形的几何性质

截面和形心轴的位置	惯性矩		惯性半径	
	I_y	I_z	i_y	i_z
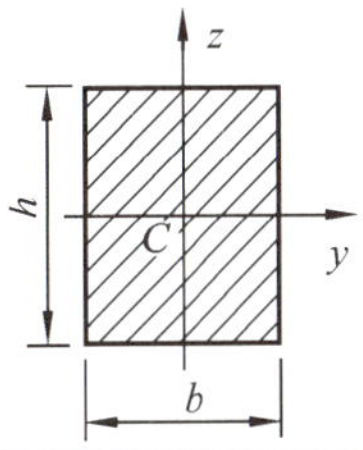	$\frac{bh^3}{12}$	$\frac{b^3h}{12}$	$\frac{h}{\sqrt{12}}$	$\frac{b}{\sqrt{12}}$
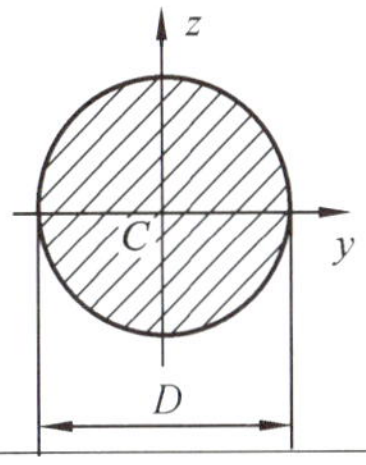	$\frac{\pi D^4}{64}$	$\frac{\pi D^4}{64}$	$\frac{D}{4}$	$\frac{D}{4}$
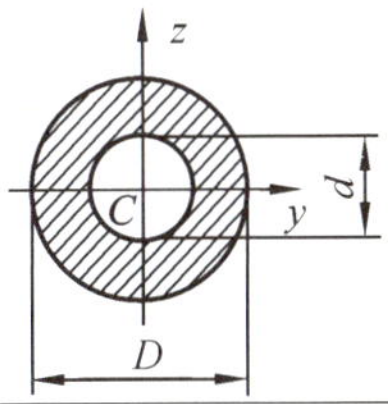	$\frac{\pi D^4}{64}(1-\alpha^4)$ $\alpha = d/D$	$\frac{\pi D^4}{64}(1-\alpha^4)$	$\frac{\sqrt{D^2+d^2}}{4}$	$\frac{\sqrt{D^2+d^2}}{4}$
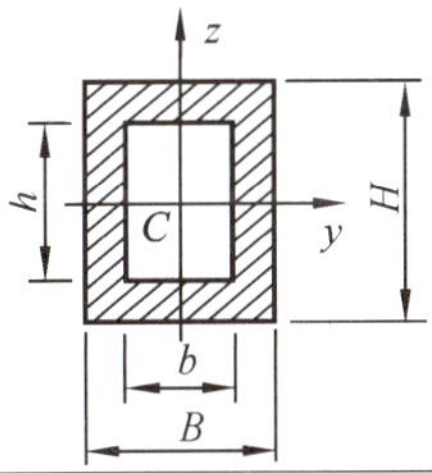	$\frac{BH^3-bh^3}{12}$	$\frac{B^3H-b^3h}{12}$	$\sqrt{\frac{BH^3-bh^3}{12(BH-bh)}}$	$\sqrt{\frac{B^3H-b^3h}{12(BH-bh)}}$
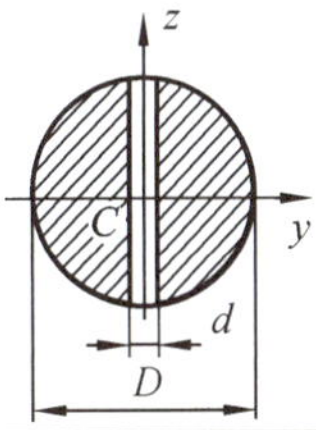	$\frac{\pi D^4}{64}-\frac{dD^3}{12}$	$\frac{\pi D^4}{64}-\frac{d^3D}{12}$	$\frac{D}{4}\sqrt{\frac{3\pi D-16d}{3\pi D-12d}}$	$\frac{D}{4}\sqrt{\frac{3\pi D^3-16d^3}{3\pi D^3-12dD^2}}$
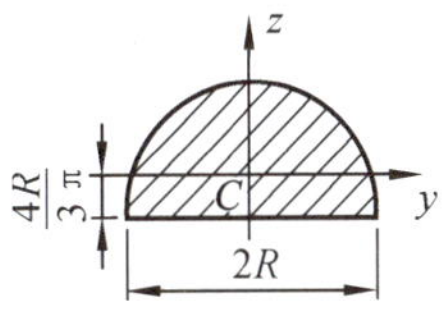	$\left(\frac{\pi}{8}-\frac{8}{9\pi}\right)R^4$ $\approx 0.11R^4$	$\frac{\pi R^4}{8}$	$0.264R$	$\frac{R}{2}$
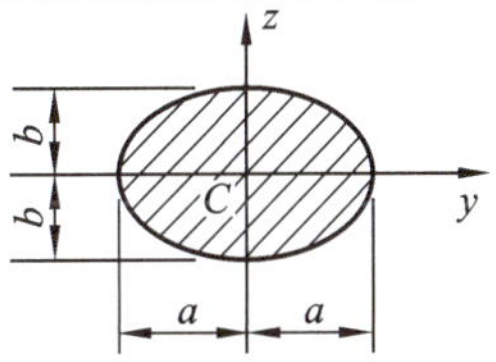	$\frac{\pi}{4}ab^3$	$\frac{\pi}{4}a^3b$	$\frac{b}{2}$	$\frac{a}{2}$

Ⅰ.3 惯性矩、惯性积的平行移轴公式

设任一截面(图Ⅰ-10)对其形心轴 y_C、z_C 的惯性矩 I_{y_C}、I_{z_C} 已知。有另一对坐标轴 y、z 分别平行于 y_C、z_C 轴，两平行轴的间距分别为 a、b。现讨论截面对这两对平行坐标轴的惯性矩之间的关系。

根据定义，截面对形心轴的惯性矩、惯性积分别为

$$I_{y_C}=\int_A z_C^2\mathrm{d}A,\quad I_{z_C}=\int_A y_C^2\mathrm{d}A,\quad I_{y_Cz_C}=\int_A y_Cz_C\mathrm{d}A \tag{a}$$

同样，截面对 y、z 轴的惯性矩、惯性积分别为

$$I_y=\int_A z^2\mathrm{d}A,\quad I_z=\int_A y^2\mathrm{d}A,\quad I_{yz}=\int_A yz\mathrm{d}A \tag{b}$$

由图 Ⅰ-10 可知，$z=z_C+a$，代入式(b)中的第一式

$$\begin{aligned}I_y&=\int_A z^2\mathrm{d}A=\int_A(z_C+a)^2\mathrm{d}A\\&=\int_A z_C^2\mathrm{d}A+2a\int_A z_C\mathrm{d}A+a^2\int_A\mathrm{d}A\end{aligned} \tag{c}$$

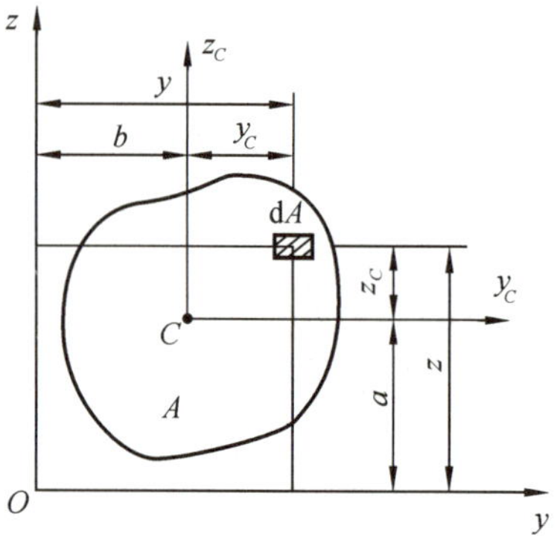

图 Ⅰ-10 截面图形

因为

$$\int_A z_C^2\mathrm{d}A=I_{y_C},\quad \int_A z_C\mathrm{d}A=S_{y_C}=0,\quad \int_A\mathrm{d}A=A$$

则式(c)简化为

$$I_y=I_{y_C}+a^2A$$

同理

$$\left.\begin{aligned}I_z&=I_{z_C}+b^2A\\I_{yz}&=I_{y_Cz_C}+abA\end{aligned}\right\} \tag{Ⅰ-11}$$

式(Ⅰ-11)称为惯性矩、惯性积的平行移轴公式(paralled axis formula)。即截面对某轴的惯性矩，等于它对与该轴平行的形心轴的惯性矩，加上两轴间距离的平方乘以截面面积；截面对任一正交轴系的惯性积，等于它对与该轴系平行的形心轴系的惯性积，加上两坐标系轴间距的乘积再乘以截面面积，式(Ⅰ-11)中第一式恒为正，第二式中 a、b 均为代数值，故 I_{yz} 可正、可负或为零。

组合截面的惯性矩和惯性积可用下面公式来计算

$$\left.\begin{aligned}I_y&=\sum_{i=1}^{n}I_{yi}=\sum_{i=1}^{n}\left[I_{y_{Ci}}+a_i^2A_i\right]\\I_z&=\sum_{i=1}^{n}I_{zi}=\sum_{i=1}^{n}\left[I_{z_{Ci}}+b_i^2A_i\right]\\I_{yz}&=\sum_{i=1}^{n}I_{yzi}=\sum_{i=1}^{n}\left[I_{y_{Ci}z_{Ci}}+a_ib_iA_i\right]\end{aligned}\right\} \tag{Ⅰ-12}$$

式中，$I_{y_{Ci}}$、$I_{z_{Ci}}$、$I_{y_{Ci}z_{Ci}}$ 分别表示每个简单图形对自身形心轴的惯性矩、惯性积；a_i、b_i 分别表示每个简单图形的形心坐标轴到组合图形 y、z 轴的距离；A_i 表示各简单图形的面积。

◀ 讲授视频：惯性矩、惯性积的平行移轴公式。

【例Ⅰ-7】 由20a号工字钢和16b号槽钢组合而成的截面如图Ⅰ-11所示。试求对其形心轴的惯性矩 I_y。

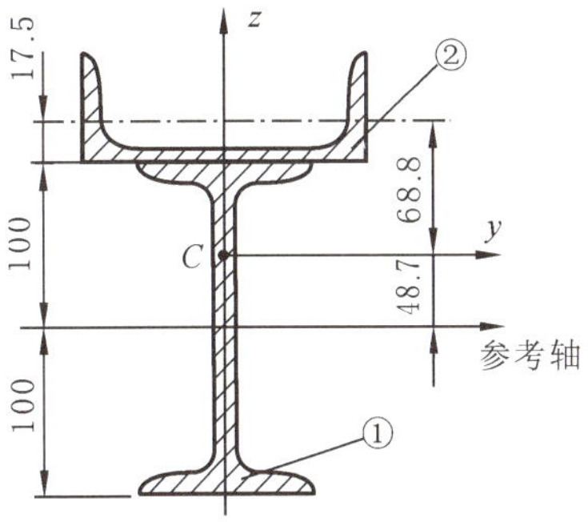

图Ⅰ-11 例Ⅰ-7图

解：(1) 将截面视为①、②两部分的组合。

(2) 选参考轴通过图形①的形心。

(3) 由式(Ⅰ-5)求形心坐标。查型钢表，将计算用到的数据列出如下：

20a号工字钢：$A_1 = 35.55 \times 10^2\ \text{mm}^2$

$I_{y_{C1}} = 2370 \times 10^4\ \text{mm}^4$

16b号槽钢：$A_2 = 25.15 \times 10^2\ \text{mm}^2$

$I_{y_{C2}} = 83.4 \times 10^4\ \text{mm}^4$

则截面形心的坐标为

$$z_C = \frac{\sum_{i=1}^{2} A_i z_i}{\sum_{i=1}^{2} A_i}$$

$$= \frac{35.55 \times 10^2\ \text{mm}^2 \times 0 + 25.15 \times 10^2\ \text{mm}^2 \times (100 + 17.5)\ \text{mm}}{(35.55 + 25.15) \times 10^2\ \text{mm}^2} = 48.68\ \text{mm}$$

$y_C = 0$

(4) 由式(Ⅰ-12)求 I_y

$$I_y = \sum_{i=1}^{2}(I_{y_{Ci}} + a_i^2 A_i)$$

$$= 2370 \times 10^4\ \text{mm}^4 + (48.68\ \text{mm})^2 \times 35.55 \times 10^2\ \text{mm}^2 + 83.4 \times 10^4\ \text{mm}^4$$

$$+ (100 + 17.5 - 48.68)^2\ \text{mm}^2 \times 25.15 \times 10^2\ \text{mm}^2$$

$$= 44.86 \times 10^6\ \text{mm}^4$$

Ⅰ.4 惯性矩、惯性积的转轴公式

设任一截面(图Ⅰ-12)对坐标轴 y、z 轴的惯性矩、惯性积为 I_y、I_z、I_{yz}。若将坐标轴 y、z 绕其原点 O 旋转一角度 α（α 以逆时针转为正，顺时针转为负，图Ⅰ-12的 α 为正），得到新的坐标轴 y_1、z_1。此时，截面对 y_1、z_1 轴的惯性矩与惯性积为 I_{y_1}、I_{z_1}、$I_{y_1z_1}$。现研究 I_y、I_z、I_{yz} 与 I_{y_1}、I_{z_1} 和 $I_{y_1z_1}$ 之间的关系。

在图中任取一微面积 $\mathrm{d}A$，它在 yOz 坐标系中的坐标为 (y,z)，在 y_1Oz_1 坐标系中的坐标为 (y_1,z_1)。图中有几何关系

$$\left.\begin{aligned} y_1 &= y\cos\alpha + z\sin\alpha \\ z_1 &= z\cos\alpha - y\sin\alpha \end{aligned}\right\} \tag{a}$$

按定义

$$\left.\begin{aligned} I_{y_1} &= \int_A z_1^2 \mathrm{d}A \\ I_{z_1} &= \int_A y_1^2 \mathrm{d}A \\ I_{y_1 z_1} &= \int_A y_1 z_1 \mathrm{d}A \end{aligned}\right\} \tag{b}$$

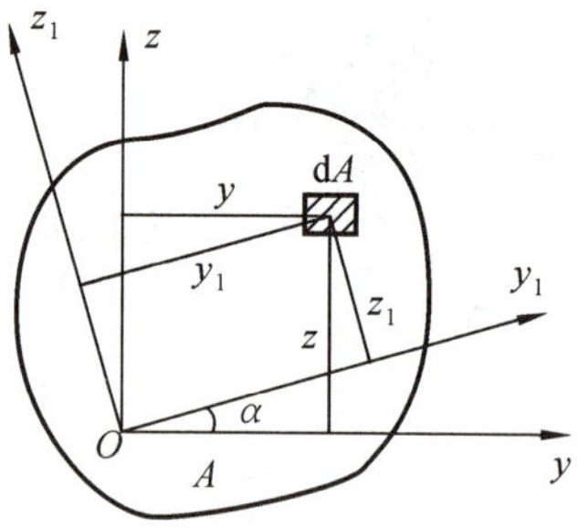

图 Ⅰ-12 截面图形

将式(a)分别代入式(b),并注意三角函数关系

$$\cos^2\alpha = \frac{1}{2}(1+\cos 2\alpha), \qquad \sin^2\alpha = \frac{1}{2}(1-\cos 2\alpha)$$

整理后得到

$$\left.\begin{aligned} I_{y_1} &= \frac{I_y + I_z}{2} + \frac{I_y - I_z}{2}\cos 2\alpha - I_{yz}\sin 2\alpha \\ I_{z_1} &= \frac{I_y + I_z}{2} - \frac{I_y - I_z}{2}\cos 2\alpha + I_{yz}\sin 2\alpha \\ I_{y_1 z_1} &= \frac{I_y - I_z}{2}\sin 2\alpha + I_{yz}\cos 2\alpha \end{aligned}\right\} \tag{Ⅰ-13}$$

式(Ⅰ-13)即为惯性矩和惯性积的**转轴公式**(rotation axis formula)。它反映了惯性矩、惯性积随 α 而改变的规律。将式(Ⅰ-13)的前两式相加,可得

$$I_{y_1} + I_{z_1} = I_y + I_z$$

这说明截面对正交轴系的惯性矩之和为一常数。

由式(Ⅰ-13)可见,$I_{y_1 z_1}$ 随 α 而改变,当 $I_{y_1 z_1}=0$ 时,相应的坐标轴为主惯性轴,用 y_0、z_0 表示,即

$$I_{y_0 z_0} = \frac{I_y - I_z}{2}\sin 2\alpha_0 + I_{yz}\cos 2\alpha_0 = 0 \tag{c}$$

由此求得

$$\tan 2\alpha_0 = -\frac{2I_{yz}}{I_y - I_z} \tag{Ⅰ-14}$$

式中,α_0 和 $\alpha_0+\frac{\pi}{2}$ 表示了主轴 y_0、z_0 的方位角。

将关系式(Ⅰ-14)代入转轴公式(Ⅰ-13)第一、第二式,运算时利用三角函数关系

$$\cos 2\alpha_0 = \frac{1}{\sqrt{1+\tan^2 2\alpha_0}}, \quad \sin 2\alpha_0 = \frac{\tan 2\alpha_0}{\sqrt{1+\tan^2 2\alpha_0}}$$

可以求得截面的主惯性矩

$$\left.\begin{aligned} I_{y_0} &= \frac{I_y + I_z}{2} + \frac{1}{2}\sqrt{(I_y - I_z)^2 + 4I_{yz}^2} \\ I_{z_0} &= \frac{I_y + I_z}{2} - \frac{1}{2}\sqrt{(I_y - I_z)^2 + 4I_{yz}^2} \end{aligned}\right\} \tag{Ⅰ-15}$$

若将式(Ⅰ-13)的第一式对 α 求一阶导数且令其为零,即可得到惯性矩的极值,即

$$\frac{\mathrm{d}I_y}{\mathrm{d}\alpha} = -2\left(\frac{I_y - I_z}{2}\sin 2\alpha + I_{yz}\cos 2\alpha\right) = 0$$

可见,上式与式(c)一致。说明由式(Ⅰ-15)求得的主惯性矩就是截面的最大或最小惯性矩。

【例 Ⅰ-8】　已知截面尺寸如图Ⅰ-13所示。试求其形心主惯性矩 I_{y_0}、I_{z_0}。

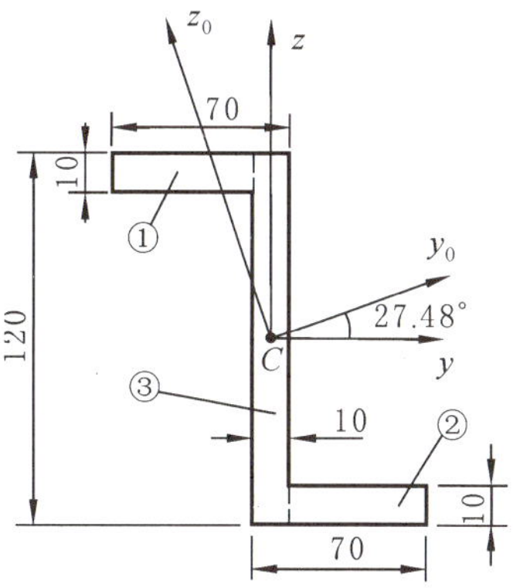

图 Ⅰ-13　例 Ⅰ-8 图

解：(1) 确定形心位置。由于截面是反对称的，因此形心位于其反对称中心点 C。以点 C 为原点，取坐标轴 y、z 如图所示。

(2) 将截面视为①、②、③三个小矩形的组合。

(3) 由式(Ⅰ-12)计算惯性矩、惯性积 I_y、I_z、I_{yz}。

$$I_y=\sum_{i=1}^{3}(I_{y_{Ci}}+a_i^2A_i)$$
$$=\left[\frac{60\ \text{mm}\times(10\ \text{mm})^3}{12}+(55\ \text{mm})^2\times 60\ \text{mm}\times 10\ \text{mm}\right]\times 2+\frac{10\ \text{mm}\times(120\ \text{mm})^3}{12}$$
$$=5.08\times10^6\ \text{mm}^4$$

$$I_z=\sum_{i=1}^{3}[I_{z_{Ci}}+b_i^2A_i]$$
$$=\left[\frac{60\ \text{mm}\times(10\ \text{mm})^3}{12}+(35\ \text{mm})^2\times 60\ \text{mm}\times 10\ \text{mm}\right]\times 2+\frac{120\ \text{mm}\times(10\ \text{mm})^3}{12}$$
$$=1.84\times10^6\ \text{mm}^4$$

$$I_{yz}=\sum_{i=1}^{3}(I_{y_{Ci}z_{Ci}}+a_ib_iA_i)$$
$$=(-35)\ \text{mm}\times 55\ \text{mm}\times 60\ \text{mm}\times 10\ \text{mm}+35\ \text{mm}\times(-55)\ \text{mm}\times 60\ \text{mm}\times 10\ \text{mm}$$
$$=-2.31\times10^6\ \text{mm}^4$$

(4) 由式(Ⅰ-14)确定形心主轴的方位。

$$\tan 2\alpha_0=-\frac{2I_{yz}}{I_y-I_z}=-\frac{2\times(-2.31)\times10^6\ \text{mm}^4}{(5.08-1.84)\times10^6\ \text{mm}^4}=1.426$$

$$\alpha_0=27.48^\circ,\quad \alpha_0+\frac{\pi}{2}=117.48^\circ$$

由于 $I_y>I_z$，因此截面对绝对值较小的 α_0 所确定的形心主轴的惯性矩为最大值，另一轴的惯性矩为最小值，如图Ⅰ-13所示，对 y_0 轴的形心主惯性矩为最大值，对 z_0 轴的形心主惯性矩为最小值。

(5) 由式(Ⅰ-15)计算形心主惯性矩。

$$I_{y_0}=\frac{I_y+I_z}{2}+\frac{1}{2}\sqrt{(I_y-I_z)^2+4I_{yz}^2}$$
$$=\frac{1}{2}(5.08\ \text{mm}^4+1.84\ \text{mm}^4)\times10^6+\frac{1}{2}[(5.08\ \text{mm}^4-1.84\ \text{mm}^4)^2+4\times(-2.31\ \text{mm}^4)^2]^{\frac{1}{2}}\times10^6$$
$$=3.46\times10^6\ \text{mm}^4+2.82\times10^6\ \text{mm}^4=6.28\times10^6\ \text{mm}^4=I_{\max}$$

$$I_{z_0}=\frac{I_y+I_z}{2}-\frac{1}{2}\sqrt{(I_y-I_z)^2+4I_{yz}^2}$$
$$=(3.46-2.82)\times10^6\ \text{mm}^4=0.64\times10^6\ \text{mm}^4=I_{\min}$$

思　考　题

Ⅰ-1　怎样确定组合截面的形心位置？如题图所示管子截面，如何简便地求形心位置？

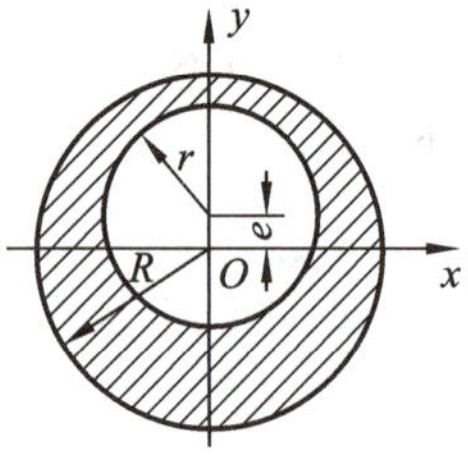

思考题Ⅰ-1图

Ⅰ-2　题图所示各截面中 C 是形心。试问哪些截面对坐标轴的惯性积等于零？

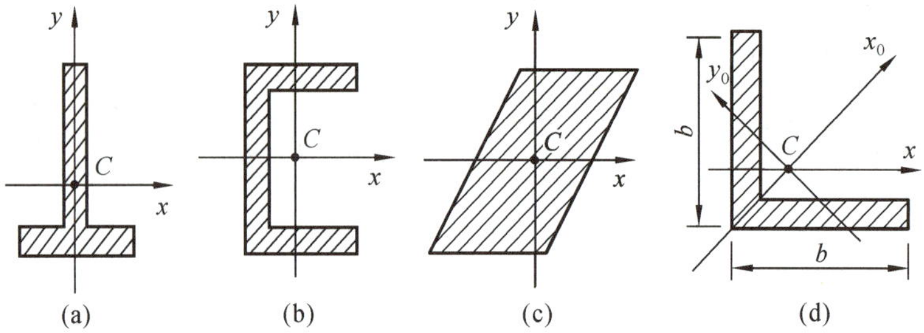

思考题Ⅰ-2图

Ⅰ-3　题图所示两截面的惯性矩 I_x 是否可按照 $I_x=\frac{bh^3}{12}-\frac{b_0h_0^{\ 3}}{12}$ 来计算？

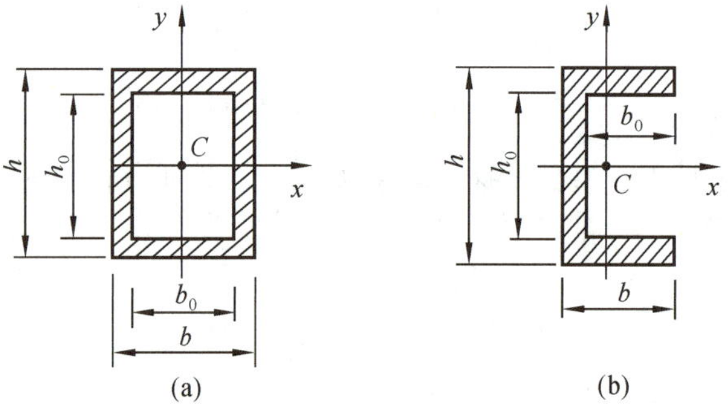

思考题Ⅰ-3图

Ⅰ-4　在应用平行移轴公式时，有什么条件限制？如题图所示三角形截面，已知其对 z 轴的惯性矩为 $I_z=\frac{bh^3}{12}$，则根据平行移轴公式求得截面对 z_1 轴的惯性矩为下式，对吗？为什么？

$$I_{z_1}=I_z+a^2A=\frac{bh^3}{12}+\frac{1}{2}bh\left(\frac{2}{3}h\right)^2=\frac{11}{36}bh^3$$

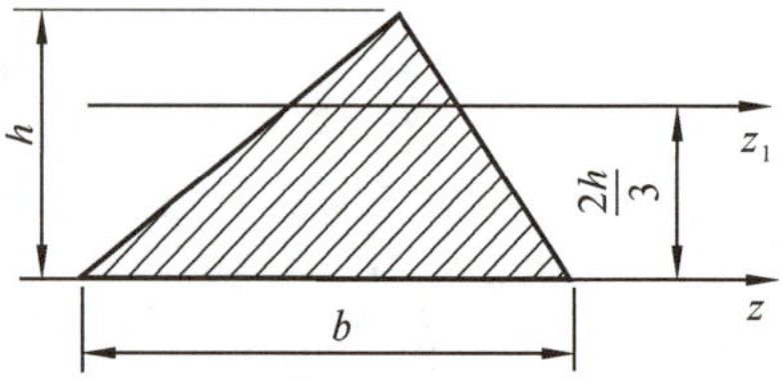

思考题Ⅰ-4图

Ⅰ-5　已知直角三角形截面斜边中点 D 处的一对正交坐标轴 x、y 如题图所示。

(1) x、y 是否为一对主惯性轴？

(2) 不用积分，试计算其 I_x 和 I_{xy} 的值。

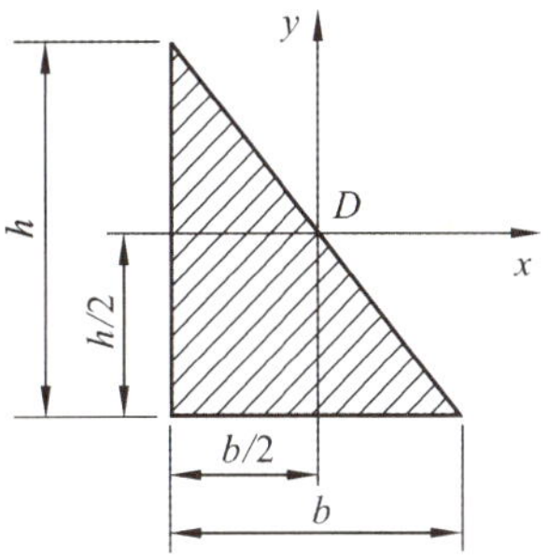

思考题 Ⅰ-5 图

习　　题

Ⅰ-1　试求题图所示各截面对 y 轴的静矩，并求截面形心的坐标 z_C。

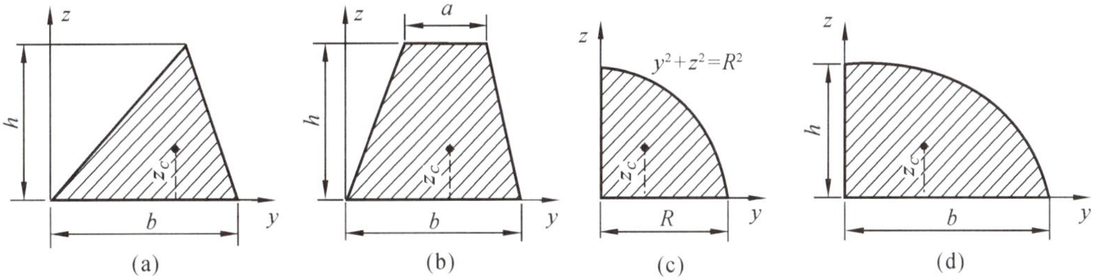

习题 Ⅰ-1 图

Ⅰ-2　确定题图所示各截面对水平形心轴 y 的惯性矩 I_y。

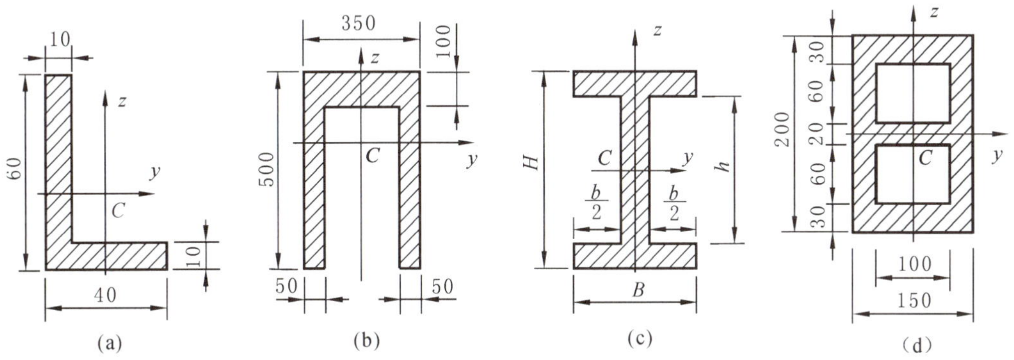

习题 Ⅰ-2 图

Ⅰ-3　试从型钢表中查出或计算出题图所示各截面的形心位置，截面面积和对形心轴的惯性矩。图(d) 中两槽钢的间距为 $a=180$ mm。

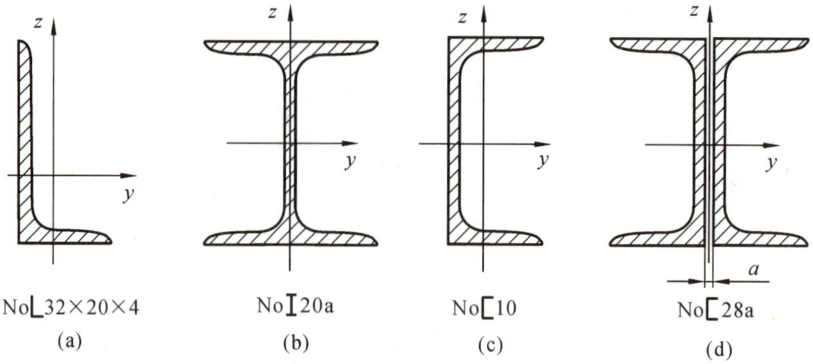

习题 Ⅰ-3 图

Ⅰ-4 如习题Ⅰ-3图(d)所示截面,若欲使此截面对两对称轴的惯性矩相等,即 $I_y = I_z$,则两槽钢的间距 a 应为多少?

Ⅰ-5 试求题图所示正方形截面的惯性积 $I_{x_1y_1}$ 和惯性矩 I_{x_1}、I_{y_1},并作出相应的结论。

Ⅰ-6 试确定题图所示截面的形心主惯性轴的位置,并求形心主惯性矩。

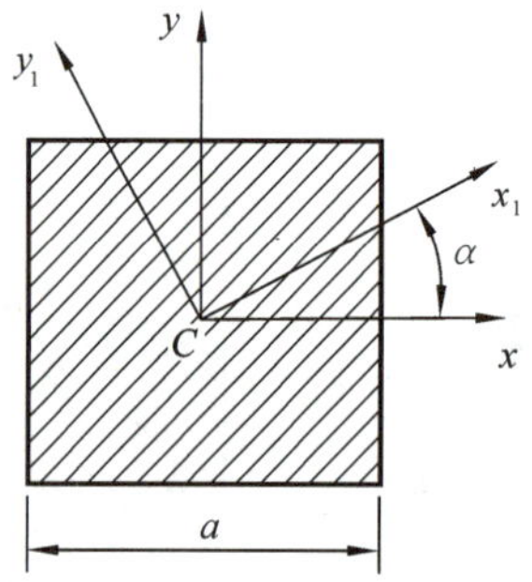

习题 Ⅰ-5 图

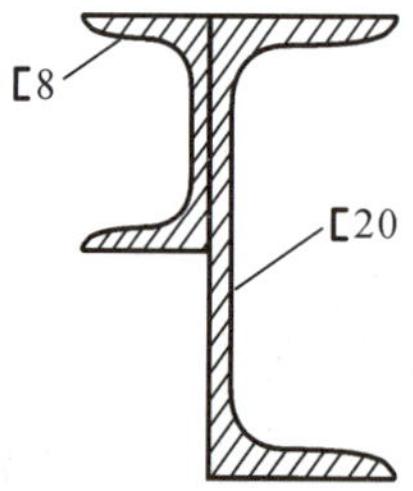

习题 Ⅰ-6 图

附录 II 型钢表

1. 热轧等边角钢(GB/T 706—2016)

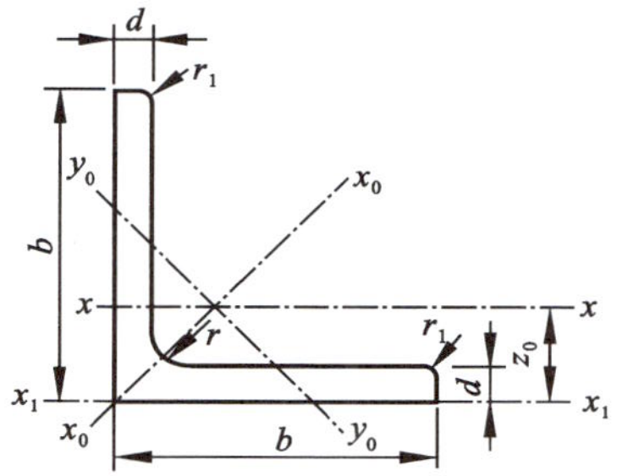

符号意义：

b— 边宽度；

d— 边厚度；

r— 内圆弧半径；

r_1— 边端圆弧半径；

z_0— 重心距离。

型号	截面尺寸 /mm			截面面积 /cm²	理论重量 /(kg/m)	外表面积 /(m²/m)	惯性矩 /cm⁴				惯性半径 /cm			截面模数 /cm³			重心距离 /cm
	b	d	r				I_x	I_{x_1}	I_{x_0}	I_{y_0}	i_x	i_{x_0}	i_{y_0}	W_x	W_{x_0}	W_{y_0}	z_0
2	20	3	3.5	1.132	0.89	0.078	0.40	0.81	0.63	0.17	0.59	0.75	0.39	0.29	0.45	0.20	0.60
		4		1.459	1.15	0.077	0.50	1.09	0.78	0.22	0.58	0.73	0.38	0.36	0.55	0.24	0.64
2.5	25	3		1.432	1.12	0.098	0.82	1.57	1.29	0.34	0.76	0.95	0.49	0.46	0.73	0.33	0.73
		4		1.859	1.46	0.097	1.03	2.11	1.62	0.43	0.74	0.93	0.48	0.59	0.92	0.40	0.76
3.0	30	3	4.5	1.749	1.37	0.117	1.46	2.71	2.31	0.61	0.91	1.15	0.59	0.68	1.09	0.51	0.85
		4		2.276	1.79	0.117	1.84	3.63	2.92	0.77	0.90	1.13	0.58	0.87	1.37	0.62	0.89
3.6	36	3		2.109	1.66	0.141	2.58	4.68	4.09	1.07	1.11	1.39	0.71	0.99	1.61	0.76	1.00
		4		2.756	2.16	0.141	3.29	6.25	5.22	1.37	1.09	1.38	0.70	1.28	2.05	0.93	1.04
		5		3.382	2.65	0.141	3.95	7.84	6.24	1.65	1.08	1.36	0.70	1.56	2.45	1.00	1.07

续表

型号	截面尺寸 /mm			截面面积 /cm²	理论重量 /(kg/m)	外表面积 /(m²/m)	惯性矩 /cm⁴				惯性半径 /cm			截面模数 /cm³			重心距离 /cm
	b	d	r				I_x	I_{x_1}	I_{x_0}	I_{y_0}	i_x	i_{x_0}	i_{y_0}	W_x	W_{x_0}	W_{y_0}	z_0
4	40	3	5	2.359	1.85	0.157	3.59	6.41	5.69	1.49	1.23	1.55	0.79	1.23	2.01	0.96	1.09
		4		3.086	2.42	0.157	4.60	8.56	7.29	1.91	1.22	1.54	0.79	1.60	2.58	1.19	1.13
		5		3.792	2.98	0.156	5.53	10.7	8.76	2.30	1.21	1.52	0.78	1.96	3.10	1.39	1.17
4.5	45	3		2.659	2.09	0.177	5.17	9.12	8.20	2.14	1.40	1.76	0.89	1.58	2.58	1.24	1.22
		4		3.486	2.74	0.177	6.65	12.2	10.6	2.75	1.38	1.74	0.89	2.05	3.32	1.54	1.26
		5		4.292	3.37	0.176	8.04	15.2	12.7	3.33	1.37	1.72	0.88	2.51	4.00	1.81	1.30
		6		5.077	3.99	0.176	9.33	18.4	14.8	3.89	1.36	1.70	0.80	2.95	4.64	2.06	1.33
5	50	3	5.5	2.971	2.33	0.197	7.18	12.5	11.4	2.98	1.55	1.96	1.00	1.96	3.22	1.57	1.34
		4		3.897	3.06	0.197	9.26	16.7	14.7	3.82	1.54	1.94	0.99	2.56	4.16	1.96	1.38
		5		4.803	3.77	0.196	11.2	20.9	17.8	4.64	1.53	1.92	0.98	3.13	5.03	2.31	1.42
		6		5.688	4.46	0.196	13.1	25.1	20.7	5.42	1.52	1.91	0.98	3.68	5.85	2.63	1.46
5.6	56	3	6	3.343	2.62	0.221	10.2	17.6	16.1	4.24	1.75	2.20	1.13	2.48	4.08	2.02	1.48
		4		4.390	3.45	0.220	13.2	23.4	20.9	5.46	1.73	2.18	1.11	3.24	5.28	2.52	1.53
		5		5.415	4.25	0.220	16.0	29.3	25.4	6.61	1.72	2.17	1.10	3.97	6.42	2.98	1.57
		6		6.420	5.04	0.220	18.7	35.3	29.7	7.73	1.71	2.15	1.10	4.68	7.49	3.40	1.61
		7		7.404	5.81	0.219	21.2	41.2	33.6	8.82	1.69	2.13	1.09	5.36	8.49	3.80	1.64
		8		8.367	6.57	0.219	23.6	47.2	37.4	9.89	1.68	2.11	1.09	6.03	9.44	4.16	1.68
6	60	5	6.5	5.829	4.58	0.236	19.9	36.1	31.6	8.21	1.85	2.33	1.19	4.59	7.44	3.48	1.67
		6		6.914	5.43	0.235	23.4	43.3	36.9	9.60	1.83	2.31	1.18	5.41	8.70	3.98	1.70
		7		7.977	6.26	0.235	26.4	50.7	41.9	11.0	1.82	2.29	1.17	6.21	9.88	4.45	1.74
		8		9.020	7.08	0.235	29.5	58.0	46.7	12.3	1.81	2.27	1.17	6.98	11.00	4.88	1.78

续表

型号	截面尺寸 /mm			截面面积 /cm^2	理论重量 /(kg/m)	外表面积 /(m^2/m)	惯性矩 /cm^4				惯性半径 /cm			截面模数 /cm^3			重心距离 /cm
	b	d	r				I_x	I_{x_1}	I_{x_0}	I_{y_0}	i_x	i_{x_0}	i_{y_0}	W_x	W_{x_0}	W_{y_0}	z_0
6.3	63	4	7	4.978	3.91	0.248	19.0	33.4	30.2	7.89	1.96	2.46	1.26	4.13	6.78	3.29	1.70
		5		6.143	4.82	0.248	23.2	41.7	36.8	9.57	1.94	2.45	1.25	5.08	8.25	3.90	1.74
		6		7.288	5.72	0.247	27.1	50.1	43.0	11.2	1.93	2.43	1.24	6.00	9.66	4.46	1.78
		7		8.412	6.60	0.247	30.9	58.6	49.0	12.8	1.92	2.41	1.23	6.88	11.0	4.98	1.82
		8		9.515	7.47	0.247	34.5	67.1	54.6	14.3	1.90	2.40	1.23	7.75	12.3	5.47	1.85
		10		11.66	9.15	0.246	41.1	84.3	64.9	17.3	1.88	2.36	1.22	9.39	14.6	6.36	1.93
7	70	4	8	5.570	4.37	0.275	26.4	45.7	41.8	11.0	2.18	2.74	1.40	5.14	8.44	4.17	1.86
		5		6.876	5.40	0.275	32.2	57.2	51.1	13.3	2.16	2.73	1.39	6.32	10.3	4.95	1.91
		6		8.160	6.41	0.275	37.8	68.7	59.9	15.6	2.15	2.71	1.38	7.48	12.1	5.67	1.95
		7		9.424	7.40	0.275	43.1	80.3	68.4	17.8	2.14	2.69	1.38	8.59	13.8	6.34	1.99
		8		10.67	8.37	0.274	48.2	91.9	76.4	20.0	2.12	2.68	1.37	9.68	15.4	6.98	2.03
7.5	75	5	9	7.412	5.82	0.295	40.0	70.6	63.3	16.6	2.33	2.92	1.50	7.32	11.9	5.77	2.04
		6		8.797	6.91	0.294	47.0	84.6	74.4	19.5	2.31	2.90	1.49	8.64	14.0	6.67	2.07
		7		10.16	7.98	0.294	53.6	98.7	85.0	22.2	2.30	2.89	1.48	9.93	16.0	7.44	2.11
		8		11.50	9.03	0.294	60.0	113	95.1	24.9	2.28	2.88	1.47	11.20	17.9	8.19	2.15
		9		12.83	10.1	0.294	66.1	127	105	27.5	2.27	2.86	1.46	12.4	19.8	8.89	2.18
		10		14.13	11.1	0.293	72.0	142	114	30.1	2.26	2.84	1.46	13.6	21.5	9.56	2.22
8	80	5		7.912	6.21	0.315	48.8	85.4	77.3	20.3	2.48	3.13	1.60	8.34	13.7	6.66	2.15
		6		9.397	7.38	0.314	57.4	103	91.0	23.7	2.47	3.11	1.59	9.87	16.1	7.65	2.19
		7		10.86	8.53	0.314	65.6	120	104	27.1	2.46	3.10	1.58	11.4	18.4	8.58	2.23
		8		12.30	9.66	0.314	73.5	137	117	30.4	2.44	3.08	1.57	12.8	20.6	9.46	2.27
		9		13.73	10.8	0.314	81.1	154	129	33.6	2.43	3.06	1.56	14.3	22.7	10.3	2.31
		10		15.13	11.9	0.313	88.4	172	140	36.8	2.42	3.04	1.56	15.6	24.8	11.1	2.35

续表

型号	截面尺寸/mm			截面面积/cm^2	理论重量/(kg/m)	外表面积/(m^2/m)	惯性矩/cm^4				惯性半径/cm			截面模数/cm^3			重心距离/cm
	b	d	r				I_x	I_{x_1}	I_{x_0}	I_{y_0}	i_x	i_{x_0}	i_{y_0}	W_x	W_{x_0}	W_{y_0}	z_0
9	90	6	10	10.64	8.35	0.354	82.8	146	131	34.3	2.79	3.51	1.80	12.6	20.6	9.95	2.44
		7		12.30	9.66	0.354	94.8	170	150	39.2	2.78	3.50	1.78	14.5	23.6	11.2	2.48
		8		13.94	10.9	0.353	106	195	169	44.0	2.76	3.48	1.78	16.4	26.6	12.4	2.52
		9		15.57	12.2	0.353	118	219	187	48.7	2.75	3.46	1.77	18.3	29.4	13.5	2.56
		10		17.17	13.5	0.353	129	244	204	53.3	2.74	3.45	1.76	20.1	32.0	14.5	2.59
		12		20.31	15.9	0.352	149	294	236	62.2	2.71	3.41	1.75	23.6	37.1	16.5	2.67
10	100	6	12	11.93	9.37	0.393	115	200	182	47.9	3.10	3.90	2.00	15.7	25.7	12.7	2.67
		7		13.80	10.8	0.393	132	234	209	54.7	3.09	3.89	1.99	18.1	29.6	14.3	2.71
		8		15.64	12.3	0.393	148	267	235	61.4	3.08	3.88	1.98	20.5	33.2	15.8	2.76
		9		17.46	13.7	0.392	164	300	260	68.0	3.07	3.86	1.97	22.8	36.8	17.2	2.80
		10		19.26	15.1	0.392	180	334	285	74.4	3.05	3.84	1.96	25.1	40.3	18.5	2.84
		12		22.80	17.9	0.391	209	402	331	86.8	3.03	3.81	1.95	29.5	46.8	21.1	2.91
		14		26.26	20.6	0.391	237	471	374	99.0	3.00	3.77	1.94	33.7	52.9	23.4	2.99
		16		29.63	23.3	0.390	263	540	414	111	2.98	3.74	1.94	37.8	58.6	25.6	3.06
11	110	7		15.20	11.9	0.433	177	311	281	73.4	3.41	4.30	2.20	22.1	36.1	17.5	2.96
		8		17.24	13.5	0.433	199	355	316	82.4	3.40	4.28	2.19	25.0	40.7	19.4	3.01
		10		21.26	16.7	0.432	242	445	384	100	3.38	4.25	2.17	30.6	49.4	22.9	3.09
		12		25.20	19.8	0.431	283	535	448	117	3.35	4.22	2.15	36.1	57.6	26.2	3.16
		14		29.06	22.8	0.431	321	625	508	133	3.32	4.18	2.14	41.3	65.3	29.1	3.24

续表

型号	截面尺寸 /mm			截面面积 /cm²	理论重量 /(kg/m)	外表面积 /(m²/m)	惯性矩 /cm⁴				惯性半径 /cm			截面模数 /cm³			重心距离 /cm
	b	d	r				I_x	I_{x_1}	I_{x_0}	I_{y_0}	i_x	i_{x_0}	i_{y_0}	W_x	W_{x_0}	W_{y_0}	z_0
12.5	125	8	14	19.75	15.5	0.492	297	521	471	123	3.88	4.88	2.50	32.5	53.3	25.9	3.37
		10		24.37	19.1	0.491	362	652	574	149	3.85	4.85	2.48	40.0	64.9	30.6	3.45
		12		28.91	22.7	0.491	423	783	671	175	3.83	4.82	2.46	41.2	76.0	35.0	3.53
		14		33.37	26.2	0.490	482	916	764	200	3.80	4.78	2.45	54.2	86.4	39.1	3.61
		16		37.74	29.6	0.489	537	1 050	851	224	3.77	4.75	2.43	60.9	96.3	43.0	3.68
14	140	10		27.37	21.5	0.551	515	915	817	212	4.34	5.46	2.78	50.6	82.6	39.2	3.82
		12		32.51	25.5	0.551	604	1 100	959	249	4.31	5.43	2.76	59.8	96.9	45.0	3.90
		14		37.57	29.5	0.550	689	1 280	1 090	284	4.28	5.40	2.75	68.8	110	50.5	3.98
		16		42.54	33.4	0.549	770	1 470	1 220	319	4.26	5.36	2.74	77.5	123	55.6	4.06
15	150	8		23.75	18.6	0.592	521	900	827	215	4.69	5.90	3.01	47.4	78.0	38.1	3.99
		10		29.37	23.1	0.591	638	1 130	1 010	262	4.66	5.87	2.99	58.4	95.5	45.5	4.08
		12		34.91	27.4	0.591	749	1 350	1 190	308	4.63	5.84	2.97	69.0	112	52.4	4.15
		14		40.37	31.7	0.590	856	1 580	1 360	352	4.60	5.80	2.95	79.5	128	58.8	4.23
		15		43.06	33.8	0.590	907	1 690	1 440	374	4.59	5.78	2.96	84.6	136	61.9	4.27
		16		45.74	35.9	0.589	958	1 810	1 520	395	4.58	5.77	2.94	89.6	143	64.9	4.31
16	160	10	16	31.50	24.7	0.630	780	1 370	1 240	322	4.98	6.27	3.20	66.70	109	52.8	4.31
		12		37.44	29.4	0.630	917	1 640	1 460	377	4.95	6.24	3.18	79.0	129	60.7	4.39
		14		43.30	34.0	0.629	1 050	1 910	1 670	432	4.92	6.20	3.16	91.0	147	68.2	4.47
		16		49.07	38.5	0.629	1 180	2 190	1 870	485	4.89	6.17	3.14	103	165	75.3	4.55
18	180	12		42.24	33.2	0.710	1 320	2 330	2 100	543	5.59	7.05	3.58	101	165	78.4	4.89
		14		48.90	38.4	0.709	1 510	2 720	2 410	622	5.56	7.02	3.56	116	189	88.4	4.97
		16		55.47	43.5	0.709	1 700	3 120	2 700	699	5.54	6.98	3.55	131	212	97.8	5.05
		18		61.96	48.6	0.708	1 880	3 500	2 990	762	5.50	6.94	3.51	146	235	105	5.13

续表

型号	截面尺寸 /mm			截面面积 /cm^2	理论重量 /(kg/m)	外表面积 /(m^2/m)	惯性矩 /cm^4				惯性半径 /cm			截面模数 /cm^3			重心距离 /cm
	b	d	r				I_x	I_{x_1}	I_{x_0}	I_{y_0}	i_x	i_{x_0}	i_{y_0}	W_x	W_{x_0}	W_{y_0}	z_0
20	200	14	18	54.64	42.9	0.788	2 100	3 730	3 340	864	6.20	7.82	3.98	145	236	112	5.46
		16		62.01	48.7	0.788	2 370	4 270	3 760	971	6.18	7.79	3.96	164	266	124	5.54
		18		69.30	54.4	0.787	2 620	4 810	4 160	1 080	6.15	7.75	3.94	182	294	136	5.62
		20		76.51	60.1	0.787	2 870	5 350	4 550	1 180	6.12	7.72	3.93	200	322	147	5.69
		24		90.66	71.2	0.785	3 340	6 460	5 290	1 380	6.07	7.64	3.90	236	374	167	5.87
22	220	16	21	68.67	53.9	0.866	3 190	5 680	5 060	1 310	6.81	8.59	4.37	200	326	154	6.03
		18		76.75	60.3	0.866	3 540	6 400	5 620	1 450	6.79	8.55	4.35	223	361	168	6.11
		20		84.76	66.5	0.865	3 870	7 110	6 150	1 590	6.76	8.52	4.34	245	395	182	6.18
		22		92.68	72.8	0.865	4 200	7 830	6 670	1 730	6.73	8.48	4.32	267	429	195	6.26
		24		100.5	78.9	0.864	4 520	8 550	7 170	1 870	6.71	8.45	4.31	289	461	208	6.33
		26		108.3	85.0	0.864	4 830	9 280	7 690	2 000	6.68	8.41	4.30	310	492	221	6.41
25	250	18	24	87.84	69.0	0.985	5 270	9 380	8 370	2 170	7.75	9.76	4.97	290	473	224	6.84
		20		97.05	76.2	0.984	5 780	10 400	9 180	2 380	7.72	9.73	4.95	320	519	243	6.92
		22		106.2	83.3	0.983	6 280	11 500	9 970	2 580	7.69	9.69	4.93	349	564	261	7.00
		24		115.2	90.4	0.983	6 770	12 500	10 700	2 790	7.67	9.66	4.92	378	608	278	7.07
		26		124.2	97.5	0.982	7 240	13 600	11 500	2 980	7.64	9.62	4.90	406	650	295	7.15
		28		133.0	104	0.982	7 700	14 600	12 200	3 180	7.61	9.58	4.89	433	691	311	7.22
		30		141.8	111	0.981	8 160	15 700	12 900	3 380	7.58	9.55	4.88	461	731	327	7.30
		32		150.5	118	0.981	8 600	16 800	13 600	3 570	7.56	9.51	4.87	488	770	342	7.37
		35		163.4	128	0.980	9 240	18 400	14 600	3 850	7.52	9.46	4.86	527	827	364	7.48

注：截面图中的 $r_1 = d/3$ 及表中 r 的数据用于孔型设计，不做交货条件。

2. 热轧不等边角钢(GB/T 706—2016)

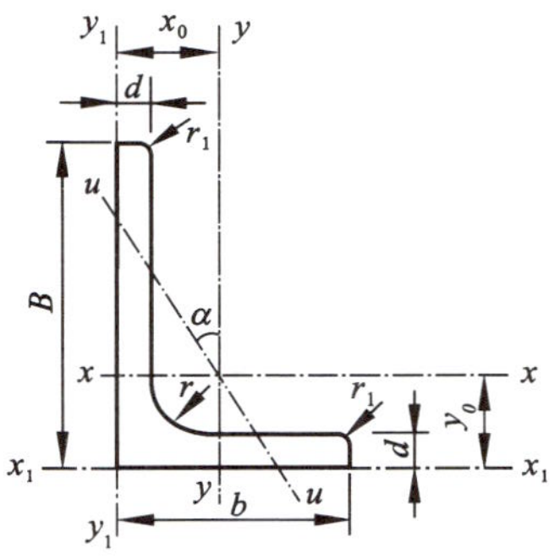

符号意义：
B— 长边宽度；
b— 短边宽度；
d— 边厚度；
r— 内圆弧半径；
r_1— 边端圆弧半径；
x_0— 重心距离；
y_0— 重心距离。

型号	截面尺寸 / mm				截面面积 /cm²	理论重量 / (kg/m)	外表面积 / (m²/m)	惯性矩 /cm⁴					惯性半径 /cm			截面模数 /cm³			tanα	重心距离 / cm	
	B	b	d	r				I_x	I_{x_1}	I_y	I_{y_1}	I_u	i_x	i_y	i_u	W_x	W_y	W_u		x_0	y_0
2.5/1.6	25	16	3	3.5	1.162	0.91	0.080	0.70	1.56	0.22	0.43	0.14	0.78	0.44	0.34	0.43	0.19	0.16	0.392	0.42	0.86
			4		1.499	1.18	0.079	0.88	2.09	0.27	0.59	0.17	0.77	0.43	0.34	0.55	0.24	0.20	0.381	0.46	0.90
3.2/2	32	20	3		1.492	1.17	0.102	1.53	3.27	0.46	0.82	0.28	1.01	0.55	0.43	0.72	0.30	0.25	0.382	0.49	1.08
			4		1.939	1.52	0.101	1.93	4.37	0.57	1.12	0.35	1.00	0.54	0.42	0.93	0.39	0.32	0.374	0.53	1.12
4/2.5	40	25	3	4	1.890	1.48	0.127	3.08	5.39	0.93	1.59	0.56	1.28	0.70	0.54	1.15	0.49	0.40	0.385	0.59	1.32
			4		2.467	1.94	0.127	3.93	8.53	1.18	2.14	0.71	1.36	0.69	0.54	1.49	0.63	0.52	0.381	0.63	1.37
4.5/2.8	45	28	3	5	2.149	1.69	0.143	4.45	9.10	1.34	2.23	0.80	1.44	0.79	0.61	1.47	0.62	0.51	0.383	0.64	1.47
			4		2.806	2.20	0.143	5.69	12.1	1.70	3.00	1.02	1.42	0.78	0.60	1.91	0.80	0.66	0.380	0.68	1.51
5/3.2	50	32	3	5.5	2.431	1.91	0.161	6.24	12.5	2.02	3.31	1.20	1.60	0.91	0.70	1.84	0.82	0.68	0.404	0.73	1.60
			4		3.177	2.49	0.160	8.02	16.7	2.58	4.45	1.53	1.59	0.90	0.69	2.39	1.06	0.87	0.402	0.77	1.65

续表

型号	截面尺寸 / mm				截面面积 /cm^2	理论重量 / (kg/m)	外表面积 / (m^2/m)	惯性矩 /cm^4					惯性半径 /cm			截面模数 /cm^3			tanα	重心距离 / cm	
	B	b	d	r				I_x	I_{x_1}	I_y	I_{y_1}	I_u	i_x	i_y	i_u	W_x	W_y	W_u		x_0	y_0
5.6/3.6	56	36	3	6	2.743	2.15	0.181	8.88	17.5	2.92	4.7	1.73	1.80	1.03	0.79	2.32	1.05	0.87	0.408	0.80	1.78
			4		3.590	2.82	0.180	11.5	23.4	3.76	6.33	2.23	1.79	1.02	0.79	3.03	1.37	1.13	0.408	0.85	1.82
			5		4.415	3.47	0.180	13.9	29.3	4.49	7.94	2.67	1.77	1.01	0.78	3.71	1.65	1.36	0.404	0.88	1.87
6.3/4	63	40	4	7	4.058	3.19	0.202	16.5	33.3	5.23	8.63	3.12	2.02	1.14	0.88	3.87	1.70	1.40	0.398	0.92	2.04
			5		4.993	3.92	0.202	20.0	41.6	6.31	10.9	3.76	2.00	1.12	0.87	4.74	2.07	1.71	0.396	0.95	2.08
			6		5.908	4.64	0.201	23.4	50.0	7.29	13.1	4.34	1.96	1.11	0.86	5.59	2.43	1.99	0.393	0.99	2.12
			7		6.802	5.34	0.201	26.5	58.1	8.24	15.5	4.97	1.98	1.10	0.86	6.40	2.78	2.29	0.389	1.03	2.15
7/4.5	70	45	4	7.5	4.553	3.57	0.226	23.2	45.9	7.55	12.3	4.40	2.26	1.29	0.98	4.86	2.17	1.77	0.410	1.02	2.24
			5		5.609	4.40	0.225	28.0	57.1	9.13	15.4	5.40	2.23	1.28	0.98	5.92	2.65	2.19	0.407	1.06	2.28
			6		6.644	5.22	0.225	32.5	68.4	10.6	18.6	6.35	2.21	1.26	0.98	6.95	3.12	2.59	0.404	1.09	2.32
			7		7.658	6.01	0.225	37.2	80.0	12.0	21.8	7.16	2.20	1.25	0.97	8.03	3.57	2.94	0.402	1.13	2.36
7.5/5	75	50	5	8	6.126	4.81	0.245	34.9	70.0	12.6	21.0	7.41	2.39	1.44	1.10	6.83	3.3	2.74	0.435	1.17	2.40
			6		7.260	5.70	0.245	41.1	84.3	14.7	25.4	8.54	2.38	1.42	1.08	8.12	3.88	3.19	0.435	1.21	2.44
			8		9.467	7.43	0.244	52.4	113	18.5	34.2	10.9	2.35	1.40	1.07	10.5	4.99	4.10	0.429	1.29	2.52
			10		11.59	9.10	0.244	62.7	141	22.0	43.4	13.1	2.33	1.38	1.06	12.8	6.04	4.99	0.423	1.36	2.60
8/5	80	50	5		6.376	5.00	0.255	42.0	85.2	12.8	21.1	7.66	2.56	1.42	1.10	7.78	3.32	2.74	0.388	1.14	2.60
			6		7.560	5.93	0.255	49.5	103	15.0	25.4	8.85	2.56	1.41	1.08	9.25	3.91	3.20	0.387	1.18	2.65
			7		8.724	6.85	0.255	56.2	119	17.0	29.8	10.2	2.54	1.39	1.08	10.6	4.48	3.70	0.384	1.21	2.69
			8		9.867	7.75	0.254	62.8	136	18.9	34.3	11.4	2.52	1.38	1.07	11.9	5.03	4.16	0.381	1.25	2.73
9/5.6	90	56	5	9	7.212	5.66	0.287	60.5	121	18.3	29.5	11.0	2.90	1.59	1.23	9.92	4.21	3.49	0.385	1.25	2.91
			6		8.557	6.72	0.286	71.0	146	21.4	35.6	12.9	2.88	1.58	1.23	11.7	4.96	4.13	0.384	1.29	2.95
			7		9.881	7.76	0.286	81.0	170	24.4	41.7	14.7	2.86	1.57	1.22	13.5	5.70	4.72	0.382	1.33	3.00
			8		11.18	8.78	0.286	91.0	194	27.2	47.9	16.3	2.85	1.56	1.21	15.3	6.41	5.29	0.380	1.36	3.04

续表

型号	截面尺寸/mm				截面面积/cm²	理论重量/(kg/m)	外表面积/(m²/m)	惯性矩/cm⁴					惯性半径/cm			截面模数/cm³			tanα	重心距离/cm	
	B	b	d	r				I_x	I_{x_1}	I_y	I_{y_1}	I_u	i_x	i_y	i_u	W_x	W_y	W_u		x_0	y_0
10/6.3	100	63	6	10	9.618	7.55	0.320	99.1	200	30.9	50.5	18.4	3.21	1.79	1.38	14.6	6.35	5.25	0.394	1.43	3.24
			7		11.11	8.72	0.320	113	233	35.3	59.1	21.0	3.20	1.78	1.38	16.9	7.29	6.02	0.394	1.47	3.28
			8		12.58	9.88	0.319	127	266	39.4	67.9	23.5	3.18	1.77	1.37	19.1	8.21	6.78	0.391	1.50	3.32
			10		15.47	12.1	0.319	154	333	47.1	85.7	28.3	3.15	1.74	1.35	23.3	9.98	8.24	0.387	1.58	3.40
10/8	100	80	6		10.64	8.35	0.354	107	200	61.2	103	31.7	3.17	2.40	1.72	15.2	10.2	8.37	0.627	1.97	2.95
			7		12.30	9.66	0.354	123	233	70.1	120	36.2	3.16	2.39	1.72	17.5	11.7	9.60	0.626	2.01	3.00
			8		13.94	10.9	0.353	138	267	78.6	137	40.6	3.14	2.37	1.71	19.8	13.2	10.8	0.625	2.05	3.04
			10		17.17	13.5	0.353	167	334	94.7	172	49.1	3.12	2.35	1.69	24.2	16.1	13.1	0.622	2.13	3.12
11/7	110	70	6		10.64	8.35	0.354	133	266	42.9	69.1	25.4	3.54	2.01	1.54	17.9	7.90	6.53	0.403	1.57	3.53
			7		12.30	9.66	0.354	153	310	49.0	80.8	29.0	3.53	2.00	1.53	20.6	9.09	7.50	0.402	1.61	3.57
			8		13.94	10.9	0.353	172	354	54.9	92.7	32.5	3.51	1.98	1.53	23.3	10.3	8.45	0.401	1.65	3.62
			10		17.17	13.5	0.353	208	443	65.9	117	39.2	3.48	1.96	1.51	28.5	12.5	10.3	0.397	1.72	3.70
12.5/8	125	80	7	11	14.10	11.1	0.403	228	455	74.4	120	43.8	4.02	2.30	1.76	26.9	12.0	9.92	0.408	1.80	4.01
			8		15.99	12.6	0.403	257	520	83.5	138	49.2	4.01	2.28	1.75	30.4	13.6	11.2	0.407	1.84	4.06
			10		19.71	15.5	0.402	312	650	101	173	59.5	3.98	2.26	1.74	37.3	16.6	13.6	0.404	1.92	4.14
			12		23.35	18.3	0.402	364	780	117	210	69.4	3.95	2.24	1.72	44.0	19.4	16.0	0.400	2.00	4.22
14/9	140	90	8	12	18.04	14.2	0.453	366	731	121	196	70.8	4.50	2.59	1.98	38.5	17.3	14.3	0.411	2.04	4.50
			10		22.26	17.5	0.452	446	913	140	246	85.8	4.47	2.56	1.96	47.3	21.2	17.5	0.409	2.12	4.58
			12		26.40	20.7	0.451	522	1 100	170	297	100	4.44	2.54	1.95	55.9	25.0	20.5	0.406	20.19	4.66
			14		30.46	23.9	0.451	594	1 280	192	349	114	4.42	2.51	1.94	64.2	28.5	23.5	0.403	2.27	4.74
15/9	150	90	8		18.84	14.8	0.473	442	898	123	196	74.1	4.84	2.55	1.98	43.9	17.5	14.5	0.364	1.97	4.92
			10		23.26	18.3	0.472	539	1 120	149	246	89.9	4.81	2.53	1.97	54.0	21.4	17.7	0.362	2.05	5.01
			12		27.60	21.7	0.471	632	1 350	173	297	105	4.79	2.50	1.95	63.8	25.1	20.8	0.359	2.12	5.09
			14		31.86	25.0	0.471	721	1 570	196	350	120	4.76	2.48	1.94	73.3	28.8	23.8	0.356	2.20	5.17
			15		33.95	26.7	0.471	764	1 680	207	376	127	4.74	2.47	1.93	78.0	30.5	25.3	0.354	2.24	5.21
			16		36.03	28.3	0.470	806	1 800	217	403	134	4.73	2.45	1.93	82.6	32.3	26.8	0.352	2.27	5.25

续表

型号	截面尺寸 / mm				截面面积 /cm^2	理论重量 /(kg/m)	外表面积 /(m^2/m)	惯性矩 /cm^4					惯性半径 /cm			截面模数 /cm^3			$\tan\alpha$	重心距离 / cm	
	B	b	d	r				I_x	I_{x_1}	I_y	I_{y_1}	I_u	i_x	i_y	i_u	W_x	W_y	W_u		x_0	y_0
16/10	160	100	10	13	25.32	19.9	0.512	669	1 360	205	337	122	5.14	2.85	2.19	62.1	26.6	21.9	0.390	2.28	5.24
			12		30.05	23.6	0.511	785	1 640	239	406	142	5.11	2.82	2.17	73.5	31.3	25.8	0.388	2.36	5.32
			14		34.71	27.2	0.510	896	1 910	271	476	162	5.08	2.80	2.16	84.6	35.8	29.6	0.385	0.43	5.40
			16		29.28	30.8	0.510	1 000	2 180	302	548	183	5.05	2.77	2.16	95.3	40.2	33.4	0.382	2.51	5.48
18/11	180	110	10	14	28.37	22.3	0.571	956	1 940	278	447	167	5.80	3.13	2.42	79.0	32.5	26.9	0.376	2.44	5.89
			12		33.71	26.5	0.571	1 120	2 330	325	539	195	5.78	3.10	2.40	93.5	38.3	31.7	0.374	2.52	5.98
			14		38.97	30.6	0.570	1 290	2 720	370	632	222	5.75	3.08	2.39	108	44.0	36.3	0.372	2.59	6.06
			16		44.14	34.6	0.569	1 440	3 110	412	726	249	5.72	3.06	2.38	122	49.4	40.9	0.369	2.67	6.14
20/12.5	200	125	12		37.91	29.8	0.641	1 570	3 190	483	788	286	6.44	3.57	2.74	117	50.0	41.2	0.392	2.83	6.54
			14		43.87	34.4	0.640	1 800	3 730	551	922	327	6.41	3.54	2.73	135	57.4	47.3	0.390	2.91	6.62
			16		49.74	39.0	0.639	2 020	4 260	615	1 060	366	6.38	3.52	2.71	152	64.9	53.3	0.388	2.99	6.70
			18		55.53	43.6	0.639	2 240	4 790	677	1 200	405	6.35	3.49	2.70	169	71.7	59.2	0.385	3.06	6.78

注：截面图中的 $r_1 = d/3$ 及表中 r 的数据用于孔型设计，不做交货条件。

3. 热轧普通工字钢(GB/T 706—2016)

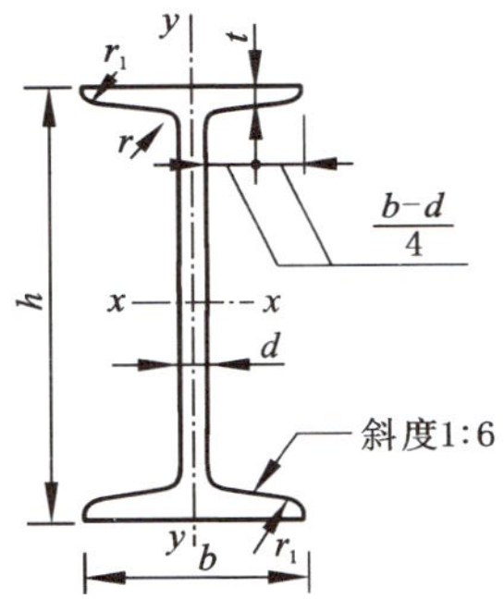

符号意义：
h— 高度；
b— 腿宽度；
d— 腰厚度；
t— 腿中间厚度；
r— 内圆弧半径；
r_1 — 腿端圆弧半径；
S— 半截面的静矩。

型号	截面尺寸 /mm						截面面积 /cm²	理论重量 / (kg/m)	外表面积 / (m²/m)	惯性矩 /cm⁴		惯性半径 /cm		截面模数 / cm³		I_x : S_x
	h	b	d	t	r	r_1				I_x	I_y	i_x	i_y	W_x	W_y	
10	100	68	4.5	7.6	6.5	3.3	14.33	11.3	0.432	245	33.0	4.14	1.52	49.0	9.72	8.59
12	120	74	5.0	8.4	7.0	3.5	17.80	14.0	0.493	436	46.9	4.95	1.62	72.7	12.7	—
12.6	126	74	5.0	8.4	7.0	3.5	18.10	14.2	0.505	488	46.9	5.20	1.61	77.5	12.7	10.8
14	140	80	5.5	9.1	7.5	3.8	21.50	16.9	0.553	712	64.4	5.76	1.73	102	16.1	12.0
16	160	88	6.0	9.9	8.0	4.0	26.11	20.5	0.621	1 130	93.1	6.58	1.89	141	21.2	13.8
18	180	94	6.5	10.7	8.5	4.3	30.74	24.1	0.681	1 660	122	7.36	2.00	185	26.0	15.4
20a	200	100	7.0	11.4	9.0	4.5	35.55	27.9	0.742	2 370	158	8.15	2.12	237	31.5	17.2
20b		102	9.0				39.55	31.1	0.746	2 500	169	7.96	2.06	250	33.1	16.9
22a	220	110	7.5	12.3	9.5	4.8	42.10	33.1	0.817	3 400	225	8.99	2.31	309	40.9	18.9
22b		112	9.5				46.50	36.5	0.821	3 570	239	8.78	2.27	325	42.7	18.7

续表

型号	截面尺寸 /mm						截面面积 /cm^2	理论重量 /(kg/m)	外表面积 /(m^2/m)	惯性矩 /cm^4		惯性半径 /cm		截面模数 /cm^3		$I_x : S_x$
	h	b	d	t	r	r_1				I_x	I_y	i_x	i_y	W_x	W_y	
24a	240	116	8.0	13.0	10.0	5.0	47.71	37.5	0.878	4 570	280	9.77	2.42	381	48.4	—
24b		118	10.0				52.51	41.2	0.882	4 800	297	9.57	2.38	400	50.4	—
25a	250	116	8.0				48.51	38.1	0.898	5 020	280	10.2	2.40	402	48.3	21.6
25b		118	10.0				53.51	42.0	0.902	5 280	309	9.94	2.40	423	52.4	21.3
27a	270	122	8.5	13.7	10.5	5.3	54.52	42.8	0.958	6 550	345	10.9	2.51	485	56.6	—
27b		124	10.5				59.92	47.0	0.962	6 870	366	10.7	2.47	509	58.9	—
28a	280	122	8.5				55.37	43.5	0.978	7 110	345	11.3	2.50	508	56.6	24.6
28b		124	10.5				60.97	47.9	0.982	7 480	379	11.1	2.49	534	61.2	24.2
30a	300	126	9.0	14.4	11.0	5.5	61.22	48.1	1.031	8 950	400	12.1	2.55	597	63.5	—
30b		128	11.0				67.22	52.8	1.035	9 400	422	11.8	2.50	627	65.9	—
30c		130	13.0				73.22	57.5	1.039	9 850	445	11.6	2.46	657	68.5	—
32a	320	130	9.5	15.0	11.5	5.8	67.12	52.7	1.084	11 100	460	12.8	2.62	692	70.8	27.5
32b		132	11.5				73.52	57.7	1.088	11 600	502	12.6	2.61	726	76.0	27.1
32c		134	13.5				79.92	62.7	1.092	12 200	544	12.3	2.61	760	81.2	26.8
36a	360	136	10.0	15.8	12.0	6.0	76.44	60.0	1.185	15 800	552	14.4	2.69	875	81.2	30.7
36b		138	12.0				83.64	65.7	1.189	16 500	582	14.1	2.64	919	84.3	30.3
36c		140	14.0				90.84	71.3	1.193	17 300	612	13.8	2.60	962	87.4	29.9
40a	400	142	10.5	16.5	12.5	6.3	86.07	67.6	1.285	21 700	660	15.9	2.77	1 090	93.2	34.1
40b		144	12.5				94.07	73.8	1.289	22 800	692	15.6	2.71	1 140	96.2	33.6
40c		146	14.5				102.1	80.1	1.293	23 900	727	15.2	2.65	1 190	99.6	33.2
45a	450	150	11.5	18.0	13.5	6.8	102.4	80.4	1.411	32 200	855	17.7	2.89	1 430	114	38.6
45b		152	13.5				111.4	87.4	1.415	33 800	894	17.4	2.84	1 500	118	38.0
45c		154	15.5				120.4	94.5	1.419	35 300	938	17.1	2.79	1 570	122	37.6

续表

型号	截面尺寸 /mm						截面面积 /cm²	理论重量 /(kg/m)	外表面积 /(m²/m)	惯性矩 /cm⁴		惯性半径 /cm		截面模数 /cm³		$I_x : S_x$
	h	b	d	t	r	r_1				I_x	I_y	i_x	i_y	W_x	W_y	
50a	500	158	12.0	20.0	14.0	7.0	119.2	93.6	1.539	46 500	1 120	19.7	3.07	1 860	142	42.8
50b		160	14.0				129.2	101	1.543	48 600	1 170	19.4	3.01	1 940	146	42.4
50c		162	16.0				139.2	109	1.547	50 600	1 220	19.0	2.96	2 080	151	41.8
55a	550	166	12.5	21.0	14.5	7.3	134.1	105	1.667	62 900	1 370	21.6	3.19	2 290	164	—
55b		168	14.5				145.1	114	1.671	65 600	1 420	21.2	3.14	2 390	170	—
55c		170	16.5				156.1	123	1.675	68 400	1 480	20.9	3.08	2 490	175	—
56a	560	166	12.5				135.4	106	1.687	65 600	1 370	22.0	3.18	2 340	165	47.7
56b		168	14.5				146.6	115	1.691	68 500	1 490	21.6	3.16	2 450	174	47.2
56c		170	16.5				157.8	124	1.695	71 400	1 560	21.3	3.16	2 550	183	46.7
63a	630	176	13.0	22.0	15.0	7.5	154.6	121	1.862	93 900	1 700	24.5	3.31	2 980	193	54.2
63b		178	15.0				167.2	131	1.866	98 100	1 810	24.2	3.29	3 160	204	53.5
63c		180	17.0				179.8	141	1.870	102 000	1 920	23.8	3.27	3 300	214	52.9

注：表中 r、r_1 的数据用于孔型设计，不做交货条件。

说明：《热轧普通工字钢(GB/T 706—2016)》中无 $I_x : S_x$ 栏及数据，该数据摘自《热轧普通工字钢(GB/T 707—1988)》，供教学参考使用。

4. 热轧普通槽钢(GB/T 706—2016)

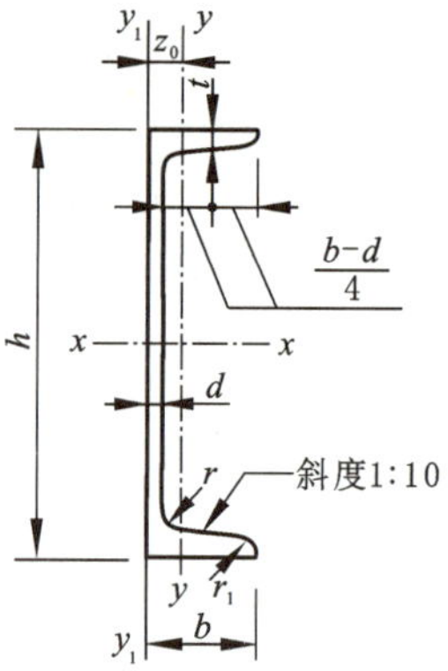

符号意义：

h— 高度；

b— 腿宽度；

d— 腰厚度；

t— 腿中间厚度；

r— 内圆弧半径；

r_1— 腿端圆弧半径；

z_0— 重心距离。

型号	截面尺寸 /mm						截面面积 /cm²	理论重量 /(kg/m)	外表面积 /(m²/m)	惯性矩 /cm⁴			惯性半径 /cm		截面模数 /cm³		重心距离 /cm
	h	b	d	t	r	r_1				I_x	I_y	I_{y_1}	i_x	i_y	W_x	W_y	z_0
5	50	37	4.5	7.0	7.0	3.5	6.925	5.44	0.226	26.0	8.30	20.9	1.94	1.10	10.4	3.55	1.35
6.3	63	40	4.8	7.5	7.5	3.8	8.446	6.63	0.262	50.8	11.9	28.4	2.45	1.19	16.1	4.50	1.36
6.5	65	40	4.3	7.5	7.5	3.8	8.292	6.51	0.267	55.2	12.0	28.3	2.54	1.19	17.0	4.59	1.38
8	80	43	5.0	8.0	8.0	4.0	10.24	8.04	0.307	101	16.6	37.4	3.15	1.27	25.3	5.79	1.43
10	100	48	5.3	8.5	8.5	4.2	12.74	10.0	0.365	198	25.6	54.9	3.95	1.41	39.7	7.80	1.52
12	120	53	5.5	9.0	9.0	4.5	15.36	12.1	0.423	346	37.4	77.7	4.75	1.56	57.7	10.2	1.62
12.6	126	53	5.5	9.0	9.0	4.5	15.69	12.3	0.435	391	38.0	77.1	4.95	1.57	62.1	10.2	1.59
14a	140	58	6.0	9.5	9.5	4.8	18.51	14.5	0.480	564	53.2	107	5.52	1.70	80.5	13.0	1.71
14b		60	8.0				21.31	16.7	0.484	609	61.1	121	5.35	1.69	87.1	14.1	1.67
16a	160	63	6.5	10.0	10.0	5.0	21.95	17.2	0.538	866	73.3	144	6.28	1.83	108	16.3	1.80
16b		65	8.5				25.15	19.8	0.542	935	83.4	161	6.10	1.82	117	17.6	1.75
18a	180	68	7.0	10.5	10.5	5.2	25.69	20.2	0.596	1 270	98.6	190	7.04	1.96	141	20.0	1.88
18b		70	9.0				29.29	23.0	0.600	1 370	111	210	6.84	1.95	152	21.5	1.84
20a	200	73	7.0	11.0	11.0	5.5	28.83	22.6	0.654	1 780	128	244	7.86	2.11	178	24.2	2.01
20b		75	9.0				32.83	25.8	0.658	1 910	144	268	7.64	2.09	191	25.9	1.95
22a	220	77	7.0	11.5	11.5	5.8	31.83	25.0	0.709	2 390	158	298	8.67	2.23	218	28.2	2.10
22b		79	9.0				36.23	28.5	0.713	2 570	176	326	8.42	2.21	234	30.1	2.03
24a	240	78	7.0	12.0	12.0	6.0	34.21	26.9	0.752	3 050	174	325	9.45	2.25	254	30.5	2.10
24b		80	9.0				39.01	30.6	0.756	3 280	194	355	9.17	2.23	274	32.5	2.03
24c		82	11.0				43.81	34.4	0.760	3 510	213	388	8.96	2.21	293	34.4	2.00
25a	250	78	7.0				34.91	27.4	0.722	3 370	176	322	9.82	2.24	270	30.6	2.07
25b		80	9.0				39.91	31.3	0.776	3 530	196	353	9.41	2.22	282	32.7	1.98
25c		82	11.0				44.91	35.3	0.780	3 690	218	384	9.07	2.21	295	35.9	1.92

续表

型号	截面尺寸 /mm						截面面积 /cm^2	理论重量 /(kg/m)	外表面积 /(m^2/m)	惯性矩 /cm^4			惯性半径 /cm		截面模数 /cm^3		重心距离 /cm
	h	b	d	t	r	r_1				I_x	I_y	I_{y_1}	i_x	i_y	W_x	W_y	z_0
27a	270	82	7.5	12.5	12.5	6.2	39.27	30.8	0.826	4 360	216	393	10.5	2.34	323	35.5	2.13
27b		84	9.5				44.67	35.1	0.830	4 690	239	428	10.3	2.31	347	37.7	2.06
27c		86	11.5				50.07	39.3	0.834	5 020	261	467	10.1	2.28	372	39.8	2.03
28a	280	82	7.5				40.02	31.4	0.846	4 760	218	388	10.9	2.33	340	35.7	2.10
28b		84	9.5				45.62	35.8	0.850	5 130	242	428	10.6	2.30	366	37.9	2.02
28c		86	11.5				51.22	40.2	0.854	5 500	268	463	10.4	2.29	393	40.3	1.95
30a	300	85	7.5	13.5	13.5	6.8	43.89	34.5	0.897	6 050	260	467	11.7	2.43	403	41.1	2.17
30b		87	9.5				49.89	39.2	0.901	6 500	289	515	11.4	2.41	433	44.0	2.13
30c		89	11.5				55.89	43.9	0.905	6 950	316	560	11.2	2.38	463	46.4	2.09
32a	320	88	8.0	14.0	14.0	7.0	48.50	38.1	0.947	7 600	305	552	12.5	2.50	475	46.5	2.24
32b		90	10.0				54.90	43.1	0.951	8 140	336	593	12.2	2.47	509	49.2	2.16
32c		92	12.0				61.30	48.1	0.955	8 690	374	643	11.9	2.47	543	52.6	2.09
36a	360	96	9.0	16.0	16.0	8.0	60.89	47.8	1.053	11 900	455	8.18	14.0	2.73	660	63.5	2.44
36b		98	11.0				68.09	53.5	1.057	12 700	497	880	13.6	2.70	703	66.9	2.37
36c		100	13.0				75.29	59.1	1.061	13 400	536	948	13.4	2.67	746	70.0	2.34
40a	400	100	10.5	18.0	18.0	9.0	75.04	58.9	1.144	17 600	592	1070	15.3	2.81	879	78.8	2.49
40b		102	12.5				83.04	65.2	1.148	18 600	640	1140	15.0	2.78	932	82.5	2.44
40c		104	14.5				91.04	71.5	1.152	19 700	688	1220	14.7	2.75	986	86.2	2.42

注：表中 r、r_1 的数据用于孔型设计，不做交货条件。

习题参考答案

第 2 章

2-4 (a) $(20.5\boldsymbol{i}+4.1\boldsymbol{j})$N；(b) $(-243.9\boldsymbol{i}-79.3\boldsymbol{j})$N

2-5 $F_T=372$ N, $\theta=23.8°$

2-6 (a)$Fl\sin\alpha$；(b)$(l+r)F\sin\alpha-Fr\cos\alpha$；(c)$aF\sin\alpha-bF\cos\alpha$

2-7 (a)-33.6N·m；(b)$-F(l+R)$

2-8 $M_1=-144$ kN·m, $M_2=322.5$ kN·m

第 3 章

3-1 向 A 简化,$F'_R=2\sqrt{2}F$, $M_A=0$；向 B 简化，$F'_R=2\sqrt{2}F$, $M_B=2Fa$(逆时针)

3-2 100 kN

3-3 $F'_R=5$ kN, 与水平线夹角 53.1° 向下,$M_A=15$ kN·m(顺时针)

3-4 $F=80$ kN

3-5 $F_C=2$ kN, $F_A=F_B=2.01$ kN

3-6 $F_2=173$ kN,$\gamma=95°$

3-7 $F_C=F_B=F_A=\dfrac{\sqrt{2}M}{4a}$

3-8 (a) $F_A=F_C=\dfrac{\sqrt{2}M}{d}$；(b) $F_{Ax}=-\dfrac{M}{d}$, $F_{Ay}=0$, $F_{Cx}=\dfrac{M}{d}$, $F_{Cy}=0$

3-9 (a) $F_A=-\dfrac{M+0.5F}{3.5}$, $F_B=\dfrac{M+4F}{3.5}$

(b) $F_A=\dfrac{5}{4}qd$, $F_B=F-\dfrac{1}{4}qd$

(c) $F_A=-\dfrac{F}{2}$, $F_B=F$, $F_D=\dfrac{F}{2}$

(d) $F_A=-ql$, $F_B=4ql$, $F_D=ql$

3-10 $F_{Ax}=0$, $F_{Ay}=F$, $M_A=M+Fd$

3-11 (a)$F_{Ax}=0$, $F_{Ay}=2qd$, $M_A=2qd^2$

(b)$F_{Ax}=0$, $F_{Ay}=qd$, $M_A=2qd^2$

(c)$F_{Ax}=0$, $F_{Ay}=\dfrac{7}{4}qd$, $M_A=3qd^2$

3-12 $F_{Ax}=-F_{Bx}=120$ kN, $F_{Ay}=-F_{By}=300$ kN

3-13 $P_2=333.3$ kN, $x=6.75$ m

3-14 $F_{min}=30.1$ kN

3-15 $F_{Ax}=20$ kN, $F_{Ay}=40$ kN, $F_B=20$ kN, $F_C=0$ kN

3-16 $M=Fr\dfrac{\cos(\beta-\theta)}{\sin\beta}$

3-17 $F_1=\dfrac{2l}{d}F$(拉),$F_2=\dfrac{\sqrt{d^2+l^2}}{d}F$(拉),$F_3=\dfrac{3l}{d}F$(压)

3-18 $F_{AC}=F_{CG}=F_{GK}=F_{KH}=F_{HD}=F_{BD}=\frac{\sqrt{3}}{3}F$

3-19 $F_1=-5.3F$，$F_2=2F$，$F_3=-1.7F$

3-20 $F_1=20.5$ kN，$F_2=12$ kN，$F_3=-29$ kN

3-21 $M_x=-346$ N·m，$M_y=200$ N·m，$M_z=0$

3-22 $M_x=Fl\sin\alpha\cos\beta-F_R\cos\alpha\sin\beta$，$M_y=Fl\cos\alpha\cos\beta+F_R\sin\alpha\sin\beta$，$M_z=-F_R\cos\beta$

3-23 $F_{Ax}=0$，$F_{Ay}=-200$ N，$F_{Az}=150$ N，$M_{Ax}=-100$ N·m，$M_{Ay}=0$，$M_{Az}=-500$ N·m

3-24 $F_{Ax}=3.5$ kN，$F_{Ay}=-6.5$ kN，$F_B=-4.9$ kN，$F_D=-10$ kN，$M_D=2$ kN·m

3-25 $F_{Ax}=3$ kN，$F_{Az}=-1$ kN，$F_{Bx}=8$ kN，$F_{Bz}=-3$ kN

第 4 章

4-1 (a)$F_{N1}=F$，$F_{N2}=-F$；　(b)$F_{N1}=2F$，$F_{N2}=0$，$F_{N3}=F$；

(c)$F_{N1}=2F$，$F_{N2}=F$，$F_{N3}=-F$；　(d)$F_{N1}=F$，$F_{N2}=F-\frac{F}{a}x, x\in(0,a]$，$F_{N3}=-2F$

4-2 $F_{N1}=-20$ kN,$F_{N2}=-10$ kN,$F_{N3}=10$ kN;$\sigma_1=-100$ MPa,$\sigma_2=-33.5$ MPa,$\sigma_3=25$ MPa

4-3 $\sigma=-1.1$ MPa

4-4 $\sigma=-0.11$ MPa

4-5 $\sigma_{0^\circ}=100$ MPa，$\tau_{0^\circ}=0$；$\sigma_{30^\circ}=75$ MPa，$\tau_{30^\circ}=43.3$ MPa；$\sigma_{45^\circ}=50$ MPa，$\tau_{45^\circ}=50$ MPa；

$\sigma_{60^\circ}=25$ MPa，$\tau_{60^\circ}=43.3$ MPa；$\sigma_{90^\circ}=0$，$\tau_{90^\circ}=0$

4-6 $\Delta l=-0.8$ mm

4-7 $\Delta l=0.075$ mm

4-8 $\Delta_D=\frac{Fl}{3EA}$

4-9 $\sigma_{AC}=-2.5$ MPa,$\sigma_{CB}=-6.5$ MPa；$\varepsilon_{AC}=-2.5\times10^{-4}$，$\varepsilon_{CB}=-6.5\times10^{-4}$；$\Delta l=1.35$ mm

4-10 $\sigma=149.3$ MPa，$E=203.6$ GPa

4-11 $F=13.74$ kN

4-12 $\Delta y=1.365$ mm

4-13 $\sigma=735$ MPa,$\Delta=83.7$ mm,$F=96.24$ N

4-14 $x=\frac{E_1A_1l}{E_1A_1+E_2A_2}$

4-15 $\Delta_{cx}=0.476$ mm，$\Delta_{cy}=0.476$ mm

4-16 $E=208.3$ GPa,$\nu=0.317$

4-17 $\varepsilon_p=2\times10^{-3}$

4-18 $\sigma_{max}=111.5$ MPa

4-19 $\sigma_{max}=74$ MPa

4-20 (1)$\sigma_{max}=119$ MPa；(2)$[F]=33.5$ kN；(3) $d=24.4$ mm

4-21 $\sigma=59.7$ MPa

4-22 $[F]=90$ kN

4-23 $[F]=33.2$ kN

4-24 $\sigma_{max}=125$ MPa

4-25 AB 杆选用两根∟100×100×10 等边角钢,AD 杆选用两根∟60×60×8 等边角钢

4-26 AC 杆选用两根∟45×45×4 等边角钢,CD 杆选用两根∟70×70×5 的等边角钢

4-27 $\sigma_{AC}=136$ MPa，$\sigma_{BD}=131$ MPa;$\Delta l_{AC}=1.618$ mm ,$\Delta l_{BD}=1.56$ mm;

$\Delta_A = 1.618\ \text{mm}, \Delta_B = 1.56\ \text{mm}$

4-28 $\theta = 54.74° = 54°44'$, $\dfrac{A_{AB}}{A_{BC}} = \sqrt{3}$

4-29 $F_B = \dfrac{7F}{4}$

4-30 $\sigma_{CE} = -96\ \text{MPa}$, $\sigma_{BD} = 161\ \text{MPa}$

4-31 $F = 1129.6\ \text{kN}$, $\sigma_g = 60\ \text{MPa}$

4-32 (1)$\sigma_1 = \sigma_3 = -35\ \text{MPa}$, $\sigma_2 = 70\ \text{MPa}$; (2)$\sigma_1 = \sigma_2 = \sigma_3 = 50\ \text{MPa}$;
(3)$\sigma_1 = \sigma_3 = 15\ \text{MPa}$, $\sigma_2 = 120\ \text{MPa}$

4-33 $\sigma_{\max} = 131.2\ \text{MPa}$

第 5 章

5-4 $\tau_{AC} = 37.5\ \text{MPa}$; $\tau_{CB外} = 46.8\ \text{MPa}$; $\tau_{CB内} = 31.2\ \text{MPa}$

5-5 $\tau_1 = 35\ \text{MPa}$; $\tau_{\max} = 87.6\ \text{MPa}$

5-6 (1)$\tau_{\max} = 71.4\ \text{MPa}$, $\varphi = 1.02°$; (2)$\tau_A = \tau_B = 71.4\ \text{MPa}$, $\tau_C = 35.7\ \text{MPa}$

5-7 $E = 216\ \text{GPa}$, $G = 81.8\ \text{GPa}$, $\nu = 0.32$

5-8 $\varphi = \dfrac{ql^2}{2GI_p}$

5-9 $\varphi = \dfrac{32M_e l}{3\pi G}\left(\dfrac{d_2^2 + d_1 d_2 + d_1^2}{d_1^3 d_2^3}\right)$

5-10 $d = 33\ \text{mm}$

5-11 $d_1 = 45$, $D_2 = 46\ \text{mm}$

5-12 安全

5-13 (1)$d_1 = 85\ \text{mm}$, $d_2 = 75\ \text{mm}$; (2)$d = 85\ \text{mm}$

5-14 $F = 3075\ \text{N}$

5-15 (1)$\tau_{\max} = 33.1\ \text{MPa}$; (2)$n = 7$ 圈

5-16 $\tau_{\max} = 380\ \text{MPa}$, $\lambda = 10.59\ \text{mm}$

第 6 章

6-1 (a)$F_{S1} = 0$, $M_1 = Fa$; $F_{S2} = -F$, $M_2 = Fa$; $F_{S3} = 0$, $M_3 = 0$
(b)$F_{S1} = 0$, $M_1 = -2\ \text{kN·m}$; $F_{S2} = -5\ \text{kN}$, $M_2 = -12\ \text{kN·m}$
(c)$F_{S1} = 2\ \text{kN}$, $M_1 = 6\ \text{kN·m}$; $F_{S2} = -3\ \text{kN}$, $M_2 = 6\ \text{kN·m}$
(d)$F_{S1} = 1.33\ \text{kN}$, $M_1 = 267\ \text{N·m}$; $F_{S2} = -0.667\ \text{kN}$, $M_2 = 333\ \text{N·m}$
(e)$F_{S1} = -qa$, $M_1 = -\dfrac{1}{2}qa^2$; $F_{S2} = -qa$, $M_2 = -\dfrac{1}{2}qa^2$; $F_{S3} = 0$, $M_3 = 0$
(f)$F_{S1} = -1.67\ \text{kN}$, $M_1 = 5\ \text{kN·m}$
(g)$F_{S1} = -qa$, $M_1 = -\dfrac{1}{2}qa^2$; $F_{S2} = -\dfrac{3}{2}qa$, $M_2 = -2qa^2$
(h)$F_{S1} = 4\ \text{kN}$, $M_1 = 4\ \text{kN·m}$; $F_{S2} = 4\ \text{kN}$, $M_2 = -6\ \text{kN·m}$
(i)$F_{S1} = \dfrac{3}{4}q_0 a$, $M_1 = \dfrac{11}{12}q_0 a^2$; $F_{S2} = 0$, $M_2 = \dfrac{4}{3}q_0 a^2$
(j)$F_{S1} = 30\ \text{kN}$, $M_1 = -45\ \text{kN·m}$; $F_{S2} = 0$, $M_2 = -40\ \text{kN·m}$

6-2 (a) $|F_S|_{max}=F$, $|M|_{max}=\dfrac{Fl}{2}$; (b) $|F_S|_{max}=2qa$, $|M|_{max}=qa^2$

(c) $|F_S|_{max}=49.5\ \text{kN}$, $|M|_{max}=174\ \text{kN}\cdot\text{m}$; (d) $|F_S|_{max}=\dfrac{3M_e}{2a}$, $|M|_{max}=\dfrac{3}{2}M_e$

(e) $|F_S|_{max}=\dfrac{3}{8}qa$, $|M|_{max}=\dfrac{9}{128}qa^2$; (f) $|F_S|_{max}=22\ \text{kN}$, $|M|_{max}=20\ \text{kN}\cdot\text{m}$

6-3 (a) $|F_S|_{max}=5\ \text{kN}$, $|M|_{max}=10\ \text{kN}\cdot\text{m}$; (b) $|F_S|_{max}=2F$, $|M|_{max}=Fa$

(c) $|F_S|_{max}=\dfrac{3}{2}qa$, $|M|_{max}=\dfrac{21}{8}qa^2$; (d) $|F_S|_{max}=\dfrac{5}{8}qa$, $|M|_{max}=\dfrac{1}{8}qa^2$

(e) $|F_S|_{max}=\dfrac{3}{8}qa$, $|M|_{max}=\dfrac{9}{128}qa^2$; (f) $|F_S|_{max}=\dfrac{11}{16}F$, $|M|_{max}=\dfrac{3}{8}Fa$

(g) $|F_S|_{max}=\dfrac{11}{16}qa$, $|M|_{max}=qa^2$; (h) $|F_S|_{max}=F$, $|M|_{max}=Fa$

(i) $|F_S|_{max}=qa$, $|M|_{max}=qa^2$; (j) $|F_S|_{max}=qa$, $|M|_{max}=\dfrac{1}{2}qa^2$

第 7 章

7-1 截面 $m—m$:$\sigma_A=-7.4\ \text{MPa}$,$\sigma_B=4.94\ \text{MPa}$,$\sigma_C=0$,$\sigma_D=7.41\ \text{MPa}$

截面 $n—n$:$\sigma_A=9.26\ \text{MPa}$,$\sigma_B=-6.18\ \text{MPa}$,$\sigma_C=0$,$\sigma_D=-9.26\ \text{MPa}$

7-2 竖放:$\sigma_{max}=29.3\ \text{MPa}$;横放:$\sigma_{max}=87.9\ \text{MPa}$

7-3 实心轴:$\sigma_{max}=159\ \text{MPa}$;空心轴:$\sigma_{max}=93.6\ \text{MPa}$;空心截面比实心截面的最大正应力减小了41%

7-4 $\sigma_{max}=82.8\ \text{MPa}$

7-5 $d\geqslant 72.6\ \text{mm}$

7-6 $W_z\geqslant 187.5\times10^3\ \text{mm}^3$,选18号工字钢

7-7 $b\geqslant 277\ \text{mm}$,$h\geqslant 416\ \text{mm}$

7-8 $b\geqslant 61.5\ \text{mm}$,$h\geqslant 184.5\ \text{mm}$

7-9 $[F]=44.3\ \text{kN}$

7-10 $d_{max}=115\ \text{mm}$

7-11 $M=10.7\ \text{kN}\cdot\text{m}$

7-12 $[F]=36.8\ \text{kN}$

7-13 $\sigma_{tmax}=26.4\ \text{MPa}<[\sigma_t]$,$\sigma_{cmax}=52.8\ \text{MPa}<[\sigma_c]$,安全。

7-14 $\sigma_a=6.04\ \text{MPa}$,$\tau_a=0.379\ \text{MPa}$;$\sigma_b=12.9\ \text{MPa}$,$\tau_b=0$

7-15 $\sigma_{max}=142\ \text{MPa}$,$\tau_{max}=18.1\ \text{MPa}$

7-16 $[F]=3.75\ \text{kN}$

7-17 $\sigma_{max}=7.05\ \text{MPa}$,$\tau_{max}=0.478\ \text{MPa}$

7-18 选用12.6号工字钢

7-19 选用28a号工字钢,$\tau_{max}=13.9\ \text{MPa}<[\tau]$

7-20 $a=\dfrac{lW_2}{W_1+W_2}$

第 8 章

8-1 (a) $w=-\dfrac{3Fl^3}{16EI}$,$\theta=-\dfrac{5Fl^2}{16EI}$; (b) $w=-\dfrac{29Fl^3}{48EI}$,$\theta=-\dfrac{9Fl^2}{8EI}$;

(c)$w=-\dfrac{41ql^4}{384EI}$, $\theta=-\dfrac{7ql^3}{48EI}$； (d)$w=-\dfrac{7Fa^3}{2EI}$, $\theta=\dfrac{5Fa^2}{2EI}$

8-2 (a)$\theta_A=-\dfrac{M_0l}{6EI}$, $\theta_B=\dfrac{M_0l}{3EI}$, $w_{l/2}=-\dfrac{M_0l^2}{16EI}$

(b)$\theta_A=-\theta_B=-\dfrac{11qa^3}{6EI}$, $w_{2a}=-\dfrac{19qa^4}{8EI}$

(c)$\theta_A=-\dfrac{7ql^3}{360EI}$, $\theta_B=\dfrac{ql^3}{45EI}$, $w_{l/2}=-\dfrac{5ql^4}{768EI}$

(d)$\theta_A=-\dfrac{3ql^3}{128EI}$, $\theta_B=\dfrac{7ql^3}{384EI}$, $w_{l/2}=-\dfrac{5ql^4}{768EI}$

8-3 (a)$\theta_A=\dfrac{Fa}{6EI}$, $\theta_B=-\dfrac{Fal}{3EI}$, $w_C=-\dfrac{Fa^2}{3EI}(l+a)$, $\theta_C=-\dfrac{Fa}{6EI}(2l+3a)$

(b)$\theta_A=-\dfrac{M_el}{6EI}$, $\theta_B=\dfrac{M_ea}{3EI}$, $w_C=\dfrac{M_ea}{6EI}(2l+3a)$, $\theta_C=\dfrac{M_e}{3EI}(l+3a)$

8-4 (a)$w_A=-\dfrac{Fa}{24EI}(8a^2+12al+3l^2)$, $\theta_B=\dfrac{F_a(l+a)}{2EI}$

(b)$w_A=-\dfrac{Fl^3}{6EI}$, $\theta_B=-\dfrac{9F_l{}^2}{8EI}$

(c)$w_A=\dfrac{ql^4}{16EI}$, $\theta_B=\dfrac{ql^3}{12EI}$

(d)$w_A=\dfrac{Fa^3}{4EI}-\dfrac{11qa^4}{24EI}$, $\theta_B=\dfrac{F_a{}^2}{4EI}-\dfrac{qa^3}{3EI}$

(e)$w_A=\dfrac{41ql^4}{384EI}$, $\theta_B=\dfrac{7ql^3}{48EI}$

(f)$w_A=-\dfrac{11q_0l^4}{120EI}$, $\theta_B=-\dfrac{q_0l^3}{8EI}$

(g)$w_A=\dfrac{1}{24EI}[ql^3a-4M_0la-8Fa^2(l+a)]$, $\theta_B=\dfrac{1}{24EI}[8Fal-ql^3+4M_0l]$

(h)$w_A=\dfrac{M_0a}{2EI}$, $\theta_B=\dfrac{M_0l}{2EI}$

8-5 $w_y=\dfrac{2Fa^3}{EI}$(向下)，$w_x=\dfrac{7Fa^3}{3EI}$(向左)

8-6 $w_C=-\dfrac{F(l+a)a^2}{3EI}-\dfrac{F(l+a)^2}{kl^2}$

8-7 $\theta_A=-0.75\times10^{-2}$ rad，$\theta_B=-0.797\times10^{-2}$ rad

8-8 $d=112$ mm

8-9 $h=180$ mm，$b=90$ mm

8-10 $w_{max}=11.0\text{ mm}<[w]$，安全

8-11 选用两根18号槽钢

8-12 (a)$F_B=\dfrac{14}{27}F$(向上)； (b)$F_B=\dfrac{17}{16}ql$(向上)

(c)$F_B=\dfrac{3M_0}{4a}F$(向下)； (d)$F_B=\dfrac{11}{16}F$(向上)

(e)$M_B=\dfrac{ql^2}{12}$(顺)； (f)$M_B=\dfrac{1}{8}Fl$(顺)

8-13 $F_{NBC}=\dfrac{F}{1+\dfrac{3Ia}{Al^3}}$

8 - 14 (1)$F_C = \frac{5}{4}F$； (2)w 减少 39%，M_{max} 减少 50%

8 - 15 (a) $\frac{F^2 l^3}{6EI}$； (b) $\frac{F^2 a^3}{12EI}$； (c) $\frac{M_e^2 l}{6EI}$； (d) $\frac{3F^2 a^3}{4EI}$

第 9 章

9 - 1 $\sigma = 6.37$ MPa，$\tau = 35.65$ MPa

9 - 2 $\sigma = 50$ MPa，$\tau = 80$ MPa

9 - 3 (a) $\sigma_{30°} = 20.2$ MPa，$\tau_{30°} = 31.7$ MPa，$\sigma_1 = 57$ MPa，$\sigma_3 = -7$ MPa，$\alpha_0 = -19.33°$，$\sigma_{max} = 32$ MPa

(b) $\sigma_{45°} = 10$ MPa，$\tau_{45°} = -10$ MPa，$\sigma_1 = 11.23$ MPa，$\sigma_3 = -71.2$ MPa，$\alpha_0 = -37.98°$，$\tau_{max} = 41.2$ MPa

(c) $\sigma_{120°} = -42.7$ MPa，$\tau_{120°} = -44.6$ MPa，$\sigma_1 = 4.72$ MPa，$\sigma_3 = -84.7$ MPa，$\alpha_0 = -13.28°$，$\tau_{max} = 44.7$ MPa

(d) $\sigma_{210°} = 52.32$ MPa，$\tau_{210°} = -18.66$ MPa，$\sigma_1 = 62.36$ MPa，$\sigma_2 = 17.64$ MPa，$\sigma_3 = 0$，$\alpha_0 = -31.72°$，$\tau_{max} = 31.2$ MPa

(e) $\sigma_{300°} = 34.8$ MPa，$\tau_{300°} = 11.65$ MPa，$\sigma_1 = 37$ MPa，$\sigma_3 = -27$ MPa，$\alpha_0 = 19.33°$，$\tau_{max} = 32$ MPa

(f) $\sigma_{20°} = -17.08$ MPa，$\tau_{20°} = 1.98$ MPa，$\sigma_1 = 0$，$\sigma_2 = -17$ MPa，$\sigma_3 = -53$ MPa，$\alpha_0 = 16.85°$，$\tau_{max} = 26.5$ MPa

(g) $\sigma_{60°} = 25$ MPa，$\tau_{60°} = 26$ MPa，$\sigma_1 = 20$ MPa，$\sigma_3 = -40$ MPa，$\alpha_0 = 0°$，$\tau_{max} = 30$ MPa

(h) $\sigma_{30°} = -25.98$ MPa，$\tau_{30°} = 15$ MPa，$\sigma_1 = -\sigma_3 = 30$ MPa，$\alpha_0 = 45°$，$\tau_{max} = 30$ MPa

(i) $\sigma_{45°} = 40$ MPa，$\tau_{45°} = 10$ MPa，$\sigma_1 = 41$ MPa，$\sigma_3 = -61$ MPa，$\alpha_0 = 39.35°$，$\tau_{max} = 51$ MPa

9 - 5 (a) $\sigma_1 = 50$ MPa，$\sigma_2 = 50$ MPa，$\sigma_3 = -50$ MPa，$\tau_{max} = 50$ MPa

(b) $\sigma_1 = 52.2$ MPa，$\sigma_2 = 50$ MPa，$\sigma_3 = -42.2$ MPa，$\tau_{max} = 47.2$ MPa

(c) $\sigma_1 = 130$ MPa，$\sigma_2 = 30$ MPa，$\sigma_3 = -30$ MPa，$\tau_{max} = 80$ MPa

9 - 6 (1) 点 1:$\sigma = -40$ MPa； 点 2:$\sigma = -20$ MPa，$\tau = -6$ MPa； 点 3:$\tau = -8$ MPa；
点 4:$\sigma = 20$ MPa，$\tau = -6$ MPa； 点 5:$\sigma = 40$ MPa

(2) 点 1:$\sigma_1 = \sigma_2 = 0$，$\sigma_3 = -40$ MPa； 点 2:$\sigma_1 = 1.66$ MPa，$\sigma_2 = 0$，$\sigma_3 = -21.66$ MPa；
点 3:$\sigma_1 = 8$ MPa，$\sigma_2 = 0$，$\sigma_3 = -8$ MPa； 点 4:$\sigma_1 = 21.66$ MPa，$\sigma_2 = 0$，$\sigma_3 = -1.66$ MPa；
点 5:$\sigma_1 = 40$ MPa，$\sigma_2 = \sigma_3 = 0$

9 - 7 $\sigma_y = 42.5$ MPa，$\sigma_1 = 40.3$ MPa，$\sigma_3 = 42.8$ MPa，$\alpha_0 = -3.46°$

9 - 8 $\sigma_1 = 100$ MPa，$\sigma_3 = -100$ MPa，$\tau_{max} = 100$ MPa；x 轴与 σ_1 方向的夹角 $\alpha_0 = 90°$

9 - 9 (1) $\sigma_\alpha = -45.9$ MPa，$\tau_\alpha = 8.8$ MPa

(2) $\sigma_1 = 107.6$ MPa，$\sigma_3 = -46.4$ MPa，$\alpha_0 = 33.28°$

9 - 10 $\sigma_1 = 63.7$ MPa，$\sigma_2 = 0$(或 $\sigma_2 = -1.30$ MPa)，$\sigma_3 = -6.10$ MPa

9 - 11 (a) $\varepsilon_x = -135.2 \times 10^{-6}$，$\varepsilon_1 = 169.5 \times 10^{-6}$，$\varepsilon_3 = -135.2 \times 10^{-6}$，$\gamma_{max} = 304.8 \times 10^{-6}$

(b) $\varepsilon_x = -135.2 \times 10^{-6}$，$\varepsilon_1 = 212.3 \times 10^{-6}$，$\varepsilon_2 = -13.3 \times 10^{-6}$，$\varepsilon_3 = -178.0 \times 10^{-6}$，$\gamma_{max} = 390.3 \times 10^{-6}$

9 - 12 $F = 64$ kN

9 - 13 $\Delta l = 9.29 \times 10^{-3}$ mm

9 - 14 $M = \frac{\pi d^3 \sigma_s}{32}(1 + \sqrt{1 + n^2})^{-1}$

9 - 15 $\sigma_1 = 0$，$\sigma_2 = -19.8$ MPa，$\sigma_3 = -60$ MPa；
$\Delta l_1 = 3.76 \times 10^{-3}$ mm，$\Delta l_2 = 0$，$\Delta l_3 = -7.65 \times 10^{-3}$ mm

9-16 $\sigma_3=-\dfrac{4F}{\pi d^2}$, $\sigma_2=\sigma_1=-\dfrac{4\nu F}{\pi d^2(1-\nu)}$

9-17 $\varepsilon_{30°}=311.4\times10^{-6}$

9-18 $F=13.17$ kN

9-19 $\sigma_{r3}=300$ MPa $=[\sigma]$，$\sigma_{r4}=264$ MPa $<[\sigma]$，安全

9-20 $[\tau]=[\sigma_t]$,$[\tau]=\dfrac{[\sigma_t]}{1+\nu}$

9-21 $\sigma_{r3}=900$ MPa，$\sigma_{r4}=842$ MPa

9-22 (a) $\sigma_{r3}=\sigma$； (b) $\sigma_{r3}=\dfrac{1-2\nu}{1-\nu}\sigma$

9-23 $\sigma_{r3}=197.4$ MPa $<[\sigma]$

9-24 (1)$[F]=9.81$ kN； (2)$[F]=2.07$ kN

9-25 $[p]=18.48$ MPa

9-26 $\sigma_{max}=154$ MPa $<[\sigma]$，$\tau_{max}=36.7$ MPa $<\dfrac{[\sigma]}{2}=80$ MPa；点 G:$\sigma_{r3}=150$ MPa $<[\sigma]$,均安全

9-27 (a)$\sigma_{r3}=\sqrt{\sigma^2+4\tau^2}$； (b)$\sigma_{r3}=\sigma+\tau$

第 10 章

10-2 $h=180$ mm，$b=90$ mm

10-3 $\sigma_{max}=159.3$ MPa $<[\sigma]$，安全

10-4 $\sigma_{max}=153.4$ MPa $<[\sigma]$，安全

10-5 $\sigma_{max}=94.9$ MPa

10-6 (1) 最大压应力 0.72 MPa； (2)$D=4.16$ m

10-7 $\sigma_{t\max}=6.75$ MPa,$\sigma_{c\max}=6.99$ MPa

10-8 $\sigma_{1-1}:\sigma_{2-2}:\sigma_{3-3}=1:8:1.33$

10-10 $d=122$ mm

10-11 $\sigma_{max}=6$ MPa

10-12 $\sigma_{max}=140$ MPa

10-13 $d=112$ mm

10-14 $\sigma_{r3}=58.3$ MPa $<[\sigma]$，安全

10-15 (1)$d=46$ mm； (2) 略

10-16 $\sigma_{r3}=40$ MPa，轴安全

10-17 $d=73$ mm

10-18 $M_{e1}=214$ N·m，$M_{e2}=278$ N·m

10-19 A 点:$\sigma_x=124.9$ MPa,$\sigma_z=72$ MPa,$\tau_{xz}=44.5$ MPa
B 点:$\sigma_x=36$ MPa,$\sigma_y=72$ MPa,$\tau_{xy}=40.4$ MPa

10-20 $d=23$ mm

10-21 $\tau=15.9$ MPa $<[\tau]$,安全

10-22 $d=33$ mm

10-23 $d=50$ mm,$b=100$ mm

10-24 安全

10-25 $F=771$ kN

10-26 $F_{max}=291.7$ N

第 11 章

11－2　图(c)，$F_{cr}=3287.6\ kN$

11－3　$\theta=\arctan(\cot^2\beta)$

11－4　$F_{cr}=402\ kN$，$\sigma_{cr}=665\ MPa$

11－5　$F_{cr1}=2612\ kN$，$F_{cr2}=4705\ kN$，$F_{cr3}=4722\ kN$

11－6　$F_{cr}=56.5\ kN$

11－7　$n_{st}=3.86$

11－8　$n_{st}=3.27$

11－9　(1)$[F_p]=183.8\ kN$；(2)$[F_p]=65\ kN$

11－10　稳定

11－11　$[F]=376\ kN$

11－12　$n_{st}=2.4$，安全；$n_{st}=0.997$，不安全

11－13　(1)$a=29\ cm$；(2)$[F]=1127.6\ kN$；(3)$b=1\ m$

11－14　$F=\dfrac{36EI}{l^2}$

11－15　稳定

11－16　(1)$F_{cr}=119\ kN$；　(2) 不稳定，托架不安全

11－17　$[F]=232.3\ kN$

附录 Ⅰ

Ⅰ－1　(a)$S_y=\dfrac{bh^2}{6}$，$z_C=\dfrac{h}{3}$；　(b)$S_y=\dfrac{h^2}{6}(2a+b)$，$z_C=\dfrac{h(2a+b)}{3(a+b)}$；

(c)$S_y=\dfrac{R^3}{3}$，$z_C=\dfrac{4R}{3\pi}$；　(d) $S_y=\dfrac{4bh^2}{15}$，$z_C=\dfrac{2h}{5}$

Ⅰ－2　(a) $I_y=3.075\times10^5\ mm^4$；　(b)$I_y=1.792\times10^9\ mm^4$；

(c) $I_y=\dfrac{1}{12}(BH^3-bh^3)$；　(d) $I_y=7.702\times10^7\ mm^4$

Ⅰ－3　(a) $y_C=0.53\ cm$，$z_C=1.12\ cm$，$A=1.939\ cm^2$，$I_y=1.93\ cm^4$，$I_z=0.57\ cm^4$

(b) $y_C=5\ cm$，$z_C=10\ cm$，$A=35.578\ cm^2$，$I_y=2370\ cm^4$，$I_z=158\ cm^4$

(c) $y_C=1.52\ cm$，$z_C=5\ cm$，$A=12.748\ cm^2$，$I_y=198\ cm^4$，$I_z=25.6\ cm^4$

(d) $y_C=17.2\ cm$，$z_C=14\ cm$，$A=80.068\ cm^2$，$I_y=9520\ cm^4$，$I_z=10301.18\ cm^4$

Ⅰ－4　$a=17.14\ cm$

Ⅰ－5　$I_{x_1}=\dfrac{a^4}{12}$，$I_{y_1}=\dfrac{a^4}{12}$，$I_{x_1y_1}=0$

Ⅰ－6　$\alpha_0=4°24'$，$I_{x_0}=2.31\times10^7\ mm^4$，$I_{y_0}=2.37\times10^6\ mm^4$

索　引

（按汉语拼音字母顺序）

Synopsis

This book is mainly about the basic concepts, basic theories, basic methods and the application of rigid - body statics and deformable body statics. The book consists of 11 chapters. Chapters 2 to 3 are the introduction, the basic concepts and theories of rigid-body statics and the equilibrium problems of force system. These belong to rigid - body statics. Chapters 4 to 11 are concerned with the fundamentals of statics for deformable body, the mechanical properties of materials, strength, rigidity, stability and design of connections. The main contents are as follows: the axial tension/compression of bar, the torsion of circular shaft, the bending of straight beams in the symmetric plane, stress state and strength theory, combined deformation and connections, and the stability of columns, using the basic methods of deformable body statics to study various deformable bodies' mechanics problems.

The authors are all experienced teachers. They try to make the book's concepts accurate and enlighten students on thinking. This book can be used as the text book of Engineering Mechanics (48-64 course hours)for different majors in the university. It can also be chosen or referred to by the students and faculty of technical schools and adult education schools.

Contents

主要参考文献

[1] 朱四荣,黄莉,郑立霞,等. 工程力学(第 3 版). 武汉:武汉理工大学出版社,2018.
[2] 哈尔滨工业大学理论力学教研室. 理论力学(1)(第 9 版). 北京:高等教育出版社,2023.
[3] 李卓球,侯作富,朱四荣,等. 理论力学(第 3 版). 武汉:武汉理工大学出版社,2019.
[4] 孙伟,陈建平,范钦珊. 工程力学(第 2 版). 北京:机械工业出版社,2021
[5] 孙训方,方孝淑,关来泰. 材料力学(1)(第 6 版). 北京:高等教育出版社,2019.
[6] 刘鸿文. 材料力学(第 6 版). 北京:高等教育出版社,2017.
[7] 黄莉,秦莹,张梅,等. 材料力学. 武汉:武汉理工大学出版社,2024.
[8] 李锋. 材料力学案例. 北京:科学出版社,2011.
[9] 焦安红. 工程力学(项目教学). 西安:西安电子科技大学出版社,2009.
[10] 戴念祖,老亮. 力学史[M]. 长沙:湖南教育出版社,2001.
[11] (元)王祯撰. 孙显斌,攸兴超点校. 中国科技典籍选刊第 1 辑《王祯农书》下[M]. 长沙:湖南科学技术出版社,2014.
[12] 陆敬严. 中国古代机械复原研究. 上海:上海科学技术出版社,2019.
[13] 李祖锡. 试析《墨经》中有关力学原理的论述[J]. 安徽大学学报(自然科学版),1984(1):80－83.
[14] 叶华文,张澜,秦健淇,等. 魁北克大桥垮塌全过程分析[J]. 中外公路,2015,35(05):138－142.
[15] 叶华文,陈醉,曲浩博. 魁北克大桥连续倒塌过程及结构冗余度分析[J]. 世界桥梁,2017,45(01):76—81.
[16] 李著,王景. 西奥多库珀 —— 魁北克大桥失事记[J]. 工程力学,1997,14(4):139－144.